世界遺産シリーズ

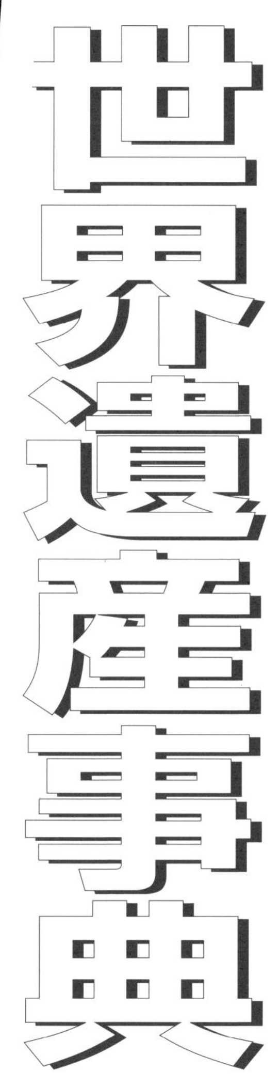

1157全物件プロフィール

2023改訂版

《目　次》

■世界遺産1157全物件プロフィール

■索　引

本書の作成にあたり、下記の方々に写真や資料のご提供、ご協力をいただきました。

ユネスコ世界遺産センター(ホームページ2023年3月1日現在)、https://whc.unesco.org/、
https://whc.unesco.org/en/statesparties/ua、https://ukraine.ua/cities-places/odesa/、
https://odessa.travel/en、https://whc.unesco.org/en/statesparties/ye、
Marib Governorate、https://whc.unesco.org/en/statesparties/lb、
http://www.lebanon-fair.com/ar/index.php

世界遺産の登録基準

(ⅰ) 人類の創造的天才の傑作を表現するもの。　→　**人類の創造的天才の傑作**
(ⅱ) ある期間を通じて、または、ある文化圏において、建築、技術、記念碑的芸術、町並み計画、景観デザインの発展に関し、人類の価値の重要な交流を示すもの。　→　**人類の価値の重要な交流を示すもの**
(ⅲ) 現存する、または、消滅した文化的伝統、または、文明の、唯一の、または、少なくとも稀な証拠となるもの。　→　**文化的伝統、文明の稀な証拠**
(ⅳ) 人類の歴史上重要な時代を例証する、ある形式の建造物、建築物群、技術の集積、または、景観の顕著な例。　→　**歴史上、重要な時代を例証する優れた例**
(ⅴ) 特に、回復困難な変化の影響下で損傷されやすい状態にある場合における、ある文化(または、複数の文化)或は、環境と人間との相互作用を代表する伝統的集落、または、土地利用の顕著な例。
→　**存続が危ぶまれている伝統的集落、土地利用の際立つ例**
(ⅵ) 顕著な普遍的な意義を有する出来事、現存する伝統、思想、信仰、または、芸術的、文学的作品と、直接に、または、明白に関連するもの。→　**普遍的出来事、伝統、思想、信仰、芸術、文学的作品と関連するもの**
(ⅶ) もっともすばらしい自然的現象、または、ひときわすぐれた自然美をもつ地域、及び、美的な重要性を含むもの。→　**自然景観**
(ⅷ) 地球の歴史上の主要な段階を示す顕著な見本であるもの。これには、生物の記録、地形の発達における重要な地学的進行過程、或は、重要な地形的、または、自然地理的特性などが含まれる。→　**地形・地質**
(ⅸ) 陸上、淡水、沿岸、及び、海洋生態系と動植物群集の進化と発達において、進行しつつある重要な生態学的、生物学的プロセスを示す顕著な見本であるもの。→　**生態系**
(ⅹ) 生物多様性の本来的保全にとって、もっとも重要かつ意義深い自然生息地を含んでいるもの。これには、科学上、または、保全上の観点から、すぐれて普遍的価値をもつ絶滅の恐れのある種が存在するものを含む。
→　**生物多様性**

(注) → は、わかりやすい覚え方として、当シンクタンクが言い換えたものです。

本 書 の 見 方

本書は、ユネスコ世界遺産センターの地域分類に基づき、地域別（アフリカ、アラブ諸国、アジア･太平洋、ヨーロッパ･北米、ラテンアメリカ･カリブ）に分類し、各国別（50音順）に掲載しました。
各国の物件については、登録年次順に掲載し、紹介しています。
複数国にまたがる物件については、原則として当該物件の主要部分を占める国に収録しました。

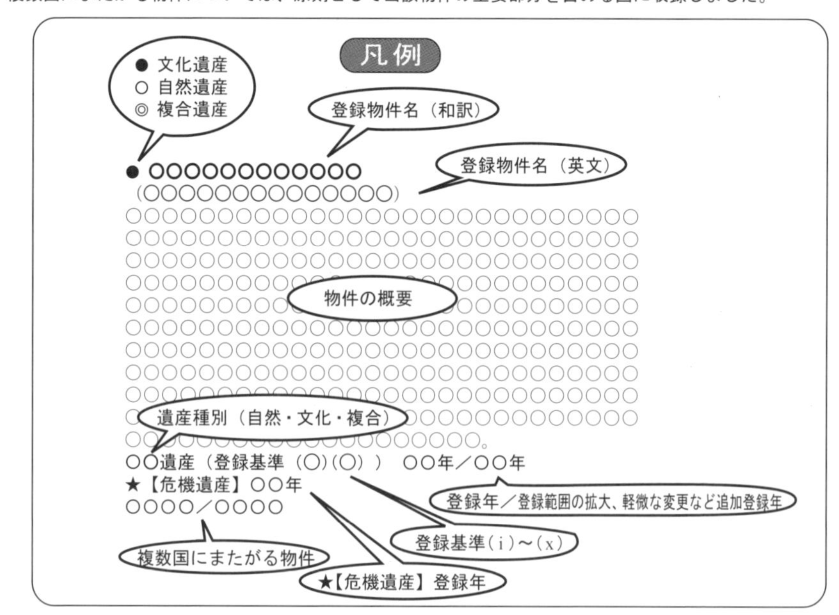

世界遺産1157全物件プロフィール

オデーサの歴史地区
（The Historic Centre of Odesa）
文化遺産（登録基準（ii）（iv））　2023年
第18回臨時世界遺産委員会
★【危機遺産】2023年
ウクライナ

〈アフリカ〉

35か国（98物件 ○39 ●54 ◎5）

アンゴラ共和国（1物件 ●1）

●ンバンザ・コンゴ、かつてのコンゴ王国の首都の面影

（Mbanza Kongo, Vestiges of the Capital of the former Kingdom of Kongo）

ンバンザ・コンゴは、アンゴラの北西部、コンゴ民主共和国との国境付近にある、かつてはサン・サルヴァドール（ポルトガル語で聖救世主の意味）としても知られていたザイーレ州の州都で「コンゴ市」という意味である。ンバンザ・コンゴの町は、14～19世紀には、南部アフリカの最大級の国家の一つで、マニコンゴが支配するコンゴ王国の政治的、精神的な首都であった。高度570mの平原に位置し、15世紀にポルトガル人が中央アフリカに来航した時には繁栄していた。地元の材料で建てられた都市に、ポルトガル人は、ヨーロッパの建設方法でンクルンビンビなどの教会、宮殿、西洋風のコロニアル住宅などの石造建築物群を建設、地元のエリート達の西欧化と共にキリスト教を布教、ンバンザ・コンゴは、サハラ以南のアフリカのなかでも大きな変化を遂げた。コンゴ王国は、ポルトガルの陶磁器とアフリカの金を交換する貿易のほか、アメリカ大陸やカリブ海に搬送する奴隷貿易の最も重要なルートの拠点であった。町はポルトガルとの1665年のアンブイラの戦いでコンゴ王国軍はポルトガル軍に敗れた。1709年にコンゴ王国ペドロ4世によってコンゴの首都として再建され、アンゴラが独立した1975年には、町の名前はサン・サルヴァドールからンバンザ・コンゴに戻された。アンゴラ初の世界遺産である。

文化遺産（登録基準(iii)(iv)）　2017年

ウガンダ共和国（3物件 ○2 ●1）

○ブウィンディ原生国立公園

（Bwindi Impenetrable National Park）

ブウィンディ原生国立公園は、かつてチャーチルが「黒い大陸の真珠」、「緑の国」と呼んだ国、ウガンダの南西部の標高1200～2600mの山あいにある人跡稀な森林地帯。この公園は、動物相も植物相もその種類の多いことで知られる。特にシダ類の種類は100種を超え、他に例を見ない。160種の樹木が原生林を形成し、そこに棲む動物も、絶滅危惧種のマウンテンゴリラをはじめ、カッコウハヤブサ、アカムネハイタカ、ハチクマなどの鳥類、200種以上の蝶類などが見られる。マウンテンゴリラは保護政策によりその繁殖も進み、現在は約300頭、全マウンテンゴリラの約半数がこの地域に生息している。

自然遺産（登録基準(vii)(x)）　1994年

○ルウェンゾリ山地国立公園

（Rwenzori Mountains National Park）

ルウェンゾリ山地国立公園は、コンゴ民主共和国との国境にあり、アフリカ第3の高峰マルゲリータ山（5109m）を中心にアルバート湖、エドワード湖、赤道直下の氷河などを点在させる5つの山塊からなる10万haの山岳地帯で、1952年には国立公園にも指定されている。ルウェンゾリ山地国立公園は、「月の山」の伝説があり、また、熱帯雨林からサバンナに及ぶ豊かな植生が見られ、ゾウ、チンパンジー、猿、ダイカー、マングース、そして、ボンゴ、アカスイギュウ、ダイカー、木登りライオンなどの珍獣も生息しており1979年にユネスコMAB生物圏保護区に指定されている。地域紛争などから1999年に危機にさらされている世界遺産に登録されたが、2004年に解除となった。

自然遺産（登録基準(vii)(x)）　1994年

●カスビのブガンダ王族の墓

（Tombs of Buganda Kings at Kasubi）

カスビのブガンダ王族の墓は、首都カンパラの郊外5kmにあるカスビ丘陵の斜面にあり、30haの敷地を擁する。ウガンダは総人口の大半を農耕民であるバンツー系のバガンダ族が占めている。15世紀には、ブニョロキタラ系住民を中心に、現在の首都カンパラを都とする「ブガンダ王国」が形成され、19世紀に隆盛を極めた。ブガンダは、ウガンダの中南部の歴史的地域で、バガンダ族の国を意味する。カスビのブガンダ王族の墓は、歴史的、伝統的、そして精神的な価値をもつ顕著な事例の一つであり、1880年代以来、歴代ブガンダ王の埋葬の場所となっている。墓の形は円錐状で、木、わらぶき、葦、網代、しっくいなどの材料で造られている。カスビのブガンダ王族の墓は、国民の信仰など精神的な中心地であり、また、ウガンダ、そして、東部アフリカの重要な歴史的、文化的なシンボルの役目も果たしている。2010年3月16日、歴代国王の4つの墓を含むムジブ・アザーラ・ムパンガの建物が火災で焼失、2010年の第34回世界遺産委員会ブラジリア会議で、「危機にさらされている世界遺産リスト」に登録された。ユネスコの支援で再建が進められている。

文化遺産（登録基準(i)(iii)(iv)(vi)）　2001年

★【危機遺産】2010年

エチオピア連邦民主共和国（9物件 ○1 ● 8）

○シミエン国立公園（Simien National Park）

シミエン国立公園は、エチオピア北西部、タナ湖の北東約110kmのナイル川の源流域、「アフリカの屋根」と呼ばれる標高4,624mのエチオピアの最高峰ラス・ダシェン山などの高山、深い渓谷、鋭い絶壁を擁する壮大な自然　景観を誇るシミエン山地が中心で、1969年に国立公園に指定されている。シミエン国立公園には、絶滅の危機にさらされているシメジャッカル、ここにしか

見られない珍獣でライオン顔をした霊長類のゲラダヒヒ、高地ヤギのワリアア・イベックス、シミエンギツネなどの固有種、鳥類、爬虫類、昆虫、植物が見られる。密猟、人口増加、道路建設、耕作地の拡張による自然生態系の破壊などの理由により1996年に「危機にさらされている世界遺産リスト」に登録されていたが、影響の少ない道路建設や放牧管理計画が策定されるなど改善措置が講じられた為、2017年の第41回世界遺産委員会クラクフ会議で「危機遺産リスト」から解除された。
自然遺産（登録基準(vii)(x)）　1978年

●ラリベラの岩の教会（Rock-Hewn Churches, Lalibela）
ラリベラの岩の教会群は、エチオピア中央部のアムハラ州、火山岩で形成された断崖で隔絶された標高2060mの高地にある。ラリベラの岩の教会群は、サグウェ王朝のラリベラ王が、13世紀初頭に、新エルサレムを夢みて、ヨルダン川の両岸の岩をくり抜いて建てた教会群で、エマヌエル教会、ガブリエル・ラファエル教会、ゴルゴタ・ミカエル教会、メダネ・アレム教会など11の岩窟教会群が残っている。ラリベラの岩の教会群の中で最大のメダネ・アレム教会の内部は、「旧約聖書」をモチーフにした壁画やレリーフが美しい。ラリベラの岩の教会群は、今日も尚、各地からの巡礼と信仰の場所になっている。
文化遺産（登録基準(i)(ii)(iii)）　1978年

ゴンダール地方のファジル・ゲビ
（Fasil Ghebbi, Gondar Region）
ゴンダールは、エチオピア帝国の黄金期を築いたファシラダス王(在位1632～1682年)が、17世紀初頭にアクスムから遷都、以降200年間、首都として繁栄したエチオピア北部の中都市。コプト教を奉じた歴代王は、ラス・ミカエル宮殿などファジル・ゲビと呼ばれる城の様な石造の王宮群、法廷、図書館、スセニオス修道院、聖書壁画のあるダブラ・ベルハン・セラシェ教会などヨーロッパ風の建築を数多く残した。
文化遺産（登録基準(ii)(iii)）　1979年

●アクスム（Aksum）
アクスムは、エチオピアの北部、ティグレイ州にあり、紀元前2世紀にエチオピア高原に興ったアクスム王国の首都であった。アクスムは、シバの女王伝説もあり、アラブとの象牙貿易でも栄えた。アクスムには、シバの女王の宮殿、テクラ・マーヤムの王宮、カレブ王の墓、聖母マリア大聖堂、4世紀にキリスト教を国教に定めたエザナ王を称えた高さ33mの花崗岩の石柱のオベリスクであるエザナ王碑が残っている。アクスムは、7世紀以降に、イスラムの支配で衰退した。1937年にムッソリーニ軍によってローマに輸送され、2005年4月にイタリア政府によって返還されたオベリスクは、2008年7月31日に、ユネスコ・チームによって、アクスムの元あった場所に据え付けられた。このオベリスクは、重さが150トン、高さが24mもあり、二番目の大きさの石柱で、1700年の歴史を有するエチオピア人のアイデンティティとしてシンボルになっている。
文化遺産（登録基準(i)(iv)）　1980年

●アワッシュ川下流域（Lower Valley of the Awash）
アワッシュ川は、エチオピアの北東部を流れる川。このアワッシュ川の下流域で、1974年に、フランスとアメリカの調査隊によって、現在のところ最古の人類と認められる約400万年前の猿人アウストラロピテクス・アファレンシスの骨が発掘された。彼等は、野生の動植物を食料として社会生活を営み、なかには、単純な打製石器を使用するものもいたと推定されている。これらの発見によって、「エチオピアは人類発祥の地」説が生まれ、脚光を浴びた。また、この後にも、初期人類や哺乳類の遺跡が発見されている。アワッシュ川下流域は、人類の起源の研究をする上で、アフリカ大陸で発見された遺跡のなかでもきわめて重要な地点とされている。
文化遺産（登録基準(ii)(iii)(iv)）　1980年

●オモ川下流域（Lower Valley of the Omo）
オモ川下流域は、エチオピアの南西部のガモ・ゴファ州にある、ケニアとスーダンとの国境に近いオモ川下流の渓谷一帯。現在も有史以前の姿を留め、地下600m近くまで、150万～450万年前の化石が堆積している古生物学の宝庫。また、1967年以降、400万年前のアウストラロピテクス・エチオピクスの下顎の骨、250万年前の人類の祖先であるホモ・ハビリスが使用した石斧などが、次々と、発掘されており、人類の進化を知る上でも、きわめて重要な地域。
文化遺産（登録基準(iii)(iv)）　1980年

●ティヤ（Tiya）
ティヤは、首都アジスアベバの南約230km、南部諸民族州グラジェ圏の小村ソドワレダにある160の考古学遺跡群である。ティヤの村の外れに、解読されていない文字や記号の刻まれた墓石36基が散在している。ほとんどが、半球、或は円錐形で、幾何学模様などの浮き彫りが施されている。ティヤは、1982年に本格的な調査が始まり、時代も未特定であるが、古代エチオピア時代の代表的な遺跡と見られる。
文化遺産（登録基準(i)(iv)）　1980年

●ハラール・ジュゴール、要塞歴史都市
（Harar Jugol, the Fortified Historic Town）
ハラール・ジュゴール、要塞歴史都市は、ハラリ州の砂漠とサバンナに囲まれた深い峡谷のある高原上にある。この聖なるイスラム都市の周辺の要塞は、13～16世紀に建てられた。ハラール・ジュゴールは、イスラムで4番目の聖なる都市と言われ、82のモスクと102の神殿がある。ハラール・ジュゴールに共通する家屋は、3つ

アフリカ

の部屋からなる伝統的な町屋である。1887年以降にハラールに来たインド商人によって建てられたインド人の家と呼ばれる家屋は、長方形の2階建ての建物で、路地や中庭を見渡せるベランダがある。ハラリ人は、織物、籠づくり、製本などの手工芸に長けていることで知られ、その建築様式は、イスラム諸国で通常知られるレイアウトとは異なる独特なものである。ハラールは、16世紀に迷路のような路地とファサードが特色のイスラム都市として確立された。ハラールは、1520～1568年にハラリ王国の首都、16世紀後期～19世紀に貿易とイスラムの学問の中心地、17世紀には独立首長国になった。ハラールは、10年間エジプトに占領されたが、1887年にエチオピアの一部になった。ハラールの町は、アフリカとイスラムの伝統が、その独特な建物の形と都市の配置などの独自性と特色を形成した。

文化遺産（登録基準(ii)(iii)(iv)(v)）　2006年

●コンソ族の文化的景観（Konso Cultural Landscape）

コンソ族の文化的景観は、エチオピアの南部、南部諸民族州の少数民族コンソ族が独自の生活を保ちながら居住するコンソ高地で見られる。コンソ族の文化的景観は、急峻で乾燥した傾斜地に展開する段々畑と石垣の要塞集落が特徴的で、厳しい環境のなかで、知恵と工夫を凝らしながら400年以上の21世代にわたって継承してきた文化的伝統の顕著な事例である。コンソ族の文化的景観は、コンソ族のコミュニティでの人間同士の分ち合いや助け合い、社会的な絆と団結、物を無駄にしない伝統的な知識や慣習などが作りあげてきた自然環境と人間との共同作品である。

文化遺産（登録基準(iii)(v)）　2011年

エリトリア国（1物件 ●1）

●アスマラ：アフリカのモダニスト都市

（Asmara: a Modernist City of Africa）

アスマラ：アフリカのモダニスト都市は、エリトリアの中央部、マアカル地方の標高が2000m以上のハマセン高原の東端にあるエリトリアの首都で、1893～1941年のイタリアの植民地時代に計画的に建設されたイタリア風コロニアル建築が立ち並ぶ美しい都市である。アスマラは、アフリカの奴隷制時代につけられたティグリーニャ語の名前で、その意味は、「女たちが男たちを団結させた」というものであり、当時の女(母)たちが、奴隷商人から自らの娘や息子を守るために、男たちを団結させたという逸話からきている。アスマラの町並みは、後に放射状方式に統合された主に直角の格子に基づいておりヨーロッパの古都を思わせる佇まいである。なかでも、未来派と呼ばれる1920～1930年代のイタリア・アールデコ様式の建築群は貴重な建築遺産である。アスマラは、1880年代にエチオピア皇帝のヨハネス4世時代の総督の行政庁が置かれ、1897年にイタリア領エリトリア首都となり、イタリアのアフリカ大陸進出の拠点となる「第二のローマ」として開発された。ブーゲンビリアやジャカランダが咲き乱れる町角には、美しい煉瓦づくりのヴィラや、斬新な現代建築があちこちに見られ、イタリアの遺産とアフリカの伝統的な風土が溶け合った独特の魅力を醸し出している。古来より宗教が共存してきた町でもあり、カトリック大聖堂、モスク、テワフド教会、シナゴーグなどが立ち並ぶ風景からは、異文化に寛容な懐の深い都市の魅力が感じられる。アスマラの町のシンボルであるカトリック大聖堂はロンバード-ロマネスク様式で1922年に建てられ高いゴシック様式の鐘楼はランドマークになっている。エリトリア初の世界遺産である。

文化遺産（登録基準(ii)(iv)）　2017年

ガーナ共和国（2物件 ●2）

●ヴォルタ、アクラ、中部、西部各州の砦と城塞

（Forts and Castles ,Volta Greater Accra, Central and Western Regions）

ヴォルタ、アクラ、中部、西部各州の砦と城塞は、ギニア湾に含まれるガーナのベナン湾沿いの海岸域に展開する。ポルトガル人が、15世紀半ばに、ガーナに進出したのを皮切りに、1482年から1786年にかけて、オランダ、スウェーデン、英国などの貿易商人が相次いで進出した。彼等は、金、象牙、香辛料、ゴム、それに、奴隷の交易所として、ケタとベインとの間の海岸に、大砲などを装備した喜望要塞、ケープ・コースト城、ペイシエンス要塞、アムステルダム要塞、セント・ジャゴ要塞、バテンシュタイン要塞、サン・セバスチャン要塞、メタル・クロス要塞、イングリッシュ要塞、セント・アントニー要塞、エルミナ城など数多くの要塞を建設した。今は多くが荒廃しているが、行政府、博物館、学校などとしても使用されている。

文化遺産（登録基準(vi)）　1979年

●アシャンティの伝統建築物

（Ashante Traditional Buildings）

アシャンティの伝統建築物は、ガーナ南部の都市クマジの北東にある。アシャンティ族が、17世紀に内陸部の森林地帯に日干し煉瓦に草葺き屋根と独特の装飾壁を持つ伝統建築物を築き、18世紀にアシャンティ文明の最盛期を誇ったアシャンティ王国を築いた。アシャンティ王国は、奴隷と金を白人に売って栄えたが、英国と覇を競って破れ植民地化された。建築物のなかでも、最高神ニャメを信仰するアシャンティ族が建設した神殿群は、英軍と戦った際に破壊され、現在あるものは復元されたものばかりであるが、経年と天候の為に劣化が進んでいる。

文化遺産（登録基準(v)）　1980年

カーボ・ヴェルデ共和国（1物件　● 1）

●シダーデ・ヴェリャ、リベイラ・グランデの歴史地区

（Cidade Velha Historic Centre of Ribeira Grande）

シダーデ・ヴェリャ、リベイラ・グランデの歴史地区は、アフリカの西の沖合い、バルラヴェント諸島のサンチャゴ島のリベイラ・グランデにある。シダーデ・ヴェリャ、リベイラ・グランデの歴史地区の世界遺産の登録面積は、209.1ha、バッファーゾーンは、1795.6haで、モニュメントと考古学遺跡など21の構成資産からなる。1462年にポルトガル人が初めてこの島に到達し、熱帯地域では最初となるヨーロッパ人の植民地となるリベイラ・グランデの町をつくった。シダーデ・ヴェリャは、リベイラ・グランデの歴史地区の現在の名称である。16世紀には、ヨーロッパ、サハラ以南のアフリカ、新世界との三角貿易の拠点として奴隷や植物の交易、農業、それに、ポルトガルの植民地政策上の政治や宗教の中心地として繁栄した。その為、海賊の攻撃を、しばしば受け、1585年には、英国の海賊のフランシス・ドレークによって、リベイラ・グランデの町は略奪された。リベイラ・グランデは、1712年にフランスに攻撃され、また、1770年にプライアサンチャゴが島の中心都市となった為、その重要性を失った。廃墟と化した最初の大聖堂や、レアル・デ・サン・フェリペ要塞が残されている。

文化遺産（登録基準(ii)(iii)(vi)）　2009年

ガボン共和国（2物件　○1 ◎ 1）

◎ロペ・オカンダの生態系と残存する文化的景観

（Ecosystem and Relict Cultural Landscape of Lopé-Okanda）

ロペ・オカンダの生態系と残存する文化的景観は、ガボン中央部のオゴウェ・イヴィンド州とオゴウェ・ロロ州にある登録面積（コア・ゾーン）が491,291ha　バッファー・ゾーンが150,000haの複合遺産で、熱帯雨林、それに1万5千年前の氷河期に形成され残存したサバンナの森林生態系と、ニシローランドゴリラ、マンドリル、チュウオウチンパンジー、クロコロブスなど絶滅の危機にさらされている哺乳類の生息地を含む豊かな生物多様性を誇る。また長期にわたってバンツー族やピグミー族などの民族がここを居住地としたため、新石器時代と鉄器時代の遺構や、1800点もの岩石画が、オゴウェ川渓谷のデューダ、コンゴ・ブンバー、リンディリ、エポナなどの丘陵、洞窟、岩壁に残されている。これらは、オゴウェ川渓谷沿いの西アフリカからコンゴの密林の北部やアフリカ中央部や南部へ移住しサハラ以南の発展を形成した民族移動の主要ルートであったことを反映するものである。ロペ・オカンダの生態系と残存する文化的景観は、ガボン初の世界遺産である。

複合遺産（登録基準(iii)(iv)(ix)(x)）　2007年

○イヴィンド国立公園（Ivindo National Park）

イヴィンド国立公園は、ガボンの北部、オグウェイビンド州とオグエロロ州にまたがる登録面積298,758 ha、バッファーゾーン182,268 ha、その生態系と生物多様性を誇る世界遺産である。イヴィンド国立公園は木の茂った熱帯雨林の湿地や沼地、中部アフリカ最大級のコング滝、ミングリ滝、ディディ滝などを通る、水深が深く、流れが遅いイビンド川のブラックウォーターのネットワークである。淡水魚種のち13 種は絶滅危惧種である。多様な鳥類、マルミミゾウ、ニシローランドゴリラ、チンパンジー、ヨウム、ズアカハゲチメドリ、マンドリル、ヒョウ、アフリカ・ゴールデン・キャット、3種のセンザンコウなどが生息している。

自然遺産（登録基準(ix)(x)）　2021年

カメルーン共和国（2物件　○ 2）

○ジャ・フォナル自然保護区（Dja Faunal Reserve）

ジャ・フォナル自然保護区は、カメルーンの南部、遂にはザイール川に合流する、蛇行して流れるジャ川の上流、赤道直下の熱帯雨林が広がる総面積5300km²、平均標高600mの人跡未踏の台地。ニシローランドゴリラ、チンパンジー、オオハナジログエノン、アフリカスイギュウ、ゾウ、などの野生動物、また、マホガニーなどの原生林、ラン、シダなど豊かな植物が原始のままに守られている。伝統的な狩猟生活を営む原住民ピグミー族が居住している。

自然遺産（登録基準(ix)(x)）　1987年

○サンガ川の三か国流域（Sangha Trinational）

サンガ川の三か国流域は、アフリカの中部、コンゴ川の支流であるサンガ川が流れるコンゴ、カメルーン、中央アフリカの三か国にまたがる国際的な自然景観保護地域。総面積は450万ha以上で、コンゴのヌアバレ・ンドキ国立公園、カメルーンのロベケ国立公園、中央アフリカのザンガ・ンドキ国立公園が含まれる。熱帯雨林の密林と湿原が広がる流域には、森林の間を縫って無数の小河川が大小さまざまな湖沼と共に水系生態系を形成している。三か国は2000年12月に森林景観管理協力協定に合意。また、この流域には、マルミミゾウ、西ローランド・ゴリラ、チンパンジー、ボンゴなど多様な野生動物が高密度で生息しており、生物多様性の保護上も、きわめて重要である。この地域では、自然や動物の観察だけではなく、バカ・ピグミーの生活や文化にも出会えるが、森林の伐採、道路建設、人口の増加、密猟の横行などの脅威や危険にもさらされている。

自然遺産（登録基準(ix)(x)）　2012年

コンゴ／カメルーン／中央アフリカ

ガンビア共和国（2物件　● 2）

アフリカ

●クンタ・キンテ島と関連遺跡群
（Kunta Kinteh Island and Related Sites）
クンタ・キンテ島と関連遺跡群は、首都バンジュールの東南約35km、ガンビア川の上流約30km、ジュフレーの近くの小さな島、クンタ・キンテ島（旧ジェームズ島）にある。旧ジェームズ島の名前は、英国人のジェームズ第3世の名前に由来していたが、ガンビア政府は、アメリカの作家アレックス・ヘイリーが1976年に著した小説「ルーツ」の主人公のガンビア人の名前に因んで、2011年2月6日にクンタ・キンテ島に変更した。クンタ・キンテ島にある要塞は、1651年に、英国に捕獲されたドイツ人によって建設されたが、ガンビア川の入口のバラポイントとバサースト（現在のバンジュール）に新しい要塞が建設されたことにより、その戦略的な地位を失った。この要塞は、奴隷貿易が廃止されるまで、人類の「負の遺産」である奴隷の積み出し地であった。2003年に「ジェームズ島と関連遺跡」として世界遺産登録されたが、2011年の第35回世界遺産委員会パリ会議で、現在の登録遺産名に変更した。
文化遺産（登録基準(iii)(vi)）　2003年

●セネガンビアの環状列石群
（Stone Circles of Senegambia）
セネガンビアの環状列石群は、ガンビアのセントラル・リバー区とセネガルの カオラック地域に分布する。セネガンビアの環状列石群は、ガンビア川の350kmに沿った幅100kmの地帯に集積する1000以上の遺跡を代表する4つの大きな環状列石群からなる。紀元前3世紀から紀元後16世紀の間のものと思われる93以上の環状列石からなるシネ・ンガエネ、ワナール、ワッス、ケルバチの4つの群とおびただしい数の塚、古墳が発掘された。紅土の支柱からなる環状列石と一連の古墳は、1500年以上にもわたって生み出された広大な聖なる景観を呈する。それは、繁栄し高度に組織化された継続した社会を反映している。石群は、鉄の道具で、採石され、巧みにほとんど同一の円柱状、或は、約2mの高さで多角形の17トンの支柱で形成されている。各サークルには、8～14の支柱があり、直径は4～6mである。全ては、古墳の近くに立地している。セネガンビアの環状列石群は、大きさ、密度、複雑性など世界的にも比類のない地域の広大な巨石地帯を代表するものである。
文化遺産（登録基準(i)(iii)）　2006年
セネガル／ガンビア

ギニア共和国（1物件　○1）

○ニンバ山厳正自然保護区
（Mount Nimba Strict Nature Reserve）
ニンバ山厳正自然保護区は、ギニア、コートジボワール、リベリアの3国にまたがる総面積220km²の熱帯雨林の自然保護区。西アフリカで最も高い標高1752mのニンバ山を中心にマホガニーなど原始の広大な密林が広がる為、この地固有のネズミ科の哺乳類や珍しい昆虫類、貴重な地衣類、真菌類、コケ類などの植物も豊富で、1980年にはギニア側のニンバ山はユネスコのMAB生物圏保護区に指定されている。1992年に、鉄鉱山開発、難民流入、森林伐採、不法放牧、河川の汚染の理由で「危機にさらされている世界遺産リスト」に登録された。京都大学霊長類研究所が「西および東アフリカに生息する大型類人猿の行動・生態学の研究」の為、ニンバ山やボッソウのチンパンジー生息地についても調査を行ってきた。今後の課題として、リベリア側も登録範囲に含めることが期待される。
自然遺産（登録基準(ix)(x)）　1981年／1982年
★【危機遺産】1992年
ギニア／コートジボワール

ケニア共和国（7物件　○3　●4）

○ツルカナ湖の国立公園群
（Lake Turkana National Parks）
ツルカナ湖の国立公園群は、ケニア北部の「黒い水」と呼ばれるツルカナ湖の東海岸にあり、シビロイ国立公園、セントラル・アイランド国立公園、サウス・アイランド国立公園の構成資産からなる。アフリカ大地溝帯にあり、ナイルスズキや多くの鳥類が棲むツルカナ湖の生態系や生息環境は、動植物の貴重な研究地区となっている。また、この湖はナイル・ワニやカバの繁殖地で、1970年代に哺乳類の化石等が発見され、湖底の古代環境の研究も進められている。2001年に登録範囲をサウス・アイランド国立公園も含め、以前の「シビロイ／セントラル・アイランド国立公園」（1997年12月登録）から登録名称も変更になった。2018年の第42回世界遺産委員会マナーマ会議で、エチオピアのギベⅢ（GibeⅢ）ダム建設による湖面水位の低下と塩分濃度の上昇により生態系が破壊される危惧があることから「危機遺産リスト」に登録された。
自然遺産（登録基準(viii)(x)）　1997年／2001年
★【危機遺産】2018年

○ケニア山国立公園／自然林
（Mount Kenya National Park／Natural Forest）
ケニア山国立公園／自然林は、首都ナイロビから北方へ約100km、ケニアの中央部にある大自然と動物たちの楽園。その中に、アフリカ第2の高山で、かつては、土地の言葉で「キリニャガ」（輝く山）と呼ばれていたケニア山（5199m）が、シンボリックにそびえ立っている。赤道直下にあるが、約300万年前の火山活動によって隆起したチンダル氷河など12か所の氷河帯とU字型の氷河渓谷があり、万年雪を頂く頂上部は、最高峰のバチアンと第2のポイント・ネリオンの2つの峰をもっている。氷河を冠した頂上と中腹の森林地帯は、東アフリカ第一級の絶景をなしており、標高4000m前後には湖、2000～

3000m以下に森林地帯が、2000m以下の山麓には高原が広がっている。標高3600m以上の高山帯では、アフリカ固有のジャイアント・セネシオなどの高山植物が群生しており、植物生態系の貴重な研究対象となっている。また、ゾウ、バッファロー、カモシカなどの野生動物も数多く生息する。20世紀の初頭からチンダル氷河などは一貫して後退し、これに伴い各植物相は前進、今後の地球温暖化がアフリカ高山の生態系に及ぼす影響を調査する標本にもなっている。1949年にケニア山国立公園となり、ケニア野生生物公社の保護管理下に置かれている。2013年の第37回世界遺産委員会プノンペン会議で、レワ野生生物保護区(LWC)とンガレ・ンダレ森林保護区(NNFR)を含め登録範囲を拡大した。
自然遺産（登録基準(vii)(ix)）　1997年／2013年

●ラムの旧市街（Lamu Old Town）
ラムは、ケニアの東部、ソマリアとの国境近くにある小さなラム島にある。ラムは、東アフリカのスワヒリ族（スワヒリは、「海岸」の意）の住居で、最も古くてよく保存された事例。ラムの旧市街は、現在まで、その歴史や文化を損なうことなく建物もそのままの形で保持してきた。珊瑚とマングローブの木材を使った伝統的なスワヒリの技法で造られたユニークな町並みは、重厚なドアなどに特色がある建築様式にも反映されている。かつて、アラブとの交易で栄えた東アフリカの最も重要な貿易センターであったラムは、文化的にも重要な影響を各地に与えた。それは、イスラムとスワヒリの重要な宗教的な役割と教育の中心地であったことである。ラムは、近年、開発が進み人口や旅行者数が増加し、町並みの維持など新たな課題を抱えている。
文化遺産（登録基準(ii)(iv)(vi)）　2001年

●神聖なミジケンダ族のカヤ森林群
（Sacred Mijikenda Kaya Forests）
神聖なミジケンダ族のカヤ森林群は、東部アフリカ、ケニアのインド洋海岸地方の平野や丘陵に200kmにもわたって広がる11の森林からなる。神聖なミジケンダ族のカヤ森林群は、外部の侵略者から集落を隠す要塞の役割があったと伝えられている。神聖なミジケンダ族のカヤ森林群は、16世紀につくられ、1940年代に放棄された。現在は、神々や先祖の住居である神聖な場所として崇められ、長老の評議会によって維持されている。神聖なミジケンダ族のカヤ森林群は、先人から継承されてきた生きた伝統文化として、引き継がれてきた。ミジケンダ族は、高台などの戦略拠点に植林しカヤの森林をつくってきたが、現在は、開発等の影響で森林は減少しつつある。神聖なミジケンダ族のカヤ森林群に、来訪者は、原則、入ることはできないが、伝統行事の期間中に限り、地元ガイドの案内で森林内を歩くことができるカヤ・エコツーリズム・プロジェクトを実施している。
文化遺産（登録基準(iii)(v)(vi)）　2008年

●モンバサのジーザス要塞（Fort Jesus, Mombasa）
モンバサのジーザス要塞は、ケニアの南部、海岸州の州都モンバサの入港部の海を見下ろす高台にある。モンバサのジーザス要塞は、ジオヴァンニ・バティスタ・カイラティの設計で、当時、モンバサを支配していたポルトガル人がモンバサ港を守る為に1593～1596年に建設した。モンバサのジーザス要塞は、この種の建設史において、16世紀のポルトガルの軍事要塞のランドマークとして、最も顕著でよく保存されている事例の一つである。ジーザス要塞の配置と形は、ルネッサンスの理想を反映したものであり、人間の体にたとえると完全な均衡と幾何学的な調和が見事である。イギリスの植民地支配の時代には、監獄として利用された悲しい歴史ももっている。現在は、フォート・ジーザス国立博物館として一般公開されており、大砲などが展示されている。
文化遺産（登録基準(ii)(v)）　2011年

○大地溝帯のケニアの湖水システム
（Kenya Lake System in the Great Rift Valley）
大地溝帯のケニアの湖水システムは、アフリカ大陸の東部、ケニアの中央部のリフトバレー州にある。ケニアの湖水システムは、総面積32,034ha、3つのアルカリ性の浅い湖群であるボゴリア湖(10,700ha)、ナクル湖(18,800ha)、エレメンタイタ湖(2,534ha)と周辺地域からなる。これらの湖群は、主に地殻変動や火山活動が特有の景観を形成した巨大な地溝帯の上で見つかっている。世界で最大級の鳥類の多様性や13種の絶滅危惧鳥類が、これらの相関する小さな湖水システムの中で記録されており野鳥の宝庫である。通年、400万羽ものコフラミンゴが3つの浅い湖群間を移動する野生的な美しい光景が際立っている。他にも、クロサイ、キリン、ライオン、チーター、ヒョウなど多くの野生動物が見られる。火山の噴出物のある大地溝帯は、温泉群、間欠泉、険しい断崖で囲まれており、湖群の周辺の自然環境は、類ない自然体験の場になっている。
自然遺産（登録基準(vii)(ix)(x)）　2011年

●ティムリカ・オヒンガの考古学遺跡
（Thimlich Ohinga Archaeological Site, Kenya）
ティムリカ・オヒンガの考古学遺跡は、ケニアの西部のヴィクトリア湖地域、ニャンザ州ミゴリ県の北西46kmにある14世紀以来の石造の集落遺跡である。世界遺産の登録面積は21ha、バッファーゾーンは33ha、構成資産は14 世紀以降にバントゥー系の人々（Bantu）やナイロック系の人々（Nilotic）によって築かれたコチェン（Kochieng）、カクク（Kakuku）、コケッチ（Koketch）、コルオチ（Koluoch）などの5 つの集落（オヒンガ（Ohinga））からなる石造構造物群である。ティムリカ・オヒンガの考古学遺跡は、共同生活の仕組みの石垣の居住地である。文化的な伝統を反映する工芸産業と家畜は、 16世紀から20世紀の半ば、ヴィクトリア湖の流域のニャンザ州の遊牧社会によって発展した。ティムリカ・オヒンガは、大規模な石垣の囲いで保存された最大、最善のものである。オヒンガは、主に、コミュニティーと家畜の安全の為に供されたが、家系に結びつく社会的な連帯や関係を明らかにした。それぞれのオヒンガの中には囲いがあり、それに隣接して小規模な増築がなされている。鍛冶屋の囲いと呼ばれる製錬や鉄工の場もある。深い森林が石で築かれた囲いを取り囲んでおり、ここに住む人々が守られてきた。

文化遺産　登録基準（(iii)（iv）（v)）　2018年

コートジボワール共和国（4物件　○3　●2）

○ニンバ山厳正自然保護区

（Mount Nimba Strict Nature Reserve）

自然遺産（登録基準(ix)(x)）　1981年／1982年

★【危機遺産】1992年

（ギニア／コートジボワール）　→ギニア

○タイ国立公園（Taï National Park）

タイ国立公園は、コートジボワール南西部のリベリアとの国境を流れるカヴァレイ川とササンドラ川の間の低地にある。タイ国立公園は、西部アフリカに残された最後の原生熱帯多雨林地帯の1つとして、1972年に3300km²が国立公園に（1977年に隣接地1560km²が監視地区に）指定された。高温多湿の気候の為、樹高40～50mの巨木がジャングルに育ち、アフリカゾウ、チンパンジー、アカコロブス、ダイアナモンキー、ワニ、ヒョウ、アフリカ・スイギュウ、コビトカバ、イボイノシシ、ジャコウネコ、それに多数の鳥類など豊かな生物相を誇る国立公園。一方、森林伐採には歯止めがかかっているものの、あとを絶たない心ない密猟によるアフリカゾウなどの生息数の減少、それに多くの希少な動植物の種の絶滅も危惧されている。環境教育プログラムを通じてこの地域の保護の大切さが叫ばれ、エコ・ツーリズムなども実施されている。

自然遺産（登録基準(vii)(x)）　1982年

○コモエ国立公園（Comoé National Park）

コモエ国立公園は、コートジボワールの北東部にある西部アフリカ最大の面積11500km²、海抜250～300mの台地とコモエ川流域に展開する、森林、サバンナ、草原である。1968年に国立公園に指定された。保護地域としても、西アフリカで最大級である。これらの豊かな自然環境は、草原のアフリカゾウ、ライオン、ヒョウ、イボイノシシ、ワニ、アンテロープ(レイヨウ)、サル、チンパンジー、カバなどの動物やアフリカで最多種を誇るコウノトリ、ハゲワシなど400種の鳥類など多様な野生動物と多種の野生植物を育んでいる。コモエ国立公園は、1983年にユネスコのMAB計画による生物多様性保護区にも指定されている。狩猟は、全面的に禁止されているが、密猟者が絶えない。野生動物の密猟、大規模な牧畜、管理不在の理由で、2003年に「危機にさらされている世界遺産リスト」に登録された。内戦の終結、保護活動の進展など改善措置が講じられた為、2017年の第41回世界遺産委員会クラクフ会議で「危機遺産リスト」から解除された。

自然遺産（登録基準(ix)(x)）　1983年

●グラン・バッサムの歴史都市

（Historic town of Grand-Bassam）

グラン・バッサムの歴史都市は、コートジボワールの南部の都市アビジャンから東へ50km離れたギニア湾岸にあるフランス人植民者が建設した歴史の街である。1893年から1896年までフランス領コートジボワールの最初の首都であったが、黄熱病の流行により首都はバンジェルヴィルへと遷都された。グラン・バッサムは、19世紀後半から20世紀初頭にかけての計画された植民都市で、商業、行政、ヨーロッパ人用の住居、アフリカ人用の住居、と用途地区が区画されている。エブリエ干潟を挟んで、南側の旧市街のアンシャン・バッサム（古バッサム）と北側の新市街のヌーヴォ・バッサム（新バッサム）とは橋で繋がっている。グラン・バッサムは、コートジボワールで最も重要な港であり、経済、司法の中心地であった。世界遺産の登録範囲には、旧市街のアンシャン・バッサム（古バッサム）を中心に、エブリエ干潟の入口にある灯台、それにアフリカ人の漁村であるンズィマ村も含む。グラン・バッサムは、西洋人とアフリカ人の社会的な関係を今に伝える貴重な文化遺産である。

文化遺産（登録基準(iii)(iv)）　2012年

●コートジボワール北部のスーダン様式のモスク群

（Sudanese style mosques in northern Côte d'Ivoire）

コートジボワール北部のスーダン様式のモスク群は、コートジボワール北部、サヴァネス地区にある、登録面積0.1298 ha、バッファーゾーン2.3293 haのスーダン様式のモスク群で、テングレラ・モスク、クト・モスク、ソロバンゴ・モスク、サマティリア・ミッシリバ・モスク、ナムビラ・ナンボウラ・ミッシリ・コロ・モスク、コングのグランド・モスク、コングの小モスク、カウアラ・モスクの8つの構成資産からなる。17～19世紀に造られたこれらのモスク群の特徴は、特有の日干しにした泥土、突き出た材木、陶器やダチョウの卵を冠した垂直の支え、ミナレット（尖塔）などである。このような建築様式は、14世紀頃、サハラ砂漠を越えた北アフリカとの金や塩の貿易で栄え、後にマリ帝国の一部になったジェンネの町で生まれたと考えられている。特に、16世紀以降は、砂漠地帯からスーダンのサバンナ地帯へと南下し、湿潤な気候に対応してより低く、より強固な支えを持つ様式へと変化していった。西アフリカのサバンナ地域に特有のこれらのモスク群はスーダン様式と呼ばれ、イスラム教の建築様式と現地の建築様式とが融合した独特の様式で、イスラム教やイスラム文化の拡大を促進したサハラ交易の重要な証拠ともいえる。
文化遺産(登録基準(ii)(iv))　2021年

コンゴ共和国（1物件　軽1）

○**サンガ川の三か国流域**（Sangha Trinational）
自然遺産（登録基準(ix)(x)）　2012年
（コンゴ／カメルーン／中央アフリカ）
→カメルーン

コンゴ民主共和国（旧ザイール）（5物件　○5）

○**ヴィルンガ国立公園**（Virunga National Park）
ヴィルンガ国立公園(旧アルベール国立公園)は、赤道直下の熱帯雨林帯から5110mのルウェンゾリ山迄の多様な生態系を包含し、ルワンダとウガンダの国境沿いに南北約300km、東西約50kmにわたって広がる1925年に指定されたアフリカ最古の国立公園で、鳥類も豊富であり、ラムサール条約の登録湿地にもなっている。ヴィルンガ山脈を越えると南方にはキブ湖が広がり風光明媚。大型霊長類のマウンテン・ゴリラの聖域で、ジョンバ・サンクチュアリは、その生息地であるが、密猟などで絶滅危惧種となっている。また、中央部のエドワード湖には、かつては20000頭のカバが生息していたが、現在は800頭ほどにも激減している。難民流入、密猟などにより1994年に「危機にさらされている世界遺産リスト」に登録された。2008年10月、北キヴ州での政府軍と反政府勢力との衝突激化で、マウンテン・ゴリラの生息地も被害を受けた。2007年の第31回世界遺産委員会で監視強化メカニズムが適用された。
自然遺産（登録基準(vii)(viii)(x)）　1979年
★【危機遺産】1994年

○**ガランバ国立公園**（Garamba National Park）
ガランバ国立公園は、コンゴ民主共和国の北東部、スーダンとの国境の白ナイル川上流に広がる一大サバンナ地帯。1938年に国立公園に指定された標高800m前後のガランバ国立園内には、アカ川やガランバ川が流れ、森や沼が点在する。典型的なサバンナ気候で、スーダンとコンゴにしかいない絶滅の危機にさらされているキタシロサイ、また、キリン、アフリカゾウ、カバなどの大型哺乳動物の生息に適している。キタシロサイなどの密猟がたえず1984年に「危機にさらされている世界遺産」に登録されたが、当局が密猟者対策を講じ、十分な成果を挙げることに成功、1992年に危機遺産リストから解除された。しかし、その後ウガンダ反政府武装組織「神の抵抗軍」(LRA)や難民の流入、国内の治安の悪化などによって、キタシロサイの密猟が再発、1996年に再び「危機にさらされている世界遺産」に登録された。2007年の第31回世界遺産委員会で監視強化メカニズムが適用された。
自然遺産（登録基準(vii)(x)）　1980年
★【危機遺産】1996年

○**カフジ・ビエガ国立公園**（Kahuzi-Biega National Park）
カフジ・ビエガ国立公園は、ルワンダとの国境にあるキブ湖の西岸にある。地名の由来が示すように、カフジ山(3, 308m)とビエガ山(2, 790m)の高山性熱帯雨林と竹の密林、沼地、泥炭湿原の特徴をもつ。1970年に国立公園に指定されたのは絶滅が危惧されている固有種のヒガシローランド・ゴリラの保護が目的であったが、国立公園内にはチンパンジー、ヒョウ、サーバルキャット、マングース、ゾウ、アフリカ・スイギュウや多くの鳥類も生息している。1997年、密猟、地域紛争、難民流入、過剰伐採に森林破壊などの理由で「危機にさらされている世界遺産」に登録された。2007年の第31回世界遺産委員会で、ルワンダ解放民主軍（FDLR）やコルタン鉱石の採掘などに対する政府の対応など監視強化メカニズムが適用された。
自然遺産（登録基準(x)）　1980年
★【危機遺産】1997年

○**サロンガ国立公園**（Salonga National Park）
サロンガ国立公園は、コンゴ民主共和国中央部のコンゴ盆地にあり、コンゴ川、ロメラ川、サロンガ川などの河川が流れている。サロンガ国立公園は、コンゴ民主共和国最大の国立公園で、アフリカの国立公園の中でも第2位の規模を誇り、赤道直下に広がる熱帯原生林を保護する為に1970年に国立公園に指定された。高温多湿の深い密林、それにロメラ川の急流が、ピグミー・チンパンジーのボノボ、オカピ、クロコダイル、コンゴクジャク、ボンゴ、センザンコウなど貴重な動植物の保護に役立っている。 1999年に密猟や住宅建設などの都市化が進行し、「危機遺産リスト」に登録された。2007年の第31回世界遺産委員会で監視強化メカニズムが適用された。その後、関係当局の努力によって保護管理状況が改善された為、2021年の第44回世界遺産委員会福州会議で「危機遺産リスト」から解除された。
然遺産（登録基準(vii)(ix)）　1984年/1999年/2021年

○**オカピ野生動物保護区**（Okapi Wildlife Reserve）
オカピ野生動物保護区は、コンゴ民主共和国の北東部、エプル川沿岸の森林地帯にある。オカピ野生動物保護区は、イトゥリの森と呼ばれるコンゴ盆地東端部のアフリカマホガニーやアフリカチークなど7,000種にのぼる樹種が繁る熱帯雨林丘陵地域の5分の1を占める。絶滅に瀕している霊長類や鳥類、そして、5,000頭の幻の珍獣といわれるオカピ(ウマとロバの中間ぐらいの大きさ)が生息している。また、イトゥリの滝やエプル川の景観も素晴しく、伝統的な狩猟人種のピグミーのムブティ族やエフエ族の住居もこの野生動物保護区にある。森林資源の宝庫ともいえるイトゥリの森では、森林の伐採が進んでおり、伝統的な狩猟民や農耕民の生活にも大きな打撃を与えることが心配されている。オカピ野生動物保護区は、1997年に、武力紛争、森林の伐採、金の採掘、密猟などの理由で「危機にさらされている世界遺産リスト」に登録された。2007年の第31回世界遺産委員会で監視強化メカニズムが適用された。
自然遺産（登録基準(x)）　1996年
★【危機遺産】1997年

ザンビア共和国（1物件　○1）

○モシ・オア・トゥニャ（ヴィクトリア瀑布）
（Mosi-oa-Tunya/ Victoria Falls）
モシ・オア・トゥニャ（ヴィクトリア瀑布）は、ザンビアの南部州リヴィングストン地区とジンバブエの北マタベレランド州ワンゲ地区にあり、ナイアガラの滝、イグアスの滝と共に世界三大瀑布のひとつである。幅1700m、最大落差150mでザンビアとジンバブエ両国境を流れる南アフリカ一の大河ザンベジ川の中流に、轟音を響かせる水煙のパノラマを展開する。現地語のモシ・オア・トゥニャは、「雷鳴のような水煙」の意。その水量は、最大時毎分54万トンと膨大で、滝の水煙は30km先からも見えるといわれる。この滝を1855年11月16日に初めて探検した英人探検家のデヴィット・リヴィングストン（1813～1873年）が名付け親で、母国英国のヴィクトリア女王（1837～1901年）の名前に由来する。滝から数キロメートル上流の動物公園では、キリン、バッファロー、シマウマ、テン、エランド、レイヨウなどが見られる。モシ・オア・トゥニャ（ヴィクトリア瀑布）は、都市開発、観光客の増加、外来種などの脅威や危険への対応策など、ザンビアとジンバブエ両国による共同の保護管理計画の策定が求められている。
自然遺産（登録基準(vii)(viii)）　1989年
ザンビア／ジンバブエ

ジンバブエ共和国（5物件　○2　●3）

○マナ・プールズ国立公園、サピとチェウォールのサファリ地域
（Mana Pools National Park, Sapi and Chewore Safari Areas）
マナ・プールズ国立公園、サピとチェウォールのサファリ地域は、ジンバブエの北部、マショナランド地方の1000m近いザンベジ高地のザンビア谷の一部にある。ザンベジ川の中流、大地構帯の断層が横切る堆積盆地周辺に広がる草原と森林地帯6766km²に、ゾウ、サバンナシマウマ、アフリカスイギュウ、インパラなどの草食動物、水辺のワニ、鳥類300種以上が生息する。ザンベジ川は定期的に氾濫し、肥沃な土壌を形成し、多くの動物の生息に適した地域を造り上げた。ザンベジ川の岸辺は絶滅の危機に瀕したナイルワニの貴重な生息地としても知られている。この地域は、肉食性哺乳動物は少ないので、ガイドなしのサファリ観光が楽しめる。
自然遺産（登録基準(vii)(ix)(x)）　1984年

●グレート・ジンバブエ遺跡
（Great Zimbabwe National Monument）
グレート・ジンバブエ遺跡は、ジンバブエの南部、ハラレの南約250kmに広がる巨大石造遺跡。グレート・ジンバブエ遺跡は、宮殿、神殿、要塞、住居、家畜小屋などから構成される3部分、すなわち、花崗岩の丘の上に建つ「アクロポリス」、平地にある「神殿」、アクロポリスと神殿との間にある石造りの集落の「谷の遺跡」からなる。11～18世紀にショナ族とロズウィ族がジンバブエ（石の家）と呼ばれる石造建築をあちこちに建設したが、その中で最も壮大なのがグレート・ジンバブエ遺跡。ジンバブエの国民の誇りとされるグレート・ジンバブエ遺跡は、ジンバブエ文化を伝える遺産で、国立記念物にも指定されている。また、古くは、インド貿易によって栄えたジンバブエ、そして、1980年に白人少数支配から黒人主体国家へと移行し、現在のジンバブエという国名になった時も、この遺跡に因んで名前がつけられたという。「アクロポリス」で発見された「鳥神柱」は、国家のシンボル「ジンバブエ・バード」になっている。
文化遺産（登録基準(i)(iii)(vi)）　1986年

●カミ遺跡国立記念物
（Khami Ruins National Monument）
カミ遺跡は、ジンバブエの南西部を流れるカミ川の西側、ブラワヨの22km西に広がる約1km²の石造遺跡群で、ジンバブエ文化の一環をなす。15世紀中頃にトルワ王国の首都となり、17世紀頃まで存続していた。ロズウィ族の技法を用いて煉瓦状の花崗岩の石材を積み重ねたものである。カミ遺跡国立記念物からは、ビーズや金製品、鉄器、宋、元、明の青磁や白磁、染付など中国、ポルトガル、ドイツ、北アフリカとの交易品が数多く出土している。石造建築、金製品や銀製品は、グレート・ジンバブエのものよりも加工技術が発展している様子がうかがえる。
文化遺産（登録基準(iii)(iv)）　1986年

○モシ・オア・トゥニャ（ヴィクトリア瀑布）
（Mosi-oa-Tunya/ Victoria Falls）
自然遺産（登録基準(vii)(viii)）　1989年
（ザンビア／ジンバブエ）→ザンビア

●マトボ丘陵（Matobo Hills）
マトボ丘陵は、ジンバブエ第2の都市ブラワヨの南40kmにあるサバンナと起伏に富んだ岩山である。マトボとは、禿げ頭を意味している。マトボ丘陵は、洞窟や岩肌

に描かれた古代の岩壁画や花崗岩の奇岩の地形が特色で、1904年に国立公園に指定されている。野生動物は、黒と白のサイ、黒ワシ、ヒョウ、キリン、シマウマ、クロテン、それにヒヒが生息している。マトボ丘陵は、その景観と崩れそうな岩の地形がすばらしい。かつてのローデシアゆかりのセシル・ローズ（1853～1902年）の墓、16世紀に繁栄したトルワ族の砦、既に世界遺産になっているカミ遺跡国立記念物が近くにある。
文化遺産（登録基準(iii)(v)(vi)）　2003年

セイシェル共和国（2物件　○ 2）

○アルダブラ環礁（Aldabra Atoll）
アルダブラ環礁は、アフリカ東海岸から640km、インド洋上にある珊瑚礁で、総面積約155km²、海抜3mの4つの珊瑚島から構成されている。太古のゴンドワナ大陸から分かれたとされる島は、生息数世界一を誇るアルダブラ・ゾウガメの生息地、絶滅危惧種のタイマイやアオウミガメの産卵地、固有鳥のクロトキ、ノドジロクイナ、グンカンドリなど豊富な種類の鳥の生息地としても有名である。1960年代以来、環礁全体の調査、タイマイやアオウミガメの生息数の調査などの科学調査、それに、セイシェル政府の気象観測所が設置されている。
自然遺産（登録基準(vii)(ix)(x)）　1982年

○バレ・ドゥ・メ自然保護区
（Vallée de Mai Nature Reserve）
バレ・ドゥ・メは、マヘ島の北東50kmにあるプラスリン島のプラスリン国立公園の中心部にある。バレ・ドゥ・メは、「巨人の谷」を意味する名の渓谷で、自然保護区に指定されている。バレ・ドゥ・メは、その実が30cmを超えるセイシェル固有のココ・デ・メールと呼ばれる天然ヤシの原生林など樹齢百年の巨大な木々が繁茂している。ココ・デ・メールは、かつては、深海に生えるヤシの木から取れる海のココナツだと信じられていた。バレ・ドゥ・メには、クロインコ、セイシェル・キアシヒヨドリ、セイシェル・タイヨウチョウ、セイシェル・ルリバトなど世界的に珍しい鳥が生息している。
自然遺産（登録基準(vii)(viii)(ix)(x)）　1983年

セネガル共和国（7物件　○2　● 5）

●ゴレ島（Island of Goree）
ゴレ島は、首都ダカールの沖合3kmの大西洋上に浮かぶ島。奴隷貿易中継の島として、1814年に、フランスで奴隷貿易が廃止される頃まで使用された。島の南北の最長部分が900m、東西が300mの小さなゴレ島には、人類の罪科を如実に示す負の遺産ともいえる、鎖でつながれていた狭くて暗い奴隷の収容所、奴隷の売買が行われた商館、一方、セネガルで最も古いイスラム教の石のモスク、古典主義様式のカトリックの聖堂なども残る。当初、ポルトガル人がこの島にやって来た頃は、商業基地として栄えたが、その後、西アフリカ地方等から集められた黒人奴隷、アラビアゴム、黄金、密蝋などの交易を巡って、英国、フランス、オランダ、ポルトガルが商権を激しく競い合い、「絶好の錨地」という意味をもつゴレ島の領有権は、転々とした歴史をもつ。1777年頃に建てられ奴隷の積み出し場として使われた「奴隷の家」は、現在、歴史博物館として一般公開されている。現在は、家並みも変り、観光客も多い。尚、ゴレ島などフランス領西アフリカ(AOF)の記録史料は、「世界の記憶」に登録されており、セネガル公文書局(ダカール)に収蔵されている。
文化遺産（登録基準(vi)）　1978年

○ニオコロ・コバ国立公園
（Niokolo-Koba National Park）
ニオコロ・コバ国立公園は、セネガルの南西部、ギニアとの国境近くのタンバクンダ地方にある総面積913000haの西部アフリカ最大の自然公園。国立公園内を流れるガンビア川を本流に、北東にはニオコロ・コバ川、西にはクルントゥ川が蛇行を繰り返し、森林や草原など豊かな緑を潤している。公園の大部分は、乾燥地帯であるスーダン・サバンナから湿地地帯のギニア森林への移行地帯となっており、2つの植生区分をもつ。そのため、生息する動物も多種多彩で、絶滅の危機にあるジャイアントイランドやイランド、コーブ、ローンアンテロープ、ハーテービースト、キリン、ライオン、ヒョウ、カバ、アフリカゾウ、ナイルワニなどが見られる。哺乳類は約80種、その他、330種の鳥類、36種の爬虫類、20種の両生類、60種の魚類が生息する。植物も1500種類に及んでいる。アフリカゾウやキリン、ライオンなど密猟が後を絶たず、その数が激減しており問題化している。2007年に、密猟の横行、ダム建設計画などの理由から、「危機にさらされている世界遺産リスト」に登録された。
自然遺産（登録基準(x)）　1981年
★【危機遺産】2007年

○ジュジ国立鳥類保護区
（Djoudj National Bird Sanctuary）
ジュジ国立鳥類保護区は、セネガル川河口の三角州からサハラ砂漠の最西端に接する地域に広がり、1977年にラムサール条約にも登録されている湿地。北西部の植物が豊かに茂っている緑地を目指して、ヨーロッパ大陸や東部アフリカから冬季にはオオフラミンゴ、モモイロペリカン、ガン、カモ、サギ、ツル、トキ、ワシ、タカなど300万羽もの渡り鳥が飛来し越冬する。近年、砂漠化、農業排水による水質汚染、それに水草の大量発生による生態系や自然環境の悪化が深刻化している。2000年には危機遺産に登録されたが、バイオ・コントロールを講じたことにより湿地への侵入植物種の脅威を根絶したとして、2006年危機遺産から解除された。
自然遺産（登録基準(vii)(x)）　1981年

●**サン・ルイ島**（Island of Saint-Louis）
サン・ルイ島は、セネガルの北部、セネガル川の河口にあり、本土とはフェデルブ橋で結ばれている。サン・ルイ島は、1683年頃にフランスの植民地になり、サン・ルイに総督府がおかれた。また、サン・ルイは、アフリカ西海岸最古のヨーロッパ人の町で、1872年から1957年までの間、セネガルの首都であり、西アフリカ諸国のなかで、経済的にも文化的にも重要な役割を果たした。サン・ルイ島の都市計画や都市構造、そして、港湾都市としての波止場の仕組みは独特である。サン・テクジュペリの小説「星の王子様」は、ここで書き上げられたことでも知られている。
文化遺産（登録基準(ii)(iv)）　2000年／2007年

●**セネガンビアの環状列石群**
（Stone Circles of Senegambia）
文化遺産（登録基準(i)(iii)）　2006年
（セネガル／ガンビア）→ガンビア

●**サルーム・デルタ**（Saloum Delta）
サルーム・デルタは、セネガルの西部、ティエス州とファティック州にまたがるサルーム川、ディオンボス川、バンディアラ川の3つの川の河口によって形成された三角州である。サルーム・デルタでは、長年、人々が生活の糧とした貝の採集や魚釣りが行われ、積年のうちに貝塚が形成された。サルーム・デルタの周辺は、約200の島々、砂州群、干潟群、水路群、マングローブ林、大西洋の海洋環境、乾燥林などの自然環境に恵まれている。先人が残した保存状態の良い218の貝塚と28の古墳丘と周辺の自然環境は、類いない独自の文化的景観を形成している。サルーム・デルタは、三角州での人間の生活や文化の理解、それに、西アフリカの沿岸での人類の定住の歴史を物語る証拠である。複合遺産として登録推薦されたが、自然遺産としての価値は認められず、文化遺産として登録された。
文化遺産（登録基準(iii)(iv)(v)）　2011年

●**バサリ地方：バサリ族、フラ族、それにベディク族の文化的景観群**
（Bassari Country: Bassari, Fula and Bedik Cultural Landscapes）
バサリ地方：バサリ族、フラ族、それにベディク族の文化的景観群は、セネガルの南東部にある3つの地理的な地域、バサリ族のサルマタ地域、フラ族のディンデフェロ地域、ベディク族のバンダファッシ地域からなる。バサリ地方は、バサリ族、プル族、ベディク族、コニアギ族、バペン族などの少数民族が11～19世紀にかけて定住し、周辺の自然環境と共生・融合しながら特有の文化を発展させた。バサリ地方の景観の特色は、分散した村落群、小さな集落群、考古学遺跡群、台地と水田にある。バサリ族は、米、雑穀、エンドウ、メヒシバを育てて生活する自給自足の農耕民族。また、急勾配の茅葺きの屋根をもつ小屋の一群からなるベディク族の村落群は、農牧、社会、生活、儀式、精神的慣習の固有の習性を背景とした文化表現が特色である。西アフリカのバサリ地方は、固有の家屋など伝統的な多文化の景観が良好に保存されている。
文化遺産（登録基準(iii)(v)(vi)）　2012年

タンザニア連合共和国（7物件　○3　●3　◎1）

◎**ンゴロンゴロ保全地域**（Ngorongoro Conservation Area）
ンゴロンゴロ保全地域は、タンザニアの北部、アルーシャ州に広がる。ンゴロンゴロ山の面積264km²の火口原を中心とした南北16km、東西19kmの大草原。外輪山の高さは800m、火口原には、キリン、ライオン、クロサイなど多くの動物が、クレーターの湖や沼には、カバ、水牛、フラミンゴが生息、保全地域の西端のオルドゥヴァイ峡谷では、アウストラロピテクス・ボイセイやホモ・ハビリスなど直立歩行をした人類最古の頭蓋骨も出土している。ンゴロンゴロ保全地域は、2010年の第34回世界遺産委員会ブラジリア会議で、オルドゥヴァイ峡谷の発掘調査によって、360万年前の初期人類の二足歩行の足跡が発見されたラエトリ遺跡の文化遺産としての価値が評価され、複合遺産になった。
複合遺産（登録基準(iv)(vi)(viii)(ix)(x)）
1979年／2010年

●**キルワ・キシワーニとソンゴ・ムナラの遺跡**
（Ruins of Kilwa Kisiwani and Ruins of Songo Mnara）
キルワ・キシワーニとソンゴ・ムナラの遺跡群は、タンザニア南部のインド洋上に浮かぶ2つの小さな島にある。キルワ・キシワーニ島は、モロッコ出身の大旅行家イブン・バトゥータ（1304年～1368年／1369年或は1377年）の旅行記「三大陸周遊記」やミルトン（1608～74年）の「失楽園」にも登場する。キルワ・キシワーニ島は、13～16世紀に、金、銀、真珠、香水、アラビアの陶器、ペルシャの陶磁器、中国の磁器、それに奴隷の交易で栄え、12世紀に建てられた大モスクをはじめ、フスニ・クブワ宮殿、ゲレザ（牢獄）の要塞などが残る。一方、14～15世紀に栄えたソンゴ・ムナラ島にはアラビア人居住地や五大モスクなどの廃虚が残る。キルワ・キシワーニとソンゴ・ムナラの遺跡群は、スワヒリ文化、アフリカの東海岸のイスラム化、中世から現代に至るインド洋における商業・貿易を知る上での重要な考古学遺跡である。2004年に管理体制の欠如から、「危機にさらされている世界遺産リスト」に登録されたが、改善措置が講じられた為、2014年の第38回世界遺産委員会ドーハ会議で、危機遺産リストから解除された。
文化遺産（登録基準(iii)）　1981年

○セレンゲティ国立公園（Serengeti National Park）
セレンゲティ国立公園は、タンザニアの北部、マラ州、アルーシャ州、シミャンガ州にまたがり、キリマンジャロの麓に広がる面積14763km²の大サバンナ地帯。マサイ族の言葉で「広大な平原」の意味の如く、東京都、神奈川県、千葉県、埼玉県の1都3県の広さに匹敵する。ライオン、チーター、ヒョウなどの肉食動物からアフリカゾウ、バッファロー、インパラ、キリン、シマウマ、ガゼル、アンテロープなどの草食動物まで、多くの動物達の群れが絶え間ない生存競争の中で生息している。草原は雨季と乾季が交互に訪れ、動物達は水と餌を求めて移動を繰り返す。セレンゲティ平原を象徴するのは、ヌー(ウシカモシカ)の大群で、300万頭の草食動物の3割を占め、1500kmも離れたケニアのマサイマラまで移動し、その大移動は壮観である。こうした動物達の群れを追って、ライオン、チーター、ヒョウ、ハイエナなどの肉食動物が続く。こうして数千年かけてつくられた生態系のバランスも、19世紀に入植が進むと崩れていき、1921年には保護区に指定された。
自然遺産（登録基準(vii)(x)）　1981年

○セルース動物保護区（Selous Game Reserve）
セルース動物保護区は、タンザニアの南東部、コースト、モロゴロ、リンディ、ムトワラ、ルヴマの各地方にまたがる登録面積が約4,480,000haのアフリカ最大級の人跡未踏の動物保護区である。セルース動物保護区には、アフリカ・ゾウ、ライオン、アフリカスイギュウ、レイヨウ、サイ、カバ、ワニなどの 草食・肉食・水辺の動物が多数生息し、その生物多様性を誇る。セルース動物保護区は、豊富な餌を確保し易い様に、猛禽類のワシやタカも多い、文字通り、野生の王国である。しかしながら、世界遺産登録範囲内で進行中の鉱物探査、計画中の石油探査などの活動、潜在的なダム・プロジェクトなどの脅威や危険にさらされている。なかでも、見境のない密猟による象やサイなど野生動物の個体数が激減していることから、2014年の第38回世界遺産委員会ドーハ会議で、「危機にさらされた世界遺産リスト」に登録された。
自然遺産（登録基準(ix)(x)）　1982年
★【危機遺産】2014年

○キリマンジャロ国立公園（Kilimanjaro National Park）
キリマンジャロ国立公園は、タンザニアの北東部に広がる面積約753km²の国立公園。キリマンジャロは、スワヒリ語で「輝く山」、「白き山」という名の通り、赤道下の万年雪と氷河を頂く美しいコニーデ型のキリマンジャロ山(5895m)を中心に動植物の分布が変化する。キリマンジャロは、最高峰のキボ峰をはじめシラー峰、マウェンジ峰の3つの峰が並ぶアフリカ最高峰の山。アフリカゾウ、アフリカスイギュウ、シロサイ、ヒョウ、クロシロコロブス、ブッシュバックヤ、トムソンガゼル、この周辺特有のクリイロタイガーや、珍鳥ヒゲワシ、ノドグロキバラテリムクドリなどの動物や野鳥が生息。1921年に自然保護区に指定され、1971年に国立公園に昇格した。登山者の捨てるゴミの問題など新たな環境問題が発生している。
自然遺産（登録基準(vii)）　1987年

●ザンジバル島のストーン・タウン
（Stone Town of Zanzibar）
ザンジバル島のストーン・タウンは、首都ダルエスサラームの北、約100km、ザンジバル島の西端にある。ザンジバル島は、1499年にポルトガルの航海者のヴァスコ・ダ・ガマが喜望峰を回って、東アフリカに上陸した地点の一つ。ザンジバルは、その後、ポルトガルの植民地となり、後に、アラブ人がポルトガルを追放、1832年には、マスカット・オマーンの領主(スルタン)がオマーンからザンジバルに拠点を移すなど、町の支配はめまぐるしく変った。また、東アフリカのスワヒリ族が沿岸貿易で富を蓄えたこの町は、東アフリカの全域から捕らえた年間数十万人のアフリカ人の奴隷も商品として扱い、奴隷貿易は1873年まで続いた。ザンジバルの町並みは、1710年に築かれたアラブ要塞、1833年にスルタンが建てた「驚嘆の家」、もとスルタンのハーレムだった「人民の庭園」、ディヴィッド・リビングストン(1813～1873年)の遺体を安置した旧英国領事館、1877年に建造された美しい聖堂などアフリカ、アラブ地域、インド、それに、ヨーロッパの諸文化が時代を超えて見事に調和している。
文化遺産（登録基準(ii)(iii)(vi)）　2000年

●コンドアの岩画遺跡群（Kondoa Rock-Art Sites）
コンドアの岩画遺跡群は、タンザニア中部、ドドマ州県にある。コンドアの岩画遺跡群は、アフリカ大陸を南北 に縦断する巨大渓谷である大地溝帯と境界を接するマサイの崖の東斜面の断層によって分断された堆積岩が突き出した急峻な岩面にあり、少なくとも2000年間にわたって、岩画が描かれてきた。コンドアの岩画遺跡群の面積は、2336km²に及ぶ150～450の岩、洞窟、崖面に描かれた岩画の多くは高い芸術的価値を有し、狩猟採集社会から農耕社会への変化など社会経済の推移、それに、原住民の信仰や思想などがわかるユニークな証しである。コンドアの岩画遺跡群は、初期の赤い岩画、後期の白と黒の岩画だけではなく、関連する考古学遺跡や儀式の場所などを含む。コンドアの岩画遺跡群は、周辺の森林伐採、心無い落書き、不法な発掘などの脅威にさらされている。
文化遺産（登録基準(iii)(vi)）　2006年

チャド共和国（2物件　○1　◎1）

○ウニアンガ湖群（Lakes of Ounianga）
ウニアンガ湖群は、チャドの北東部、サハラ砂漠中心部のエネディ州の乾燥地帯にある一連の18淡水湖群。

総面積は62808haにも及び、色や形など類いない美しい自然景観を作り上げている。18の湖群は、ウニアンガ・ケビル湖群、ウニアンガ・セリル湖群の2つの大きな湖群として構成される。ウニアンガ・ケビル湖群は、面積が358ha、深さが27mある最大の湖であるヨアン湖など4つの湖群からなり、また、そこから40km離れたウニアンガ・セリル湖群は、面積が436ha、深さが10m以下の最大の湖であるテリ湖など砂丘で分離した14の湖群からなる。ウニアンガ湖群の高質な淡水は、水生動物、特に魚の棲家になっており、また、ヨーロッパから飛来する渡り鳥の生息地として、ラムサール条約の登録湿地にも指定されている。

自然遺産（登録基準(vii)）　2012年

◎エネディ山地の自然と文化的景観
（Ennedi Massif : Natural and Cultural Landscape）

エネディ山地の自然と文化的景観は、チャドの北東部、東エネディ州と西エネディ州にまたがり、サハラ砂漠にある砂岩の山塊は、時間の経過と共に、風雨による浸食で、峡谷や渓谷が特徴的な高原・台地になり、絶壁、天然橋、尖峰群などからなる壮観な景観を呈している。世界遺産の登録面積は2,441,200ha、バッファー・ゾーンは777,800haである。風雨による浸食を受けた奇岩群が点在し、アルシェイのゲルタをはじめとする渓谷があり、先史時代の岩絵が残っていることでも知られる。エネディ山地の岩絵は、新しい時代のもの、馬の時代、ラクダの時代の壁画が美しく生き生きと表現されており、色素の材料はオークル(黄土)、岩石、卵、乳を使い、それをアカシアの樹液を用いて保護しており、サハラ砂漠の岩絵では最大級の一つである。

複合遺産（登録基準(iii)(vii)(ix)）　2016年

中央アフリカ共和国（2物件　○2）

○マノヴォ・グンダ・サン・フローリス国立公園
（Manovo-Gounda St Floris National Park）

マノヴォ・グンダ・サン・フローリス国立公園は、中央アフリカの北部にある1933年に設定された総面積17400km²の国立公園。北からアウク川沿いの広大な草原地帯、サバンナ地帯、険しい砂岩のボンゴ山岳地帯からなる為に、アフリカゾウ、アフリカ・スイギュウ、ライオン、チータ、キリン、カバ、クロサイ、カモシカなどの大型哺乳類が約60種、モモイロペリカン、ワシ、タカ、オオシラサギなどの鳥類が約320種、植物が1200種など豊かな動物相と植物相が見られる。ゾウやスイギュウの密猟があとを絶たず、1997年に「危機にさらされている世界遺産リスト」に登録された。その後も治安の悪化、密猟、密漁、放牧、マノヴォ川沿いでの鉱山開発などの脅威や危険は後を断たない。

自然遺産（登録基準(ix)(x)）　1988年
★【危機遺産】1997年

○サンガ川の三か国流域（Sangha Trinational）
自然遺産（登録基準(ix)(x)）　2012年
（コンゴ／カメルーン／中央アフリカ）
→カメルーン

トーゴ共和国（1物件　●1）

●バタムマリバ族の地 コウタマコウ
（Koutammakou, the Land of the Batammariba）

バタムマリバ族の地 コウタマコウは、トーゴ北東部のカラ地方のコウタマコウにあり、隣国のベナンにも広がる。コウタマコウには、先住民族のバタムマリバ族が農業、林業、牧畜で生活を営んでおり、今も伝統的集落で暮らしている。バタムマリバ族は、ブルキナファソのモシ族と一緒に生活をしていたが、16～18世紀に、現在地に移住してきた。バタムマリバ族の集落は、アタコラ山脈とケラン平原の間の麓にある。家屋は、タキエンタと呼ばれる泥で作られた塔状の土造建築物で、トーゴの社会構造を反映するシンボルの一つでもある。コウタマコウの農地、森林などの自然環境は、バタムマリバ族の生活、信仰、儀式とも深く関わっており、文化的景観を形成している。

文化遺産（登録基準(v)(vi)）　2004年

ナイジェリア連邦共和国（2物件　●2）

●スクルの文化的景観（Sukur Cultural Landscape）

スクルは、カメルーンとの国境に近いナイジェリア東部のコーヒーの産地として有名なアダマワ州のマダガリ地方の高原にある。スクルの稀な景観は、人間が居住する上での土地利用の形態やその環境を写実的に例証しており、何世紀にもわたって変ることなく、昔のままの伝統を今も引き継いでおり、貴重な文化的な景観となっている。その文化的景観は、ハウサ系のマダガリ人の豊かな知恵と精神的な強靱さを如実に証明するもので、眼下に集落を見下ろす起伏の多い丘陵にある部族長のクシディの館や階段状の棚畑は、彼等の信仰や崇拝のシンボルでもある。また、周辺には、かつて栄えた鉄器時代の露天掘りや鉄器の生産・加工の場であったことを示す遺跡の数々が点在する。

文化遺産（登録基準(iii)(v)(vi)）　1999年

●オスン・オショグボの聖なる森
Osun-Osogbo Sacred Grove）

オスン・オショグボの聖なる森は、ナイジェリアの南部、ラゴスの北東約200kmのオスン州オショグボ市にある木々や藪の自然美を有する聖なる森。オスン川はイレサの北の丘陵から発し、ヨルバ県を貫流してラゴスなどの干潟に流れ込む。オショ・イグボは、雷神で、ヨルバ族でオショグボの創立者の妻の一人であった。不思議な力を持っていた彼女が、劇的にオスン川へと変身し、オスン川の神になったという伝説は有名である。オスンの聖なる森には、オスンや他のヨルバ族の神々を称える神社、彫刻や芸術作品が建てられている。その多くは、1950年代にこの地に来たオーストラリア人のスーザン・ウエンガーと仲間の芸術家によって創られた。オシュン神社では、毎年7～8月に伝統的な宗教儀式が行われる。オショグボの町自体は、美術や音楽など芸術家の町であるが、オスンを崇拝すると幸運が訪れると信じられ、国内外から多くの人が訪れるお祭りになっている。
文化遺産（登録基準(ii)(iii)(vi)）　2005年

ナミビア共和国（2物件　○1　●1）

●トワイフェルフォンテイン（Twyfelfontein or /Ui-//aes）
トワイフェルフォンテインは、ナミビアの北西部のクネネ州にある石器時代の岩石画の集積地である。この地域の地形は、先史時代の火山活動によって形成された奇岩がオルガン・パイプス、バーント山、ドロス・クレーター、化石林などに見られるのが特徴である。これまでに、2000人以上の人物画が確認され、サイ、象、ダチョウ、キリンなど多種の動物、人間や動物の足跡が残されている。これらの岩石画からは、少なくとも2000年以上にわたる南部アフリカの狩猟採集民族のブッシュマンの生活や信仰を知ることができる。トワイフェルフォンテインの核心地域は、1948年に国の記念物に指定され、国の遺産法で保護され、管理計画の施行は2005年に始まった。トワイフェルフォンテイン・カントリー・ロッジは、コリハスという小さな町の西100kmにある。トワイフェルフォンテインの岩画の一部は、20世紀の初期に、ウィンドホックのナミビア国立博物館に移されている。トワイフェルフォンテインは、ナミビア最初の世界遺産である。
文化遺産（登録基準(iii)(v)）　2007年

○ナミブ砂海（Namib Sand Sea）
ナミブ砂海は、ナミビアの西部、ハルダプ州とカラス州にまたがる、南大西洋岸の海霧の影響を受けた海岸砂漠で、約8000万年前に生まれた世界で最も古い南アフリカ共和国からアンゴラまで延びるナミブ砂漠の一部である。ナミブとは、現地語で「何もない」を意味し、国名のナミビアの由来になっている。ナミブ砂海の登録面積は、3,077,700ha、バッファー・ゾーンは、899,500ha、ナミブ・ナウクルフト公園内にあり、現地語で「死の沼地」を意味する「デッド・フレイ」は、奇観を呈する。ナミブ砂海は、主に新旧2つの砂丘系列で構成されている。砂丘地帯は、世界遺産の登録範囲の84%、砂利の平原などが8%、海岸の窪地群と干潟群が4%、岩石丘陵群が3%、砂海の1%の沿岸ラグーン、内部流域の窪地群、一過性の川群、そして、岩石海岸群内の島状丘群からなる。砂海群の顕著な属性は、陸地、大西洋を北上する寒流であるベンゲラ海流が流れる海洋、それに大気．雨と海霧と強風の相互作用から引き出される。自然遺産の登録基準、自然景観、地形・地質、生態系、生物多様性の4つを全て満たす自然遺産の数少ない典型である。
自然遺産（登録基準(vii)(viii)(ix)(x)）　2013年

ニジェール共和国（3物件　○2　●1）

○アイルとテネレの自然保護区
（Air and Ténéré Natural Reserves）
アイルとテネレの自然保護区は、ニジェールの北部、サハラ砂漠の一部をなす2000m級の山岳地帯を含む荒涼とした北部乾燥地帯。谷間には、極く僅かだが森林もある為、生物は、サル、レイヨウ類などの哺乳類が10種、鳥類が10種超、爬虫類が約20種など多様で1997年にはユネスコ生物圏保護区に指定されている。特に、アダックス、リムガゼル、バーバリシープなどは貴重。武力紛争により、1992年に「危機にさらされている世界遺産」に登録されたが、ニジェール政府やユネスコの努力で、次第に回復しつつある。
自然遺産（登録基準(vii)(ix)(x)）　1991年
★【危機遺産】1992年

○W・アルリ・ペンジャリ国立公園遺産群
（W-Arly-Pendjari Complex）
W・アルリ・ペンジャリ国立公園遺産群は、ニジェールの「W国立公園」、ブルキナファソの「アルリ国立公園」、ベナンの「ペンジャリ国立公園」からなる。ニジェールの「W国立公園」は、ニジェールの西部、サバンナ草原地帯と森林地帯の境界域にあり、ベナン、ブルキナファソとの国境を超えて広がる広大なW国立公園のニジェール側で1996年に世界自然遺産に登録された。この地域を流れる長さ4200kmのニジェール川は、アフリカ最大の川の一つで、この地域でWの形に湾曲して流れていることから「W国立公園」と名付けられた。その流域は、鳥類の重要な生息地域で、また、湿地はラムサール条約＜特に、水鳥の生息地として国際的に重要な湿地に関する条約＞に登録されている。西部アフリカのライオン、チーター、ヒョウ、アンテロープ、ゾウ、ガゼル、バッファロー、ウオーターバック、バオバブなど動植物の宝庫で生態系としても重要な地域。新石器時代から自然と人間が共存、独特の景観と生物の進化過程を表わしている。ニジェールの「W国立公園」は、2017年の第41回世界遺産委員会クラクフ会議で、構成資産にベナンの「ペンジャリ国立公園」、ブルキナファソの「アルリ国立公園」を追加、複数国に登録範囲を拡大し、登録遺産名も「W・アルリ・ペンジャリ国立公園遺産群」に変更した。「アルリ国立公園」は、ブルキナファソの南東部にある国立公園で、ニジェールの「W国立公園」、ベナンの「ペンジャリ国立公園」と隣接する。アルリ川とペンジャリ川が流れ、森林やサバンナが広がり、アフリカゾウ、ライオン、アフリカスイギュウなどが生息する。最寄りの町はディアパガ、またはパマ。「ペンジャリ国立公園」は、ベナンの北西部にある国立公園で、ブルキナファソの「アルリ国立公園」、ニジェールの「W国立公園」と隣接する。ペンジャリ川が流れ、アフリカゾウ、ライオン、アフリカスイギュウなどが生息する。
自然遺産（登録基準(ix)(x)）　1996年／2017年
ベナン／ブルキナファソ／ニジェール

●アガデスの歴史地区（Historic Centre of Agadez）
アガデスの歴史地区は、ニジェールの北部、サハラ砂漠の中にあるアガデス州の州都アガデス市にある歴史的建造物群で、15～16世紀にイスラム教最高権威者であるカリフが授与した政治的有力者が支配するスルタン制になり、アイル人が創建した。ベルベル人系の遊牧民族であるトゥアレグ族の統合が奨励され、サハラ交易を通じて経済と文化の交流が発展した。遊牧民は、古くからある街路を中心に定住した。歴史地区には、数多くの住居群、泥煉瓦でつくられた高さが27mの高貴なミナレットを有するグランド・モスクなど宮殿のような宗教的な建造物群が数多く残っており、アガデス固有の泥煉瓦建築とアイル地方特有の装飾様式を反映している。伝統的なスルタン制は、現在においても、社会的な結束と経済的な繁栄を支えている。
文化遺産（登録基準(ii)(iii)）　2013年

ブルキナファソ（3物件　○1　●2）

●ロロペニの遺跡群（Ruins of Loropeni）
ロロペニの遺跡群は、トーゴとガーナと国境を接するブルキナファソの南西部、ガウアの近くのロロペニの北西に展開する四角形大集落遺跡群である。ロロペニの遺跡群の世界遺産の登録面積は、1.1ha、バッファーゾーンは、278.4haである。ロロペニの遺跡群は、周囲を、赤色の風化土であるラテライトと石からなる約6mの高さの境界壁から囲む大規模な廃墟となった集落遺跡である。なかでも、サハラ砂漠を横断して金の交易が行われた時代に繁栄した集落であるロビ地域の10の要塞群は、大変保存状態が良い。最近の発掘調査の結果では、ロロペニの遺跡群は、11世紀頃からのもので、14～17世紀にかけて繁栄したとされている。ロロペニの遺跡群は、現在のブルキナファソ、コートジボワール、ガーナの3か国にまたがる広域のロビ族文化圏のなかで、定住圏として重要な役割を果たしたことを物語っている。ロロペニの遺跡群は、ワールド・モニュメント財団による2008年版の「最も危機に瀕しているワールド・モニュメント・ウォッチ・リスト100選」にも選定されているが、熱帯地方特有のスコールによる強風、大雨、それに、サバンナの植生などで、風化や劣化が進んでおり、崩壊の危機にさらされている。
文化遺産（登録基準(iii)）　2009年

○W・アルリ・ペンジャリ国立公園遺産群
（W-Arly-Pendjari Complex）
自然遺産（登録基準(ix)(x)）　1996年／2017年
（ベナン／ブルキナファソ／ニジェール）
→ニジェール

●ブルキナファソの古代製鉄遺跡群
（Ancient ferrous metallurgy sites）
ブルキナファソの古代製鉄遺跡群は、ブルキナ・ファソの東部、サヘル地方に残っている鉄冶金遺跡群である。登録面積が122.3ha、バッファーゾーンが797.5ha、紀元前1千年紀には始まっていたと考えられる製鉄の遺構で、ティウェガ遺跡、ヤマネ遺跡、キンディボ遺跡、ベクイ遺跡、デゥルラ遺跡の5つの構成資産からなる。デゥルラ遺跡は、紀元前8世紀の古代製鉄遺跡で、ブルキナ・ファソでは最古のもので、アフリカの製鉄の発展に寄与した。ティウェガ遺跡、ヤマネ遺跡、キンディボ遺跡、ベクイ遺跡は、鉄鉱石の溶鉱炉を残している。それらは、ブルキナ・ファソで唯一の自然通風炉の溶鉱炉を有する遺跡群でもある。
文化遺産（登録基準 (iii)(iv)(vi) ）　2019年

ベナン共和国（2物件　○1　●1）

●アボメイの王宮群（Royal Palaces of Abomey）
アボメイの王宮群は、ベナン南部のズー県、首都ポルトノボの北西約140kmにある。17世紀初め、ギニア湾岸のアラーダ王国のド・アクリン王子が、アボメイに建てた国がアボメイ王国（後にダホメイ王国に改名）である。初代のド・アクリン王から最後のアゴリ・アグボ王まで、絶対君主の12代の王のもとで、300年間、西海岸最強のフォン族の王国として、奴隷貿易で繁栄を謳歌した。奴隷の売買が行われたことから、この辺りは「奴隷海岸」と呼ばれた。現在アカバ王宮など12の宮殿遺跡と要塞跡が各地に散在し、王宮の一つはアボメイ歴史博物館になっており、ゲゾー王時代のタペストリー、グレン王ゆかりのレリーフ等が残っている。1984年の竜巻によって大被害を受け、1985年に「危機にさらされている世界遺産」に登録されたが、世界遺産基金の援助等を受け、保護管理状況が改善されたため、2007年危機リストから解除された。しかし、2009年1月21日、アボメイの王宮群のゲゾー王とアゴングロ王の墓などを含む建造物群6棟が、山火事によって被災した。
文化遺産（登録基準(iii)(iv)）　1985年／2007年

○W・アルリ・ペンジャリ国立公園遺産群
（W-Arly-Pendjari Complex）

自然遺産（登録基準(ix)(x)）　1996年／2017年
（ベナン／ブルキナファソ／ニジェール）
→ニジェール）

ボツワナ共和国（2物件　○1　●1）

●ツォディロ（Tsodilo）
ツォディロは、セポパ、シャカウェ間を結ぶ主要道路の西の丘陵地帯にあり、マウンから約300km離れている。ツォディロは、顕著な普遍的価値を有する世界中で最もすばらしい壁画が存在する場所の一つである。ツォディロは、何万年もここに生きてきたサン族(またの名をコイサン、バサルワ)による先史時代の人間の生活、動物、幾何学模様、手書きデザインの約4000点もの岩絵が残されている。ツォディロには、岩の家や古代の鉱山、先史時代の村々が丘陵のあちこちに点在している。近くには、サン族の居住地があり、ハンブクシュ族も「男の丘」の付近に村を作って住んでいる。ツォディロでは、クドゥ、ヒョウ、ダチョウ、オオアリクイ、サル、ブラウン・ハイエナを見ることができる。
文化遺産（登録基準(i)(iii)(vi)）　2001年

○オカヴァンゴ・デルタ（Okavango Delta）
オカヴァンゴ・デルタは、ボツワナの北部、カラハリ砂漠の中にある世界最大の内陸デルタで、世界遺産の登録面積は、2,023,590ha、バッファー・ゾーンは、2,286,630haに及び、その自然景観、生態系、生物多様性を誇る。オカヴァンゴ・デルタは、アンゴラ高原を源とするオカヴァンゴ川がカラハリ砂漠の平坦な土地に流れ込んで作られ、広大な湿地帯を形成する。オカヴァンゴ川は、砂漠の砂中に染み込み蒸発して消滅する海にはたどり着かない内陸河川で、雨季の最盛期には南のンガミ湖、サウ湖、マカディカディ塩湖に水が流れ込み、冬の季節には、生物にとって貴重な水場を提供している。乾燥したカラハリ砂漠の中で、オカヴァンゴ・デルタは非常に広大なオアシスとなっており、さまざまな野生生物が生息している。アフリカゾウ、サイ、カバ、ライオンといった大型の動物もこの地区にはまだ多数生き残っている。1996年にはラムサール条約の登録湿地にも指定されている。オカヴァンゴ・デルタは、オカヴァンゴ湿地、オカヴァンゴ大沼沢地とも言う。第38回世界遺産委員会ドーハ会議で、1000件目の世界遺産として、世界遺産リストに登録された。
自然遺産（登録基準(vii)(ix)(x)）　2014年

マダガスカル共和国（3物件　○2　●1）

○ベマラハ厳正自然保護区のチンギ
（Tsingy de Bemaraha Strict Nature Reserve）
マダガスカルは、鮮新世以降外界から閉ざされて独自の進化を遂げた世界第4位の大きさをもつ世界有数の珍しい生き物の宝庫。チンギは、「シファカ跳び」として滑稽な歩き方をするベロー・シファカ、絶滅危惧種のアイアイ（Aye-aye）、夜行性のネズミ・キツネザルなどのキツネザルの仲間、世界の種の66%を占めるカメレオンなど、今なお記録されていない種の野生生物が生息するマダガスカル中西部の原生林のベマラハ高原の厳正自然保護区にあり、古生代の石灰岩が二酸化炭素を含んだ雨水や地下水によって侵食されて無数の針のように鋭く尖った岩が切り立つ独特の景観を呈するカルスト台地。ビッグ・チンギとスモール・チンギに分けられ、独特の景観を創り出している。チンギは、日本の秋吉台と同じ様な構造で、地下は洞窟になっている。
自然遺産（登録基準(vii)(x)）　1990年

●アンボヒマンガの王丘（Royal Hill of Ambohimanga）
アンボヒマンガは、マダガスカルの中央部、首都アンタナナリボの北東21km、タナから22kmの森林に囲まれた小高い丘の上にある。アンボヒマンガとは、「青い丘」、「青い都市」、「聖なる都市」、「禁じられた都市」と言われ、フランス植民地になる前には、メリナ族が最初にマダガスカルを統治した場所で、王族の首都であり発祥地であった。ローヴァによって全盛をきわめた急勾配の丘陵の古い聖なる村には、歴史博物館がある。アンボヒマンガの王丘は、マダガスカルの人々にとって、神聖化された場所であり、宗教的な意味でも非常に重要な意義を有するものである。村の入口には、古くて巨大な円盤のついた7つの石門がある。そして、石壁の内部には、王妃の避暑宮殿とマダガスカルの部族統一をした王族アンドリアナンプイニメリナの住居があり、そこには当時の生活を偲ばせる調度品や武器などが展示されている。
文化遺産（登録基準(iii)(iv)(vi)）　2001年

○アツィナナナの雨林群（Rainforests of the Atsinanana）
アツィナナナの雨林群は、マダガスカル島の東部にある自然公園で、南北1200kmの範囲に展開する登録面積479661haの雨林。マダガスカル最大のマソアラ国立公園、新種オオタケキツネザルの保護を目的としたラノマファナ国立公園、南回帰線以南では珍しい多雨林を含むアンドハヘラ国立公園、それに、ザハメナ国立公園、マロジェジイ国立公園などの6つの国立公園が登録された。アツィナナナの雨林群は、進行しつつある重要な生態学的、生物学的プロセスを示す顕著な見本であると同時に、少なくとも25種のキツネザルなどの絶滅危惧種を含む生物多様性の保全にとって重要な自然生息地であることが評価された。しかしながら、違法な伐採、絶滅危惧種のキツネザルの狩猟の横行などから、2010年に「危機にさらされている世界遺産リスト」に登録された。
自然遺産（登録基準(ix)(x)）　2007年
★【危機遺産】2010年

マラウイ共和国（2物件　○1　●1）

○マラウイ湖国立公園（Lake Malawi National Park）
マラウイ湖国立公園は、マラウイ湖の南部に設けられたアフリカ唯一の湖上国立公園で、湖に浮かぶ12の島を含む。マラウイ湖は、緑深い森と岩山に囲まれ、湖面の8割がマラウイ（残りの2割はモザンビーク）に属する。500km以上の長さを誇り、国土の2割を占める面積は、世界第10位（30000km²）、深さは、世界第4位（706m）。湖面の輝きが何度も変わることから、探検家リヴィングストン（1813～1873年）は、「きらめく星の湖」と呼んだ。マラウイ湖には、ワニ、カバをはじめ、稚魚を口中で飼育する食用淡水魚のマラウイ・シクリッド（カワスズメ科）など固有種の魚が数多く生息し、その種類は500～1000種といわれる。数百万年の歴史をもつ古代湖で、進化上の稀少種も多く、自然科学者の興味の的となっている。住民の漁なども制限されている。マラウイ湖は、かつては、ニアサ湖（現地語で「たくさんの水」の意）と呼ばれていた。
自然遺産（登録基準（vii）（ix）（x））　1984年

●チョンゴニの岩画地域（Chongoni Rock-Art Area）
チョンゴニの岩画地域は、マラウイ中央州デッザ地域の森林地帯で花崗岩の丘陵にある中央マラウイ高原の126.4km²の地域に展開する。チョンゴニの岩画地域は、中央アフリカの岩画地域のなかで最も芸術的な集積が特色である。チョンゴニの岩画地域は、後期石器時代からこの地域に居住する狩猟採集民族のバトワ族（ピグミー）による絵画と農民の岩画の比較的稀な伝統を反映している。チェワ族の農家は、鉄器時代の後期からこの地域に住んでおり、岩画の慣習は20世紀に入るまで続いた。岩画で象徴的なのは、女性の成人儀礼などとの関わり、チェワ族の間では文化的な関連性 が今尚ある。チョンゴニの岩画地域は、雨乞い、葬祭などの祭礼や儀式と強い結びつきがある。
文化遺産（登録基準（iii）（vi））　2006年

マリ共和国（4物件　●3　◎1）

●ジェンネの旧市街（Old Towns of Djenne）
ジェンネは、マリ中部のニジェール川とバニ川の中州にある。ジェンネは、14～16世紀には、マリンケ族の帝国であったマリ帝国、西スーダンの王国であったソンガイ帝国が、北部アフリカのイスラム商人との交易で、黄金の都と呼ばれたトンブクトゥやニジェール川下流のガオなどの交易都市と共に栄えたサハラ南部の町である。ジェンネには、西アフリカのイスラム教のシンボルともいわれる、町の中央にある56m四方の基層部と11mの高さを誇る日干しレンガを使ったスーダン様式の大モスク、聖なる井戸のナナ・ワンゲラ、ジェンネ最古のテパマ墓地などが旧市街に残っている。2016年、第40回世界遺産委員会イスタンブール会議において、ジェンネの旧市街を取り巻く不安定な治安情勢から、歴史都市の建設材料の日干しレンガの風化や劣化、旧市街の都市化、それに考古学遺跡の浸食などの問題に対して、保全対策が講じられるのが妨げられていることから、「危機にさらされている世界遺産」に登録された。
文化遺産（登録基準（iii）（iv））　1988年
★【危機遺産】2016年

●トンブクトゥー（Timbuktu）
トンブクトゥーは、マリの中部にある「ブクツー婦人」という意味をもち「黄金の都」と呼ばれた町。9～16世紀に興亡したソンガイ帝国など三大帝国時代に、サハラ砂漠で採れる岩塩とニジェール川上流の金の交易で繁栄を謳歌した。特に、14世紀以降は、イスラム文化が開花、100ものイスラムのコーラン学校やジンガリベリ・モスク、サンコレ・モスク、シディ・ヤヒヤ・モスクなどのモスクが建設され今に残る。1968年から1973年にかけて起きたサヘル地域の干ばつ、1984年の大干ばつによって被害を受け、また、サハラ砂漠から吹き寄せる砂により、耕地、道路、人家が埋没の危機にさらされており、ゴーストタウン化しつつあるトゥアレグ族の町も、100年後には、砂漠化するともいわれている。1990年に「危機にさらされている世界遺産」に登録されたが、管理計画の導入など改善措置が講じられた為、2005年に解除された。2008年の第32回世界遺産委員会ケベック・シティ会議で、トンブクトゥーのアハメド・ババ文化センター近くでの新建設の監視強化が要請された。また、マリ北部を占拠する武装勢力による世界遺産の破壊行為の脅威や危険にさらされていることから、2012年に再度、「危機にさらされている世界遺産リスト」に登録された。
文化遺産（登録基準（ii）（iv）（v））　1988年
★【危機遺産】2012年

◎バンディアガラの絶壁（ドゴン族の集落）
（Cliff of Bandiagara（Land of the Dogons））
バンディアガラの絶壁は、マリの首都バマコの北東480km、サハラ砂漠の南縁のサヘル（岸辺）と呼ばれる乾燥サバンナ地帯にある。バンディアガラの絶壁は、モプティ地方のサンガ地区にそびえるバンディアガラ山地にあり、ニジェール川の大彎曲部に面した、独特の景観を誇る標高差500mの花崗岩の断崖である。この地に1300年頃に住み着いたドゴン族は、この絶壁の上下に、土の要塞ともいえる集落を作って、外敵から身を守った。また、バンディアガラの絶壁の麓には、ソンゴ村の集落がある。トウモロコシ、イネ、タマネギなどの作物を収める赤い粘土で造られた穀物倉を設け、絶壁の中腹には、ドゴン族の壮大な宇宙と「ジャッカル占い」など神話の世界に則った墓や社を造り、先祖の死者の霊を祀る。ドゴン族の神聖なる伝統的儀式では、動物、鳥、オゴン(ドゴン族の最長老)、トーテムなど90種にも及ぶ美しい仮面を用いて、仮面の踊りを繰り広げ、独特のドゴン文化を形成する。60年に1回行われるドゴン族最大の行事である壮大な叙事詩シギの祭り（次回は2027年)は、シリウス星が太陽と共に昇る日に行われる。

複合遺産（登録基準(v)(vii)）　1989年

●アスキアの墓（Tomb of Askia）

アスキアの墓は、トンブクトゥーの東300km、ガオにある。アスキアの墓は、北アフリカとの交易によって栄え15～16世紀に全盛期を誇ったソンガイ王国(1473～1591年)の皇帝アスキア・モハメド(在位1493～1528年)によって、1495年に当時の首都ガオに建設された。ソンガイ王国は、かつては、西アフリカ地方とサハラの交易を支配し、アスキアの墓は、重要な遺構である。アスキアの墓は、土着の伝統建築様式を反映して、泥レンガが出来ており、高さが17mで、ピラミッドの形をしている。世界遺産の構成資産は、ピラミッドの墓、2つの平屋根のモスクの建造物群、モスクの墓地、野外の集会広場からなる。マリ北部を占拠する武装勢力による世界遺産の破壊行為の脅威や危険にさらされていることから、2012年に「危機にさらされている世界遺産リスト」に登録された。

文化遺産（登録基準(ii)(iii)(iv)）　2004年

★【危機遺産】2012年

南アフリカ共和国（10物件　○4　●5　◎1）

○イシマンガリソ湿潤公園

（iSimangaliso Wedland Park）

イシマンガリソ湿潤公園は、南アフリカ東部、クワズール・ナタール州のセント・ルシア湖周辺に広がる自然保護区。イシマンガリソとは、「驚異」の意味をもつ現地のズールー語である。河川、海水、風などが造り出した珊瑚礁、チャータース入江など長い砂の海岸、海浜の砂丘、湖沼、葦やパピルスが茂る湿地帯を含む変化に富んだ地形や生物学的にも注目される生態系の連鎖が見られる。地理学的には、220kmも延びる海岸線の美しい景色、雨季と乾季の循環で塩類化する自然現象などを含む。生態系は、カバやワニの宝庫で、絶滅危惧種を含む多様な生物生息地を包含している。また、イシマンガリソ湿潤公園は、ラムサール条約にも登録されている。2008年、「グレーター・セント・ルシア湿潤公園」から登録名が変更になった。

自然遺産（登録基準(vii)(ix)(x)）　1999年

●南アフリカの人類化石遺跡群

（Fossil Hominid Sites of South Africa）

南アフリカの人類化石遺跡群は、ヨハネスブルクから車で45分の距離にあるガウテング州のスタークフォンテン渓谷の中にある洞窟群。スタークフォンテン洞窟では、1936年に、260万～320万年前の初期人類アウストラロピテクス・アフリカヌスの化石が最初に発見されたのをはじめ、1976年には、私たち人類の祖先ともいえるホモ・ハビリスの化石が発見された。スワークランズ洞窟では、1948年に、100万～200万年前のアウストラロピテクス・ロブストゥスやホモ・エレクトスの人類遺跡、約100万年前の人類が火を使った痕跡が至るところで発見された。クロムドラーイ洞窟では、絶滅した剣歯猫、猿、ヒヒ、ハイエナ、カモシカなどの動物の化石、そして、アウストラロピテクス・ロブストゥスの化石が発見された。南アフリカの人類化石遺跡群で発掘された出土品は、350万年前から現在に至るまでの人類の進化の様子や旧石器時代の生活がわかる、人類学や考古学上、きわめて重要かつ豊富な情報をもたらし、今も尚、探索や発掘が進められている。一方、スタークフォンテン渓谷を訪れる人は、これまでは、めったにいなかったが、ユネスコ世界遺産への登録を契機に、エコ・ツーリズムの高まりや人類学者に伴われたツーリスト等の関心を集めている。2005年の第29回世界遺産委員会で、登録範囲にリンポポ州のマカパン渓谷とノースウエスト州のタウング頭骨化石発掘地が含められた。

文化遺産（登録基準(iii)(vi)）　1999年／2005年

●ロベン島（Robben Island）

ロベン島は、アフリカ有数の都市ケープタウンの北11kmの沖合にある面積574haの島。この島の歴史は、1525年頃ポルトガルの船が罪人を島に置き去ったことに始まる。その後も、オランダや英国によって、監獄、難病で苦しむ人達を隔離する病院、軍事基地、1950年代には、海軍の訓練センターとしてなど、用途は転々とした。1961年、南ア政府は、この島を再び監獄島として使用することを決め、1991年までの30年間に、3000人を越える黒人活動家を収監した。この中には、後に南アフリカ共和国の大統領となりノーベル平和賞も受賞したネルソン・R・マンデラ氏(1918～2013年)も政治犯として囚われ、1964年に無期懲役の判決を受け、18年もの間、石切場などで重労働を課せられた。1990年代に入り、南ア政府のアパルトヘイト(人種隔離)政策は撤廃され、この島に収監されていた黒人も解放された。この島とこの島にある建物は、不撓不屈の精神で人種差別や人権抑圧などの苦難を乗り越え、民主主義と自由を勝ち取った象徴であり、人類が忘れ去ってはならない共通のモニュメントになった。1997年1月に、芸術・科学・文化・技術省の管轄となり、島全体が博物館に指定された。また、この島では、ジャッカス・ペンギンやロベン島原産の美しい植物も見ることができる。ロベン島へは、ケープタウンからボート・ツアーで訪れることができる。尚、国家対ネルソン・マンデラほかの刑事裁判所判決No. 253/1963は、「世界の記憶」に登録されており、南アフリカ国立公文書館（ケープタウン）に収蔵されている。
文化遺産（登録基準(iii)(vi)）　1999年

◎マロティ-ドラケンスバーグ公園
（Maloti-Drakensberg Park）
マロティ・ドラケンスバーグ公園は、レソトの南東部のクァクハスネック県と南アフリカの南東部のクワズール・ナタール州の山岳地帯にある。マロティ・ドラケンスバーグ公園は、3000m級の秀峰、緑に覆われた丘陵、玄武岩や砂岩の断崖、渓谷など変化に富んだ地形と雄大な自然景観を誇る。また、ブラック・ワイルドビースト、多様なレイヨウ種、バブーン（ヒヒ）の動物種、絶滅の危機に瀕している獰猛なヒゲハゲタカなど多くの野鳥、貴重な植物種が生息しており、ラムサール条約の登録湿地にもなっている。文化面では、ドラケンスバーグの山岳地帯に住んでいた先住民のサン族が4000年以上にもわたって描き続けた岩壁画が、メイン洞窟やバトル洞窟などの洞窟に数多く残っており、当時の彼等の生活や信仰を知る上での重要な手掛かりとなっている。2013年にレソトと南アフリカの2か国にまたがるマロティ・ドラケンスバーグ山脈にあるセサバテーベ国立公園を登録範囲に含め拡大した。セサバテーベ国立公園は、紀元前2000年以降の狩猟採集民族・サン族の少なくとも65の彩色された岩絵遺跡が残されており、文化遺産として価値も評価され複合遺産になり、登録遺産名も、マロティ・ドラケンスバーグ公園に変更された。
複合遺産（登録基準(i)(iii)(vii)(x)）
2000年／2013年　南アフリカ／レソト

●マプングブウェの文化的景観
（Mapungubwe Cultural Landscape）
マプングブウェの文化的景観は、南アフリカの北東部のリンポポ州のリンポポ川とシャシェ川の合流地点にあるサバンナの景観が広がる墓地、集落などを含む都市遺跡で、隣国のジンバブエとボツワナと国境を接する。マプングブウェは、アフリカ南部では初めての王国で、アフリカ大陸でも最も強大な王国となり、アラブ諸国、インドや中国などアジアの国々との周辺で採れる黄金や象牙での交易で繁栄したが、14世紀末の急激な気候変動による寒冷と干ばつによって衰退した。マプングブウェには、手付かずの宮殿や集落の遺跡、2つの都跡などが残っており、華麗な黄金製のサイなどの副葬品も出土している。また、マプングブウェの砂岩の丘（通称　ジャッカルの丘）は、宗教的にも聖山として崇められていた。
文化遺産（登録基準(ii)(iii)(iv)(v)）　2003年

○ケープ・フローラル地方の保護地域
（Cape Floral Region Protected Areas）
ケープ・フローラル地方の保護地域は、南アフリカの南西部、ケープ州のケープ半島国立公園、シーダーバーグ原生地域などの保護地域からなり、総面積は1,094,742haにも及ぶ。ケープ・フローラル地方の保護地域には、アフリカの植物相の20%が見られ、世界で最も植物が豊富な地域にも数えられ、フィンボスと言われる特有のブッシュ植生が発達している。ケープにおける植物の数や多様さ、更に、固有種は世界でも有数で、地球上に18か所ある生物多様性のホットスポットの一つに数えられている。ケープ植物区系とは、植物地理学的に地球をヨーロッパ、オーストラリア、アメリカ合衆国、カリフォルニア、ケープ地域、南西オーストラリアの6つに区切った植物区系の一つで、ケープ地域のみで単独の植物区系と見なされるほど、植生は際立っている。2015年の第39回世界遺産委員会ボン会議で、テーブル・マウンテン国立公園、バフィアーンズクルーフ原生自然環境保全地域などを加えて、8つから13の保護地域へと登録範囲を拡大した。
自然遺産（登録基準(ix)(x)）　2004年／2015年

○フレデフォート・ドーム（Vredefort Dome）
フレデフォート・ドームは、ヨハネスブルクの南西約120km、フリー州のウィットウォーターズ盆地の中央部のパリス周辺に広がるドーム構造の世界最大規模の巨大な隕石孔。フレデフォート隕石孔は、直径40～50kmの隆起地形が特徴的であるため、フレデフォート・ドーム、フレデフォート・リングなどと呼ばれている。隕石の衝突の証拠であるシャッターコーン、コーサイト、スティショバイトなどの超高圧鉱物がシュードタキライトの中から発見され、その起源が隕石の衝突であることが実証された。放射性年代測定法によると、約20億年前に形成されたと考えられている。フレデフォート・ドームの直径は、100km以上に及び、形成当時には300km近くあったと推測されている。フレデフォート・ドームは、メキシコのチクシュルブ・クレーター、カナダのサドベリー・クレーターと共に、世界三大隕石孔とされている。
自然遺産（登録基準(viii)）　2005年

●リヒターズベルドの文化的な植物景観
（Richtersveld Cultural and Botanical Landscape）
リヒターズベルドの文化的な植物景観は、南アフリカの北西部、北ケープ州の山岳部の荒涼とした砂漠地帯の160,000haに展開する。リヒターズベルドの文化的な植物景観は、先住民族で、半遊牧民のナマ族の所有地を含む地域である。ナマ族は、かつて、南西アフリカ全域を支配していたコイコイ族の流れを汲む氏族で、現在も伝統的な遊牧生活を営み、先祖代々受け継がれてきたイグサから造るドーム型の移動式住居を建てている。南アフリカ政府は、一帯の自然環境は、遠くから見ると人に似ている絶滅危惧種のハーフ・メンズ（半人半植物）などの植物の宝庫であるとして、当初、複合遺産としての世界遺産登録を目指していたが、自然遺産としての価値は認められず、文化遺産として登録された。
文化遺産（登録基準(iv)(v)）　2007年

●コーマニの文化的景観（ǂKhomani Cultural Landscape）
コーマニの文化的景観は、南アフリカの北部、ノースケープ州の中心都市アピントンから北へ約200kmのアスクハム市の郊外のアンドリースベイル地区にあるコーマニ・サンのブッシュマンの集落である。ボツワナとナミビアとの国境に広がるカラハリ・ゲムズボック国立公園（KGNP)を構成資産とする世界遺産である。世界遺産の登録面積は959,100haである。コーマニは、ブッシュマンの１部族名で、彼らのもともとの言葉であるコイサン語では、Kの前に舌打ちに似たクリック子音が入る。このキャンプとその周辺に200～300人のブッシュマンが住んでおり、ブッシュマン以外の人も少数暮らしている。砂の大きな広がりは、石器時代から現在までの人間の居住、以前は遊牧民族であったコーマニ・サン人(かつてブッシュマンと呼ばれた人々)の文化とも関連した過酷な砂漠の環境に適合した戦略の証拠である。彼らは特殊な民族学的な知識、文化的な実践、それに、彼らの環境の地理学的な特徴に関連した世界観を発展させた。コーマニの文化的景観は、地域の生活様式、それに、何千年以上もこの地を造った証明である。
文化遺産（登録基準(v)(vi)）　2017年

○バーバートン・マクホンワ山脈
（Barberton Makhonjwa Mountains）
バーバートン・マコンジュワ山脈は、南アフリカの北東部、ムプマランガ州の州都カーブバールクラトンの南東部にある。バーバートン緑色岩帯の40%を構成する世界で最古の地質構造の一つである。世界遺産の登録面積は113,137haである。バーバートン・マコンジュワ山脈は、32.5～36億年前にさかのぼる火成岩と堆積岩がよく保存されている。最初の大陸群が太古の地球上に形成し始めた時、（38～46億年前）後に隕石によって形成されたのが特色である。
自然遺産（登録基準(viii)）　2018年

モザンビーク共和国（1物件　●1）

●モザンビーク島（Island of Mozambique）
モザンビーク島は、モザンビークの東岸から4km沖合いのモザンビーク海峡に浮ぶ全長3kmの珊瑚礁の小島。ポルトガル語の、イーリャ・デ・モザンビーク(Ilha de Moçambique)から、通称イーリャ(Ilha)と呼ばれる。アラブの貿易基地だったが、1498年にヴァスコ・ダ・ガマ(1469頃～1524年)が上陸した後、ポルトガルが、1508年にサン・ガブリエ要塞を築き、植民地化した。モザンビーク島は、インド航路の戦略的な寄港地で、主要な奴隷市場でもあった。町並みは、ポルトガル様式のサント・アントニオ聖堂をはじめとするキリスト教建築物、サン・パウロ宮殿、サン・セバスチャン要塞などがアラブ様式やインド様式と調和して美しい。1898年にポルトガル領東アフリカの首都がマプトに移ると孤立していった。モザンビーク島とモザンビーク本土とは橋で結ばれている。
文化遺産（登録基準(iv)(vi)）　1991年

モーリシャス共和国（2物件　●2）

●アアプラヴァシ・ガート（Aapravasi Ghat）
アアプラヴァシ・ガートは、首都のポート・ルイス地区にある面積1640㎡の近代季節労働移住発祥の地である。1834年に、英国政府は、奴隷に代わる「自由」労働の使用において「偉大な実験」と呼んだ最初の地として、インド洋のマスカレン諸島にある周囲が珊瑚礁で囲まれたモーリシャス島を選んだ。1834～1920年の間に、約50万人の年季奉公の労働者がインドからモーリシャスの砂糖プランテーション(大規模農場)で働く為、或は、レユニオン島、オーストラリア、南部と東部のアフリカ、或は、カリブ諸国に移送する為、アアプラヴァシ・ガートに到着した。アアプラヴァシ・ガートの建造物群は、グローバルな経済システムと、歴史上の大移住の先駆けとなった証しである。アアプラヴァシ・ガートは、モーリシャス最初の世界遺産になった。
文化遺産（登録基準(vi)）　2006年

●ル・モーンの文化的景観
（Le Morne Cultural Landscape）
ル・モーンの文化的景観は、モーリシャス島の南西部にある。インド洋に突き出しているル・モーン半島に聳える高さ55mの岩山は、18世紀から19世紀の初期を通じて、逃亡奴隷によって、身を潜める隠れ場所として使用されていた。ル・モーンは、森林やほとんど近づけない断崖などで隔絶された山によって守られ、逃亡奴隷がル・モーンの山頂や洞窟群に小さな集落を形成した文化的景観を今も留めている。逃亡奴隷の口承の伝統は、ル・モーンを奴隷の自由との闘い、彼らの苦痛や生贄の象徴にした。これらは、奴隷の出身地であるアフリカ大陸本土、マダガスカル、インド、それに、東南アジアの国々にも関連する。モーリシャスは、東部の奴隷交易の重要な途中滞在場所となり、ル・モーンに住む逃亡奴隷が大人数の為、“逃亡奴隷共和国”として知られる様になった。
文化遺産（登録基準(iii)(vi)）　2008年

レソト王国（1物件　◎1）

◎マロティ-ドラケンスバーグ公園
（Maloti-Drakensberg Park）
複合遺産（登録基準(i)(iii)(vii)(x)）
（南アフリカ／レソト）→南アフリカ
2000年／2013年

〈アラブ諸国〉

18の国と地域（90物件　○5　●82　◎3）

アラブ首長国連邦（1物件　●1）

●アル・アインの文化遺跡群（ハフィート、ヒリ、ビダー・ビント・サウド、オアシス地域群）

（Cultural Sites of Al Ain（Hafit, Hili, Bidaa Bint Saud and Oases Areas））

アル・アインの文化遺跡群（ハフィート、ヒリ、ビダー・ビント・サウド、オアシス地域群）は、アラブ首長国連邦の東部、アブダビ首長国内陸部のオマーンとの国境に近いオアシス都市、アル・アインと近隣地域に分布する。アル・アインの文化遺跡群は、先史時代の文化の面影が残る新石器時代以降の砂漠地域における人間の定住を物語るハフィート、ヒリ、ビダー・ビント・サウド、オアシス地域群の4地域の一連の17の構成資産で、紀元前2500年頃の環状列石の墓群、井戸群、 それに広範囲にわたっての住居群、塔群、宮殿群など日干し煉瓦の建造物群からなる。なかでも、ヒリは、鉄器時代の精巧な アフラジ灌漑システムの最も古い事例の一つが残っているのが特徴である。アル・アインの文化遺跡群は、狩猟採集から定住化までの地域文化の推移がわかる重要な証明である。

文化遺産（登録基準（iii）（iv）（vi））　2011年

アルジェリア民主人民共和国（7物件　●6　◎1）

●ベニ・ハンマド要塞（Al Qal'a of Beni Hammad）

ベニ・ハンマド要塞は、アルジェリア中北部の高原地帯の山中にある。ベニ・ハンマド要塞は、6世紀後半にイスラム教徒が支配者ビザンチンを破って造ったもので、町の周囲を8kmの城壁が囲んでいた。11世紀には、キャラバン交易によって、商業、学問の中心として栄えた。12世紀には、ノルマン人の襲撃によって滅ぼされ、現在では、エル・バハール宮殿やエル・メナット宮殿などの遺構が残るだけであるが、特徴的なミナレットがあるモスクは、アルジェリアで2番目の大きさを誇っている。

文化遺産（登録基準（iii））　1980年

◎タッシリ・ナジェール（Tassili n'Ajjer）

タッシリ・ナジェールは、アルジェリアの南部、リビア、ニジェール、マリとの国境に近いサハラ砂漠の中央部のイリジ県、タマンラセット県にまたがる砂岩の台地。タッシリ・ナジェールには、20000点近い新石器時代の岩壁画が残っている。タッシリ・ナジェールの岩壁には、ウシ、ウマ、ヒツジ、キリン、ライオン、サイ、ゾウ、ガゼル、ラクダなどの動物、狩猟、戦闘、牧畜、舞踏などの場面が描かれ、タッシリ・ナジェールが「河川の台地」を意味する様に、太古のサハラが緑豊かな草原であったことがわかる。タッシリ・ナジェールの岩壁画は、地勢や描かれている絵の特徴から、リビアの「タドラート・アカクスの岩絵」（世界遺産登録済 P.37参照）と共通のものであろうと推測されている。サハラ原始美術の宝庫であるタッシリ・ナジェールは、岩壁画だけではなく、岩山が複雑に入り組んだ地形・地質のみならず、自然景観やイエリル峡谷の美しさも見逃せない。また、イエリル渓谷とゲルタテ・アフィラは、ラムサール条約の登録湿地になっている。

複合遺産（登録基準（i）（iii）（vii）（viii））　1982年

●ムザブの渓谷（M'Zab Valley）

ムザブの渓谷は、アルジェリア中部のガルダイア県、首都アルジェの南600kmにあり、サハラ砂漠の北部にあるワジ（涸川）の川床の一帯に広がる渓谷。登録された世界遺産は、エル・アトゥフ、ブー・ヌラ、メリカ、ベニ・イスガン、ガルダイアのオアシスの集落や、エル・アトゥフ、ガルダイア、ブー・ヌラ、ベニ・イスガンなどの椰子林、また、シディ・ブラヒム・モスクなど27の構成資産からなる。ムザブの渓谷に、人が最初に定住したのは、11～12世紀のモサビト人とされ、今も禁欲主義的イスラム教徒として独自の文化を守っている。ワジは、中心地のガルダイアをはじめ、エル・アトゥフ、ブー・ヌラ、ベニ・イスガン、メリカの集落を交易路で結んでいる。ムザブの渓谷は、18世紀以降、ナツメヤシ、塩、象牙、武器、奴隷などを取引していたサハラ交易のキャラバンの寄留地として重要な役割を果たした。

文化遺産（登録基準（ii）（iii）（v））　1982年

●ジェミラ（Djemila）

ジェミラは、首都アルジェの東250kmにあるローマ帝国の都市遺跡。1世紀に、ローマ軍の要塞として建設され、セウェルス朝の2～3世紀に最盛期を迎えた。セウェルス朝の広場の西側には、216年に建設されたカラカラ帝（在位211～217年）の凱旋門があり、セウェルス帝を祀った神殿、劇場、共同浴場、公共広場などの壮大な遺跡が残る。アラビア語で「美しい」を意味するジェミラという名前は、7世紀に侵入したアラブ人によって名づけられた。

文化遺産（登録基準（iii）（iv））　1982年

●ティパサ（Tipasa）

ティパサは、首都アルジェの西70km、シエヌア山脈の山麓の地中海沿岸にある小さな港町で、アラビア語で「荒廃した都」を意味する。紀元前5世紀にフェニキア人によって古代カルタゴの交易の中継基地として建設され、その後ローマ帝国、そしてアラブ人に征服された。ティパサは、2世紀のローマ時代の約2kmにわたる城壁に囲まれ、フェニキア、ローマ、初期キリスト教、ビザンチンそれぞれの時代の遺構が集中して残っている。ローマ時代の議事堂、浴場、神殿、フォーラム、円形闘技場、長さ200m、幅14mのデクマヌス大通り、積みあげ式建築の劇場、階段状の泉水設備、4世紀のバシリカ式のキリスト教の大聖堂、モーリタニア王国の遺跡などが国立考古学公園を構成している。効果的な管理計画の欠如、粗末な維持、心ない破壊や汚損、周辺の都市化の進行などが原因で「危機にさらされている世界遺産」に登録されたが、2006年解除された。
文化遺産（登録基準(iii)(iv)）　1982年

●ティムガッド（Timgad）
ティムガッドは、首都アルジェの南東約340kmにあるローマの都市遺跡。1世紀にローマ皇帝のトラヤヌス帝が造らせた見事な計画都市で、直角に交差する東西と南北に走る大理石の列柱廊が印象的な大通り、町の入口に設けられた4門、市街地にトラヤヌス帝の凱旋門、神殿、劇場、図書館、共同浴場、上下水道施設などが残る。2～3世紀に最盛期を迎えたが、5～7世紀には、度々侵略を受け、また、8世紀には大地震により埋もれてしまった。しかしながら、遺跡の保存状態もよいので、「北部アフリカのポンペイ」と呼ばれている。
文化遺産（登録基準(ii)(iii)(iv)）　1982年

●アルジェのカスバ（Kasbah of Algiers）
アルジェのカスバは、地中海に面した斜面にある首都アルジェの旧市街をカスバと呼んでいる。カスバとは、アラビア語で「要塞」の意。港と城塞の間の市街地を囲んでいた旧城壁は撤去されたが、港を望む丘の斜面に発達した為、急な坂道と迷路の様に入り組んだ路地、城塞跡、古いモスク、オットマン様式の宮殿、スーク(市場)、商人宿などが密集し、中世アラブの独特の風情が漂っている。広場では、青空市が開かれている。
文化遺産（登録基準(ii)(v)）　1992年

イエメン共和国（4物件　○1　●3）

●シバーム城塞都市（Old Walled City of Shibam）
シバームは、首都サナアの東約470km、イエメン中部のハドラマウト地方の砂漠の中にある。ワジ(かれ川)の上に建てられた高層建築物が林立するシバームの城塞都市は、世界最古の摩天楼の町と呼ばれる。3世紀頃からハドラマウト地方の古都で、8世紀頃から高層住宅が石と煉瓦で造られ始め、現在では、高さ30m、5～8階建ての高層建築物が約500棟も密集、一見砦のように見え、外壁は敵を防ぐ造りになっている。高層の家屋は、サナアの町と比べるとシバームのほうがより高く、同じ高さでそろっており、構造も装飾も簡素である。城壁内には、この町最古のシャイフ・アル・ラシッド・モスク、宮殿、広場、スーク(市場)などがある。イエメンは、2015年3月以降、ハディ政権とイスラム教シーア派武装組織フーシとの戦闘が激化、世界遺産の保全管理上、サナアと同様になる潜在危険があることから、2015年の第39回世界遺産委員会ボン会議で、「危機にさらされている世界遺産リスト」に登録された。
文化遺産（登録基準(iii)(iv)(v)）　1982年
★【危機遺産】2015年

●サナアの旧市街（Old City of Sana'a）
サナアは、標高2150mの高原地帯にあるイエメンの首都。アラビア文明発祥の地として、人が住んでいる町としては最古の都市といわれる。紀元前10世紀頃、シバ王国の支配のもと、商業都市として栄え、1世紀頃には、ヒムヤル王国のグムダーン巨城があったとの記録がある。その後エチオピア、ビザンチン、オスマントルコなどが支配した。サナアの町の中心部にあるタハリール広場の東側の旧市街には、グレイト・モスクなどモスクが103、塔が64、隊商宿が14、浴場が12、古い家屋が6500棟、スーク(市場)、イエメン門(バーバルヤマン)などが残っている。なかでもアドベと呼ばれる日干し煉瓦と玄武岩、花崗岩で積み上げた家屋は、20～50mの高層で、格式により高さ、壁の装飾が異なり、幻想的な町の風景となっている。伝統的な中世のアラブ世界が色濃く漂うサナアは、現在もイエメン最大の都市で、政治、経済、商業、文化の中心である。イエメンは、2015年3月以降、ハディ政権とイスラム教シーア派武装組織フーシとの戦闘が激化、フーシに対するサウジアラビア主導の連合軍による旧市街への空爆によって一部が損壊、2015年の第39回世界遺産委員会ボン会議で、「危機にさらされている世界遺産リスト」に登録された。
文化遺産（登録基準(iv)(v)(vi)）　1986年
★【危機遺産】2015年

●ザビドの歴史都市（Historic Town of Zabid）
ザビドは、首都サナアの南西約160km、紅海に程近い涸川(ワディ)の川岸にある。ザビドの歴史都市には、819年に、ムハマド・イブン・シャードが、ザビドを首都とするイスラムの地方王朝シャード朝を建国し、アラブ初の大学(アル・アシャエル大学の前身)を建設した。13～15世紀にはカイロ・アズハル大学に教師を派遣した程で、マドラサ(イスラム教の学校)やモスクが200以上建てられ、神学、医学、法学、歴史学、農学などを学ぶ5000人の学生がいたといわれる。城壁に囲まれた旧市街には、かつてマドラサだった平らな屋根で、石膏の幾何学模様のレリーフが壁に残るアシャエル・モスク、15世紀のナセル城などザビード様式の建築物が往時を偲ばせる。都市化、劣化、コンクリート建造物の増加の理由により、2000年に「危機にさらされている世界遺産リスト」に登録された。
文化遺産（登録基準(ii)(iv)(vi)）　1993年
★【危機遺産】2000年

○ソコトラ諸島（Socotra Archipelago）
ソコトラ諸島は、アラビア半島の南部、アデン湾の近くのインド洋上に浮かぶ主島のソコトラ島と小さな

アラブ諸国

島々からなり、狭い海岸平野、洞窟がある石灰岩の台地、海抜1525mのハギール山脈が特徴である。ソコトラ諸島には、古くからインド洋航路の寄港地として港町が築かれ、住民は主にアラブ系で、人口は約4万4千人、1990年のイエメン統一までは南イエメンの領土であった。ソコトラ諸島は、「インド洋のガラパゴス諸島」と喩えられる様に、その生物多様性の顕著な普遍的価値が評価されて世界遺産になった。ソコトラ諸島は、竜血樹など825種の植物の37%、その爬虫類の種の90%、カタツムリの種の95%は、ここにしか生息していない固有種である。ソコトラ諸島は、また、鳥類の楽園で、192種の鳥類の多くは絶滅危惧種で、その内44種は、ソコトラ諸島で繁殖し、85種は渡り鳥である。ソコトラ諸島の海域の海洋生物も多様で、珊瑚類が253種、魚類が730種、蟹やエビなどの甲殻類が300種である。

自然遺産（登録基準(x)）　2008年

●古代サバ王国のランドマーク、マーリブ ***New***
（Landmarks of the Ancient Kingdom of Saba, Marib）

古代サバ王国のランドマーク、マーリブは、イエメンの西部、首都サナアの東120km、ルブアルハリ砂漠の西にあるマーリブの考古学遺跡である。登録面積は375.29ha、バッファーゾーンは25,967.6haである。構成資産が、古代都市マーリブ、アワム寺院、バラン寺院、マーリブの3つの古代ダム、古代都市シルワの7つからなるシリアル・ノミネーションである。古代サバ王国のランドマーク、マーリブは、紀元前1世紀から西暦630年頃にイスラムが到達するまでの、豊かなサバア王国（紀元前800年頃～275年　首都シルワ）とその建築学的、美的、技術的な功績を物語るものである。サバア王国は、アラビア半島を横断する香辛料の道を支配し、地中海や東アフリカとの交易を通じての文化交流のネットワークの構築に主要な役割を果たした。渓谷群、山岳群、砂漠群の半乾燥風景を背景に、寺院群、城壁、他の建造物群からなる大きな都市集落の遺跡である。古代マーリブの灌漑システムは、古代南アラビアにおける水文工学の技術力と比類ない規模の農業を反映するもので、最大の古代人工オアシスを創出するに至った。進行中のイエメン内戦によって破壊の危険が迫っていることから、2023年1月に開催された第18回臨時世界委員会で世界遺産に緊急登録されると共に危機遺産に同時登録された。

文化遺産（登録基準(iii)(iv)）　2023年
★【危機遺産】2023年

イラク共和国（6物件　●5　◎1）

●ハトラ（Hatra）

ハトラは、イラク北西部のモスール州の南西約100kmの砂漠地帯に残る古代都市遺跡。紀元前3世紀頃から紀元後3世紀半ばまで、パルティア王国（紀元前248年頃～紀元後226年）内にあった半独立国のアラビア王国の首都であった。1世紀にパルティア王国の隊商都市として発展したが、その後、ササン朝ペルシア（226～651年）に征服され滅びた。二重構造の円形の城壁の東西南北には、城門、外に堀、市中央の聖域には、アッラート女神や太陽神シャマシュの神殿など遊牧民特有のイーワーン様式のイスラム建築物が多く残る。神像や肖像、小神殿などギリシャやローマの影響を受けた建築物も見られる。ハトラは、別名「神の家」と呼ばれた。現在名は、ハドゥル。ハトラは、過激派組織の「イスラム国」（IS）が石造などを破壊、損壊していることから、2015年の第39回世界遺産委員会ボン会議で、「危機にさらされている世界遺産リスト」に登録された。

文化遺産（登録基準(ii)(iii)(iv)(vi)）　1985年
★【危機遺産】2015年

●アッシュル（カルア・シルカ）（Ashur（Qal'at Sherqat））

アッシュルは、バグダッドの北約300km、チグリス川の西岸のカルア・シルカにある。アッシュルは、アッシリア帝国の最初の首都で、宗教上の中心地で、バビロン、アテネ、ローマ、テーベなど人類の歴史に影響を与えた世界の偉大な首都と肩を並べる。アッシュルは、紀元前2800年頃のシュメール人初期王朝期に占領された。ギリシャ時代、紀元前1世紀のハトリアン朝のアラビア王の時代、紀元後1～2世紀のパルティア時代に至る古代中東文明の3000年にもわたって繁栄した。アッシュルは、アッシリアの国家神であるアッシュル神（アッシリアの国名、今日のシリアの名前の起源となった神）の名前に由来する都市だったので、名声を博した。新アッシリア時代に、帝国の首都がニムルド（カラク）、ドゥル・シャルルケーン、そして、ニエヴェに移ってからも、アッシュルはアッシリアの主要な宗教や文化の中心としてその重要性を維持した。アッシュルは、アッシリアの歴代の王が戴冠し埋葬された場所である。ここで建物と調度品の遺跡が広範にわたって発掘された。これらの発掘品やマンネア人が書いたと思われる特殊な楔形文字の文書資料から、アッシュルは、特に中期アッシリア時代から新アッシリア時代に、宗教的にも学問的にも主導的な役割を果たしていた。文献によると、38の神殿があったとされるが、その大部分はまだ発掘されていない。アッシュルは、フセイン政権時代の大型ダム建設による水没危険、それに適切な保護管理措置が講じられていないことから、世界遺産登録と同時に「危機にさらされている世界遺産リスト」に登録された。

文化遺産（登録基準(iii)(iv)）　2003年
★【危機遺産】2003年

●サーマッラの考古学都市（Samarra Archaeological City）

サーマッラーの考古学都市は、イラクの首都バグダッドの北130km、イラク中北部のサラハディン州のティグリス川の両岸にある。サーマッラーの考古学都市は、836年に、アッバース朝の首都となった都市で、イスラム教シーア派の聖地としても知られている。イラクのシーア派の四大聖廟の一つで、7万2千枚の黄金タイルを張られたイスラム世界最大級のドームと2つの黄金のミナレット（尖塔　高さ36m）で知られるアスカリ廟は、スンニ派の過激組織による犯行によって、2006年2月22日にドームが、2007年6月13日にはミナレットも爆破された。ユネスコは、イラク政府と協力して再建に取り組む方針を明らかにし、宗派対立の解消による国民和解とイラク復興の象徴にしたい考えである。世界遺産登録と同時に「危機にさらされている世界遺産リスト」に登録された。

文化遺産（登録基準(ii)(iii)(iv)）　2007年
★【危機遺産】2007年

●エルビルの城塞（Erbil Citadel）
エルビルの城塞は、イラクの北部、クルディスタン地域の主都で、エルビル県の県庁所在地でもあるエルビルの丘陵にある。古くは、アルベラと呼ばれ、紀元前331年にアレクサンドロス大王が、ダレイオス三世の率いるペルシャ軍を破ったガウガメラの戦い（アルベラの戦い）の合戦場となった。また、紀元1世紀にはユダヤ教を受容したアッシリア人の国家アディアバネ王国の都が置かれていた。2003年のイラク戦争でフセイン政権が崩壊し、2005年に連邦制を規定した新憲法が制定され、2006年にクルディスタン地域政府が正式に発足し、エルビルがクルディスタン地域の主都となった。エルビルの旧市街は、中心部にシタデルと呼ばれる古い城塞があり、そこから放射線状に街が伸び、同心円上にバイパス道路が通じている。旧市街地とは独立するかたちで、中心からやや離れた幹線道路沿いで新市街地が発展しており、高層ビルの建設ラッシュが続いている。「エルビル」は、日本では「アルビル」或は「アービル」と表記されることもある。

文化遺産（登録基準(iv)）　2014年

◎イラク南部の湿原：生物多様性の安全地帯とメソポタミア都市群の残存景観
（The Ahwar of Southern Iraq: Refuge of Biodiversity and the Relict Landscape of the Mesopotamian Cities）
イラク南部の湿原：生物多様性の安全地帯とメソポタミア都市群の残存景観は、イラクの南部、ムサンナー県、ディヤーラー県、マイサーン県、バスラ県にある。イラク南部の湿原は、他に類を見ない歴史的、文化的、環境的、水文学的、社会経済的な特徴があり、世界中でもっとも重要な湿地生態系のひとつと考えられている。世界遺産の登録面積は211,544ha、バッファー・ゾーンは209,321haであり、フワイザ湿原、中央湿原、東ハンマール湿原、西ハンマール湿原の4つの湿原地域、それに、紀元前4000年～3000年に、チグリス川とユーフラテス川との間の三角州に発達したシュメール人の都市や集落であったウルク考古都市、ウル考古都市、テル・エリドゥ考古学遺跡の3つの遺跡群が構成資産である。旧イラク政権下において、この湿原地域の生態系が広範囲にわたって破壊された。イラク南部の湿原地域では、油田も開発されており、世界遺産を取巻く脅威や危険になっている。

複合遺産（登録基準(iii)(v)(ix)(x)）　2016年

●バビロン（Babylon）
バビロンは、イラクの中部、バグダッドの南90kmのユーフラテス川両岸にある古代メソポタミア文明の中心で城郭都市として栄えた。登録面積は1054.3ha、バッファーゾーンは154.5 ha、紀元前18世紀のハンムラビ時代からヘレニズム時代に至るまでオリエント文明の中心であった。バビロンは、新バビロニア帝国初代の王（在位紀元前 626～紀元前605年）であるナボポラッサルによりメソポタミア南部のバビロニアを中心に建国され、アケメネス朝ペルシアの初代国王キュロス2世（紀元前600年頃～紀元前529年）によって征服されるまで、地中海沿岸地域に至る広大な領土を支配した新バビロニア帝国（紀元前625年～紀元前539年）の首都であった。守護神のマルドゥクのジッグラト（方形の塔）は「バベルの塔」（バベルはヘブライ語で「混乱」の意）は、「空中庭園」、「イシュタル門」などと共に有名である。現在の遺跡は四つの遺跡丘からなり、発掘された遺構は、ほとんどがネブカドネザル２世が造営したものである。メソポタミアの古代都市バビロンは、巨大城壁や空中庭園の伝説で知られ、世界７不思議にも数えられている。1983年から30年以上にわたって、バビロン遺跡の世界遺産登録を目指してきたイラクの努力がようやく実った。ユネスコは、バビロン遺跡について「フセイン政権時代やイラク戦争中に激しい損傷を受け、その後も武装勢力の影響などで、遺跡の発掘調査や修復活動が思うように進んでいない。」として「危機遺産」登録も検討したが、世界遺産への登録を追い風に発掘調査をさらに進め、地域の復興につなげたいイラク政府からの意向もあり見送った。今後の課題としては、地元当局と共に遺跡保護に向けた行動計画を策定しこの遺跡をいかに守っていくかである。

文化遺産（登録基準（iii)(vi)）　2019年

エジプト・アラブ共和国（7物件　○1　●6）

●アブ・ミナ（Abu Mena）
アブ・ミナは、エジプト北西部、アレキサンドリアの南西部に位置するミリュート砂漠にあるエジプトで最も古いキリスト教都市の一つである。アブ・ミナは、3世紀にローマ帝国によってキリスト教の弾圧で殺された聖者メナス（285～309年　Menas、或は、Mina　アブ・ミナのAbuは、Father、或は、Saintという意味）を祀った場所で、そこから湧き出た水が病気を治すという奇跡に因んで、大聖堂が建設され、エルサレムと並ぶ世界的な巡礼地となった。そのことを示す、聖者メナスの名前や絵が彫られた土瓶がドイツのハイデベルク、イタリアのミラノ、クロアチアのダルマチア、フランスのマルセイユ、スーダンのデンゲラなど世界各地で、考古学者によって発見されている。アブ・ミナは、エジプトやエチオピアで独自の発展を遂げたキリスト教であるコプト教の最大の聖地であった。キリスト教がエジプトで栄えたのは7世紀までで、9世紀にはイスラム教徒の侵略で、大聖堂も廃墟と化した。20世紀初めに、千年にわたり砂に埋没していたアブ・ミナの遺構が発掘され、現在もドイツの考古学研究所などによって発掘が続けられている。アブ・ミナは、今では、エジプトの五大史跡の一つに数えられるに至っている。アブ・ミナは、灌漑など土地改良に伴う水面上昇による溢水などによる崩壊の危機から、2001年に「危機にさらされている世界遺産リスト」に登録された。

文化遺産（登録基準(iv)）　1979年

★【危機遺産】 2001年

●古代テーベとネクロポリス

（Ancient Thebes with its Necropolis）

古代テーベとネクロポリスは、エジプト中東部、ナイル河岸のケナ県ルクソール市にある。古代テーベとネクロポリスは、ナイル川東岸のカルナック神殿、ルクソール神殿、ナイル川西岸の古代エジプトの首都テーベのネクロポリスの3つの資産から構成されている。太陽が昇るナイル川東岸は、生命と成長の源を意味する「生の都」、日が沈むナイル川西岸は、生命の衰退を意味する「死者の都」と考えられていた。最盛期の紀元前1567～1320年、ナイル川東岸の「生者の都」には、神殿や居住区が建設された。なかでも、強大な王権を示す最大規模のカルナック神殿は、歴史上で崇拝されてきたテーベ3神であるアメン神、ムート神、コンス神の神殿からなり、見る者を圧倒する。ルクソール神殿は、第18王朝のアメンホテプ3世、それに、ラムセス2世が建てた神殿で、ナイルの増水期にアメン神が妻のムート女神と過ごすオペト祭りを祝うためのものであった。また、ナイル川西岸の「死者の都」は、王家の谷、王妃の谷と呼ばれるネクロポリス（墓所）であり、ツタンカーメン、セティ一世などの王墓群、エジプト唯一の女性ファラオ、ハトシェプスト女王の葬祭殿（デイル・エル・バハリ）などが残っている。ツタンカーメンの墓は、非常に小さいながら、数々の美しい副葬品のために最も価値ある墓として知られている。1922年に発見された副葬品は、現在エジプト考古学博物館に移され、現在では、石棺の中に納められた第2人型棺だけが、王のミイラとともに残されている。ハトシェプスト女王の葬祭殿は、デイル・エル・バハリ（アラビア語で、「北の修道院」の意味）地区にあり、印象的な3つのテラスで構成されている。ラムセウムは、ラムセス2世の葬祭殿で、壁には有名な「カデシュの戦い」が描かれている。デイル・エル・メディーナは、職人の村で、王の墓を造営する職人たちが代々住んでいた集合住宅である。一方、古代テーベとネクロポリスは、1)地下水の水位の上昇、2)王家と王妃の谷の洪水のリスク、3)包括的な管理計画の欠如、4)主要なインフラや開発プロジェクト、5)無秩序な都市開発、6)西岸の住宅や農業、7)ナイル川西岸のクルナ村の取り壊しと人の移転などの脅威や危険にさらされている。

文化遺産（登録基準(i)(iii)(vi)）　1979年

●カイロの歴史地区（Historic Cairo）

カイロの歴史地区は、エジプトの首都カイロの東南部、イスラム文化を伝える旧市街の町並みである。カイロの起源は、641年アラブ人に征服された時にさかのぼる。以降カイロは、ウマイア朝、アッパーズ朝と繁栄を続け、地中海一の商業都市に発展した。カイロの歴史地区は、現在人口の9割がイスラム教徒というイスラム諸国最大の都市になっている。旧市街には、10世紀後半に建てられたイスラム世界最古の大学であるアル・アズハル・モスク、カイロで最古級の9～10世紀のイブン・トゥールン・モスク、12世紀のムハンマド・アリ・モスク、14世紀中頃マルムーク朝のスルタン・ハサン・モスク（エジプト・イスラム教の総本山）など300近いモスク、また、南東部のムカッタムの丘に12世紀後半十字軍と対峙した名将サラディーンが建設した巨大なシタデル城塞跡等が残っている。カイロの歴史地区の世界遺産の構成資産は、アル・フスタート遺跡、アハマド・イブン・トゥールン・モスク、アル・イマーム・アッシュ・シャフィの墓地遺跡、サイーダ・ナフィサーの墓地遺跡、カイトベイの墓地遺跡の5つからなる。2007年の第31回世界遺産委員会クライストチャーチ会議で、「イスラム文化都市カイロ」から名称が変更になった。

文化遺産（登録基準(i)(v)(vi)）　1979年

●メンフィスとそのネクロポリス／ギザからダハシュールまでのピラミッド地帯

（Memphis and its Necropolis–the Pyramid Fields from Giza to Dahshur）

メンフィスとそのネクロポリス/ギザからダハシュールまでのピラミッド地帯は、古代文明発祥の地であるエジプトの首都カイロ近郊のナイル川西岸に展開する。その構成資産は、メンフィスとそのネクロポリス（ミートラヒーナ、サッカラ、アブシール、ダハシュール）とギザのピラミッド群からなる。カイロの南25kmにある古王国時代（紀元前2700～2200年）のメンフィスを中心に、約80のピラミッド群がギザからダハシュール～メイドゥームに集中している。ギザのクフ王、カフラー王、メンカウラー王の三大ピラミッドは、オリオン座の3つの星に対応した位置関係にあるとされ、最大のクフ王のピラミッドは、高さが137m（創建時の高さは146m）、底辺が230mの正四角錐形で、平均2.5トン、約230万個の石が使用されている。

文化遺産（登録基準(i)(iii)(vi)）　1979年

アラブ諸国

●アブ・シンベルからフィラエまでのヌビア遺跡群
（Nubian Monuments from Abu Simbel to Philae）
アブ・シンベルからフィラエまでのヌビア遺跡群は、エジプト南部のアスワン県を流れるナイル川の土手沿いなどにある。アブ・シンベルからフィラエまでのヌビア遺跡群は、アブ・シンベル神殿、アマダ神殿、ワディ・セブア神殿、カラブシャ神殿、フィラエ神殿(アギルキア島)、古王国と中王国の墓地群、エレファンティネ島の古代の町の遺跡、古代の石切り場と切りかけのオベリスク、セント・シメオン修道院、イスラム教の墓地の10の構成資産からなる。古代にはクシュ王国と呼ばれたヌビアは、アスワンからカルツームまでのナイル川に沿った地域を指し、神なるファラオの権力の不滅を物語る古代遺跡群が数多く残っている。アブ・シンベルには、エジプト第19王朝のラムセス2世と王妃ネフェルタリに捧げられた大小2つの神殿からなる壮大な岩窟神殿、アブ・シンベル神殿が、また、ナイル川に浮かぶフィラエ島には、イシス女神に捧げられたフィラエ神殿があった。しかし、これらのヌビア遺跡群は、1960年代に、エジプト全土へ灌漑用水と電力を供給するアスワン・ハイダムの建設計画によって、ダム完成時に造られた貯水池のナセル湖に水没する危機に直面した。1964年から1968年まで、ユネスコ(国連教育科学文化機関)の救済作業によって、アブ・シンベル神殿は、60m上の丘に、元通りの位置関係のままで移築された。一方、フィラエ神殿は、1980年に、フィラエ島からアギルキア島に移築され保護された。ユネスコによる世界的なヌビア遺跡群の救済運動を通じて、今日の「世界遺産」の概念が具体的になった。
文化遺産（登録基準(i)(iii)(vi)）　1979年

●聖キャサリン地域（Saint Catherine Area）
聖キャサリン地域は、シナイ半島の南シナイの統治下にある。聖キャサリン地域には、紀元前13世紀の預言者モーゼが神から十戒を授かった標高2285mのシナイ山（別名　ホレブ山、ジュベル・ムサ＜モーセの山の意＞)の山麓に世界に名高い聖キャサリン修道院がある。ギリシャ正教様式のこの修道院は、モーゼやヘブライ人のパレスチナへの出エジプト記にちなんだ聖地で、巡礼の為に、エルサレムの旧市街の様に、世界各国からキリスト教徒、イスラム教徒、それに、ユダヤ教徒が訪れる。現存する礼拝堂の創立は、6世紀の東ローマの皇帝ユスティニアヌス(在位527～565年)の時代にさかのぼり、その壁と建物は、ビザンチン建築の研究で大変重要である。聖キャサリン修道院は、初期キリスト教時代の聖書の古代写本などを所蔵する大図書館やイコンのコレクションで有名だが、これらは非公開で、専門家以外は見ることができない。当初は、シナイ山や聖キャサリン山を含めた複合遺産としての登録をめざしたが、その文化的景観は評価されたものの、自然遺産としての価値は認められず、結果的に、文化遺産になった。聖キャサリンは、聖カタリナ、聖カテリナ、聖カトリーナ、聖エカテリニの表記もある。
文化遺産（登録基準(i)(iii)(iv)(vi)）　2002年

○ワディ・アル・ヒタン（ホウェール渓谷）
（Wadi Al-Hitan（Whale Valley））
ワディ・アル・ヒタンは、エジプト北部、カイロの南西150km、ファイユーム県のワディ・エル・ラヤン保護区の西北にある4000年前の鯨の化石地域で、通称、ホウェール渓谷と呼ばれている。ワディ・アル・ヒタンは、広大な砂漠に約150kmにわたって展開する。1902～1903年に、地質学者のベッドネルが最初に鯨の化石を発見した。鯨の骨格が30体以上あるほか、鮫の歯、貝や他の海棲動物の化石などが至るところで見られる野外の地質博物館である。この一帯は、旧石器時代までは海面下であったが、次第に、淡水湖のカルン湖などへと変わっていった。ワディ・アル・ヒタンは、鯨のほかマングローブなどの植物やカタツムリや爬虫類の化石がきわめて豊富に残る地質遺産である。エジプト人によって崇拝されたワニの化石も、ここで、発掘されているほか、後期旧石器時代から後期ローマ時代の考古学遺跡も発見されている。近年、化石の盗難や石油開発などが問題になっている。将来的に、登録範囲を拡大し、現在、暫定リストに記載されている「ゲベル・カトラニ地域」を含めることの検討も必要である。
自然遺産（登録基準(viii)）　2005年

オマーン国（5物件 ● 5）（※抹消　1物件　○1）

●バフラ城塞（Bahla Fort）
バフラ城塞は、首都マスカットの南西208kmのアフダル山地山麓の砂漠にあるオアシス都市。バフラ城塞は、7世紀前後のイスラム時代に海からのペルシア人、砂漠からのベドウィン族などの侵略から守る為に建設された城塞跡で、オマーンを代表する最大規模の城塞。バフラ城塞は、日干し煉瓦とナツメ椰子の幹を材料にした総延長約12kmの城壁に囲まれ、高さ約50mの円形や方形の監視塔が要所にある。バフラ城塞は砂漠の中にあって地下水にも恵まれていたため、人間が居住していた住居やナツメ椰子を栽培していた農地も城壁内にある。日干し煉瓦は、もろく、絶えず改修の必要があるが、長く放置されていたために風化が激しく、1988年に「危機にさらされている世界遺産」に登録されたが、2004年に解除された。
文化遺産（登録基準(iv)）　1987年

●バット、アル・フトゥムとアル・アインの考古学遺跡
（Archaeological Sites of Bat, Al-Khutm and Al-Ayn）
バット、アル・フトゥムとアル・アインの考古学遺跡は、首都マスカットの西240kmのソハール近郊のイブリから30kmにあるバットと周辺のアル・フトゥム、アル・アイン

アラブ諸国

に点在する。紀元前2500年頃からアフダル山地で銅の採掘が行われ、交易を通じてメソポタミア文明を支えた供給源になったといわれている。謎の民族とされるマガン国が造った住居集落や墓地の遺跡が散在する。バットでは、直径10m、高さ6mの不思議な塔が5つ発掘された。その目的もはっきりとわかっていない。アル・アインでは、蜂の巣状の墳墓が多数発掘され、また、円形の墳墓など青銅器時代の遺構が残っている。

文化遺産（登録基準(iii)(iv)）　1988年

●フランキンセンスの地（Land of Frankincense）

フランキンセンスの地は、ドファール地方の隊商都市のシスル、サラーラ、ホール・ルーリ、ワジ・ダウカにある。フランキンセンスは、クレオパトラやシバの女王も親しんだといわれる伝説的な乳香で、アラビアの香水アムアージュの原料としても知られている。乳香フランキンセンスの産地ドファール地方には、シスルのウバール遺跡、サラーラのアル・バリード遺跡、および、ホール・ルーリのサムフラム遺跡などの考古学遺跡、それに、ワジ・ダウカ乳香公園の乳香の木々は、古代から中世まで何世紀にもわたって繁栄した乳香の交易の軌跡を示すものである。

文化遺産（登録基準(iii)(iv)）　2000年

●オマーンのアフラジ灌漑施設
（*Aflaj* Irrigation System of Oman）

オマーンのアフラジ灌漑施設は、ダヒリヤ，シャルキーヤ・バティナ地方にある。オマーンのアフラジ灌漑施設の構成資産は、5つのアフラジ灌漑施設からなり、現在も使用されている3000もある灌漑施設を代表するものである。オマーンのアフラジ灌漑施設の起源は、紀元後500年に遡るが、考古学的な証しとして、この地が極度の乾燥地域であったことである。アフラジとは、アラビア語の古典では、ファラジの複数形であり、灌漑施設を持続的に確保する為に、乏しい資源を配分することを意味する。水は、灌漑施設を通じて、地下水や泉から農業用などに利用される。町や村では、水の効果的な管理と分配を、相互に共同で支えている。アフラジ灌漑施設と共に、モスク、家屋、日時計などの他の建物も世界遺産に登録された。アフラジ灌漑施設は、地下水位の低下により脅威にさらされているが、類いない土地利用の形態を表すものである。

文化遺産（登録基準(v)）　2006年

●古代都市カルハット（Ancient City of Qalhat）

古代都市カルハットは、オーマンの北東部、シャルキーヤ地方の港湾都市スールの北20kmのところにある古代都市遺跡で内側と外側は壁で囲まれている。世界遺産の登録面積は69, 314ha、バッファー・ゾーンは176. 1954haで、カルハットは、ホルムズ女王統治下の紀元前11世紀～15世紀にアラビア湾の東海岸の主要な港として発展した。古代都市カルハットは、アラビア湾東岸、東アフリカ、インド、中国、東南アジアとの間で貿易が行われていたことを証明するユニークな考古学的遺跡で、象徴的なのはビービー・マルヤム廟だ。14世紀のアラブの地理学者イブン・バットゥータ（1304～1368/69年）は「立派なバザールと最も美しいモスクの一つ」と称えている。

文化遺産　登録基準（(ii)(iii)）　2018年

○~~**アラビアン・オリックス保護区**~~（Arabian Oryx Sanctuary）

アラビアン・オリックス保護区は、オマーン中央部のジダッド・アル・ハラシス平原の27500km²に設けられた保護区。アラビアン・オリックスは、IUCN（国際自然保護連合）のレッドデータブックで、絶滅危惧（Threatened）の絶滅危惧ⅠB類（EN=Endangered）にあげられているウシ科のアンテロープの一種（Oryx leucoryx）で、以前は、サウジ・アラビアやイエメンなどアラビア半島の全域に生息していたが、野生種は1972年に絶滅。カブース国王の命により、アメリカから十数頭のアラビアン・オリックスを譲り受けることによって、繁殖対策を講じた。オマーン初の自然保護区として、マスカットの南西約800kmのアル・ウスタ地方に特別保護区を設け、野生に戻すことによって繁殖に成功した。また、1998年には、エコ・ツーリズムの実験的なプロジェクトが開始された。2007年の第31回世界遺産委員会クライストチャーチ会議で、オマーン政府が油田開発の為、オペレーショナル・ガイドラインズに違反し世界遺産の登録範囲を勝手に変更し世界遺産登録時の完全性が喪失、世界遺産としての「顕著な普遍的価値」が失われ、前代未聞となる世界遺産リストから抹消される事態となった。

自然遺産（登録基準(x)）　1994年
【世界遺産リストからの抹消　2007年】

カタール国（1物件　● 1）

●アル・ズバラ考古学遺跡（Al Zubarah Archaeological Site）

アル・ズバラ考古学遺跡は、カタール半島北部の西海岸、アッ・シャマール地域のマディナ・アッシュ・シャマルの小さな漁村アル・ズバラにある。アル・ズバラは、18世紀中頃から19世紀末に真珠の交易で繁栄した町で、現在は、砂の下に埋もれ、考古学者によって、発掘作業が続けられている。アル・ズバラ考古学遺跡は、コア・ゾーンは、アル・ズバラの町の考古学遺跡、カラート・アル・ムレイルの古い廃墟と化した要塞、カラート・アル・ズバラの要塞の3つの構成資産からなり、バッファー・ゾーンには、伝統的な地下水を管理する井戸群、廃墟と化した要塞群が残っている。アル・ズバラ要塞は、1938年、シェイク・アブドッラー・ビン・ガーシム・アール・サーニーの時代に建設された要塞で、海岸警備隊の駐屯地として使われていたが、ズバラの町の廃墟で見つかった品物を展示するアル・ズバラ博物館として、1987年に開館し活用されている。
文化遺産（登録基準(iii)(iv)(v)）　2013年

サウジアラビア王国（6物件　● 6）

●ヘグラの考古遺跡（アル・ヒジュル/マダイン・サーレハ）

（Hegra Archaeological Site (al-Hijr / Madā' in Ṣāliḥ)）
ヘグラの考古遺跡（アル・ヒジュル/マダイン・サーレハ）は、サウジアラビアの北西部、ヨルダンとの国境に近いアル・ウラの北東22kmにある古代都市遺跡である。アル・ヒジュルは、「岩だらけの場所」、マダイン・サーレハは、「サーリフの町」を意味する。ナバティア人の文明の遺跡としては最大規模で、ペトラがナバティア人の「北の首都」であったのに対して、アル・ヒジュルは「南の首都」であった。ナバティア人の起源については、中央アラビアからやって来た説とアラビア湾の北の海岸から来た説など諸説がある。ヘグラの考古遺跡（アル・ヒジュル/マダイン・サーレハ）は、紀元前1世紀から紀元後１世紀の装飾された外壁が良く保存された記念碑的な墓が特徴である。ヘグラの考古遺跡（アル・ヒジュル/マダイン・サーレハ）は、また、ナバティア文明以前に刻まれた50の碑文と幾つかの洞窟絵画を特徴とし、ナバティア文明のユニークな証拠となるものである。兵士、役人、司令官、騎手などの111の記念碑的な墓、その内の94は装飾されている。また、井戸は、ナバティア人の建築学的な成果であり、水利技術の専門知識の顕著な事例である。ナバティア人は、ローマ人の手が届きにくいことや南アラビアからの隊商貿易に対する近隣種族からの保護の為、アル・ヒジュルを軍事基地としても使用していた。ローマ軍が、西暦106年に、ナバティア王国を征服した後、隊商の交易ルートを陸上から海上に移した為、アル・ヒジュルは交易の中心地としての機能を失った。ヘグラの考古遺跡（アル・ヒジュル/マダイン・サーレハ）は、第32回世界遺産委員会ケベック・シティ会議で、サウジアラビアで最初の世界遺産になった。「アル・ヒジュルの考古遺跡（マダイン・サーレハ）」は2021年の第44回世界遺産委員会で「ヘグラの考古遺跡（アル・ヒジュル/マダイン・サーレハ）」に登録遺産名を変更した。
文化遺産（登録基準(ii)(iii)）　2008年

●ディライーヤのツライフ地区

（At-Turaif District in ad-Dir'iyah）
ディライーヤのツライフ地区は、アラビア半島の中央部、首都リヤドの北西20km、リヤド州のディライーヤのツライフ地区にある。ディライーヤは、アラビア語の「盾」という言葉に由来し、15世紀に、アラビア半島の中心部特有のナイディ建築様式で創建された。ディライーヤは、現在のサウード王国発祥の地で、18世紀後半から19世紀初頭にかけて繁栄した第1次サウード王国の首都になり、また、ナジュドで、ムハンマド・イブン・アブドル・ワッハーブによるイスラム改革運動のワッハーブ派が起こったため、政治的、宗教的な役割が増した。ディライーヤ・オアシスの端の高台にあるツライフ地区は、サウード王家の歴代の宮殿や大蔵省などの行政機関も置かれるなどサウード王家の権力の中心となり、ディライーヤ全域を取り囲む城壁や、四方の見張り塔が見渡せる要衝であったが、1818年に、第1次サウード王国の台頭を警戒したオスマン帝国の傘下にあったエジプト軍によって徹底的に破壊された。現在の遺跡の多くは、その当時のものである。ツライフ地区には、第1次サウード王国の第4代領主、アブドゥッラー・ビン・サウードとその兄弟9人のプリンス達の宮殿、ディライーヤで最大のドリーシャ要塞など土構造の建造物群の遺構が残っている。現在は、修復作業が進み、一般公開されている。
文化遺産（登録基準(iv)(v)(vi)）　2010年

●歴史都市ジェッダ、メッカへの門

（Historic Jeddah, the Gate to Makkah）
歴史都市ジェッダ、メッカへの門は、サウジアラビアの西部、マッカ・アル・ムカッラマ地方にある紅海の東岸にある都市にある。紀元前7世紀から、エジプトから紅海を経てインド洋に至る交易ルートの主要港として造られ、イスラム教の聖地メッカへの物資の経路となった。また、インドやアフリカなどからの海路でのメッカへのハッジに向かう巡礼者にとっては、出入口の港でもあった。これらの役割は、16世紀から20世紀初期にかけてのマグレブ、アラビア、インド、東南アジアとの交流によって、ジェッダを多文化を育む中心地へと発展させた。世界遺産の構成資産は、交易軸、スーク(市場)群、巡礼軸、モスク群、北部の住居地区、南部の3～4階の家屋群、住商混合地域からなる。なかでも、スエズ運河の開通や定期的な蒸気船の拡大などで富を得た豪商が19世紀後半に建てた7階建のタワーハウス、紅海沿岸の珊瑚の建物など建築上の伝統などが特徴で、今も人が住む歴史的な町並みを形成し、メッカへの巡礼者の賑わいを生んでいる。
文化遺産（登録基準(ii)(iv)(vi)）　2014年

●サウジアラビアのハーイル地方の岩絵

（Rock Art in the Hail Region of Saudi Arabia）
サウジアラビアのハーイル地方の岩絵は、サウジアラビアの中北部、ハーイル地方の北部国境州に残る古代の人々が岩に描いた動物や人間の岩絵で、赤い砂のネフド砂漠の西端の村であるジュッバにあるジャバル・ウンム・シンマン、それに、シュワイミスにあるジャバル・アル・マンジャーとジャバル・ラートの2つの構成資産からなる。ジュッバのジャバル・ウンム・シンマンでは、現在のアラブ人の先祖は、無数のペトログリフと

アラブ諸国

碑文に彼らが存在したことを示す印を残した。ジャバル・アル・マンジャーとジャバル・ラートにある多数のペトログリフと碑文は、人類史における、ほぼ1万年前からのものであると共に、その規模などの点で、サウジアラビアだけではなく、アラビア半島、ひいては中東全体でも最大級で豊富な岩絵群であることから、世界遺産に登録された。
文化遺産(登録基準(i)(iii))　2015年

●アハサー・オアシス、進化する文化的景観
(Al-Ahsa Oasis, an evolving Cultural Landscape)
アハサー・オアシスは、サウジアラビアの東部、東部州にある。「Ahsa」は、「地下水」という意味である。アハサー・オアシスは、庭園群、運河群、泉、源泉井戸、排水湖、それに、歴史的建造物群、、考古学的遺跡など連続的な構成資産からなる。それらは、新石器時代から現在に至るまでの湾岸地域における継続する人間の定住の 足跡を代表するもので、残った歴史的な要塞、モスク群、井戸群、運河群、それに、水管理システムなどが見られる。その250万本のナツメヤシが象徴的な世界で最大級のオアシスである。アハサーは、 ユニークな文化的景観 でもあり、環境と人間とが相互に作用した類ない事例である。
文化遺産　登録基準((iii)(iv)(v))　2018年

●ヒマーの文化地域 (Ḥimā Cultural Area)
ヒマーの文化地域は、サウジアラビアの南西部、ナジュラン市の北約200km、アラビア半島の古代の隊商の道の一つである乾燥したルブアルハリ砂漠の山岳地域にある古代の文化的な岩絵群である。世界遺産の登録面積は242.17ha、バッファーゾーン31,757.83haで、ヒマー・ウェルズ、サイダー、アン・ジャマ、ディーバ、ミンシャフ、ナジュド・カイランの6つの構成資産からなる。ヒマーの文化地域は、狩猟、動物、植物、生活様式、人間同士の戦闘シーンなどを描いた岩絵の豊富なコレクションで、7,000年にもわたって継続した文化である。旅行者や軍隊キャンプが20世紀の後半まで数多くの碑文やペトログリフを残しており保存状態も良い。碑文は、古代のムスナッド語、ナバテア・アラム語、南アラビア語、サムード語、ギリシャ語、アラビア語など異なる文字からなる。この場所は、古代の砂漠の香料など隊商の道や巡礼＜ハッジ＞の道の中継地(オアシス)として知られるキャラバンサライの遺跡も残る最古のものであり、少なくとも 3,000年前のビルヒマの井戸が数多く残っており、現在も新鮮な水を汲むことができる。
文化遺産(登録基準(iii))　2021年

シリア・アラブ共和国 (6物件　● 6)

●古代都市ダマスカス (Ancient City of Damascus)
ダマスカスは、メソポタミア-エジプトの東西とアラビア半島～アナトリアの南北の隊商路の交点であった紀元前3000年頃より栄華を誇った中東で最も古い都市の一つである。635年にアラブ人が侵入し、661～750年までウマイヤ朝の首都として、イスラムの政治、文化の中心地となった。12世紀後半にはアイユーブ朝が興り、サラディン統治のもとで繁栄、宗教、文化が開花し、数多くの壮麗なモスクが建築された。ダマスカスは、バラーダ川で二分され、南岸の旧市街には、ウマイヤ・モスク、スーク・ハミーディーヤ、キャラバンサライ、市場、キリスト教徒の居住地区、ドゥルーズ教徒の居住地区がある。ローマ、イスラム、ビザンチンなどの支配を示す遺跡、ユピテル門、コリント式の列柱神殿、聖ヨハネ教会、トルコ様式のアズム宮殿などが残っている。2013年の第37回世界遺産委員会プノンペン会議で、国家の内戦状況が直面する危険への注意を喚起する為に、「危機にさらされている世界遺産リスト」に登録された。
文化遺産(登録基準(i)(ii)(iii)(iv)(vi))　1979年
★【危機遺産】 2013年

●古代都市ボスラ (Ancient City of Bosra)
ボスラは、ダマスカスの南約150km、ヨルダンとの国境近くにあるオアシス都市。ボスラには、2世紀頃、シリアを支配し、最盛期を誇っていたローマ帝国のトラヤヌス帝(在位98～117年)が玄武岩で造らせた上階に列柱廊がある円形劇場、市場(アゴラ)、浴場、水利施設、列柱道路などの古代都市遺跡が残る。11～13世紀に十字軍の占領に備え、要塞を築いたり、堀を巡らしたりしたが、イスラム支配後は、メッカに向かう巡礼路からは次第に外れ、何時しか廃墟と化した。2013年の第37回世界遺産委員会プノンペン会議で、国家の内戦状況が直面する危険への注意を喚起する為に、「危機にさらされている世界遺産リスト」に登録された。
文化遺産(登録基準(i)(iii)(vi))　1980年
★【危機遺産】 2013年

●パルミラの遺跡 (Site of Palmyra)
パルミラの遺跡は、ダマスカスの北東200km、シリア砂漠の中央のある。パルミラは、西方と東方との結節点として、そして、シルクロードの中継地としての隊商都市として、なかでも、ローマ時代の1～3世紀には、交易路の要所として栄えた。パルミラという名前は、ナツメ椰子を意味するパルマに由来する。起源は聖書にもある程古いが、パルミラのゼノビア女王がローマ帝国からの独立を謀ったことによりローマ軍に破壊され廃虚となった。アラブの城塞、凱旋門、広場、列柱道路、コリント様式の列柱廊があるベール神殿、葬祭殿、元老院、取引所、円形のローマ劇場、公共浴場、住宅、墓地などが往時の繁栄を偲ばせる。2013年の第37回世界遺産委員会プノンペン会議で、国家の内戦状況が直面する危険への注意を喚起する為に、「危機にさらされている世界遺産リスト」に登録された。

文化遺産（登録基準(i)(ii)(iv)）1980年
★【危機遺産】 2013年

●古代都市アレッポ（Ancient City of Aleppo）
アレッポは、首都ダマスカスの北約300kmにある古代都市。古くからユーフラテス川流域と地中海、シリア南部とアナトリア地方とを結ぶ交易路の要衝で、商業都市として栄えた。紀元前20世紀頃には、既にヤムハド王国の首都として栄え、その後、幾多の栄枯盛衰を経験した。紀元前10世紀に築かれたアレッポ城、ヘレニズム時代からの難攻不落の要塞、7世紀に建てられその後、再建されたヨハネの父ザカリアの首を祀る大モスク、12世紀後半のマドラサ(学校)、17世紀のキャラバンサライ(隊商宿)のアル・ワジール、それに世界最大級ともいわれる延々と続くスーク(市場)などが残る。2013年の第37回世界遺産委員会プノンペン会議で、国家の内戦状況が直面する危険への注意を喚起する為に、「危機にさらされている世界遺産リスト」に登録された。過激派組織ISによって円形劇場などが破壊されている。
文化遺産（登録基準(iii)(iv)）　1986年
★【危機遺産】 2013年

●シュバリエ城とサラ・ディーン城塞
（Crac des Chevaliers and Qal'at Salah El-Din）
シュバリエ城とサラ・ディーン城塞は、アル・フォスン市とハフェ市にある。2つの城は、11～13世紀の十字軍の時代に中近東における要塞建築の進化をあらわす最も重要な事例を代表するものである。シュバリエ城は、1142～1271年にエルサレムの聖ヨハネ騎士団によって建てられた。13世紀後半にマルムーク朝による建設で、十字軍の城の最も良く保存された事例に位置づけられ、中世の城の典型である。十字軍によって建てられた8つの円塔とマルムーク朝によって建てられた角塔を含む。同様にサラ・ディーン城塞は、部分的には廃墟であるにもかかわらず、今尚、建設の質や歴史的な変遷の残存の両面において、この種の要塞の顕著な事例を代表するものである。それは、10世紀のビザンチン初期から12世紀後期、12世紀後半～13世紀半ばにアイユーブ朝によって建設された要塞の特徴をとどめている。2013年の第37回世界遺産委員会プノンペン会議で、国家の内戦状況が直面する危険への注意を喚起する為に、「危機にさらされている世界遺産リスト」に登録された。
文化遺産（登録基準(ii)(iv)）　2006年
★【危機遺産】 2013年

●シリア北部の古村群
（Ancient Villages of Northern Syria）
シリア北部の古村群は、シリアの北西部、イドリブ県とアレッポ県にまたがる広大な石灰岩の山中にある集落遺跡群。シリアの北西部にある8つの公園群の中にある40もの古村群は、古代末期からビザンチン時代の地方の田園生活を物語る遺跡群である。古村群は、1～7世紀に建てられ8～10世紀に廃村となったが、景観、住居群、寺院群、教会群、浴場等の建築学的な遺跡群は、きわめて保存状態が良い。古村群の遺構の文化的景観は、古代ローマの異教徒の世界からビザンチンのキリスト教信仰までの変遷ぶりを映し出している。水利施設、防護壁、農地の区割りなどから、農業生産に熟達していたことがわかる。2013年の第37回世界遺産委員会プノンペン会議で、国家の内戦状況が直面する危険への注意を喚起する為に、「危機にさらされている世界遺産リスト」に登録された。
文化遺産（登録基準(iii)(iv)(v)）　2011年
★【危機遺産】 2013年

スーダン共和国（3物件　○1　●2）

●ナパタ地方のゲベル・バーカルと遺跡群
（Gebel Barkal and the Sites of the Napatan Region）
ナパタ地方のゲベル・バーカルと遺跡群は、カルツームの北400km、スーダン東部の町カリマの近くで、ナイルの第三瀑布と第四瀑布との間の川沿いの隔たったジャバルと呼ばれる高さ98mの巨大な砂岩の山にある古代都市ナパタの遺跡である。エジプト人と後のヌビア人のクシは、90mの高山を彼らの最高神であるアモンの棲むところとした。紀元前1450年頃、エジプトのファラオ、トトメス3世は、ゲベル・バーカルを征服し、彼の帝国の南限とし、そこにつくった都市は、ナパタと呼ばれた。後にクシと呼ばれる独立したヌビアの王国になった。紀元前720年から660年まで、歴代の王は、エジプトを支配し、紀元前8世紀後半に、ピアンキの統治の下で、北の首都になった。クシ王国がエジプトから撤退した後も、ナパタは、紀元前350年頃まで、王室の住居として、また、宗教的な中心地として続いた。ゲベル・バーカルにある13の寺院群、3つの神殿群の遺跡は、1820年代にヨーロッパの探検家によって紹介され、1916年には、本格的な発掘が行われた。不幸なことに、風、砂嵐、ナイル川の洪水、根深い藪、不規則な訪問者、自動車交通が、脆い砂岩を風化させており、緊急の保護措置が求められている。
文化遺産（登録基準(i)(ii)(iii)(iv)(vi)）　2003年

●メロエ島の考古学遺跡群
（Archaeological Sites of the Island of Meroe）
メロエ島の考古学遺跡群は、スーダンの北東部、ナイル川とアトバラ川の2つの河川の間にあり半砂漠の景観を呈するメロエ島にある。メロエ島の考古学遺跡群は、紀元前8世紀から紀元後4世紀にナイル川流域で栄えたクシュ王国の中心地の遺跡群で、メロエの都市遺跡、墓地遺跡、それに、近隣のナカ、ムサワラトなどの宗教遺跡群も世界遺産の構成資産に含む。クシュ王国の都は、当初ナパタにあったが、紀元前6世紀にアッシリアの攻撃を受けた為、メロエに遷都し、ピラミッド、神殿、宮殿、道路、墓地等を建設した。クシュ王国は、地中海からアフリカの中心部まで拡大し、下流のエジプトでは、第25王朝(紀元前747年～紀元前656年)を建設、1世紀ほど支配した。メロエ島の考古学遺跡群は、芸術、建築、宗教、言語の各分野において、地域間の交流があったことを物語っている。
文化遺産(登録基準(ii)(iii)(iv)(v)) 2011年

○サンガネブ海洋国立公園とドゥンゴナブ湾・ムッカワル島海洋国立公園
(Sanganeb Marine National Park and Dungonab Bay–Mukkawar Island Marine National Park)
サンガネブ海洋国立公園とドゥンゴナブ湾・ムッカワル島海洋国立公園は、スーダンの北東部にある海洋国立公園で、生態学的に重要な海洋地域である。サンガネブ海洋国立公園は、紅海の西岸にあるポートスーダンの北東30km、ドゥンゴナブ湾は、ポートスーダンの北約125Km、ムッカワル島は、ドゥンゴナブ半島の沖合い25kmにある。世界遺産の登録面積は199,523.908ha、バッファー・ゾーンは、401,135.66haである。サンガネブ海洋国立公園は1990年、ドゥンゴナブ湾・ムッカワル島海洋国立公園は、2004年に海洋保護区に指定されている。サンガネブ海洋国立公園のサンガネブ環礁は、紅海のほぼ中央にあり、保存状態も良好である。ここではあらゆるタイプの珊瑚が見られ、ジュゴン、亀、チョウチョウウオ、カマス、オニイトマキエイ、シュモクザメ、イタチザメなど多様な生物が生息している。
自然遺産(登録基準(vii)(ix)(x)) 2016年

チュニジア共和国 (8物件 ○1 ●7)

●エル・ジェムの円形劇場 (Amphitheatre of El Jem)
エル・ジェムの円形劇場は、チュニジア中北部のマハディア県の小さな村エル・ジェムにある北アフリカ最大のコロシアムの遺跡で、ローマ帝国のゴルディアヌスが240年に建造させた円形劇場(アンフィテアトルム)である。切り石を積み上げ、縦149m、横124m、高さ36m、舞台の直径65m、収容能力が35000人と巨大で、戦時は要塞として、平時は、ライオンと奴隷、また、人間同士を格闘させた劇場として使用された。エル・ジェムの円形劇場は、17世紀まで、ほぼ原型を保っていたが、17世紀から、円形劇場の石材は、近くの村やケルアンの大モスクを造るために使用され、オスマントルコとの戦闘において、トルコ人は、円形劇場から敵を追い出すために大砲を使用した。現状、保存状態は良好である。
文化遺産(登録基準(iv)(vi))
1979年／2010年

●カルタゴの考古学遺跡
(Archaeological Site of Carthage)
カルタゴの考古学遺跡は、チュニジアの北部、首都チュニス近郊の地中海沿岸にある。カルタゴは、航海の民で、当時、地中海貿易を独占していたフェニキア人が、紀元前9世紀に植民市として建設した。カルタゴのハンニバル(紀元前246？～紀元前183年)らの将軍は、3回にわたるポエニ戦争(紀元前264～紀元前146年)で、ローマ軍と果敢に戦ったが敗れた。カルタゴの町は、建物の石は取り崩され、地には塩がまかれ、草木が二度と生えないように破壊された。しかし、後に再びローマの北部アフリカの属州の州都として復活。最盛期の2～3世紀には、神殿、ローマ劇場、円形闘技場、アニトニウスの共同浴場、水道などが建設された。しかし、6世紀に亡びて放棄された。
文化遺産(登録基準(ii)(iii)(vi)) 1979年

●チュニスのメディナ (Medina of Tunis)
チュニスは、チュニジア北東部、地中海に面する古くからの首都である。その歴史は、7世紀末にビザンチン帝国の統治下にあったカルタゴを破ったアラブの征服者ハッサーン率いるサラセンが町を建設した時に始まる。アグラブ朝の首都になった9世紀に再建され、イスラム教の礼拝場所で「オリーブの木のモスク」と呼ばれる大モスクであるジトウナ・モスクを中心に、ミナレットが印象的なマレカイト・モスクやハネファイト・モスクなどのイスラム建築物やスーク(市場)などがある市街地が城壁と堀で囲まれた。現在の町は、中庭のある家並みの居住地域を含めて、ハフシド王朝時代の14世紀にほぼ固まった。メディナ地区の保存及び再建は、メディナ保存協会を中心に行われてきた。
文化遺産(登録基準(ii)(iii)(v)) 1979年／2010年

○イシュケウル国立公園 (Ichkeul National Park)
イシュケウル国立公園は、チュニジアの首都チュニスの北西約70km、北部アフリカの最北端にある総面積12600haの自然公園。標高511mのイシュケウル山、その山麓のイシュケウル湖とその周辺に広がる1980年にラムサール条約にも登録されている広大な湿地帯からなる。欧州大陸と北部アフリカを往復するハイイロガン、ヒドリガモ、メジロガモなど180種の渡り鳥の越冬地として非常に重要な地域で、かつて王家の私有地だったこともあり、手つかずの湿原植物などの自然と生態系が残されており、1977年にはユネスコMAB生物圏保護区に指定されている。ダム建設の影響で、1996年に危機遺産に登録されたが、農業用の湖水使用の中止が塩分の減少と多くの鳥類の回帰をもたらしたことにより、2006年危機遺産から解除された。
自然遺産(登録基準(x)) 1980年

●ケルクアンの古代カルタゴの町とネクロポリス
(Punic Town of Kerkuane and its Necropolis)
ケルクアンは、チュニスの北東18km、地中海沿岸のボン岬にかつてあった海洋民族のフェニキア人が築いた植民市のカルタゴの町。ローマとの紀元前264年から紀元前241年にかけての第一次ポエニ戦争（ローマ人はフェニキア人をポエニと呼んだ）で敗れ、紀元前146年頃に滅びたが、神殿、住宅、下水溝、城壁、職人の工房などカルタゴ都市の遺跡、それに、背後の岩山に散在する装飾が施された200基以上の墓地群（170m×100mが一単位）が、当時の姿をそのまま伝えている。
文化遺産（登録基準(iii)）　1985年／1986年

●カイルアン（Kairouan）
カイルアンは、チュニスの南約120kmにある9～11世紀にアラブの王都として栄えた古都。カイルアンには、マグレブ諸国で最古のグラン・モスクがあるため、カイルアンは、マグレブのイスラム教の聖地としても重要な役割を果たした。イスラム教徒にとっては、メッカ、メディナ、エルサレムに次ぐ第四番目の聖地とされ、今も世界各地からの巡礼者がこの地を訪れる。城壁が囲むメディナ（旧市街）には、マグレブで最も優美とされるアルハンブラを思わせるシディ・サハブ・モスクがある。マホメット（ムハンマド）の同志であった聖サハブの墓があることでも知られている。
文化遺産（登録基準(i)(ii)(iii)(v)(vi)）
1988年／2010年

●スースのメディナ（Medina of Sousse）
スースは、チュニスの南150kmの地中海沿岸にある港町で、紀元前11世紀に海洋民族のフェニキア人が植民地として建設したのが起源である。その後、カルタゴ、ローマ、ビザンチンと支配者が替わったが、オリーブ油の交易で繁栄した。現在のスースのメディナが造られたのは、7世紀、アラブ人の町となってから。メディナ（旧市街）は、フランスやイタリアなどの攻撃に備えて二重の城壁で囲まれており、密集した家並みと迷路の様に入り組んだ路地が印象的。8世紀末に建設された1つの高塔と7 つの見張り台があるリバトと呼ばれる正方形の要塞（カスバ）は、礼拝所としても利用された施設で、初期イスラムの貴重な遺構。9世紀に建設されたグラン・モスクが、当時のままの姿で残っている。
文化遺産（登録基準(iii)(iv)(v)）　1988年／2010年

●ドゥッガ／トゥッガ（Dougga / Thugga）
ドゥッガは、チュニジアの北部、チュニスの南西97kmの山地にあるチュニジア最大の古代ローマ遺跡である。世界遺産の登録面積は、コア・ゾーンが70ha、バッファー・ゾーンが80haである。ドゥッガは、もともとは、ヌミディア王国に属し、紀元前9世紀にフェニキアのティルス市がアフリカ北岸に建設した植民市のカルタゴの影響下にあったが、紀元前46年に、カエサル（シーザー）が率いるローマ軍の支配下となった。その後、東ローマ帝国の支配地となり、その後バンダル人に占領された。168年に建造された3500席の野外劇場をはじめ、ケレスティス神殿、共同浴場、アレクサンドロスの凱旋門、邸宅、城壁、水道、貯水場、ベルベル人の廟など考古学的に高い価値のある遺跡が高度600m、25haもの地に広がる。ドゥッガは古い時代には、「牧場」を意味するトゥッガと呼ばれ、肥沃な平野が見渡せる地に建設された重要な古代カルタゴの首都であった。
文化遺産（登録基準(ii)(iii)）　1997年

バーレーン王国（2物件　● 2）

●バーレーン要塞－古代の港湾とディルムン文明の首都－
（Qal'at al-Bahrain-Ancient Harbour and Capital of Dilmun）
バーレーン要塞は、首都マナーマの西5kmにある。ディルムン、アッシリア、ポルトガルなど人間の度重なる占有によって積み重ねられた人工的な土塁の典型的な証しである。バーレーン要塞は、300×600mの広さの遺跡を含む地層で、紀元前2300年から紀元後16世紀までの人間が住み続けたことを証明するものである。バーレーン要塞の約4分の1は、異なったタイプの居住、公共、宗教、軍事的な構造物で、1950年代初期に発掘された。それらは、バーレーン要塞が、何世紀にもわたって香辛料や絹の貿易港であったことを証明している。12mもの高さがある土塁の頂上には、14世紀に建造された印象的なポルトガルの要塞があり、要塞を意味するカラートの名前を全体の遺跡の名前にした。バーレーン要塞は、紀元前3000年ごろにアラビア半島東部、すなわち、この地域に栄えた最も重要な古代文明の一つであるディルムン文明の首都であった。それは、シュメールの楔形文字粘土板にその記述が多数残されているこの文明の最も豊かな遺跡を含むものである。この遺跡は、1955年にデンマークの探検隊によって発掘され、現在も作業が続けられる。
文化遺産（登録基準(ii)(iii)(iv)）　2005年

●真珠採り、島の経済の証し
（Pearling, Testimony of an Island Economy）
真珠採り、島の経済の証しは、バーレーンの北部、ムハーラク市にあり、真珠で富を得た豪商の住居、店舗群、倉庫群、モスクなどの17の建造物群、アラビア湾の沖合い20kmにあるハイル・ブイ・タマなど3つの真珠貝の棚、ムハーラク島の南端にある木造小型帆船の管理などを行った海岸とブー・マヘル要塞の構成資産からなる。アラビア湾の沿岸は、石油が発見されるまでの何百年もの間、世界有数の天然真珠の産地だった。当時、天然真珠は貴重品として高値で取引され、湾岸経済を支配していたが、漁民たちは、木造小型帆船に乗って素潜りで真珠貝を採る、きつく危険な作業を日の出から日没まで何日も繰り返していた。アラビア湾で採れる天然真珠はとても美しく世界中から賞賛を集めていたが、世界恐慌、日本の御木本幸吉による真珠の養殖法の発見によって、2世紀から1930年代まで繁栄した伝統的な真珠産業は急速に衰退した。島社会の経済と文化の独自性を形成した海洋資源と人間との交流を伝統的に活用した顕著な事例である。
文化遺産（登録基準（iii））　2012年

●**ディルムンの墳墓群**
（Dilmun Burial Mounds）
ディルムンの墳墓群は、バーレンの西部、北部県・南部県のアアリ地区とサール地区などにある。登録面積が168.45ha、バッファーゾーンが383.46ha、構成資産は、アアリ東西古墳群、マディナ・ハマド2墳墓（カルザカン）などの王墓群を含む21か所の墳墓群からなる。ディルムン王国は紀元前2000年頃から紀元前1700年頃にかけて、南メソポタミア、オマーン、インダスを結ぶ海上交易を独占し繁栄したことで知られている。ディルムンの商人は、南メソポタミアに、銅、砂金、象牙、ラピスラズリ、カーネリアン、黒檀などの木材、真珠など大量の物資を運びこみ、物流面からメソポタミア文明を支えた。ディルムン古墳群は、紀元前2050～1750年、ディルムン時代の初期の300年以上にわたって建設された。ディルムン古墳群は、ディルムン古墳群の建設の代表的なものを網羅している。墳丘墓は、ディルムン文明の初期の繁栄を物語るものである。
文化遺産（登録基準（iii）（iv））　2019年

パレスチナ（3物件　● 3）

●**イエスの生誕地：ベツレヘムの聖誕教会と巡礼の道**
（Birthplace of Jesus: Church of the Nativity and the Pilgrimage Route, Bethlehem）
イエスの生誕地：ベツレヘムの聖誕教会と巡礼の道は、ヨルダン川の西岸、聖地エルサレムにも近い、パレスチナ自治区ベツレヘム県のベツレヘムの町にある。ベツレヘムは、『旧約聖書』に記されたユダの町で、2世紀に書かれた『新約聖書』の「マタイによる福音書」「ルカによる福音書」によるとイエス・キリストの生誕地とされる。聖誕教会は、約2000年前のクリスマスに、イエス・キリストが誕生したと伝承されている馬小屋として使われていた洞窟の上に、339年に創建されたが、6世紀の火災で建て替えられた。現在は、ローマ・カトリック教会（フランシスコ会）、ギリシャ正教会、アルメニア正教会が区分所有し共同管理している。イスラム教、キリスト教、ユダヤ教の宗教施設が入り乱れているエルサレム周辺では、宗教施設の保護を約束する国際協定を結び、互いの宗教を尊重しあうことが約束事となっているが、2011年12月には、ギリシア正教会とアルメニア正教会の司祭間でのトラブルが発生、また、2002年には、パレスチナ勢力とイスラエルの武力衝突の中で、イスラエル軍が聖誕教会を銃撃し、ローマ法王をはじめとする宗教関係者から非難の声があがった。建物の損傷・劣化、それに、民族紛争、宗教紛争に発展する危険性を常にはらんでいることから緊急的な保護措置が必要な為、「世界遺産リスト」に登録されると同時に「危機にさらされている世界遺産リスト」に登録された。パレスチナ初の世界遺産であるが、世界遺産登録の可否については賛否両論あり、投票によって決まった。改善措置が講じられた為、2019年の第43回世界遺産委員会バクー会議で「危機遺産リスト」から解除された。
文化遺産（登録基準（iv）（vi））　2012年

●**オリーブとワインの地パレスチナ-エルサレム南部のバティール村の文化的景観**
（Palestine: Land of Olives and Vines - Cultural Landscape of Southern Jerusalem, Battir）
オリーブとワインの地パレスチナ-エルサレム南部のバティール村の文化的景観は、エルサレムの南部7km、ヨルダン川西岸地区の中央高原にあり、ベツレヘムの西のベイト・ジャラ（海抜約900m）からイスラエルとの休戦ライン（海抜約500m）へと展開し、世界遺産の登録面積は348.83ha、バッファー・ゾーンは623.88haで、バティール村などヨルダン川西岸地区の2つの地区の構成資産からなる。バティール村は、2000年前につくられた広い段々畑、湧水群、古代の灌漑施設、古くからの丘、要塞群、ローマ人の墓群、古村群などの考古学遺跡群、田畑間の石の家屋群、監視塔群などの歴史地区などをコアとする開放的な文化的景観が特徴である。この地域は、農業生態地域で、地形的には、ほとんどが丘陵や岩肌だが、耕作が可能な地域ではオリーブ、葡萄、アーモンド、穀物、野菜などが作られている。ヨルダン川の西岸地区は、イスラエルと分断されている為、もともと保存管理上の難点があり、またイスラエルが計画しているテロ対策の為の分離壁の建設によってバティール村の農民がこれまで育ててきた畑に近づけないこと、それに過去数世紀にわたって形成された文化的景観が損なわれる懸念があることから、第38回世界遺産委員会ドーハ会議で、世界遺産リストに登録されると同時に危機遺産リストにも登録された。
文化遺産（登録基準（iv）（v））　2014年
★【危機遺産】2014年

●**ヘブロン/アル・ハリルの旧市街**
（Hebron/Al-Khalil Old Town）
ヘブロン/アル・ハリルの旧市街は、パレスチナの南部、ヨルダン川西岸地区ヘブロン県ヘブロン市にある。エルサレムの南約30km、海抜900～950mにある古都で、ヨルダン川の西岸地区の南端のヘブロン県の県都で、ユダヤ教・キリスト教・イスラム教の共通の聖地の一つで、イブラヒム・モスクとしても知られるハラムシャリーフには、預言者アブラハム（イブラヒム）、イサク、ヤコブと彼らの妻たちの墓があるとされる。ヘブロンは、アラビア語ではハリルラフマン或はアル・ハリル（パレスチナではイル・ハリル）という名で、「神の友人」を意味する。モスクから発展した保存状態の良いマムルーク朝時代（1250～1517年とオスマン帝国時代（1517～1917年）の歴史都市は、何世紀もの間に創造された活気のある多文化な町である。ヘブロンは、パレスチナ自治区の中でも最もイスラエルとの対立が激しい町の一つで、1994年にイスラエル（ユダヤ人）が入植を開始して以降、ヘブロンに住むパレスチナ人を追い出すための暴力行為が繰り返されると共に、ユダヤ人の入植者が大量に住み着くようになった。イスラエル建国以来、ヨルダン領だったが、1967年の中東戦争後、イスラエルに併合された。1997年のヘブロン合意によってパレスチナ自治政府の自治が一部認められたが、ユダヤ人の入植とそれに反発するパレスチナ人の間でテロなど深刻な対立が続き、危機的な状況にあることから2017年の第41回世界遺産委員会クラクフ会議で緊急登録された。

文化遺産（登録基準（ii）（iv）（vi））　2017年
★【危機遺産】2017年

モーリタニア・イスラム共和国

（2物件　軽1　●1）

○**アルガン岩礁国立公園**（Banc d'Arguin National Park）

アルガン岩礁国立公園は、モーリタニアの首都ヌアクショットの北150km、モーリタニア北西部沿岸にあるティミリス岬の北方200kmにもわたる岩礁地帯。沿岸域は、暖流と寒流が交わる為、魚類が豊富で、また、沖合25km近くまでも浅瀬が広がっている為、チチュウカイモンクアザラシ、クロアジサシ、ウスイロイルカ、シワハイルカなどの海洋動物、それに、フラミンゴ、クサシギ、シロペリカンなど多くの鳥の絶好の餌場であり、ヨーロッパやシベリアからの200万羽の渡り鳥の楽園であり越冬地になっている。1982年に、アルガン岩礁の120万haがラムサール条約の登録湿地に登録された。一方、地球環境問題にもなっているが、風による砂の移動が活発になって海岸線のすぐそばまで砂漠が迫る砂漠化が深刻化している。

自然遺産（登録基準（ix）（x））　1989年

●**ウァダン、シンゲッティ、ティシット、ウァラタのカザール古代都市**

（Ancient *Ksour* of Ouadane, Chinguetti, Tichitt and Oualata）

ウァダン、シンゲッティ、ティシット、ウァラタは、モーリタニアの南東の内陸部に11～12世紀に造られた交易都市。サハラ砂漠を行き来するキャラバンの商業交易街として発展した。貿易とイスラム教の中心地であったこれらの街は、テラスを持つ家々が、イスラムの光塔を備えたモスクの周りの狭い通りに並ぶ。その光景は、西サハラ地方の遊牧民の伝統文化と生活様式を表わす。これらの4つの街は、他の街に比べ建造物群がよく残っており、当時の繁栄を偲ばせる街並が現存することから、世界遺産に登録された。

文化遺産（登録基準（iii）（iv）（v））　1996年

モロッコ王国

（9物件　●9）

●**フェズのメディナ**（Medina of Fez）

フェズは、モロッコ中北部、首都ラバトの東約180kmにある。9世紀に、モロッコ最古のイスラム王朝を開いたイドリース朝の都として建設された。フェズ川の左岸から発展し、モロッコ最古のカラウィーン・モスクなどが建設された。13世紀半ばにマリーン朝の都になった頃からは、多くのマドラサ（学校）やモスクができ、学問・文化・商業の中心として発展した。城壁に囲まれた旧市街は、世界一複雑といわれる迷路都市で、絶えず侵略の危機にさらされていたこの地域の住民が、外敵を寄せ付けないために工夫した結果、このような入り組んだ路地の町を作り出したのである。

文化遺産（登録基準（ii）（v））　1981年

●**マラケシュのメディナ**（Medina of Marrakesh）

マラケシュは、モロッコの中南部にあるモロッコ第2の都市で、マラケシュ州の州都。1070年頃に、西サハラに興ったベルベル人のムラービト朝のユースフ・イブン・ターシュフィーンが建都、スペイン征服を機に、サハラ砂漠を横断する隊商の拠点となるオアシス都市として発展した。12世紀のムワッヒド朝も王都として市街地を拡大し、マラケシュのシンボルともいえる67mのモザイク装飾が美しいミナレット（塔）のあるクトゥビーヤ・モスクなどを建設した。また、マラケシュは、サハラ砂漠を横断する隊商路の北の基点として交易だけではなく、マグレブ地方のイスラム文化、学問の中心地としても繁栄した。マラケシュは、メディナと呼ばれる旧市街と、フランス人によって建設された新市街とに二分される。マラケシュのメディナは、城壁に囲まれた内側にあり、迷路のような狭い路地が印象的で、スーク（市場）がひしめいている。かつては、公開死刑場であった中心部のジャマ・エル・フナ広場には、数多くの屋台が立ち並び、内外からの大勢の人の熱気にあふれ賑わっている。1999年には、第23回世界遺産委員会が、ここマラケシュで開催された。

文化遺産（登録基準（i）（ii）（iv）（v））　1985年

●**アイット-ベン-ハドゥの集落**

（Ksar of Ait-Ben-Haddou）

アイット-ベン-ハドゥの集落は、モロッコ中部のワルザザト地方、アトラス山脈の山中に残っている古代の隊商都市と推定される、オアシスの中の伝統的な集落遺跡。アイット-ベン-ハドゥの集落は、ワルザザト川に沿ったサハラとマラケシュを結ぶ隊商ルート沿いにある。アイット-ベン-ハドゥの集落は、小山の斜面

アラブ諸国

に、ベルベル人が築いた日干し煉瓦の住居等を含めて、「クサル」という全体が要塞化した建造物のカスバの村で、高い壁には独特の模様がある。アイット-ベン-ハドゥの集落は、古代の建築技法を伝える貴重な集落遺跡である。アイット-ベン-ハドゥの集落は、アラビアのロレンス、グラディエーターの様な映画の撮影ロケーションになったことでも知られている。
文化遺産（登録基準(iv)(v)）　1987年

●古都メクネス（Historic City of Meknes）
古都メクネスは、モロッコの中部メクネス州にある。11世紀に軍事拠点として建設され、1672～1727年にアラウィ朝の首都になった。イスマイルスルタンによって巨大な門のある高い壁に囲まれたイスパノ・モレスク様式の町となり、現在も17世紀のイスラム文化とヨーロッパ文化の調和のとれた光景を醸し出している。マンスール門は、エディム広場に面した巨大な門で、北アフリカで最も美しく有名な門だといわれている。
文化遺産（登録基準(iv)）　1996年

●ヴォルビリスの考古学遺跡
（Archaeological Site of Volubilis）
ヴォルビリスの考古学遺跡は、メクネスの北15kmにあるモロッコに残る最大の古代ローマ遺跡。紀元前3世紀に併合されたモロッコ北部のマウレタニア・ティンギタナ（首都ティンギス）は、ローマ帝国の重要な海外の属領であった。多くの建物が肥沃な農業地帯に彩りを添えている。また、ヴォルビリスは、一時、イドリース王朝（789～926年）の首都になったが、その始祖であるイドリース1世の墓が近くのモーレイ・イドリースに残っている。
文化遺産（登録基準(ii)(iii)(iv)(vi)）
1997年／2008年

●テトゥアン（旧ティタウィン）のメディナ
（Medina of Tétouan (formerly known as Titawin)）
テトゥアンは、モロッコの北東部、ジブラルタル海峡を挟んでスペインの対岸にある港町。イスラム時代のモロッコとアンダルシアを結ぶ重要な拠点として発展した。ティトゥアン（キリスト教徒による聖地奪還）の後、スペイン人に追われた避難民により再建された。位置的にもスペイン文化の影響を強く受けており、モロッコで一番小さいイスラム教の聖地ながら、スペインとイスラム文化が融合した白亜の美しい町並みが広がっている。メディナの中央に建つ17世紀の王宮は、その典型的な建造物である。
文化遺産（登録基準(ii)(iv)(v)）　1997年

●エッサウィラ（旧モガドール）のメディナ
（Medina of Essaouira (formerly Mogador)）
エッサウィラは、モロッコ中部、首都ラバトの南西約400kmにある大西洋に面した漁港とビーチ・リゾートの町。エッサウィラは、町の入口に墓のある聖シディ・モガドールの名前に因んで、かつてはモガドールと呼ばれていた。ポルトガル人が1506年にここに要塞を造ったが、1541年にポルトガルは、モロッコの部族との争いでこの拠点を失い町は衰退した。エッサウィラは、1785年にフランス人の建築家テオドール・クールニュのプランで造られた北部アフリカの要塞都市の類まれな事例で、現代ヨーロッパの軍事建築の原則にそって建設されたものである。エッサウィラという名はこの時つけられた。エッサウィラは、1785年に町が創られて以来、トンブクトゥーなどサハラの後背地からの象牙や金とヨーロッパなどからの皮革、塩、砂糖との交易などを通じて主要な国際貿易港になり多くのユダヤ商人が定住した。エッサウィラは、ポルトガル、フランス、そして、土着のベルベル人の建築様式が混在し、北アフリカで最も美しい町の一つと言われている。
文化遺産（登録基準(ii)(iv)）　2001年

●マサガン（アル・ジャディーダ）のポルトガル街区
（Portuguese City of Mazagan (El Jadida)）
マサガン（アル・ジャディーダ）のポルトガル街区は、カサブランカの南西90km、アル・ジャディーダ市内のドゥカラ・アブダにある。マサガンは、1502年にポルトガル人が創建した町で、1513年には街のシンボルにもなる巨大な城塞が建設された。マサガンは、インド航路の中継点として、ポルトガルが西アフリカに築いた初期の町であり、1769年にはモロッコに征服された。その為、ヨーロッパとモロッコの文化が影響しあい、建築・技術・都市設計にも反映された。マサガンは、19世紀の半ばから、アル・ジャディーダとして知られるようになり、多文化が行き交う商業の中心地へと発展した。
文化遺産（登録基準(ii)(iv)）　2004年

●ラバト、現代首都と歴史都市：分担する遺産
（Rabat, modern capital and historic city: a shared heritage）
モロッコの北西部、モロッコの首都であり、ラバト・サレ・ゼムール・ザエル地方の州都であるラバトは、大西洋岸のブー・レグレグ川の河口の左岸にあり、「城壁都市」や「兵営」の意味がある。ラバトは、12世紀にベルベル人のイスラム国家ムワッヒド朝（1130～1269年）により建設され、当初は軍事拠点であった。その後一時衰退したが、1660年に現在まで続くアラウィー朝の王都として再興された。1912年にフランスの政庁が置かれた後、1930年代にかけて、統監のリヨテ将軍の指揮のもと、フランスの都市計画家・建築家のレオン・アンリ・プロストが旧都の南にヨーロッパ風の計画都市を建設した。現国王のモハメッド6世の王宮をはじめ、政府の議会や省庁、外国公館が点在し、政治、外交の中心都市として発展、商業施設や南ヨーロッパ様式の住居が建ち並び、公園や街路も整備され、20世紀のアフリカを代表する美しい街並みをみせている。市の北部には、城壁に囲まれたアラブ風の旧市街のメディナがあり、1184年に着工し未完のまま放置されたムーア建設のハッサン・モスクのミナレット、ウダイヤ・アラブ族ゆかりのカスバ、ウダイヤ博物館、アンダルシア風のウダイヤ庭園、フランスから独立を勝ち取った元国王ムハンマド5世霊廟などがある。ラバトは、現代首都と歴史都市の新旧両面の文化が密に融合した遺産である。
文化遺産（登録基準(ii)(iv)）　2012年

ヨルダン・ハシミテ王国（6物件　●5　◎1）

●ペトラ（Petra）
ペトラは、首都アンマンの南190km、標高950m、岩山に囲まれたワジ(涸れ川)の峡谷にある。ペトラは、ギリシャ語で「岩」という意味で、岩山のシックと呼ばれる亀裂に、アラブ系の遊牧民族のナバタイ人が砂岩の壁面を彫って築いたとされる紀元前2世紀頃の古代遺跡。最も有名なのは、ベドウィンが「ファラオの宝物庫」と呼び、世界一美しい葬祭殿とされた高さ30m、奥行き25mのバラ色のエル・カズネ・ファルウンの神殿。この他にローマ時代の1～3世紀に建造された6000人以上もの収容能力があったといわれる円形のローマ劇場跡、浴場、宴会場、墳墓群、礼拝堂、住居址、貯水池、舗装道路などが残る。1812年にスイス人の探検家ヨハン・ブルクハルトによって発見された。英国の詩人ディーン・バーゴンは、ペトラを「東の国の壮麗な要塞、時の刻みと同じ位古いバラ色の都市、いつしか私もこの中に一体化していく」と称賛した。また、映画「インディ・ジョーンズ　最後の聖戦」のクライマックス・シーンの舞台にもなっている。レバノンのバールベク(世界遺産登録済)、イランのペルセポリス(世界遺産登録済)と共に中東三大遺跡として称えられる。
文化遺産（登録基準(i)(iii)(iv)）　1985年

●アムラ城塞（Quseir Amra）
アムラ城塞は、首都アンマンの東約83km、シリア砂漠の西側にあたるヨルダン中部のアズラク地方にある。8世紀頃に造られたウマイヤ朝(661～750年)のカリフ（王)の隠れ家となっていた砂漠の中の離宮で、征服した土地を管理警戒する拠点としての目的のほかに、厳格な掟のイスラム教徒の目をそらし享楽的な生活を送る為に建てられた。かつて建物の中には、ハマムと呼ばれる蒸風呂が備えられ、入浴や酒宴が繰り広げられた。浴場の壁や天井一面には、等身大の踊る女、砂漠の動物、12宮の天体図など色彩豊かな初期イスラムに特徴的なフレスコ画が多数描かれている。
文化遺産（登録基準(i)(iii)(iv)）　1985年

●ウム・エル・ラサス＜カストロン・メファー＞
（Um er-Rasas（Kastron Mefa'a））
ウム・エル・ラサス＜カストロン・メファー＞は、マダバの南東30kmにある。3世紀から9世紀、すなわち、ローマ時代、ビザンチン時代、初期イスラム時代の連続した遺跡地帯。これまでに、軍事建築の遺構や、保存状態の良いモザイク画の床面をもつ教会建築が見つかっている。カストロン・メファーは、ウマイヤ朝時代の地名である。
文化遺産（登録基準(i)(iv)(vi)）　2004年

◎ワディ・ラム保護区（Wadi Rum Protected Area）
ワディ・ラム保護区は、ヨルダンの南部、サウジアラビアとの国境地域のアカバ特別経済地域にある。ワディ・ラム保護区は、狭い峡谷、自然のアーチ、赤砂岩の塔状の断崖、斜面、崩れた土砂、洞窟群からなる変化に富んだ「月の谷」の異名をもつ荘厳な砂漠景観が特徴である。ワディ・ラム保護区の岩石彫刻、碑文群、それに考古学遺跡群は、人間が住み始めてから12,000年の歴史と自然環境との交流を物語っている。20,000の碑文群 がある25,000の岩石彫刻群の結び付きは、人間の思考の進化やアルファベットの発達の過程を辿ることが出来る。ワディ・ラム保護区は、アラビア半島における、遊牧、農業、都市活動の進化の様子を表している。「ワディ・ラムのベドウィン族の文化的空間」は、2008年に世界無形文化遺産の代表リストに登録されている。
複合遺産（登録基準(iii)(v)(vii)）　2011年

●ヨルダン川の対岸の洗礼の地、ベタニア(アル・マグタス)
（Baptism Site “Bethany Beyond the Jordan” (Al-Maghtas)）
ヨルダン川の対岸の洗礼の地、ベタニア(アル・マグタス)は、ヨルダンの北西部、バルカ県の南シュナ地区にある。新約聖書に登場するベタニアは2か所あるが、これは、古代ユダヤの宗教家・預言者である洗礼者ヨハネ(注)の家があるヨルダン川の東岸のベタニアである。新約聖書「ヨハネによる福音書」によれば、ナザレのイエスが洗礼者ヨハネから洗礼(アラビア語ではアル・マグタス) を受けた場所とされており、ビザンチン帝国や中世ヨーロッパの文書にも登場する。世界遺産の構成資産には、預言者エリヤ(アラブ語では　マー・エリアス)が、火の二輪戦車でつむじ風に乗り昇天した様子に触れた聖書の記述とも関連のある場所として知られるテル・エル・カーラルの考古学遺跡、洗礼者ヨハネの教会群、礼拝堂群、修道院、洞窟群、巡礼地群などを含むキリスト教徒に人気のある巡礼地である。ヨルダン川対岸のベタニアは、パレスチナの古都エリコの南東10km、ヨルダンの首都アンマンから車で30分の場所にあり、古くからエルサレムとヨルダン川、ネボ山とを結ぶ初期キリスト教の巡礼地の途中にあった。
(注)洗礼者ヨハネは、イエスの弟子である使徒ヨハネとは別人である。
文化遺産(登録基準(iii)(vi))　2015年

●**サルト ― 寛容と都会的おもてなしの地**
As-Salt - The Place of Tolerance and Urban Hospitality
サルト ― 寛容と都会的おもてなしの地は、ヨルダンの中西部、ヨルダン川の東岸地域の中心都市でバルカ県の県都であり、世界遺産の登録面積24.68ha、バッファーゾーン71.12 haで、19 世紀の近代国家ヨルダン誕生の舞台となった都市である。サルトの町は、古代から農業などで栄えた町で、アンマンとエルサレムとを結ぶ古い街道の中間地点で、海抜790mから1,100mのバルカ高原にあり、ヨルダン川渓谷に近い3つの丘にまたがっている。3つの丘のうちの一つであるジャバル・アル・カラーには、13世紀に建てられたアンマン城の城塞の遺跡が残っている。サルトの中心部には、アラビア語で「浴場市場」を意味するスーク・ハンマーム（スークは「市場」、ハンマームは「公衆浴場」の意）があるが、ここにはローマ時代の「公衆浴場」の遺跡が存在したと言われており、また、20世紀半ばまで「公衆浴場」が存在していた。サルトには、モスク、教会、商人の館などの歴史的な建造物群だけではなく、部族毎に固有に受け継がれている商習慣、マダーファと呼ばれるアラビアコーヒーでの接待などおもてなしの文化が、今なお根づいている。
文化遺産（登録基準(ii)(iii)) 2021年

エルサレム（ヨルダン推薦物件） （1物件 ● 1）

●**エルサレムの旧市街とその城壁**
（Old City of Jerusalem and its Walls）
エルサレムは、ヨルダン川に近い要害の地に造られた城郭都市。世界三大宗教であるユダヤ教、キリスト教、イスラム教の聖地として有名で、アラビア語の「アル・クドゥス」（聖なる都市）の名で知られている。1947年11月の国連総会で、エルサレムをイスラエル、ヨルダンのいずれにも属さない分離体として国連の信託統治下に置くというパレスチナ分割統治案、国連決議181号が採択され、旧市街を含むアラブ人居住区の東エルサレムと、ユダヤ人居住区の西エルサレムに分断された。東エルサレムの領有権は中東戦争などで紛糾、1980年7月、イスラエル議会は東西エルサレムを統一エルサレムと呼びイスラエルの首都とする法律を決議したが、国連総会はイスラエルによる東エルサレムの占領を非難、その決定の無効を決議している。一方、パレスチナ自治政府は東エルサレムを独立後の首都とみなしている。約1km四方の城壁に囲まれた約0.9km²の旧市街が世界遺産に登録されており、紀元前37年にユダヤ王となったヘロデ王により築かれ、その後、ローマ軍の侵略で破壊され、離散の民となったユダヤ人が祖国喪失を嘆き祈る様子から「嘆きの壁」と呼ばれる神殿の遺壁、327年にローマのコンスタンティヌス帝の命でつくられたキリスト教の「聖墳墓教会」、691年にウマイヤ朝第5代カリフのアブドゥル・マリクによって建てられた黄金色に輝くモスク、「岩のドーム」などがある。現存する旧市街の城壁は、オスマン帝国第10代皇帝のスレイマン1世が1538年に建造し、長さが約4.5km、高さが5～15m、厚さが3mで、43の見張り塔、11の門を含む。旧市街はムスリム地区、キリスト教徒地区、ユダヤ教徒地区、アルメニア人地区に大別されており、宗教、歴史、建築、芸術などの観点から、「顕著な普遍的価値」を有すとしてヨルダンの推薦物件として登録された。（イスラエルは1999年に世界遺産条約を締約しているがこの時点では未締約国であった。）世界遺産リストでは、どこの国にも属さず単独で扱われている。また、民族紛争、無秩序な都市開発、観光圧力、維持管理不足などによる破壊の危険から1982年に「危機にさらされている世界遺産リスト」に登録された。「嘆きの壁」と「神殿の丘」のムグラビ門をつなぐ坂（Mughrabi asent）を撤去し、鉄の橋を架ける問題が新たな火種になっている。
文化遺産（登録基準(ii)(iii)(vi)) 1981年
ヨルダン推薦物件
★【危機遺産】 1982年

リビア （5物件 ● 5）

●**キレーネの考古学遺跡**（Archaeological Site of Cyrene）
キレーネの考古学遺跡は、リビアの東部海岸の山中にあるヘレニズム文化を今に伝える都市遺跡。キレーネは、紀元前7世紀頃にギリシャ人が北部アフリカに移住した際に、ギリシャ風の様式や文化を取り入れて建設した都市で、ゼウスを祀った北部アフリカ最大の神殿やキレーネ最古のアポロンの神殿、アゴラの広場、劇場、浴場などの遺跡が発掘されているほか、数か所に共同墓地も残っている。4世紀の地震、そして、7世紀には、イスラム・アラブ軍の侵攻に遭って、町は、砂の中に埋没してしまったが、18世紀初頭に発見され、一躍有名になった。2011年10月のカダフィ政権崩壊後、リビアは国家分裂状態になり、内戦や武装勢力によって遺跡や伝統的建築物などへの被害が拡大する恐れがあることから、2016年の第40回世界遺産委員会イスタンブール会議で、リビアの5件の文化遺産がすべて危機遺産リストに登録された。
文化遺産（登録基準(ii)(iii)(vi)) 1982年
★【危機遺産】2016年

●**レプティス・マグナの考古学遺跡**
（Archaeological Site of Leptis Magna）
レプティスは、リビア北西部の地中海沿岸にフェニキア人が紀元前10世紀に建設した貿易中継地。ローマ帝国の支配下になり発展し、小神殿や闘技場、浴場などが建てられた。全盛期の2世紀末、セプティミウス・セウェルス帝の時代には、凱旋門、大会堂、列柱回廊、それにギリシャ神話に登場する怪物のメデューサなどが整備された。「偉大なるレプティス」という意味のレプティス・マグナと呼ばれるにふさわしい巨大で贅沢な都市は、ローマに匹敵するといわれた。7世紀以降、町は衰退し、砂に埋没したが、そのために装飾などの損傷が少なく、保存状態がよい。2011年10月のカダフィ政権崩壊後、リビアは国家分裂状態になり、内戦や武装勢力によって遺跡や伝統的建築物などへの被害が拡大する恐れがあることから、2016年の第40回世界遺産委員会イスタンブール会議で、リビアの5件の文化遺産がすべて危機遺産リストに登録された。
文化遺産（登録基準(i)(ii)(iii)）　1982年
★【危機遺産】2016年

●サブラタの考古学遺跡
（Archaeological Site of Sabratha）
サブラタの考古学遺跡は、トリポリの西70kmのところにあるローマ遺跡。「サブラタ」とは、ベルベル語で「穀物市場」という意味。サブラタは、航海と貿易の民といわれ地中海貿易を牛耳っていたフェニキア人が、紀元前4世紀頃、中部アフリカの国々からの象牙、金、宝石、ダチョウの羽毛、それに、奴隷などの交易を行う為に建設した植民都市。その後、サブラタは、ローマ帝国の支配下となり再建された。リベル・パテル神殿、セラピス神殿、ヘラクレス神殿、イシス神殿、バシリカ式教会堂、マグナス邸のモザイク、カピトリウムの丘、浴場、そして、アフリカでは最大規模といわれる壮大な円形劇場などの遺跡が傷みながらも残っている。2011年10月のカダフィ政権崩壊後、リビアは国家分裂状態になり、内戦や武装勢力によって遺跡や伝統的建築物などへの被害が拡大する恐れがあることから、2016年の第40回世界遺産委員会イスタンブール会議で、リビアの5件の文化遺産がすべて危機遺産リストに登録された。
文化遺産（登録基準(iii)）　1982年
★【危機遺産】2016年

●タドラート・アカクスの岩絵
（Rock Art Sites of Tadrart Acacus）
タドラート・アカクスは、首都トリポリの南、約1000kmにわたって連なるタドラート・アカクス山脈の谷間にあるサハラ砂漠のフェザン地方にある。タドラート・アカクスには、約8000～2000年前の先史時代から受け継がれてきた岩絵が残されている。ゾウ、キリン、水牛、ウマ、レイヨウ、ダチョウ、羊、ラクダなどの絵は、現在のサハラ砂漠が当時はサバンナ地帯であり、狩猟や牧畜中心の生活が行われていたことを示す貴重なものである。2011年10月のカダフィ政権崩壊後、リビアは国家分裂状態になり、内戦や武装勢力によって遺跡や伝統的建築物などへの被害が拡大する恐れがあることから、2016年の第40回世界遺産委員会イスタンブール会議で、リビアの5件の文化遺産がすべて危機遺産リストに登録された。
文化遺産（登録基準(iii)）　1985年
★【危機遺産】2016年

●ガダミースの旧市街（Old Town of Ghadames）
ガダミースは、首都トリポリの南西400km、チュニジアとアルジェリアとの国境近くにある先住民のトゥアレグ族が開いたキャラバン・ルート上のオアシス都市。7世紀以降「砂漠の真珠」と呼ばれ、ローマ帝国の時代から、北部アフリカのトリポリとアフリカ内陸部のチャド湖方面を結ぶ交易で繁栄した。ビザンチン時代には、キリスト教が栄え、19世紀には、アラブ人の奴隷交易の中心地であった。テラスで繋がれた日干し煉瓦の上に、石灰を塗った白く厚い壁で覆われた不定形の密集したイスラム風の家々の町並みが旧市街の特徴。家の内部には、アラベスク模様の華麗な装飾や伝統工芸が施されている。2011年10月のカダフィ政権崩壊後、リビアは国家分裂状態になり、内戦や武装勢力によって遺跡や伝統的建築物などへの被害が拡大する恐れがあることから、2016年の第40回世界遺産委員会イスタンブール会議で、リビアの5件の文化遺産がすべて危機遺産リストに登録された。
文化遺産（登録基準(v)）　1986年
★【危機遺産】2016年

レバノン共和国（6物件　●6）

●アンジャル（Anjar）
アンジャルは、レバノンの東部、首都ベイルートの東約50km、アンチ・レバノン山脈の麓のリターニ川が流れるベカー地方にある。アンジャルは、広大な地域を支配していたウマイヤ朝(661～750年)の第6代カリフ(後継者の意)であったアル・ワリード一世が7世紀後半に建設したレバノンに唯一残るウマイヤ朝の都市遺跡。アンジャルの町は、ダマスカスとベイルートを繋ぐ隊商の中継地として古くから栄え、東西南北の四面に市門のテトラピュロンがある城壁に囲まれた要塞、イスラムの最高権力者であるカリフの保養用の宮殿、モスク、公共浴場、住居、商店などから構成されていた。
文化遺産（登録基準(iii)(iv)）　1984年

●バールベク（Baalbek）
バールベクは、首都ベイルートの東85km、リーターニ川が流れるベカー高原の中央にあるローマ帝国が造った最大のユピエル（ジュピター）神殿を持つ遺跡。270m×120mの神域にあるユピエル（ジュピター）神殿は、アウグストゥス（在位紀元前27～14年）自身が設計したとされ、前門、前庭、大庭園を備えたヘレニズム期のコリント式の列柱神殿で、250年頃に完成したとされる。90m×54mと壮大で優美。南隣の150年頃に建設された酒神のバッカス神殿と神域外の最後に建てられた貝殻から生まれるヴィーナスが描かれたヴェヌス（ヴィーナス）神殿は、バロック的な造形美が特徴。ヨルダンのペトラ(世界遺産登録済)、イランのペルセポリス(世界遺産登録済)と共に中東三大遺跡として称えられる。
文化遺産（登録基準(i)(iv)） 1984年

●ビブロス（Byblos）
ビブロスは、首都ベイルートの北27km、地中海沿岸の寒村のジュバイルにあるフェニキア文字発祥の地。ビブロスは、ギリシャ人がつけた呼び名で、パピルスすなわち書物を意味する。アルファベットの基になったフェニキア文字を考案した海洋交易民族のフェニキア人が築いた7000年の歴史を持つ古代都市遺跡が残っている。ビブロスは、泉を中心にした町で、紀元前2800～2600年頃のオベリスク神殿、ローマ時代の円形劇場や列柱、紀元前2世紀頃のビブロス王の墓などが20世紀に発掘された。ビブロスには、中世の11世紀に十字軍が築いた城塞跡やロマネスク様式の聖堂も残っている。今日、世界中で使われている聖書「バイブル」という呼び名は、ここビブロスから来ているとも言われている。ビブロスで発掘された出土品のほとんどは、ベイルートのレバノン国立博物館に移されている。
文化遺産（登録基準(iii)(iv)(vi)） 1984年

●ティール（Tyre）
ティールは、レバノンの南部にあり、紀元前12世紀頃にフェニキア人がレバノン南部にある現在のスールに築いた港町。紀元前10世紀頃がフェニキアの中心としてのティールの最盛期で、為政者のヒラム王はイスラエル王国のダビデ、ソロモン王と結び、レバノン杉や職人をエルサレムの神殿建設の支援に送る代わりに、イスラエルから小麦粉の供給を受けたという。アッシリア、バビロニア、ローマなどの勢力に絶えず脅かされ、12世紀の十字軍の支配を経た後、13世紀にイスラムの破壊で滅亡。神殿や列柱、凱旋門、水道橋、大浴場、劇場、墓、ローマ時代の戦車競技場などが残る。
文化遺産（登録基準(iii)(vi)） 1984年

●カディーシャ渓谷（聖なる谷）と神の杉の森（ホルシュ・アルゼ・ラップ）
（Ouadi Qadisha（the Holy Valley）and the Forest of the Cedars of God（Horsh Arz el-Rab））
カディーシャ渓谷(聖なる谷)と神の杉の森(ホルシュ・アルゼ・ラップ)は、レバノンの北部、レバノン山脈のコルネ・エル・サウダ山(3087m)の斜面のカディーシャ渓谷に広がる樹齢1200～2000年のレバノン杉の森(約400本)と最も重要な初期キリスト教の修道士が隠遁した聖アンソニー修道院、聖母マリア修道院などの構成資産からなる文化的景観である。かつて、ヘブライ人の国家を築いたソロモン王(紀元前960年頃～紀元前922年頃)は、神自身が植え育てたとされるこのレバノン杉を珍重し、エジプトの神殿やエルサレムの自身の宮殿を造る木材にした。また、専制的な国王は、レバノン杉から精巧な装飾の石棺や太陽の船を彫刻した。しばしば、旧約聖書にも登場するレバノン杉は、レバノンの国旗にも描かれている様に、レバノンの栄光の象徴でもある。
文化遺産（登録基準(iii)(iv)） 1998年

●トリポリのラシッド・カラミ国際見本市 *New*
（Rachid Karami International Fair-Tripoli）
トリポリのラシッド・カラミ国際見本市は、レバノンの北部、北レバノン県トリポリ郡にある。登録面積は72haである。トリポリのラシッド・カラミ国際見本市は、1962年に、ブラジルの建築家オスカー・ニーマイヤー（1907年～2012年）によって、トリポリの歴史地区とアルミーナ港の間にある70haの敷地に設計された。見本市の本館は、750mのブーメランの形をした巨大な屋根付きホールからなる。国際見本市は、1960年代、レバノンの近代化政策のフラッグシップ・プロジェクトであった。プロジェクトの設計家オスカー・ニーマイヤーとレバノンの技術者との緊密な協力は、異なる大陸間の交流のmarkableな事例であった。規模や形式表現の豊かさからも、中東における20世紀の近代建築の主要な代表的な作品の一つである。ラシッド・カラミは、レバノンの首相を長年務めたラシッド・カラミ(1921年～1987年)の名前を冠したものである。保全環境の悪化、財源不足、周辺開発の可能性による潜在的危機などを理由に2023年1月に開催された第18回臨時世界遺産委員会が世界遺産に緊急登録し危機遺産にも同時登録した。
文化遺産（登録基準(ii)(iv)） 2023年
★【危機遺産】2023年

〈アジア〉

26か国（268物件　○49　●174　◎6）

アフガニスタン・イスラム国（2物件　● 2）

●ジャムのミナレットと考古学遺跡
（Minaret and Archaeological Remains of Jam）
ジャムのミナレットと考古学遺跡は、アフガニスタンの中西部、首都カブールの西約500kmのグール州のシャーラク地方にある。ジャムのミナレットは、1194年にグール朝のアル-ディン・モハメッド・イブン・サム（1163～1202年）が築いたといわれるイスラム建築のミナレット（尖塔）。ハリ・ルド川とジャム・ルド川が結節する狭い渓谷に凛と立つ景観は優美な青色が印象的で、世界第2位の高さ（65m）を誇る。ジャムのミナレットは、12～13世紀にこの地方で栄えた装飾文化の代表例で、最上部には、コーランの文字装飾、幾何学模様や花模様が施されたタイルや耐火煉瓦が規則的に配置されている。世界一高いミナレット（72.5m）であるインドのクトゥブ・ミナールは、ジャムのミナレットをお手本にしたことでも知られている。ジャムのミナレットが何故にここにあるのか真実は謎に包まれている。もともとは、今はなき大モスクと一連のものであったとか諸説がある。周辺では、ユダヤ人の墓地や要塞も残っている。長年の戦乱等による損傷や盗掘、それに2つの川からの浸水や部分的に考古学地域を通る道路計画などで危機にさらされており、2002年に「世界遺産リスト」登録されると同時に、「危機にさらされている世界遺産」に登録され、補強等の保護措置が求められている。ジャムのミナレットは、アフガンの荒廃からの復興、かつての誇れる文化の象徴ともいえる。
文化遺産（登録基準（ii）（iii）（iv））　2002年
★【危機遺産】 2002年

●バーミヤン盆地の文化的景観と考古学遺跡
（Cultural Landscape and Archaeological Remains of the Bamiyan Valley）
バーミヤン盆地の文化的景観と考古学遺跡は、 首都カブールの西120km、バーミヤン州バーミヤン地区のバーミヤン川上流のバーミヤンにある。世界遺産の登録面積は、コア・ゾーンが158.93ha、バッファー・ゾーンが341.95haである。バーミヤン盆地の考古学遺跡は、1～13世紀に芸術的、宗教的な発展を遂げた古代バクトリアの遺跡である。1000もの石窟が発見されているが、中でも高さ55mと38mの2つの巨大仏像がよく知られていた。2つの仏像は岩を穿って掘り出されたもので、内部空間には壁画が残されている。仏像の顔面や腕は後の時代に削り取られてしまい、足元も劣化している。2001年3月に、タリバーンによって、悲劇的な破壊が行われた。崩壊、劣化、略奪、盗掘などのおそれがあるため、2003年に「世界遺産リスト」登録されると同時に、「危機にさらされている世界遺産」に登録された。
文化遺産（登録基準（i）（ii）（iii）（iv）（vi））　2003年
★【危機遺産】 2003年

イラン・イスラム共和国（24物件　○ 2　●22）

●イスファハンのイマーム広場
（Meidan Emam, Esfahan）
イスファハンは、テヘランの南300km、ザグロス山脈東部のイスファハン州にある水と緑豊かなイスラム都市。1597年、サファヴィー朝（1501～1736年）のシャー・アッバース大帝がイスファハンを首都とし、1612年に古い広場の南西に造ったイマーム広場（王の広場510m×163m）を核として、壮麗なマスジッド・シャー・モスクやシェイク・ロトフォッラー・モスク、迎賓館として使用したアリ・カプ宮殿、バザール、キャラバンサライ（隊商宿）、ゲイサリィェー（正門）など多数の歴史的建造物を建設し、「イスファハンは世界の半分」（イスファハン・ネスフェ・ジャハン）と言わしめた。モスクのドーム、花や草木をモチーフにした壁面の7色の彩色タイルのアラベスク模様はイラン芸術の最高美を表わし、イスラム文化の最高潮を物語っている。
文化遺産（登録基準（i）（v）（vi））　1979年

●ペルセポリス（Persepolis）
ペルセポリスは、イランの南部、シラーズの北東57kmの所にある。アケメネス朝（紀元前559～紀元前339年）の古代ペルシャ帝国の首都で、西はメソポタミア、シリア、エジプト、アナトリアまで、東はビクトリア、及びインドの一部に至るオリエントを征服し独自の中央集権制度を施行したダレイオス1世（在位紀元前522～紀元前486年）の統一的な意志のもとに紀元前518年に創建され、3代60年にわたり建設が進められたが、未完成に終わった。古代ペルシャ帝国そして国王の権力と偉大さを誇示せんばかりの東西290m、南北445mの平行四辺形の大基壇の上に謁見殿、ダレイオス宮殿、クセルクセス宮殿、大広間などの壮大な建築群や諸王が朝貢する姿を浮彫りにした「百柱の間」の石柱など、新年や祝典の儀式の場所として使われた。紀元前330年、マケドニア王のアレクサンダー大王の侵略時に放火によって破壊され廃虚と化した。「千の柱」とか「40の尖塔」など巨大な柱を残したこの遺跡は、現在タクテ・ジャムシードと呼ばれている。レバノンのバールベク（世界遺産登録済）、ヨルダンのペトラ（世界遺産登録済）と共に中東三大遺跡として称えられる。
文化遺産（登録基準（i）（iii）（vi））　1979年

●チョーガ・ザンビル（Tchogha Zanbil）
チョーガ・ザンビルは、テヘランの南西約450km、イラクとの国境近くのフゼスダーン州にある都市遺跡。紀元前16世紀～紀元前11世紀に権勢を誇っていたが、紀元前7世紀にアッシリアに侵略され滅ぼされたエラム王国のウンタシュ・ガル国王が、首都スーサの南に建設した都市の聖地で、エラム王国を守護する役割を果たした。チョーガ・ザンビルは、ペルシア語で「大きな籠の様な山」という意味で、1250m×850mの外壁に囲まれた470m×380mの聖域には、神殿や地下墳墓、また、町の中心には105m四方の西アジア最大の焼成煉瓦と日干し煉瓦で造られた5層の聖塔ジグラット（雛壇式神殿）が残されている。1935年に油田探査の飛行中に発見された。
文化遺産（登録基準(iii)(iv)）　1979年

●タクテ・ソレイマン (Takht-e Soleyman)
タクテ・ソレイマンは、イランの北東部の山岳エリア、西アザルバイジャンのタカブ村の北東45km、高度2500mの自然豊かな高原にあるササン朝ペルシア、アルサケス朝パルティア、モンゴル時代（1220～1380年）の遺跡。タクテ・ソレイマンは、ソロモンの王座を意味する。タクテ・ソレイマンは、ササン朝ペルシア時代にアザル・ゴシュナスブとして知られた。初期の3世紀に要壁と38の塔で要塞化された。アザル・ゴシュナスブの祭壇は、古代イランの宗教であるゾロアスター教（拝火教）の3つの主な寺院のうち現存する唯一の寺院で、ササン朝ペルシアの黄金時代を築いた名君の第21代皇帝、ホスロゥ1世（在位紀元前531～紀元前579年）によって、ゾロアスター教の教典であるアヴェスタで、チチェストと呼ばれる神聖な湖の近くに建てられた。また、ホスロゥ2世（590～628年）の時代に、湖の北部にかけて、巡礼者の為の施設が建てられたが、624年にローマ帝国の侵攻によって破壊され、巡礼は衰えた。また、モンゴル時代に、湖の南部と西部に小さな建物が建てられた。これらは宗教的な機能というよりは管理と政治的な機能としてのものである。ドイツとイランの考古学者の調査で、イスラム期の貨幣、タイル、巨大な銅の料理用の容器がこれまでに発見されている。
文化遺産（登録基準(i)(ii)(iii)(iv)(vi)）　2003年

●パサルガディ (Pasargadae)
パサルガディは、ファールス州パサルガディにある。パサルガディは、アケメネス朝ペルシア（紀元前550～紀元前330年）の最初の首都として、紀元前6世紀に建設された都跡。世界遺産の登録範囲は、コア・ゾーン160ha、バッファー・ゾーン7127haからなる。パサルガディは、キュロス2世（大王）（在位　紀元前559年～紀元前529年）の宮殿、庭園、墓廟など当時の芸術の顕著な例示をなしている。
文化遺産（登録基準(i)(ii)(iii)(iv)）　2004年

●バムとその文化的景観
(Bam and its Cultural Landscape)
バムとその文化的景観は、イラン高原南端の砂漠のケルマン州バム地区バム市に見られる。バムの起源は、紀元前6～紀元前4世紀のアケメネス朝の時代に遡り、ササン朝時代からの城下町であり、現在残っている遺跡のほとんどはサファビ朝のものである。バムは、16～18世紀に完成した日干しレンガで作られた巨大なバム要塞（アルゲ・バム）を誇り、重要な交易ルートの交叉路として発展したが、度重なる異民族の侵入によって廃虚となった。別名「死の街」とも呼ばれる。バムは、中央アジア地域の砂漠環境の中での人と自然との共同作品ともいえる文化的景観を顕わすものである。2003年12月26日のマグニチュード6.3の地震で、死者約4万3200名を出すと共にアルゲ・バムは、ほぼ全壊した。この様な深刻な緊急事態を考慮し、2004年に「世界遺産リスト」に緊急登録すると同時に「危機にさらされている世界遺産リスト」にも同時登録された。また、日本をはじめとする国際的なバム遺跡の保存・修復事業が実施されている。地道な復元作業と保護管理状況が改善されたので、2013年に「危機遺産リスト」から外れた。
文化遺産（登録基準(ii)(iii)(iv)(v)）　2004年

●ソルタニーイェ (Soltaniyeh)
ソルタニーイェは、イランの北西部、ザンジャーン州の州都ザンジャーンの南東26kmにあるソルタニーイェ村の考古学遺跡。ソルタニーイェのドームは、イランのイルハン朝第8代のムハンマド・オルジェイトウ（ムハンマド・ホダーバンデ 在位1304～1316年）の霊廟である。オルジェイトウの霊廟は、イルハン朝の首都であったソルタニーイェに14世紀初期の1302～1312年にかけて建設された。オルジェイトウの霊廟は、当時のイスラム世界では最も高い49mの高さのドームで、ペルシャのイスラム建築の発展を示す主要なモニュメントである。また、オルジェイトウの霊廟は、モザイク、彩色、壁画などの内装に特色がある。ソルタニーイェは、ティムール帝国のウルグ・ベグ（1393～1449年）の出生地としても知られている。
文化遺産（登録基準(ii)(iii)(iv)）　2004年

●ビソトゥーン (Bisotun)
ビソトゥーンは、イランの西部、ケルマーンシャー州、イラン高原とメソポタミアとを結ぶ古代の交易ルート沿いにあり、先史時代からメディアン朝、アケメネス朝、ササン朝、それにイルハン朝の遺跡が特色である。この考古学遺跡の主要なモニュメントは、紀元前521年にペルシャ帝国の国王に即位したダリウス1世（大王）によるレリーフとくさび形文字の碑文である。レリーフは、君主であることを示す弓を持ち、偽善者の胸の上を踏みつけている構図になっている。レリーフの下、そして周囲には、キュロスによって創建されたアケメネス朝ペルシャ帝国を分裂させようとした支配者達に対して、紀元前521～520年にダリウスが行った戦闘を物語る1200行の碑文がある。碑文は、3つの言語で書かれている。最古のものは、王様と謀反を描いた伝説にまつわるくさび形文字の文書である。これは、その後も似た伝説がバビロニア語でも書かれている。碑文の最後の言葉は、特に重要で、ダリウスは、自身の業績について、古代ペルシア語で初めて紹介した。これは、ダリウス1世によるペルシャ帝国の再興を記録するアケメネス朝の記念碑文として知られる唯一のものである。それは、この地域における記念碑芸術の発展を示すものである。ビソトゥーンには、紀元前8～7世紀のメディアン朝、紀元前6～4世紀のアケメネス朝、それに、アケメネス朝後の遺跡も残っている。

文化遺産（登録基準(ii)(iii)）　2006年

●イランのアルメニア正教の修道院建築物群

（Armenian Monastic Ensembles of Iran）

イランのアルメニア正教の修道院建築物群は、イランの北西部、西アーザルバーイジャーン州マークーの南約18kmにあるアルメニア正教の3つの修道院建築物群、イエス・キリストの十二使徒の一人タダイゆかりの聖タデウス修道院、聖ステファノス修道院、ゾルゾル修道院の礼拝堂である。これらの修道院建築物群は1700年前に建てられ、7世紀に聖堂に変わった最古の聖タデウス修道院は、アルメニア正教の建築学的、伝統装飾の顕著な普遍的価値を有する事例である。イランのアルメニア正教の修道院建築物群は、他の地域の文化、特にビザンチン文化、ペルシャ文化などとの重要な交流を証明するものであり、アゼルバイジャンやペルシャへのアルメニア文化の普及の為の中心的な役割を果たした。それらは、完全性や真正性を満たすアルメニア正教の宗教文化の名残りで、各地からの巡礼地としての役割もあり、アルメニア正教の宗教的な伝統の生き証人となっている。

文化遺産（登録基準(ii)(iii)(vi)）　2008年

●シューシュタルの歴史的水利施設

（Shushtar Historical Hydraulic System）

シューシュタルの歴史的水利施設は、イランの南西部のフーゼスターン州北部の水の都シューシュタルにある。シューシュタルの歴史的水利施設の世界遺産の登録面積は、240.4haで、バッファー・ゾーンは、1572.2haである。シューシュタルの歴史的水利施設は、紀元前5世紀、ダレイオス 1世の時代に造られた創造的天才の傑作である。シューシュタルでは、サーサーン朝時代に入って、水利施設を発展させる努力がなされ、当時まれに見る灌漑設備の建設に成功した。シューシュタルの歴史的な水利施設はイラン最大の河川、カールーン川のゴルゴル運河とシャティート運河の2つの運河であり、そのうちの一つであるゴルゴル運河は、現在も使用されており、工業用水のトンネルを経由して、シューシュタル市へ、水が供給されている。この地域には、塔、橋、ダム、滝、噴水、運河などが見られる。古代イラン人によって作られた、これらの設備には、驚くような方法で秩序が与えられている。まさに、古代イラン水資源工学博物館なのである。

文化遺産（登録基準(i)(ii)(v)）　2009年

●アルダビールのシェイフ・サフィール・ディーン聖殿の建築物群

（Sheikh Safi al-din Khānegāh and Shrine Ensemble in Ardabil）

アルダビールのシェイフ・サフィール・ディーン聖殿の建築物群は、イランの北西部、カスピ海とアゼルバイジャン共和国に近接する、古くから絹やペルシャ絨毯の交易でも有名であったアルダビール州の州都アルダビールにある。アルダビールの語源は、ゾロアスター教の聖地を意味するアルタヴィールである。シェイフ・サフィール・ディーン（1252～1334年　シャイフ・サフィー・ユッディーンという表記もある）は、形式的な信仰を排し、修行によって神との一体感を求めるイスラム神秘主義（スーフィズム）者で、サファビー教団の設立者であった。サファビー教団の指導者であったイスマーイール1世（1487～1524年）は、タブリーズに、サファヴィー朝（1501～1736年）を建国、初代君主になって、シーア派を国教とし、「王」を意味する称号としてシャーを採用した。アルダビールのシェイフ・サフィール・ディーン聖殿の建築物群は、16世紀初期から18世紀後期に建設された中世イスラム建築の稀な複合建築物群で、サファビー教の全ての原理を8つの門や7つの階段などの建築設計に具現化している。主に、シェイフ・サフィール・ディーンの墓（アッラー・アッラー・ドーム）、シャー・イスマーイール1世の墓、ムヒール・ディーン・ムハマドの墓などから構成され、歴史的、芸術的、建築学的、そして、考古学的な価値が高い。使用できる空間を最大限に利用して、バザール、公衆浴場、広場、モスクや霊廟などの宗教建築物、家屋、図書館、学校、貯水槽、病院、台所、パン屋、事務所などの多様な機能を収容している。

文化遺産（登録基準(i)(ii)(iv)）　2010年

●タブリーズの歴史的なバザールの建造物群

（Tabriz Historical Bazaar Complex）

タブリーズの歴史的なバザールの建造物は、イランの北西部、サハンド山の北の渓谷、東アゼルバイジャン州の州都タブリーズにある。タブリーズは、サファヴィー朝などのイランの首都であったが、16世紀にその地位を失ったものの、オスマン帝国の勢力の拡大と共に、18世紀末まで、商業のハブとして重要や役割を果たし、シルクロード上の重要な商業の中心地であった。タブリーズの歴史的なバザールの建造物群は、面積が約3km²、紀元前2000年に創られ、今日まで続く、イランで最大の歴史的なバザールである。マルコポーロ（1254～1324年）もここを訪れ、その活気ある様子に驚嘆したと言われている。バザールの主要な構造は、東西南北に続く屋根のある赤レンガの建造物群からなる。バザールの中には、学校、モスク、隊商宿、チャイハーネ(茶店)などがあり、古い物では、ジャムのモスク、サデキエ学校などが残っている。バザールでは、絨毯、香辛料、日用品など数多くのものが売られており、店の数は7,000を越える。

文化遺産(登録基準(ii)(iii)(iv))　2010年

●ペルシャの庭園 (The Persian Garden)

ペルシャの庭園は、イランのファールス州のシーラーズ市、イスファハン州のイスファハン市、マーザンダラーン州のベフシャフル市、ケルマーン州のマーハーン市、ヤズド州のヤズド市とメフリーズ市、南ホラーサーン州のビールジャンド市の6州7市にまたがるペルシャ様式の庭園群である。ペルシャの庭園は、紀元前6世紀のキュロス大王の時代の庭園の原則を守りながらも、異なった気候条件に適応した多様なデザインのパサルガダエ庭園、エラム庭園、チェヘル・ソトゥーン庭園、フィン庭園、アッバス・アバド庭園、王子庭園、ドウラト・アーバード庭園、パーラヴァーンプール庭園、アクバリイエ庭園の9つの庭園群からなる。ペルシャの庭園は、灌漑や装飾に重要な役割を果たす水路で4分割され、エデンの園とゾロアスター教の4つの要素である空、土、水、木を象徴する様に考案されている。これらの庭園群は、紀元前6世紀以降の異なる時代に遡り、また高度な灌漑システムのみならず、建造物群、東屋、壁や塀も特徴的である。ペルシャ様式の庭園は、インドのタージ・マハルやフマユーン廟の庭園、スペインのアルハンブラ庭園などにも影響を与えた。

文化遺産(登録基準(i)(ii)(iii)(iv)(vi))　2011年

●イスファハンの金曜モスク (Masjed-e Jāmé of Isfahan)

イスファハンの金曜モスクは、イランの中央部、イスファハン州の州都イスファハンにあるイランでも最古級のモスクである。マスジェデは、「モスク」、ジャーメは、「金曜日」という意味で、金曜モスクのことである。金曜モスクは、841年に創建、11世紀～12世紀のセルジュク朝の時代に完成したが、カージャール、イルハン、サファビ、セルジュクの異なる時代の建築学的な特徴を有する。ササン朝の宮殿の4つの中庭の配置にみられるイスラム宗教建築への適合、ペルシア建築の特徴の一つである中庭に向かって開放されたアーチ状の空間であるイーワン、中庭を囲む長方形の回廊、メッカの方角を表す壁の窪みであるミフラブ、ミフラブの両側の説教壇のミンバル、二重殻で強化されたドーム、モスクを装飾している青色の美しいタイルが特徴的である。イスファハンの金曜モスクの美しい構造は、後の中央アジアでのモスクの建築設計のお手本にもなった。

文化遺産(登録基準(ii))　2012年

●カーブース墓廟 (Gonbad-e Qābus)

カーブース墓廟は、イランの北東部、ゴレスターン州のゴルガーンの東方に残る歴史的な煉瓦造りの古塔である。1006～1007年に、カスピ海の南岸地方を支配したジヤール朝の第4代君主カーブースの命で建造された高塔形の墓廟(ゴンバデ)は、初期イスラムの高度な建築技術を今に伝える傑作の一つと言える。カーブース墓廟は、墓廟の機能のほかに支配者の権威を象徴する役割をも果たしたと考えられている。高さが53mの雄大な十角形の筒状の塔の頂部の屋根は、円錐形であるが、塔内は、空洞で墓室はない。壁面には突出するつば状の突縁があるほか、クーフィー体による銘文帯があるのみで、きわめて素朴な佇まいである。中央アジアの遊牧民族とイランとの文化交流を伝えるもので、14世紀のモンゴル帝国による侵略前からある建造物としても貴重な遺産である。

文化遺産(登録基準(i)(ii)(iii)(iv))　2012年

●ゴレスタン宮殿 (Golestan Palace)

ゴレスタン宮殿は、イラン高原の北西部、首都でありテヘラン州の州都でもあるテヘラン市中心部のイマーム・ホメイニー広場の近くにある「バラの園」を意味する宮殿。ゴレスタン宮殿は、16世紀から18世紀前半にかけてペルシャを支配したイスラム王朝のサファヴィー朝時代の16世紀に建設され、テヘランでは最古級で美しい歴史的建造物である。ゴレスタン宮殿は、庭園に囲まれ、名祖名のついた宮殿、ホールなど8つの主要な宮殿建造物群からなり、博物館、それに、戴冠式など重要な祝賀行事の機会に活用されている。ゴレスタン宮殿は、18世紀後半から20世紀前半にかけてイランを支配したカージャール朝時代に王族の滞在場所として利用された。ヨーロッパのモチーフや様式をペルシャ芸術に導入した建築・芸術の偉業を例証する建造物群である。

文化遺産(登録基準(i)(ii)(iii)(iv))　2013年

●シャフリ・ソフタ (Sharhr-I Sokhta)

シャフリ・ソフタは、イランの南東部、シースターン地方のヘルマンド河畔にある青銅器時代の考古学遺跡。イタリア中極東古文化研究所が 1967年より調査を行い、大規模な都市遺跡であることを明らかにした。シャフリ・ソフタは、ペルシア語で「焼失の町」の意で、第四期の建物は文字どおり火災を受けたものであった。残された壁は、高さ3mにも達し、梁材やむしろも炭化して残っていた。また杵を握ったままの男性の焼死体も発見され、猛火により瞬時のうちに廃虚と化したことが指摘されている。第一期の層からチグリス・ユーフラテス川地方の原文字期のものに似たタイプの3個の印章が発見され、この遺跡の開始は紀元前4000年後半～紀元前3000年前後とされる。ラピス・ラズリ、アラバスター、砂岩、紅・緑玉髄、トルコ石製の装身具、容器やその石屑が大量に発見されるところから、メソポタミアやその他への供給地だったとの推定も行われている。

文化遺産(登録基準(ii)(iii)(iv))　2014年

●スーサ（Susa）

スーサは、イランの南西部、ザグロス山脈の南麓、フージスターン州のシューシュにあるエラム王国およびアケメネス朝ペルシアの首都であった古代都市で、首都でなくなった後も交易拠点として長く繁栄した。紀元前5000年頃から紀元13世紀まで定住があったと推定され、アッカド帝国時代にはエラム民族の国家が生れ、その首都となったが、紀元前640年頃にアッシリア王のアッシュールバニパルによって破壊された。世界遺産の構成資産は、スーサ考古学遺跡群とアルダシール宮殿からなる。スーサは、スサとも表記される。スーサは、1901年、高さ2.25mの閃緑岩石棒に刻まれたバビロニアのハンムラビ王が発布したハンムラビ法典(現在は、パリのルーヴル美術館が所蔵)が発見された場所としても知られている。

文化遺産（登録基準(i)(ii)(iii)(iv)）　2015年

●メイマンドの文化的景観

（Cultural Landscape of Maymand）

メイマンドの文化的景観は、イランの南東部、ケルマーン州シャフレバーバク郡にあるイランの中央山脈の南端の渓谷の果て、降水量の少ない半乾燥の地域にある自給自足の集落で、家々、モスク、集会所、公衆浴場、学校などがある。メイマンドの村民は、伝統的な季節移動を伴う半遊牧民の農・牧畜業者である。彼らは、山岳の牧草地でヤギや羊を飼育しており、春と秋には、緑豊かな山の上の住居で一時的に定住し、冬には、渓谷の低地部に降りて、手掘りで岩を削って建築した独特の奇岩の洞窟住居で生活する。この文化的景観は、広範囲に広がったもので、動物ではなく、放牧地での牧畜、果樹園での園芸など人々の移動を包み込んだ独特の多様な生活様式であり、多くの孔を持つ岩肌の自然環境と人間の生活とが共存した事例である。メイマンド村は、現在でも昔ながらの生活空間を維持し続けている、少なくとも3000年の歴史を有する文化的、歴史的な自然の遺跡であることから、2005年に、ユネスコのメリナ・メルクール賞を受賞している。

文化遺産（登録基準(v)）　2015年

○ルート砂漠（Lut Desert）

ルート砂漠は、イラン南東部、ケルマーン州、ホラーサーン州、シースターン・バ・バルチスターン州にまたがる大砂漠で、壮大な自然景観と進行中の地質学的過程が評価された。北西から南東にかけて約320km、幅は約160kmに及ぶ。東部は砂丘と岩石からなる巨大な地塊、西部は風食作用によって砂地などの表面にできる不規則な畝状の窪みであるヤルダン地形を形成している。世界遺産の登録面積は2,278,012ha、バッファー・ゾーンは1,794,137haで、イラン初の世界自然遺産である。広大な礫砂漠や砂丘平原が広がり、灼熱の太陽が照らす地球上で有数の暑い場所であることでも有名で、2005年には70.7度を記録している。ガンドゥム・ベリヤン地域には黒色の玄武岩溶岩が広がり、太陽熱を吸収しやすく高温のため動植物が見られない。東部は塩原で、南東部には高さが500mにも達する砂丘が広がる。

自然遺産（登録基準(vii)(viii)）　2016年

●ペルシャのカナート（The Persian Qanat）

ペルシャのカナートは、イランの北東部のホラーサーン地方、中部のヤズド州やマルキャズィー州、南東部のケルマン州などの各地に残る数千年の歴史を誇る乾燥した砂漠地域で最も重要な灌漑システムである。世界遺産の登録面積は19,057ha、バッファー・ゾーンは381,054haで、ペルシャのカナートは、バラディ・カナート、ザラック・カナート、エブラーヒーム・アーバード・カナート、ヴァズヴァン・カナート、ムーン・カナート、アクバル・アーバード・カナートなど11の構成資産からなる。イランでは、水不足というハンディを克服する為に独自のさまざまな努力が行われてきたが、試行錯誤の中で生まれたのが、地下の帯水層から水を引いてくるカナートである。カナートは、複数の井戸が一定の間隔で設けられ、それらの井戸が地下水路で繋がる構造になっている。イランの人々は特に、農業用地を利用する際にカナートを利用し、異常気象や干ばつを乗り切ってきた。この重要な水利技術はイラン人による独自の発明であり世界の各地に広まった。ペルシャのカナートは、国連食糧農業機関(FAO)の世界農業遺産(GIAHS)にも登録されている。

文化遺産（登録基準(iii)(iv)）　2016年

●ヤズドの歴史都市（Historic City of Yazd）

ヤズド市は、イラン高原の中央部、香辛料と絹の道に近接する隊商都市イスファハンの南東270kmにあるヤズド州の州都でもある歴史都市で、イスラム教やユダヤ教とも平和的に共存したゾロアスター教文化の中心地としても知られる古都である。ヤズドは砂漠の中にあるオアシス都市で、夏と冬、昼夜の寒暖差が大きい過酷な環境の砂漠で生き残る為の限られた資源を利用する生きた事例である。水は、地下水を引く為に発達した水利システムであるカナートを通じて都市へ供給される。ヤズドの土でできた建築物は、多くの伝統的な土の都市を破壊した近代化を避け、伝統的な地区群、カナート・システム、伝統的な家屋、バザー、伝統的な公衆浴場のハマム、モスク、シナゴーグ、ゾロアスター教の寺院群、ザンド朝時代の1750年代に造園された歴史的なドーラト・アーバード庭園などの建造物群を保持している。3つのエリアの構成資産からなる世界遺産の登録面積は195.67ha、バッファー・ゾーンは665.93haである。

文化遺産（登録基準(iii)(v)）　2017年

●ファールス地域のサーサーン朝の考古学景観
（Sassanid Archaeological Landscape of Fars Region）
ファールス地域のサーサーン朝の考古学景観は、イランの南部、現在のファールス州を中心とした地方のフィールーザーバード、ビーシャープール、サルベスターンの3つの郡にある8つの考古学遺跡である。これらの要塞群、宮殿群、それに、都市計画は、224年～658年のサーサーン朝の時代に遡る。これらの遺跡群は、サーサーン朝の創始者であるアルダシール・パパカン、それに、彼の後継者であるシャープール1世（215年頃～272年？）によって建設された。考古学景観は、自然の地形の最適に利用すると共にアケメネス朝やパルティア王国の文化の伝統、それにローマ芸術の影響を受けている。
文化遺産　登録基準（(ii)(iii)(v)）　2018年

○ヒルカニア森林群（Hyrcanian Forests）
ヒルカニア森林群は、イランの北東部、ギーラーン州、マーザンダラーン州、ゴレスターン州にまたがるカスピ海・ヒルカニア混合林エコリージョン内にある。登録面積が129484.74ha、バッファーゾーンが177128.79ha、構成資産は、ギーラーン州、マーザンダラーン州、ゴレスターン州の3つの州にまたがるゴレスターン森林、ジャハーン-ナマ森林、アリメスタン森林、ヴァズ森林など15件からなる。ヒルカニア森林群は、コーカサス山脈から西の地域と半砂漠地域から東の地域に分離する緑の弧状の森林を形成している。ヒルカニア森林群は、カスピ海の南岸沿いの850kmに広がる広葉樹の森林群で、その森林生態系とペルシャヒョウをはじめとした58種類の哺乳類と180種類にも及ぶ鳥類が生息する生物多様性が評価された。IUCNの勧告では、将来的には、アゼルバイジャンへの登録範囲の拡大も選択肢に挙げている。
自然遺産（登録基準（ix)(x)）　2019年

●イラン縦貫鉄道（Trans-Iranian Railway）
イラン縦貫鉄道は、イランの北東部のカスピ海と南西部のペルシャ湾 を結ぶ鉄道で、登録面積5,784ha、バッファーゾーン32,755ha、2つの山脈 、河川、高地、森林、平原、それに、４つの異なる気候の地域を縦貫する。1927年に工事は始まり1938年に完成した、長さ1,394kmの鉄道は、イラン政府と多くの国からの43 の建設業者間での共同作業で設計され完成した。イラン縦貫鉄道は、その規模と土木工事で有名であり、急峻なルートなど諸困難の克服を求められた。その建設は、ある地域では、広範囲にわたっての山切り、一方、荒涼とした地形においては、174の大きな橋、186の小さな橋 、224のトンネル、11の螺旋のトンネルの建設が行われた。イラン縦貫鉄道の建設は、最も初期の鉄道プロジェクト似つかわしくなく、外国資本の投資と管理を避ける為、すべて国税で賄われた。産業遺産に関する国際機関であるTICCIH（国際産業遺産保存委員会）は、組積造の石造アーチ橋のベレスク橋は20世紀前半の鉄道工学の傑作であり、石油産業が中核となる1950年代以前のイランにおける近代化の様子を伝えていると高く評価したが、構成資産からは外れ登録延期となった。
文化遺産（登録基準（ii)(iv)）　2021年

●ハウラマンとウラマナトの文化的景観
（Cultural Landscape of Hawraman/Uramanat）
ハウラマンとウラマナトの文化的景観は、イランの西部、コルデスターン州とケルマーンシャー州にまたがるザグロス山脈の中心部にある登録面積106,307ha、バッファーゾーン303,623haで、コルデスターン州のザヴェルドとタフテにある中央・東渓谷のハウラマン地区、それに、ケルマーンシャー州のラフーンにある西渓谷のウラマナト地区の2つの構成資産からなる。ハウラマンとウラマナトは、元々は、ゾロアスター教徒が傾斜地を雛壇状に開削して石積みの家屋を建てた12の集落からなり、クルド系民族のハウラミ人による、紀元前3000年以降、数千年にわたって、人里離れた起伏のある山岳地帯における農牧業など、毎年異なる季節に低地と高地を移動し棲み分ける地域文化が特徴である。類ない生物多様性と固有性を有する自然環境と石器、洞窟、 岩陰、塚、墓、道路、村、 城など人間の活動が共存・共生する文化的景観が評価された。ウラマナト地区では、世界最古の土地取引が行われたことを示す史料（大英博物館に収蔵）が残っており、また、この地区では、毎月、祝祭や儀式が実施されている。
文化遺産（登録基準（iii)(v)）　2021年

インド（38物件　○7　●30　◎1）

●アジャンター石窟群（Ajanta Caves）
アジャンター石窟群は、デカン高原の西北部、アウランガバードの北東80kmのワゴーラ渓谷の岩壁にある世界に誇るインド仏教芸術の至宝。ワゴーラ川岸の断崖に掘られた大小29の仏教の石窟寺院群が600mにわたって並ぶ。アジャンター石窟寺院の造営は、紀元前1～7世紀とされ、インドでは最古。豊富に残された仏教説話や菩薩像などが描かれたグプタ様式の美しい壁画や彫刻には傑作が多く、インド古典文化の黄金時代のグプタ朝（320年頃～550年頃）に描かれた純インド的な仏教美術の源流として貴重。第1窟の壁画、蓮華手菩薩図は有名。
文化遺産（登録基準(i)(ii)(iii)(vi)）　1983年

アジア

●エローラ石窟群（Ellora Caves）
エローラ石窟群は、インド中部、デカン高原の西北部のアウランガーバードから北西約30kmのマハーラーシュトラ高原にある。エローラ石窟群には、アジャンター石窟群と双璧をなす34の石窟寺院（ヒンドゥー教寺院 17、仏教寺院 12、ジャイナ教寺院 5）が並ぶ。クリシュナン1世が、8世紀中頃に造らせたシヴァ神やヴィシュヌ神などを祀った第16窟のカイラーサナータ寺院とその壁画は、ヒンドゥー教美術の最高傑作とされている。第10窟は、美麗なファサードをもつ礼拝をする為のチャイトヤ窟で、第12窟はスケールが大きく3層からなっている。
文化遺産（登録基準(i)(iii)(vi)）　1983年

●アグラ城塞（Agra Fort）
アグラ城塞は、ニューデリーの南南東約200km、アグラ市ヤムナー川右岸にある。ムガール帝国の古都で、ムガール帝国3代アクバル王が1564～1574年に築いた壮大な赤い城。城壁の内側には、ジャハーン・ギーリー宮殿やモティ・マスジト、ナギーナ・マスジトの2つのモスク、八角形の塔「囚われの塔」などが残っている。ジャハーン・ギーリー宮殿は、アクバル王の時代の建物で、城内で現存する唯一のものである。
文化遺産（登録基準(iii)）　1983年

●タージ・マハル（Taj Mahal）
タージ・マハルは、インド北部のウッタル・プラデッシュ州アグラ市のヤムナ川の川岸に建つ白亜の霊廟。ムガール帝国の第5代の皇帝シャー・ジャハーン（在位1628～1658年）が、亡き王妃ムムターズ・マハルの為に1632年から約22年かけて造営した。「タージ」は、妻の名「ムムターズ」が変化した名である。デリーにあるフマユーン廟をモデルにして造られた。タージ・マハルは、庭園の三方を壁で囲い、北辺の中央に高さ58mの大ドームを持つ白大理石の廟、それに、四隅の56メートル四方の基壇には、高さ42mの尖塔（ミナレット）が立っている。タージ・マハルは、イラン・イスラム文明の様式に、伝統的なインド建築の手法を加味したもので、ムガール建築を代表する傑作とされている。シャー・ジャハーン帝は、自分のための廟をヤムナ川の対岸に建設する予定だったが、タージ・マハルの建設に莫大な費用を費やしたため、夢と終わった。シャー・ジャハーン帝の棺は、タージ・マハル内部の中心に、王妃ムムターズ・マハルの隣に寄り添うように安置されている。一日の気温差が激しいという自然現象や、付近の工業地帯からの大気汚染などにより白大理石の劣化が進み、毎日の清掃、修復が行われている。
文化遺産（登録基準(i)）　1983年

●コナーラクの太陽神寺院（Sun Temple, Konarak）
コナーラクの太陽神寺院は、カルカッタの北西、オリッサ州のベンガル湾付近の村コナーラクにある。コナーラクの太陽神寺院は、13世紀半ばにガンガー朝のナラシンハ・デーヴァ1世によって建てられた太陽神スーリヤ（火の神アグニ、雷神インドラと共に三大神の一つ）を祀る巨石積のヒンドゥー教寺院の遺跡で、オリッサ州の寺院建築の最高傑作とされている。コナーラクの太陽神寺院は、巨大であり、本殿と高さ約33mの前殿の基壇の側面に、直径約2.5mの大車輪12対を刻み、寺院全体を太陽神スーリヤの馬車（戦車）に見立てられている。前殿と舞楽殿を飾る舞踏人物像、寺院守護の為の馬や象の動物像、官能的な男女抱擁のミトゥナ像など壁面を飾る美しい彫刻が印象的である。コナーラクの太陽神寺院は、1901年から1910年にかけて、大規模な修復が行われ、現在の形になった。
文化遺産（登録基準(i)(iii)(vi)）　1984年

●マハーバリプラムの建造物群
（Group of Monuments at Mahabalipuram）
マハーバリプラムの建造物群は、インド南東部、マドラスの南56kmのタミルナードゥ州のマハーバリプラムにある。7～9世紀に栄えたパッラバ朝の代表的なヒンドゥー教遺跡。海岸沿いの花崗岩台地に、石窟が10余、岩石寺院が9、磨崖彫刻などが残る。叙事詩〈マハーパーラタ〉の主人公の名をとった「5つのラタ」と呼ばれる石彫寺院は、南インド型の建築の原型である。
文化遺産（登録基準(i)(ii)(iii)(vi)）　1984年

○カジランガ国立公園（Kaziranga National Park）
カジランガ国立公園は、インドの東部、アッサム州を流れるブラマプートラ川の左岸に広がる堆積地の国立公園。公園面積の66％は草原、28％は森、残りは河川や湖で構成されている。草原は、雨期になるとブラマプートラ川が氾濫し、沼や池ができる。この地形がインドサイの生育に適しており、今では少なくなった一角のインドサイ約1000頭が生息している。このほかトラ、ヒョウ、スイギュウ、鹿、象などの貴重な哺乳類やベンガルノガン、カモ、ワシなどの鳥類が生息している。カジランガ国立公園は、ブラマプートラ川と国道からも近く、インドサイの密猟者が多く、監視体制などを強化し、保護に努めている。
自然遺産（登録基準(ix)(x)）　1985年

○マナス野生動物保護区
（Manas Wildlife Sanctuary）
マナス野生動物保護区は、インドの北東部、アッサム州を流れるマナス川流域に沿い、ブータンとの国境を接するヒマラヤ山脈の麓に広がる1928年に指定された野生動物保護区で、1973年にはトラを重点的に保護するタイガー・リザーブ、1987年には国立公園に指定されている。数年前に発見された毛が美しい猿ゴールデンラングールで有名。インドオオノガン、ペリカン、鷲など

アジア

の鳥類、ベンガルトラをはじめゴールデンキャット、コビトイノシシ、ボウシラングール、アラゲウサギ、アジアゾウ、インドサイ、ガウル、ヌマジカなど貴重な野生動物も生息している。地域紛争、密猟などの理由から1992年に「危機にさらされている世界遺産リスト」に登録されたが、その後、インド政府によって、総合的な監視システムの導入などの改善措置が講じられ、保全状況が著しく改善、2011年の第35回世界遺産委員会パリ会議で、危機遺産リストから解除された。
自然遺産（登録基準(vii)(ix)(x)）　1985年

○ケオラデオ国立公園（Keoladeo National Park）
ケオラデオ国立公園は、インド北部ラジャスタン州の淡水湿地帯を中心とした29km²に広がる水鳥の楽園で、かつては、バラトプル鳥類保護区として知られていた。ケオラデオ国立公園で観察される鳥類は約350種で、中央アジアやシベリアなどからの渡り鳥も飛来する。ケオラデオ国立公園には、絶滅危惧種のソデグロヅル、アカツクシガモ、カモメ、ハシビロガモ、オナガガモ、オオバン、シマアジ、キンクロハジロ、ホシハジロ、また、ジャッカル、ハイエナ、マングースなども生息している。ケオラデオは、1971年に保護区となり、1981年、ラムサール条約登録湿地、1982年、国立公園となった。
自然遺産（登録基準(x)）　1985年

●ゴアの教会と修道院
（Churches and Convents of Goa）
ゴアは、インド半島の西岸、ムンバイの南約400kmにある。1510年にポルトガルの植民地となり、20世紀までポルトガル領であったため、多くのキリスト教の建物が建設され、南アジアにおける一大キリスト教都市となった。16世紀後半には、ポルトガルのアジアへの貿易とキリスト教布教の拠点として最も繁栄した。100以上もある遺跡の中でも、セ・カテドラルは、現存する最大の教会堂で、1619年に建てられた。また、ボム・ジェズス教会には、日本にも布教に来たF.ザビエルの遺体が安置されている。その他、聖フランシスコ教会や聖パウロ修道院遺壁などが往時を語る。
文化遺産（登録基準(ii)(iv)(vi)）　1986年

●カジュラホの建造物群
（Khajuraho Group of Monuments）
カジュラホは、ヒンドゥー教の聖地バナーラスから396kmにある寺院都市。10～13世紀に北インドを支配したチャンデーラ王朝の最盛期の遺跡群が残る。当初85あったヒンドゥー教寺院は、イスラム教徒によって破壊され、現在は22。ヒンドゥー教寺院の建築様式は、インドの北方様式で、高塔という屋根を持っている。ヒンドゥー教寺院の内外は、タントリズムの影響を受けた男女の神々や動物などの彫刻で覆いつくされており壮観。
文化遺産（登録基準(i)(iii)）　1986年

●ハンピの建造物群（Group of Monuments at Hampi）
ハンピの建造物群は、ボンベイの南東約500kmにある14～17世紀にかけて南インドを支配したヴィジャヤナガル王国(1336～1649年)の首都遺跡。ヴィジャヤナガル（現在のハンピ）は、「勝利の町」を意味し、当時の都は、北はトゥンガバドラ川、東は岩山の天然の要塞と7重の城壁に囲まれ、マハナミディヴァの王宮や多くの化身を生じたヒンドゥー教の主神の一つヴィシュヌ神を祀る多くの寺院を残した。ハンピには、ヴィジャヤナガル時代の最高傑作といわれる石柱とマンタパ（拝堂)、ラタ(山車)が印象的なヴィッタラ寺院、今でもインド中から巡礼者が訪れるヴィルパクシャ寺院をはじめコーダンダラーマ寺、ヴィッタラスワーミー寺など40余が散在する。広大な土地の為、遺跡の発掘は全体の5%程度しか済んでいない。自然環境にも恵まれ２本のワイヤーロープのつり橋敷設に伴う道路建設で、登録範囲内のマンダパの遺跡の解体と移動を余儀なくされ、1999年に危機遺産に登録されたが、自動車交通量の減少とショッピングセンター計画地の変更により、2006年危機遺産から解除された。
文化遺産（登録基準(i)(iii)(iv)）　1986年

●ファテープル・シクリ（Fatehpur Sikri）
ファテープル・シクリは、インド北部、ウッタル・プラデーシュ州アグラの西約40kmのシクリ村の丘陵にある。ファテープル・シクリは、ムガール帝国(1526～1858年)の実質的な建設者であるアクバル王が16世紀後半に建設した周囲約11kmの勝利の都市という意味のファテープル・シクリという都市遺跡である。ファテープル・シクリは、10年間ばかりであるが、ムガール帝国の首都であった。ファテープル・シクリには、5層からなるパンチ・マハルの宮殿、隊商宿が往時の姿を止めている。ファテープル・シクリの最大の建造物は、東西168m、南北143mのイスラム寺院であるジャーマ・マスジット・モスクで、インドでも最大級のモスクの一つである。ジャーマ・マスジット・モスクの内部には、聖者シュイク・サリーム・チシュティの墓が残っている。
文化遺産（登録基準(ii)(iii)(iv)）　1986年

●パッタダカルの建造物群
（Group of Monuments at Pattadakal）
パッタダカルは、インド南部カルナータカ州にある。チャールキャ一王朝(6～8世紀)の3番目の都跡で、約10のヒンドゥー教寺院が残されている。神殿の屋根が砲弾型の北型と、ピラミッド型の南型の2つの建築様式があり、北型ではパパナータ寺院、南型ではマッリカールジュナ寺院、ヴィルパークシャ寺院が代表例。
インドの東・中部の寺院建築に影響を及ぼした。
文化遺産（登録基準(iii)(iv)）　1987年

●エレファンタ石窟群（Elephanta Caves）
エレファンタ石窟群は、インド西部、ムンバイ湾の東の沖合10kmにある小島のエレファンタ島にある7世紀頃のヒンドゥー教の石窟寺院。エレファンタの名前は、海岸で象の彫刻が発見されたことから命名された。エレファンタ石窟群は、7つの石窟からなり、第1石窟の高さ5.5mの「3面のシバ」神像は、重量感と力強さのあるヒンドゥー彫刻の傑作で、頭部に顔が3つあり、正面の顔は微笑み、右の顔は怒り、左の顔は瞑想に耽っている。ヒンドゥー教の主神であるシバ神にまつわる神話を題材にした踊るシバ神（ナトラージャ）、象の魔人を退治するシバ、シバとパールパティーの婚礼図など8つの大きな浮彫りも見事。残念ながら盗掘や破壊で手足がとれている彫刻がほとんどで保存状態は良くない。
文化遺産（登録基準(i)(iii)）　1987年

●チョーラ朝の現存する大寺院群
（Great Living Chola Temples）
チョーラ朝の現存する大寺院 群は、南インドのタミル・ナードゥ州中東部にある。タンジャブールにあるブリハディシュワラ寺院 は、チョーラ朝のラージャラージャ1世が11世紀に建立したドラビタ様式のシバ派の代表的寺院で、高さ72mの大塔を持つ。チョーラ王が舞踏を奨励したので「シバの舞踏像」の奉納が目立つ。2004年にガンガイコンダチューラプラムにあるブリハディーシュワラ寺院(タンジャブールのものと同名)とダラスラムにあるアイラヴァーテスヴァラ寺院の2つの寺院を追加し、登録遺産名も「タンジャーヴールのブリハディシュワラ寺院 」から変更され、登録基準も(i)と(iv)が加わった。
文化遺産（登録基準(i)(ii)(iii)(iv)）
1987年／2004年

○スンダルバンス国立公園（Sundarbans National Park）
スンダルバンス国立公園は、インドの東部の西ベンガル州、コルカタの南約120km、バングラデシュにまたがる世界最大のガンジス・デルタ地帯にある。ガンジス川、ブラマプトラ川、メガーナ川など水量の多い川が世界最大級のマングローブの森を形成する大湿地帯である。スンダルバンス国立公園の世界遺産の登録面積は、133,010haに及ぶ。スンダルバンス国立公園は、インド・アジア大陸最大のベンガル・トラ(ベンガル・タイガー)の生息地としても知られ、1973年に、スンダルバンス・タイガー保護区が設けられ、1978年に、森林保護区が構成され、1984年に国立公園が設立された。また、ヒョウ、イリエワニ、ニシキヘビ、シカ、サル、スナドリネコ、ケンプヒメウミガメ、野鳥など、その生物多様性を誇る。スンダルバンス国立公園に隣接するバングラデシュ側のサンダーバンズも1997年に世界遺産に登録されている。
自然遺産（登録基準(ix)(x)）　1987年

○ナンダ・デヴィ国立公園とフラワーズ渓谷国立公園
（Nanda Devi and Valley of Flowers National Parks）
ナンダ・デヴィ国立公園とフラワーズ渓谷国立公園は、ウッタラーカンド州の西ヒマラヤに高く聳えている。フラワーズ渓谷国立公園は、ブルー・ポピーなど希少種の高山植物が草原に咲き自然美を誇る標高3500m級の通称「花の谷」で、1931年に発見された。この豊かな多様性に富んだ地域は、ヒマラヤグマ、ユキヒョウ、ブラウン・ベア、それにブルーシープなどの希少種や絶滅危惧種が生息している。フラワーズ渓谷国立公園の優美な景観は、1988年に世界遺産リストに登録されているヒマラヤ山脈にある「女神の山」として古来崇められてきた7800m級の聖地ナンダ・デヴィ国立公園の険しく荒涼とした山岳を補完している為、2005年の第29回世界遺産委員会ダーバン会議で、登録範囲が拡大され、登録遺産名も変更になった。ナンダ・デヴィ国立公園とフラワーズ渓谷国立公園は、ザンスカール山脈やヒマラヤ山脈に取り囲まれ、登山家や植物学者によって賞賛されている。
自然遺産（登録基準(vii)(x)）　1988年／2005年

●サーンチーの仏教遺跡
（Buddhist Monuments at Sanchi）
サーンチーの仏教遺跡は、マディヤ・プラデシュ州の州都ボーパルから北へ約40km、デカン高原を見渡す小高い丘にある。サーンチーには、紀元前2～1世紀に仏教を篤く信仰し仏教を活用した徳治政治を理想としたマウリヤ朝のアショーカ王が建立したドーム状の3つの仏塔(ストゥーパ)のほか、仏堂、僧院など仏教にまつわる建造物や遺跡が残されている。なかでも、インド最古の仏塔といわれる高さ16.5m、基壇の直径が37mの大仏塔は、釈迦の舎利(遺骨)を納めたり、仏教の聖地を記念する為に造られ、他の2つの仏塔には釈迦の弟子やマウリヤ朝の高僧の墓があると言われている。また、仏塔を囲む東西南北の鳥居の様な4つの塔門の石柱には、仏陀の生誕から涅槃までの一生を象徴的に描いた仏教説話などの彫刻が見事に浮き彫りにされている。サーンチーは、紀元後12世紀まで、インド仏教の中心地として繁栄、14世紀以降は、仏教の衰退と共に廃虚と化したが、今世紀の初頭にインド政府によって修復・再現された。
文化遺産（登録基準(i)(ii)(iii)(iv)(vi)）　1989年

●デリーのフマユーン廟（Humayun's Tomb, Delhi）
フマユーン廟は、首都ニューデリーの南東約5kmのデリーにある。ムガール帝国の第2代皇帝フマユーン（1508～1556年）は、一時、国を弟達に奪われ、ペルシャに身を寄せたことがある。第一皇妃ハージ・ベグムは、フマユーンを偲び、ペルシャから設計士を招き1556年にデリーに廟を着工し1566年に完成させた。フマユーン廟は、"庭園の中の廟"という形式を完成した最初の建物で、後のタージ・マハルの建設にも大きな影響を与えた。ペルシャの四分庭園を持つチャハルバーグ様式のムガール廟墓の端緒。庭園は、当時のまま現存する唯一の例である。
文化遺産（登録基準（ii）（iv））　1993年

●デリーのクトゥブ・ミナールと周辺の遺跡群
（Qutb Minar and its Monuments, Delhi）
デリーのクトゥブ・ミナールと周辺の遺跡群は、デリーの南16kmのクトゥブ・ミナールにある。1193年にクトゥブディーン・アイバクがヒンドゥー教領主を倒してデリーに初めてムスリム王朝を開いた時の戦勝記念塔で、5層からなる、高さが72.5mのインドで最も高い石造建造物である。敷地内にはインド最古のイスラム寺院、クット・アル・イスラム・モスクや4世紀建造の鉄柱（1600年も不朽）が残る。
文化遺産（登録基準（iv））　1993年

アジア

●インドの山岳鉄道群（Mountain Railways of India）
インドの山岳鉄道群は、ダージリン・ヒマラヤ鉄道（DHR）とニルギリ山岳鉄道（NMR）、カルカ・シムラー鉄道（KSR）からなる。ダージリン・ヒマラヤ鉄道は、インド北西部シッキム州のネパール国境とブータンの近くを走る1881年に開通した世界最古の山岳鉄道で、ダージリンとニュー・ジャルパイグリ駅の83kmを結ぶ。急勾配や急カーブなどにも小回りが利くように線路の幅が2フィート（61cm）と狭いのが特徴。美しいダージリン丘陵とヒマラヤ山脈の山間部を走るトイ・トレイン（おもちゃの列車）は、技術的にも優れた世界的な名声を博する産業遺産で、カンチェンジュンガ（8586m）の山々などヒマラヤ山脈のすばらしい自然景観と共に旅行者の目を楽しませている。ダージリンは標高2134mの高原リゾート地で、ダージリン茶の産地としても知られている。ニルギリ山岳鉄道は、インド南部タミール・ナドゥ州のメットゥパーヤラムとウダガマンダラム（旧ウーティ）を結ぶ。約17年間の工期をかけて1908年に完成した全線46km、標高326mから2203mへと走る単線の山岳鉄道で、英国植民地時代から人の移動や地域開発に重要な役割を果たしてきた。また、カルカ・シムラー鉄道は、デリーの北部約200kmのヒマーチャル・プラデーシュ州の州都シムラーとハリヤーナ州のカルカを結ぶ96kmの単線で、1903年に供用が開始された。インドの山岳鉄道群は、1999年に「ダージリン・ヒマラヤ鉄道」として登録されたが、2005年の第29回世界遺産委員会ダーバン会議で、ニルギリ山岳鉄道も含め登録遺産名を変更、さらに2008年の第32回世界遺産委員会ケベック・シティ会議で、カルカ・シムラー鉄道が追加登録された。
文化遺産（登録基準（ii）（iv））
1999年／2005年／2008年

●ブッダ・ガヤのマハーボディ寺院の建造物群
（Mahabodhi Temple Complex at Bodh Gaya）
ブッダ・ガヤのマハーボディ寺院は、インドの東部、ビハール州にある。ブッダ・ガヤのマハーボディ寺院は、仏教の開祖、ガウダマ・シッダールタ（お釈迦様）の生涯に関連した生誕の地ルンビニー、成道の地ブッダ・ガヤ、初転法輪の地サールナート、入滅の地クシナガラの四大聖地の一つである。ブッダ・ガヤのマハーボディ寺院は、成道の地であり、瞑想して悟りを開いた有名な菩提樹と金剛座がある。最初の寺院は、紀元前3世紀に、アショカ王によって建てられた。現在の寺院は、5～6世紀に建てられ、高さが50mもある大塔の内部には、成道をあらわす金箔の仏座像が安置されている。また、仏教説話をもとにした石造の欄干には、精緻な浮き彫りが施されている。マハーボディ寺院は、後期グプタ期にレンガで建てられた最初の仏教寺院の一つで、後世にも重要な影響を与えた。
文化遺産（登録基準（i）（ii）（iii）（iv）（vi））　2002年

●ビムベトカの岩窟群（Rock Shelters of Bhimbetka）
ビムベトカの岩窟群は、中央インド高原南端のヴィンディアン山脈のマディヤ・プラデーシュにある。ビムベトカの岩窟群は、面積が19km²、密林上の砂岩の岩塊の中に、5層の自然の岩のシェルターが130もあり、3.5万年前の旧石器時代の岩絵が数多く残されている。ビムベトカの岩窟群の緩衝地帯にある21の村の住民の文化的な伝統は、岩絵に描かれたものときわめてよく似ている。ビムベトカの岩窟群への交通アクセスは、ボパールから45km。
文化遺産（登録基準（iii）（v））　2003年

●チャンパネル・パヴァガドゥ考古学公園
Champaner-Pavagadh Archaeological Park）
チャンパネル・パヴァガドゥ考古学公園は、グジャラート州中央部のパンチ・マハル郡にある。チャンパネル・パヴァガドゥ考古学公園は、大部分が未発掘のままの考古学公園である。銅石器時代の遺跡、初期ヒンドゥーの要塞、16世紀のグジャラート州の中心都市としての建築物などが残っている。パヴァガドゥ丘陵の頂上にあるカリカ・マタ寺院は、年間を通じて数多くの巡礼者が訪れる重要な聖地であると考えられている。チャンパネル・パヴァガドゥ考古学公園は、ムガール帝国以前のイスラム都市である。
文化遺産（登録基準（iii）（iv）（v）（vi））　2004年

●チャトラパティ・シヴァジ・ターミナス駅
＜旧ヴィクトリア・ターミナス駅＞
（Chhatrapati Shivaji Terminus（formerly Victoria Terminus））
チャトラパティ・シヴァジ・ターミナス駅＜旧ヴィクトリア・ターミナス駅＞は、インドの西岸、インド最大の商業都市で貿易港でもあるムンバイ（人口　約1200万人旧ボンベイ）にある鉄道駅。旧ヴィクトリア・ターミナス駅は、英国人の建築家F.W.スティーブンス（1848～1900年）が設計、1878年に着工し1887年に完成した。旧ヴィクトリア・ターミナス駅は、ヴィクトリア朝ゴシック様式と伝統的なインド様式が融合した荘厳な建築物で、ゴシック都市ボンベイのシンボルと共にインドの主要な国際的な商業港になった。石のドーム、聖火と車輪を持つ進歩の女性像、ライオンとトラの彫像などが特徴的である。旧ヴィクトリア・ターミナス駅は、インド鉄道が創業した際に第1号列車が初めて出発した駅としても有名である。ヴィクトリア女王に因んだヴィクトリア・ターミナスという駅名は、1996年まで使用されたが、インドの改称運動に伴い、ムガール帝国に抵抗したインドの英雄マラータ王の名前に因んで、チャトラパティ・シヴァジ・ターミナスに改名された。

文化遺産（登録基準(ii)(iv)）　2004年

●レッド・フォートの建築物群（Red Fort Complex）

レッド・フォートの建築物群は、ジャナム川沿いのニュー・デリーにある。レッド・フォートの建築物群は、17世紀に、ムガール帝国第5代皇帝のシャー・ジャハーン(1628～1658年)によって築かれた壮大な建築物群である。レッド・フォート(ラール・キラ)とは、城壁と門が赤砂岩でできているためつけられた俗称で、当時の正式名は、シャージャパーナバードであった。西側のラホール門と南側のデリー門はいずれも城門建築の傑作で、屋上の小停群のチャトリがインドらしさを演出している。また、公謁殿のディワニ・アームと内謁殿のディワニ・カースをはじめとする宮殿群は、矩形の平屋で、細部はムガール様式の建築様式である。モティ・マスジド(真珠モスク)は、総白大理石のバロック様式風の建築物で、シャー・ジャハーンの宮廷礼拝堂として使用されていた。

文化遺産（登録基準(ii)(iii)(vi)）　2007年

●ジャイプールのジャンタル・マンタル
（The Jantar Mantar, Jaipur）

ジャイプールのジャンタル・マンタルは、インドの西部、ラジャスタン州の州都ジャイプールのマハラジャの居城「シティ・パレス」の一角にある太陽、月、星の動きを観察できる天体観測施設であり、1901年に修復された。ジャンタル・マンタルは、ジャイプールを建設した、天文学者でもあったムガール帝国のマハラジャ、サワーイ・ジャイ・スィン2世(1693～1743年)によって、1728～1734年に、ジャイプールの中心部に建設された。ジャンタル・マンタルは、サンスクリット語で、魔法の仕掛けという意味である。サワーイ・ジャイ・スィン2世は、ペルシャやヨーロッパの書物を調べ、中央アジアのウルグ・ベグ天文台なども参考にして、1724年にデリー、1728年にジャイプール、1737年にウッジャイン、1737年にヴァラナシ、1738年にマトゥーラとインドの5箇所に天体観測施設を建設した。それらのうちで、ジャイプールのものが最も規模が大きく、20もの主要な観測機器がある。例えば、サムラート・ヤントラは、日時計として使えるほか、赤道座標で星の位置を測ることができ、ラシバラヤ・ヤントラは、惑星の位置を黄道座標で測定できる。

文化遺産（登録基準(iii)(iv)）　2010年

○西ガーツ山脈（Western Ghats）

西ガーツ山脈は、インドの南西部、クジャラート州、マハーラーシュトラ州、ゴア州、ケーララ州、タミル・ナードゥ州にまたがるインド半島西岸の海岸線に並行に走る全長約1600km、平均高度900～1500mの山脈で、西側は、階段状の急斜面、東側は、緩やかな斜面となっている。また、西ガーツ山脈の高地における森林が熱帯性気候を和らげ、インドのモンスーン気候に影響を与えている。地球上で最も顕著なモンスーン気候を形成する事例といえる。西ガーツ山脈が誕生したのは、ヒマラヤ山脈よりも古く、ユニークな生物物理学上、生態学上の進化の様子がわかる地形が特色である。生物多様性が豊かであるにもかかわらず、植物、動物、鳥類、両生類、爬虫類、魚類の325種以上の絶滅危惧種が数多く生息していることから、最も重要な生物多様性ホット・スポットの一つになっている。また、北部はデカン高原の溶岩から構成され、ゾウ、トラの生息地で、チーク、黒檀などの木材を産する。

自然遺産（登録基準(ix)(x)）　2012年

●ラジャスタン地方の丘陵城塞群
（Hill Forts of Rajasthan）

ラジャスタン地方の丘陵城塞群は、インドの北西部、ラジャスタン州の北西部にある8世紀から19世紀にかけて建設された城塞群である。ラージプート族とイスラム教徒の激戦の歴史を物語るチットールガル城塞をはじめ、15世紀のメーワール王国のクンバル王に由来するクンバルガル城塞、ジャラワールから約12kmの所にあるガングロン城塞、ランタンボール国立公園内にあるランタンボール城塞、16世紀にこの地を支配したアンベール王国のアンベール城塞、12世紀にジャイサル王によって砂漠に建てられたジャイサルメール城塞の一連の6つの城塞の構成資産からなる。これらの城塞群は、アラバリ山地やビンドヤ山地に戦略的に建設されたラジャスタン地方のヒンドゥー教の部族ラージプート族の軍事丘陵建築の代表的な事例である。

文化遺産（登録基準(ii)(iii)）　2013年

○グレート・ヒマラヤ国立公園保護地域
（Great Himalayan National Park Consevation Area）

グレート・ヒマラヤ国立公園保護地域は、インドの北部、ヒマーチャル・プラデーシュ州のクッルー県にあり、1984年に国立公園に指定された。世界遺産の登録面積は、90,540ha、バッファー・ゾーンは、26,560haで、その生物多様性を誇る。ヒマラヤ山脈は、北側から南側に，およそ三つの平行する山脈が走っており、最も北側の山脈がグレート・ヒマラヤと呼ばれる。7000～8000m級の高峰が連なり、氷河が発達し、寒冷な気候の

アジア

もとに険しい山容や、氷河による渓谷、それに、雪解け水を源流に、西方へは、ジワ・ナラ川、サインジ川、ティルタン川、北西へは、パルヴァティ川が流れ、インダス川の支流のベアスリ川となる。これらの川は、下流の何百万人もの人が生きていく為の水源になっている。グレート・ヒマラヤ国立公園は、ヒマラヤ・ジャコウジカ、ユキヒョウ、タールなど固有種や希少種など多様な動植物が生息する自然の宝庫である。
自然遺産（登録基準(x)）　2014年

●グジャラート州のパタンにあるラニ・キ・ヴァヴ（王妃の階段井戸）
（Rani-ki-Vav (the Queen's Stepwell) at Patan, Gujarat）
グジャラート州のパタンにあるラニ・キ・ヴァヴ(王妃の階段井戸)は、インドの北西部、グジャラート州のパタン地区の北西、サラスワティ川の河岸にあり、世界遺産の登録面積は4.68ha、バッファー・ゾーンは125.44haに及ぶ。ラニ・キ・ヴァヴは、11～12世紀に建設されたグジャラート州で最古の壮大な7層の階段井戸である。階段井戸とは、井戸の底の水際まで階段で降りていける大きな井戸のことで、この地域では、雨量が少ない為、水は大変貴重であり、水利施設としての階段井戸が造られ、神聖視されていた。ラニ・キ・ヴァヴの壁にはヒンドゥー教の神々や精霊たちをかたどった精緻な彫刻が、幾層にもわたって施されている。パタンがグジャラートの都、アナニラパータカとして栄えた当時のソランキー朝(960～1243年)のビーマデヴァ1世(1021～1063年)の没後に、その慈善事業として王妃のウダヤマティ女王が亡き王をしのんで建造したもので、パタンでは、「王妃の階段井戸」の別名をもつ。度重なる洪水によって、数世紀にわたって堆積した土砂で覆われ、地中に眠っていた為、保存状態は良い。
文化遺産（登録基準(i)(iv)）　2014年

●ビハール州ナーランダにあるナーランダ・マハーヴィハーラ（ナーランダ大学）の考古学遺跡
（Archaeological Site of Nalanda *Mahavihara*（Nalanda University）at Nalanda, Biharr）
ビハール州ナーランダにあるナーランダ・マハーヴィハーラ(ナーランダ大学)の考古学遺跡は、インドの北東部、ビハール州ナーランダにある仏教遺跡。紀元前3世紀から紀元後13世紀にわたる世界遺産の登録面積は23ha、バッファー・ゾーンは57.88haである。ナーランダ・マハーヴィハーラ(ナーランダ大学)は、5世紀に建設された世界最古の大学の一つで、7世紀に玄奘三蔵玄奘(602～664年)が訪れた時には、1万人以上の学僧が学んでおり、当時としては世界最大規模の教育施設であった。ナーランダは「蓮を授ける地」という意味で、蓮は知恵の象徴とされていた。建設されてから12世紀にイスラム教徒に破壊されるまでの約800年間、この地は仏教学を中心に、バラモン教学や哲学、天文学などを研究する総合大学として発展した。広大な敷地内には、ストゥーパ(仏舎利塔)、本堂、僧坊、それに、重要な芸術作品などが残っており、かつての繁栄ぶりがわかる。
文化遺産（登録基準(iv)(vi)）　2016年

◎カンチェンジュンガ国立公園
（Khangchendzonga National Park）
カンチェンジュンガ国立公園は、インドの北東部、ネパール東部のプレジュン郡とインドのシッキム州との国境にあるシッキム・ヒマラヤの中心をなす山群の主峰で、1977年8月に国立公園に指定された。世界遺産の登録面積は178,400ha、バッファー・ゾーンは114,712haである。標高8,586mはエベレスト、K2に次いで世界第3位。カンチェンジュンガとは、チベット語で「偉大な雪の5つの宝庫」の意味で、主峰の他に、西峰のヤルン・カン、中央峰、南峰のカンチェンジュンガII、カンバチェンが並ぶ。衛星峰に囲まれていて、最高点を中心に半径20kmの円を描くと、その中に7000m以上の高峰10座、8000m級のカンチェンジュンガ主峰と第II峰の2座が入り、壮大さは比類がない。さらにこの山がダージリンの丘陵上から手に取るような近さで眺められる自然景観、それに、生物多様性も誇る。また、カンチェンジュンガ山は、神々の座としての、先住民族のシッキム・レプチャ族の信仰の対象であると共に神話が数々残されている。
複合遺産（登録基準(iii)(vii)(x)）　2016年

●ル・コルビュジエの建築作品－近代化運動への顕著な貢献
（The Architectural Work of Le Corbusier, an Outstanding Contribution to the Modern Movement）
文化遺産（登録基準(i)(ii)(vi)）　2016年
（フランス／スイス／ベルギー／ドイツ／インド／日本／アルゼンチン）→フランス

●アフマダーバードの歴史都市
（Historic City of Ahmadabad）
アフマダーバードの歴史都市は、インドの北西部、グジャラート州のアフマダーバード県、1411年にスルタン・アマッ・シャによってサーバルマティ川の東の河岸に創建された。スルタン期からのバドラ要塞、要塞都市の城壁や門、後の時代の数多くのモスク群や墓地群や重要なヒンドゥー教やジャイナ教の寺院群など豊かな28の建造物群の建築遺産からなる。都市構造は、鳥の餌箱群、公共の井戸群 、宗教施設の様な特徴のある門がある伝統的な街路群の中に密集したポール地区の伝統的な家屋群がある。アフマダーバードは、現在までの約600年間、グジャラート州の州都として繁栄し続けた。世界遺産の登録面積は535.7ha、バッファー・ゾーンは395haである。尚、2016年に世界遺産リストに登録された近代建築運動への顕著な貢献をしたル・コルビュジエは、世界遺産の構成資産にはなっていないものの、アフマダーバードでもサンスカル・ケンドラ美術館など深い洞察に満ちた建物を設計している。
文化遺産（登録基準(ii)(v)）　2017年

●ムンバイのヴィクトリア様式とアール・デコ様式の建造物群
（Victorian and Art Deco Ensemble of Mumbai）
ムンバイ（旧ボンベイ）のヴィクトリア様式とアール・デコ様式の建造物群は、インドの西部、マハーラーシュトラ州にある19世紀から20世紀前半の植民地時代に建造された建造物群である。伝説のクリケット競技場であるオーバル・マイダンは、ムンバイの建築の進化は2つの異なるジャンルに根本的に分かれる。東へは、19世紀のヴィクトリア女王時代の建築様式の建造物群であるムンバイ高等裁判所、大学と旧事務局、西には、20世紀初頭の近代建築であるアール・デコ様式のバック・ベイの埋立計画とマリン・ドライブとの間で。それは、オープン・スペースの広がりと共に 目覚ましい、そして、ユニークな都市のシナリオを形づくっている。世界遺産の登録面積は66.34ha、バッファーゾーンは378.78ha、構成資産はオーバル・マイダンなどからなる。このゴシック・リヴァイヴァル様式の石造の建造物群は、世界的にもヴィクトリア・ゴシック様式の建造物群では最高級のグループである。 それは多分、19世紀の建築の最も見事な一つであり、間違いなく アジアにおけるヴィクトリア様式の集合体であり、最も見事なものである。イギリスの建築家のサージョージ・ギルバート・スコット（1811年～1878年）、ジェームス・トラブショウ（1777年～1853年）などによって、ヴィクトリア様式の建造物群は、ボンベイ要塞の古い城壁が解体された後の1871～1878年に建設された。
文化遺産　登録基準（(ii)(iv)）　2018年

●ラージャスターン州のジャイプル市街
（Jaipur City, Rajasthan）
ラージャスターン州のジャイプル市街は、インドの北西部、ラージャスターン州にある要塞都市で州都でもある。約10kmの赤い城壁に囲まれ、旧市街の建物の多くは、ハワー・マハル（別名「風の宮殿」）の建物に象徴される様にピンク色をした砂岩を外壁に用いているなど、別名「ピンク・シティー」とも呼ばれる。世界遺産の登録面積は710 ha、バッファーゾーンは2,205 ha、1727年にサワーイー・ジャイ・シング2世（1688年～1743年）によって建設されたジャイプルの都市計画には、ヒンドゥー教、モンゴル、西洋の思想が投影されており、南アジアの都市計画と建築において模範的に発展を遂げた。ジャイプルは、2010年に世界遺産登録された天体観測施設「ジャイプールのジャンタル・マンタル」があることでも知られている。
文化遺産（登録基準(ii)(iv)(vi)）　2019年

●テランガーナ州のカカティヤ・ルドレシュワラ（ラマッパ）寺院
（Kakatiya Rudreshwara (Ramappa) Temple, Telangana）
テランガーナ州のカカティヤ・ルドレシュワラ（ラマッパ）寺院は、インドの南部、テランガーナ州のハイデラバードの北東約200km、ムルグ地区パランペット村にある登録面積5.93 ha、バッファーゾーン66.27 haの荘厳なヒンズー教寺院である。カカティヤ王朝(1123～1323年　王都ワランガル）の時代にレチャーラ・ルドラによって建てられた、ヒンドゥー教の神であるシヴァ神をまつった寺院である。砂岩の寺院の建設は、1213年に始まり、40年以上も続いたと言われる技術の粋である。ヒンドゥー寺院としては重厚な造りだが装飾が少なく、玄関の扉などに華美な彫刻が見られる。これは玄関が神の世界への入口というこの地域独自の思想によるものである。ラマッパ寺院とも呼ばれるのは14年間にわたって携わった彫刻家のラマッパに因んだものである。マルコ・ポーロは「ラマッパ寺院はデカン高原の中世の寺院群の銀河　の中で最も輝かしい星」と述べていた。
文化遺産（登録基準(i)(iii)）　2021年

●ドーラビーラ：ハラッパーの都市
（Dholavira: A Harappan City）
ドーラビーラ：ハラッパーの都市は、インドの北西部、パキスタンとの国境に近いグジャラート州のカッチ湿原の中のカディール島にあり、インダス川の下流のインド側にあるハラッパー時代の都市遺跡の一つで、世界遺産の登録面積は103 ha、バッファーゾーンは4,865 ha、地元ではコターダ・ティムバ・プラーシン・マハーナガル・ドーラビーラと呼ばれている。ドーラビーラの遺跡は、大量の石材を用いて建造された都市遺跡で、頑丈な外壁と内壁で囲まれ、集水溝や貯水槽といった水利施設が完備していたことが知られている。雨季には、南北の川に水が流れ、周囲を水に囲まれるようになる。ドーラビーラの居住が始まったのは、紀元前2900年頃からで、紀元前2100年ごろから徐々に衰退していく。そして、短期間の放棄と再居住が行われ、最終的に放棄されたのは、紀元前1450年頃である。ドーラビーラは、1990年代に発掘され、モエンジョ・ダーロ、ハラッパー、ロータルなどと共にインダス文明の巨大都市遺跡の一つで、インド文明の宝石である
文化遺産（登録基準(iii)(iv)）　2021年

インドネシア共和国（9物件　○4　●5）

●ボロブドール寺院遺跡群
（Borobudur Temple Compounds）
ボロブドール寺院遺跡群は、ジャワ島中部、ジョグジャカルタの北西42kmのプロゴ渓谷にある。8～9世紀にシャインドラ王朝が建築した大乗仏教の世界的な石造

アジア

の巨大仏教遺跡で、カンボジアのアンコール、ミャンマーのパガンとともに世界三大仏教遺跡の一つ。120m四方の基壇の上に、5層の方形壇と3層の円形壇を重ね、最上段に仏塔を載せた壇台には仏座像とストゥーパ(仏塔)が林立し、各回廊には釈迦の生涯や仏教の説話を刻んだ千数百点にも及ぶレリーフで埋めつくされている。1814年に英国のジャワ島副総督スタンフォード・ラッフルズ卿によって、樹木や火山灰に埋もれた中から発見された。1835年には溶岩や樹木が払いのけられたが、雨水の影響をまともに受けたり、偶像を否定するイスラム教徒によって破壊されたりした。1961年のメラピー火山の大噴火は、国際的救済キャンペーンのきっかけとなり、ユネスコの協力のもと10年余の年月をかけ往時の威厳を取り戻した。

文化遺産（登録基準(i)(ii)(vi)）　1991年

○コモド国立公園（Komodo National Park）

コモド国立公園は、インドネシアの東部、東ヌサテンガラ州のフローレス島西部、コモド島、パダル島、リンカ島、ギリモトン島、それに、サンゴ礁が広がるサペ海峡の周辺海域を含む総面積約2,200km²の国立公園。オーストラリア大陸から吹く熱い乾いた風と付近を流れる潮流の影響で、熱帯の島でありながら緑が少なく、わずかなヤシと潅木が見られる程度の環境である。コモド島には、土地の人が「オラ」と呼ぶ白亜紀に誕生した世界最大のコモドオオトカゲ（体長1.5～3m、体重100kg コモドドラゴンとも呼ばれる）が生息しており、イノシシ、サル、シカなどを餌に丘陵地帯の熱帯降雨林に生息するが、絶滅の危機にある。IUCNのレッドリストのVU（絶滅危急種）、ワシントン条約の「国際希少野生動物種」にも指定され、厳重に保護されている。

自然遺産（登録基準(vii)(x)）　1991年

●プランバナン寺院遺跡群

（Prambanan Temple Compounds）

プランバナン寺院遺跡群は、ジャワ島中部の玄関口である古都ジョグジャ（ジョグジャカルタ）の東方15kmの広々とした中部ジャワ州のプランバナン（ソロドゥツク）平野に点在するヒンドゥー教寺院の複合遺跡。なかでも、9世紀に古タマラム朝のピカンタ王が建てたロロ・ジョングラン寺院は、“細身の処女”と愛でられ、3重構造の正方形の寺苑（内苑、中苑、外苑）を持つ。内苑には、ヒンドゥー教の三大主神、シバ、ヴィシュヌ、ブラフマーの石堂がある。シバ神を祀る主堂は高さ47m、5段になっており、左右にヴィシュヌとブラフマーの堂が配置されている。また、回廊には、ジャワ美術の傑作とされる古代叙事詩〈ラーマーヤナ〉の物語が浮彫りされている。毎年5～10月の満月の夜には、舞踊劇が上演され、見逃せないジャワ芸能の一つに数えられる。ロロ・ジョングラン寺院のほか、周辺部のラサン寺院、サリ寺院も世界遺産地域に含まれる。2006年5月にジャワ島中部で発生したマグニチュード6.3の地震で、甚大な被害を受け、修復作業が現在も続いている。

文化遺産（登録基準(i)(iv)）　1991年

○ウジュン・クロン国立公園

（Ujung Kulon National Park）

ウジュン・クロン国立公園は、ジャワ島の南西端のウジュン・クロン半島、1883年に大噴火したクラカタウ火山（標高 813m）、周辺のパナイタン島、プチャン島、ハンドゥルム諸島、クラカタウ諸島などの島々と周辺海域からなる面積123,051ha（陸域 76214ha、海域 44337ha）の国立公園。ウジュン・クロン国立公園は、低地熱帯雨林地帯に属し、熱帯性植物が茂り、野生生物が生息する変化に富んだ環境にあり、インドネシアで最初の国立公園である。かつては、一帯に広く分布していた一角のジャワ・サイは、乱獲が原因で絶滅の危機にさらされ、IUCNのレッドリストの危機的絶滅危惧種（CR）に指定されている。そのほかにも、野生牛のバンテン、イリエワニ、インドクジャク、カニクイザルなどの貴重な動物や植物が生息している。

自然遺産（登録基準(vii)(x)）　1991年

●サンギラン初期人類遺跡（Sangiran Early Man Site）

サンギラン初期人類遺跡は、インドネシアの中西部、ジャワ島の中部ジャワ州を流れるソロ川上流のサンギランにある。サンギラン初期人類遺跡は、1894年に、オランダ軍医のウジェーヌ・デュボワによって、ピテカントロプス・エレクトゥス（「直立歩行ができる猿人」の意。ジャワ原人）の化石をソロ川中流域のトリニールで発見した。1936年から1941年まで、発掘作業が行われ、ドイツの人類学者のケーニッヒスワルトが、頭蓋骨、歯、大腿骨などの化石人骨を発見、下顎骨と歯が巨大なため、メガントロプス・パレオジャバニクスと命名した。それ以降も、発掘作業が続けられ、150万年前の住居跡、堆積層に眠るマンモスの牙や下顎、水牛や鹿の角などの動物化石、貝塚など様々な遺跡が見つかっている。サンギラン初期人類遺跡は、世界的にも、人類の進化の過程を理解する上で、最も貴重な場所の一つとなっている。2001年にジャワ島中部で発見された頭蓋骨から、ジャワ原人は、絶滅種であることが裏づけられている。サンギラン初期人類遺跡からの出土品は、サンギラン博物館に収容・展示されている。

文化遺産（登録基準(iii)(vi)）　1996年

○ローレンツ国立公園（Lorentz National Park）

ローレンツ国立公園は、日本の真南約5500kmにある世界で2番目に大きい島であるニューギニア島の西半分にあたるパプア州（旧イリアンジャヤ州）にある。公園は低地湿地帯と高山地帯の2つに区分できる。高山地帯は、インドネシア最高峰のジャヤ峰（5030m）はじめ、赤道近くにありながら氷河を頂く5000m級の山々が連なる。低地は、21世紀を迎えた今なお人を寄せつけない太古の世界が広がっており、海岸に茂るマングローブはじめ、内陸に入るにつれて非常に複雑な植物相が見られる。貴重な動物も多く、キノボリカンガルー、ハリモグラなど100種類以上の哺乳類や、400種以上の鳥類などが確認されている。日本列島とほぼ同じ広さのジャングル地帯は、「緑の魔境」と形容され、石器時代さながらのダニ族やアスマット族など大きく分けて9つの部族が260以上もの異なる言語をもって住んでいる。

自然遺産（登録基準(viii)(ix)(x)）　1999年

○スマトラの熱帯雨林遺産

（Tropical Rainforest Heritage of Sumatra）

スマトラの熱帯雨林遺産は、面積が世界第6位の島、スマトラ島の北西部のアチェから南東のバンダールランプンまでのブキット・バリサン山脈に広がる。スマトラの熱帯雨林遺産は、登録範囲の核心地域の面積が2595125haで、ルセル山国立公園、ケリンシ・セブラト国立公園、バリサン・セラタンの丘国立公園の3つの国立公園からなる。なかでも、スマトラ島の最高峰で、活火山のケリンシ山（3800m）が象徴的である。スマトラの熱帯雨林遺産は、多くの絶滅危惧種を含み、多様な生物相を長期に亘って保存する上で最大の可能性をもっている。スマトラの熱帯雨林には、1万種ともいわれる植物が生育し、スマトラ・オランウータンなど200種以上の哺乳類、580種の鳥類も生息している。それは、スマトラ島が進化していることの生物地理学上の証しでもある。しかし、スマトラの熱帯雨林遺産を取り巻く保全環境は、密猟、違法伐採、不法侵入による農地開拓、熱帯林を横断する道路建設計画などによって悪化。2011年の第35回世界遺産委員会パリ会議で、「危機にさらされている世界遺産リスト」に登録された。

自然遺産（登録基準(vii)(ix)(x)）　2004年

★【危機遺産】　2011年

●バリ州の文化的景観：トリ・ヒタ・カラナの哲学を表現したスバック・システム

（Cultural Landscape of Bali Province：the *Subak* System as a Manifestation of the *Tri Hita Karana* Philosophy）

バリ州の文化的景観：トリ・ヒタ・カラナの哲学を表現したスバック・システムは、インドネシア中部のバリ島のヒンドゥー教哲学を表現した伝統的な水利システム「スバック」によって維持されている棚田地域の文化的景観。トリ・ヒタ・カラナの哲学とは、サンスクリット語のトリ（数字の3）、ヒタ（安全、繁栄、喜び）、カラナ（理由）から構成され、神、人間、自然の調和をもたらす宇宙観を意味する考え方である。この哲学は、2000年以上前にバリとインドの文化的交流の中から生まれ、これによりバリ島の景観が形成された。スバックとは、9世紀から継承されてきたバリの伝統的な水利組合のことで、棚田の生命線である水もスバックが管理している。各スバックは、それぞれ自らの寺院を保有し、取水堰にも寺院や石製の祭壇を設けている。バトゥカウ山麓の曲線が美しく雄大な景観を誇る「ジャティルウィの棚田」、ギャナャール地方のペクリサン川の渓谷沿いの石窟遺跡の横にある「グヌン・カウイ寺院」とスバック（棚田）の景観、タバナン地方にある18世紀王家の寺院で美しい庭という意味の「タマンアユン寺院」、それに、「バトゥール湖」、「ウルン・ダヌ・バトゥール寺院」など19500haに及ぶ5つの棚田地域が世界遺産に登録された。スバックの民主的で平等な農耕手法は、人口密度が高いこの地域にあって、インドネシアの中で最も多くの実りをバリの稲作農家の人々にもたらし続けている。

文化遺産（登録基準(ii)(iii)(v)(vi)）　2012年

●サワルントのオンビリン炭鉱遺産

（Ombilin Coal Mining Heritage of Sawahlunto）

サワルントのオンビリン炭鉱遺産は、インドネシアの西部、スマトラ島の西スマトラ州サワルント市にある炭鉱やその関連施設を含む遺跡である。登録面積が268.18ha、バッファーゾーンが7356.92ha、構成資産は、ソエンガイ・ドリアン鉱山遺跡、オンビリン鉄道、サラク発電所とラニス水ポンプ場、バツ・タバル鉄道駅、パダン・パンジャン鉄道駅、ティンギ橋、カユ・タナム鉄道駅、石炭倉庫など12件からなる。オンビリン炭鉱は、オランダ領東インドの時代に開発された炭鉱で、インドネシアの独立後も採掘は続いた。特に、19世紀後半から20世紀初頭の植民地時代におけるオランダからの最新技術の導入や交流、発展を伝えていることが評価された。

文化遺産（登録基準（ii)(iv)）　2019年

ヴェトナム社会主義共和国

（8物件　○2　●5　◎1）

●フエの建築物群（Complex of Hué Monuments）

フエの建築物群は、ヴェトナム中部、ダナンの北西100kmにある小都市の古都フエにあり、遺産規模は520haに及ぶ。フエは、フランス人の宣教師ピニョー（1741～1799年）の保護を受けたザロン帝こと阮福映（在位1806～1820年）が西山朝（1778～1802年）を倒し、1802年に国内を統一して建てたヴェトナム最後の王朝となったグエン朝（阮朝）（1802～1945年）の首都であった。南シナ海に注ぐ香り高いフォン川左岸の旧市街に、中国、フランス、それに亜熱帯独特のスタイルが交じり合って建立された旧王宮、グエン朝第4代皇帝のトゥ・ドゥック帝廟やグエン朝第12代皇帝のカイ・ディン帝廟など歴代皇帝廟、7層、8角、21mのトゥニャン塔を持つティエン・ムー寺院、ホンチェン寺院、苔むした城壁などのモニュメントが残る。インドシナ戦争、それにヴェトナム戦争により大きな打撃を受けたが、ユネスコを中心に復元及び修復・保存が進められている。

文化遺産（登録基準(iii)(iv)）　1993年

アジア

○ハー・ロン湾（Ha Long Bay）
ハー・ロン湾は、ヴェトナムの北東部、中国との国境近くのトンキン湾にあり、その絶景は「海の桂林」（中国を代表する名峰奇峰の景勝地）と称されている。約1500km²の地域に、透明なエメラルド・グリーンの海、突き出た大小約1600の海食洞を持つ小島、断崖の小島などの奇岩が静かな波間に浮かぶヴェトナム随一の風光明媚な景勝地である。ヴェトナム語で、ハーは「降」、ロンは「竜」、ハー・ロンは「降り立つ竜」という意味で、かつて天から降り立った竜が外敵を撃退した時に、石灰岩の丘陵台地が砕かれ、無数の島が海に浮かんだという「降竜伝説」に相応しい幻想的な海である。数十万年もの間、波に洗われて形成された石灰岩がこの地域の景観を特徴づけている。また、湾に点在する島々には、猿や熱帯鳥類など、数多くの動物や豊富な海洋生物が生息している。帆船またはモーターボートに乗って、潮の流れと打ち寄せる波が創り出したダウゴォ洞窟（木柱の岩屋）、ボォナウ洞窟（ペリカン洞窟）、ハンハン洞窟、チンヌォ洞窟（処女洞窟）などの洞窟巡りバイチャイ・ビーチ、イエントゥ山、猿島など湾のパノラマを楽しむことができる。2000年に登録基準（i）（現基準（viii））が追加された。
自然遺産（登録基準（vii）（viii））　1994年／2000年

●古都ホイアン（Hoi An Ancient Town）
古都ホイアンは、ヴェトナム中部、ダナンから南へ25km、トゥボン川のほとりにたたずむクアン・ナム省の閑静な港町。その昔、ヨーロッパの貿易商人にフェイホという旧名として知られていたこの町は、17世紀から19世紀までは、東南アジアでも活気のある中継貿易の拠点となっていた。ホイアンには、中国、日本、ポルトガル、フランスの商人が川沿いに定住して、茶、シルク、コーヒー、カシュナッツなどの貿易をしていた。商人たちが建てた細長い住居は、商人たちの故郷を偲ばせるいにしえの建築様式を、ほぼ完全な状態で現在に伝えている。江戸時代の日本人の墓や、「日本橋」の別名を持つ屋根付きのカウライヴィエン橋、また、当時は日本人町があったとされ、交易の証とも言える伊万里焼の磁器も発見されている。現在の町並みは、18世紀後半以降のもので、多様な文化が混じった町並みは多くの観光客を魅了している。
文化遺産（登録基準（ii）（v））　1999年

●聖地ミーソン（My Son Sanctuary）
聖地ミーソンは、ヴェトナム中部、ダナンの南西約70kmのところにある遺跡。13～14世紀にかけて、インド系ヒンドゥー教の精神を源流としたユニークな文化が、ヴェトナム中部の海岸に発達した。ミーソンは、かつてこの地で全盛を誇った古代チャンパ王国の王都であり、また宗教的な中心地としての聖地であった。チャンパ王国（林邑・環王・占城）は、2世紀末に海洋民族のチャム人が築いたが、15世紀にヴェトナムに滅ぼされるまで、海上貿易によって発展を遂げると共にインド文化も取り入れ東南アジア文化の形成に貢献した。聖地ミーソンには、70余りの仏塔の遺跡が残されているが、その壁や基壇の彫刻などの様式から、インド系のヒンドゥー建築の影響を受けていたことがわかる。
文化遺産（登録基準（ii）（iii））　1999年

○フォン・ニャ・ケ・バン国立公園
（Phong Nha - Ke Bang National Park）
フォン・ニャ・ケ・バン国立公園は、ヴェトナムの中部、ドン・フォイの北東55kmにあるクアンビン省のソン・トラック村を中心にラオスとの国境へと展開する。この地域は、4億年以上前に出来たとされるアジア最古、世界最大の岩山が集まる地域である。フォン・ニャ・ケ・バン国立公園には、ヴェトナムで最も大きく美しいと言われるフォン・ニャ洞窟があり、その総延長は約8kmにも及ぶ。フォン・ニャ洞窟内には、数多くの鍾乳石や石筍があり、その起源は、2億5000万年前にまでさかのぼる。また、この近くには他にもヴォム洞窟、ハンケリ洞窟、ティエンソン洞窟、ティエンズゥン洞窟、ソンドン洞窟などの洞窟群があり、これまでに総延長65kmにも及ぶ地下河川が流れ、鍾乳洞、地底湖のある空間が発見されており、地質学的、地形学的にも興味が尽きない。フォン・ニャ・ケ・バン国立公園は、巨大な熱帯林で覆われ、65種の固有種を含む461種の脊椎動物が確認されている。2015年の第39回世界遺産委員会ボン会議で登録範囲を拡大すると共に、新たに登録基準（ix）並びに（x）の価値も認められた。
自然遺産（登録基準（viii）（ix）（x））　2003年／2015年

●ハノイのタンロン皇城の中心区域
（Central Sector of the Imperial Citadel of Thang Long - Hanoi）
ハノイのタンロン皇城は、ヴェトナムの北部、ヴェトナムの首都ハノイのホー・チ・ミン廟に近いバーディン地区にあった。1010年、李朝の創始者、李太祖が、ホアルーからダイラー（現在のハノイ）に大越王国（今日のヴェトナム）の首都として遷都し、昇龍を意味するタンロンと名づけた。かつてのタンロン皇城の中心区域の一帯には、黎朝が建造した中央宮殿・敬天殿の基壇、南門である端門、北門が現存している。また、タンロン皇城の四方には、東に、白馬を祀るバックマー神殿、西に、リンラン大王を祀るヴォイフック神殿、南に、高山大王を祀るキムリエン神殿、北に、玄天鎮撫を祀るクアンタイン神殿からなる昇龍四鎮と呼ばれる守護神殿があった。タンロン皇城遺跡は、ハノイの新国会議事堂建設予定地で2003年に見つかった。7世紀～19世紀までの皇城の跡を重層的に残す壮大な遺構で、最も古い遺構は中国支配時代のもので、遣唐使から唐の官僚になった阿倍仲麻呂が長官を務めた安南都護府である可能性も高いとされている。タンロン皇城の建造物群とホアンジウ18番考古学遺跡の遺物は、北部の中国と南部の古代チャンパ王国の影響を受けた十字路として、紅(ホン)河渓谷下流で華開いた独自の東南アジア文化を反映している。コーロア・ハノイ古城遺跡地区保存センターが保存管理にあたっている。2010年、ヴェトナムの首都ハノイでは、「タンロン・ハノイ建都1000周年」が開催された。
文化遺産(登録基準(ii)(iii)(vi))　2010年

●胡(ホー)朝の城塞 (Citadel of the Ho Dynasty)
胡(ホー)朝の城塞は、ヴェトナムの北中部、タインホア省ヴィン・ロック郡ヴィン・ロン村及びヴィン・ティエン村にある。胡朝(1400～1407年)は、陳朝末期の大臣、ホ・クイ・リーが支配した王朝である。胡朝の城塞(縦横870m×833m　別名タイドー)は、東西南北には美しいアーチ状の門があり、風水の原理に基づき建設され、ヴェトナムに朱子学を開花させた。地勢的には、マー川とブオイ川の間に広がる平野、トゥオン山とドン山の交わる風光明媚な場所に位置しており、東南アジアの帝都の新形態を表わす顕著な事例であり、その後、東アジアの他の地域へ普及した。胡朝の城塞は、1962年にヴェトナムの国家遺産に選定されている。
文化遺産(登録基準(ii)(iv))　2011年

◎チャンアン景観遺産群
(Trang An Landscape Complex)
チャンアン景観遺産群は、ヴェトナムの北部、ニンビン省の内陸部の紅河(ホン河)デルタの南岸にある。チャンアンとは、長く安全の地という意味である。チャンアンは、石灰岩カルストの峰々が渓谷と共に広がる壮観な景観で、険しい垂直の崖に囲まれ、その裾野には川が流れる名勝地域で、その奇岩景勝がハロン湾を彷彿させる為、「陸のハロン湾」とも言われている。世界遺産の登録面積は6,172ha、バッファー・ゾーンは6,080haである。タムコック洞窟やビックドン洞窟などの洞窟群などから約30000年前の人間の活動がわかる考古学的遺跡も発掘されており、当時の狩猟採集民族が気候や環境の変化にいかに適応して生活していたかがわかる。チャンアン景観遺産群の登録範囲には、10～11世紀にヴェトナム最初の独立王朝ティン王朝の古都ホァルのバンディン寺などの寺院群、仏塔群、水田などの景観が展開する村々や聖地を含む。
複合遺産(登録基準(v)(vii)(viii))　2014年

ウズベキスタン共和国 (5物件　○1　●4)

●イチャン・カラ (Itchan Kala)
イチャン・カラは、タシケントから西に約750km、ウズベキスタン西部のウルゲンチの南西30km、カラク砂漠への入口として古くから知られているオアシス都市のヒバにある。1643年に、遊牧民のウズベクが16世紀に建国したヒバ・ハーン国(現ウズベキスタン)の新都になったヒバは、外壁と内壁の二重の城壁で守られ、外城のデシャン・カラと内城のイチャン・カラに区分されていた。かつては、外城に庶民が住み、内城にはハーンの宮殿やハーレム、モスクなどが集まっていた。内城のイチャン・カラは、高さ8m、長さ2.2kmの城壁で囲まれている。東西南北に門があり、東西にはカール・マルクス通り、南北には、タシプラトフ通り、ブハラ通りが走っている。街全体が見渡せるタシュ・ハウリ宮殿、イスラム・ホジャやカリタ・ミナルなどのミナレット(尖塔)、イスラム教神学校のメドレセなどの遺跡が残っている。その美しさは、シルクロードの他のオアシス都市であるサマルカンド、ブハラと並んで「中央アジアの真珠」とうたわれている。
文化遺産(登録基準(iii)(iv)(v))　1990年

●ブハラの歴史地区 (Historic Centre of Bukhara)
ブハラは、ウズベキスタン中央部、ゼラフジャン川下流域にあり、中央アジアのシルクロード拠点として2000年以上の歴史をもつ。1世紀頃に建設され、1500年にウズベク族が建国後は、ブハラ・ハーンの都となる。中心部の市街地は、中世さながらの町で、日干しれんがの城壁には、様々な模様が刻まれている。城壁は、単に外敵の侵入を防ぐだけでなく、キジル・クム(赤い砂漠)から押し寄せる大量の砂をせき止める役目も果たしていた。シルクロードのオアシスの町として発展したブハラは、モスクではブハラ最古のマゴキ・アッタ―リー寺院(10世紀創建で、1934年に砂の中から発掘された)やバラ・ハウズ・モスク、砂漠の灯台ともいえるカルヤーン・ミナレット(光塔)、中央アジア最古のメドレセ(イスラム神学校)のウルグ・ベクやミール・アラブ、イスマイル・サマニ廟、市場、城砦などが残る。
文化遺産(登録基準(ii)(iv)(vi))　1993年

●シャフリサーブスの歴史地区
(Historic Centre of Shakhrisyabz)
シャフリサーブスの歴史地区は、サマルカンドの南部のカシュカダヤ地方にある、かつてのソグディアナの古都。シャフリサーブスは、「緑の街」と呼ばれる様に、かつては緑豊かなオアシス都市であった。ここはティムール帝国(1370～1405年)を興したティムールが生まれた町としても知られ、サマルカンドに劣らない華麗な建築をシャフリサーブスに残した。なかでも、ティムールの夏の宮殿であった「アク・サライ宮殿」、実際にはサマルカンドに埋葬されている「ティムールの墓」、ティムールの孫で天文学者であったウルグ・ベクが父シャー・ルフを偲ぶために建設した「金曜モスク」(コク・グンバッズ・モスク)、ティムールが最も寵愛したジャハーンギル王子が眠る霊廟が建つドルッサオダット建築群は、中世の中央アジアの建築様式に多大な影響を与えた。しかし16世紀後半、豊かなシャフリサーブスに嫉妬したブハラのアブドゥール・ハーンによって、多くの建物が破壊された。シャフリサーブスは、かつてはケシュと呼ばれ、中央アジアの都市の中では最古の歴史を有する。紀元前4世紀には、アレクサンダー大王、7世紀にはかの唐僧玄奘三蔵(602～664年)も訪れたといわれている。2016年、第40回世界遺産委員会イスタンブール会議において、15～16世紀のティムール朝時代に建築された建造物群が、ホテルなどの観光インフラの過度の開発にさらされ、都市景観も変化していることなどが問題視され、「危機にさらされている世界遺産」に登録された。

文化遺産（登録基準(iii)(iv)）　2000年
★【危機遺産】 2016年

●サマルカンド-文明の十字路
（Samarkand- Crossroad of Cultures）
サマルカンドは、ウズベキスタンの中東部、首都タシケントの南西およそ270kmにある。サマルカンドは、人々が遭遇する町の意味で、中央アジア最古の都市で、最も美しい町といわれる。紀元前4世紀にはアレクサンドロス大王(在位紀元前336～323年)が訪れ、町の美しさに驚嘆したといわれる程で、古くから「青の都」、「オリエントの真珠」、「光輝く土地」と賞賛された。14世紀、モンゴル大帝国の崩壊と共にティムール朝(1370～1507年)が形成された。ティムール(在位1370～1405年)は、サマルカンドを自らの帝国にふさわしい世界一の美都にしようとし、天文学者、建築学者、芸術家を集めて、壮大なレギスタン・モスクと広場、ビビ・ハニム・モスク、シャーヒ・ジンダ廟、グル・エミル廟、ウルグ・ベクの天文台などを建設、シルクロードなど東西文明の十字路として繁栄させるなど一大文化圏を築いた。2008年の第32回世界遺産委員会ケベック・シティ会議で、サマルカンドの新道路や新ビル建設の監視強化が要請された。

文化遺産（登録基準(i)(ii)(iv)）　2001年

○西天山（Western Tien-Shan）
自然遺産（登録基準(x)）　2016年
（カザフスタン／キルギス／ウズベキスタン）
→カザフスタン

カザフスタン共和国（5物件　○2　●3）

●コジャ・アフメド・ヤサウィ廟
（Mausoleum of Khoja Ahmed Yasawi）
コジャ・アフメド・ヤサウィ廟は、現在のトルキスタン（昔のヤス）にある12世紀の宗教家かつ詩人のコジャ・アフメド・ヤサウィの霊廟である。コジャ・アフメド・ヤサウィ廟は、1389～1405年のティムール(タメルラン)時代に建設された青色のタイルで装飾された大きなドームを有するイスラム教の宗教建築物である。ペルシャ人の建設家は、この一部未完成のコジャ・アフメド・ヤサウィ廟の建物で、皇帝の監督の下に、建築上、構造上の工法の実験を行った。これらの工法は、ティムール帝国の首都サマルカンドの建設に応用された。今日、コジャ・アフメド・ヤサウィ廟は、ティムール時代の最大級かつ最も保存状態が良い建造物の一つである。尚、コジャ・アフメド・ヤサヴィの写本は、「世界の記憶」に登録されており、カザフスタン国立図書館（アルマティ）に収蔵されている。

文化遺産（登録基準(i)(iii)(iv)）　2003年

●タムガリの考古学的景観とペトログラフ
（Petroglyphs within the Archaeological Landscape of Tamgaly）
タムガリの考古学的景観とペトログラフは、カザフスタンの南東部、天山山脈の西方、アルマトイ州のタムガリ峡谷にあり、タムガリ山(標高982m)を含む900haのごつごつした円形の地域からなる。峡谷周辺の48の地域に、紀元前2000年後期から20世紀初期にかけて描かれた動物、人物、太陽の像など約5000点のペトログラフが分布している。ペトログラフは、石器や金属器で岩の表面を線刻した岩絵で、露天の岩面に残されている。これらは、周辺に残る住居跡や祭祀場跡と推測されている遺跡群とともに、当時の人々の暮らしぶりや牧畜生活者の儀礼などを伝える。また、青銅器時代などの墓も残っており、時代によって石囲いから墳墓に変化していった様子を読み取ることができる。タムガリの考古学的景観とペトログラフは、中央アジアの遊牧民族の生活の変遷を辿る上での貴重な証拠となっており、独特の文化的景観を形成している。

文化遺産（登録基準(iii)）　2004年

○サリ・アルカ-カザフスタン北部の草原と湖沼群
（Saryarka - Steppe and Lakes of Northern Kazakhstan）
サリ・アルカ-カザフスタン北部の草原と湖沼群は、ナウルズム国立自然保護区とコルガルジン国立自然保護区の2つの保護地域からなり、合計面積は、450344 haに及ぶ。サリ・アルカ-カザフスタン北部の草原と湖沼群は、ソデグロヅル、ハイイロペリカン、キガシラウミワシなどの絶滅危惧種を含む渡り鳥にとって重要な湿地であるのが特徴である。中央アジアのサリ・アルカ-カザフスタン北部の草原と湖沼群は、アフリカ、ヨーロッパ、南アジアから西・東シベリアの繁殖地への、渡り鳥の飛路において、主要な中継点と交差点である。サリ・アルカ-カザフスタン北部の草原と湖沼群は、世界遺産の登録面積が、核心地域が450344 ha、緩衝地域が211,148haであり、草原の植生、鳥類の絶滅危惧種の半分以上が生息する鳥類にとっても貴重な避難場所になっている。サリ・アルカ-カザフスタン北部の草原と湖沼群は、北は北極へ、南はアラル・イルティシュ川流域の間に位置する淡水湖と塩湖を含む。

自然遺産（登録基準(ix)(x)）　2008年

●シルクロード：長安・天山回廊の道路網
（Silk Roads: the Routes Network of Tianshan Corridor）
シルクロード：長安・天山回廊の道路網は、キルギス、中国、カザフスタンの3か国にまたがる。世界遺産の登録面積は、42,668.16ha、バッファー・ゾーンは、189,963.1haである。世界遺産は、キルギスの首都ビシュケク(旧名フルンゼ)の東にあるクラスナヤ・レーチカ仏教遺跡など3か所、中国の唐の時代に盛名を馳せた仏法僧、玄奘三蔵(600年または602年～664年)がインドから持ち帰った経典を収めたとされる「大雁塔」(西安市)、「麦積山石窟寺」(甘粛省天水)、「キジル石窟」(新疆ウイグル自治区)など22か所、カザフスタンのアクトベ遺跡など8か所、合計33か所の都市、宮殿、仏教寺院などの構成資産からなる。シルクロードは、古代中国の長期間にわたり、政治、経済、文化の中心であった古都長安(現在の西安市)から洛陽、敦煌、天山回廊を経て中央アジアに至る約8,700kmの古代の絹の交易路である。シルクロードは、ユーラシア大陸の文明・文化を結び、広範で長年にわたる交流を実現した活力ある道で、世界史の中でも類いまれな例である。紀元前2世紀から紀元1世紀ごろにかけて各都市を結ぶ通商路として形成され、6～14世紀に隆盛期を迎え、16世紀まで幹線道として活用された。シルクロードの名前は、1870年代に、ドイツの地理学者リヒトホーフェン(1833～1905年)によって命名され、広く普及した。今後、シルクロードの他のルートも含めた登録範囲の延長、拡大も期待される。

文化遺産(登録基準(ii)(iii)(v)(vi))　2014年
カザフスタン／キルギス／中国

○西天山 (Western Tien-Shan)

西天山は、カザフスタン、キルギス、ウズベキスタンの3か国にまたがる西天山山脈に点在する7か所の国立自然保護区や国立公園で構成されている。西天山は、キルギスのビシュケクから見えるキルギス・アラトー山脈を越えた先のタラス・アラトー山脈から始まり、カザフスタン南部とウズベキスタンの首都タシケントより東側までのびるカラタウ山脈、プスケム山脈、ウガム山脈、チャトカル山脈の山々を指す。西天山の標高は700～4503mで、世界遺産の登録面積は528,177.6ha、バッファー・ゾーンは102,915.8haである。西天山の構成資産は、カザフスタンのカラタウ国立自然保護区(南カザフスタン州)、アクスー・ジャバグリ国立自然保護区(南カザフスタン州)、サイラム・ウガム国立公園(南カザフスタン州)、キルギスのサリ・チェレク国立生物圏保護区(ジャラライバード州)、ベシュ・アラル国家自然保護区(ジャラライバード州)、パディシャ・アタ国立自然保護区(ジャラライバード州)、ウズベキスタンのチャトカル国立生物圏保護区(タシケント州)など13の構成資産からなり、その生物多様性が認められた。

自然遺産(登録基準(x))　2016年
カザフスタン／キルギス／ウズベキスタン

カンボジア王国 (3物件　● 3)

●アンコール (Angkor)

アンコールは、カンボジアの首都プノンペンの北西にあるシエムリアプ市の郊外にある東南アジアの主要な考古学遺跡群の一つ。1860年にフランスの博物学者アンリ・ムオによって発見され、その後、本格的な調査・研究が開始された。アンコール考古学公園は、熱帯雨林地帯を含む400km²に広がる。この巨大な都市遺跡は、9～12世紀のクメール王国の歴代の王によって築かれたが、1431年に隣国タイのシャム人の侵攻によって破壊された。なかでも、アンコール・ワットはアンコール最大の遺跡で、クメール芸術の最高傑作とされた都城に付属したヒンドゥー教寺院として、スールヤヴァルマン2世によって、約30年の歳月をかけて建立された。周囲は5.4kmの環濠に囲まれ、本殿を中心とする5基の堂塔から成り立ち、数kmにも及ぶ回廊の壁面の神話をテーマにした浮彫りは第一級の芸術作品とされている。また、アンコール・トムは、高さ8mの城壁に囲まれた宗教的都城で、異様な四面仏顔塔が林立するバイヨン寺院を中心に歴代王が建造した寺院や僧坊跡が残っている。アンコールは、カンボジア内戦で荒れ放題の状態が続き、ユネスコは、人類の文化遺産であるこれらの象徴的な遺跡を救済する為、「危機にさらされている世界遺産リスト」に登録し、広範な保護計画を実施した。2004年に危機遺産リストから解除された。

文化遺産(登録基準(i)(ii)(iii)(iv))　1992年

●プレア・ヴィヒア寺院 (Temple of Preah Vihear)

プレア・ヴィヒア寺院は、カンボジアとタイとの国境、カンボジア平野の高原の端にあるヒンズー教の最高神シヴァ神を祀る聖域を形成する宗教建築物群である。プレア・ヴィヒア寺院は、11世紀の前半、クメール王朝のスーリヤヴァルマン2世の時代に建設されたが、その複雑な歴史はクメール王国が創建された9世紀に遡る。プレア・ヴィヒア寺院は、タイとカンボジアの国境に近い遠隔地にある為、特に良く保存されている。広大な平野とダンレック山脈を見渡せる断崖のある岬にあること、また、その建築の質は、自然環境と寺院の宗教的な機能に適合していること、それに、類いない山岳寺院の石彫の装飾の質があげられる。プレア・ヴィヒア(タイ名では、カオ・プラ・ヴィハーン)遺跡は、カンボジアとタイの国境に位置し、長年両国間でその領有権が争われてきたが、国際司法裁判所が1962年にカンボジア領と判断していた。世界遺産登録を巡り、両国の摩擦が再燃、タイ政府はカンボジア政府による登録申請に一旦は合意したものの、タイの野党や市民団体が激しく反発、行政裁判所が政府決定を差し止めていた。タイ側では、カンボジア単独での登録に反発する声が依然根強く、容認したノパドン外相は国内批判を受けて、2008年7月10日辞任に追い込まれた。世界遺産登録後も、登録地域での武力衝突が続いている。2011年の第35回世界遺産委員会パリ会議では、世界遺産委員会の対応をめぐって、タイ政府が世界遺産条約の廃棄・脱退を表明し、事態は混迷している。
文化遺産（登録基準(i)）　2008年

●サンボー・プレイ・クック寺院地帯、古代イーシャナプラの考古学遺跡
（Temple Zone of Sambor Prei Kuk, Archaeological Site of Ancient Ishanapura）
サンボー・プレイ・クック寺院地帯、古代イーシャナプラの考古学遺跡は、カンボジアの中央部、アンコールの東176km、コンポントム州のプラサット・サンボー郡のサンボーにあるアンコール五大遺跡群の一つである。サンボー・プレイ・クック寺院は、クメール語で「豊かな森の中の寺院」という意味で、6世紀後期～7世紀初期に繁栄したアンコール朝の前身であるクメール人の王国チャンラ帝国の首都イーシャナプラの都市遺跡であるとされている。スターンセン川、オクロー川といった河川の流域に数々のダムや堤防や貯水池を築き、高度な治水・利水システムを完成させ広大な都市空間を築き上げた。古代都市の面影は、25km^{2}の地域で、要塞都市のセンターや数多くの寺院群からなる。遺跡の中の装飾された砂岩の構成要素は、サンボー・プレイ・クック様式として知られる前アンコール時代の装飾的な表現形式が特色である。ペディメント、柱廊などこれらの要素の幾つかは、まさに傑作である。芸術と建築は、ここで発展し他のお手本となり独特なアンコール時代のクメール様式の名残りを留めている。
文化遺産（登録基準(ii)(iii)(vi)）　2017年

キルギス共和国（3物件　○1　●2）

●スライマン・トォーの聖山
（Sulamain-Too Sacred Mountain）
スライマン・トォーの 聖山は、キルギスの南西部、ウズベキスタンとの国境、キルギス第2の都市、オシュ州オシュ市にある。スライマン・トォーとは、キルギス語で、スライマン山のことである。スライマンとは、コーランに登場する聖人で、旧約聖書ではソロモン王に相当する。スライマン・トォーの聖山の世界遺産の登録面積は112ha、バッファーゾーンは4788haである。スライマン・トォーの聖山は、フェルガナ渓谷の周辺景観とオシュの都市景観の背景になっている。オシュは、中世の時代に、中央アジアのウズベキスタンと中国のカシュガルとを結ぶシルクロードの重要なルートの十字路にあたる肥沃なフェルガナ渓谷の最大の都市群の一つであった。そして、スライマン・トォーの聖山は、旅人にとってのランドマークであり、心の慰めになっていた。スライマン・トォーは、少なくとも1500年間、聖山として崇められてきた。約1100mの5つの峰と斜面は、古代の祭礼の場所であり、紀元前3000年の岩画のある洞窟群、古代の道、モスクなどがある。スライマン・トォーの聖山は、イスラム、イスラム教が伝わる前のプレ・イスラム、それに、馬の崇拝の信仰を反映する類いない精神的価値を有する景観である。スライマン・トォーは、ゾロアスター教の経典であるアベスタの世界、ベーダの伝統、イコンの聖画像の様なものである。スライマン・トォーへの巡礼は、現在においても、中央アジアのイスラム教徒にとっては、神聖なる活動であり、メッカへの巡礼と同等に考えられている。聖山や岩画への観光客の増加に対応した観光戦略、それに、国立スライマン・トォー歴史考古博物館の様なガイダンス施設の充実が求められる。
文化遺産（登録基準(iii)(vi)）　2009年

●シルクロード：長安・天山回廊の道路網
（Silk Roads: the Routes Network of Tian-shan Corridor）
文化遺産（登録基準(ii)(iii)(v)(vi)）　2014年
（カザフスタン／キルギス／中国）
→カザフスタン

○西天山（Western Tien-Shan）
自然遺産（登録基準(x)）　2016年
（カザフスタン／キルギス／ウズベキスタン）
→カザフスタン

シンガポール共和国（1物件　●1）

●シンガポール植物園（Singapore Botanic Gardens）
シンガポール植物園は、シンガポールの中心部、大英帝国の統治時代の1859年に開園した156年の歴史を持つ熱帯植物園で、面積は約74ha（東京ドーム13個分）もの広大な敷地に、蘭をはじめとした合計1万種以上の多様な植物が植えられており、年間入場者数は400万人である。1875年以降、ゴムの木栽培や洋ランの品種改良でパイオニアの役割を果たした。植物園内では、学生向け見学ツアー、音楽演奏、マレー文化に伝わる植物の利用法の展示会などが行われている。植物園としては、英国の「王立植物園キュー・ガーデン」（2003年世界遺産登録　P. 106参照）、イタリアの「パドヴァの植物園（オルト・ボタニコ）」（1997年世界遺産登録）に続いて3件目の世界遺産となる。マレーシアから分離独立した1965年前後、シンガポールは高度成長のまっただ中にあったが、リー・クアン・ユー首相を中心に緑化を促進するガーデン・シティ計画を押し進めた。その中心的な役割を担ったのがこの植物園で、植物園としての学術的な価値に加えて、熱帯地方の植民地に建造された珍しい植物園であると共にシンガポールの成立に大きな役割を果たした。シンガポール植物園は、シンガポール初の世界遺産である。
文化遺産（登録基準(ii)(iv)）　2015年

スリランカ民主社会主義共和国
（8物件　○2　● 6）

●聖地アヌラダプラ（Sacred City of Anuradhapura）
アヌラダプラは、中北部の県都。古代シンハラ王朝の都で、スリランカでもっとも古い首都で、計画都市として発展した。異教徒や外国人の居住区、カーストによる墓地なども別々に設けられ、病院、宿泊所、灌漑も完璧に行われていた。紀元前4世紀から600年の間、首都として繁栄したが、王族の後継者争いなどから生じた政情不安により13世紀頃に衰退し、ジャングルと化した。現在は、町の中心に樹齢2000年以上の世界最古といわれるスリマハ菩提樹があり、高さ100mほどの世界最大の仏塔ルヴァンベリセヤ大塔、スリランカ最古の仏塔ツパラマ・ダガバ、黄銅宮殿、イスルムニヤ寺跡などが当時の栄光を語りかけている。
文化遺産（登録基準(ii)(iii)(vi)）1982年

●古代都市ポロンナルワ
（Ancient City of Polonnaruwa）
古代都市ポロンナルワは、コロンボの北東216km、アヌラダプラの南東にある11～13世紀に栄えたシンハラ王朝の古都。ポロンナルワは、タミル族の侵略で大きな打撃を受けたアヌラダプラに替わって、993年に首都となり、歴代の王が仏教の普及に努めた。ポロンナルワの町は、コの字型の城壁で囲まれ、灌漑工事が施されており、千以上の貯水池が残っている。古都ポロンナルワの遺跡は、南北に並んでおり、南部のクォードラングルには、12世紀のパラクラマバフー1世が築いた庭園都市の遺構に、パラクラマ宮殿をはじめ、四方形のトゥパラーマの仏堂、円形のワタダーゲの仏塔、タイ様式のサトゥマハル・プラサーダの仏塔、ハタダーゲの仏歯寺院などの仏教建築群が残っている。さらに4km北のガル・ヴィハラには、岩肌を刻んで彫った立像、座像、横臥像の3つの釈迦像がある。横臥像は全長13mもあり、この世を去ろうとしている釈迦を表わしている。その左側の立像は、高さ7m、悲しみにくれる釈迦の第一の弟子アーナンダの像。
文化遺産（登録基準(i)(iii)(vi)）　1982年

●古代都市シギリヤ（Ancient City of Sigiriya）
古代都市シギリヤは、コロンボから163km、スリランカのセイロン中央山脈にある中部州のマータレーにある5世紀にカッサパ王（在位477～495年）によって造られた高さ約180mの岩の要塞である。古代都市シギリヤは、「ライオン・ロック」と呼ばれる高度370mの花崗岩の岩山の中腹の岩壁に描かれた艶やかな女性像のフレスコ画が有名である。当初は500体ともいわれたが、風化が進み現在は18体だけが残る。古代都市シギリヤの岩山の頂上には宮殿跡などが残り、ここからの眺めは雄大で眼下には果てしないジャングルが広がる。
文化遺産（登録基準(ii)(iii)(iv)）　1982年

○シンハラジャ森林保護区（Sinharaja Forest Reserve）
シンハラジャ森林保護区は、スリランカの南西部、サバラガムワ州と南部州に展開する面積約88km²におよぶ森林保護区。シンハラジャ森林保護区には、年間降雨量3000～5100mmに達する熱帯低地雨林特有の蔓性樹木、平均樹高が35～40mの幹が真っ直ぐな優勢木、ランなどセイロン島の固有植物の約6割、セイロン・ムクドリ、オオリス、ホエジカ、ネズミジカなどの動物、セイロンガビチョウなどの鳥類が分布する。シンハラジャ森林保護区は、鳥類の固有種が多いのが特徴である。1970年代末に国際的保護区に指定された。シンハラジャ森林保護区に入る際には、許可証と入場料が必要で、専属ガイドがつく。シンハラジャには22の村があり、人口は5000人程度である。このうち保護区の中にある村は2つ、長年、人が住んでいることから、森林保全にも様々な課題がある。
自然遺産（登録基準(ix)(x)）　1988年

●聖地キャンディ（Sacred City of Kandy）
宗教都市キャンディは、スリランカ中部丘陵地帯にあるシンハラ王朝最後の都（15～19世紀初）。王位継承権の象徴でもあった仏陀の糸切り歯を祀る仏歯寺（3階建）が中心。仏歯寺は人工湖であるキャンディ湖のほとりに建てられ人々の信仰の場として年中賑わう。特に毎年7月か8月の満月の日を最終日とする10日間にわたって開催されるペラヘラ祭のパレードは、この寺院から出発する。金の容器に納めた仏歯を約100頭のきらびやかに着飾った象に乗せて3000人にも及ぶ踊り手や太鼓手と共に町中を練り歩く夏の一大ページェント。
文化遺産（登録基準(iv)(vi)）　1988年

●ゴールの旧市街と城塞
（Old Town of Galle and its Fortifications）
ゴール旧市街は、コロンボの南115kmにある14世紀にアラビア商人の貿易基地として栄えた港町。16世紀には欧州列強の植民地と化す。オランダが築いた城塞都市は英支配の拠点となった。ムーン要塞や教会、スリランカ最古の洋式ホテルなどが残る。
文化遺産（登録基準(iv)）　1988年

●ランギリ・ダンブッラの石窟寺院
（Rangiri Dambulla Cave Temple）
ランギリ・ダンブッラの石窟寺院は、アヌラダプラの南64kmにある黒褐色の巨大な岩山の頂上付近の天然の洞窟を利用して、スリランカの初期仏教時代である紀元前1世紀に築かれた石窟寺院。タミル軍の侵略を巻き返したシンハラ王朝のワラガムバーフ王が戦勝を感謝して建立した。5つある洞窟のうち最古の第4窟には、ブッダが涅槃の境地に入った涅槃仏、最大の第2窟には、50数体の仏像やシンハラ族とタミル族との約千年にもわたる抗争を描いた極彩色のフレスコ画があるが、歴代の王により何度も修復されてきた。なかでも、第1窟の長さ約14mの横臥仏陀像は有名。また、ダンブッラは古くから信仰心が篤い仏教徒の巡礼地としても知られている。第43回世界遺産委員会で登録遺産名が「ダンブッラの黄金寺院」から変更になった。
文化遺産（登録基準(i)(vi)）　1991年

○スリランカの中央高地
（Central Highlands of Sri Lanka）
スリランカの中央高地は、スリランカの中央部の南、中央州にある。スリランカの中央高地は、ピーク野生生物保護区(19,207ha)、ホートン高原(3,109ha)、それに、ナックレス山地(ダンバラ丘陵地帯17,825ha)が構成資産である。ピーク野生生物保護区は、1940年に野生生物保護区に指定されたスリランカで三番目に大きい自然保護区で、海から見るとコーンの形をした古くからのランドマークであり、通称スリ・パーダ(神聖な足の意味)と呼ばれる、標高2243mの聖峰アダムス峰が特徴的である。ホートン高原は、標高2000mの地にあり、1988年に、ホートン・プレーンズ国立公園に指定されている。ホートン高原には、珍しい植物が多く、シカの群れやサルに出合うこともある。有名なワールズ・エンドでは、1000m以上の高さの絶壁を見下ろすことが出来る。ナックレス山地は比較的なだらかで、最高峰は1904mである。スリランカの中央高地は、ジュラ紀後の異なった段階で起こった海抜2500mまでの土地の隆起で形成され、カオムラサキラングール、ホートン・プレインズ・ホソロリス、スリランカヒョウなどの絶滅危惧種を含む希少価値の高い動植物が生息する緊急かつ戦略的に保全すべき生物多様性のホットスポットである。
自然遺産（登録基準(xi)(x)）　2010年

タイ王国　（5物件　○2　●3）

●古都スコータイと周辺の歴史地区
（Historic Town of Sukhothai and Associated Historic Towns）
古都スコータイは、首都バンコクの北部約447km、ピッサヌロークの西約60kmにある。古都スコータイは、タイ族最古のスコータイ王朝(1238～1438年)の都跡。スコータイという言葉は、「幸福の夜明け」を意味する。東西1.8km、南北1.6kmの城壁と三重の塀に囲まれた都域には、見る場所、角度によって、実に様々な表情をみせる古都スコータイの中心を占めるワット・マハタートをはじめ、静寂の中に大きな仏像が鎮座するワット・スィー・チュム、トウモロコシを直立させた様な塔堂が並ぶワット・スィー・サワイ、その優雅さはスコータイ随一といわれるワット・サー・スィーなどの多くの寺院、クメール文字を改良しタイ文字を創出した第3代ラムカムヘーン王の王宮遺跡が残る。スコータイ美術は、小乗仏教を移入したスリランカの影響が色濃い。ラムカムヘーン国立博物館では、発掘された仏像など数々の遺物をじっくり鑑賞することができる。尚、ラムカムヘーン王の碑文は、「世界の記憶」に登録されており、タイ国立博物館(バンコク)に収蔵されている。
文化遺産（登録基準(i)(iii)）　1991年

●アユタヤの歴史都市（Historic City of Ayutthaya）
アユタヤは、首都バンコクからチャオプラヤー川を遡って北へ約71kmにあるチャオプラヤー川とその支流パーサック川、ロップリー川に囲まれ、自然の要塞が形成された中洲にある。アユタヤ王朝の首都として14世紀から400年にわたり、インドシナ最大の都市として繁栄、最盛期の17世紀には、ヨーロッパとアジア諸国との貿易の中継地として国際的に大きな役割を果たした。この間、5つの王朝、35人の王により栄華を誇ったが、度重なるビルマ軍の猛攻によって王朝が倒壊したことから、廃墟と化した。黄金の都と称されたアユタヤには、象徴的な存在の王室守護寺院であったワット・プラ・スィー・サンペット、ワット・プラ・モンコン・ボビット、ワット・ヤイチャイモンコン、ワット・ロカヤ・スタなどの重要な寺院跡、離宮として歴代の王が夏を過ごしたバン・パイン宮殿などの王宮跡、ビルマ軍が戦勝記念に築いたパコダ、ワット・プーカオ・トーンやモン様式のストゥーパ(仏塔)などが今も残っている。また、アユタヤ王朝は、外交貿易を奨励していたことでも知られ、17世紀に御朱印船貿易で日本からも多くの商人が訪れた。アユタヤ王朝に仕えた山田長政が傭兵隊長として名を馳せた日本人街跡が街区の南に残っている。バンコクからバス、鉄道どちらを利用しても約2時間で行くことができるので、バンコクから手軽に日帰り旅行が楽しめる。2011年7月以降のモンスーン豪雨による大洪水でアユタヤ遺跡でも浸水被害が発生した。
文化遺産（登録基準(iii)）　1991年

○トゥンヤイ－ファイ・カ・ケン野生生物保護区
（Thungyai-Huai Kha Khaeng Wildlife Sanctuaries）
トゥンヤイ-ファイ・カ・ケン野生生物保護区は、首都バンコクの西部130km、ミャンマーとの国境に近いカンチャナブリの郊外にある東南アジア最大級の野生生物保護区。トゥンヤイとファイ・カ・ケンの2つの野生生物保護区が、1972年に設けられている。多くの湖沼池をもつ大草原（トゥンヤイは「大きな草原」という意味)、アジアの熱帯サバンナ気候特有の竹林が目立つ原始的な密林が残る。乱獲されて数が激減している野生のマクジャク、絶滅が危惧されるゾウ、トラ、ヒョウをはじめ、東南アジアのイノシシ、サル、シカなどの哺乳類の3分の1以上が生息。理想的な野生のサンクチュアリを形成しているが、密猟者があとを絶たないことから、1992年から人の立入りが禁止されており、森林警備隊のレンジャーたちが動物の保護活動にあたっている。
自然遺産（登録基準(vii)(ix)(x)）　1991年

●バン・チェーン遺跡
（Ban Chiang Archaeological Site）
バン・チェーンは、タイ東北部コラート高原のウドンタニ県にある小さな集落で、1966年に偶然、素焼きの土器が発見され、1970年に先史時代の墓地とみられる遺跡が発掘された。副葬品の指輪、斧、壷類など素焼きの彩色土器は紀元前5000年頃の青銅器時代の製造とされ、東南アジア文明の発祥説が唱えられ、世界的に波紋を起こした。青銅器の鋳造は事実らしいが、赤い色が鮮やかで渦巻の模様が施された独特の彩色土器は、紀元前後説が有力であるが、東南アジア考古学における重要な遺跡であることに変わりはない。これらの発掘品は、バン・チェーン国立博物館に保存、展示してあり、いくつかはコーンケーン国立博物館に移されている。
文化遺産（登録基準（iii））　1992年

○ドン・ファヤエン － カオ・ヤイ森林保護区
（Dong Phayayen - Khao Yai Forest Complex）
ドン・ファヤエン-カオヤイ森林保護区は、タイの中部、バンコクの北東200kmのドン・ファヤエン連山にある森林保護区。カオは「山」、ヤイは「大きい」という意味である。ドン・ファヤエン-カオヤイ森林保護区は、タイで最初の国立公園のカオ・ヤイ国立公園、それに、タップー・ラーン国立公園、パーン・シーダー国立公園、ター・プラヤー国立公園の4つの国立公園とドン・ヤイ野生生物保護区からなる。ドン・ファヤエン-カオヤイ森林保護区は、アジアゾウ、トラ、ジャコウネコ、ヤマアラシ、テナガザル、コウモリなど生物多様性を誇る野生動物の宝庫で、300種類以上の鳥類、2500種以上の植物も記録されている。ドン・ファヤエン-カオヤイ森林保護区は、シリキット王妃の72歳の誕生日を記念して設定された。ドン・ファヤエン-カオヤイ・カーニボー保護プロジェクトが、タイ国政府、国立公園・野生生物・植物保護部、カオ・ヤイ国立公園、スミソニアン国立動物公園などの協力で進められている。カオ・ヤイ国立公園では、自然観察、キャンプ、トレッキングなどを楽しむことができる。
自然遺産（登録基準（x））　2005年

○ケーン・クラチャン森林保護区群
Kaeng Krachan Forest Complex
ケーン・クラチャン森林保護区群（略称KKFC）は、タイの中部、ペッチャブリ県やプラチュアップキリカーン県ホアヒンに至る森林の保護区群で、世界遺産の登録面積は408.94ha、タイとミャンマーにまたがるテナセリム山地にある。ケーン・クラチャン森林保護区群は、多様な大自然の源で、この地域の主要河川であるペッチャブリ川とプランブリ川の源泉でもある。構成資産は、メナム・ファチ野生生物保護区、タイ王国最大の国立公園であるケーン・クラチャン国立公園、クイブリ国立公園、チャルム・パキアット・タイ・プラチャン国立公園の4つの保護地域からなる。ケーン・クラチャン森林保護区群の地形は、西には起伏のある高山群があり、東には、ゆるやかな丘陵地帯があり、多様な動植物の生物多様性ホットスポットとしての大変重要な景観保護地域でもあり、2005年には「アセアン遺産公園」にも登録されている。ケーン・クラチャン森林保護区群は、半常緑樹と湿った常緑樹が優勢で、落葉樹林、山地林、落葉性フタバガキ林が混在している。世界的に絶滅の危機に瀕している鳥類、シャムワニ、野生犬などの絶滅危急種の他、トラ、スナドリネコ、ウンピョウ、マーブルキャット、ジャングルキャット、ベンガルヤマネコなど、絶滅危惧種の猫が生息しており、生物多様性に富んでいる。第39回世界遺産委員会、第40回世界遺産委員会、第43回世界遺産委員会でいずれも「情報照会」決議となったが密猟対策など世界遺産登録に向けての数々の課題を克服した。
自然遺産（登録基準（x））　2021年

大韓民国（14物件　○1　●13）

●八萬大蔵経のある伽倻山海印寺
（Haeinsa Temple Janggyeong Panjeon, the Depositories for the *Tripitaka Koreana* Woodblocks）
伽倻山（カヤサン）は、韓国の南部、慶尚南道陜川郡にあり韓国仏教の中心地である国立公園。伽倻山の南麓にある海印寺（ヘインサ）は、統一新羅時代の802年に僧の順応と理貞によって創建された名刹。海印寺には、この世の仏典すべてを集めた81258枚の仏教聖典である国宝第32号の八萬大蔵経（パルマンデジャンギョン）と、この大蔵経板（経板一枚の大きさは、縦24cm、横69cm、厚さ2.6～3.9cmの木版印刷用の刻板）が完全な形で保存されている。これらは、高麗高宗23年（1236年）から16年という長い歳月をかけて、仏力で蒙古軍の侵略を撃退しようとする祈願で造られたものである。八萬大蔵経を保管する蔵経板庫（ジャンギョンパンゴ）は、1488年に建てられた木版保存用の建造物で、風通しと湿度調整が理想的に設計されている。尚、海印寺の大蔵経板は、「世界の記憶」にも登録されている。
文化遺産（登録基準（iv）（vi））　1995年

●宗廟（Jongmyo Shrine）
宗廟（チョンミョ）は、首都ソウル特別市の鐘路区廟洞にある李朝の太祖李成桂（在位1392～1398年）が1395年に造営した儒教の霊廟で国の史蹟第125号に指定されている。李朝の太祖李成桂は、倭寇を破って名声を高め、1392年に高麗を倒して李氏朝鮮（1392～1910年）を興し漢陽（現在のソウル）に遷都した翌年に宗廟を建てた。国宝227号に指定されている正殿には、朝鮮王朝歴代の王と王妃の位牌、それに死後に王の称号を贈られた追尊王とその王妃の神位が祀られている。1592年に

アジア

は、豊臣秀吉の侵攻による壬辰倭乱で焼失、1608年に再建され、その後も増改築が重ねられた。社殿には王室の教えが保管されている。宗廟は、14世紀以来の伝統が受け継がれており、毎年5月の第一日曜日には、現在400万人いるといわれる李朝王家の末裔達の集いである大同種薬院が主管し先祖に祈りを捧げる宗廟大祭で宗廟祭礼楽は披露される。宗廟の旧王朝儀礼と儀礼音楽は、世界無形文化遺産にも登録されている。

文化遺産（登録基準(iv)）　1995年

●石窟庵と仏国寺
（Seokguram Grotto and Bulguksa Temple）

石窟庵と仏国寺は、新羅王朝（紀元前57年〜紀元後935年）の都であった慶州市（慶尚北道）の東の郊外にあり、一帯は、慶州国立公園に指定されている。石窟庵（ソクラム）は、8世紀に、伝統的な仏教信仰の聖地である吐含山（トハムサン745m）の頂上に建築された、微笑みを浮かべながら東の海の方を見つめる石仏像を擁する世界的な石像建築物で、韓国の国宝第24号に指定されている。石窟の主室には、751年に新羅35代の景徳王時代の宰相の金大成が、両親の為に創建した本尊の釈迦如来座像を中心に、豊かな表情と独特の芸術性を持った39体の仏像彫刻が、円形の石窟内に調和よく配置されており、極東の仏教芸術の最高傑作といわれている。日の出、月の出の名所としても広く知られている。一方、仏国寺（プルグクサ）は、吐含山の麓にあり、530年頃に創建され、220年後の752年に建立された新羅時代に栄えた仏教文化の集大成といわれる寺院である。壬辰の乱（1592年）で焼失し、現在の建物は、その後、修復されたもの。韓国名刹の一つで、韓国の建築技術と仏教信仰の中心となっており、伽藍は鮮やかな丹青で細密に彩色された大雄殿のある東院と極楽殿のある西院とからなり、内部には8つの国宝が保存されている。なかでも、境内にある二基の石塔-曲線の均衡が美しい三層石塔の西の釈迦塔、精巧な石造りの東の多宝塔が印象的。仏国寺へは、慶州駅からバスで約30〜40分、日の出、月の出の名所としても広く知られる石窟庵へは、仏国寺バス停から約15分で行くことができる。

文化遺産（登録基準(i)(iv)）　1995年

●昌徳宮（Changdeokgung Palace Complex）

昌徳宮（チャンドクン）は、首都ソウル特別市の北方にあるソウル五大王宮の一つで、敷地面積が58ha。昌徳宮は、15世紀初頭の1405年に朝鮮王朝第3代の太宗の離宮として建造され、一時期は、皇帝の正宮でもあった。昌徳宮には、1592年の壬辰倭乱（文禄・慶長の役）での火災を免れた正門の敦化門、儀式や謁見が行われた正殿の仁政殿、国王が日常の政務を行っていた宣政殿、王妃の寝室として利用されていた大造殿などの木造建造物が残り、また、大造殿の奥には、韓国庭園の特徴がよく保存されている面積が4.5万km²の秘苑がある。秘苑は、自然林と池、芙蓉閣や映花堂などの建築物とが見事に調和している。昌徳宮は、地形や自然環境を活かして建築物を配置した極東の代表的な宮殿である。

文化遺産（登録基準(ii)(iii)(iv)）　1997年

●水原の華城（Hwaseong Fortress）

水原（スゥウォン）は、首都ソウルの南郊外の京畿道水原市にある。朝鮮王朝第22代王の正祖（チョンジョ）が非業の死を遂げた父、思悼世子に対する孝心と遷都を目的に1794〜1796年に漢陽（現在のソウル）の郊外の水原に最強の城塞を建築した。全長6kmにも及ぶ長大な石造りの城壁、東西南北の四方にある楼門（東の蒼龍門、西の華西門、南の八達門、北の長安門）がある。長安門の東には、光教川に架かる石橋の下に7つのアーチ型の水門がある韓国唯一の水上楼閣華虹門がある。最高所の八達山には、市内を一望できる西将台などがある。3年の月日をかけて建設されたが、正祖の死去により遷都は未完に終わった。当時のヨーロッパの城郭の築城技術を導入して石城と土城の長所のみを活かして造られた東洋初の城郭で、世界で最も科学的に設計された要塞という名声が高い。韓国史跡第3号。

文化遺産（登録基準(ii)(iii)）　1997年

●高敞、和順、江華の支石墓群
（Gochang, Hwasun, and Ganghwa Dolmen Sites）

高敞（コチャン）、和順（ファスン）、江華（クアンファ）の支石墓群は、全羅北道高敞郡、全羅南道和順郡、仁川広域市江華郡に残されている巨石墓跡。紀元前1000年頃に建造された巨大な石板の墓、ドルメンが何百となく並んでいる。梅山の麓に沿った2.5kmくらいの地域に500余基のドルメンが集まる高敞は8.38ha、10kmにわたり約500基が分布する和順が31ha、約120余基が広範囲に散在する江華が12.27haの面積を有する。これらの墓は世界各地で発見されている巨石文化の一部であるが、これほど多様な形式の支石墓が密集して分布している例はない。なかでも、ソウルの北西50km、京畿湾の漢江河口の江華島にある青銅器時代のテーブルの形の北方式支石墓（史跡第136号）のうち、高さ2.6m、幅5.5mのものは雄大で、国内最大規模を誇る。高敞、和順、江華の支石墓は、先史時代における葬祭儀式などの技術や社会的発展の様子が手に取るように分かる。支石墓は、韓国では、コインドルと呼ばれる。

文化遺産（登録基準(iii)）　2000年

●慶州の歴史地域（Gyeongju Historic Areas）

慶州（キョンジュ）の歴史地域は、韓国の東南部、慶州市の市内及び郊外に分布する。慶州は、紀元前57年から紀元後935年まで、新羅王朝千年の古都として繁栄した。慶州市内は、遺跡の性格により南山、月城、大陵苑、皇竜寺、山城の5つの地区に分けられる。新羅の歴史と仏教精神が融合した聖山である南山地区は、慶州市南部にあり、新羅の歴代王が酒宴や詩宴会を開いた鮑石亭や磨崖仏などが残っている。月城地区には、かつて新羅王宮があった月城や7世紀に建てられた瓶の形をした東洋最古の天文台の瞻星台、新羅王族の休養地であった雁鴨池、新羅金王朝の始祖が生まれた鶏林などがある。大陵苑地区は、古墳公園地区とも呼ばれ、新羅王族の天馬塚など大小23基の古墳群があり、金冠、天馬図などが発掘された。皇竜寺地区には、皇竜寺跡地や芬皇寺があり、当時の大寺院の雄大さを物語っている。また、東部普門湖近くの山城地区には、明活山城がある。慶州は、「屋根のない博物館」と呼ばれる様に、朝鮮における仏教芸術および世俗建築の発展に特に重大な影響を与えた仏像、レリーフ、仏塔、寺院跡、宮殿跡など数多くの史跡や建造物が残っており、現在も発掘作業が続けられている。

文化遺産（登録基準(ii)(iii)）　2000年

○済州火山島と溶岩洞窟群

（Jeju Volcanic Island and Lava Tubes）

済州火山島と溶岩洞窟群は、済州道、韓国の本土の南約100km、最南端の最大の島である済州島（チェジュド）にある。済州島は、面積1825km²、温暖な気候と美しい自然に恵まれた火山島で、中央には韓国最高峰の漢拏(ハンラ)山(海抜1950m)、山麓では、天地淵瀑布、正房瀑布、城山日出峰など、自然の恩恵をうけた美しい景観を呈する。漢拏山は、位置や季節によって異なる風貌を見せる神秘そのもので、「天の川を手で引っ張れるくらい高い山」と名付けられた頂上には、約2万5千年前の火山爆発の時にできた直径500mの火山湖である白鹿潭(ペンノクタム)があり、周囲には大小合わせて360以上の寄生火山であるオルム(岳)がある。また、漢拏山は、世界的に絶滅の危機にさらされている極稀な植物の楽園でもある。現在、漢拏山は生態系破壊を防止する為に、頂上登攀を全面統制している。済州島は、2002年にユネスコの「人間と生物圏計画(MAB)」に指定された。世界遺産の登録範囲は、済州島内の3か所に分散し、中央部の漢拏山自然保護区、東端の海上に聳える火山灰丘として見事な景観を呈する城山日出峰、北東部の拒文岳溶岩洞窟群から構成され、登録面積は、済州島の約1割を占める。

自然遺産（登録基準(vii)(viii)）　2007年

●朝鮮王朝の陵墓群

（Royal Tombs of the Joseon Dynasty）

朝鮮王朝の陵墓群は、ソウル首都圏、京畿道、江原道に分布している。朝鮮王朝は、太祖李成桂による1392年から最後の王の純宗の1910年までの518年間にもわたって続いた最後の王朝であり、27人の王と王妃のほか、追尊された王と王妃がいる。朝鮮王朝は、李氏朝鮮、或は、李朝とも言う。世界遺産の登録面積は、1756.9ha、バッファー・ゾーンが4251.7ha、18のクラスター、1408年から1966年に造られた40の構成資産からなる。現在の北朝鮮の開城にある2つの陵墓群を除いては、韓国にある、すべての朝鮮王朝の陵墓群が登録遺産の対象である。朝鮮王朝の陵墓群は、風水思想に基づいて、周辺の自然環境が形成されおり、祖先崇拝とその関連した儀式が威厳を保ちながらも静謐さを感じさせる過去から現在へと生きた伝統を継承している。朝鮮王朝の陵墓群は、在位したすべての王と王妃の陵墓が完全に残っている世界史上でも、稀な事例である。朝鮮王朝の陵墓群は、独特の建築様式で、外観の美しさのみならず、その精神的な基調をなす儒教思想を反映した独創性や優秀性が濃縮されている。今後の課題としては、バッファー・ゾーンが未設定の陵墓群については、適切なガイドラインの作成、また、持続可能な観光発展計画の立案が求められる。

文化遺産（登録基準(iii)(iv)(vi)）　2009年

●韓国の歴史村: 河回と良洞

（Historic Villages of Korea: Hahoe and Yangdong）

韓国の歴史村:河回(ハフェ)と良洞(ヤンドン)は、韓国の南東部、慶尚北道の安東市河回村と慶州市良洞村にある14～15世紀に創建された韓国を代表する歴史的な集落群であり、朝鮮時代の儒教に基づく伝統的な氏族集落の中で、最も長い歴史を持つ集落で、今も住民が生活している遺産(Living Heritage)である。氏族集落とは、長子相続を基盤として同じ姓氏を持つ血縁集団が代々集まって住む村のことで、河回村は、豊山柳氏、良洞村は、月城孫氏、驪江李氏が集まって生活した村である。両村共に、住居、亭子、精舎、書院などの伝統的な建築物の調和、伝統的な住居文化が、朝鮮時代の社会構造と独特な儒教的両班文化をよく表しており、伝統が持続されている。また、村全体が風水思想に基づく吉祥の地で、周辺の自然環境と一体の景観をなしており、その美しさは、17～18世紀の詩人にも謳われた。河回村は、韓国の伝統家屋がそのまま残っており、韓国の先祖の生活文化が最もよく保存されている。河回村は、総面積が160余万坪、約290世帯に至る朝鮮時代の大小瓦葺の家や藁葺きの家が集まっており、村全体が重要民俗資料第122号に指定されている。また、河回村は、韓国で最も古い伝統劇で、顔に仮面を付けて踊る仮面劇の河回別神グッ、それに、韓国最古のタルでも有名である。一方、良洞村は、慶州孫氏の大宗家が500年間宗統を続けてきた朝鮮時代(1392～1910年)の同姓集落としては韓国最大規模の村である。良洞村は、慶州の北部の安溪を中心に、東西では下村と上村、南北では南村と北村の四つに分けられる。朝鮮時代の上流階級の士大夫家屋は、高い地帯に位置し、低いところに位置する下人達の民家の草家160棟に囲まれている。美しい自然環境のなかに数百年のかわらの古宅と低めの石垣道が続いていて、朝鮮時代の伝統文化そのままの面影を留めていて、村全体が1984年に、重要民俗資料第189号に指定されている。朝鮮中期の大儒学者である孫仲暾と李彦迪をはじめ名公と碩学を多く輩出しており、近くには、李彦迪が都落ちした独楽堂と、朝鮮の大書院である玉山書院がある。今後の課題としては、行政区域の異なる2つの村を統合管理する包括的な保存管理計画が必要である。
文化遺産（登録基準(iii)(iv)）　2010年

●南漢山城（Namhansanseong）
南漢山城（ナムハンサンソン）は、韓国の北西部、京畿道廣州市、河南市、城南市に広がる南漢山にある山城で、行政上の住所は廣州市中部面山城里に属し、世界遺産の登録面積は、409.06ha、バッファー・ゾーンは、853.71haである軍事遺産。南漢山は、登山とドライブコースで有名なソウル近郊の名所で、春にはアカシアの木、夏には鬱蒼とした木々、秋には真っ赤な紅葉など季節ごとの景観が美しいことでも有名である。南漢山にある南漢山城は、2000年前の高句麗時代に造られた土城で、後代に何度か改築、朝鮮時代の1621年に光海君（在位1608～1623年）が本格的に築城した。南漢山城の全体像は、全長11.76kmの城郭の周辺部が高く険しいのに比べ、城の中心部が低く平地となっており、守備が容易で城内の住居は住みやすい様に地形を巧みに利用した山城である。城は本城と外城で構成されており、周囲は9.05km、高さは3～7.5mで、東西に長い長方形となっている。城内には有事の際に王がとどまることができる行宮、軍事指令所として建てられた楼閣の守禦将台など様々な施設があった。南漢山城道立公園管理事務所が管理している。
文化遺産（登録基準(ii)(iv)）　2014年

●百済の歴史地区群（Baekje Historic Areas）
百済（ペクチェ）の歴史地区群は、韓国の西部、忠清南道の公州市の公山城、公州の松山里古墳群、宋山里古墳群、扶余郡の官北里遺跡、扶蘇山城、扶余の陵山里古墳群、扶余の定林寺跡、扶余の羅城、全羅北道の益山市の王宮里遺跡、益山市の弥勒寺跡の百済時代を代表する8つの構成資産からなる。百済とは、古代朝鮮の高句麗、百済、新羅の三国の時代の一つで、朝鮮半島の西南部に拠った王国である。4世紀半ばに部族国家の馬韓の北部の伯済国が建国、都を漢城としたが、のち高句麗に圧迫され、熊津・扶余と変えた。百済は、建国当初から関係を保ち、仏教その他の大陸文化を伝えたが、660年に新羅と唐の連合軍に滅ぼされた。
文化遺産（登録基準(ii)(iii)）　2015年

●山寺（サンサ）、韓国の仏教山岳寺院群
(Sansa, Buddhist Mountain Monasteries in Korea)
山寺（サンサ）、韓国の仏教山岳寺院群は、韓国の山岳部、創建以来、信仰、修行、生活の機能を併せ持つ伝統的な総合寺院群である。世界遺産の登録面積は55.43ha、バッファーゾーンは1323.11ha、構成資産は慶尚南道・梁山の通度寺（韓国三大名刹の一つ）、慶尚北道・栄州の新羅時代に創建された浮石寺、慶尚北道・安東の鳳停寺、忠清北道・報恩の韓国唯一の木造五重塔で知られる法住寺、忠清南道・公州の麻谷寺、仙岩寺、全羅南道・海南、全羅南道・順天の大興寺の7寺院が当初の申請通り登録された。これらの寺院群は、信仰的機能や修行者の暮らしと文化を含む儀礼までをそのままに引き継ぐ生きた遺産である。
文化遺産（登録基準（iii））　2018年

●韓国の書院
（Seowon, Korean Neo-Confucian Academies）
韓国の書院（ソウォン）は、韓国の東南部、慶尚北道の栄州市などにある韓国新儒教学院で、登録面積が102.49ha、バッファーゾーンが796.74haである。「書院」とは、朝鮮王朝時代に貴族階級であった両班（ヤンバン）の子弟らが儒学などを学んだ教育機関のことである。構成資産は、1543年、周世鵬（チュ・セブン、1495～1554年）が「白雲洞（ペクウンドン）書院」という名称で建立した朝鮮王朝時代の最初の書院である紹修書院（慶尚北道 栄州市）をはじめ、咸陽郡の藍渓書院、慶州市の玉山書院、安東市の陶山書院と屏山書院、長城郡の筆巌書院、達城郡の道東書院、論山市の遯巌書院、井邑市の武城書院の9件からなる。すべて、2009年前に史跡に指定され、原型が比較的よく保存されているという評価を受けている。イコモスは、書院は儒教が発達した朝鮮の建築物であり、性理学を社会的に伝播し、定型性を備えた建築文化を成し遂げたという点が、世界遺産の登録要件である「顕著な普遍的価値」を満たしていると判断した。ただ追加履行課題として9つの書院の統合保存管理策をまとめるよう勧告した。文化財庁は、「関係自治体と協議して、イコモスの指摘事項を改善する方針だ」と明らかにした。
文化遺産（登録基準（iii)(iv)）　2019年

○韓国の干潟（Getbol, Korean Tidal Flats）
韓国の干潟は、韓国の南西部と南部の海岸、黄海の東部にある、「舒川（ソチョン）干潟」（忠清南道・舒川）、「高敞（コチャン）干潟」（全羅北道・高敞）、「新安干潟」（全羅南道・新安）、「宝城～順天干潟」（全羅南道・宝城・順天）の4地域、5自治体にまたがる連続遺産で、登録面積128,411ha、バッファーゾーン74,592 haで、4地域はいずれも湿地保護地域に指定されている。「韓国の干潟」は、生物多様性を保存するために、世界的に最も重要で意味のある生息地の一つで、特に絶滅の危機にひんする27種の渡り鳥、約2000種以上の動植物が生息する生態系の宝庫である。IUCN（国際自然保護連合）は、「韓国の干潟」に対して「登録延期」勧告の評価をしていたが、キルギスをはじめとする13か国が世界遺産に登録すべきとする議決案を共同で提出、世界遺産委員会は、満場一致で世界遺産に登録することを決めた。
自然遺産（登録基準(x)）　2021年

タジキスタン共和国（2物件　○1　●1）

●サラズムの原始の都市遺跡
（Proto-urban site of Sarazm）

サラズムの原始の都市遺跡は、タジキスタンの北西部、パンジケントの西15km、サマルカンドの東45km、ソグド州のパンジケント地区にある面積が約130haに及ぶ新石器時代の集落遺跡で、ウズベキスタンとの国境に近いザラフシャン渓谷のドゥルマンの近くにある。サラズムとは、「陸地の始まる所」という意味である。サラズムの原始の都市遺跡は、サラズムは、5000年以上前に建設され、農業、牧畜、それに、金、銀、銅、錫などの冶金の中心地として繁栄した。サラズム人は、紀元前4000年の中頃までに、トルクメニスタンの南部、イラン、バルチスタン、インド、アフガニスタンの古代の集落と交易し、彼らの文化を普及した。サラズムの原始の都市遺跡は、1976年に、近くの建設地で、考古学者のアブドゥロ・イサコフによって発見され、その後、住居群、記念碑的な建造物群、カルト・センター、それに、手造りのブロックが発掘されており、5500年の歴史を誇るサラズムの遺跡は、歴史・建築の国宝に指定されている。

文化遺産（登録基準(ii)(iii)）　2010年

○タジキスタン国立公園（パミールの山脈）
（Tajik National Park（Mountains of the Pamirs））

タジキスタン国立公園（パミールの山脈）は、タジキスタンの東部のゴルノ・バダフシャン自治州（ヴァンチ郡、ルシャン郡、シュグナン郡、ムルガム郡）、北西部の東カロテギン直轄地（タヴィルダラ郡、ジルガトール郡）にまたがるタジキスタン初の世界自然遺産。タジキスタン国立公園は、中央アジアで最大の自然保護地域で、1992年に国立公園に指定されている。世界遺産の登録範囲は、パミール・アライ山脈の中央部の特別保護地帯で、国土面積の約20%を占める。タジキスタン国立公園の主な特徴は、タジキスタン最高峰のイスモイル・ソモニ峰（7495m）、世界有数の山岳・峡谷氷河のフェドチェンコ氷河、高山湖のサレズ湖、寒冷地の砂漠、地球上の重要な自然現象の数々である。タジキスタン国立公園は、その自然景観と地形・地質が評価されたが、森林や高山植物などの生態系、数多くの天然記念物、マルコ・ポーロ・マウンテンシープ、アイベックス、ユキヒョウなど絶滅危惧種を含む数多くの動植物種の生物多様性にも富んでいる。

自然遺産（登録基準(vii)(viii)）　2013年

中華人民共和国（55物件　○14　●37　◎4）

◎泰山（Mount Taishan）

泰山（タイシャン）は、山東省の済南市、泰安市、歴城県、長清県にまたがる華北平原に壮大に聳える玉皇頂（1545m）を主峰とする中国道教の聖地。秦の始皇帝が天子最高の儀礼である天地の祭りの封禅を行って後、漢武帝、後漢光武帝、清康熙帝などがこれに倣った。泰山の麓の紅門から岱頂の南天門までの石段は約7000段で、全長約9kmに及ぶ。玉皇閣、それに山麓の中国の三大宮殿の一つがある岱廟、また、泰刻石、経石峪金剛経、無字碑、紀泰山銘など各種の石刻が古来から杜甫、李白などの文人墨客を誘った。「泰山が安ければ四海皆安し」と言い伝えられ、中国の道教の聖地である五岳（東岳泰山、南岳衡山、北岳恒山、中岳嵩山、西岳華山）の長として人々から尊崇されてきた。泰山は、昔、岱山と称され、別称が岱宗、春秋の時に泰山に改称された。国家風景名勝区にも指定されている。「泰山の安きにおく」「泰山北斗」などのことわざや四字熟語も泰山に由来する。

複合遺産（登録基準(i)(ii)(iii)(iv)(v)(vi)(vii)）
1987年

●万里の長城（The Great Wall）

万里（ワンリー）の長城（チャンチョン）は、紀元前7世紀に楚の国が「方城」を築造することから始まって明代（1368～1644年）に至るまで、外敵や異民族の侵入を防御する為に、2000年以上にわたって築き続けた城壁。北方の遊牧民族の侵入を防ぐ為の防衛線としたのが秦の始皇帝（紀元前259～210年）。東は、渤海湾に臨む山海関から、西は、嘉峪関までの総延長は約8851.8km（約1万7700華里）。城壁の要所には、居庸関、黄崖関などの関所、見張り台やのろし台が置かれている。万里の長城は、現在の行政区分では、河北省、北京市、山西省、陝西省、内モンゴル自治区、寧夏回族自治区、甘粛省など17の省、自治区にまたがる。なかでも、北京市郊外の八達嶺や慕田峪からの眺望は、山の起伏に沿って上下し延々と続き雄大そのもの。このほか、金山嶺、司馬台、古北口などからの景色もすばらしい。世界的に有名な万里の長城は、その悠久の歴史とスケールの大きさから中国文明の象徴そのものともいえる。月から肉眼で見える地球で唯一最大の建造物とされる。万里の長城は通称で、一般的には、「長城」と呼ばれている。万里の長城の総延長は、これまで、約6350km（1万2700華里）とされてきたが、中国国家文物局と中国国家測量局が共同で、2006年から2年がかりでGPS（全地球測位システム）など最新の技術を駆使して測量した結果、約2500km長い8851.8kmであることが判明し総延長距離を確定した。

文化遺産（登録基準(i)(ii)(iii)(iv)(vi)）　1987年

●北京と瀋陽の明・清王朝の皇宮
（Imperial Palaces of the Ming and Qing Dynasties in Beijing and Shenyang）

北京と瀋陽の明・清王朝の皇宮、いわゆる故宮は、北京市中央部の東城区、天安門の北側にある。故宮は、昔、紫禁城と呼ばれ、明の成祖永楽帝（在位1402～1424年）が14

アジア

年の歳月をかけて1420年末に完成させた宮城で、1924年に、最後の皇帝の溥儀（1906～1967年）が紫禁城を出ていくまで、明・清両王朝の24代の皇帝が居住した。南北960m、東西750m、面積72万m²の敷地に、高さ10mの厚い城壁と幅50m余の堀を巡らし、建築面積は、約16万m²。建築物は、大小60以上の殿閣があり、殿宇楼閣は、9999.5間にも及ぶ。政治の中枢となった外朝には、太和殿、中和殿、保和殿の三大殿がある。そのうち金碧に輝く太和殿は、高さ35m、幅約63m、奥行き33.33m、面積2377m²もあり、中国最大の木造建築物で、世界最大の木造宮殿である。内部は、豪華絢爛たる装飾が施されており、金色に塗られ、竜の彫ってある玉座は、まさに封建時代の象徴といえる。明・清両王朝の歴代の支配者の重要な儀式と祭典はすべてここで行われた。中和殿は、正方形の建物で、皇帝が重要な儀式に出席する際に休憩する控えの間であった。その北にある保和殿は、宴会を催す間として、また科挙の試験会場として使用された。保和殿の後ろにある内廷は、皇帝が日常の政務や生活を行った所で、乾清宮、交泰殿、坤寧宮、それに、寧寿宮花園、慈寧宮花園、御花園などがある。故宮には、建物の至るところに龍や不死鳥など伝説の動物の彫刻が施されており、また、105万にのぼる貴重な歴史文物や芸術品が保存されている。故宮は、現在、故宮博物院として一般公開されている。一方、瀋陽の清王朝の皇宮、いわゆる瀋陽故宮は、2004年に追加登録された。瀋陽故宮は、遼寧省の瀋陽市の中央部にある。清朝の初代皇帝、太祖ヌルハチと2代皇帝、太宗ホンタイジによって建立された皇宮で、1625年に着工、1636年に完成、総面積は約6万m²。瀋陽故宮は、順治帝が都を北京に移した後も離宮として使用され、先祖の墓参りや東北地方巡回の際に皇帝が滞在した。

文化遺産（登録基準(i)(ii)(iii)(iv)）　1987年／2004年

●莫高窟（Mogao Caves）

莫高窟（モーカオクー）は、西域へのシルクロードの戦略的な要衝として、交易のみならず、宗教や文化の十字路として繁栄を誇った敦煌の東南25kmのところにある。敦煌には、莫高窟、西千仏洞、楡林窟の石窟があるが、その代表の莫高窟は、甘粛省敦煌県の南東17kmの鳴沙山の東麓の断崖にある、南北の全長約1600m、492の石室が上下5層に掘られた仏教石窟群。石窟の内部には、4.5万m²の壁画、4000余体の飛天があり、また、2415体の彩色の塑像が安置されていることから、千仏洞という俗称でも呼ばれている。最古の石窟は、5世紀頃に掘られたとされており、十六国、北魏、西魏、北周、隋、唐、五代、宋、西夏、元など16王朝にわたり、唐、宋時代の木造建築物が5棟残っている。莫高窟は、建築、絵画、彫塑をはじめ、過去百年間に、5万余点の文書や文物も発見され、総合的な歴史、芸術、文化の宝庫といえる。

文化遺産（登録基準(i)(ii)(iii)(iv)(v)(vi)）
1987年

●秦の始皇帝陵（Mausoleum of the First Qin Emperor）

秦の始皇帝陵（チンシーファンテリン）は、陝西省西安市の東の郊外35km、驪山の北麓にある紀元前221年に中国を統一した最初の皇帝で絶大な権力を誇った秦の始皇帝（在位紀元前221～紀元前210年）の陵園。始皇帝陵（驪山陵）は、東西485m、南北515mの底辺と55mの高さをもつ方形墳丘で、築造には38年の歳月が費やされ、70万人の職人や服役者が動員されたという。陵墓の周辺には、副葬墓などの墓が400以上あり、銅車馬坑、珍禽異獣坑、馬厩坑、それに、兵馬俑坑などの副葬坑があり、これまでに5万余点の重要な歴史文物が出土している。1974年、始皇帝陵の東1.5kmの地下壕で20世紀最大の発見ともいわれる兵馬俑坑が発掘された。兵馬俑坑からは、始皇帝の死後の世界を守る実物大の陶製の軍人、軍馬、戦車などからなる地下大軍団「兵馬俑軍陣」の副葬品が大量に出土した。その後も第2、第3の俑坑が発見され、武士俑の数は8000体にのぼるとされ、軍陣の配列は、全体として秦国の軍隊編成の縮図であるとされている。兵馬俑1号坑では、2009年5月から約20年ぶりに第3回目となる発掘作業が再開されている。

文化遺産（登録基準(i)(iii)(iv)(vi)）　1987年

●周口店の北京原人遺跡
（Peking Man Site at Zhoukoudian）

周口店（ツォーコーテン）の北京原人遺跡は、北京の南西54kmの房山区の周口店村にある。1929年に北京大学の考古学者の裴文中によって、この村の西北にある竜骨山を中心とする石灰岩の洞穴の裂隙内で、旧石器時代の遺跡が発見された。約50万年前のシナントロプス・ペキネンシス（北京原人）の頭蓋骨、大腿骨、上腕骨などの骨をはじめ、石器や石片、鹿の角の骨器、火を使用した灰燼遺跡などが発見されている。北京原人は、発掘された遺跡などから、直立して歩行し、採集や狩猟生活を主とし、河岸や洞穴の中で群れをなして集団生活をし、握斧など打製石器を使ったり、物を焼いて食べる習慣があったことがわかっている。また、北京原人は、旧石器文化を創造し、華北地区の文化の発展に大きな影響を及ぼした。周口店の北京原人遺跡は、世界の同時期の遺跡の中でも最も系統的かつ科学的価値のある遺跡として評価が高い。

文化遺産（登録基準(iii)(vi)）　1987年

◎黄山（Mount Huangshan）

黄山（ホヮンサン）は、長江下流の安徽省南部の黄山市郊外にあり、全域は154km²に及ぶ中国の代表的な名勝。黄山風景区は、温泉、南海、北海、西海、天海、玉屏の6つの名勝区に分かれる。黄山は、花崗岩の山塊であり、霧と流れる雲海に浮かぶ72の奇峰と奇松が作り上げた山水画の様で、標高1800m以上ある蓮花峰、天都峰、光明頂が三大主峰である。黄山は、峰が高く、谷が深く、また雨も多いため、何時も霧の中にあって、独特な景観を呈する。黄山には、樹齢100年以上の古松は10000株もあり、迎客松、送客松、臥竜松などの奇松をはじめ、怪石、雲海の「三奇」、それに、温泉の4つの「黄山四絶」を備えている。また、黄山の山間には堂塔や寺院が点在し、李白（701～762年）や杜甫（712～770年）などの文人墨客も絶賛した世間と隔絶した仙境の地であった。黄山は、古くは三天子都、秦の時代には、黟山（いざん）と呼ばれていたが、伝説上の帝王軒轅黄帝がこの山で修行し仙人となったという話から道教を信奉していた唐の玄宗皇帝が命名したといわれている。黄山は、中国初の国家重点風景名勝区で、中国の十大風景名勝区の一つ。

複合遺産（登録基準(ii)(vii)(x)）　1990年

○九寨溝の自然景観および歴史地区

（Jiuzhaigou Valley Scenic and Historic Interest Area）

九寨溝（チウチャイゴウ）の自然景観および歴史地区は、中国の中部、四川省の成都の北400km、面積が620km²にも及ぶ岷山山脈の秘境渓谷で、長海、剣岩、ノルラン、樹正、扎如、黒海の六大風景区などからなる。一帯にチベット族の集落（寨）が9つあることから九寨溝と呼ばれている。湖水の透明度が高く湖面がエメラルド色の五花海をはじめ、九寨溝で最も大きい湖である長海、最も美しい湖といわれる五彩池など100以上の澄みきった神秘的な湖沼は、樹林の中で何段にも分けて流れ落ちる樹正瀑布、珍珠灘瀑布などの滝や広大な森林と共に千変万化の美しい自然景観を形成している。九寨の山水は、原始的、神秘的であり、「人間の仙境」と称えられ、「神話世界」や「童話世界」とも呼ばれるこの一帯は、レッサーパンダやジャイアントパンダ、金糸猿など稀少動物の保護区にもなっている。九寨溝は、1982年に全国第1回目重点風景名勝地の一つとして中国国務院に認定されているほか、九寨溝渓谷は、1997年にユネスコの「人間と生物圏計画」（MAB）の生物圏保護区にも指定されている。2017年8月8日の大地震によって、火花海が決壊するなど大きな被害を受けた。

自然遺産（登録基準(vii)）　1992年

○黄龍の自然景観および歴史地区

（Huanglong Scenic and Historic Interest Area）

黄龍（ファンロン）は、四川省の成都の北300kmの玉山翠麓の渓谷沿いにある湖沼群。黄龍は九寨溝（P. 61参照）に近接し、カルシウム化した石灰岩層に出来た湖沼が水藻や微生物の影響でエメラルド・グリーン、アイス・ブルー、硫黄色など神秘的な色合いをみせる8群、3400もの池が棚田のように重なり合い独特の奇観を呈する。なかでも、最も規模が大きい黄龍彩池群、それに五彩池と100以上の池が連なる石塔鎮海は、周辺の高山、峡谷、滝、それに林海と一体となった自然景観はすばらしい。また、黄龍は、植物や動物の生態系も豊かで、ジャイアント・パンダや金糸猿などの希少動物も生息している。黄龍は、その雄大さ、険しさ、奇異さ、野外風景の特色で、「世界の奇観」、「人間の仙境」と称えられている。標高5588mの雪宝頂を主峰とする岷山を背景にして建つ仏教寺院の黄龍寺は、明代の創建。黄龍は、国の風景名勝区に指定されており、黄龍風景区と牟尼溝風景区の2つの部分からなっているほか、2000年にユネスコの「人間と生物圏計画」（MAB）の生物圏保護区に指定されている。

自然遺産（登録基準(vii)）　1992年

○武陵源の自然景観および歴史地区

（Wulingyuan Scenic and Historic Interest Area）

武陵源（ウーリンユアン）の自然景観および歴史地区は、湖南省の北西、四川省との境にある武陵山脈の南側にある標高260～1300m、面積369km²の山岳地帯。武陵源は、1億万年前は海であったが、長い間の地殻運動と風雨の侵食により石英質の峰が林立し、奥深い峡谷がある地形が形成されたといわれている。武陵源の中心にある数千の岩峰が延々と続く張家界国立森林公園、瀑布、天橋、溶洞、岩峰、石林など奇特な地貌の天子山自然風景区、「天然の盆栽」と称えられている山水の奇観が印象的な索渓峪自然風景区、百猴谷や竜泉峡などの渓谷美が素晴しい揚家界風景区の4地域からなる。なかでも、天子山の御筆峰などの奇峰、黄竜洞などの大鍾乳洞、張家界の金鞭渓などの渓谷や紫草潭などの清流、天子山の滝などが、ここぞ桃源郷の感を抱かせる。また、武陵源は生態系も豊かで、ミズスギ、イチョウ、キョウドウなどの稀少植物、キジ、センザンコウ、ガンジスザル、オオサンショウウオなどの稀少動物も生息している。武陵源は、国の風景名勝区に指定されており、観光、探検、科学研究、休養などができる総合的観光区に発展しつつある。

自然遺産（登録基準(vii)）　1992年

●承徳の避暑山荘と外八廟

（Mountain Resort and its Outlying Temples, Chengde）

避暑山荘（ピースーサンツァン）は、北京の北東約250km、河北省の承徳市北部の風光明媚な山間地にある清朝歴代皇帝の夏の離宮。中国風景の十大名勝地の一つで、世界に現存する最大の皇室庭園。承徳にあることから承徳離宮という別称があり、熱河行宮とも呼ばれる。康熙帝（在位1661～1722年）が1703年に着工、乾隆帝（在位1735～1795年）の1792年に竣工した。総面積は564万km²で、建築面積は10万m²、建物は110余棟、約10kmの城壁に囲まれている。避暑山荘は、宮殿区と苑景区の2大部分に分かれ、苑景区は、湖州区、平原区、山巒区で構成されている。一方、外八廟（ワァイパーミャオ）は、1713～1780年に建てられた、城壁の外に散在する溥仁寺、溥善寺、普楽寺、安遠廟、普寧寺、須彌福寿之廟、普陀宗乗之廟、殊像寺の8つ（溥善寺は既に倒壊し今は7つ）の寺廟群。普陀宗乗之廟は、ラサのポタラ宮をまねて建立されたもので、小ポタラ宮と呼ばれている。

文化遺産（登録基準(ii)(iv)）　1994年

アジア

●曲阜の孔子邸、孔子廟、孔子林
（Temple and Cemetery of Confucius, and the Kong Family Mansion in Qufu）
曲阜（クーフー）の孔子邸、孔子廟、孔子林は、山東省の曲阜市にある。曲阜は、春秋時代（紀元前770～紀元前403年）の魯国の都で、中国儒家学派の創始者、教育家、思想家の孔子（紀元前551頃～紀元前479年）の生誕、終焉の地。孔子邸は、孔子の子孫のうちの長男が住んだところで、孔子の第46代の孫、孔宗願から第77代の孫孔徳成もそこに住んでいた。孔子廟は、歴代孔子を祭るところ。孔子が死んだ翌年、つまり紀元前478年に魯国の哀公が孔子の旧居三間を改築して廟とした。その後、歴代皇帝が拡張し、総面積が21.8万km²、南北の長さが1km、庭が9つ、54座、466室の規模を誇っている。孔子を祭る正殿である大成殿は、中国三大殿の一つに数えられている。孔子林は、至聖林とも呼ばれ、孔子とその家族の専用墓地。孔子の墓は、高さ6.2m、周りは88mある。曲阜の孔子邸、孔子廟、孔子林は、「三孔」と総称される。
文化遺産（登録基準(i)(iv)(vi)）　1994年

●武当山の古建築群
（Ancient Building Complex in the Wudang Mountains）
武当山（ウータンサン）の古建築群は、湖北省西北部の丹江口市郊外の武当山の美しい渓谷と山の傾斜地にある。武当山は、大和山ともいい、古くからの民間信仰と神仙思想に道家の説を取り入れてできた道教の名山で、また、北方の少林武術と共に有名な武当派拳術の発祥の地でもある。明の永楽帝が中心になって、15世紀初頭に建築に着手し、元和観、遇真宮、玉虚宮、磨針井、復真観、紫霄宮、太和宮、金殿など8宮、2観、36庵、72岩廟、39橋、12亭、10祠などの道教建築群を築いた。なかでも明の永楽14年（1416年）に建造された主峰の天柱峰の頂上（海抜1612m）にある金殿と、明の永楽11年（1413年）に建造された展旗峰の下にある紫霄宮は、中国重点保護文化財。古くは7世紀頃からの物も含めた武当山の古建築群は、中国の芸術や建築を代表するもので武当山風景名勝区にも指定されている。
文化遺産（登録基準(i)(ii)(vi)）　1994年

●ラサのポタラ宮の歴史的遺産群
（Historic Ensemble of the Potala Palace, Lhasa）
ラサのポタラ宮の歴史的遺産群は、チベット自治区政府所在地のラサにある。ポタラ宮は、標高3700mの紅山の上に建つチベット仏教（ラマ教）の大本山。ラサもポタラもサンスクリット語で、神の地の普陀落（聖地）を意味する。7世紀に、ネパールと唐朝の王女を娶ったチベットの国王ソンツェン・ガンポ（在位？～649年）が山の斜面を利用して築いた宮殿式の城砦は、敷地面積41万m²、建築面積13万m²、宮殿主楼は、13層、高さ116m、東西420m、南北313mにわたる木と石で造られたチベット最大の建造物。完成までに50年の歳月を要したといわれる。宮殿は、紅宮と白宮に分かれ、歴代ダライ・ラマ（ダライは「偉大な」、ラマは「師」の意）の宮殿として使われた。999もある部屋には、仏像や膨大な仏典が納められている。チベット独特の伝統芸術が、彩色の壁画、宮殿内部の柱や梁に施された各種の彫刻などに見られる。一方、周辺には、大昭寺（チョカン寺）、デプン寺、セラ寺などラサ八景を構成するラマ教の古寺がある。当初は、ラサのポタラ宮が登録されていたが、2000年に登録範囲の拡大により、建物が優美で壁画がすばらしい大昭寺も加えられた。大昭寺は、漢、チベット、ネパール、インドの建築様式が巧みに融合し、廊下や殿堂には、歴史上の人物、事跡、神話、故事などを色鮮やかに描写した壁画が1000mにもわたって延々と描かれている。また、2001年に登録範囲の拡大により加えられたノルブリンカ（「大切な園林」という意味）は、歴代ダライ・ラマの避暑用の離宮であり、園内は樹木が茂り、花が咲き乱れ、殿閣も格別な趣がある。
文化遺産（登録基準(i)(iv)(vi)）
1994年／2000年／2001年

●廬山国立公園（Lushan National Park）
廬山（ルーサン）は、江西省九江市の南にある陽湖のほとりにある「奇秀にして天下に冠たり」といわれる名山であり、中国文明の精神的中心地の一つ。廬山の最高峰は海抜1474mの大漢陽で、美しくそびえ立つ五老峰や九奇峰などの峰々、変幻きわまりない雲海、神奇な泉と滝、東晋時代の仏教浄土教の発祥地である東林寺、中国古代の最初の高等学府のひとつである白鹿洞書院をはじめ、道教、儒教の寺院が混在している。廬山には、それぞれの宗派の最高指導者達が集い、北峰の香爐峰など多くの尖峰からなる風景と相俟って、有名な詩「望廬山瀑布」を読んだ李白のほか、杜甫、白居易、陶淵明などの文人墨客をはじめ数多くの芸術家達にも多大な影響を与えた。廬山風景名勝区に指定されている。
文化遺産（登録基準(ii)(iii)(iv)(vi)）　1996年

◎楽山大仏風景名勝区を含む峨眉山風景名勝区
（Mount Emei Scenic Area, including Leshan Giant Buddha Scenic Area）
峨眉山（オーメイサン）は、四川省の省都である成都から225km離れた四川盆地の西南端にある。中国の仏教の四大名山（峨眉山、五台山、九華山、普陀山）の一つで、普賢菩薩の道場でもある仏教の聖地。峨眉山の山上には982年に建立された報国寺など寺院が多く、「世界平和を祈る弥勒法会」などの仏教行事がよく行われる。また、峨眉山は、亜熱帯から亜高山帯に広がる植物分布の宝庫でもあり、樹齢千年を越す木も多い。一方、楽山（ローサン）は、中国の有名な観光地で、内外に名高い歴史文化の古い都市である。その東にある凌雲山の断崖に座する弥勒仏の楽山大仏（ローサンダーフォー）は、大渡河、岷江など3つの川を見下ろす岩壁の壁面に彫られた高さ71m、肩幅28m、耳の長さが7mの世界最大の磨崖仏で、713年から90年間かかって造られた。俗に「山が仏なり仏が山なり」といわれ、峨眉山と共に、豊かな自然景観と文化的景観を見事に融合させている。
複合遺産（登録基準(iv)(vi)(x)）　1996年

●麗江古城（Old Town of Lijiang）
麗江（リィチィアン）は、雲南省北西部の獅山、象山、金虹山、玉龍雪山が望める海抜2400mの雲貴高原にある長い歴史をもつ古い町で、大研鎮とも称される。麗江古城は、大研古鎮、黒龍潭、白沙村、束河古鎮の4つの構成資産からなる。納西（ナシ）族自治県の中心地にある麗江古城は、宋代の末期の1126年に建設された。麗江古城内では、市街地の北にある玉泉公園内にある泉である黒龍潭の水を水路で家々まで流し、354本の橋で結んでいる。旧市街の四方街などが昔ながらの古風で素朴な瓦ぶきの民家の町並みを残しており、大小の通りや五花石が敷きつめられた路地が整然として四つの方向に延びている。また、明代の木氏土司が漢、チベット、ナシなどの各民族の絵師を招いて描かせた麗江壁画は、白沙村にある大宝積宮、琉璃殿、大宝閣、束河古鎮にある大覚宮に保存されている。水郷風景の麗江には、巫術、医術、学術、舞踊・絵画・音楽等の芸術、技術など少数民族ナシ族の伝統的な東巴文化が今も息づいており、1986年には国の歴史文化都市になった。「麗江東巴古籍文献」は、「世界の記憶」にも登録されており、東巴研究所（麗江市ダヤン）に収蔵されている。
文化遺産（登録基準(ii)(iv)(v)）　1997年

●平遥古城（Ancient City of Ping Yao）
平遥（ピンヤオ）は、山西省の省都、太原の南100kmにある14世紀に造られた中国の歴史都市で、現在は平遥県の県都。平遥の雄大で壮観な古城壁は、紀元前11世紀から紀元前256年の周期に築城され、14世紀の明代に拡張された。平遥古城は、城壁の周囲の全長が6.4kmの四角形で、城壁の高さは約12m、幅が平均5m、城壁の上には、見張り台の観敵楼が72、城壁の外側には、幅、深さとも4mの堀がある。城門は、東西、南北に合計6つあり、それぞれの城門には、高さが7m近くもある四角形の古い城楼が建っている。また、城内は、北天街と南天街に大別され、街路、市楼、役所、商店、民家などが昔のままの姿で残っている。平遥は、山西商人の故郷であり、中国初の近代銀行の形を備えた日昇昌票号もここに建てられた。平遥古城は中国重点保護文化財に指定されている。
文化遺産（登録基準(ii)(iii)(iv)）　1997年

●蘇州の古典庭園（Classical Gardens of Suzhou）
蘇州の古典庭園は、江蘇省の東部、「東洋のベニス」といわれる水郷が印象的な歴史文化都市 蘇州にある。蘇州の古典庭園は、自然景観を縮図化した中国庭園の中でも、その四大名園（滄浪亭、獅子林、拙政園、留園）は名作である。宋、元、明、清代の16～18世紀に造られた山水、花鳥と文人の書画で飾られ、自然と文化がうまく融合している。なかでも、拙政園は、蘇州最大の庭園で、北京の頤和園、承徳の避暑山荘、蘇州の留園と並んで中国の四大名園の一つにも数えられている。拙政園は、全体の配置は水が中心で、水の面積が約5分の3を占めており、庭園は、東、中、西の三部分に分かれ、中園は全園の精華である。世界遺産登録は、当初、拙政園、留園、網師園、環秀山荘の4つの構成資産であったが、2000年に、滄浪亭、獅子林、芸圃、退思園などが追加登録された。
文化遺産（登録基準(i)(ii)(iii)(iv)(v)）
1997年／2000年

●北京の頤和園
（Summer Palace, an Imperial Garden in Beijing）
北京の頤和園（イーホーユアン）は、北京市内から西へ10km離れた海淀区にある中国最大の皇室庭園の一つである避暑山荘。頤和園は、初めは1153年に建造された皇帝の行宮であった。1860年に英仏連合軍によって破壊されたが1888年に西太后慈禧によって再建され、完工後に頤和園という名前になった。頤和園は、仁寿殿を中心とする政治活動区、玉瀾堂、楽寿堂などの皇帝の生活区、そして、昆明湖（220ha）と万寿山（高さ58.59m）からなる風景遊覧区に大別される。総面積は290haで、そのうち昆明湖が約4分の3を占めている。園は3000余りの殿宇があり、山と湖の形に基づいた配置がなされ、建築群は西山の群峰を借景に変化に富んだ景観を作り出している。長廊（長さ728m、中国園林建築の中で最長）、十七孔橋、石舫（清晏坊、石塊を積み上げ、彫刻を施した長さ36mの石の船）、仏香閣（高さ41m）などは、頤和園のシンボルとして有名。中国四大名園（北京の頤和園、承徳の避暑山荘、蘇州の拙政園、留園）の一つ。頤和園は、1924年以後、公園として一般公開された。
文化遺産（登録基準(i)(ii)(iii)）　1998年

●北京の天壇
（Temple of Heaven:an Imperial Sacrificial Altar in Beijing）
天壇（テンタン）は、天安門の南、北京市崇文区にある南北1.5km、東西1km、面積が約270万m²もある中国最大の壇廟建築群。天壇は、明の永楽18年（1420年）に創建され、明と清の2王朝の皇帝が毎年天地の神を祭り、皇室先祖、五穀豊穣を祈った所。天壇は、内壇と外壇からなり主な建築物は内壇にある。内壇の北側には、祈年殿、皇乾殿、南側には、圜丘壇、皇穹宇などがある。なかでも、シンボリックな祈年殿は、天壇の主体建築で、直径が32m、高さが8m、ひさしが3層の釘が一切使われていない木造の円形大殿で、壁面には、華麗な彩色の絵が描かれている。天壇の建築デザインは、その後、何世紀にもわたって、中国の国内のみならず、極東の国々の建築にも大きな影響を与えた。また、天壇は市民の公園としても親しまれている。

アジア

文化遺産（登録基準(i)(ii)(iii)）　1998年

◎**武夷山**（Mount Wuyi）

武夷山（ウーイーシャン）は、福建省と江西省とが接する国家風景名勝区にある。「鳥の天国、蛇の王国、昆虫の世界」と称され、茫々とした亜熱帯の森林には、美しい白鷺、猿の群れ、そして、珍しい鳥、昆虫、木、花、草が数多く生息しており、1979年には国家自然保護区、1987年にはユネスコの「人間と生物圏計画」(MAB)の生物圏保護区にも指定されている。また、脈々とそびえる武夷山系の最高峰の黄崗山（2158m）は、「華東の屋根」とも称されている。武夷山は、交錯する渓流、勢いよく流れ落ちる滝、水廉洞の洞窟の風景もすばらしく、玉女峰が聳える九曲渓では、漂流を楽しむことも出来る。また武夷山中には、唐代の武夷宮、宋代の朱子学の開祖、朱憙（朱子）が講学を行なった紫陽書院なども残っている。武夷山はウーロン茶の最高級品として名高い武夷岩茶の産地としても有名である。

複合遺産（登録基準(iii)(vi)(vii)(x)）　1999年

●**大足石刻**（Dazu Rock Carvings）

大足石刻（ダァズシク）は、重慶市街から160km離れた四川盆地の中にある大足県内の北山（Beishan）、宝頂山（Baodingshan）、南山（Nanshan）、石篆山（Shizhuanshan）、石門山（Shimenshan）一帯の断崖にある摩崖造像の総称。これらは、中国の晩期の石刻芸術の精華を集めた独特な風格をもち、甘粛省の敦煌にある莫高窟、山西省の大同にある雲崗石窟、河北省の洛陽にある龍門石窟に並ぶ秀作。この一帯には76の石窟があり、合わせて10万体の石像があり、石刻銘文は10万字にも及ぶ。仏教の石像を主としているが、儒教と道教の石像もある。唐（618～907年）の末期に掘削と彫刻が始まった大足石刻は、五代を経て、両宋時代に最盛期を迎えた。なかでも宝頂山の石刻は、規模、精巧さ、内容のいずれにおいても圧巻で、大仏湾と呼ばれる崖の摩岩仏、全長が31mもある釈迦涅槃像は、きわめて芸術価値が高い。また、北山の心神車窟の普賢菩薩の像は、美しい東洋の女性の形に模して造られたといわれ、面立ちがきりっと美しいので、東洋のビーナスと称えられている。中国重点保護文化財。

文化遺産（登録基準(i)(ii)(iii)）　1999年

●**青城山と都江堰の灌漑施設**

（Mount Qincheng and the Dujiangyan Irrigation System）

青城山と都江堰の灌漑施設は、成都の西58kmにある都江堰市にある。チベット高原の東端にある青城山（1800m）は、灌県の南西15kmにあり、36の山峰、38の道教の寺院、108か所の名勝を有する名山。山全体が囲まれた城の様に見えるので、青城と名づけられた。青城山は、アジアで最も信仰されている宗教の一つである道教（始祖　張道陵）の発祥地であり、上清宮、天師洞、建福宮など一連の古寺と庭園が残されており観光リゾート地にもなっている。一方、2000年の歴史を有する都江堰の灌漑施設は、青城山の北東約15km、灌県の西にある成都平原に注ぐ岷江の上流にある。古代中国が紀元前2世紀から建造した世界最古の水利技術の発展を示す水利施設であり現在も四川盆地の農業用に使用されている。万里の長城と同時期に造られた巨大な水利施設は、山川と平野を繋ぐ要衝に築造され、堰堤を利用せずに引水する建築様式が取り入れられた。水量を調節する堰堤である分水魚嘴、排水路である飛沙堰、水を引く入口である宝瓶口の3部分で構成されている。都江堰の一帯は、旧跡、庭園、つり橋など田園風景が美しく、人々と水との闘いなど数々の伝説が残されている。青城山と都江堰の灌漑施設は、2008年5月12日に発生したマグニチュード8.0（中国地震局）の大地震によって、深刻な被害を被り、復興が行なわれている。

文化遺産（登録基準(ii)(iv)(vi)）　2000年

●**安徽省南部の古民居群-西逓村と宏村**

（Ancient Villages in Southern Anhui - Xidi and Hongcun）

安徽（アンホイ）省南部の古民居群は、黄山市の黟県、歙県、績渓などに残されており、その数は400余りに及び鑑賞価値も高い。明、清時代につくられたこれらの民居のほとんどは、両面屋根造りで、馬頭櫓と呼ばれる反り返った軒を持ち、黒い煉瓦で敷かれ、白い壁に支えられている。古代民居のほとんどは名高い安徽派の竹、木、煉瓦、石の彫刻が施されており、庭園の鑑賞価値も高い。なかでも黒多県の西逓（シーディー）と宏村（ホンツン）の2つの集落の民居や都市区画は、中国の伝統村落として特に良く保存されている。西逓村は、面積13ha、14～19世紀の祠堂が3棟、牌楼が一つ、古民居が224棟も残されており古代民居の博物館と称されている。南宋時代の1131年に創られた宏村は、村全体が牛の形を呈しており、白壁が印象的な古民居が137棟、400年の歴史を持つ月沼、南湖、水（土川）などの水利工程の施設が残っている。

文化遺産（登録基準(iii)(iv)(v)）　2000年

●**龍門石窟**（Longmen Grottoes）

龍門（ロンメン）石窟は、河南省洛陽の南14km、伊水の両岸の龍門山（西山）と香山（東山）の岩肌に刻み込まれた仏教石窟群。龍門の石窟と壁龕（へきがん）は、北魏朝後期（493年）から唐朝初期（907年）にかけての中国最大規模かつ最も感動的な造形芸術の集大成。代表的な石窟は、北魏時代の古陽洞、賓陽洞、蓮花洞と唐時代の潜渓寺洞、万仏洞などで圧巻。龍門石窟で見られる美術は仏教から題材をとったものばかりであり、中国の石仏彫刻の最盛期を代表している。敦煌の莫高窟、大同の雲崗石窟と並び中国三大石窟の一つに数えられている。

文化遺産（登録基準(i)(ii)(iii)）　2000年

●**明・清王朝の陵墓群**

（Imperial Tombs of the Ming and Qing Dynasties）
明・清王朝の陵墓群は、湖北省の鍾祥にある明顕陵、河北省の遵化にある清東陵、河北省易県にある清西陵、遼寧省瀋陽市にある清昭陵、清福陵、清永陵、北京市の明十三陵、江蘇省南京市の明孝陵からなる。伝統的な建築デザインと装飾を施した多数の建物を建設するために、古来の風水の思想に則って慎重に立地は選定された。明・清皇室の陵墓群は、中国の封建時代特有の世界観と権力の概念が5世紀にわたって受け継がれている。明・清皇室の陵墓群は、異なった歴史的プロセスを経て、河北省、湖北省、江蘇省、北京市、遼寧省などに分布している。2003年には、北京市の明十三陵、江蘇省南京市の明孝陵が、2004年には、遼寧省瀋陽市にある清王朝の皇帝墓3基が追加登録された。
文化遺産（登録基準(i)(ii)(iii)(iv)(vi)）
2000年／2003年／2004年

●雲崗石窟（Yungang Grottoes）
雲崗石窟は、山西省北部、石炭の街としても有名な大同市の西16kmの武周山の麓にある中国の典型的な石彫芸術である。雲崗石窟は、敦煌の莫高窟 洛陽の龍門石窟と並んで、中国三大石窟の一つに数えられる有名な仏教芸術の殿堂。雲崗石窟は、北魏の皇帝拓跋濬（僧曇曜）が4人の先帝（道武帝・明元帝・太武帝・太子晃）を偲んで造営した。1500年前の北魏時代から断崖に掘削され、453～525年の比較的短い期間に造られた。東西1kmに、雲崗石窟最大の高さ25m、幅42mの第3窟、最も古く雲崗石窟のシンボルともいえる露天大仏（第20窟）がある第16～第20窟の曇曜五窟、五花窟（五華洞）と呼ばれる第9～第13窟など53の石窟と5万1000点以上の石像が残っている。雲崗石窟は、中国文化と共にインドのガンダーラ・グプタ様式や中央アジア様式の影響を受け、また、後世にも重要な影響を与えた。雲崗石窟は、1902年に日本人の伊東忠太東京帝国大学教授（築地本願寺を設計した学者）によって発見され、世間の注目を浴びた。大同市にあることから大同石窟とも呼ばれている。
文化遺産（登録基準(i)(ii)(iii)(iv)）　2001年

○雲南保護地域の三江併流
（Three Parallel Rivers of Yunnan Protected Areas）
雲南保護地域の三江併流は、中国南西部の雲南省北西部にあり、面積が170万haにも及ぶ国立公園内にある7つの保護区群からなる。雲南保護地域の三江併流は、美しい自然景観が特色で、豊かな生物多様性、地質学、地形学、それに、地理学上も大変重要である。例えば、動物種の数は、700種以上で中国全体の25%以上、高山植物は、6000種以上で20%にも及ぶ。1998年に指定された三江併流国家重点風景名勝区の名前は、雲南省北西部を170km以上にもわたり並行して流れる怒江、金沙江、瀾滄江の3つの川に由来する。東方に流れる金沙江は、中国最長の長江上流の流入河川の一つである。瀾滄江は、北から南に流れ、メコン川の上流となる。怒江は、北から南に蛇行しミャンマーを貫流するサルウィン川の上流となる。三江は、海抜760mの怒江大峡谷から、海抜4000mの碧羅雪山、海抜6740mの前人未踏の梅里雪山に至るまで、雪山、氷山、氷河、カルスト洞窟、鍾乳洞、高山湖沼、森林、平原、沼地などの変化に富んだ地形、それに、貴重な動植物が生息する生物多様性を誇る。一方、雲南保護地域は、顔に刺青を入れた紋面の女性のいる独龍族などが住んでいる中国でも屈指の秘境である。
自然遺産（登録基準(vii)(viii)(ix)(x)）
2003年／2010年

●古代高句麗王国の首都群と古墳群
（Capital Cities and Tombs of the Ancient Koguryo Kingdom）
古代高句麗王国の首都群と古墳群は、中国の東北地方、渾江流域の遼寧省桓仁市と鴨緑江流域の吉林省集安市に分布する。高句麗は紀元前3世紀頃に、騎馬民族の扶余族の一集団が北方から遼寧省桓仁市付近に移住し、高句麗最初の山城を、五女山上に築いて都城としたのが始まりといわれている。古代高句麗王国の首都群と古墳群は、高句麗初期の山城である五女山城（桓仁市）、平地城である国内城（集安市）、山城である丸都山城（集安市）の3つの都市遺跡と高句麗中・後期の14基の皇族古墳と26基の貴族古墳からなる40基の陵墓群（集安市）が含まれる。陵墓群は、有名な好太王（広開土王）碑、将軍塚、大王陵があり、また、舞踊塚、角抵塚、散蓮花塚、三室塚、通溝四神塚などの壁画古墳からなる。陵墓群の中には、優れた設計技術を示すものもあり、その構造や壁画などは人類の創造性を示すものである。
文化遺産（登録基準(i)(ii)(iii)(iv)(v)）　2004年

●澳門の歴史地区（Historic Centre of Macao）
澳門（マカオ）の歴史地区は、澳門特別行政区のギアの丘など3つの小高い丘に分布する。澳門は、4世紀以上にわたるポルトガル統治時代を経て、1999年12月に中国に返還されたが、1550年代以来、東洋と西洋を結ぶ貿易の中継地点であり、また、カトリック布教の重要な拠点であった。澳門は、ポルトガル文化の影響を大きく受けながらも、中国文化を色濃く残した独自の魅力的な文化を作り上げてきた。澳門の歴史的建造物群の世界遺産は、カテドラル広場、聖オーガスティン広場、聖ドミニコ広場、セナド広場、カモンエス広場、リラウ広場、バラ広場、カンパニー・オブ・ジーザス広場の8つの広場と澳門のシンボル的存在である聖ポール天主堂跡をはじめ、大堂（カテドラル）、聖ヨセフ修道院及び聖堂、聖オーガスティン教会、聖アンソニー教会、聖ローレンス教会、聖ドミニコ教会、ドン・ペドロ5世劇場、モンテの砦、ギア要塞（ギア灯台とギア教会を含む）、カーサ庭園、ロバート・ホートン図書館、プロテスタント墓地、民政総署大楼、媽閣廟、三街會館（關帝廟）、港務局大楼、鄭家大屋、盧屋大屋、仁慈

アジア

堂、旧城壁、ナーチャ廟の22か所の歴史的、宗教的な建造物群の構成資産からなる。
文化遺産(登録基準(ii)(iii)(iv)(vi))　2005年

○四川省のジャイアント・パンダ保護区群 －臥龍、四姑娘山、夾金山脈
(Sichuan Giant Panda Sanctuaries - Wolong, Mt. Siguniang and Jiajin Mountains)
四川省のジャイアント・パンダ保護区群は、四川省を流れる大渡河と岷江の間に位置する秦嶺山脈の中にある臥龍など7つの自然保護区と四姑娘山、夾金山など9つの風景名勝区からなる。世界遺産の登録面積は924,500haで、世界の絶滅危惧種のパンダの30%以上が生息する地域である。第三紀の古代の熱帯林からの残存種であるジャイアント・パンダ(大熊猫)の最大の生息地を構成し、繁殖にとって、種の保存の最も重要な地である。また、レッサー・パンダ、ユキヒョウ、ウンピョウの様な他の地球上の絶滅危惧動物の生息地でもある。四川ジャイアント・パンダ保護区群は、植物学上も、1000以上の属の5000～6000の種が自生する世界で最も豊かな地域の一つである。四川省のジャイアント・パンダ保護区群は、2008年5月12日に発生したマグニチュード8.0(中国地震局)の大地震によって、深刻な被害を被り、復興が行なわれている。
自然遺産(登録基準(x))　2006年

●殷墟 (Yin Xu)
殷墟は、河南省安陽市小屯村付近にある4000年以上前の中国奴隷社会の殷代後期の商朝(紀元前1600年～紀元前1046年)の首都があった所で、中国の考古学史上、20世紀最大の発見といわれている。殷墟は、広さが約24km²、宮殿区、王陵区、一般墓葬区、手工業作業区、平民居住区、奴隷居住区に分けられる。殷墟は、面積規模、宮殿の広さなどから当時、全国的な力をもっていたことがわかる。1927年から発掘調査が行なわれ、宮殿跡、大小の墳墓、竪穴式住居跡などが発見されたほか、甲骨(亀の腹甲や牛や鹿の肩甲骨など)片、文字を刻んだ多数の精巧な青銅器、玉器、車馬などが出土している。1987年、宮殿遺跡の上に面積約100m²の殷墟博物苑が建てられた。その形は、現在使用されている漢字の祖形となった甲骨文字の「門」の字の形で、柱や梁などの装飾や構造は、商代の建築を再現している。1961年に、全国重点文物保護単位指定されている。
文化遺産(登録基準(ii)(iii)(iv)(vi))　2006年

●開平の望楼と村落群 (Kaiping Diaolou and Villages)
開平の望楼と村落群は、広東省の省都広州から南西に200km、開平の田園に突然現れる奇妙な建築群と村落群である。開平は、14世紀以降、伝統的に欧米への海外移住が盛んになり、海外に住む中国人の華僑からもたらされたアイデアや流行のるつぼであった。開平の望楼は、清王朝(1644～1912年)の初期に最初に建設され、1920～1930年代に最高潮に達した。開平の望楼は、中国の伝統的建築と西洋の現代建築を折衷させた中西混合式の建物である。開平の望楼は、住宅と要塞の複合機能をもち、重厚な石造りの洋風建築物の中に中国の伝統建築の要素が見え隠れしている。なかでも、欧米風の5、6階建ての建物は海外へ渡った華僑達が生涯をかけて蓄えた財で造った、まさに華僑のモニュメントといえる。1833棟が現存する約100年の歴史をもつ村落群の家屋の多くは既に廃墟と化しており、適切な保存が求められている。
文化遺産(登録基準(ii)(iii)(iv))　2007年

○中国南方カルスト (South China Karst)
中国南方カルストは、雲南省、貴州省、重慶市、広西チワン族自治区にまたがるカルスト地形の奇観で知られた地域で、50万～3億年の歳月をかけて形成された世界有数の石灰岩と白雲岩を主とした炭酸塩岩の岩石地帯である。中国南方カルストの構成資産は、雲南石林カルスト、茘波カルスト、重慶武隆カルストなどからなる。中国南方カルストの特長は、面積が広く、地形の多様性、典型性があり、生物の生態が豊富という点にある。中国南方カルストは、自然遺産としては、中国で初めて複数の省、市、自治区が共同で登録申請したもので、長い地質年代を経た、世界でも重要かつ典型的な自然の特徴を有するカルスト地形である。第38回世界遺産委員会ドーハ会議で、第二段階(Phase II)として、桂林カルスト(広西チワン族自治区)、施秉カルスト(貴州省)、金仏山カルスト(重慶市)、环江カルスト(広西チワン族自治区)を登録範囲に加え拡大、世界遺産の登録面積は、97,125ha、バッファー・ゾーンは、176,228haになった。
自然遺産(登録基準(vii)(viii))　2007年／2014年

●福建土楼 (Fujian *Tulou*)
福建土楼は、福建省の南西部、永定県、南靖県、華安県に分布している客家(はっか)と呼ばれる人々が12～20世紀にかけて建てた土楼で、客家土楼とも呼ばれる。世界遺産リストに登録されたのは、10か所の46棟の土楼群である。福建土楼の外観は独特で、円形の「円楼」、四角形の「方楼」など特有の建築様式と悠久の歴史や文化を誇る集合住宅である。福建土楼は、宋・元時代に建てられ、明の時代に発展し、17～18世紀の明の末期、清、民国で成熟期を迎え今日に至っている。福建土楼は、それぞれが村単位であり、それぞれの家族にとっては、「小さな王国」、「小さな都市」であり、大家族での共同生活をする場に適しており、四方を土壁が取り囲み外敵から身を守る構造になっている。福建土楼は、山間部の狭い平地を選んで建てられ、周囲には、米、茶、タバコの畑が広がり、建築材料は、地元の土、木材、卵石などが利用され、その造型は非常に美しい。大半が4階建てで、1階が台所、2階が倉庫、3階と4階が居住空間というのが一般的で、800人まで収容できる。客家は、もともと中国文明の中心地とされた黄河の中下流地域に住んでいた漢族だが、戦火を逃れ南部に移住した。その為、客家とは、よそ者という意味がある。客家の一族からは優秀な人材を多く輩出している。
文化遺産（登録基準(iii)(iv)(v)）　2008年

○三清山国立公園
（Mount Sanqingshan National Park）
三清山国立公園は、中国の中央部の東方、江西省の北東部の上饒市にあり、世界遺産の核心地域の面積は22,950haに及ぶ。三清山(サンチンサン)の名前は、標高1817mの玉京峰をはじめ、玉華峰、玉座峰の三つの峰があり、道教の始祖、玉清境洞真教主・元始天尊、上清境洞玄教主・霊宝天尊、太清境洞神教主・道徳天尊の三人が肩を並べて座っている姿に見立てて付けられたと言われている。三清山国立公園は、人間や動物の形に似た花崗岩の石柱などの奇岩、それに奇松が素晴らしく、類いない風景美を誇る景勝地で、中国の「国家重点風景名勝区」にも指定されている。三清山国立公園は、多彩な植生を育む森林、幾つかは60mの高さがある数多くの滝、湖沼群があるのも特徴の一つである。また三清山は、1600年の歴史を有する道教の聖地としても有名で、「小黄山」、「江南第一仙峰」、「露天道教博物館」とも呼ばれている。三清山国立公園は、森林率も89%と高い為、四川大地震の影響で緊急避難先を探しているパンダの「第二の故郷」にも名乗りを挙げている。
自然遺産（登録基準(vii)）　2008年

●五台山（Mount Wutai）
五台山は、中国の北東部、山西省の東北部の五台県にある。世界遺産の登録面積は、18,415ha、バッファー・ゾーンは、42,312haである。五台山は、標高3,058m、東台 望海峰、西台 挂月峰、南台 錦綉峰、北台 葉頭峰、中台 翠岩峰の5つの平坦な峰をもった仏教の文殊菩薩の聖山で、53の寺院群などが文化的景観を形成し、土の彫刻群がある唐朝の木造建造物が残っている。五台山の建造物群は、全体的に仏教建築の手法を提示するものであり、1千年以上にわたる中国の宮殿建造物に発展させ影響を与えた。五台山は、中国北部で最も高い山で、寺院群は、1世紀以降20世紀の初期まで、五台山に建造された。五台山は、観音菩薩の霊場である普陀山、普賢菩薩の霊場である峨眉山、地蔵菩薩の霊場である九華山と並んで、中国仏教の代表的な聖地である。唐代の円仁、霊仙、行基、宋代の成尋など日本の僧もこの地を訪れている。2009年の世界遺産登録に際しては、複合遺産をめざしていたが、自然遺産の価値は評価されず、文化遺産として登録された。
文化遺産（登録基準(ii)(iii)(iv)(vi)）　2009年

○中国丹霞（China Danxia）
中国丹霞は、貴州省の赤水、湖南省の莨山、広東省の丹霞山、福建省の泰寧、江西省の竜虎山、浙江省の江朗山の6つの地域からなる、地質学的、地理学的に関連した中国の丹霞地形（英語：Danxia Landform、中国語：丹霞地貎）のことである。中国の丹霞地形の6地域の核心地域は、82,151ha、緩衝地域は、136,206haであり、独特の自然景観を誇る岩石の地形で、険しい絶壁が特徴的な赤い堆積岩から形成されている。丹霞山は2004年に、竜虎山は2008年に地質学的に見て国際的にも貴重な特徴を持つ「世界ジオパーク」（世界地質公園）に認定されている。中国丹霞は、亜熱帯性常緑広葉樹林を育み、400種の希少種や絶滅危惧種を含む動植物の生物多様性を擁している。
自然遺産（登録基準(vii)(viii)）　2010年

●「天地の中心」にある登封の史跡群
（Historic Monuments of Dengfeng in "The Centre of Heaven and Earth"）
「天地の中心」にある登封の史跡群は、華北平原の西部、河南省鄭州市登封市の嵩山と周辺地域にある。嵩山は、太室と少室の2つの山からなり、主峰は海抜1440mの峻極峰である。嵩山は、古代より道教、仏教、儒教の聖地として崇められ、古代の帝王は、ここで、天と地を祭る封禅の儀式を催してきた中国の聖山の中心で、中国五岳の一つである。歴史が長く、種類も豊富で、各種の文化的意義を持った古代建築群には、碑刻や壁画などさまざまな文化財が残り、唯一無二の文化景観をなしている。また、中国の古い文化伝統や秀でた科学技術、芸術の成果を今に示しており、東洋文明の発祥地としての文明の起源と文化の融合における重要な役割を反映し、その文化は現在にも継続され発展し続けている。「天地の中心」にある登封の史跡群は、面積が約40km²、太室闕及び中岳廟、少室闕、啓母闕、嵩岳寺塔、少林寺建築群、会善寺、嵩陽書院、周公観景台と観星台の8つの史跡群、367の建造物群からなる。漢代から2000年余りにわたる発展を通じて、周囲に及ぼしてきた影響ははかり知れず、宗教、儀礼、建築、芸術、科学、技術、教育、文化などの面で大きな成果をあげ、その歴史的価値は非常に大きい。
文化遺産（登録基準(iii)(vi)）　2010年

●杭州西湖の文化的景観
（West Lake Cultural Landscape of Hangzhou）
杭州西湖の文化的景観は、中国の東部、浙江省の省都杭州市内の西にある。杭州西湖の文化的景観は、西湖と丘陵からなり、その美しさは、9世紀以降、白居易や蘇東坡（蘇軾）などの有名な詩人、学者、芸術家を魅了した。杭州西湖の文化的景観は、白堤や蘇堤などの堤や湖心亭などの人工な島々のほか、霊隠寺、浄慈寺など数多くの寺院群、六和塔などの仏塔群、東屋群、庭園群、柳などの観賞用の木々からなる。西湖は、杭州市内の西から長江の南に至る一帯の景観のみならず、何世紀にもわたって、日本や韓国の庭園設計にも影響を与えた。杭州西湖の文化的景観は、自然と人間との理想的な融合を反映した一連の眺望を創出する景観改善の文化的伝統の類いない証明である。
文化遺産（登録基準(ii)(iii)(vi)）　2011年

○澄江の化石発掘地（Chengjiang Fossil Site）
澄江（チェンジャン）の化石発掘地は、中国の南部、雲南省中部の玉渓市澄江県帽天山地区にある澄江自然保護区と澄江国家地質公園にまたがる古生物化石群の発掘地で、世界遺産の登録面積は512ha、バッファー・ゾーンは220haである。澄江の化石発掘地は、約5億2500万～約5億2000万年前の古生代カンブリア紀の前期中盤に生息していた40余部類、100余種の動物群（澄江動物群、もしくは、澄江生物群と呼ばれている）の化石の発掘地で、生物硬体化石と精緻な生物軟体印痕化石が保存されている、きわめて重要な地質遺跡である。澄江の化石発掘地は、5.8億年前のオーストラリアの「エディアカラ動物化石群」、5.15億年前のカナダの「バージェス頁岩動物化石群」と共に「地球史上の早期生物進化の実例となる三大奇跡」、「20世紀における最も驚異と見なされる発見の一つ」と言われている。澄江の化石発掘地は、高原構造湖である撫仙湖とも隣接しており、居住する少数民族のイ族やミャオ族の多彩な風情にも出会える。
自然遺産（登録基準(viii)）　2012年

●上都遺跡（Site of Xanadu）
上都（ザナドゥー）遺跡は、中国の北部、内蒙古自治区シュルンホフ旗（旗は行政区画の名称）の草原地帯にある、今から約740年前に造営された元王朝時代の皇城、宮城、外城などからなる面積が25000ha以上の考古学遺跡。モンゴル帝国の第5代ハーンであったフビライ・ハーン（1215～1294年）が、1256年に劉秉忠（子聡、後に大都の設計も手掛ける）に命じ、金蓮川付近の閃電河の河畔に王府となる開平府を建設させ、1260年、この地に都を定め、元王朝の初代皇帝になった。1264年に燕京（現在の北京）に大都が造営されると、二都巡幸制度が確立され、元王朝の首都は、上都と大都が交代で使用された。上都は、草原遊牧民族がつくった数少ない貴重な都市の一つで、中国の遊牧民族の遺跡としては最も保存状態の良い遺産である。アジア大陸で遊牧文明に属するモンゴル族と農耕文明に属する漢族が、都城設計において相互に交流した特徴も有しており、北東アジアにおけるチベット仏教の普及にも影響を与えた。
文化遺産（登録基準(ii)(iii)(iv)(vi)）　2012年

○新疆天山（Xinjiang Tianshan）
新疆天山は、中国の西端、新疆ウイグル地区のウルムチ市、イリカザフ自治州、昌吉回族自治州、阿克蘇地区にまたがる天山山脈。新疆天山は、天山天池国家級風景区などを含むボグダ峰(5445m)、中天山、バインブルグ草原、天山山脈の最高峰でキルギスとの国境に位置するトムール（托木爾）峰(7435m)の4つの構成資産からなる多様性に富んだ地域で、固有の動植物種140種、および希少種や絶滅危惧種477種が生息している。なかでも、天山天池は、地形の変化が激しい自然景勝地で、湖、森林、山谷、オアシス、草原、砂漠などが一体となった自然博物館である。天山山脈は、世界七大山脈の一つで、東西の全長が2500km、幅が平均250～350kmから最高800kmに及ぶ。東は新疆ハミ（哈密）の星星峡のゴビ砂漠から、西はウズベキスタンのキジル・クム砂漠、パミール、北はアルタイ山脈、南は崑崙山脈に至るまで、中国、カザフスタン、ウズベキスタン、キルギスの4か国にまたがり、中央アジアの脊梁を形成する。今回は中国側の新疆天山が登録されたが、キルギス側など登録範囲の拡大が期待される。
自然遺産（登録基準(vii)(ix)）　2013年

●紅河ハニ族の棚田群の文化的景観
（Cultural Landscape of Honghe Hani Rice Terraces）
紅河ハニ族の棚田群の文化的景観は、雲南省紅河ハニ（哈尼）族イ族自治州元陽県の紅河が流れる南岸にある先祖代々受け継がれてきた自然環境と人間との共同作品。ハニ族は山岳民族で、海抜1000～1500mの高地に住んでいる。ハニ族は、1300年以上の歴史の中で棚田を耕作し、山岳地域に驚くべき環境と文化を創出した。核心地域は、元陽の丘陵の麓から頂上に向かって展開する面積11000ha以上、3000段以上の大小様々な非定型の階段の棚田である。なかでも、最大級の「猛品棚田」は、面積が1133ha、段数が5000段もあり圧巻。紅河ハニ族の伝統文化は、棚田農業文明であり、それは、合理的な農業システムと農業の崇拝システムである。崇拝の概念は、人間と自然環境との調和が根拠になっており、この信念の証拠が数えきれない棚田である。特に、水が張られた春の棚田、それに日の出と棚田の景観、ハニ族の華やかな民族衣装は美しい。
文化遺産（登録基準(iii)(v)）　2013年

●大運河（The Grand Canal）
大運河は、中国の沿海部、北京と杭州を南北に結ぶ大運河で、世界遺産の登録面積は、20,819.11ha、バッファー・ゾーンは、53,320haである。世界遺産の構成資産は、清口、華陽運河、江南運河など31からなる。大運河は、中国の春秋戦国時代に江蘇・楊州のカンコウから開削が始まり、海河、黄河、淮河、長江、銭塘江の5つの大河が結ばれた。8省35都市を通過し、総延長は2000km以上におよぶ。世界最古に開削された、最大規模かつ最長の、そして今でも使用されている世界唯一の人工の大運河である。また、中国で唯一南北を貫通する大運河で、その歴史的地位は中国の万里の長城と並ぶものとされる。大運河は、ライン状の文化遺産で、中国の南北を貫通したという歴史的に重要な意味がある。世界遺産の申請には関係する都市が一丸となり、大運河開削の地である江蘇省楊州市が中心になった。大運河の5分の2が流れ、船舶の往来が最も盛んな江蘇区間ではすでに保護計画が始まっている。
文化遺産（登録基準(i)(iii)(iv)(vi)）
2014年

●**シルクロード：長安・天山回廊の道路網**
（Silk Roads: the Routes Network of Tian-shan Corridor）
文化遺産（登録基準(ii)(iii)(v)(vi)）　2014年
（カザフスタン／キルギス／中国）
→カザフスタン

●**土司遺跡群**（Tusi Sites）
土司遺跡群は、中国の南西部、湖南省湘西トゥチャの永順老司城遺跡、湖北省恩施トゥチャ族ミャオ族自治州の唐崖土司城遺跡、貴州省遵義市の播州海竜屯からなる。土司とは、紀元前3世紀に秦によって統一された中華王朝が少数民族のリーダーに13世紀～20世紀初期に与えた官職で、その少数民族は中華王朝のシステムに組み込まれたことにより、その習慣や生活スタイルが保たれた。土司遺跡群は、南方の多くの民族が集まり、暮らしていた湖南・湖北・貴州3省の交わる武陵山地区に分布している少数民族の伝統的統治、土司の制度に関する例証である。現存する主な遺跡には、土司城遺跡、土司軍事城跡、土司住宅、土司役所建築群、土司荘園、土司家族古墳群などがある。土司遺跡群の保存は、歴史の時空、社会背景、文化的内包、遺産の属性、物質保存などにおける典型的特徴と相互に関連しており、土司制度の歴史、および土司社会の生活様式、文化的特徴を反映している。
文化遺産（登録基準(ii)(iii)）
2015年

○**湖北省の神農架景勝地**（Hubei Shennongjia）
湖北省の神農架景勝地は、中国の中東部、湖北省の西部の辺境にある森林自然保護区で、世界遺産の登録面積は73318ha、バッファー・ゾーンは41536haで、その生態系と生物多様性を誇る。構成資産は、神農頂、老君山である。中国における農業・医薬の神である神農が、架(台)をつくり薬草を採取したと言われている神農架は、豊かな自然環境が残る地域として知られている。神農頂国家自然保護区、燕天景区、香渓源観光区、玉泉河観光区の四つの風景区を含む亜熱帯森林生態系の景勝地である。キンシコウ、白クマ、スマトラカモシカ、オオサンショウウオ及びタンチョウヅルなどの動物や鳥類が生息している。
自然遺産（登録基準(ix)(x)）　2016年

●**左江の花山岩画の文化的景観**
（Zuojiang Huashan Rock Art Cultural Landscape）
左江の花山岩画の文化的景観は、中国の南部、ベトナム国境近くの広西チワン族自治区の竜州県左江の支流、明江の右岸にある花山岩画風景区で見られる。世界遺産の登録面積は6622ha、バッファー・ゾーンは12149haである。構成資産は、寧明・龍州県岩画、竜州県岩画、扶綏県岩画など38か所に及ぶ。左江の花山岩画は、岩画を中心に造られた祭儀を行うためのものであり、その独特な形をした人の絵は、紀元前5世紀～紀元後2世紀の古代の越系民族の精神と社会発展を描いたものである。これらはこの地域が舞踏の祭儀と岩画で繁栄したという祭儀の伝統、及び人間と自然とが融合した文化的景観を映し出している。
文化遺産（登録基準(iii)(vi)）　2016年

○**青海可可西里**（Qinghai Hoh Xil）
青海可可西里(フフシル)は、中国の南西部、チベット(西蔵)自治区の北部、青海省の西部、甘粛省、四川省、雲南省にまたがるヒマラヤ山脈と崑崙山脈との間に広がる、海抜が4500mを超える世界最大の高原である青海チベット高原の北東の後背地にある世界の第三極の広さを持つ無人地帯で、原始的な自然状態がほぼ完璧に維持されている青海可可西里国立自然保護区と三江源国立自然保護区からなる。世界遺産の登録面積は、3,735,632haで、バッファー・ゾーンは2,290,904haである。青海フフシルは、平均気温が氷点下で、冬はマイナス45度に達する過酷な気候、草原、砂漠、7000以上の湖、255の氷河などの美しい壮観な自然景観、植物の1／3以上、哺乳類の3／5は固有種、絶滅危惧種のチベットアンテロープ、野生のヤクやロバなど230種の野生動物など豊かな生物多様性を誇り、長江の水源にもなっている。標高6000m前後の峰が連なり山頂に万年雪を頂く青海フフシルの高原生態系は、地球上の気候変動から大きな影響に直面している。尚、フフシルとはモンゴル語で「青い高原」を意味し、チベット名の「ホホシリ」、中国名の「可可西里」はいずれもこのモンゴル名を音写したものである。
自然遺産（登録基準(vii)(x)）　2017年

●**鼓浪嶼（コロンス島）：歴史的万国租界**
（Kulangsu: a Historic International Settlement）
鼓浪嶼(コロンス島)：歴史的万国租界は、中国の南東部、福建省南部の九竜江河口付近にある厦門(アモイ)市の沖にある広さ2km²足らずの小さな島で「海上の花園」とも謳われ「中国で最も美しい街」と称される。厦門は、1843年に商業港として、鼓浪嶼は1903年に歴史的居留地として開港した。その遺産は、中国と国際的な建築様式の931の歴史的建造物群、自然景観、歴史的な町並みや庭園群からなる現代の定住の複合的な特質を反映している。厦門は、アヘン戦争後の1842年に締結された南京条約で開港した5港の一つであったが、コロンス島には領事館が置かれ、スペインやポルトガルの西洋人が多く住んでいた。鼓浪嶼は、多様な文化関係を絶えることなく統合して数十年にもわたり形成した有機的な都市構造を今に留める文化の融合の類ない事例である。20世紀に入ると海外に渡った華僑や華人が定着し、アモイ・デコ様式をはじめとする中国と西洋の建築様式が融合した独特の町並みを完成させた。環境汚染など観光客数の増加による歴史的建築物への影響が懸念されており、観光客数の制限措置が求められている。
文化遺産（登録基準(ii)(iv)） 2017年

○**梵浄山**（Fanjingshan）
梵浄山は、中国の南西部、貴州省銅仁市のほぼ中心にある海抜500m～2,570mの高さの山で梵浄山風景区に指定されている。武陵山脈の主峰であり、核心地域(コアゾーン)の面積は402. 75平方km、緩衝地域(バッファゾーン)は372. 39平方kmである。梵浄山の生態システムには、古代の祖先種の形状を色濃く残している「生きた化石」や稀少・絶滅危惧種および固有種が大量に生息しており、4394種の植物と2767種の動物が生息する東南アジア落葉樹林生物区域の中で最も豊かな注目エリアの一つである。また、世界で唯一の貴州ゴールデンモンキーと梵浄山ホンショウモミの生息地で、裸子植物の種類が世界で最も豊富な地区となっている。さらには、アジアで最も重要なイヌブナ林保護地であり、東南アジア落葉樹林生物区域の中でコケ植物の種類が最も豊かなエリアでもある。貴州省としては荔波（Libo）カルスト、赤水丹霞（Chishui Danxia）、施秉（Shibing）カルストに次ぐ4番目の世界自然遺産である。
自然遺産 登録基準(x) 2018年

●**良渚古城遺跡**
（Archaeological Ruins of Liangzhu City）
良渚（りょうしょ）古城遺跡は、中国の東南部、浙江省杭州市の余杭市良渚鎮、太湖周辺や長江流域の平原地帯にある新石器時代の遺跡群で良渚古城遺跡公園になっている。登録面積が1433. 66 ha、バッファーゾーンが9980. 29ha、構成資産は、莫角山周辺遺跡群、大遮山（天目山）南麓遺跡群、荀山周辺遺跡群堯山遺跡地域の4地域からなる考古学遺跡群である。紀元前3300～2300年頃に建てられたとされる都市遺跡で中国五千年の文明史を立証する初期の地域国家や都市文明を伝える点などが評価された。分業や階層化が進んでいたことが、殉死者を伴う墓などからうかがえる。良渚遺跡区に建設されている良渚博物院は、「良渚文化」をテーマとする博物館で、玉器・陶器・石器・木器・織物などの発掘遺物と往事の農耕・陶器制作・玉器製作・木材加工・建築などの生活再現パノラマが楽しめる。長江下流域に広がる新石器時代の稲作文化と初期の都市文明 「良渚文化」を伝える顕著な普遍的価値を有する遺跡である。
文化遺産（登録基準 (iii)(iv) ） 2019年

○**中国の黄海・渤海湾沿岸の渡り鳥保護区群（第1段階）**
（Migratory Bird Sanctuaries along the Coast of Yellow Sea-Bohai Gulf of China (Phase I)）
中国の黄海・渤海湾沿岸の渡り鳥保護区群（第1段階）は、中国の東部、中国大陸と朝鮮半島の間にある黄海、山東半島と遼東半島に囲まれた渤海湾の沿岸の渡り鳥保護区群で、登録面積が188, 643 ha、バッファー・ゾーンが80, 056 haである。黄海およびその西部に位置する渤海をあわせた沿岸域生態系は、世界自然保護基金（WWF）の黄海エコリージョンで、オランダ・ドイツ・デンマークの3か国にまたがるワッデン海次ぐ潮間帯湿地の世界遺産になった。ラムサール条約（「特に水鳥の生息地として国際的に重要な湿地に関する条約」）の保護下でもあり、絶滅危惧種である渡り鳥の重要な越冬の経由地である。この沿岸域には、南堡（ナンプ）湿地など広大な干潟が広がり、毎年数十万羽のシギやチドリなどの渡り鳥が翼を休める一大渡来地となっているが、急速な経済発展に伴い、その自然は埋め立てによる消失、養殖場への改変、排水やゴミによる汚染の危機にさらされている。今回、世界遺産に登録されたことにより、東アジア・オーストラリア地域フライウェイと生息地の自然保護強化の面で、大きな期待が高まっている。
自然遺産（登録基準((x)） 2019年

●**泉州：宋元中国の世界海洋商業・貿易センター**
（Quanzhou: Emporium of the World in Song-Yuan China）
泉州：宋元中国の世界海洋商業・貿易センターは、中国の南東岸、福建省にある10～14世紀の宋元時代の歴史と宗教文化が色濃く残る街である登録面積536. 08 ha、バッファーゾーン11, 126. 02 haである。エンポリウムとは、商業・交易の中心地という意味で、泉州における貿易の起源は中国の南北朝時代にまでさかのぼり、世界の百近くの国や地域と交易を行ってきた。海上シルクロードを通じて中国からシルクや磁器を輸出し、外国から香料や生薬を輸入するなど、ザイトンと呼ばれた当時の賑やかな光景は「東洋一の大港」と称えられ、元代にはマルコ・ポーロやイブン・バットゥータがザイトンと呼んでいた。構成資産は、福建省最大の古刹である開元寺、中国最古のイスラム教寺院の清浄寺、清原山にある石の老子像、洛陽江の上に架けられている洛陽橋、かつて泉州古城の南門であった徳済門遺跡など16件の史跡群からなる。中国語での名称は、「泉州－宋元中国的世界海洋商易中心」である。
文化遺産（登録基準(iv)） 2021年

朝鮮民主主義人民共和国（北朝鮮）
（2物件 ● 2）

●**高句麗古墳群**（Complex of Koguryo Tombs）
高句麗古墳群は、平壌市、南浦市、平安南道、黄海南道に広く分布する。高句麗王国末期の江西三墓、徳興里壁画古墳、水山里古墳、安岳1号墳、安岳3号墳など古墳63基が含まれる。このうち16基の古墳は、石室の天井に極彩色の星宿（星座）図や「白虎」などの四神図などの美しい壁画が描かれており、高句麗時代の代表的な傑作といえる。また、古墳の構造は、当時の巧みな土木技術を証明するものでもある。高句麗文化の優れた埋葬習慣は、日本を含む他地域の文化にも大きな影響を与えた。
文化遺産（登録基準（i）（ii）（iii）（iv））　2004年

●開城の史跡群
（Historic Monuments and Sites in Kaesong）
開城（ケソン）の史跡群は、北朝鮮の南西部、黄海北道の開城市にある古くは高麗の王都として栄えた歴史遺跡群。開城は、高麗王朝（918～1392年）を建国した王建が開城を本拠としていた為、918年に高麗を建国すると首都と定めた。その後、高麗滅亡まで首都の地位にあった為、数多くの史跡が残されている。開城の史跡群は、満月台、開城瞻星台、開城城壁、開城南大門、高麗成均館、陽書院、善竹橋と表忠碑の遺跡群、王建王陵、七陵群、明陵群、恭愍王陵の12のモニュメントと遺跡の構成資産からなる。開城南大門は、高麗時代に開城の南門として1393年に建立された。高麗成均館は、高麗時代の最高教育機関で、1992年に創立1000周年を迎え、現在は、高麗博物館になっている。王建王陵は、高麗太祖王建の墳墓で、1994年1月31日に改建された。恭愍王陵は、高麗31代の王と后の双墓で、1989年に原状復旧された。開城の史跡群は、統一された高麗王朝が思想的に仏教から儒教に移行する時期の政治的、文化的、思想的、精神的な価値を有する。その根拠として、都市の風水的立地、宮廷と古墳群、城壁と大門で構成された都市の防御の仕組み、それに教育機関などを通じて知ることができる。
文化遺産（登録基準（ii）（iii））　2013年

トルクメニスタン（3物件　●3）

●「古都メルブ」州立歴史文化公園
（State Historical and Cultural Park "Ancient Merv"）
「古都メルブ」州立歴史文化公園は、国土の8割がカラクム砂漠であるトルクメニスタンにある中央アジア最大の遺跡。メルブは、中央アジアのシルクロードのオアシスのなかで、最も古い歴史をもつ古都。メルブには、面積70km²の広大な地域に、紀元前6世紀からモンゴルの騎馬軍に滅ぼされる13世紀までの約2000年間の遺跡群が残されている。最盛期は、11～12世紀で、中央アジアで興り地中海にまで勢力を拡大したトルコ人によるセルジューク朝（1038～1194年）の東の都として栄華を誇っていた頃で、その建築様式や文化は、他の中央アジアの国々やイランにも大きな影響を与えた。1221年に、チンギス・ハンによるモンゴル帝国（1206～1271年）の侵攻によって、町は焼かれ没落した。古都メルブには、メルブ最古の紀元前6世紀のエルク・カラ都城跡、モンゴル時代にメルブの支配者であったスルタン・サンジャル廟や住居跡、紀元後6世紀に建てられた大キズガラと小キズガラの城壁などの見所が数多い。この地は、昔「マルギアナ」と呼ばれ、葡萄や果物が実る砂漠の中の豊かなオアシスであった。
文化遺産（登録基準（ii）（iii））　1999年

●クフナ・ウルゲンチ（Kunya-Urgench）
クフナ・ウルゲンチは、トルクメニスタンの北西部、アム・ダリア川の南側にある。クフナとは、旧という意味で、クフナ・ウルゲンチは旧ウルゲンチで、現在のウルゲンチ（ウズベキスタン）の北西140kmにある。ウルゲンチは、アクメネス朝の一部であったホラズム朝の首都であった。クフナ・ウルゲンチは、主に11～16世紀の史跡で、モスク、キャラバンサライの門、要塞、青いタイルで飾られた三角錐の帽子型の屋根が特徴である12世紀にホラズム朝のシャーであったスルタン・テケシュ廟、旧ウルゲンチで最大の建造物でドーム内部の装飾が美しいクトルグ・ティムールの夫人テュラベク・ハヌム廟、スーフィズムの聖者の墓廟群、それに、中央アジア最長の67mの高さを誇る14世紀にジョチ・ウルスのホラズム総督クトルグ・ティムールによって建設されたクトルグ・ティムール・ミナレットなどの建造物群からなっている。クフナ・ウルゲンチは、14世紀末にティムールの2回にわたる遠征で打撃を受けたが、これらのモニュメントは、建築や工芸の分野の顕著な作品群で、イラン、アフガニスタン、それに16世紀インドのムガール朝の建築に影響を与えた。
文化遺産（登録基準（ii）（iii））　2005年

●ニサのパルティア時代の要塞群
（Parthian Fortresses of Nisa）
ニサのパルティア時代の要塞群は、トルクメニスタンの首都アシュガバットの南西15km、アハル州のバギール村の近くにある。ニサのパルティア時代の要塞群は、旧ニサと新ニサの2つの地区に分けられる。旧ニサは、紀元前3世紀半ばから紀元後3世紀に権力を誇ったパルティア帝国の都市遺跡で、不規則な五角形の形で、40以上の長方形の塔がある高さの高い防御の為の土塁で囲まれた要塞であった。一方、新ニサは、周囲を9mの高さの強固な防壁で囲まれた2つの入口がある古代都市であった。ニサは、東西南北の交易の十字路として、中央アジアや地中海諸国からの文化的な影響も受けていた。一方において、ローマ軍からの進攻を食い止める境界線として戦略的にも重要な役割を果たしていたが、紀元前10年頃に起こった地震で全壊した。
文化遺産（登録基準（ii）（iii））　2007年

日本（23物件　○4　●19）

●法隆寺地域の仏教建造物

アジア

(Buddhist Monuments in the Horyu-ji Area)
法隆寺地域の仏教建造物は、奈良県生駒郡斑鳩町にあり、法隆寺、法起寺からなる。日本には8世紀以前に建立された木造建造物が28棟残るが、その内11棟が法隆寺地域に所在する。法隆寺は、世界最古の木造建築物の中門、金堂、日本の塔の中で最古の五重塔などからなる西院伽藍、夢殿を中心とした東院伽藍などからなる。また、法起寺には日本最古の三重塔が残存する。この地域は、その他にも多くの古刹にも恵まれ、日本の仏教寺院の全歴史を物語る文化遺産がここに総合されている。法隆寺地域は、建造物群だけではなく、釈迦三尊像、百済観音像、救世観音像などの仏像、法隆寺会式(聖霊会)などの宗教儀礼、学問、歴史、信仰など日本の仏教文化の宝庫ともいえ、斑鳩の里として、日本人の心のふるさとになっている。
文化遺産（登録基準(i)(ii)(iv)(vi)）　1993年

●**姫路城**（Himeji-jo）
姫路城は、兵庫県姫路市内の小高い丘、姫山にある平山城。姫路城が最初に築かれたのは、鎌倉時代の末期、元弘3年(1333年)、播磨の豪族・赤松則村が、西国からの幕府方の攻撃に備えて、ここに砦を築いた。その後も、西国統治の重要拠点として、羽柴秀吉、池田輝政、本多忠政ら時代の重鎮がこの城を引き継ぎ、その都度拡張され、現在の姿を整えてきた。築城技術は、安土桃山時代から江戸時代初期にかけて、軍事的にも芸術的にも最高レベルに達したが、1610年、池田輝政は、その時代の粋を集めてこの城を完成させた。姫路城の天守閣群は、外観5層、内部6層の大天守を中心に渡廊で結ばれた3つの小天守で構成された「連立式天守閣」という様式。白壁が美しく、華やかな構成美が羽を広げて舞う白鷺の様なので「白鷺城」の別名でも親しまれている。姫路城は、連立式天守閣の構造美に代表されるように、軍事的そして芸術的に最高度に達したといわれる安土桃山建築の粋が凝らされている。一方、その美しい外観とは裏腹に、内部は徹底的な防御の構えの堅固な要塞の構造になっている。姫路城には、国宝(8棟)や重要文化財(74棟)の指定を受けた建造物が82棟もあり、長い歴史の中で一度も戦火に巻き込まれなかったこともあって、日本の城郭建築物の中では、第一級の保存度を誇っている。大天守の保存修理工事が、2009年10月から約5年間かけて行われた。
文化遺産（登録基準(i)(iv)）　1993年

○**白神山地**（Shirakami-Sanchi）
白神山地は、青森県、秋田県にまたがる広さ170km²におよぶ世界最大級の広大なブナ原生林。白神岳を中心に1000m級の山々が連なる。白神山地のブナ林は、8000年近い歴史をもち、縄文時代の始まりとともに誕生したと考えられており、縄文に始まる東日本の文化は、ブナの森の豊かな恵みの中で育まれてきた。古代の人々の生活そのものの狩猟、採取はブナの森の豊かさに支えられ、現代の私たちもブナの森の恵みに預かっている。世界遺産登録区域は、16,971ha(青森県側12,627ha、秋田県側 4,344ha)であり、世界最大級のブナ原生林の美しさと生命力は人類の宝物といえ、また、白神山地全体が森林の博物館的景観を呈している。植物の種類も豊富で、アオモリマンテマ、ツガルミセバヤ等500種以上にのぼり、ブナ群落、サワグルミ群落、ミズナラ群落等多種多様な植物群落が共存している。動物は、絶滅の恐れがある国の天然記念物のイヌワシをはじめ、本州では珍しいクマゲラ等の鳥類、哺乳類では、ニホンカモシカ、ニホンツキノワグマ、ニホンザル、ホンドオコジョ、ヤマネ等、また、昆虫類は、2000種以上の生息が確認されている。
自然遺産（登録基準(ix)）　1993年

○**屋久島**（Yakushima）
屋久島は、鹿児島県の南方約60kmのコバルトブルーの海に浮かぶ周囲132km、面積500km²、わが国では5番目に大きい離島。屋久島は、中生代白亜紀の頃までは海底であったが、新生代になって造山運動が活発化、約1400万年前、海面に岩塊の一部が現われ島の原形がつくられた。日本百名山の一つで、九州最高峰の宮之浦岳（1935m）を中心に、永田岳、安房岳、黒味岳など1000mを越える山々が40座以上も連なる。登録遺産は、宮之浦岳を中心とした島の中央山岳地帯に加え、西は国割岳を経て海岸線まで連続し、南はモッチョム岳、東は愛子岳へ通じる山稜部を含む区域。国の特別天然記念物にも指定されている樹齢7200年ともいわれる縄文杉を含む1000年を超す天然杉の原始林、亜熱帯林から亜寒帯林に及ぶ植物が、海岸線から山頂まで垂直分布しており、クス、カシ、シイなどが美しい常緑広葉樹林（照葉樹林）は世界最大規模。樹齢1000年以上の老樹の杉を特に屋久杉と呼ぶ。樹齢数100年の若い杉は屋久小杉。屋久杉の木目は美しく、樹脂が多く、材質は朽ち難く世界の銘木として珍重されている。またヤクザル、ヤクシカ、鳥、蝶、昆虫類も多数生息している。
自然遺産（登録基準(vii)(ix)）　1993年

●**古都京都の文化財（京都市　宇治市　大津市）**
（Historic Monuments of Ancient Kyoto
(Kyoto, Uji and Otsu Cities)）
古都京都の文化財は、794年に古代中国の都城を模範につくられた平安京とその近郊が対象地域で、平安、鎌倉、室町、桃山、江戸の各時代にわたる建造物、庭園などが数多く存在する。世界遺産に登録されている物件は、賀茂別雷神社(上賀茂神社)、教王護国寺(東寺)、比叡山延暦寺、仁和寺、宇治上神社、西芳寺(苔寺)、鹿苑寺(金閣寺)、龍安寺、二条城、賀茂御祖神社(下鴨神社)、清水寺、醍醐寺、平等院、高山寺、天龍寺、慈照寺（銀閣寺)、西本願寺の17社寺・城で、宇治市と滋賀県の大津市にも及ぶ。古都京都には、約3000の社寺、2000件を越える文化財の中から、(1)世界遺産が不動産に限られている為、建造物、庭園を対象に、(2)国内で最高ランクに位置づけられている国宝(建造物)、特別名勝（庭園)を有し、(3)遺産の敷地が史跡に指定されているなど、遺産そのものの保護の状況に優れているものの代表として17の物件が基本的に選び出され、古都京都の歴史とこの群を成す文化財が総体として評価された。歴史的、また、建造物的にもきわめて重要な桂離宮、修学院離宮などを、今後、追加登録するべきだという声も多くある。

文化遺産（登録基準(ii)(iv)）　1994年

●白川郷・五箇山の合掌造り集落
（Historic Villages of Shirakawa-go and Gokayama）

白川郷・五箇山の合掌造り集落は、岐阜県(白川村荻町)と富山県(南砺市相倉、菅沼)の3集落にある国内では珍しい大型の木造家屋89棟の「合掌造り」の集落。「合掌造り」と集落の歴史的景観を形成する周辺の自然環境が、わが国6番目の世界遺産の指定対象地域(約68ha)になっている。「合掌造り」とは、勾配が60度に急傾斜している屋根を丈夫にする為のサシという特殊構造を用いた切妻屋根茅葺木造家屋のことで、豪雪などの自然環境に耐え、養蚕に必要な空間を備えた効率的な造りになっており、大変ユニーク。これらの集落は、庄川上流の日本有数の山岳・豪雪地帯にあり、釘やカスガイを使わない建築様式、板壁の使用、年中焚かれるいろりの煙が果たす防虫効果など厳しい地形と気候風土の中で培われた独自の伝統的生活様式の知恵が結集され、「日本の心のふるさと」ともいえるノスタルジックな風土が独特の文化を形成している。このように、合掌造り家屋がまとまって残り、良好に保存された周囲の自然環境と共にかつての集落景観を保持する3集落の普遍的価値が、世界遺産としての評価を得、現に今も人々が暮らす民家群が人類の遺産として認められたことは、大変意義深い。かつて秘境と呼ばれた白川郷・五箇山へも、現在は飛越峡合掌ライン等が整備され、冬でも訪れることが出来る。

文化遺産（登録基準(iv)(v)）　1995年

●広島の平和記念碑（原爆ドーム）
（Hiroshima Peace Memorial（Genbaku Dome））

広島平和記念碑(原爆ドーム)は、広島市の中心部を流れる元安川の川辺にある。原爆ドームは、第二次世界大戦末期の昭和20年（1945年）8月6日、米軍が投下した原子爆弾によって破壊されるまでは、モダンなデザインを誇る旧広島県産業奨励館で、チェコの建築家ヤン・レッツェル(1880～1925年)によって設計され、大正4年（1915年）に完成した建造物であった。原爆ドームは、人類史上初めて使用された核兵器によって、街はほとんどが破壊され、多くの人の生命が奪われるなどの惨禍を如実に物語る負の遺産であり、世代や国を超えて、核兵器の究極的廃絶と世界平和の大切さを永遠に訴え続ける人類共通の平和記念碑。世界遺産の範囲は、原爆ドームの建物の所在する地域の0.4ha。緩衝地帯<バッファーゾーン>の42.7haの区域内にある平和記念公園には、慰霊碑や50基余りのモニュメントがあり、広島平和記念資料館には、被爆資料や遺品、写真パネルなどが展示されている。原爆ドームの世界遺産化は、広島市民をはじめとする165万人の国会請願署名が推進の原動力となった。原爆ドームが世界遺産になったことによって、国内外から、国際平和への発信拠点としての役割が一層期待されている。2002年8月には、平和公園内に国立広島原爆死没者追悼平和祈念館が開館し、被爆者の遺影や手記などが公開されている。

文化遺産（登録基準(vi)）　1996年

●厳島神社（Itsukushima Shinto Shrine）

厳島神社は、広島県西部、瀬戸内海に浮かぶ厳島(宮島)にある。緑に覆われた標高530mの弥山(みせん)の原始林を背景に、本社本殿を中心に海上の大鳥居など鮮やかな朱塗りの平安の宗教建築群を展開する。他に例を見ない大きな構想のもとに独特の景観を創出している。登録遺産の範囲は、厳島神社の本社本殿、拝殿、幣殿、祓殿等が17棟、それに、朱鮮やかな大鳥居、五重塔、多宝塔を含めた建造物群と、それと一体となって登録遺産の価値を形成している前面の瀬戸内海と背後の弥山を中心とする地域。厳島神社の創建は、推古天皇の時代の593年いわれ、平安時代の1168年に、平清盛（1118～1181年）の崇拝を受けて現在の様な形に築かれ、その後、毛利元就(1497～1571年)により、本社本殿は建て替えられた。厳島神社の建造物群は、総体として、ある一つの明確な理念の下に調和と統一をもって建造され配置された社殿群及びその周囲に歴史的に形成された建造物からなっている一方、それぞれの単体の建造物も個々に優れた建築様式を誇っている。また、厳島神社のある安芸の宮島は、日本三景の一つとしても知られている。

文化遺産（登録基準(i)(ii)(iv)(vi)）　1996年

●古都奈良の文化財（Historic Monuments of Ancient Nara）

古都奈良の文化財は、聖武天皇（701～756年）の発願で建立された官寺で、金堂（大仏殿）、南大門、三月堂（法華堂）など8棟（正倉院正倉を含む）が国宝に、18棟が重要文化財に指定されている東大寺、神の降臨する山として神聖視されていた御蓋山の麓に、藤原氏の氏神を祀った神社の春日大社、大社の文化的景観を構成する特別天然記念物の春日山原始林、藤原氏の氏寺として建立され五重塔が象徴的な興福寺、6世紀に蘇我馬子が造営した飛鳥寺が平城京に移された元興寺、天武天皇の発願で建立された官寺の薬師寺、戒律を学ぶための寺として唐僧・鑑真が759年に創建した唐招提寺、平城京の北端にある宮城跡で、国の政治や儀式を行う大極殿や朝堂院、天皇の居所である内裏、役所の遺跡で特別史跡の平城宮跡の8遺産群からなる。この中には、国宝25棟、重要文化財53棟、計78棟の建造物群が含まれ、遺産の範囲は、遺産本体の面積が616.9ha、緩衝地帯が1962.5ha、歴史的環境調整地域が539.0ha 合計3118.4haに及ぶ。遺産を構成する建造物は、8世紀に中国大陸や朝鮮半島から伝播して日本に定着し、日本で独自の発展を遂げた仏教建築群で、その後の同種の建築の規範として大きな影響力を保ち続け、また、神道や仏教など日本の宗教的空間の特質を表す顕著で重要な事例群であることが評価された。「古都奈良の文化財」の世界遺産登録範囲へのインパクトが懸念される大和北道路（京奈和自動車道の一部）の建設について、世界遺産委員会は、大和北道路の建設は、世界遺産「古都奈良の文化財」の顕著な普遍的価値や完全性を損なわないことに留意し、締約国である日本に対して、不測事態時の地下水位の変動防止の為の適切な地下水監視システムの確立やリスク軽減計画の策定を勧告している。
文化遺産（登録基準(ii)(iii)(iv)(vi)）　1998年

●日光の社寺（Shrines and Temples of Nikko）
日光の社寺は、栃木県の日光市内にある。日光の社寺は、二荒山神社、東照宮、輪王寺の2社1寺とその境内地からなる。その中には、江戸幕府の初代将軍徳川家康（1542～1616年）を祀る東照宮の陽明門や三代将軍家光（1604～1651年）の霊廟がある輪王寺の大猷院などの国宝9棟、二荒山神社の朱塗が美しい神橋などの重要文化財94棟の計103棟の建造物群が含まれる。二荒山神社は、日光の山岳信仰の中心として古くから崇拝されてきた神社であり、中世には多数の社殿が造営された。また、江戸時代に入り、江戸幕府によって、新たに本殿や諸社殿が造営された。東照宮は、徳川家康の霊廟として、1617年に創建され、主要な社殿は、三代将軍家光によって1636年に造営された。東照宮の建築により、「権現造」様式や、彫刻、彩色等の建築装飾の技法が完成され、その後の建築様式に大きな影響を与えた。輪王寺は、8世紀末に日光開山の勝道上人が創建した四本竜寺に起源をもち、日光山の中心寺院として発展してきた。1653年には三代将軍徳川家光の霊廟である大猷院霊廟が造営され、輪王寺は、徳川幕府の崇拝を受けた。登録遺産（コア・ゾーン）の面積は50.8haで、バッファー・ゾーンの面積373.2haを加えると424haに及ぶ。登録遺産は、徳川幕府（1603～1867年）の祖を祀る霊廟がある聖地として、諸国大名の参拝はもちろん、歴代の将軍の参拝や朝廷からの例幣使の派遣、朝鮮通信使の参拝などが行われ、江戸時代の政治体制を支える重要な歴史的役割を果たした。また、日光山中の建造物群周辺の山林地域は、日光の山岳信仰の聖域とされ、自然と社殿が調和した文化的景観を形成する不可欠な資産となっている。
文化遺産（登録基準(i)(iv)(vi)）　1999年

●琉球王国のグスク及び関連遺産群
（Gusuku Sites and Related Properties of the Kingdom of Ryukyu）
琉球王国のグスク及び関連遺産群は、日本列島の最南端に位置する島嶼沖縄県の那覇市など3市4村にまたがって点在する。14世紀中頃には三王国が分立していた琉球が、琉球王国への統一に動き始める14世紀後半から、王国が確立した後の18世紀末にかけて生み出された琉球地方独自の特徴を表す文化遺産群である。今帰仁城跡、座喜味城跡、勝連城跡、中城城跡、首里城跡、園比屋武御嶽石門、玉陵、識名園、斎場御嶽の9つからなり、国の重要文化財(2棟)、史跡(7)、特別名勝(1)にも指定されている。今帰仁城、座喜味城、勝連城、中城城は、いずれも三国鼎立期から琉球王国成立期にかけて築かれた城で、首里城は琉球王の居城として中心となった建物、さらに王室関係の遺跡として園比屋武御嶽石門、玉陵、識名園がある。また、中央集権的な王権を信仰面で支える国家的な祭祀の場として斎場御嶽も登録されている。沖縄の城(グスク)には必ず霊地としての役割があり、地域の信仰を集める場所であったと考えられている。琉球諸島は東南アジア、中国、朝鮮、日本の間に位置し、それらの文化・経済の中継地であったと同時に、グスク(城塞)を含む独自の文化財および信仰形態をともなっている。
文化遺産（登録基準(ii)(iii)(vi)）　2000年

●紀伊山地の霊場と参詣道
（Sacred Sites and Pilgrimage Routes in the Kii Mountain Range）
紀伊山地の霊場と参詣道は、日本の中央部、紀伊半島の和歌山県、奈良県、三重県の三県にまたがる。森林が広がる紀伊山地を背景に、修験道の「吉野・大峯」、神仏習合の「熊野三山」、真言密教の「高野山」というように、それぞれ起源や内容を異にする三つの「山岳霊場」と、これらの霊場を結ぶ大峯奥駈道、熊野参詣道(小辺路・中辺路・大辺路・伊勢路)、高野参詣道の「参詣道」からなる。紀伊山地の霊場と参詣道は、紀伊山地の自然環境がなければ成り立つことがなかった「山岳霊場」と「参詣道」、そして、周囲を取り巻く「文化的景観」を特色とする、日本で随一、それに世界でも類例が稀な事例である。紀伊山地の霊場と参詣道は、神道と仏教の神仏習合を反映し、また、これらの宗教建築物群と森林景観は、1200年以上にわたって脈々と受け継がれてきた霊場の伝統を誇示している。2016年、第40回世界遺産委員会で「熊野参詣道」及び「高野参詣道」について、登録範囲の拡大(軽微な変更)がなされた。
**文化遺産（登録基準(ii)(iii)(iv)(vi)）
2004年／2016年**

○知床（Shiretoko）
知床は、北海道の北東にあり、地名はアイヌ語の「シリエトク」に由来し、地の果てを意味する。知床の世界遺産の登録面積は、核心地域が34,000ha、緩衝地域が37,100haの合計71,100haである。登録範囲は、長さが約70kmの知床半島の中央部からその先端部の知床岬までの陸域48,700haとその周辺のオホーツク海域22,400haに及ぶ。知床は、海と陸の生態系の相互作用を示す複合生態系の顕著な見本であり、海、川、森の各生態系を結ぶダイナミックなリンクは、世界で最も低緯度に位置する季節的な海氷の形成とアイス・アルジーと呼ばれる植物プランクトンの増殖によって影響を受けている。それは、オオワシ、オジロワシ、シマフクロウなど絶滅が危惧される国際的希少種やシレトコスミレなどの知床山系固有種にとってでもある。知床は、脅威にさらされている海鳥や渡り鳥、サケ科魚類、それにトドや鯨類を含む海棲哺乳類にとって地球的に重要である。2005年7月に南アフリカのダーバンで開催された第29回世界遺産委員会で世界遺産になった。わが国では13番目の世界遺産、自然遺産では3番目で、海域部分が登録範囲に含まれる物件、そしてその生物多様性が登録基準として認められた物件としては、わが国初である。将来的に、その環境や生態系が類似しているクリル諸島（千島列島　ロシア連邦）との2か国にまたがる「世界遺産平和公園」（World Heritage Peace Park）として発展する可能性もある。また、知床の管理面では、誇れる伝統文化を有する先住民族アイヌの参画、そして、エコツーリズム活動の発展も望まれている。2015年には世界遺産登録10周年を迎える。

自然遺産（登録基準（ix）（x））　2005年

●石見銀山遺跡とその文化的景観

（Iwami Ginzan Silver Mine and its Cultural Landscape）

石見銀山遺跡は、日本海に面する島根県中央部の大田市にある。石見銀山は、中世から近世にかけて繁栄した銀山で、16～17世紀の銀生産最盛期には、ボリヴィアのポトシと並ぶ世界の2大銀鉱山といわれ、海外にも多く輸出され、当時の世界の産銀量の約3分の1を占めたといわれる日本銀のかなりの部分を担い、世界経済にも大きな影響を与えた。石見銀山遺跡は、中世から近世の約400年にわたる銀山の全容が良好に残る稀な産業遺跡で、石見銀の採掘、精錬から運搬、積み出しに至る鉱山開発の総体を表す「銀鉱山跡と鉱山町」、「港と港町」、及びこれらをつなぐ「街道」の3つから構成されている。石見銀山遺跡は、東西世界の文物交流及び文明交流の物証であり、伝統的技術による銀生産の証しである考古学的遺跡及び銀鉱山に関わる土地利用の総体を表す文化的景観を呈する。石見銀山遺跡は、ユネスコの「世界遺産」に推薦するための国内での暫定リストに2000年登載、2005年7月15日に開催された文化審議会文化財分科会は、「石見銀山遺跡とその文化的景観」を世界遺産に推薦することを了承、専門機関のICOMOSは、「登録延期」を勧告したが、「環境との共生」が評価され、2007年6月の第31回世界遺産委員会クライストチャーチ会議で、世界遺産リストに登録された。2007年の大森銀山重伝建地区についての国の追加選定、2008年の街道の史跡追加指定、2009年の温泉津重伝建地区についての国の追加選定などに伴い、2010年の第34回世界遺産委員会で、コア・ゾーンの面積を442haから約529haに拡大、軽微な変更を行った。

文化遺産（登録基準（ii）（iii）（v））　2007年／2010年

●平泉ー仏国土（浄土）を表す建築・庭園及び考古学的遺跡群

（Hiraizumi–Temples, Gardens and Archaeological Sites Representing the Buddhist Pure Land）

平泉ー仏国土（浄土）を表す建築・庭園及び考古学的遺跡群ーは、日本の東北地方、岩手県にある。平泉は、12世紀日本の中央政権の支配領域と本州北部、さらにはその北方の地域との活発な交易活動を基盤としつつ、本州北部の境界領域において、仏教に基づく理想世界の実現を目指して造営された政治・行政上の拠点である。平泉は、精神的主柱を成した寺院や政治・行政上の中核を成した居館などから成り、宗教を主軸とする独特の支配の形態として生み出された。特に、仏堂・浄土庭園をはじめとする一群の構成資産は、6～12世紀に中国大陸から日本列島の最東端へと伝わる過程で日本に固有の自然崇拝思想とも融合しつつ独特の性質を持つものへと展開を遂げた仏教、その中でも特に末法の世が近づくにつれて興隆した極楽浄土信仰を中心とする浄土思想に基づき、現世における仏国土（浄土）の空間的な表現を目的として創造された独特の事例である。それは、仏教とともに受容した伽藍造営・作庭の理念、意匠・技術が、日本古来の水景の理念、意匠・技術との融合を経て、周囲の自然地形をも含め仏国土（浄土）を空間的に表現した建築・庭園の固有の理念、意匠・技術へと昇華したことを示している。平泉の5つの構成資産（中尊寺、毛越寺、観自在王院跡、無量光院跡、金鶏山）は、浄土思想を含む仏教の伝来・普及に伴い、寺院における建築・庭園の発展に重要な影響を与えた価値観の交流を示し、地上に現存するもののみならず、地下に遺存する考古学的遺跡も含め、建築・庭園の分野における人類の歴史の重要な段階を示す傑出した類型である。さらに、そのような建築・庭園を創造する源泉となり、現世と来世に基づく死生観を育んだ浄土思想は、今日における平泉の宗教儀礼や民俗芸能にも確実に継承されている。2011年の第35回世界遺産委員会パリ会議で、世界遺産登録を実現したが、柳之御所遺跡は、残念ながら構成資産から外れた。2011年3月11日の東日本大震災で、平泉のある東北地方は壊滅的な被害を蒙った。平泉の世界遺産登録の実現は、東北地方の復興・再生に向けての希望の光となっている。今後、世界遺産の登録範囲を拡大し、柳之御所遺跡、達谷窟、白鳥舘遺跡、長者ヶ原廃寺跡、骨寺村荘園遺跡の5資産を構成資産に加えるべく、2012年9月に世界遺産暫定リストに記載、2020年の拡大登録をめざしている。

文化遺産（登録基準（ii）（vi））　2011年

○小笠原諸島（Ogasawara Islands）

小笠原諸島は、日本の南部、東京湾からおよそ1,000km

アジア

（竹芝～父島間）南方の海上に、南北400km にわたって散在する大小30余りの島々からなる。世界遺産の登録面積は7,939haで、北ノ島、婿島、媒島、嫁島、弟島、兄島、父島、西島、東島、南島、母島、向島、平島、姪島、姉島、妹島、北硫黄島、南硫黄島、西之島の島々と周辺の岩礁等、それに海域の21構成資産からなる。小笠原諸島は、地球上の大陸形成の元となる海洋性島弧（海洋プレート同士がぶつかり合って形成された列島）が、どのように発生し成長するかという進化の過程を、陸上に露出した地層や無人岩（ボニナイト）などの岩石から解明することのできる世界で唯一の場所である。小笠原諸島の生物相は、大陸と一度も陸続きになったことのない隔離された環境下で、様々な進化をとげて多くの種に分化した生物から構成され、441種類の固有植物など固有種率が高い。小笠原諸島は、海洋島生態系における進化の過程を代表する顕著な見本である。小笠原諸島は、限られた陸域でありながら、固有種を含む動植物の多様性に富んでおり、オガサワラオオコウモリやクロアシアホウドリなど世界的に重要とされる絶滅のおそれのある195種の生息・生育地でもあり、北西太平洋地域における生物多様性の保全のために不可欠な地域でもある。

自然遺産（登録基準（ix））　2011年

●富士山−信仰の対象と芸術の源泉

（Fujisan, sacred place and source of artistic inspiration）

富士山−信仰の対象と芸術の源泉は、日本の中央部、山梨県と静岡県の2県にまたがり、三保松原など25の構成資産からなる。富士山は、標高3776mの極めて秀麗な山容を持つ円錐成層火山である。古くから噴火を繰り返したことから、霊山として多くの人々に畏敬され、日本を代表し象徴する「名山」として親しまれてきた。山を遥拝する山麓に社殿が建てられ、後に富士山本宮浅間大社や北口本宮冨士浅間神社が成立した。平安時代から中世にかけては修験の道場として繁栄したが、近世には江戸とその近郊に富士講が組織され、多くの民衆が富士禅定を目的として大規模な登拝活動を展開した。このような日本独特の山岳民衆信仰に基づく登山の様式は現在でも命脈を保っており、特に夏季を中心として訪れる多くの登山客とともに、富士登山の特徴をなしている。また、葛飾北斎による『富嶽三十六景』など多くの絵画作品に描かれたほか、『万葉集』などにも富士山を詠った多くの和歌が残されている。このように、富士山は一国の文化の基層をなす「名山」として世界的に著名であり、日本の最高峰を誇る秀麗な成層火山であるのみならず、「信仰の対象」と「芸術の源泉」に関連する文化的景観として「顕著な普遍的価値」を有している。2007年に世界遺産暫定リストに登載、2011年に政府推薦が決定、2013年の第37回世界遺産委員会プノンペン会議で世界遺産登録を実現した。しかしながら、課題も多く、2016年の第40回世界遺産委員会で、世界遺産登録後の保全状況報告書（①文化的景観のアプローチを反映した登録遺産の全体ビジョン　②来訪者戦略　③登山道の保全方法　④モニタリングなどの情報提供戦略　⑤富士山の噴火、或は、大地震などの環境圧力、新たな施設や構造物の建設などの開発圧力、登山客や観光客の増加などの観光圧力など、さまざまな危険に対する危機管理計画に関する進展状況　⑥管理計画の全体的改定）の提出を義務づけられている。

文化遺産（登録基準（iii）（vi））　2013年

●富岡製糸場と絹産業遺産群

（Tomioka Silk Mill and Related Sites）

富岡製糸場と絹産業遺産群は、関東地方の北西部、群馬県にある伝統的な生糸生産から近代の殖産興業を通じて日本の文明開化の先駆けとなった絹産業の遺産群で、世界遺産の登録面積は、7.2ha、バッファー・ゾーンは、414.6haである。世界遺産は、富岡製糸場（富岡市）、田島弥平旧宅（伊勢崎市）、高山社跡（藤岡市）、荒船風穴（下仁田町）の4つの構成資産からなる。富岡製糸場は、フランス人のポール・ブリュナ（1840～1908年）の指導の下、1872年（明治5年）に明治政府によって創建された美しいレンガの官営模範工場の姿を今日に伝える文化財的価値を有する貴重な産業遺産で、日本の近代化の原点として、そしてアジア諸国の産業の発展に果たした歴史的な意義は大きい。1939年（昭和14年）に日本最大の製糸会社、片倉製糸紡績（現 片倉工業）に譲渡され、戦中戦後と長く製糸工場として活躍したが、1987年（昭和62年）にその操業を停止、「売らない」、「貸さない」、「壊さない」を原則に、その後も大切に保存されていたが、片倉工業は、2005年9月に富岡市に寄付した。富岡製糸場と絹産業遺産群は、日本の近代化を表し、絹産業の発達の面において世界的な「顕著な普遍的価値」を有すると考えられ、2007年1月30日に世界遺産暫定リストに登載された。2012年7月24日に、文化庁は世界遺産に登録推薦することを決定、2014年に世界遺産登録を実現した。

文化遺産（登録基準（ii）（iv））　2014年

●明治日本の産業革命遺産：製鉄・製鋼、造船、石炭産業

（Sites of Japan's Meiji Industrial Revolution: Iron and Steel, Shipbuilding and Coal Mining）

明治日本の産業革命遺産：製鉄・製鋼、造船、石炭産業は、日本の福岡県、佐賀県、長崎県、熊本県、鹿児島県、山口県、岩手県、静岡県の8県11市に分布する23の構成資産からなる。構成資産は、西洋から非西洋への産業化の移転が成功したことを証言する産業遺産群であり、日本は、19世紀後半から20世紀の初頭にかけ工業立国の土台を構築し、後に日本の基幹産業となる製鉄・製鋼、造船、石炭産業と重工業において急速な産業化を成し遂げた。一連の遺産群は、製鉄・製鋼、造船、石炭産業と重工業分野において、1850年代から1910年の半世紀で、西洋の技術が移転され、日本の伝統文化と融合し、実践と応用を経て、産業システムとして構築される産業国家形成への道程を時系列に沿って証言している。構成資産である橋野高炉跡及び関連施設、長崎造船所の一部、三池炭鉱の三池港、旧官営八幡製鐵所は現在も操業を続けている。副題は、当初、九州・山口と関連地域であったが、製鉄・製鋼、造船、石炭産業と、地域から業種へと変更になった。
文化遺産（登録基準（ii）（iv））　2015年

●ル・コルビュジエの建築作品－近代化運動への顕著な貢献
（The Architectural Work of Le Corbusier, an Outstanding Contribution to the Modern Movement）
文化遺産（登録基準（i）（ii）（vi））　2016年
（フランス／スイス／ベルギー／ドイツ／インド／日本／アルゼンチン）→フランス

●『神宿る島』宗像・沖ノ島と関連遺産群
（Sacred Island of Okinoshima and Associated Sites in the Munakata Region）
『神宿る島』宗像・沖ノ島と関連遺産群は、日本の九州本島、福岡県宗像市の北西60kmの海上にあり、古代祭祀の記録を保存する類まれな「収蔵庫」であり、4世紀から9世紀末まで行われた日本列島と朝鮮半島及び中国などアジア大陸との活発な交流に伴う海道の航海安全祈願のための祭祀の在り方を示す証左である。沖ノ島は、中世以降は宗像大社の沖津宮として祀られ、九州本島－大島－沖ノ島にはそれぞれ市杵島姫神（いちきしまひめのかみ）、湍津姫神（たぎつひめのかみ）、田心姫神（たごりひめのかみ）の宗像3女神を祀る辺津宮－中津宮－沖津宮が配され、広大な信仰空間を築き上げた。今日まで「神宿る島」として継承されてきた。独特の地形学的特徴をもち、およそ8万点もの宝物が出土していることから「海の正倉院」の異名を持ち、膨大な数の奉献品が位置もそのままに遺存する祭祀遺跡が所在する沖ノ島総体によって、この島で行われた500年にもわたる祭祀の在り方が如実に示されている。沖ノ島の原始林、小屋島・御門柱・天狗岩といった岩礁、文書に記録された祭祀行為及び沖ノ島にまつわる禁忌、九州本土及び大島から開けた沖ノ島の眺望もまた、交易の変遷及び信仰の土着化によってその後何世紀もの間に信仰行為や信仰の意味が変容したにもかかわらず、「神宿る島」沖ノ島の神聖性が維持されてきた。2017年5月上旬にイコモス（国際記念物遺跡会議）から登録勧告を受けたが、8件の構成資産のうち沖ノ島と周辺の岩礁の4件の価値のみを認め、辺津宮や中津宮、新原・奴山古墳群、沖津宮遙拝所を登録遺産から外すよう求められたが、日本政府は地元や宗像大社の要望もあって全件の登録を求めて臨み、第41回世界遺産委員会クラクフ会議の審議では、理解を得て逆転に成功し、8件の一括登録が認められた。
文化遺産（登録基準（ii）（iii））　2017年

●長崎と天草地方の潜伏キリシタン関連遺産
（Hidden Christian Sites in the Nagasaki Region）
長崎と天草地方の潜伏キリシタン関連遺産は、日本の九州地方の長崎と天草地方に残っている17世紀から19世紀の2世紀以上にわたる禁教政策の下で密かにキリスト教を伝えた人々の歴史を物語る他に例を見ない遺産である。世界遺産の登録面積は5569.34ha、バッファーゾーンは10,742.35ha、構成資産は野崎島の集落跡、黒島の集落、平戸の聖地と集落（春日集落と安満岳）など12からなる。本資産は、日本の最西端に位置する辺境と離島の地において潜伏キリシタンがどのようにして既存の社会・宗教と共生しつつ信仰を継続していったのか、そして近代に入り禁教が解かれた後、彼らの宗教的伝統がどのように変容し終焉を迎えていったのかを示している。本資産は、大航海時代にキリスト教が伝わったアジアの東端にあたる、日本列島の最西端に位置する長崎と天草地方に所在する12の資産からなる。16世紀後半に海外との交流の窓口であった長崎と天草地方に定住した宣教師の指導を直接的かつ長期間にわたって受けた長崎と天草地方の民衆の間には、他の地域に比べて強固な信仰組織が形成された。このような状況のもとで、17世紀の江戸幕府による禁教政策により日本国内から全ての宣教師が不在となった後も、長崎と天草地方では少なからぬカトリック教徒が、小規模な信仰組織を維持して信仰を自ら継続し、「潜伏キリシタン」となって存続した。潜伏キリシタンは、信仰組織の単位で小さな集落を形成して信仰を維持し、そうした集落は海岸沿い、または禁教期に移住先となった離島に形成された。2 世紀を越える世界的にも稀な長期にわたる禁教の中で、それぞれの集落では一見すると日本の在来宗教のように見える固有の信仰形態が育まれた。本資産は、12の異なる構成資産が総体となって、潜伏キリシタンの伝統についての深い理解を可能としている。長崎と天草地方の潜伏キリシタン関連遺産は、禁教政策下において形成された潜伏キリシタンの信仰の継続に関わる独特の伝統の証拠であり、長期にわたる禁教政策の下で育まれたこの独特の伝統の始まり・形成・変容・終焉の在り方を示し「顕著な普遍的価値」を有する。
文化遺産　登録基準（（iii）　2018年

●百舌鳥・古市古墳群：古代日本の墳墓群
（Mozu-Furuichi Kofun Group: Mounded Tombs of Ancient Japan）
百舌鳥・古市古墳群は、日本の近畿地方、大阪府の堺市、羽曳野市、藤井寺市にある。登録面積が166.66ha、バッファーゾーンが890ha、構成資産は、仁徳天皇陵古墳、応神天皇陵古墳、履中天皇陵古墳など45件49基＜百舌鳥エリア（大阪府堺市）：23基（仁徳天皇陵古墳ほか）＞、＜古市エリア（大阪府羽曳野市・藤井寺市）：26基（応神天皇陵古墳ほか）＞の古

アジア

墳からなる。百舌鳥・古市古墳群は、古墳時代の最盛期であった4世紀後半から5世紀後半にかけて、当時の政治・文化の中心地のひとつであり、大陸に向かう航路の発着点であった大阪湾に接する平野上に築造された。世界でも独特な、墳長500m近くに達する前方後円墳から20m台の墳墓まで、大きさと形状に多様性を示す古墳により構成される。墳丘は葬送儀礼の舞台であり、幾何学的にデザインされ、埴輪などで外観が飾り立てられた。百舌鳥・古市古墳群は、土製建造物のたぐいまれな技術的到達点を表し、墳墓によって権力を象徴した日本列島の人々の歴史を物語る顕著な物証である。

文化遺産(登録基準(iii)(iv)) 2019年

○奄美大島、徳之島、沖縄島北部及び西表島

Amami-Oshima Island, Tokunoshima Island, Northern part of Okinawa Island, and Iriomote Island

奄美大島、徳之島、沖縄島北部及び西表島は、日本列島の南端部、鹿児島県と沖縄県にまたがる南北約850kmに点在する島々である。登録推薦地域は、中琉球の奄美大島、徳之島、沖縄島北部と、南琉球の西表島の4地域の5構成要素で構成され、面積42,698haの陸域である。中琉球及び南琉球は日本列島の南端部にある琉球列島の一部の島々であり、黒潮と亜熱帯性高気圧の影響を受け、温暖・多湿な亜熱帯性気候を呈し、主に常緑広葉樹多雨林に覆われている。登録推薦地域は、世界の生物多様性ホットスポットの一つである日本の中でも生物多様性が突出して高い地域である中琉球・南琉球を最も代表する区域で、多くの分類群において多くの種が生息する。また、絶滅危惧種や中琉球・南琉球の固有種が多く、それらの種の割合も高い。さらに、さまざまな固有種の進化の例が見られ、特に、遺存固有種及び／または独特な進化を遂げた種の例が多く存在する。これらの生物多様性の特徴はすべて相互に関連しており、中琉球及び南琉球が大陸島として形成された地史の結果として生じてきた。分断と孤立の長い歴史を反映し、陸域生物はさまざまな進化の過程を経て、海峡を容易に越えられない非飛翔性の陸生脊椎動物群や植物で固有種の事例が多くみられるような、独特の生物相となった。また、中琉球と南琉球では種分化や固有化のパターンが異なっている。このように登録推薦地域は、多くの固有種や絶滅危惧種を含む独特な陸域生物にとって、全体として世界的にかけがえのなさが高い地域であり、独特で豊かな中琉球及び南琉球の生物多様性の生息域内保全にとって最も重要な自然の生息・生育地を包含した地域である。2021年のオンラインでの第44回世界遺産福州（中国）会議で登録された。2018年に「登録延期」勧告を受けて、再推薦されたもの。2021年5月10日に登録勧告が出された。

自然遺産(登録基準(x)) 2021年

●北海道・北東北の縄文遺跡群

(Jomon Prehistoric Sites in Northern Japan)

北海道・北東北の縄文遺跡群は、津軽海峡を挟んだ日本列島の北海道と北東北の青森県、秋田県、岩手県の1道3県にまたがる、縄文時代の各時期(草創期、早期、前期、中期、後期、晩期)における、人々の生活跡の実態を示す遺跡(集落跡、貝塚、低湿地遺跡)や、祭祀や精神的活動の実態を示す記念物(環状列石、周堤墓)で構成された大船遺跡、垣ノ島遺跡、北黄金貝塚、入江・高砂貝塚、三内丸山遺跡、小牧野遺跡、大森勝山遺跡、是川石器時代遺跡、田小屋野貝塚、亀ヶ岡石器時代遺跡、大平山元遺跡、二ツ森貝塚、御所野遺跡、大湯環状列石、伊勢堂岱遺跡の17遺跡からなる考古学的遺跡群である。日本最大級の規模を誇る縄文集落遺跡群であること、紀元前1万3千年ごろから1万年以上にわたり、自然環境に適応しながら採集・漁労・狩猟を基盤として定住を始め、展開させていった生活や祭祀のあり方、北東アジアでの農耕以前の社会における長期にわたる定住や精神文化の展開などの世界的な「顕著な普遍的価値」がみとめられました。2021年のオンラインでの第44回世界遺産福州（中国）会議で登録された。

文化遺産(登録基準(iii)(v)) 2021年

ネパール連邦民主共和国 (4物件 ○2 ●2)

●カトマンズ渓谷 (Kathmandu Valley)

カトマンズ渓谷は、ヒマラヤ山脈の南、標高1300mの盆地にあるカトマンズ市、バクタプル(バドガオン)市、ラリトプル(パタン)市にまたがる。先住民のネワール人による13～18世紀のマッラ王朝の時代に、パタンとバドガオンの2王朝とも共存し、仏教とヒンドゥー教とが融合したネワール文化を開花させた。カトマンズ旧市街のダルハール広場にあるマッラ、パタン、バドガオンの3王朝の王宮をはじめ、銀の扉の優美な建築で有名なシヴァ神の寺院であるパシュパティナート寺院、323年にハリ・ドゥッダ王によって建てられたチャング・ナラヤン寺院、世界で最も壮麗な仏塔の一つであるスワヤンブーナートなどの遺跡が数多く残っている。人口増加が、世界遺産の保護や周囲の景観に重要な影響を及ぼしている。日本政府もカトマンズ渓谷の文化遺産の保存修復には、官民をあげて、資金面、技術面等で長年協力している。2003年に危機遺産リストに登録されたが、保護管理状況が改善されたため、2007年に危機リストから解除された。

文化遺産(登録基準(iii)(iv)(vi)) 1979年／2006年

○サガルマータ国立公園 (Sagarmatha National Park)

サガルマータ国立公園は、ネパールの東部、首都カトマンズの北東165km、中国と国境を接する総面積1244km²の

山岳地帯、サガルマータ県ソルクンブ郡にある。世界最高峰のエベレスト（ネパール語でサガルマータ、シェルパ族の間ではチョモランマ）をはじめローツェ、マカルー、チョオユの4座を中心に7000～8000m級のヒマラヤ山脈の山岳地帯を含む世界の屋根である。サガルマータ国立公園は、1976年に国立公園に指定された。世界遺産の登録面積は114,800haである。公園内には高山植物やヒマラヤ・ジャコウジカ、ヒマラヤグマ、ヒマラヤタール、ユキヒョウ、レッサーパンダなどの大型動物やイワヒバリなどの珍しい鳥やテンジクウスバシロチョウなどの蝶も数多く生息する貴重な動植物の宝庫。観光客が残すゴミなどの環境対策、外来種の侵入、森林の伐採、気候変動による氷河の後退などの脅威や危険に対応した保全管理が課題になっている。
自然遺産（登録基準(vii)）　1979年

○チトワン国立公園（Chitwan National Park）
チトワン国立公園（旧ロイヤル・チトワン国立公園）は、ネパールの首都カトマンズの南西120kmにあり、インドとの国境地帯のタライと呼ばれる標高70～200mの平原の湿地帯に広大なジャングルと草原が展開する。不法な移住、森林の伐採、乱獲などの脅威から守る為、1973年に国立公園に指定された。チトワン国立公園には、絶滅の恐れのあるインドサイのほかベンガルタイガー、ナマケグマ、ヒョウ、野牛、象などの大型動物の他、山猫やイノシシなどの野生動物が生息している。また、世界一と言われる野鳥の種類は500種以上に及び、カラフルなのが印象的。チトワン国立公園は、一般観光客にも開放されており、象の背中に乗って公園内を巡るジャングル・サファリなどを楽しむことができる。1984年に「ロイヤル・チトワン国立公園」として世界遺産登録されたが、ネパール政府が2008年に王制を廃止し国立公園名も変更、これに伴い2011年の第35回世界遺産委員会パリ会議で現在の登録遺産名に変更した。
自然遺産（登録基準(vii)(ix)(x)）　1984年

●釈迦生誕地ルンビニー
（Lumbini, the Birthplace of the Lord Buddha）
釈迦生誕地ルンビニーは、カトマンズの南西250kmのヒマラヤ山麓のタライ高原にある。仏教の開祖ガウタマ・シッダールタ（尊称は仏陀、釈迦牟尼）は、紀元前623年に、カピラバストのスッドーダナ王を父にマヤ（摩耶）夫人を母としてルンビニーに生を受けた。その生誕地は世界中の仏教徒の巡礼地。紀元前250年にここを巡礼したインドのマウリヤ朝のアショーカ王（在位紀元前268頃～紀元前232年頃）が建てた仏陀の生誕地を示す石柱、マヤ夫人が出産後に沐浴したといわれるプシュカーリ池、仏陀の誕生を描いた石像が残されているマヤ・デビ寺院、マヤ・デビの像などの遺跡が菩堤樹の沙羅樹の下に残る。ルンビニーは、インドのブッタガヤ、サルナート、クシナガラと共に仏教の4大聖地の一つとして、今も巡礼者で賑わっている。
文化遺産（登録基準(iii)(vi)）　1997年

パキスタン・イスラム共和国（6物件　●6）

●モヘンジョダロの考古学遺跡
（Archaeological Ruins at Moenjodaro）
モヘンジョダロの考古学遺跡は、インダス川西岸のシンド州ラールカナの南36kmにある。世界四大文明の一つインダス文明を代表する最古最大の都市遺跡。都市計画に基づき東に市街、西に城塞を配置。東西南北に直線道路、穀物倉庫、沐浴用の大浴場、焼煉瓦の住宅、会議用広場、学問所、祭祀場などが残る。1922年にR・D・バナルジーによる調査で発見された。
文化遺産（登録基準(ii)(iii)）　1980年

●タキシラ（Taxila）
タキシラは、パキスタン東北部、イスラマバードの北西40kmにある紀元前6世紀～紀元後6世紀にかけて栄えた都市遺跡。その遺跡は年代の異なる3つの都市、ビール・マウント、カッチャー・コット、シルカップと、ガンダーラ仏をはじめとする多くの仏教伽藍遺跡からなる。1913年、英国のJ.マーシャルによって発掘された。タキシラ最古のビール丘には、紀元前6世紀アケメネス朝ペルシャ、紀元前3世紀マウリヤ朝、その後、バクトリのギリシャ諸王の支配を示す遺跡が点在。ダルマラージカー仏教遺跡はガンダーラ様式の源流。
文化遺産（登録基準(iii)(vi)）　1980年

●タクティ・バヒーの仏教遺跡と近隣のサハリ・バハロルの都市遺跡
（Buddhist Ruins at Takht-i-Bahi and Neighboring City Remains at Sahr-i-Bahlol）
タクティ・バヒーの仏教遺跡と近隣のサハリ・バハロルの都市遺跡は、ペシャワール市の北東約50kmにあるタクティ・バヒー（春の玉座）に残る山岳仏教の寺院遺跡。山の中腹には塔院、僧院、会堂などの跡が見られ、塔院跡には仏塔の方形基壇と祀堂群の跡がある。近くのサハリ・バハロルにも同時代の山岳寺院跡が残る。
文化遺産（登録基準(iv)）　1980年

●タッタ、マクリの丘の歴史的記念物群
（Historical Monuments at Makli, Thatta）
タッタは、カラチの北東約110kmのシンド州南部にあるインダス川のデルタ地帯にある古都である。タッタの郊外にあるムガール帝国の第5代のシャー・ジャハーン帝（在位1628～1658年）が造営させたシャー・ジャハーン・モスクは、大きなアーチ開口部があるイーワン様式で、完成までに11年の歳月がかかった青いタイルが印象的な美しいモスクである。また、14～16世紀には、サムマ、ウルグン、ムガール帝国の支配下にあり、ジャーミ・マスジド地域には、90ものモスク群が建造され

アジア

た。そして、15km²もあるイスラム世界では最大級といわれるマクリの丘の墓地のネクロポリスには、バラ・ダリー廟、シャニ・ベク・ハーン廟、バキ・ベク・ハーン廟、メルザ・イザ・カーン廟、ディワン・シュラファ・カーン廟など100万もの墳墓が残されている。2009年の第33回世界遺産委員会で、登録遺産名が、"Historical Monuments of Thatta"から、"Historical Monuments at Makli, Thatta"に変更になった。
文化遺産（登録基準(iii)）　1981年

●ラホールの城塞とシャリマール庭園
（Fort and Shalamar Gardens in Lahore）
ラホールは、パキスタン北西部のパンジャブ州にある東西約2km、南北約1.5kmの城塞都市。ラホールの城塞、いわゆるロイヤルフォートには、ムガール帝国の第3代のアクバル帝、第4代のジャハンギール帝、第5代のシャー・ジャハーン帝、そして第6代のオーラングゼーブ帝までの歴代の王が増改築した建造物が残っている。フォート(城塞)は、長方形の形で、正門は、西と東の中央に位置している。数ある建造物のなかでも、10万人が一度に礼拝できるバードシャーヒー・モスク、白い大理石や色彩のタイルを使用したモティ・マスジット（真珠のモスク)、シーシュマハル(鏡の宮殿)、それに、マスティ門、壮大な白亜のアーラムギーリ門が有名。また、第5代のシャー・ジャハーン帝が保養地として1642年に造営したシャリマール庭園は、イスラムの楽園をイメージした池、滝、水路を配した典型的なペルシア式の美しい泉水庭園で、四隅は時計台のついた高い壁で取り囲まれている。シャリマール庭園には、元々7つの高く上がったテラスが付いていたが、現在では3つが残っているのみ。シャリマール庭園では、国の重要なレセプションが、しばしば開催されている。庭園の周囲の外壁の劣化、庭の噴水に水を送るタンクが道路の拡張で使用出来なくなった事などの理由により、2000年に「危機遺産リスト」に登録されたが、改善措置が講じられた為、2012年に解除された。
文化遺産（登録基準(i)(ii)(iii)）　1981年

●ロータス要塞（Rohtas Fort）
ロータス要塞は、パキスタン北部、ラワールピンディの南東約80km、カハーン川岸のパンジャーブ州ジェラムにある。ロータス要塞は、ムガール帝国のフマユーン政権を一時的に奪取したスール朝のシェール・シャー・スリ王が、1541年に建設した。ロータス要塞は、主要塞は4kmに及ぶ長大な防護壁に囲まれ、小砦と繋がり、バティアラ門などの城門が設けられている。ロータス要塞の城壁の厚さは、最大で12.5mにも達し、高さも10～18mに及ぶ。ロータス要塞は、アジアのこの地域における初期イスラム軍の重要な防衛拠点であった。ロータス要塞は、キラ・ロータスとも呼ばれるが、中央・南アジアにおける初期イスラム軍事建築の類ない事例である。
文化遺産（登録基準(ii)(iv)）　1997年

バングラデシュ人民共和国（3物件　○1　●2）

●バゲラートのモスク都市
（Historic Mosque City of Bagerhat）
バゲラートは、バングラデシュの南部、クルナ州バゲラート県のバイラブ川南岸の小都市。その昔は、カリファバッドと呼ばれていた。12世紀末から約550年間にわたってベンガルおよび北部インドを統治したイスラムが残した建造物群が、6.5km²に散在する。15世紀前半にこの地を開拓したハーン・ジャーハン・アリ・ダーガによって建築された建造物群は、他のイスラム圏にはないユニークな建築様式で、煉瓦造りのサイト・グンバド・モスク、ハーン・ジャーハン・アリ廟など約50の建造物が残っている。
文化遺産（登録基準(iv)）　1985年

●パハルプールの仏教寺院遺跡
（Ruins of the Buddhist Vihara at Paharpur）
パハルプールの仏教寺院遺跡は、首都ダッカの北西約180kmにある東インド地方最大の仏教寺院遺跡。8～11世紀に北インドで繁栄したパーラ朝第2代の王、ダルマパーラ王(在位770～810年)が創建した大僧院は、一辺約300m四方の正方形の厚い煉瓦の周壁の中に177の僧房があった。境内の広大な遺跡の中庭には、サマプリマハ僧院(ビハーラ)の大塔がそびえていた遺丘が今でも残っている。
文化遺産（登録基準(i)(ii)(vi)）　1985年

○サンダーバンズ（The Sundarbans）
サンダーバンズは、バングラデシュの南西部のクルナ州にあり、広大なマングローブ林は、世界最大級で、ベンガル湾沿いのガンジス川、ブラマプトラ川、メジナ川流域のデルタ地帯を形成している。サンダーバンズの世界遺産の登録面積は、3つの野生生物保護区を含む139,500haに及ぶ。サンダーバンズは、水路、湿地、小島、マングローブ林に囲まれ生態系の進行過程を表わし、260種に及ぶ鳥類、ベンガル・トラ（ベンガル・タイガー)、それに、河口ワニやインド・パイソンなど絶滅の危機に瀕する動物などの広大な動物相は有名であり、その生物多様性を誇る。2007年11月にバングラデシュを直撃したサイクロンによって、甚大な被害を受けた。サンダーバンズは、ベンガル語でシュンドルボンと言い、「美しい森」を意味する。サンダーバンズに隣接するインド側のスンタルバンス国立公園も1987年に世界遺産に登録されている。
自然遺産（登録基準（ix）（x））　1997年

フィリピン共和国（6物件　○3　●3）

○トゥバタハ珊瑚礁群自然公園
(Tubbataha Reefs Natural Park)
トゥバタハ珊瑚礁群自然公園(TRNP)は、フィリピンの南西部、パラワン州のスル海、平均水深が750mのカガヤン海嶺の中間の120kmに展開し、水深2000m以上の公海も含む。トゥバタハ珊瑚礁群自然公園は、ノース環礁、サウス環礁、ジェシー・ビーズリー珊瑚礁からなる。ノース環礁は、幅が4.5km、長さが16kmの長方形の台地、サウス環礁は、幅が3km、長さが5kmの小さな三角形の珊瑚礁、いずれの小島もカツオドリなどの海鳥や海亀の生息地であり、数多くの海洋性の動植物の宝庫であり、豊かな漁場にも接している。ジェシー・ビーズリー珊瑚礁は、幅が3km、長さが5kmである。近年、ダイナマイトを使用した漁法等による破壊が著しい為、フィリピン環境天然資源省は、日本の協力を得て、トゥバタハ珊瑚礁の環境保全を図る為の保護管理計画を策定している。1993年に「トゥバタハ岩礁海洋公園」として世界遺産登録されたが、2009年に登録範囲を拡大(33,200ha→130,028ha)、登録遺産名も「トゥバタハ珊瑚礁群自然公園」に変更した。2017年7月、騒音や汚染、船舶の座礁のリスクを回避する為、国際的船舶に世界遺産地の航行を避ける国際海事機関(IMO)の特別敏感海域(PSSA)に指定された。2018年1月から発効する。
自然遺産(登録基準(vii)(ix)(x))
1993年／2009年

●フィリピンのバロック様式の教会群
(Baroque Churches of the Philippines)
フィリピンのバロック様式の教会群は、ルソン島のマニラ、パオアイ、サンタ・マリア、それに、パナイ島のイロイロにあるスペイン植民地時代の遺産。マニラとパオアイには、同じ名前のサン・アグスチン教会、サンタ・マリアには、アスンシオン教会、パナイ島のイロイロの西南部には、ビリャヌエバ教会がある。これらの4つの教会群は、フィリピンが16～18世紀にスペインの植民地支配によって影響を受けた建築文化の最たるもので、荘厳なバロック様式の石造建築が特色で、要塞としての機能も備えていた。なかでも、マニラにあるサン・アグスチン教会は、1599年から1606年にかけて建てられたフィリピン最古のバロック様式の石造教会で、礼拝堂の美しいステンドグラスの窓、それに、天井や壁の絵が印象的である。
文化遺産(登録基準(ii)(iv))　1993年

●フィリピンのコルディリェラ山脈の棚田群
(Rice Terraces of the Philippine Cordilleras)
フィリピンのコルディリェラ山脈の棚田群は、ルソン島の北部、南北方向に連なるコルディリェラ山脈の東側斜面のイフガオ州のバナウエ、マヨヤオ、キアンガン、フンドゥアンの各棚田の構成資産からなる。山岳民族のイフガオ族によって、2000年もの間、引き継がれてきた山ひだの水系を利用した伝統的農法のライス・テラス(棚田)は、人類と環境との調和を見事に克服してきた壮大で美しい棚田景観を形づくっており、世界最大規模といわれている。天上にも届くかと思われるほど大規模な段丘水田は、イフガオ族が地形的制約を克服した血と汗の結晶で、人類のバイタリティーと生命活動の偉大さを実証した見事な傑作で、フィリピン人の誇りになっている。コルディリェラ山脈の棚田は、日本の中山間地域対策の中で、棚田の景観が再考される契機になったともいわれている。体系的な監視プログラムや総合管理計画が欠如している為、2001年に「危機にさらされている世界遺産リスト」に登録された。2011年9月と10月の2度の台風による土石流で、多くの道路が寸断されるなど、深刻な被害も発生したが、危機状況からの改善措置が講じられた為、2012年に「危機遺産リスト」から解除された。
文化遺産(登録基準(iii)(iv)(v))　1995年

●ヴィガンの歴史都市(Historic City of Vigan)
ヴィガンは、ルソン島の北部、首都マニラから408kmの所にある南シナ海沿岸に位置するイロコス・スル州の州都。ヴィガンは、16世紀にスペインの植民都市となり、貿易と商業で栄えたが、今もその面影が町並み景観などにそのまま残っている。同じく植民都市であったマニラやセブは第2次世界大戦でその面影を失ったが、ヴィガンは戦禍を免れた。スペイン風の聖ポール大聖堂、サルセド広場、また、古ぼけた白壁の家屋、丸石が敷かれた狭い街路などの町並みは、古くは、中国、それにラテン・アメリカの影響も受けており、これらが混合し、大変ユニークな歴史的景観を留めている。ヴィガンは、スペイン占領下の1758年から19世紀後半までは、シウダッド・フェルナンディナと呼ばれていたが、河岸に繁茂していたビガ(Bigaa)という植物に因んで、現在の名前になった。スペイン政府の協力も得て、ヴィガンの再生を図るマスター・プランが立案されている。
文化遺産(登録基準(ii)(iv))　1999年

○プエルト・プリンセサ地底川国立公園
(Puerto-Princesa Subterranean River National Park)
プエルト・プリンセサ地底川国立公園は、フィリピンの南西部、パラワン島のセント・ポール山岳地域にある。プエルト・プリンセサ地底川国立公園は、地下河川が流れる美しい石灰岩カルスト地形の景観が特徴で、地下河川は、直接海に注ぎ込み、下流の河口部は、潮の干満の影響をうける自然現象をもっている。また、この地域の年間平均降水量は2000～3000mm、平均気温は27℃で、アジアでも有数のパラワン湿性林が繁り、また手付かずのままの山と海との生態系も保たれており、生物多様性の保全をはかる上での重要な生物地理区にある。地底の川を探検するアンダーグラウンド・リバー・ツアーを楽しむことができる。サバンやサン・ラファエルでの無秩序な観光開発が、世界遺産管理上の脅威になっている。

自然遺産（登録基準(vii)(x)） 1999年

○ハミギタン山脈野生生物保護区
（Mount Hamiguitan Range Wildelife Sanctuary）

ハミギタン山脈野生生物保護区は、フィリピンの南部、ミンダナオ島の南東部の東ダバオ州にある。プハダ半島を南北に走るハミギタン山(1,620m)の山域にあり、世界遺産の登録面積は、16,036.67ha、バッファー・ゾーンは、9,797.78haである。ハミギタン山脈は、フィリピンで最も多様な野生生物の数が多い野生生物保護区で、2003年に国立公園に、2004年に野生生物保護区に指定されている。ハミギタン山脈野生生物保護区では、フィリピンの国鳥であるフィリピン・イーグル（鷲）、フィリピン・オウムなどの動物、数種のネペンテス(ウツボカズラ)、ショレア・ポリスペマ(フィリピン・マホガニー)などの植物が見られ、フィリピンで唯一のユニークな保護森林もある。この様に、ハミギタン山脈野生生物保護区には、絶滅危惧種や固有種など多様な生物が生息している。

自然遺産（登録基準(x)） 2014年

マレーシア（4物件 ○2 ●2）

○ムル山国立公園（Gunung Mulu National Park）

ムル山国立公園は、ボルネオ(カリマンタン)島のサラワク州にある生物多様性に富んだカルスト地域。その面積は、52864haに及び、17の植生ゾーンに3500種もの維管束植物が見られる。なかでも、ヤシの種類は豊富で100以上が確認されている。ムル山国立公園には、標高2377mの石灰岩の岩肌をむき出したムル山(グヌンGunungは現地語で山の意味)がそびえ立っており、太古の地殻変動によって造られた、総延長が295kmもある東南アジアで最大級の大規模なムル洞窟群のディア洞窟、ウインド洞窟、ラング洞窟、クリアウォーター洞窟などには、コウモリや燕などの野生動物が生息している。なかでも、ルバング・ナシプ・バグース洞窟には、広さが600m×415m×80mもあるサラワク・チェンバーがあり、世界最大といわれている。グヌン・ムル国立公園という和文表記もある。

自然遺産（登録基準(vii)(viii)(ix)(x)） 2000年

○キナバル公園（Kinabalu Park）

キナバル公園は、ボルネオ島北東部のマレーシアのサバ州にある。キナバル公園は、1964年に国立公園に指定され、その面積は753km²の広さである。キナバル公園は、マレーシアの最高峰を誇る標高4095mのキナバル山と共に熱帯雨林から高山帯まで移行する気候変化、および、ボルネオ島に生息するほとんどの絶滅の危機に瀕する種を含む哺乳類、鳥類、両生類、無脊椎動物が棲息する場所として極めて重要である。キナバル山の植物の垂直分布は多様で、山麓の豊かな湿地林に始まり、山地帯、亜高山帯、更に、山頂近くの低木林には、東南アジアの種々の植物が見られ、なかでも、ヒマラヤ、中国、オーストラリア、マレーシア地区特有の汎熱帯植物が多種見受けられる。キナバルは、マレー語で、中国寡婦を意味し、中国に帰国した夫を偲ぶ先住民の妻の伝説が残っている。

自然遺産（登録基準(ix)(x)） 2000年

●ムラカとジョージタウン、マラッカ海峡の歴史都市群
（Melaka and George Town, Historic Cities of the Straits of Malacca）

ムラカとジョージタウン、マラッカ海峡の歴史都市群は、マレー半島とインドネシアのスマトラ島を隔てるマラッカ海峡における500年以上にもわたる東西貿易や文化の交流点として発展した。マラッカ海峡を通るアジアとヨーロッパの影響によって、有形・無形の多文化の遺産をムラカとジョージタウンの町にもたらした。ムラカは、マラッカ州の州都で、政府関係の建造物群、セント・ピーターズ教会などの教会群、スタダイス広場（オランダ広場）、ポルトガル広場などの広場群、セント・ジョーンズ要塞などの要塞群と共に、15世紀を起源とするマラッカ王国の王宮と16世紀初期のポルトガルとオランダによる植民地支配の時代の面影を留めている。ジョージタウンは、ペナン島にある歴史都市で、住居や商業ビルの特徴に見られる様に、18世紀末からの英国支配による植民地時代の面影を強く残している。ムラカとジョージタウンの2つの町は、東アジアや東南アジアのどこにも見られないユニークな建築様式、それに、文化的な町並みの都市景観を形成している。ムラカ（Melaka）はマレー語で、日本では、一般的には英語読みのマラッカ（Malacca）と表記する。

文化遺産（登録基準(ii)(iii)(iv)） 2008年

●レンゴン渓谷の考古遺産
（Archaelogical Heritage of the Lenggong Valley）

レンゴン渓谷の考古遺産は、マレーシアの半島部の北部、西海岸の北部、ペラ州にある先史時代の考古遺跡である。緑豊かなレンゴン渓谷に、コタ・タンパン遺跡、ジャワ遺跡、ケパラ・ガジャ遺跡、グア・ハリマウ遺跡の4つの考古学遺跡が確認されており、200万年近くにわたるものである。同一の地域に人類が居住していた記録として最も長い遺跡のひとつであり、また、アフリカ大陸以外で最も古い初期人類遺跡といわれている。野外や洞窟の遺跡は、旧石器時代に人類が道具を使った証拠を示唆し、いくつかの遺跡からは旧石器、石器、金属器時代の文化的影響を受けた、比較的大きな規模の半定住型の集落があったと考えられている。

文化遺産（登録基準(iii)(iv)） 2012年

ミャンマー連邦共和国（2物件 ●2）

●ピュー王朝の古代都市群（Pyu Ancient Cities）
ピュー王朝の古代都市群は、ミャンマーの中央部、サガイン地方、マグウェ地方、バゴー地方にあり、世界遺産の登録面積は、5,809ha、バッファー・ゾーンは、6,790haである。世界遺産は、ハリン、ベイタノ、タライ・キット・タヤ（シュリー・クシェートラ）の3つの地区の構成資産からなる。チベット・ビルマ語派に属する言語を使っていたミャンマーの古代民族のピュー族は、イラワジ川流域の乾燥地帯を中心に小さな城塞国家のピュー王国（紀元前200年～紀元後900年）を築いて住んでいた。ピュー王朝の古代都市群は、いずれも煉瓦造りの長大な城壁で取り囲まれ、外側には堀濠がめぐっており、遺跡の出土品からいくつかの共通性がわかる。その一つは骨壺埋葬制で、ピュー族は死者を荼毘に付した後に、遺骨を石甕や素焼きの壺に入れて埋葬していた。これはピュー族固有の風習で、ビルマ族には伝承されていない。ピュー王朝の古代都市群には、当時の人々がつくった煉瓦造りの仏塔、宮殿の要塞、埋葬地帯、初期の工業拠点などが残っており、当時の面影を色濃く反映している。
文化遺産（登録基準（ii）（iii）（iv））　2014年

●バガン（Bagan）
バガンは、ミャンマーの中央部、マンダレー地方にある考古学地域と記念建造物群。登録面積が5005.49ha、バッファーゾーンが18146.83ha、構成資産は、7件からなる。バガンは、カンボジアのアンコール・ワット、インドネシアのボロブドゥールと共に、世界三大仏教遺跡の一つとされ、エーヤワディー川（イラワジ川）の中流域の東岸の平野部一帯に、11世紀～13世紀のバガン時代の仏教の芸術と建築を物語る大小さまざまなパゴダ＜仏塔（ストゥーパ）＞などの仏教遺跡が林立し神聖な文化的景観を形成している。バガンとは、広くこの遺跡群のある地域を指し、ミャンマー屈指の仏教の聖地で巡礼地である。その一部の城壁に囲まれたオールド・バガンは、考古学保護区に指定されている。点在する3000を超えるといわれているパゴダや寺院のほとんどはバガン時代（11世紀から13世紀）に建てられたもので、大小様々である。本来は、漆喰により仕上げられた鮮やかな白色をしているが、管理者のない仏塔は漆喰が剥がれレンガの赤茶色の外観となっている。バガン遺跡は1995年に時の軍事政権が登録を目指したが、第21回世界遺産委員会で「情報照会」と決議された為、実に20年以上の猶予を経ての世界遺産登録の実現となった。
文化遺産（登録基準（iii）（iv）（vi））　2019年

モンゴル国（5物件　○2　●3）

○ウフス・ヌール盆地（Uvs Nuur Basin）
ウフス・ヌール盆地は、首都ウランバートルの西北西およそ1000kmにあるモンゴルとロシア連邦にまたがる盆地である。ウフス・ヌール盆地は、モンゴル側のウフス湖とロシア連邦側のヌール湖からなる、広大、浅くて塩分濃度が高いウフス・ヌール湖を中心にその面積は、106.9万haに及ぶ。氷河をともなう高山帯、タイガ、ツンドラ、砂漠・半砂漠、ステップを含み、中央アジアにおける主要な生態系が全て見られる。この辺りは中央アジア砂漠の最北地で、3000m級の山々がウフス湖を囲むように連なっている。そしてモンゴル側の7710km²が、ロシア側の2843km²がユネスコの生物圏保護区に指定されている。ここに残された豊かな自然は、美しい景観だけではなく、多くの野生生物の生息地となっている。動物では、オオカミ、ユキヒョウ、オオヤマネコ、アルタイイタチ、イノシシ、エルク、アイベックス、モウコガゼル、鳥類では、220種を数え、その中には稀少種、絶滅危惧種も含まれ、ユーラシアヘラサギ、インドガン、オジロワシ、オオハクチョウなどが生息する。植物では、凍原性のカモジグサ属やキジムシロ属の草、ツンドラのヒゲハリスゲ、ベトゥラ・ナナ、イソツツジなどの低木、山岳針葉木のヨーロッパアカマツやケカンバなどが挙げられる。
自然遺産（登録基準（ix）（x））　2003年
モンゴル／ロシア

●オルホン渓谷の文化的景観
（Orkhon Valley Cultural Landscape）
オルホン渓谷の文化的景観は、ウランバートルの南西360km、モンゴルの中央部にある。オルホン渓谷は、2000年にわたって遊牧生活が営まれてきた場所で、数多くの考古学遺跡が見つかっている。オルホン渓谷の文化的景観は、6～7世紀のトルコの史跡、8～9世紀のウィグル族の首都ハル・バルガス、13～14世紀のモンゴル帝国のチンギス・ハン（成吉思汗・テムジン　在位1206～1227年）の息子オゴタイが1235年につくったカラコルムなど5つの重要な史跡も含む。モンゴルの遊牧民による草原でのゲル（移動式の家屋）での生活は、今もこの地に継承されている。
文化遺産（登録基準（ii）（iii）（iv））　2004年

●モンゴル・アルタイ山脈の岩壁画群
（Petroglyphic Complexes of the Mongolian Altai）
モンゴル・アルタイ山脈の岩壁画群は、モンゴルの西部、ロシアの西シベリアとモンゴルにまたがるアルタイ山脈のモンゴル側のバヤンオルギー県ウラーン・ホス郡とツインガル郡に残っている。ツガーン・ザラー川とバガ・オイゴル川の合流域、アッパー・ツアガン・ゴル、アリア・トルゴイの3つの地域の岩場や洞窟で発見された数多くの岩壁画や葬祭遺跡から、12000年にわたるモンゴル文化の発展の歴史がわかる。初期の岩壁画からは、紀元前11,000年～紀元前6000年の時代の森や谷での鹿などの狩猟採集の様子がわかる。その後の岩壁画では、高度な生活様式である羊やヤギなどの家畜の移

アジア

〈太平洋〉 10か国（31物件 ○ 16 ● 9 ◎ 6）

ヴァヌアツ共和国（1物件 ● 1）

●ロイマタ酋長の領地（Chief Roi Mata's Domain）
ロイマタ酋長の領地は、メラネシア、ヴァヌアツの中央部のエファテ島、レレパ島、アートック島にある最後の酋長ロイマタの生涯にかかわる13世紀初期の3つの遺跡群からなる。ロイマタ酋長の領地は、偉大な指導者ロイマタが住んでいたエファテ島の住居、亡くなった地であるレレパ島のファレス洞窟、それに、生き埋めにされた46名の家族や殉教者と共に埋葬された無人島のレトカ島（ハット島）である。それは、ロイマタ酋長にまつわる伝説や彼が採り入れた道徳を大切にする慣習などロイマタ酋長を物語るものである。ロイマタ酋長の領地は、口承の伝統と考古学の間の収斂を反映する文化的景観で、ロイマタ酋長の社会改造への直向きさや地域の人々に今なお受け継がれる種族間の円満な紛争解決の証しとなるものである。尚、バヌアツが発見されたのは1771年、英国の探検家ジェームス・クックの2度目の航海の時であった。ロイマタ酋長の領地は、第32回世界遺産委員会ケベック・シティ会議で、ヴァヌアツ最初の世界遺産になった。
文化遺産（登録基準(iii)(v)(vi)） 2008年

太平洋

オーストラリア連邦（19物件 ○ 12 ● 3 ◎ 4）

○グレート・バリア・リーフ（Great Barrier Reef）
グレート・バリア・リーフは、クィーンズランド州の東岸、北はパプア・ニューギニア近くのトレス海峡からブリスベンのすぐ北までの全長2012km、面積35万km²（日本とほぼ同じ大きさ）、グリーン島、ヘロン島、ハミルトン島など600の島がある世界最大の珊瑚礁地帯で、多様な海洋生物の生態系を誇る。1770年に英国の探検家ジェームズ・クック（1728～1779年）が発見した。色鮮やかなグレート・バリア・リーフ（大保礁）は、200万年前から成長を始めたと言われ、テーブル珊瑚など約400種類の珊瑚類が注目される。他にカスリハタをはじめとする魚類1500種、クロアジサシなどの鳥類240種、軟体動物4000種などが生息している。絶滅の危機に瀕しているジュゴンやアカウミガメ、ザトウクジラの生息地でもある。地球の温暖化によるサンゴの白化現象（ブリーチ）、観光開発、資源探査、オニヒトデの大繁殖などをめぐり環境の保全が課題になっている。なかでも、世界遺産登録範囲内のカーチス島（グラッドストーン）での液化天然ガス（LNG）プロジェクトによって、世界遺産の価値が損なわれることが懸念されている。
自然遺産（登録基準(vii)(viii)(ix)(x)） 1981年

◎カカドゥ国立公園（Kakadu National Park）
カカドゥ国立公園は、オーストラリアの北部、ダーウィンの東220kmにあり、3つの大河が流れる総面積約198万haの熱帯性気候の広大な自然公園。北はマングローブが生い茂るバン・ディメン湾から南はキャサリン峡谷付近にまで及ぶ。サウスアリゲーター川の中央の流れに沿った低地の湿地帯にはツル、カササギガン、シギなどの水鳥が繁殖し、中下流にはイリエワニが、丘陵地帯にはエリマキトカゲが生息している。植物は約1500種、鳥類は約280種、ソルトウォーター・クロコダイルなどの爬虫類は約120種、その他、哺乳類は約50種、約30種の両生類、70種余の淡水魚、約1万種の昆虫が確認されている。この地域は、5万～2万5000年近く前から先住民族アボリジニが住んでいたところで、内陸部の岩場には、彼等の残したロックアート（岩壁画）が残っており、今日も聖地と見なされ、遺産管理への参加がすすめられている。カカドゥから出土した石製の斧は世界最古の石器であるといわれている。カカドゥ国立公園は、大別すると北部と南部に分けることができる。北部は、広大な湿地帯が広がり、緑が多く熱帯的な風景が印象的。南部は、砂岩質の断層崖、渓谷が特徴的。カカドゥ国立公園東部のジャビルカ地区でのウラン鉱山開発などによる環境への影響を懸念する声が世界的に高まっている。
複合遺産（登録基準(i)(vi)(vii)(ix)(x)）
1981年／1987年／1992年

◎ウィランドラ湖群地域（Willandra Lakes Region）
ウィランドラ湖群地域は、シドニーの南西約616km、ニューサウスウェールズ州の南西部の奥地に広がるマンゴ国立公園を含む総面積が24万haにも及ぶ世界で最も重要な考古学地域の一つで、6つの大湖と無数の小湖からなる。マレー川の源流にあたるウィランドラ湖群地域は、約1.5万年前に大陸の急激な温暖化によって干上がり乾燥湖となった砂漠地帯である。ここで、人類の祖先であるホモ・サピエンスの骨をはじめ、オーストラリアの先住民アボリジニが生活していた証しと思われる約4万年前の石器、石臼、貝塚、墓などの人類の遺跡が数多く発掘された。なかでも、人類最古といわれる火葬場が発見されたことで、世界的に一躍有名になった。ウィランドラ湖群地域は、オーストラリア大陸での人類進化の研究を行っていく上でのランドマークであると言っても過言ではない。それにきわめて保存状態が良い巨大な有袋動物の化石が数多くここで発見されている。また、この地方の湖沼群や砂丘の地形や洪積時代の堆積地層は、地球の環境変化を示す貴重な考古学資料になっている。世界遺産に指定された地域の大部分は、現在、牧羊地として使用されているが、3万haはマンゴ国立公園として観光客を受け入れている。ビジターセンターやキャンプ場、ハイキングルートが整備されており、珍しいレッドカンガルーやウェスタン・グレーカンガルーなどを観察することもできる。
複合遺産（登録基準(iii)(viii)） 1981年

○ロードハウ諸島（Lord Howe Island Group）
ロードハウ諸島は、シドニーの北東770kmの海上にあり、総面積は146300ha、ロードハウ島、アドミラルティー島、マトンバード島、ボールズ・ピラミッドや多くの珊瑚礁など28の島々からなる。650万年前から約50万年間にわたって、海底火山の噴火によって隆起した世界的にも珍しい群島で、風雨や波の浸食作用によってロードハウ諸島が残った。標高875mのゴワー火山と標高777mのリッジバード山が海岸沿いに聳え、島北部の丘陵地帯と中央部の平地とともに見事な景観を形成している。島内は熱帯雨林とヤシの林が大部分を占めており、241種の植物が生育している。このうち105種はこの島固有のものである。また周辺には海鳥が多く生息しており、168種の鳥が確認されている。絶滅に瀕している種に認定されているオナガミズナギドリ、ロードハウクイナなどの鳥も多い。また、この周辺海域は、珊瑚礁が確認されている最南端にあたり、珊瑚から藻へと海の植物が変化する境界線としても興味深い。地上の楽園として観光客にも人気の高い島であるが、人口300人程度のこの島では、島全体でエコ・システムとの一体化につとめている。現地では、観光と環境保護を両立させるために、宿泊施設のベッド数を400床に制限したり、車両の規制などを行っている。
自然遺産（登録基準(vii)(x)）　1982年

◎タスマニア原生地域（Tasmanian Wilderness）
タスマニア島は、オーストラリア東南部にあるオーストラリア最大の島で、バス海峡によってオーストラリア大陸から分断されている、北海道より一回りほど小さな島。島の西南部にあるタスマニア原生地域は、オーストラリア最大の自然保護区の一つで、タスマニア州の面積の約20%を占める約138万haの森林地帯。ユーカリ、イトスギ、ノソフェガス（偽ブナまたは南極ブナ）などの樹種からなり、タスマニアデビル、ヒューオンパインなど固有の動植物も見られる。クレードル・マウンティンをはじめ、氷河の作用によってできたU字谷、フランクリン・ゴードン渓流、ペッダー湖、セント・クレア湖などの多くの湖、アカシアが茂る沼地、オーストラリア屈指の鍾乳洞地帯など特異な自然景観を誇る。一方、フレーザー洞窟で発見された2.1万年前の氷河時代の人類遺跡、それにジャッド洞窟やバラウィン洞窟でのアボリジニの岩壁画などの考古学遺跡も特徴。
複合遺産（登録基準(iii)(iv)(vi)(vii)(viii)(ix)(x)）
1982年／1989年／2010年

○オーストラリアのゴンドワナ雨林群
（Gondwana Rainforests of Australia）
オーストラリアのゴンドワナ雨林群は、ニューサウスウェールズ州とクィーンズランド州に点在するラミントン国立公園、スプリングブルック国立公園、バリントン・トップ国立公園などの国立公園からなる。オーストラリアのゴンドワナ雨林群では、樹海、洞窟、滝など変化に富んだ自然景観に加え、希少種を含む野鳥の観察もできる。森林は4つの型に分類され、亜熱帯地域に広がるナンヨウスギ、冷温帯森林地帯にのみ見られるナンキョクブナなどのほか、絶滅の危機にあるクサビオヒメインコやフクロギツネなどが生息している。世界遺産登録にあたっては、1986年に、ニューサウスウェールズ州にある16の国立公園や地域が登録され、1994年に、同州の5地域とクィーンズランド州の20の国立公園や地域が追加登録され、登録面積のコア・ゾーンは、370000haに及ぶ。また、オーストラリアのゴンドワナ雨林群は、北クィーンズランド州、パプアニューギニア、インドネシアの熱帯雨林とのつながりも重視されている。2007年の第31回世界遺産委員会クライストチャーチ会議で、「オーストラリアの中東部雨林保護区」から現在の名称に変更になった。
自然遺産（登録基準(viii)(ix)(x)）　1986年／1994年

◎ウルル-カタ・ジュタ国立公園
（Uluru-Kata Tjuta National Park）
ウルル-カタ・ジュタ国立公園は、オーストラリアのほぼ中央の北部準州にあり、総面積は132566haで、地質学上も特に貴重とされている。この一帯の赤く乾いた神秘的な台地に突如、「地球のヘソ」といわれる世界最大級の一枚砂岩のエアーズ・ロック（アボリジニ語でウルル）と、高さ500m、総面積3500haのエアーズ・ロックより大きい36個の砂岩の岩塊群であるマウント・オルガ（カタ・ジュタ）が現れる。エアーズ・ロックは、15万年前にこの地にやってきた先住民アボリジニが宗教的・文化的に重要な意味を持つ聖なる山として崇拝してきた。また周辺の岩場には、古代アボリジニが描いた多くの壁画も残されている。園内には、22種類の哺乳類や150種の鳥、世界で2番目に大きいトカゲなど多くの爬虫類が生息している。ウルル・カタジュタ国立公園は、カカドゥ国立公園と共に先住民参加の管理がすすめられている。エアーズ・ロックは、気象条件が良い時には、岩登りができ、頂上から眺める景色は観光客に人気があるが、この地への登山については、先住民アボリジニの聖地であることから、先住民らで構成される運営委員会で協議を重ねた結果、ウルルがアボリジニの手に戻ってから34年目となる記念日である2019年10月26日から登山禁止になる。
複合遺産（登録基準(v)(vi)(vii)(viii)）
1987年／1994年

○クィーンズランドの湿潤熱帯地域
（Wet Tropics of Queensland）
クィーンズランドの湿潤熱帯地域は、クィーンズランド州の北部、クックタウンの南からタウンズビルの北の地域で、グレートバリアリーフ地域に隣接している。クィーンズランドの湿潤熱帯地域は、東北オーストラリア湿潤熱帯地域の90%を占め、指定地9200km²のうち約80が熱帯多雨林地域。デインツリー国立公園、デインツリー海岸、バロン渓谷、バロン滝などがある。1億3000万年前の原始の植物など地球の歴史上最も古い太古ゴンドワナ時代の特徴的な痕跡が現存しているため、「世界で最も古い所」とも呼ばれる。
自然遺産（登録基準(vii)(viii)(ix)(x)）　1988年

○西オーストラリアのシャーク湾
（Shark Bay, Western Australia）
シャーク湾は、ウエスタン・オーストラリア州の最西端22000km²に広がる湾で、インド洋に突き出たいくつもの半島や島々に囲まれている。この地域は、オーストラリア南部と北部の属性植物が混在する境界地点で、145種類の植物が北限、39種類が南限となっている。また、この地域特有の新種の植物も28種類確認されている。半島に囲まれ海とは隔たった地理的環境から、生息する動物も他では見られない独特の進化を遂げており、動物学的にも貴重な地域となっている。シャーク湾の水質が、地形の関係から南部に行くほど塩分濃度が濃くなっている影響で、地球誕生後に酸素を生み出した元とされる地球上で最古の生き物で、らん藻のストロマトライトが造り出す岩が今でも成長を続ける貴重な海洋生態系が見られる。また、この地域の海には、ジュゴン、ザトウクジラ、ミドリウミガメ、イルカなどの生息地でもあり、ダークハットッグ島やペロン半島の海岸ではウミガメの産卵を見ることが、また、モンキー・マイアでは、野生のバンドウイルカと触れ合うことができる。近年、シャチの観察（ホウェール・ウォッチング）も観光化されてきている。
自然遺産（登録基準(vii)(viii)(ix)(x)）　1991年

○クガリ（フレーザー島）（K'gari (Fraser Island)）
クガリ（フレーザー島）は、クィーンズランド州の南東岸沖、ブリスベンの北190kmの海岸沿いに発達した世

太平洋

界最大の砂の島。全長123km、最大幅25km、総面積1840km²で、山脈地帯の風化した砂が堆積して出来たといわれる。砂でできた島では、通常の場合森や湖などの自然環境が形成されないが、クガリ（フレーザー島）では、風や鳥が大陸から植物の種子や胞子を運び、それらが堆積して腐葉土を作り熱帯雨林を形成している。クガリ（フレーザー島）内には、広々とした砂浜、世界で唯一の標高200mの砂丘の上に群生した熱帯雨林、また、砂丘によって川がせき止められてできた淡水の砂丘湖が40もある。島内には、野生の犬ディンゴ、有袋動物オポッサム、ワラビー、200種類以上の鳥類が生息している。グレート・サンディー島ともいう。2021年の第44回世界遺産委員会で登録遺産名が「フレーザー島」から「クガリ（フレーザー島）」へ変更になった。
自然遺産（登録基準(vii)(viii)(ix)）
1992年／2021年

○オーストラリアの哺乳類の化石遺跡（リバースリーとナラコーテ）
（Australian Fossil Mammal Sites（Riversleigh/Naracoorte））
オーストラリアの哺乳類の化石遺跡は、オーストラリア大陸特有の哺乳類の進化に関する重要な化石が多く発掘されているリバースリーとナラコーテの2つの地域からなる。ローン・ヒル国立公園内のリバースリーは、クィーンズランド州北西部、グレゴリー川の分岐点にある。リバースリーでは、2500万～500万年前の化石が出土している。また、ナラコーテ洞窟国立公園内のナラコーテは、南オーストラリア州アデレードの約320km南東、ヴィクトリア州との境にある。ナラコーテの洞窟では、ライオンに似た古生物のチラコレオ・カルニフェクスの骨がほぼ完全な形で発掘され、古生物の生態が明らかになった。20万～2万年前の現生哺乳類の祖先の化石が出土している。
自然遺産（登録基準(viii)(ix)）　1994年

○ハード島とマクドナルド諸島
（Heard and McDonald Islands）
ハード島とマクドナルド諸島は、南極大陸の北1500km、アフリカの南東4700km、オーストラリアのパースの南西4100kmにある島々で、1853年にアメリカの商船隊長ハードに発見されるまでは知られざる島であった。ハード島とマクドナルド諸島は、亜南極地域にある唯一の活火山島で、ハード島のモーソン山（2745m）をはじめとして、生物や地形の進化過程や氷河の動きが目の当たりに観察できる。また、原始の生態系が保存され、人間や外来種からの影響は皆無。強風、豪雨、豪雪、雲、霧などの気象が醸し出す景観は、世界一荒涼とした島と言っても過言ではない。オーストラリア政府は、これらの島を保全するために科学調査などの目的での訪問も人数制限している。また、島から12海里の領海やこれらの島々における漁業や鉱物資源の採掘など一切の産業開発を禁止している。
自然遺産（登録基準(viii)(ix)）　1997年

○マックォーリー島（Macquarie Island）
マックォーリー島は、オーストラリア大陸と南極大陸の中間点、タスマニア島の南東1500km、南極大陸の北1300kmにある長さ34km、幅5kmの火山島。1810年にオーストラリア人のフレデリック・ハッセルボロウによって発見された。マックォーリー島は、マックォーリー海嶺の頂上部で、インド・プレートとパシフィック・プレートの境界線にある。地殻マントル（海底下6km）から突き出た岩帯が海面上に現れた地球上で唯一の場所で、枕玄武岩や海岸線の砂丘など構造地質学の宝庫で、世界中の地質学者の関心が高い。マックォーリー島は、海岸線にも砂が隆起して丘ができるなどユニークな景観が見られる。海岸の岩場には、10万頭以上のゾウアザラシや何百万ものペンギン、またセイウチなどが生息する野生動物の楽園。キングペンギンとロイヤルペンギンは、冬と春に大きな営巣コロニーをつくる。
自然遺産（登録基準(vii)(viii)）　1997年

○グレーター・ブルー・マウンテンズ地域
（Greater Blue Mountains Area）
グレーター・ブルー・マウンテンズ地域は、オーストラリアの南東部、シドニーの西60kmにある面積103万haの広大な森林地帯。ブルー・マウンテン国立公園とその周辺は、海抜100mから1300mに至る深く刻まれた砂岩の台地で、高さが300mもある絶壁、オーストラリアのグランド・キャニオンとも呼ばれている雄大な自然景観を誇るジャミソン渓谷、ウェントワースやカトゥーバの滝、湿原、湿地、草地などが織りなす多様な風景が印象的である。なかでも、奇岩のスリー・シスターズは有名で、その昔、悪魔に魅入られた三人姉妹が、魔法によって石に姿を変えたという伝説がある。グレーター・ブルー・マウンテンズ地域は、8つの自然保護区で構成され、絶滅危惧種や稀少種を含む動物や植物など多様な生物圏が見られる。ブルー・マウンテンズの名前の由来は、山容を覆うユーカリが青みがかって見えることからともいわれ、オーストラリアで最も重要なユーカリの自生地でもある。世界のユーカリの13％がここに生息し、その種は、マリーなど90種に及ぶともいわれている。これらのうち12種は、シドニー砂岩地域にのみ自生している。グレーター・ブルー・マウンテンズ地域へは、シドニーから、車、または、列車で約90分。トロッコ列車、スカイ・ケーブル、そして、自然を満喫しながら歩くブッシュ・ウォーキングを楽しむこともできる。
自然遺産（登録基準(ix)(x)）　2000年

○パヌルル国立公園（Purnululu National Park）
パヌルル国立公園は、西オーストラリア州北東部キンバリー地方、北部準州との州境にある広さ300000haの1987年に指定された国立公園。パヌルルとは、アボリジニの言葉で、砂岩という意味。約3億5千年前から山から流れる川の下流に砂が堆積し、その砂岩層が年月とともに地殻の動きに合わせて侵食され成長してできた縞模様の岩山が45000haにわたって広がっている。その中心となるのは、バングル・バングルと呼ばれる秘境で、その存在はアボリジニを除いては1982年まで知られていなかった。また、ビーハイブ（蜂の巣）と呼ばれる黒とオレンジの縞模様が交互に見られる丸みを帯びた奇岩は圧巻。小型飛行機による遊覧飛行で、空から奇岩群を一望できる。キンバリー地方は、その広大な土地の人口は、約25000人ほどで、一帯にはアボリジニの村も点在している。地域の町ブルームは、かつて真珠の養殖が盛んであった。
自然遺産（登録基準(vii)(viii)）　2003年

●王立展示館とカールトン庭園

（Royal Exhibition Building and Carlton Gardens）
王立展示館とカールトン庭園は、ヴィクトリア州のメルボルン市の中心部にある。カールトン庭園と王立展示館は、1880年のメルボルン国際博覧会、1888年のオーストラリア植民地生誕百周年記念国際博覧会開催のために設計された建物である。建物は、石、レンガ、木材、鉄材などを用いて建築され、ビザンチン、ロマネスク、イタリア・ルネッサンスなど多くの建築様式を取り入れている。世界中からの産業見本を展示する国際博覧会（1851～1915年）の活動の典型的な事例で、その後も、様々な行事に活用されてきている。また、世界各地で開催された博覧会の展示にも大きな影響を与えた。
文化遺産（登録基準（ii））　2004年／2010年

●シドニーのオペラ・ハウス（Sydney Opera House）
シドニーのオペラ・ハウスは、ニュー・サウス・ウェールズ州、世界三大美港の一つであるシドニー湾のサーキュラー埠頭にある歌劇場である。1956年に実施されたオペラ・ハウスの国際設計コンペで、デンマークの若手建築家ヨルン・ウッツォンの作品が選ばれ、14年の歳月と1億200万オーストラリア・ドルの総工費をかけて1973年に完成した。最初の公演は、ロシアの作曲家セルゲイ・プロコフィエフの歌劇「戦争と平和」が演じられた。オペラ・ハウスの外観は、白い貝殻、或は、帆船の帆の形をした曲線美を誇り、数百万枚の陶製のタイルが使用されている。内部は、音楽、舞踊、演劇、映画の用途に供する音響効果にすぐれた大小4つの多目的・複合型の劇場となっている。オペラ・ハウスは、シドニー、またオーストラリアの代表的な建築物であり、シンボルやランドマークになっている。オーストラリア政府による他の類似物件との比較では、アントニ・ガウディのサグラダ・ファミリア、ル・コルビュジエのサヴォア邸、フランク・ロイド・ライトの落水荘と並ぶ、20世紀の建築の象徴的作品としている。
文化遺産（登録基準（i））　2007年

●オーストラリアの囚人遺跡群
（Australian Convict Sites）
オーストラリアの囚人遺跡群は、ニュー・サウス・ウェールズ、タスマニア、西オーストラリアの各州に点在する18～19世紀の植民地時代の負の遺産である。オーストラリアは、1770年英国の探険家キャプテン・クックによって発見され、1788年最初の植民団がボタニー(今日のシドニー)に入港した。アメリカで独立戦争が起こり、同国を流刑地として利用できなくなったため、大英帝国は、代替の流刑植民地が必要になった。1788年1月に11隻からなる第一船団がボタニー湾に到着、アーサー・フィリップ（初代総督）がシドニー港を選んで1月26日（オーストラリア・デー）に上陸した。第一船団が運んだ1,500人の半数が流刑囚で、その後80年間に約16万人の流刑囚がオーストラリアへ送り込まれ、刑罰として、植民地建設の為の強制労働に従事した。流刑地は、当初はニュー・サウス・ウェールズ植民地と呼ばれていたが、大陸の東海岸沿いに複数建設され都市化し、やがて1850年代には自治植民地へと発展した。オーストラリアの囚人遺跡群は、ニュー・サウス・ウェールズの初代総督官公邸、1980年から博物館に活用されているハイド・パーク・バラックス、グレイト・ノース・ロード、ダーリントン保護観察所、タスマニアのポートアーサー史跡、プランケット岬の炭鉱史跡、ヴァン・ディーメン島のロス女囚服役工場、西オーストラリアのフリマントル刑務所など11の構成遺産からなる。尚、オーストラリアの囚人記録集は、世界の記憶に登録されており、西オーストラリア州記録事務所（パース）等に収蔵されている。
文化遺産（登録基準（iv）（vi））　2010年

○ニンガルー・コースト（Ningaloo Coast）
ニンガルー・コーストは、オーストラリアの西部、西オーストラリア州にある、東インド洋の海域（71%）とオーストラリア大陸の陸域（29%）の構成資産からなる海岸である。ニンガルー・コーストの海岸の近くには、長さが250kmもある世界で最長級の珊瑚礁、ニンガルー・リーフがある。ニンガルー・コーストの陸域は、広範なカルスト地形と網の目状に張り巡らされた地下の洞窟群と水路群が特徴である。海域は、イルカ、マンタ、ウミガメ、ジュゴン、ザトウクジラなど数多くの海洋種が生息し、珊瑚の産卵が終わりオキアミなど小さな生物が集まる毎年4月～6月には、現生最大の魚として知られているジンベエザメの姿も見られる。ニンガルー・コーストの自然景観は美しく、その自然環境は、多様な絶滅危惧種を含む海洋と陸域の類いない生物多様性を育んでいる。ニンガルー・コーストの一帯は、1987年に、ニンガルー海洋公園に指定されている。
自然遺産（登録基準（vii）（x））　2011年

●バジ・ビムの文化的景観
（Budj Bim Cultural Landscape）
バジ・ビムの文化的景観は、オーストラリアの南東部、ビクトリア州のヘイウッドの東部から北東部にあるバジ・ビム火山とそれが形成する溶岩地形の国家景観遺産である。登録面積が9935ha、構成資産は、バジ・ビム火山とコンダ湖があるバジ・ビム（北部）、溶岩流沿いの南約5kmの所にあるKurtonitj（中部）、Pallawara川 とキラーラ川が境界のTyrendarra（南部）の3件からなる。バジ・ビムの文化的景観は、オーストラリアの先住民アボリジニのネーションの伝統的なグンディッジマラ地方にあるが、伝統的な信仰と文化を有する先住民グンディッジマラ族は、複雑な地形と魚の習性を利用してウナギなどの淡水魚の水産養殖のシステムを発展させた。約6,600年前に開発された世界最古の水産養殖地なのである。
文化遺産（登録基準（iii）（v））　2019年

キリバス共和国（1物件　○1）

○フェニックス諸島保護区
（Phoenix Islands Protected Area）
フェニックス諸島保護区は、南太平洋のギルバート諸島とライン諸島の間にあり、フェニックス諸島の8つの全ての島々（ラワキ島、エンダーベリー島、ニクマロロ環礁、マッキーン島、マンラ島、バーニー島、カントン島、オロナ環礁）、それに、キャロンデレット珊瑚礁、ウィンスロー珊瑚礁の2つの珊瑚礁からなる。キリバスで最初の世界遺産である。キリバスは、2008年1月に、フェニックス諸島保護区（PIPA）を指定、面積は約40.8万km²の、世界最大級の海洋保護区である。フェニックス諸島は、カントン島以外は無人島で、生態系が手つかずのままに残っている。約200種のサンゴ、500種の魚類、18種の海生哺乳類、44種の鳥類が確認されている。キリバスは、この海域で、大規模な漁業が行われれば生物多様性が損なわれる為、商業的漁業を禁止している。
自然遺産（登録基準(vii)(ix)）　2010年

ソロモン諸島（1物件　○1）

○イースト・レンネル（East Rennell）
イースト・レンネルは、ソロモン諸島の最南端にある熱帯雨林に覆われたレンネル島の東部地域にある国立野生生物公園。レンネル島は隆起した環状珊瑚礁で、その大半が人の手が加えられておらず、ニュージーランドとオーストラリアを除く南太平洋地域では、最大級の湖であるテガノ湖(面積は島の18%を占める15.5km²で、淡水と海水が混ざった汽水湖)を擁している。レンネル・オオコウモリ、ウミヘビ、ヤモリ、トカゲ、マイマイなどの動物相は、大半がこの島固有のもので、ランやタコノキなどの植物相も生物地理学的に非常に特異である。世界遺産地域のイースト・レンネルは、年平均4000mmの降雨量の影響で、ほとんど濃霧に覆われている熱帯地域で、顕著な地質学的、生物学的、景観的価値を有している。なかでも、世界最大の隆起環状珊瑚礁、南太平洋地域で最大級の湖(かつては礁湖であり、現在はウミヘビが生息している)、この土地固有の多くの鳥類、ポリネシア人が住む最西部の島であることなどが特色である。森林の伐採が生態系に悪影響を与えている為、「危機遺産リスト」に登録された。
自然遺産（登録基準(ix)）　1998年
★【危機遺産】2013年

ニュージーランド（3物件　○2　◎1）

○テ・ワヒポウナム-南西ニュージーランド
（Te Wahipounamu-South West New Zealand）
ニュージランド南島の南西部にあるテ・ワヒポウナムは、マウント・クック、フィヨルドランド、マウント・アイスパイアリング、ウエストランドの4つの国立公園を擁する面積約28000km²の自然公園。テ・ワヒポウナムとは、「翡翠の土地」を表わす現地語。氷河活動で出来た切り立った山々、荒々しい海岸線、砂丘などが広がる。世界で最も多雨の地域で、圧倒的な雨量は、希少な冷温帯雨林を育む。植物は多様性に富み、動物もモア(19世紀に絶滅)、キウイ、イワトビペンギン、カオジロサギ、ニュージーランド・オットセイなど固有種が多い。マウント・クック国立公園は、ニュージーランド最高峰のクック山(3754m)を擁し、タスマン氷河をはじめとする多くの氷河を頂き、美しい山岳風景を作り出している。フィヨルドランド国立公園は、その名の通り、海岸線にはフィヨルドが続き、険しい山陵や氷河湖が多く見られる。代表的なミルフォード・サウンドは、空、海、陸からのアプローチが可能な屈指の景勝地。このエリアのミルフォード・トラックは、自然保護のため、1日の入山者数が制限されており、個人でも入山には予約が必要。マウント・アイスパイアリング国立公園は、アイスパイアリング山(3027m)を中心に、アイスパイアリング連邦が続く国内有数の山岳景勝地。裾野にはブナの原生林や草原が広がる。ロブロイ氷河などハイカーたちの人気も高い。ウエストランド国立公園は、世界でも珍しい海抜標高の低い"双子の氷河"フランツ・ジョセフ氷河とフォックス氷河で知られる。氷河の流れも速く、1日で5～6m動くところもある。
自然遺産（登録基準(vii)(viii)(ix)(x)）　1990年

◎トンガリロ国立公園（Tongariro National Park）
トンガリロ国立公園は、ニュージーランドの北島の中央部に広がる最高峰のルアペフ山(2797m)をはじめナウルホエ山(2291m)、トンガリロ山(1967m)の3活火山や死火山を含む広大な795km²の公園。トンガリロ国立公園は、更新世の氷河、火山のマグマ活動による火口湖、火山列など形成過程にある地形が併存し、また、広大な草原や広葉樹の森林には多様な植物、珍しい鳥類が生息し、地質学的にも生態学的にも関心がもたれている。雄大なルアペフ山は、近年にも大きな噴火を起こしている。ナウルホエ山は、富士山に似た陵線を持つ美しい山。トンガリロ山は、エメラルドに輝く火口湖が素晴しい景観を作り出している。これらの山々を縦走するトラックは、「トンガリロ・クロッシング」の名で知られ、人気の高いコースである。また、この地は、9～10世紀にポリネシア系のマオリ族によって発見された。カヌーで南太平洋を渡った先住民族マオリ族は、宗教的にもこの高原一帯を聖地として崇め、また、伝統、言語、習慣などのマオリ文化を脈々と守り続けてきた。マオリ族の首長ツキノが中心となり、この地域の保護を求めたことがきっかけとなり、1894年にニュージーランド初の国立公園に指定された。自然と文化との結びつきを代表する複合遺産になった先駆的物件である。
複合遺産（登録基準(vi)(vii)(viii)）
1990年／1993年

○ニュージーランドの亜南極諸島
（New Zealand Sub-Antarctic Islands）
ニュージランドの亜南極諸島は、ニュージランドの南東、南太平洋にあるスネアズ諸島、バウンティ諸島、アンティポデス諸島、オークランド諸島とキャンベル島の5つの諸島からなる。ニュージランド本島と南極との間にある亜南極諸島と海には、ペンギン、アホウドリ、みずなぎどり、海燕などの鳥類、鯨、イルカ、あざらしなどの哺乳動物、花の咲くハーブ草などこの地域特有の動植物が生息している。スネアズ島には600万羽の鳥が営巣する。南緯40度のこのあたりは「ほえる40度」と呼ばれ、南極からの寒流、太平洋からの暖流のぶつかりあう所。度々暴風雨に見舞われる厳しい自然環境だが、豊富な餌もあり生態系を維持してきた。手付かずの自然を保護するために訪問者の数を制限しているため、限られたツアーでしか行くことができない。
自然遺産（登録基準(ix)(x)）　1998年

パプア・ニューギニア独立国（1物件　●1）

●ククの初期農業遺跡
（Kuk Early Agricultural Site）
ククの初期農業遺跡は、ニューギニア島のハイランド地方南部、海抜1500mの高地にあるクク湿地の116haが世界遺産のコア・ゾーンである人類の農耕の起源を解明する上で重要な手掛かりとなる遺跡である。ククの初期農業遺跡の考古学的な発掘は、7000から10000年にもわたって耕作し湿地を開墾した文化的景観を明らかにしている。ククの初期農業遺跡は、約6500年前に、人類がバナナを育てる独自の農耕を始めていたことを示す植物化石などの考古学的遺跡が良く保存されている。

ククの初期農業遺跡には、木製の農具で水路と見られる溝を掘るなど、湿地の土壌改良のためとみられる盛り土の跡などが数多く残っている。ククは、人類が農耕を始めた起源を示す証拠が残っている、中国、中東、中米、南米、米国東部などと共に世界でも数少ない発祥地の一つであり、農業の独自の進歩や農法の変化が長期間続いたことを示す考古学遺跡である。ククの初期農業遺跡は、第32回世界遺産委員会ケベック・シティ会議で、パプア・ニューギニア初の世界遺産に登録された。
文化遺産（登録基準(iii)(iv)）　2008年

パラオ共和国（1物件　◎ 1）

◎ロックアイランドの南部の干潟

（Rock Islands Southern Lagoon）
ロックアイランドの南部の干潟は、パラオの南西部、コロール州にある約10万haの海に点在する445の無人島から形成される。ロックアイランドは、コロール島とペリリュー島の間にあるウルクターブル島、ウーロン島、マカラカル島、ガルメアウス島など南北およそ640kmに展開する島々の総称。主に、火山島と隆起珊瑚礁による石灰岩島で、その多くは無人島である。環礁に囲まれたトルコ色のラグーンの浅い海に、長年の侵食によりマッシュルーム型の奇観を創出した島々が広がり、385種類以上の珊瑚や、多種多様な植物、鳥、ジュゴンや13種以上の鮫などの海洋生物も生息し、有名なダイビングスポットにもなっている。さらに、海から隔離された海水湖も集中しており、ジェリー・フィッシュ湖では、毒性の低いタコ・クラゲが無数に生息しているほか、固有の種が多く生息し、新種の生物の発見にもつながっている。また、年代測定では、3100年くらい前から人間が生活していたことがわかる洞窟群、赤色の洞窟壁画、17～18世紀に放棄された廃村群など、文化遺産としての価値も高い。
複合遺産（登録基準(iii)(v)(vii)(ix)(x)）　2012年

フィジー共和国（1物件　● 1）

●レヴカの歴史的な港町（Levuka Historical Port Town）

レヴカの歴史的な港町は、フィジーの中央部、オヴァラウ島の東南部のロマイヴィティ州の州都で、ココナツやマンゴの木々の中に佇む歴史的な建造物群が残る。レヴカは、1820年頃にヨーロッパの植民者によって建設され、フィジー諸島における最初の近代都市として、また、太平洋交易の要所として、重要な港をもつ商業活動の中心となった。レヴカの港には宣教師や船大工などが集まり、原住民の村々の周辺には、倉庫群、港湾施設、住居群、宗教・教育・社会機関が成長・発展した。1858年には、マリスト修道士会の伝道施設が設置されたが1874年に英国に平和裡に譲渡され、1874年から1882年までの間、イギリス植民地フィジーの首都でもあった。
文化遺産（登録基準(ii)(iv)）　2013年

マーシャル諸島共和国（1物件　● 1）

●ビキニ環礁核実験地（Bikini Atoll Nuclear Test Site）

ビキニ環礁核実験地は、太平洋の中央部、ミクロネシアのマーシャル諸島、ラリック列島にある小さな環礁で、核時代の幕開けの象徴、それに、核兵器の惨禍を伝える実験場である。ビキニ環礁では、アメリカ合衆国によって、第二次世界大戦後間もない冷戦時代の1946年から1958年にかけて、67回の核実験が行われた。1946年7月には、アメリカ軍が接収した日本海軍の戦艦長門など大小71隻の艦艇を標的とするクロスロード作戦と呼ばれた原子爆弾の実験、1952年には、最初の、そして、1954年3月1日には、キャッスル作戦、ブラボーと名づけた水素爆弾（水爆）の実験が行われ、日本のマグロ漁船・第五福竜丸をはじめ約1000隻以上の漁船、ビキニ環礁から約240km離れたロンゲラップ環礁にも死の灰が降り積もり、島民64人が被曝した。2008年4月、オーストラリア研究会議（ARC）では、ビキニ環礁のサンゴ礁の現状について、ビキニ環礁の面積の80%のサンゴ礁が回復しているが、28種のサンゴが原水爆実験で絶滅したと発表されている。ビキニ環礁核実験地は、広島、長崎に続く核兵器による被害、なかでも、死の灰による被曝問題を世界的に告発し、原水爆禁止運動の出発点ともなった。広島の原子爆弾の7000倍の破壊力をもった核実験が行われた跡にできたクレーターなどの傷痕は、地球の楽園で行われた核使用の恐怖と核廃絶の必要性と平和の大切さを逆説的に物語る人類の負の遺産である。
文化遺産（登録基準(iv)(vi)）　2010年

ミクロネシア連邦（1物件　● 1）

●ナン・マドール：東ミクロネシアの祭祀センター

（Nan Madol: Ceremonial Center of the Eastern Micronesia）
ナン・マドール：東ミクロネシアの祭祀センターは、ミクロネシアの東部、ポンペイ州マタラニウム、ポンペイ島南東部のテムエン島南東麓にある13世紀～16世紀の祭祀遺跡で、ミクロネシア連邦初の世界遺産である。世界遺産の登録面積は76.7ha、バッファー・ゾーンは664haである。ナン・マドールとは「天と地の間」という意味をもち、約1.5×0.7kmの長方形の範囲に築かれた大小99の人工島で構成され、伝承によると、行政、儀礼、埋葬などそれぞれの島で機能分担していたとされる。広大なナン・マドールは、司祭者の居住した北東部の「首長の口の中」を意味するナンタワスなどの上ナン・マドールと、首長シャウテレウルが居住し儀式や政治を行った南西部のパーンウィなどの下ナン・マドールに分けられる。ナン・マドールは、マングローブなどの繁茂や遺跡の崩壊などが起きていることから、危機遺産リストに同時登録された。
文化遺産（登録基準(i)(iii)(iv)(vi)）　2016年
★【危機遺産】 2016年

太平洋

〈ヨーロッパ〉

48か国（475物件　○44　●422　◎9）

アイスランド共和国（3物件　○2　●1）

●シンクヴェトリル国立公園（Tingvellir National Park）
シンクヴェトリル国立公園は、アイスランドの南部、レイキャビクから北東へ49km、野外の旧国会議事堂のアルシングとその後背地からなり、1930年に国立公園に指定された。世界遺産の登録面積は、9,270haである。アルシングは、930年にノルウェーからの移住者によって、世界で初めて全島集会の民主議会を開き、現在の国会議事堂が出来るまでの1798年まで続いた。その間、アイスランドの憲法制定し、議会制民主政治を確立した。シンクヴェトリルは、「聖なる場所」、そして、「世界の議会の母」として、アイスランドの人々が世界に誇る国家的に重要な史跡であり、その文化的景観を誇る。また、シンクヴェトリル国立公園は、大西洋中央海嶺の地上露出部分で、ユーラシア・プレートが東に、北米プレートが西に広がり、アイスランドとアフリカ大陸のみでしか見られない地球の割れ目「ギャウ」でも有名である。シンクヴェトリルは、1930年に国立公園に指定されており、かつてアルシングが開催された場所には、現在アイスランド国旗が掲揚されている。
文化遺産（登録基準(iii)(vi)）　2004年

○スルツェイ島（Surtsey）
スルツェイ島は、アイスランドのレイキャネース半島の南岸から約32km、ウエストマン諸島の最南端にある火山島である。スルツェイ島は、1963年から1967年まで起こった海底火山の噴火で形成された新島で無人島である。スルツェイ島は、1963年11月の誕生以来、手付かずの自然の実験室を提供してくれており、歴史上、最も詳細に監視し記録された新島の成長や形成などの進化の様子、それにスルツェイ島への動植物の定着のメカニズムを明らかにするものである。スルツェイ島は、人間の干渉から解放され、植物や動物の生命が新天地に漂着する過程について、長期間における独自の情報を生み出した。1964年に科学者達がスルツェイ島を研究し始めて以来、海流によって運ばれる種子が漂着する過程を観察した。維管束植物による糸状菌、細菌、真菌の出現は、1965年からの最初の10年間は、10種類であったが、2004年までには、75種の蘚苔類、71種の子嚢菌類、それに24種の菌類が確認されている。また、これまでに、89種の鳥類がスルツェイ島で確認されており、それらのうち57種がアイスランドの何処かで営巣し繁殖している。スルツェイ島は、また、335種類の無脊椎動物の故郷でもある。スルツェイ島は、高緯度帯に突如出現した火山島に、いかに外来の動植物が定着するかその生態系を解明する上でも、まさに世界的な実験室なのである。世界遺産の登録基準では、(ix)の「陸上、淡水、沿岸および海洋生態系と動植物群集の進化と発達において進行しつつある重要な生態学的、生物学的プロセスを示す顕著な見本である」ことが評価された。スルツェイ島への入島は厳しく制限されており、科学的な調査や研究を目的にした科学者のみの上陸が許されている。
自然遺産（登録基準(ix)）　2008年

○ヴァトナヨークトル国立公園－炎と氷のダイナミックな自然
（Vatnajokull National Park - dynamic nature of fire and ice）
ヴァトナヨークトル国立公園－炎と氷のダイナミックな自然は、アイスランドの南東部にある。アイスランドの国土の8%を占め、氷帽からは約30の氷河が流れ出している。ヨーロッパ最大の氷帽氷河であるヴァトナヨークトル氷河は、氷の下にある火山の活動によって「氷河爆発」と呼ばれる大規模な洪水を引き起こす。登録面積が1482000ha、構成資産は、ヴァトナヨークトル国立公園と2つの接続保護地域からなり、中心部には、780,000 haのヴァトナヨークトル氷帽がある。ヴァトナヨークトル氷河（ヴァトナヨークトルは「湖の氷河」の意）は、アイスランドで最大の氷河で、島の南東に位置し、国土の8%を覆っている。8,100 km²の広さがあり、体積ではヨーロッパ最大、面積では、スヴァールバル諸島北東島のアウストフォンナに次いで2番目に大きい氷河である。平均の厚さは400mで、最大の厚さは1000mに及ぶ。ヴァトナヨークトル氷河の南の端にあるスカフタフェットル国立公園付近には、アイスランドの最高峰エーライヴァヨークトル（2,110 m)がある。この氷河の下には、アイスランドの多くの氷河の下と同様に10の火山群がある。例えば、グリムスヴォトン（アイスランド語で「怒れる湖」の意）のような火山湖は、1996年の大氷河洪水の原因となった。これら湖の下の火山は、2004年11月にも短期間ではあるが相当な規模の噴火を引き起こした。この氷河はここ数年間で徐々に縮小しているが、おそらく、気候変動と最近の火山活動が原因と考えられる。2011年5月21日にグリムスヴォトンが再び噴火、ヨーロッパ、スカンディナヴィア近辺の航空便等への影響が懸念された。
自然遺産（登録基準(viii)）　2019年

アイルランド（2物件　●2）

●ベンド・オブ・ボインのブルー・ナ・ボーニャ考古学遺跡群
（Brú na Bóinne-Archaeological Ensemble of the Bend of the

ヨーロッパ

Boyne）
ベンド・オブ・ボインのブルー・ナ・ボーニャ考古学遺跡群は、アイルランド東部、首都ダブリンの北西約40km、ボイン川の屈曲部の渓谷の丘陵部にある古墳群。新石器時代後期の巨大古墳の中では、ヨーロッパで最大、かつ最も重要な巨石の芸術である。ニューグランジ、ドウス、ノウスの3つの地域には、大型石室墓があるが、いずれも高度な建築技術と天文学知識を駆使してつくられたものである。また、多数の墳丘や5つの列石などが発見されている。古墳入口の巨大石板には、縄文や渦巻の文様が刻まれ、土器や骨製ピンなども出土している。
文化遺産（登録基準(i)(iii)(iv)）　1993年

●スケリッグ・マイケル（Sceilg Mhichil）
スケリッグ・マイケルは、アイルランドの南西部、アイヴェル半島のボラス岬の沖合い12kmの海上に浮かぶスケリッグ諸島のスケリッグ・マイケル島にある。スケリッグ・マイケルとは、「ミカエルの岩」の意である。スケリッグ・マイケルには、7世紀に、聖フィナオンによってスケリッグ・マイケル修道院が、10～11世紀には、修道士達によって聖ミカエル（マイケル）をまつる聖堂が建てられた。大西洋の荒波が打ちつける荒涼たる岩の孤島で、アイルランドの初期キリスト教修道士達が厳しい修行生活を続けてきたが、16世紀に閉鎖された。石積みの十字架、僧房、礼拝堂などの遺跡や出土品から当時の修道士達の生活がしのばれる。スケリッグ・マイケル島は、現在は無人島ではあるが、多くの海鳥が生息している。スケリッグ・マイケルの登録遺産名は、当初、Skellig Michaelであったが、2012年に英語表記からアイルランド語表記のSceilg Mhichilに変更になった。
文化遺産（登録基準(iii)(iv)）　1996年

アゼルバイジャン共和国（3物件　●3）

●シルヴァンシャーの宮殿と乙女の塔がある城塞都市バクー
（Walled City of Baku with the Shirvanshah's Palace and Maiden Tower）
シルヴァンシャーの宮殿と乙女の塔（Maiden Tower）がある城塞都市バクーは、カスピ海の南西に面するアブセロン半島のバクー湾に面した港町である。バクーとは、ペルシア語で、「風の吹く町」を意味し、12世紀に海岸ぎりぎりに城壁が築かれ、その中に、「内城」（イチェリ・シェヘル）で囲まれた旧市街がある。乙女の塔（クイズ・ガラスイ）は、12世紀に建てられた奇妙な楕円形の見張りの塔で、好きでもない男との結婚を押し付けられた王女が塔の上からカスピ海に身を投げたという伝説も残っている。中央広場を中心に、ゾロアスター、ササン、アラビア、ペルシア、シルヴァン、オスマン、ロシアなど多彩な文化の影響を受けたアゼルバイジャン建築を代表する15世紀のシルヴァンシャーの宮殿など歴史的建築物が数多く残っている。2000年11月の大地震による損壊、都市開発、圧力、保護政策の欠如によって、2003年に危機遺産になったが、2009年の第33回世界遺産委員会セビリア会議で、アゼルバイジャン当局の修復努力、管理改善が認められ、危機遺産リストから解除された。
文化遺産（登録基準(iv)）　2000年

●ゴブスタンの岩石画の文化的景観
（Gobustan Rock Art Cultural Landscape）
ゴブスタンの岩石画の文化的景観は、アゼルバイジャンの首都バクーから南西へ約60km、アゼルバイジャン中央部の半砂漠に巨岩群が聳え立つ高原の、ガラダフ地区とアプシェロン地区、ジンフィンダシュ山のヤジリテペ丘陵、ベユクダシュ山とキチクダシュ山の3つの地域に展開する。ゴブスタンの岩石画の文化的景観の世界遺産の登録範囲は、核心地域が537ha、緩衝地域が3096haに及び、4000年間にわたって描かれた人物、ヤギや鹿などの野生動物、葦の小舟などの6000の岩石画が集積している。ゴブスタンの岩石画は、1930年代に発見され、ゴブスタン国立公園や特別保護区に指定されているが、石油パイプラインの建設など潜在的な危険にさらされている。
文化遺産（登録基準(iii)）　2007年

●ハン宮殿のあるシャキ歴史地区　***New***
（Historic Centre of Sheki with the Khan's Palace）
ハン宮殿のあるシャキ歴史地区は、アゼルバイジャンの北西部、首都のバクーからは325kmの距離にある都市シャキにある。 登録面積が120.5ha、バッファーゾーンが146haである。コーカサスの絹生産の中心地であったシャキには2700年以上前の大規模な居住跡が残されている。彼らはイラン系で、紀元前7世紀頃、黒海の北岸からデルベントを通り、南コーカサスそしてアナトリアへと流浪していた。彼らは南コーカサスの肥沃な土地を占有したが、そのエリアの一地域がシャキである。 1世紀頃、シャキはカフカス・アルバニア王国で最大の都市の一つであり、古代アルバニア人の寺院がここにあった。その後、シャキ王国は11の行政エリアに分けられ、アラブ人が侵略してくるまで、シャキは政治的、経済的に重要な都市の一つであった。しかし、アラブ人による侵略の結果、シャキは他の首長国に併合されてしまった。アラブ系のイスラム帝国が弱体化した時、シャキは独立した公国となった。その後、モンゴル軍が侵攻し、この地を支配した。14世紀にフレグによる支配が崩壊した後、シャキは独立した。 しかし、1551年にサファビー朝のタフマースブ1世により、シャキはサファビー朝に併合された。1578年から1603年までと、1724年から1735年までの短い間、オスマン帝国の支配も受けた。1743年にシャキ・ハーン国を設立し、コーカサスのハーン国の中で最も強い封建制度を持った国であり、シャキ・ハーン国はロシア帝国の属国となった。1813年のゴレスターン条約により、このエリアは完全にロシアに併合され、1819年にハーンが廃止され、シャキ州が創設された。
文化遺産（登録基準(ii)(iii)(iv)(v)）　2019年

アルバニア共和国（3物件　○1　●2）

●ブトリント（Butrint）

ブトリントは、アルバニア南部、ギリシャとの国境近くにあるサランドラ地方のブトリントにある古代ギリシャ人の都市国家。紀元前5世紀頃から15世紀にトルコ人に滅ぼされるまで続いた。現在の考古学遺跡は、ギリシャ植民地、ローマ帝国、ビザンチン帝国など各時代を代表する数々の遺跡が残されている。ブトリント湖畔の1km²にわたり城壁を張り巡らし、イオニア式の神殿、円形劇場、公衆浴場、住居などの遺跡やギリシャ語碑文などが残されている。この国の内紛によって、この考古学遺跡が損なわれてはならない為、1997年に「危機にさらされている世界遺産」に登録された。また1999年には、登録範囲を延長・拡大した。略奪の防止など安全面での改善措置が講じられた為、2005年に危機遺産リストから解除された。
文化遺産（登録基準(iii)）　1992年／1999年

●ベラトとギロカストラの歴史地区群

（Historic Centres of Berat and Gjirokastra）
ベラトとギロカストラの歴史地区群は、アルバニアの中央部と南部にある歴史地区群である。ベラトは、アルバニアの中央部にあるトルコ人の町が良く保存された稀な事例である。ベラトには、様々な宗教や文化のコミュニティが共存している。人口64000人の町は、紀元前4世紀を起源とし13世紀に建てられ、カラとして知られる城が特徴である。城塞地域には、主に13世紀からの多くのビザンチン教会群があり、価値ある壁画やイコンが残っている。また町には、1417年からのオスマン帝国の時代に建てられた幾つかのモスクもある。ベラトには、18世紀にスーフィーによって使用された宗教的なコミュニティの為の幾つかの家屋が残っている。一方、ギロカストラの歴史地区は、アルバニアの南部、首都ティラナの南約145km、ジェール山の傾斜地にある。ギロカストラの名前は、ヨーロッパのこれらの地に居住したイリュリア民族に由来している。ギロカストラは絵のように美しい魅力的な町で、町全体が博物館のような白と黒の石畳の千段の町としても知られている。ギロカストラの町は、13世紀に興り、15世紀のトルコ軍の侵略によって衰退したが、17世紀には、刺繍、フェルト、絹、チーズなどのバザーで栄え、町は再生した。町の中心部には、バザールやモスク、ドリノ川を見下ろす尾根には、ギロカストラ城が残されている。ギロカストラ城は、2～3世紀に作られた城跡が6世紀にイリリア人によって拡張され、13世紀に今のような形になり、後に牢獄としても使われた。ギロカストラは、後にアルバニアの自由と独立の為の愛国運動の拠点として重要な役割を果たしたが、1940～1941年のギリシャ・イタリア戦争で、再び戦場と化した。 2005年、「ギロカストラの博物館都市」として登録されたが、2008年にベラトの歴史地区を追加、登録範囲を拡大し、現在の登録遺産名になった。
文化遺産（登録基準(iii)(iv)）2005年／2008年

○カルパチア山脈とヨーロッパの他の地域の原生ブナ林群

（Primeval Beech Forests of the Carpathians and Other Regions of Europe）
自然遺産（登録基準(ix)）
2007年／2011年／2017年／2021年
（アルバニア、オーストリア、ベルギー、ボスニアヘルツェゴビナ、ブルガリア、クロアチア、チェコ、フランス、ドイツ、イタリア、北マケドニア、ポーランド、ルーマニア、スロヴェニア、スロヴァキア、スペイン、スイス、ウクライナ）　→ ウクライナ

◎オフリッド地域の自然・文化遺産

（Natural and Cultural Heritage of the Ohrid region）
複合遺産（登録基準（i）（iii）（iv）（vii））
1979年／1980年／2009年／2019年
アルバニア／北マケドニア

アルメニア共和国（3物件　●3）

●ハフパットとサナヒンの修道院

（Monasteries of Haghpat and Sanahin）
ハフパットは、キリスト教を世界で最初に国教としたアルメニア北部のトゥマニヤン地方にある。991年に、アショット1世の命によって、アルメニア産の火山岩で建てられたビザンチン様式の聖十字架教会、13世紀までに、聖十字架教会の周辺に建てられたカフカス地方特有のコーカサス様式の木造建築物がある。この2種類の建物は、見事なまでの独特の調和を誇り、10～13世紀のアルメニアの教会建築や宗教芸術を具象化した代表的な複合建築物で、西洋のゴシック様式にも大きな影響を与えた。地震による倒壊やモンゴル軍の襲撃で何度も被害を被ったが、修復されてきた。2000年にサナヒンの修道院が追加登録された。
文化遺産（登録基準(ii)(iv)）　1996年／2000年

●ゲガルト修道院とアザト峡谷の上流
（Monastery of Geghard and the Upper Azat Valley）
ゲガルト修道院とアザト峡谷の上流は、コタイク地方のゴフ村の近くにある。ゲガルト修道院には、岩壁を彫り抜いて建造された教会と墓地が多数あり、13世紀のアルメニア建築の最盛期を物語っている。美しい自然豊かなアザト峡谷の絶壁に塔の様な中世建築物が聳え立っているのが印象的。
文化遺産（登録基準(ii)）　2000年

●エチミアジンの聖堂と教会群およびスヴァルトノツの考古学遺跡
（Cathedral and Churches of Echmiatsin and the Archaeological Site of Zvartnots）
エチミアジンの聖堂と教会群およびスヴァルトノツの考古学遺跡は、アルマヴィル・マルツ地方にある。エチミアジンの聖堂は、アルメニア正教の本山として知られ、アルメニア風の中央ドーム、十字廊型の教会が発達し花開いた歴史を目の当たりに見せてくれる。エチミアジンの聖堂や、7世紀半ばに建設されたスヴァルトノツ聖堂などの建造物は、この地方の建築と芸術の発展に大きな影響を及ぼした。
文化遺産（登録基準(ii)(iii)）　2000年

アンドラ公国（1物件　● 1）

●マドリュウ・ペラフィタ・クラロー渓谷
（Madriu-Perafita-Claror Valley）
マドリュウ・ペラフィタ・クラロー渓谷は、アンドラの南東部、フランスとスペインの国境にあるピレネー山脈のなかにあるマドリュウ、ペラフィタ、クラローの一連の3つの渓谷からなる。マドリュウ・ペラフィタ・クラロー渓谷は、エンカンプ、アンドラ・ラ・ヴェリャ、サン・ジュリア・デ・ロリア、エスカルデス・エンゴルダニの4つの行政区にまたがり、アンドラの国土面積の十分の一くらいを占める。ドラマチックな氷河、岩の崖、マドリュウ川、ヴァリラ川などの河川が合流し、開放的な草原、深い渓谷の森林の自然景観が見られる。また、ピレネー山脈の高山帯に暮らす人々にとって、この地域は、段々畑での農業、牧畜を営む生活の場であり、山岳文化を生み出す文化空間であり続けた。2006年にはバッファー・ゾーンの拡大登録がなされた。
文化遺産（登録基準(v)）　2004年／2006年

イスラエル国（9物件　● 9）

●マサダ（Masada）
マサダは、エン・ゲディの南約25km、死海西岸の絶壁上にある台地で、一帯は国立公園に指定されている。東側の死海からの高さは400m、西側の麓からの高さは100m、台地の頂上は東西300m、南北600mの菱形の自然の要害。マサダという名前は、アラム語のハ・メサド（要塞）に由来すると言われ、マサダの歴史は主としてヨセフスから知られ、紀元前40年にヘロデの一族が800人の部下と共に立て籠ったのが最初で、ヘロデは有事の際の宮殿として城塞化した。ヘロデの死後は、ローマ帝国の守備隊が来たが、66年から73年までは、エレアザルを指導者とするゼロテの反徒が占拠した。しかし、フラヴィウス・シルヴァ指揮のローマ軍が進攻してここを包囲し、籠城軍は全滅した。台地の周囲にはローマ帝国の陣営の遺跡が点在する。マサダは、抑圧と自由の狭間での人間の闘いの歴史を主張する意志力とヒロイズムのシンボルである。
文化遺産（登録基準(iii)(iv)(vi)）　2001年

●アクルの旧市街（Old City of Acre）
アクルの旧市街は、ハイファから北へ23km、地中海に面したハイファ湾の北端の小さな半島の突端にある、イスラム文化の都市デザインに特徴がある町。アクルは、古くは、紀元前1700年くらいのフェニキア時代に貿易港として繁栄した歴史的な要塞港湾都市である。現在の都市は、18～19世紀のオスマン・トルコの時代からの曲がりくねった細くて狭い街路と立派な集会場、モスク、隊商宿、浴場などの公共建物や家屋などがある城壁で囲まれた典型的なイスラムの要塞都市の特徴をもっている。またアクルは、中世に聖地エルサレムとその周辺地域へ進出したヨハネ騎士団を中心とした十字軍の終焉の地としても知られている。アクルは、1104年から1291年までの約200年間、支配されていた。十字軍の遺跡は、地下に埋没しているものの、当時の都市の配置や構造がわかる騎士集会所、教会、宿泊設備、大規模な城壁などの遺跡が手付かずのまま残されており、最近になって公開され始めた。アクルは、プトレマイオス、サン・ジャン・ダークルなど幾度か都市の名前が変わっている。
文化遺産（登録基準(ii)(iii)(v)）　2001年

●テル・アヴィヴのホワイト・シティ－近代運動
（White City of Tel-Aviv - the Modern Movement）

テル・アヴィヴのホワイト・シティは、イスラエルの西側地中海に面するテル・アヴィヴにある。テル・アヴィヴのホワイト・シティは、国際的な現代建築のユニークな歴史を留めるもので、バウハウスの影響を受けている。テル・アヴィヴは、昔は商業港で賑わった東洋の都市であったが、1908年にユダヤ人開拓者の小グループが、新都市を建設した。テル・アヴィヴの都市建設にあたっては、ドイツで誕生し、ナチスから迫害を受け新天地を求めていたバウハウスの手法が1930年代に移入され、国際的なビルが次々に建てられ、この地で見事に花開いた。建物の色が白いことから、後には、ホワイト・シティと愛称されるようになった。

文化遺産（登録基準(ii)(iv)） 2003年

●聖書ゆかりの遺跡の丘-メギド、ハツォール、ベール・シェバ

（Biblical Tels - Megiddo, Hazor, Beer Sheba）

聖書ゆかりの遺跡の丘-メギド、ハツォール、ベール・シェバは、イスラエルの北部、中部、南部にかけて分布する都市遺跡群。テルとは、ヘブライ語やアラビア語で、遺跡の丘を意味し、地中海東部、特に、レバノン、シリア、イスラエル、トルコ東部の地形の特色である。イスラエルにある200以上のテルのうち、テル・メギド、テル・ハツォール、テル・ベール・シェバは、聖書ゆかりのテル(遺跡の丘)の代表的なものである。テル・メギドは、イスラエル北部のエズレル地方にあり、旧約聖書の時代から幾度となく戦場になってきた名高い古戦場で、新約聖書のヨハネ黙示録のハルマゲドン(世界最終戦争 ヘブライ語で「メギドの丘」の意味)の地としても知られている。テル・ハツォールは、新約聖書に度々登場するガリラヤ湖の北14kmほどにあり、紀元前3200年の青銅器時代からソロモンの統治期、北イスラエル王国時代の遺構まで広く発掘されており、「イスラエル考古学の揺り籠」とも呼ばれている。テル・ベール・シェバは、イスラエル南部、ネゲブ砂漠の北にあり、今から3000年前に、古代人がワジ(涸れ川)の水を農業用水や生活用水に利用していた水道が残されている。

文化遺産（登録基準(ii)(iii)(iv)(vi)） 2005年

●香料の道 - ネゲヴの砂漠都市群

（Incense Route - Desert Cities in the Negev）

香料の道-ネゲヴの砂漠都市群は、イスラエル南部のネゲヴ地方、かつてナバテア王国が栄えたハルサ、マムシット、アヴダット、それに、シヴタの砂漠都市群である。香料の道は、ネゲヴ砂漠の要塞や農業景観が広がるこれらの4つの町を経由し地中海へと繋がる香料や香辛料の道である。それらは、紀元前3世紀から紀元後2世紀まで繁栄した南アラビアから地中海への乳香フランキンセスと没薬ミルラの交易で莫大な利益をもたらしたことを反映するものである。高度な灌漑システム、都市建設、要塞、それにキャラバン・サライの遺跡と共に暑さが厳しいネゲヴ砂漠における道と砂漠都市群は、交易や農業の為に定住したことを示す証しである。

文化遺産（登録基準(iii)(v)） 2005年

●ハイファと西ガリラヤのバハイ教の聖地

（Bahá' i Holy Places in Haifa and the Western Galilee）

ハイファと西ガリラヤのバハイ教の聖地は、イスラエルの北部、ハイファと西ガリラヤにあるバハイ教の関連遺産である。世界遺産の登録範囲は、核心地域が62.58ha、緩衝地域が254.7haである。ハイファと西ガリラヤのバハイ教の聖地は、バハイ教の伝統、深い信仰を物語るものである。バハイ教は、1844年にイランのシラーズで、教祖のバーブ（セイイェド・アリー・モハンマド 1819～1850年）、その後継者のバハーウッラー（1817～1892年）が創始した独自の聖典、法、暦、祝祭日を持つ一神教で、故国を追われた彼は、1868年にアクレ(アッコ)に送られ、1892年同地で没した。ハイファと西ガリラヤのバハイ教の聖地の構成資産は、ハイファとアクレを中心とする11の場所の26の建造物群、モニュメント、それに遺跡群からなる。ハイファのバーブ霊廟、アクレのバハーウッラー神殿、それに、バハイ教関連の住居群、庭園群、墓地、それに、管理、アーカイブス、研究センターの為の新古典主義様式の近代的なビル群など多様な関連遺産群を含んでいる。

文化遺産（登録基準(iii)(vi)）
2008年

●カルメル山の人類進化の遺跡群：ナハル・メアロット洞窟とワディ・エル・ムガラ洞窟

（Sites of Human Evolution at Mount Carmel : The Nahal Me'arot/Wadi el-Mughara Caves）

カルメル山の人類進化の遺跡群：ナハル・メアロット洞窟とワディ・エル・ムガラ洞窟は、イスラエルの北部、カルメル会発祥の地であるカルメル山の西斜面に、南北39km、面積が54haにわたって広がる丘陵地にあり、人類進化の50万年の歴史の証しともいえる埋葬品、初期の石造の建築、狩猟採集生活から農耕・牧畜生活への変遷がわかる文化的な堆積物が残っている。この洞窟遺跡は、ムスティエ文化に属するネアンデルタール人と初期解剖学的現代人(EAMH)が存在していたことを示している。90年間にもわたる考古学研究が一連の文化を明らかにし、南西アジアの初期人類の生活の貴重な記録を残している。

文化遺産（登録基準(iii)(v)） 2012年

●ユダヤ低地にあるマレシャとベトグヴリンの洞窟群：

ヨーロッパ

洞窟の大地の小宇宙
（Caves of Maresha and Bet-Guvrin in the Judean Lowlands as a Microcosm of the Land of the Caves）
ユダヤ低地にあるマレシャとベトグヴリンの洞窟群：洞窟の大地の小宇宙は、イスラエルの南部地区にある3500もの部屋もある地下都市の考古学遺跡群である。世界遺産の登録面積は、259ha、バッファー・ゾーンは設定されていない。一帯は、メソポタミアとエジプトへの交易路が交差する地域であり、ベトグヴリン・マレシャ国立公園に指定されている。マレシャは、ユダヤの最も重要な都市の一つで、十字軍の時代に建設された。一方、ベトグヴリンは、ローマ時代にエルスエリオスポリス（自由都市という意味）として知られた重要な都市であった。これらの遺跡からは、大きなユダヤ人の墓地、ローマ・ビザンチン時代の円形演技場、ビザンチン教会、公共浴場などの考古学的な出土品が発掘されている。
文化遺産（登録基準（v））　2014年

●ベイト・シェアリムのネクロポリス、ユダヤ人の再興を示す象徴
（Necropolis of Bet She'arim: A Landmark of Jewish Renewal）
ベイト・シェアリムのネクロポリス、ユダヤ人の再興を示す象徴は、イスラエルの北部、低地ガリラヤの南山麓、ハイファの南東20kmのところにある紀元前2世紀以降に建設された、初期のユダヤ人の大規模な共同墓地である。地下の洞窟には、おびただしい数の石棺があり、ギリシア語、アラム語、ヘブライ語で書かれた絵画や彫刻が彫られているほか、シナゴーグ（ユダヤ教礼拝所）やミクベ（身清めの水槽）の跡も発見されている。2世紀にローマ帝国の支配に対して起きたユダヤ属州の反乱であるバル・コクバの乱（紀元132年～135年）に敗れた後のユダヤ人たちによるものであり、さまざまな文化的影響を含めて、2世紀から4世紀にかけての再興したユダヤ人たちの文化的伝統を示している。ベイト・シェアリムは、初期ユダヤ教の中心地として類まれな証拠であり、1936年に発見後、1996年に一般公開され、発掘は現在も続いている。国立公園として、イスラエル自然公園局によって管理されている。
文化遺産（登録基準（ii）（iii））　2015年

イタリア共和国（57物件　○5　●52）

●ヴァルカモニカの岩石画
（Roch Drawings in Valcamonica）
ヴァルカモニカ（カモニカ渓谷）は、イタリア北部のロンバルディア平原のオーリオ川の川沿いに広域に分布する。ヴァルカモニカの岩石画は、カモニカ渓谷のオーリオ川沿いの約70km²におよぶ地域の岩壁に描かれた。ヴァルカモニカの約14万点にもおよぶ岩石画は、紀元前18世紀～紀元前2世紀頃までの長きにわたって描きつづけられたもので、青銅器時代からの古代人の生活、農業、狩猟、航海、戦争、儀式などが活き活きと描かれている貴重な遺跡。ヴァルカモニカの岩石画は、古代ローマ時代になって描かれなくなり、イタリアの古代民族カムニ族も消滅したが、それらの理由は、未だ謎のままである。ロンバルディアのシンボルとなっている「カムニのバラ」など、おびただしい数の岩石絵があるナクアーネの岩石絵自然公園（カポ・ディ・ポンテ）は、1955年に自然公園に指定され、世界でも類のない野外博物館になっている。ヴァルカモニカの岩石画は、イタリア初の世界遺産で、1979年に登録された。
文化遺産（登録基準（iii）（vi））　1979年

●レオナルド・ダ・ヴィンチ画「最後の晩餐」があるサンタ・マリア・デレ・グラツィエ教会とドメニコ派修道院
（Church and Dominican Convent of Santa Maria delle Grazie with "The Last Supper" by Leonardo da Vinci）
サンタ・マリア・デレ・グラツィエ教会は、イタリア北部のミラノ市街にある。15世紀に建てられたルネッサンス建築の代表であるこの教会には、ルネッサンスの理想であった万能人の典型ともいうべきレオナルド・ダ・ヴィンチ（1452～1519年）が描いた有名な「最後の晩餐」のフレスコ画が、ドメニコ派の旧修道院の大きな食堂の奥の壁に残されている。この名作は、15世紀の終りにミラノ公爵であったルドヴィーコ・イル・モーロの為に描かれたものである。1970年後半から大規模な科学的修復が始まり、1999年に名画の復元が完成した。また、サンタ・マリア・デレ・グラツィエ教会は、ブラマンテ（1444～1514年）によるクーポラ等、建築学的にも興味が尽きない。
文化遺産（登録基準（i）（ii））　1980年

●ローマの歴史地区、教皇領とサンパオロ・フォーリ・レ・ムーラ大聖堂
（Historic Centre of Rome, the Properties of the Holy See in that City Enjoying Extraterritorical Rights and San Paolo Fuori le Mura）
ローマの歴史地区は、イタリアの首都ラツィオ州の州都、ローマ県の県庁所在地でもあるローマ市のアウレリアヌスの城壁内にほぼ位置している。伝説によると、ローマは、紀元前753年に双子の兄弟であるロムルスとレムスによってパラティヌスの丘に創建された。ローマ歴史地区には、ローマ帝国の最盛期の1～2世紀に政治・経済・宗教の中枢をなしたフォロ・ロマーノを中心に、パンテオン、アウレリウス記念柱、コロッセオ、カラカラ公共浴場跡などの遺跡群やヴェネツィア広

ヨーロッパ

場などが残されている。ローマの歴史地区は、教皇領、サンパオロ・フォーリ・レ・ムーラ大聖堂と共に、「ローマの歴史地区、教皇領とサンパオロ・フォーリ・レ・ムーラ大聖堂」としてユネスコ世界遺産に登録されている。1990年に登録範囲を拡大し、アウグストゥス霊廟、ハドリアヌス霊廟などが含められた。登録面積は1,485.1haで、合計16の構成資産になっている。
文化遺産（登録基準(i)(ii)(iii)(iv)(vi)）
1980年／1990年　イタリア／ヴァチカン

●**フィレンツェの歴史地区**（Historic Centre of Florence）
フィレンツェは、イタリア中部にあるエトルリア人が紀元前に建設した町。その後ローマの植民地、15世紀にはヨーロッパの商業とルネッサンスの中心都市となった。「花の都」フィレンツェは、アルノ川を挟んで町全体にルネッサンス期の建造物が立ち並び、一大美術館の様相を呈している。花の聖母寺(ドゥオーモ)と呼ばれるサンタ・マリア・デル・フィオーレ教会、ヴェッキオ宮、シニョリーア広場、ヴェッキオ橋、サンタ・マリア・ノベラ教会などが代表的。また、権勢を誇ったメディチ家邸宅やウフィッツィ美術館は富の象徴。メディチ家は、芸術家らを抱え芸術振興に力を注いだ。ボッティチェリをはじめ、レオナルド・ダ・ヴィンチ、ミケランジェロなど芸術家を輩出した。
文化遺産（登録基準(i)(ii)(iii)(iv)(vi)）　1982年

●**ヴェネツィアとその潟**（Venice and its Lagoon）
ヴェネツィアは、イタリア北東部のヴェネト州にある。ヴェネツィアは、アドリア海の118の洲の上に造られた水の都で、176の運河と400余の橋で島を結んでいる。9世紀に聖マルコの遺体がエジプトから移されると発展しはじめ、15～16世紀には、胡椒などの香辛料、絹、銀などの貿易で強国を築き、東西文明の結接点となった。大運河(カナレ・グランデ)の入口にあるサン・マルコ広場には、高さが100m近い鐘楼、ビザンチン、ゴシック、ルネッサンスなどの様式が混在した大理石のサン・マルコ大聖堂、それに、ドゥカーレ宮殿が、また、潟の岬の部分には、バロック様式の傑作といわれるサンタ・マリア・デッラ・サルーテ教会がある。ヴェネツィアでは、海面上昇や地盤沈下等が原因で、満潮時に冠水することが多くなっており、問題が深刻化しつつある。また、大規模なインフラ整備に加え、大型クルーズ船が起こす波や多くの観光客が歴史的建造物や生態系に悪影響を与えるとして、2021年の第44回世界遺産委員会では「危機遺産」リストへの登録を勧告された。これに対し、イタリア政府は2021年8月１日からベネチア中心部サンマルコ広場周辺の運河での大型クルーズ船の運航を禁止すると発表。世界遺産委員会は、この対策を評価し「危機遺産」リストへの登録を見送り2023年に改めて評価する。
文化遺産（登録基準(i)(ii)(iii)(iv)(v)(vi)）
1987年

●**ピサのドゥオモ広場**（Piazza del Duomo, Pisa）
ピサは、フィレンツェの西約90km、トスカーナ州のアレルノ川の河口にある。11～13世紀にかけてイタリアで最も繁栄した海運都市国家。ピサ共和国の繁栄を伝えるピサのドゥオモ広場にあるサンタ・マリア大聖堂は、1063年、ギリシャ人の建築家ブスケトスの指導のもとに着工、1118年献堂された。半円状アーチを用いた荘重なロマネスク様式で、厚い大理石の石積みで、窓は小さく、広い壁面は、壁画で飾られている。その正面にある円形の建物が洗礼堂で、12～14世紀にかけられて造られ、建築期間が長かったため、建築様式がロマネスクからゴシック様式へと変遷していることがよくわかる。その横には、納骨堂「カンポサント」が木立の中に建つ。ピサの斜塔として有名な鐘楼の「トッレ・ペンデンテ」は、ドゥオモの付属施設として建てられた白大理石のロマネスク様式の建築物で、高さ54.5m、直径約17mの円筒形8層。1173年ボナンノ・ピサノの設計により建築が始まったが、建設中に傾斜し始め、今も傾斜しつつあり、保全の為の修復が行われている。ガリレオ・ガリレイ（1564～1642年）は、この斜塔から重力の法則を、またドゥオモ内のランプから振り子の法則を発見するきっかけをつかんだといわれる。
文化遺産（登録基準(i)(ii)(iv)(vi)）
1987年／2007年

●**サン・ジミニャーノの歴史地区**
（Historic Centre of San Gimignano）
サン・ジミニャーノは、フィレンツェの西南約54km、トスカーナ州のシエナ県にある別称「美しい塔の町」。町の名前は、398年になくなったモデナの司教、聖ジミニャーノにちなんでいる。フランチジェーナ街道とピサーナ街道との交通の要衝として、12～14世紀にわたって栄えた丘の上の城壁に囲まれた古都で、1300年にダンテ(1265～1321年)がフィレンツェの大使として赴任したことでも知られている。以前から防衛のための塔が建設されていたが、13世紀に入り町が繁栄したことで、貴族たちが教皇派と皇帝派に分かれて競って塔を建設した。当時は72の美しい塔があったが、今はグロッサの塔など14が残るのみ。14世紀半ばには、フランチジェーナ街道が利用されなくなり、町はすたれていった。他の都市では、塔は不要なものとして解体されたが、サン・ジミニャーノでは戦争に巻き込まれる事もなく当時の町並みが残っている。チステルナ広場を中心とする中世の町並みや12～13世紀のロマネスク教会、ポポロ館などが保存されている。

文化遺産（登録基準(i)(iii)(iv)）　1990年

●マテーラの岩穴住居と岩窟教会群の公園

（The Sassi and the Park of the Rupestrian Churches of Matera）
マテーラは、イタリアの南部、ナポリの東250kmにあるバジリカータ州の県都である。マテーラは、岩壁を意味するサッソの複数形であるサッシと呼ばれる穴居群がある町で、珊瑚礁のような石灰質の岩にあいた穴を民家として利用、2000年以上も人が住み続けていた。1270年建立のロマネスク様式の美しい大聖堂のほか、岩窟教会が約130ある。グラヴィナ渓谷には、石造の岩穴住居があり、石灰岩が侵食により造成され、この渓谷には、このサッシが何層にも重なって存在している。20世紀半ばには、条例によって住民は新市街に移住し廃虚と化したが、現在は一部修復され、岩穴住居にも生活の気配が戻ってきている。2007年の第31回世界遺産委員会クライストチャーチ会議で、「マテーラの岩穴住居」から現在の名称に変更になった。
文化遺産（登録基準(iii)(iv)(v)）　1993年

●ヴィチェンツァの市街とベネトのパッラーディオのヴィラ

（City of Vicenza and the Palladian Villas of the Veneto）
ヴィチェンツァは、イタリア北部ヴェネト州の県都。ヴィチェンツァは、「陸のヴェネツィア」と呼ばれ、ルネッサンスの偉大な建築家アンドレア・パッラーディオ（1508～1580年）やその弟子たちの手になる建築物が見られる芸術都市。ヴィチェンツァ市内を走るパッラーディオ通りや郊外の丘には、彼の設計した建造物が多く点在し、「創造者の都市」と呼ばれる。代表建築物のバジリカ・パッラディアーナ、「ラ・ロトンダ」と呼ばれるヴィラ・カプラ、最後の作品テアトロ・オリンピコやヴェネツィアのサン・マルコ広場に似たシニョリーア広場などがある。
文化遺産（登録基準(i)(ii)）
1994年／1996年

●シエナの歴史地区（Historic Centre of Siena）

シエナは、トスカーナ州にある中世の面影を色濃くとどめる町。歴史は大変古く、ローマ建国の祖ロムルス・レムス兄弟のレムスの子孫セニウスらによって建設されたといわれている。ライバル都市のフィレンツェへの敵対心を都市計画への情熱に置き換え、何世紀もの間、ドゥオモ（大聖堂）を中心とするゴシック建築様式の夢を追求し続けた。カンポ広場は、貝殻状にゆるい傾斜のある広場で、イタリア中で最も美しいといわれる。そこを中心に、ドゥオモ美術館、シモーネ・マルティーニの「荘厳の聖母」やピエトロ・ロレンツェッティの「聖母の誕生」などの壁画で飾られたプッブリコ宮など、12世紀から15世紀にかけて作られた歴史地区は、周囲の景観と調和した芸術作品に仕上がっている。カンポ広場では、毎年7月2日と8月16日にパリオ祭が行われる。豪華絢爛な中世の時代衣装行列と裸馬の競馬で、町は賑わう。
文化遺産（登録基準(i)(ii)(iv)）　1995年

●ナポリの歴史地区（Historic Centre of Naples）

ナポリは、イタリア南部、地中海沿岸にあるカンパーニア州の州都で、イタリア第三の都市。紀元前470年にギリシャ人が入植して以来、古代ローマ帝国、ビザンチン、ノルマン、フランス、スペインなどの支配の変遷を経て、異なる文化の特性を絶えず取り込み、独自の文化、芸術を開花させた。登録遺産は、最もナポリらしい「スッパカ・ナポリ」と呼ばれる旧市街、内陸部のドゥオーモと海岸部にある王宮の周辺一帯に集中する。ファサードが壮観なサン・フランチェスコ・ディ・パオラ教会、14世紀のゴシック建築であるサンタ・キアーラ教会、12世紀に建てられた重厚な城カステル・ヌオーヴォ（新城）、美しいナポリ湾と遠方のヴェスヴィオ火山を望める古城の卵城、イタリア三大歌劇場のひとつであるサン・カルロ歌劇場などの優れた建造物が数多く残っている。
文化遺産（登録基準(ii)(iv)）　1995年

●クレスピ・ダッダ（Crespi d'Adda）

クレスピ・ダッダは、ミラノの北東35km、ロンバルディア州のトレッツォ・スッラッダの周辺を流れるアッダ川が流れる渓谷にある。当時、繊維産業に携わっていた啓蒙的な資本家クリストフォロ・ベニーニョ・クレスピ（1833～1920年）が、1878年にアッダ川の対岸に技術的にも進歩した綿紡績工場を建設した。そして、クレスピは、労働者のニーズを満たし労働者との間により人間的な関係を築く為、当時ヨーロッパや北米でブームとなった労働者とその家族の町、いわゆるカンパニー・タウン（同業組合の町）の街づくりが行われた。この工場では、資本家と労働者との間に強い信頼関係が築かれ、大きなストライキや労働争議は起こらなかったといわれる。クレスピ・ダッダには、オーナーのクレスピ家の住居、工場管理者、医者、教会の牧師の家屋、それに3階建てで赤煉瓦の屋根が印象的な特異な労働者住宅の町並みが当時のままに残っている。一部の家屋には現在も人が住み利用されているが、本来のカンパニー・タウンの機能、そして地域の良き伝統文化としてのアイデンティーが失われ存続が危ぶまれている。
文化遺産（登録基準(iv)(v)）　1995年

●フェラーラ：ルネッサンス都市とポー・デルタ

（Ferrara, City of the Renaissance and its Po Delta）

フェラーラ：ルネッサンス期の都市とポー川デルタは、イタリア北部エミリア・ロマーニャ州フェラーラ県にある。イタリアで最も長い川であるポー川の上流にあるフェラーラは、芸術家を保護したエステ家が、13世紀初めに居を構え、以後エステ家公領の首都として発展した。フェラーラは、15～16世紀のイタリア・ルネッサンス期には、詩人のアリオストやベンボ、画家のティツィアーノなど多くの芸術家を送りだした知的で芸術的な町。エステ家のエルコレ1世の都市計画に基づき、都市景観の概念を取り入れた建築家ビアーゴ・ロセッティの設計で建設されたこの地区は、人間中心主義者達の理想の町となり、現代都市計画の誕生とその後の発展を特色づけた。エステ城、ディアマンティ宮殿、パラッツォ・スキファノイア、ドゥオーモ、サンタ・マリア・イン・ヴァード聖堂などルネッサンス期の建造物が多く残る。

文化遺産（登録基準(ii)(iii)(iv)(v)(vi)）
1995年／1999年

●カステル・デル・モンテ（Castel del Monte）

カステル・デル・モンテ(モンテ城、或はデル・モンテ城)は、イタリア南部のアンドリアにあり、当時シチリア国王で後の神聖ローマ皇帝フリードリヒ2世(1194～1250年ドイツのホーエンシュタイン家出身)によって13世紀に建てられた。カステル・デル・モンテは、イタリア語で山上の城を意味する。カステル・デル・モンテは、金色の石造りで、数学的、天文学的にも正確に設計された。この城は、軍事上でも居城でもなく別荘、或は天体観測所、または、客をもてなす為に使用されたと考えられている。古代ギリシャ・ローマ、イスラム、北欧シートー会ゴシックの各様式が見事に融合している。八角形の中庭を八角形の城が取り囲み、その周囲に八角形の塔が8つ付設されているユニークな城。四角形でないのはこの城だけで、フリードリヒ2世自らが設計に加わったといわれる。長い間放置されていたが、1876年にイアリア国家の所有となり、1928年から修復が始まった。

文化遺産（登録基準(i)(ii)(iii)）　1996年

●アルベロベッロのトゥルッリ

（The *Trulli* of Alberobello）

アルベロベッロのトゥルッリは、イタリア南部、イタリア半島のかかとの部分にあたるプーリア州バーリ県にある。アルベロベッロは、イタリア語で「美しい木」という意味を持つ。アルベロベッロは、有史以前から受け継がれた西ヨーロッパの建築様式の生きた証。トゥルッリと呼ばれる円錐形のとんがり帽子のような屋根をもつユニークな町並みが特徴で、人口1万人のアルベロベッロの村のモンティ地区とアイア・ピッコラ地区に約1500のトゥルッリが集中している。トゥルッリは、地中海沿岸で採れる石灰岩の薄い石板を同心円状に並べた円錐形の屋根をもつ一風変わった形の家で、白い漆喰塗りの壁と灰色のとんがり帽子の屋根がある家並みが林立する光景は、おとぎの国のような雰囲気を醸し出す。1635年にこの地域に建てられる建造物は「トゥルッリによること」という条例が発布され、それが1795年まで実効力をもっていたため、少しずつ技術改良を加えながらも独特の造形と雰囲気をもつ町並みとして発展し、1923年には国の保存地域に指定され、保存・保護されてきた。

文化遺産（登録基準(iii)(iv)(v)）　1996年

●ラヴェンナの初期キリスト教記念物

（Early Christian Monuments of Ravenna）

ラヴェンナは、ヴェネツィアの南約150㎞にあるアドリア海に面したエミリア・ロマーニャ州の県都で、5世紀には西ローマ帝国の首都となり、また、8世紀にはビザンチン帝国の中心地として栄えた古都として知られている。市内にあるガッラ・プラチディア廟、ネオニアーノ洗礼堂、サンタポッリナーレ・ヌオーヴォ教会、アリアーニ洗礼堂、アルチヴェスコヴィーレ礼拝堂、テオドリック王の廟、サン・ヴィターレ聖堂、サンタポッリナーレ・イン・クラッセ教会の8つの教会は、5～6世紀にかけて建設された初期キリスト教記念物であり、どれも、グレコ・ローマン、キリスト教肖像画、オリエンタル、西洋の各様式を見事に融合させた偉大な芸術作品である。また、各教会内部の壁面に描かれたビザンチンの豪華なモザイク装飾は、フィレンツェで生まれ、この地で生涯を終えた詩人ダンテ(1265～1321年)が雄大な叙事詩「神曲」のなかで「色彩のシンフォニー」という表現でその美しさを称えた見事なもの。なかでも、成熟期のビザンチン式モザイクの傑作が多数残されているサン・ヴィターレ聖堂とその敷地内にある、ラヴェンナに残る最も古い壁画モザイクである「ユスティニアヌスと随身たち」があるガッラ・プラチディア廟は、華麗な装飾に圧倒される。

文化遺産（登録基準(i)(ii)(iii)(iv)）　1996年

●ピエンツァ市街の歴史地区

（Historic Centre of the City of Pienza）

ピエンツァ市街の歴史地区は、トスカーナ州のシエナの南、シエナ県のコムーネ(自治体の最小単位で、日本でいえば市町村)のひとつピエンツァにある。ピエンツァは、トスカーナの雄大なパノラマを見晴らせる小高い丘の頂上にあり、トスカーナの宝石といわれるルネッサンス期の佇まいがそのままに残る小さな町。ローマ教皇ピウス2世（1405～1464年）の生誕地で、ルネッサンス建築様式が都市計画に初めて生かされた町。フィレンツェの建築家ベルナルド・ロッセリーノ（1409～1464年）が設計したこの町には、ピオ2世広場を中心に、ピッコローミニ館、ボルジア館、後期ゴシック様式を取り入れたルネッサンス様式の外観と内装で、聖母マリアが奉られているピエンツァ大聖堂が建っている。

文化遺産（登録基準(i)(ii)(iv)）　1996年

●カゼルタの18世紀王宮と公園、ヴァンヴィテリの水道橋とサン・レウチョ邸宅

（18th-Century Royal Palace at Caserta with the Park, the Aqueduct of Vanvitelli, and the San Leucio Complex）

カゼルタは、カゼルタ県の県都で、ナポリの北約25kmにある。王宮は、ブルボン家のカルロス7世が、ベルサイユやマドリッドに対抗する意図で建築家ヴァンヴィテッリ（1700～1773年）に建てさせた。ロココと新古典様式の装飾が見事。庭園には噴水、水盤などが残り、ナポリから続く並木道が美しい。王宮と庭園を中心に公園が広がる。池や泉に水を満たすためにヴァンヴィテッリは、水道橋を作り、カロリーノと呼ばれる水道管（長さ529m、高さ85m）によって水を引いた。また近隣のサン・レウチョには王立絹織物工場があった。自然景観を背景に設計され、18世紀のフランス啓蒙思想を豊かに具現化している。

文化遺産（登録基準(i)(ii)(iii)(iv)）　1997年

●サヴォイア王家王宮

（Residences of the Royal House of Savoy）

サヴォイア王家王宮は、イタリア北西部ピエモンテ州トリノにある。サヴォイア家は、イタリアのピエモンテとフランスの間にある小さな山岳地帯のサヴォイアを支配していた辺境伯貴族の家系。スペイン継承戦争で、サルデーニャ王国の王位を得て、イタリア統一後は、イタリア王家となった。エマヌエレ・フィリベルト公爵（1553～1580年）が1562年にトリノに首都を移して以来、支配者の威光を示すように、町づくりが代々受け継がれてきた。その時代の最高の建築家や芸術家による優秀な建物群は、王室別荘や狩猟小屋を含む王宮を中心に周りの風景に光を放っている。

文化遺産（登録基準(i)(ii)(iv)(v)）　1997年／2010年

●パドヴァの植物園（オルト・ボタニコ）

（Botanical Garden (Orto Botanico), Padua）

パドヴァは、イタリア北部のヴェネト州パドヴァ県の県都で、町の中心部には、1222年に創立された、ダンテ・アリギエーリ（1265～1321年）、フランチェスコ・ペトラルカ（1304～1374年）、ガリレオ・ガリレイ（1564～1642年）も教鞭をとった名門のパドヴァ大学がある学芸都市。パドヴァの植物園（オルト・ボタニコ）は、大学付属の植物園としては世界最古で、1545年に自然科学研究のためにジュスティーナ修道院の一部を植物園とすることで造園された。ヴェネツィアの貴族ダニエル・バルバロが計画、建築家のアンドレア・モロニが設計した。輪状の池に囲まれた地球をイメージした円形の庭園は、建設時の姿を今も留める。門や手すりなどの装飾物、水道、温室などの施設は後に加えられた。植物園内最古の植物は、1585年に植えられたヤシの木である。ゲーテ（1749～1832年）が1786年にこの植物園を訪れた時に、このヤシの木を見て独自の自然観を得たことで有名な「ゲーテのヤシの木」をはじめ、熱帯性や珍種などあらゆる種の植物が豊富で、国内外の植物の研究のためにも利用されている。植物園の側には、堀に囲まれた美しい庭園が中央にあるプラート・デラ・ヴァッレという広場もある。

文化遺産（登録基準(ii)(iii)）　1997年

●ポルトヴェーネレ、チンクエ・テッレと諸島（パルマリア、ティーノ、ティネット）

（Portovenere, Cinque Terre, and the Islands (Palmaria, Tino and Tinetto)）

ポルトヴェーネレは、イタリア北西部、リグーリア州のラ・スペツィア県の半島の突端部にある。切り立った断崖にある絶景の街ポルトヴェーネレ（イタリア語で「ヴィーナスの港」という意味）、それに、ブドウ、レモン、オレンジ、オリーブなどの段々畑の景観が広がるリヴィエラの真珠チンクエ・テッレ（イタリア語で「5つの土地」という意味）を結ぶリグーリア海岸線、それに、沖合いに展開するパルマリア島、ティーノ島、ティネット島の美しい島々は、地中海の風光明媚な自然環境と文化的景観を誇る。リグーリア海岸線に沿った12世紀以降のモンテロッソ・アル・マーレ、ヴェルナッツァ、コルニーリア、マナローラ、リオマッジョーレの古くて小さな集落は、岬と入江が連なる複雑で険しい急傾斜面にあり、1000年にも及ぶこの地の人々の生活の知恵、そして計り知れない土地利用の努力の様子を物語る。2011年10月、類いない文化的景観を誇るチンクエ・テッレで、豪雨による洪水や地滑りが発生、集落や道路等が深刻な被害を蒙った。

文化遺産（登録基準(ii)(iv)(v)）　1997年

●モデナの大聖堂、市民の塔、グランデ広場

（Cathedral, Torre Civica and Piazza Grande, Modena）

モデナは、イタリア北部、ポー渓谷の南側にあるエミリア・ロマーニャ州モデナ県の県都。モデナの大聖堂、市民の塔、グランデ広場は旧市街の中心部にある。モデナの大聖堂（サン・ジミニャーノ大聖堂）は、4世紀のモデナの司教で、モデナの守護者であるサン・ジミニャ

ーノを称えて、ロンバルディアの建築家ランフランコと彫刻家ヴィリゲルモによって12世紀に建てられた初期ゴシック芸術の傑作である。なかでも、大聖堂の正面の旧約聖書伝の彫刻が印象的で、内部には中世の素晴らしい芸術作品が収蔵されている。大聖堂の後ろに聳えるモデナのシンボルである市民の塔（トッレ・チヴィカ）は、高さ88mの白大理石の鐘楼で、1319年に頭頂部が付け足された。ロマネスク様式とゴシック様式の鐘楼は、風向計にギルランダ（花冠）があることから、ギルランディーナの愛称をもつ。モデナの大聖堂は、市民の塔とグランデ広場と共に建築家達の強い信念と、その建設を命じたとカノッサ王朝の威光を示す。モデナは、その後エステ家の支配下に入り、15世紀に公国となった。そして、1598年、エステ家が拠点としていたフェッラーラを追われて、モデナを首都にしてから、華やかな宮廷文化が花開いた。

文化遺産（登録基準(i)(ii)(iii)(iv)）　1997年

●ポンペイ、ヘルクラネウム、トッレ・アヌンツィアータの考古学地域

(Archaeological Areas of Pompei, Herculaneum, and Torre Annunziata)

ポンペイ、ヘルクラネウム、トッレ・アヌンツィアータの考古学地域は、ナポリ近郊のポンペイ、エルコラーノ市、トッレ・アヌンツィアータにある。紀元後62年に起った地震によってトッレ・アヌンツィアータは崩壊、紀元後79年に起ったヴェスヴィオ火山の噴火によって、古代ローマ時代に繁栄したポンペイとヘルクラネウム(現エルコラーノ)等の多くの町が、火山礫や火山灰、それに、泥流や熔岩流で埋った。18世紀半ばからの奇跡的な発掘によって出現したフォロ(公共広場)、アポロ神殿やヴィーナス神殿、市場、大劇場、音楽堂、浴場、通り、商店、住宅などの考古学遺跡は、当時の高い文化水準と優雅で合理的な生活の様子を如実に物語っている。ポンペイ遺跡からの発掘品は、ナポリ国立考古学博物館に収蔵されている。

文化遺産（登録基準(iii)(iv)(v)）　1997年

●アマルフィターナ海岸 (Costiera Amalfitana)

アマルフィターナ海岸は、イタリアの中央部、ソレント半島南岸の海岸で、ヴィエトリ・スル・マーレからアマルフィを通ってサレルノまで延びる40kmの海岸線で、地形と歴史の進化を表わす地中海の景観の顕著な事例である。アマルフィターナ海岸は、垂直に切り立った岩の絶壁、無数の入江、しがみつく様につくられた村落、エメラルド色に輝くティレニア海など変化に富んだ絶景が、降り注ぐ太陽の下でパノラマ状に広がり、世界一美しい海岸と言われている。アマルフィターナ海岸には、天然の良港と素晴しい自然環境に恵まれたアマルフィ、高級リゾート地のポジターノ、そして、紺碧の海を見下ろす丘に建つラヴェッロなど絵の様に美しい町が多い。また、オリーブ、レモン、ぶどうの畑など自然の地形を巧みに生かした土地利用は見事な文化的景観を誇り、イタリアでも屈指の観光の名所になっている。

文化遺産（登録基準(ii)(iv)(v)）　1997年

●アグリジェントの考古学地域

(Archaeological Area of Agrigento)

アグリジェントは、シチリア島南西部にあり、シチリア州の県都。紀元前6世紀にギリシャ人の都市「アクラガス」として誕生以来、地中海地方の中心都市となった。最盛期の紀元前5世紀の人口は、30万人といわれる。考古学地域は、市街地の南部にあたり、コンコルディア神殿はじめ、ジュノン、ヘラクレス、ジュピター、ディオスクリなどのドーリア式のギリシャ神殿の数々が、この都市のかつての栄光と偉大な足跡を残す。ジュピターの神殿から出土した7.5mの人間型の柱などの出土品は、考古学博物館に展示されている。ギリシャ・ローマ時代の都市づくりにも大きな影響を与えた。

文化遺産（登録基準(i)(ii)(iii)(iv)）　1997年

●ヴィッラ・ロマーナ・デル・カザーレ

(Villa Romana del Casale)

ヴィッラ・ロマーナ・デル・カザーレは、シチリア島の地理的な中心にあるピアッツァ・アルメリーナの郊外6kmのところにある古代ローマのカザーレ荘。紀元後3～4世紀に、西ローマ帝国の強大な経済力をもとに造られた3500km²におよぶ広大な貴族のヴィッラ(別荘)の跡で、風呂場跡、寝室、客間など当時の貴族の優雅な生活ぶりがうかがわれる。40を超す部屋の床に施されている豪華なモザイク装飾は、北アフリカのモザイク職人を呼んで作られ、ローマ時代のものとしては最高とされる興味深いものである。ビキニ姿の体操をする女性、ライオン、象、カモシカ、或は、キツネなどを狩猟する様子、イルカと戯れる図、それに馬車競技の図などが生き生きと描かれている。保存状態が良く、当時の生活様式を今に伝える貴重な資料となっている。

文化遺産（登録基準(i)(ii)(iii)）　1997年

●バルーミニのス・ヌラージ

(Su Nuraxi di Barumini)

バルーミニは、イタリア半島の西、ティレニア海に浮かぶサルディーニャ島の中央部のカリアリ県バルーミニにある。紀元前2世紀後半、サルディーニャ島のバルーミニ村に、他では類を見ない堅固な石造りの砦であるヌラーゲが造られた。先住民族のサルディーニャ民族による巨石文化「ヌラーゲ文明」の重要拠点のひとつ

ヨーロッパ

である。中央の塔、稜堡、防壁、武器庫、井戸、中庭などからなり、バルーミニのス・ヌラージは、紀元前1世紀前半の古代カルタゴからの攻撃にもよく耐え、先史時代の貴重な建造物として残っている。
文化遺産（登録基準(i)(iii)(iv)）　1997年

●アクイレリアの考古学地域とバシリカ総主教聖堂
（Archaeological Area and the Patriarchal Basilica of Aquileia）
アクイレリアの考古学地域とバシリカ総主教聖堂は、イタリアの北東部のトリエステの西約50kmにある。アクイレリアは、紀元前2世紀に出来た古代ローマの植民都市が起源である。古代アクイレリアは、東ローマ帝国の中で、最大で最も裕福な都市の一つであった。そのほとんどは、そっくりそのまま完全な形で生き残り、地中海世界で、また、東ローマ帝国の都市で、最も典型的なものといえる。バシリカ総主教聖堂は、11世紀に建てられたロマネスク様式の教会で、中央ヨーロッパのキリスト教の普及に決定的な役割を果たした。内部には、4～5世紀の初期キリスト教の聖堂跡や床モザイクが見られる。
文化遺産（登録基準(iii)(iv)(vi)）　1998年

●ウルビーノの歴史地区（Historic Centre of Urbino）
ウルビーノは、イタリア中部のマルケ州にあるウルビーノ県の県都で、「マルケ州の宝石」と称される中世のルネッサンス芸術都市。ウルビーノは、聖母子像を数多く残したラファエロ・サンティ（1483～1520年）や、「ウルビーノのヴィーナス」（フィレンツェのウフィッツィ美術館収蔵）で有名なヴェネツィア派画家のティツィアーノ・ヴェチェッリオ（1488/90頃～1576年）の生誕地としても知られる。特に芸術家を手厚く保護したフェデリコ公（フェデリコ・ダ・モンテフェルトロ）の下で、画家のラファエロ・サンティ、パオロ・ウッチェッロ（1397～1475年）、ピエロ・デッラ・フランチェスカ（1416～1492年）、建築家のドナト・ブラマンテ（1444～1514年）など多くの芸術家を惹き付け、また、彼等はその期待に応えて多くの傑作を生み出し、ルネッサンス期の芸術と建築の頂点を極めた。ゴシック様式とルネッサンス様式が美しい中庭がある壮大な城館で、現在はマルケ国立美術館になっているパラッツォ・ドゥカーレ（ドゥカーレ宮）も見所の一つ。
文化遺産（登録基準(ii)(iv)）　1998年

●ペストゥムとヴェリアの考古学遺跡とパドゥーラの僧院があるチレント・ディアーナ渓谷国立公園
（Cilento and Vallo di Diano National Park with the Archeological sites of Paestum and Velia, and the Certosa di Padula）
チレント・ディアーナ渓谷国立公園は、カンパーニア州のサレルノ県南部のほぼ全域に及ぶ。高い山々、ティレニア海に面した険しい断崖や岩礁、岩がちの岬、小さな湾や入江、砂浜が続く海岸に特色がある。また、カルスト地形で、石灰岩の山肌にある400以上の洞穴と海岸に沿った自然のアーチも特徴。チレント地方は、自然価値だけでなく、宗教的にも重要であった。先史時代と中世期を通じて、文化、政治、商業の陸海の主要交通路であり、地中海地域での人間社会の発展に寄与してきた。チレント・ディアーナ渓谷国立公園には、紀元前6世紀にギリシャ人によって築かれ、ポセイドニアの名で呼ばれていたペストゥムの壮麗な3つのギリシャ神殿の遺跡、紀元前6世紀に造られた街であるヴェリアの古代遺跡、そして、パドゥーラのサン・ロレンツォ僧院が残っている。この地域は、自然風景と考古学遺跡とが一体となった文化的景観に特徴がある。
文化遺産（登録基準(iii)(iv)）　1998年

●ティヴォリのヴィッラ・アドリアーナ
（Villa Adriana（Tivoli））
ティヴォリは、ローマの北東約30kmにある。ヴィッラ・アドリアーナは、ティヴォリの南西6kmにある約60～70haの広大な敷地にある別荘遺跡で、ローマの五賢帝の一人に数えられるハドリアヌス帝（76～138年 在位117～138年）が118年から12年の歳月をかけて建てさせた。ハドリアヌス帝が視察の為、旅行したローマ帝国内のギリシャやアレクサンドリアなどの場所を偲ばせるもので、ヒッポドローム、ペキーレ、アカデミア、セラピス神殿、円形の海上劇場、ローマ共同浴場、図書館、ニンファエウムなど理想のパックス・ロマーナ（ローマの平和）を思わせるスケールの大きさに圧倒される。皇帝の死後は、しばらくは後継者たちが利用していたが、ほどなく高価な大理石や彫刻が運び出され廃虚となった。15世紀になってようやく発掘作業が始まったが、本格的な発掘、修復は、遺跡がイタリア政府に買い上げられてからで、現在もその発掘作業と研究は続いている。
文化遺産（登録基準(i)(ii)(iii)）　1999年

●ヴェローナの市街（City of Verona）
ヴェローナは、イタリア北部、ヴェネチアの西約120kmのアディジェ川沿いにあるヴェネト州第2の都市で、美しい歴史都市。ヴェローナは、その都市構造、そして、高度な芸術的要素をもった建築様式において、過去2000年もの間めざましい発展を遂げた。ヴェローナの市街には、ローマ時代のものでは、25000人収容可能な観客席がある円形闘技場（アレーナ）や半円形の石造建築のローマ劇場、中世のものでは、13～14世紀に栄華を誇ったスカラ家の古城のカステル・ヴェッキオ（ヴェッキオ城)、エルベ広場、シニョーリ広場、それに、サン・ゼーノ・マジョーレ教会などロマネスク様式の多くの教会が数多く残っている。また、ヴェローナは、シェークスピアの戯曲「ヴェローナの二紳士」、「ロメオとジュリエット」の物語にゆかりの深い都市としても知られている。

文化遺産（登録基準(ii)(iv)）　2000年

○エオリエ諸島（エオーリアン諸島）

（Isole Eolie(Aeolian Islands)）

エオリエ諸島（エオーリアン諸島）は、ティレニア海の南東部のシチリアにある面積1216haの火山列島で、リーパリ島、サリーナ島、ヴルカーノ島、ストロンボリ島、パナレーア島、フィリクーディ島、アリクーディ島の7つの主な島といくつもの小島や岩礁からなる。エオリエ諸島は、ギリシャ神話で「風の神」の語源を持つ。エオリエ諸島は、ごく狭い範囲に、962mのサリーナ山をはじめとする6座の火山が集中していることが特徴で、その内2つは現在も活動中。地中海性の灌木が茂り、切立った断崖などの自然景観と共に先史時代の遺跡やかつての耕作地などが残されている。エオリエ諸島は、火山学研究の宝庫で、ヴルカーノ式とストロンボリ式の噴火形態を明らかにするなど学術的価値も高く地球科学者の間でも関心が強い。エオリエ諸島（エオーリアン諸島）は、他にリーパリ諸島という呼び方もある。

自然遺産（登録基準(viii)）　2000年

●アッシジの聖フランチェスコのバシリカとその他の遺跡群

（Assisi, the Basilica of San Francesco and Other Franciscan Sites）

アッシジは、ペルージャの東南約25km、スパシオ山の麓の丘に建つ聖フランチェスコ(1181或は1182～1226年)ゆかりの聖地で、フランチェスコ修道会の総本山がある町。聖フランチェスコは、清貧を説いた中世イタリアの最も誉れ高い聖人。彼の名を冠した聖フランチェスコ教会は、上と下の教会に分かれ、バシリカの前後にある階段で上下できる。上の教会では、「聖フランチェスコの生涯」を描いたジョット・ディボンドーネ(1267頃～1337年)のフレスコ画の力作が圧巻で、下の教会には、信者にとっての巡礼先となっている地下室の聖フランチェスコを埋葬した墓があるほか、シモーネ・マルティーニやロレンツェッティなどによるフレスコ画が壁面に描かれている。アッシジは、古代ウンブリア・ローマおよび中世の都市の姿を宗教建築や文化的景観に留めている。

文化遺産（登録基準(i)(ii)(iii)(iv)(vi)）　2000年

●ティヴォリのヴィッラ・デステ（Villa d'Este,Tivoli）

ヴィッラ・デステは、ローマの北東30km、ラツィオ州ローマ県のアニエーネ川が流れるティブルティーナ山地の丘の上の小さな町ティヴォリにある。ヴィッラ・デステは、16世紀半ばにイッポリト・デステ枢機卿(1479～1520年)によって旧ベネディクト会修道院を改築させて建てられた名門貴族エステ家の別荘で、ナポリ出身の建築家ピッロ・リゴーリオ(1500～1583年)による宮殿や庭園は、最も洗練されたルネッサンス文化を物語っている。古びて苔むした大小様々な形の噴水や装飾された泉などがある庭園は、革新的なデザインと創造性が施された、まさに真に水の庭園であり、16世紀のイタリア式庭園のユニークな事例である。ヴィッラ・デステは、ヨーロッパの庭園の発展に決定的な影響を与えた。

文化遺産（登録基準(i)(ii)(iii)(iv)(vi)）　2001年

●ノート渓谷（シチリア島南東部）の後期バロック都市群

（Late Baroque Towns of the Val di Noto(South-Eastern Sicily)）

ノート渓谷(シチリア島南東部)の後期バロック様式の都市群は、シチリア州のカターニア県、ラグーサ県、それにシラクーサ県の各都市にある。1693年にエトナ山(標高3350mの活火山)の周辺地域を大地震が襲い、ヴァル・ディ・ノートと呼ばれる渓谷にある、カルタジローネ、カターニア、ミリテロ・イン・ヴァル・ディ・カターニア、モディカ、ノート、パラッツォロ・アクレイデ、ラグーサ、シクリなどの町が全壊した。これらの町は、驚異的な復興を遂げ、建築家のバッカリーニなどによってドゥオーモ広場や大通りにバロック様式の見事な建築物を再建し、そして、バロック芸術を花咲かせ、今も美しい景観を留めている。

文化遺産（登録基準(i)(ii)(iv)(v)）　2002年

●ピエモント州とロンバルディア州の聖山群

（*Sacri Monti* of Piedmont and Lombardy）

ピエモント州とロンバルディア州の聖山群は、イタリアの北部、ピエモント州とロンバルディア州の山上に点在する神秘的な聖域である。サクリ・モンティとは、聖なる山の意味のサクロ・モンテの複数形を表す表記。ヴァラッロ・セジア(別名「新エルサレム」)、セッラルンガ・ディ・クレア、オルタ・サン・ジュリオ、ヴァレーゼ、オローパ、オッスッチョ、ギッファ、ドモドッソラ、ヴァルペルガ・カナヴェーゼの9つの聖山は、16世紀後半～17世紀につくられ、チャペルなどが特徴的な小聖堂や礼拝堂などの宗教建築物が数多くあるキリスト教の聖山で、多くの信者や観光客が訪れる巡礼地になっている。ピエモント州とロンバルディア州の聖山群は、それらの象徴的な精神性に加えて、周辺の丘陵、森林、湖などの自然が背景となって、一体的に調和し、大変美しい景観を呈している。ピエモント州とロンバルディア州の聖山群の宗教建築物は、建物内部のフレスコ画や木彫りの彫像の様式においても高い芸術性を有している。
文化遺産（登録基準(ii)(iv)）　2003年

●チェルヴェテリとタルクィニアのエトルリア墳墓群
（Etruscan Necropolises of Cerveteri and Tarquinia）
チェルヴェテリとタルクィニアのエトルリア墳墓群は、ローマから約42km、ティレニア海に面するラツィオ州のチェルヴェテリ、タルクィニアにある。チェルヴェテリとタルクィニアのエトルリア墳墓群は、紀元前9～紀元前1世紀の死者の町の異なる埋葬習慣を示す。チェルヴェテリの円形の台の上に土を盛り上げた塚トゥムロやライオンの墓、それに、タルクィニアの約6000の地下墳墓群、豹の墓に残る巨大なフレスコ壁画などは、当時の芸術的傑作をなすもので、700年の歴史と文化を誇る古代エトルリア文明の独自性と素晴らしさの証拠である。
文化遺産（登録基準(i)(iii)(iv)）　2004年

●オルチャ渓谷（Val d'Orcia）
オルチャ渓谷は、イタリアの中部、シエナの南東部のトスカーナ・アミアータ山とチェトーナ山に囲まれた海抜450mの農業後背地で、トスカーナ州の代表的ななだらかな丘陵景観が続く一帯で、長い間の土地利用によってできた景観が特徴的である。オルチャ渓谷には、ルネッサンス時代の町が見られるほか、糸杉並木、ブドウ畑、オリーブ畑などの丘陵と平原の牧歌的な景観が、ピエトロ・ロレンツェッティ（1280～1348年）、ジョヴァンニ・ディ・パオロ（1403～1483年）など多くの芸術家に影響を与えるなど文化的価値も高く、ルネッサンス絵画の中に頻繁に描かれている。また、オルチャ渓谷は、ブルネッロ・ディ・モンタルチーノ、テヌータ・ディ・トリノーロという銘柄のワインの産地としても有名である。
文化遺産（登録基準(iv)(vi)）　2004年

●シラクーサとパンタリカの岩の墓
（Syracuse and the Rocky Necropolis of Pantalica）
シラクーサとパンタリカの岩の墓は、シチリア島の東海岸、現在のシラクーサ州の州都にある。シラクーサとパンタリカの岩の墓は、ギリシャ時代とローマ時代の顕著な痕跡である2つからなっている。パンタリカの岩の墓は、野外の採石場の岩に切り込まれた紀元前13世紀から紀元前7世紀までの5000以上の墓である。ビザンチン時代の痕跡もこの地域に残っており、アナクトロン（皇太子の宮殿）の土台が有名である。もう一つは、紀元前8世紀のコリントからのギリシャ人によるオルテュギアとしての都市の土台の中心部分を含む古代シラクーサである。ローマ共和政末期を生きた弁論家であり政治家であったマルクス・トゥリウス・キケロ（紀元前106～紀元前43年）がシラクーサを「最も偉大なギリシャ都市、そして全ての中で最も美しい」と讃えた都市遺跡は、アテネの神殿（紀元前5世紀、後に聖堂に転換）、ギリシャ劇場、ローマの円形闘技場、要塞などの痕跡を留めている。多くの遺跡は、アラブのイスラム教徒、ノルマン人、フリードリヒ2世（ホーエンシュタウフェン、1197～1250年）、アラゴン王国と2つのシチリアの王国の間のビザンチンからブルボンのシチリアの平穏ではなかった歴史の証しを留めている。歴史的なシラクーサは、3000年以上に及ぶ地中海文明の発展を示すユニークな証しである。
文化遺産（登録基準(ii)(iii)(iv)(vi)）　2005年

●ジェノバ：新道とロッリの館群
（Genoa: *Le Strade Nuove* and the system of the *Palazzi dei Rolli*）
ジェノバ：新道とロッリの館群は、リグーリア州、ジェノバの歴史地区にある。ジェノバ：新道とロッリの館群は、単位での都市開発プロジェクトのヨーロッパにおける最初の事例を代表するものである。ジェノバの歴史地区計画では、特に、公共機関によって区分された、法律に基づく「公的な宿泊施設」の特殊なシステムであった。ロッリの宮殿群は、 ジェノバ共和国の最も富裕で権力のある貴族によって建てられ「ロッリ」とよばれる厳選されたリストに登録された大邸宅群（パラッツィ・デイ・ロッリ）であった。ジェノバ：新道とロッリの館群は、いわゆる「新しい道」（レ・ストラーデ・ヌオーヴェ）沿いのルネッサンス様式やバロック様式の宮殿群である。16世紀後期に新道（ガリバルディ通り）に建立された大邸宅宮殿は、貴族の街区を形成し、1528年の法令の下では、総督ドリアのもと、スペインと同盟も結び、欧州カトリック世界のメイン銀行となって金融業で繁栄したジェノバ共和国政府と見做された。宮殿は、一般的に3～4階の高さで、広々とした威厳のある玄関階段、中庭、庭園を望むテラスが特徴である。この都会的な設計モデルの影響は、イタリアやヨーロッパの文献によって確認されている。これらの館群の所有者達は、世界各地からの国賓をもてなす迎賓館として利用することを余儀なくされ、建築学上のモデルの知識と有名な芸術家や旅行者を魅了した大邸宅文化（例えば、巨匠ルーベンスの絵画の収集など）の普及に貢献した。元王宮、赤の宮殿、白の宮殿等のロッリの館は、現在、美術館、市庁舎、銀行、店舗などとして活用されている。
文化遺産（登録基準(ii)(iv)）　2006年

●マントヴァとサッビオネータ（Mantua and Sabbioneta）

マントヴァとサッビオネータは、イタリアの北部、ロンバルディア地方のポー渓谷にあるルネッサンスの都市計画の2つの側面を代表するものである。これら両都市の世界遺産の登録範囲は、核心地域は235ha、緩衝地域は2330haである。マントヴァは、ロンバルディア州マントヴァ県の県都で、都市の刷新と拡大を示し、30km離れた郊外の小都市サッビオネータは、理想都市としてのルネッサンス期の理論を実践した代表的なものである。マントヴァの都市の配置は、不規則であるが、ローマ時代以来の成長の異なった部分は規則的に整備されており、聖セバスティアーノ教会と聖アンドレア教会には革新的な設計技法が用いられている。サッビオネータは、ヴェスパジアーノ・ゴンザガ・コロンナ公爵（1531～1591年）により、16世紀の後半に創建された計画都市である。彼はマントヴァ公国を支配していたイタリアの名門貴族のゴンザガ家の直系ではなかった為、郊外のサッビオネータという寒村を与えられただけであった。マントヴァとサッビオネータも、ルネッサンスの都市、建築、芸術の理念を実現したもので、ゴンザガ家の展望や行動に適ったものである。マントヴァとサッビオネータの2つの都市は、建築学的な価値やルネッサンス文化の普及において主要な役割を果たし、重要であった。ゴンザガ家によって育まれたルネッサンスの理想は、都市・建築面において、現在も生き続けている。

文化遺産（登録基準(ii)(iii)）　2008年

●レーティッシュ鉄道アルブラ線とベルニナ線の景観群
（Rhaetian Railway in the Albula / Bernina Landscapes）

レーティッシュ鉄道アルブラ線とベルニナ線の景観群は、スイスとイタリアにまたがるスイス・アルプスを走る2つの歴史的な鉄道遺産である。レーティッシュ鉄道の北西部、ライン川とドナウ川の分水嶺でもあるアルブラ峠を走るアルブラ線は、1898年に着工し、1904年に開通した。ヒンターライン地方のトゥージスとエンガディン地方のサン・モリッツの67kmを結び、ループ・トンネルなど42のトンネル、高さ65mの印象的なランドヴァッサー橋などの144の石の高架橋が印象的である。一方、ベルニナ峠を走るベルニナ線は、サン・モリッツからイタリアのティラーノまでの61kmを結び、13のトンネルと52の高架橋が特徴である。ベルニナ鉄道（現在のレーティッシュ鉄道ベルニナ線）は、歯車を使ったラック式鉄道ではなく、一般的なレールを使った鉄道で、アルプス最高地点を走る鉄道として、すぐにその技術が大きな話題となり、後につくられるさまざまな鉄道計画のモデルになったといわれている。万年雪を冠った標高4000m級のベルニナ山脈の名峰や氷河が輝くスイス・アルプスの世界から、葡萄畑や栗林に囲まれた素朴な渓谷を越えるイタリアまでの縦断ルートである。標高2253mから429mまで、1824mの高低差を克服、驚くべき絶景が連続的に展開する。レーティッシュ鉄道は、20世紀初期から約100年の歴史と伝統を誇るグラウビュンデン州を走るスイス最大の私鉄会社で、アルプスの雄大な大自然を破壊することなく切り開き、山岳部の隔絶された集落を繋ぎ生活改善を実現した鉄道利用の典型である。レーティッシュ鉄道は、驚異的な鉄道技術、建築、環境が一体的であり、その鉄道と見事に共存しつつ現代に残された美しい景観は周辺環境と調和すると共に建築と土木の粋を具現化したものである。レーティッシュ鉄道は、最も感動的な鉄道区間として、今も昔も世界各地からの多くの観光客に親しまれており、最新のパノラマ車両も走る人気の絶景ルートであるベルニナ・エクスプレス（ベルニナ急行）の路線で、グレッシャー・エクスプレス（氷河特急）の一部区間でもある。レーティッシュ鉄道ベルニナ線は、箱根登山鉄道と姉妹鉄道提携をしている。

文化遺産（登録基準(ii)(iv)）　2008年
スイス／イタリア

○ドロミーティ山群（The Dolomites）

ドロミーティ山群は、イタリアの北東部、東アルプスに属する山群である。北はリエンツァ川、西はイザルコ川とアディジェ川、南はブレンタ川、東はピアーヴェ川に囲まれた範囲に展開する。ドロミーティ山群の登録面積が約141,903ha、バッファー・ゾーンが89,267ha、ペルモ・クロダ・ダ・ラーゴ、マルモラーダ、パーレ・ディ・サンマルティーノ サン・ルカーノ-ドロミーティ・ベッルネーシ-ヴェッテ・フェルトリーネ、ドロミーティ・フリウラーネ・ドオルトレ・プラヴェ、ドロミーティ・セッテントリオナリ・カドリン、セット・サッス、プエツ・オードレ／プエツ・ゲイスラー／ポス・オードレ、シリアル-カティナッチョ、リオ・デレ・フォーリエ、ドロミーティ・ディ・ブレンタの9つの構成資産からなり、高山の山岳景観と類いない自然美は、世界有数である。ドロミーティ山群は、また、国際的にも重要な地球科学の価値を有する。切り立った崖、深い渓谷など変化に富んだ石灰岩の地形は、世界的にも素晴らしいものであり、地質学的にも、地球上の生命史上、記録された絶滅後の三畳紀（2億～2億6500万年前）の海洋生物の化石を目の当たりにすることが出来る。ドロミーティ山群の気高い記念碑的で彩り豊かな景観は、旅行者の目を惹きつけ、科学的、芸術的な価値を有するものである。包括的な管理の枠組み、管理計画と観光戦略の確立が求められている。ドロミーティは、日本語では、ドロミテ、ドロミティ、ドロミチなどとも表記される。

自然遺産（登録基準(vii)(viii)）　2009年

○モン・サン・ジョルジオ（Monte San Giorgio）
自然遺産（登録基準(viii)）　2003年／2010年
（スイス／イタリア）　→スイス

●アルプス山脈周辺の先史時代の杭上住居群
（Prehistoric Pile dwellings around the Alps）
文化遺産（登録基準(iii)(v)）　2011年
（オーストリア／フランス／ドイツ／イタリア／スロヴェニア／スイス）　→スイス

●イタリアのロンゴバルド族 権力の場所（568～774年）
（Longobards in Italy. Places of the power（568-774 A.D.））
イタリアのロンゴバルド族 権力の場所は、イタリアのフリウリ・ヴェネツィア・ジュリア州ウーディネ県チヴィダーレ・デル・フリウリ、ロンバルディア州ブレシャ県ブレシャとヴァレーゼ県カステルセプリオ-トルバ、ウンブリア州ペルージャ県のスポレートとカンペッロ、カンパニア州ベネヴェント県ベネヴェント、プッリャ州フォッジャ県モンテ・サンタンジェロの5州6県7都市にまたがって分布し、トルバ塔などの要塞群、聖マリア・フォリス・ポルタス教会などの教会群、聖サルヴァトーレ修道院などの修道院群などの重要な建造物群から構成される。それらは、6世紀～8世紀に権勢を奮って広大な領地を支配し、イタリアで独自の文化を発展させたロンゴバルド族の権力と栄光を伝える場所である。ロンゴバルド族の建築様式は、古代ローマ、キリスト教精神、ビザンチンの影響、ドイツ風の北欧の遺産をもとに総合的に描写しているので、ヨーロッパの古代から中世の時代までの変遷がわかる。一連の構成資産は、修道院運動を支持するなど中世ヨーロッパのキリスト教の精神的、文化的な発展においてロンゴバルド族が主要な役割を果たしていたことがわかる。
文化遺産（登録基準(ii)(iii)(vi)）　2011年

○エトナ山（Mount Etna）
エトナ山は、イタリア南部のシチリア州、シチリア島の東部にある活火山。旧名はモンジベッロで、アフリカ・プレートとユーラシア・プレートの衝突によって形成された。ヨーロッパ最大の活火山であり、現在の標高は3326mであるが、山頂での噴火により標高は変化しており、1865年の標高はこれより21.6m高かった。山麓部の直径は140kmに及び、その面積は約1,190km²である。イタリアにある3つの活火山の中では飛び抜けて高く、2番目に高いヴェスヴィオ山(1281m)の3倍近くもある。エトナ火山は、世界で最も活動的な火山の一つであり、殆ど常に噴火している。時には大きな噴火を起こすこともあるが、特別に危険な火山とは見なされておらず、数千人が斜面と山麓に住んでいる。肥沃な火山性土壌は農業に適し、山麓には、葡萄園や果樹園が広がる。エトナ火山の活動は、約50万年前から始まり、活動開始時点では、海底火山であったと考えられている。約30万年前は、現在の山頂より南西の地区において火山活動が活発であったが、17万年前頃より現在の位置に移動した。この時期の活動はストロンボリ式噴火が多いが、何度か大噴火を起こして、カルデラを形成している。神話では、巨大な怪物テュポンが封印された場所だとされ、テュポンが暴れると噴火するとされる。ノアの大洪水を引き起こしたという伝説も残っている。
自然遺産（登録基準(viii)）　2013年

●トスカーナ地方のメディチ家の館群と庭園群
（Medici Villas and Gardens in Tuscany）
トスカーナ地方のメディチ家の館群と庭園群は、イタリアの中部、フィレンツェ市、それに周辺のフィレンツェ県、ルッカ県、ピストイア県の田園地帯に点在する。メディチ家は、ルネサンス期のイタリア・フィレンツェにおいて銀行家、政治家として台頭、フィレンツェの実質的な支配者として君臨し、後にトスカーナ大公国の君主となった一族である。その財力でボッティチェリ、レオナルド・ダ・ヴィンチ、ミケランジェロ、ヴァザーリ、ブロンツィーノ、アッローリなどの多数の芸術家をパトロンとして支援し、イタリア・ルネッサンスの文化を育てる上で大きな役割を果たした。メディチ家の館群と庭園群の構成資産は、フィレンツェ周辺とフィレンツェ近郊外のトスカーナ地方に立地する12の館(ヴィッラ)と2つの庭園群からなる。トレッビオ城、ヴィッラ・メディチェア・ラ・ペトライア、ヴィッラ・メディチェア・ディ・カファッジョーロ、ヴィッラ・メディチェア・ディ・カレッジ、ヴィッラ・メディチェア・ディ・カステッロ、ヴィッラ・メディチェア・ディ・チェッレート・グイディ、ヴィッラ・メディチェア・ディ・ポッジョ・インペリアーレ、ヴィッラ・メディチェア・ア・フィエーゾレ、ヴィッラ・メディチェア・ディ・セラヴェッツァ、ヴィッラ・メディチェア・ラ・マジア、ヴィッラ・メディチェア・ディ・アルティミーノ、ヴィッラ・メディチェア・ディ・ポッジョ・ア・カイアーノ、それに、ピッティ宮殿内のボーボリ庭園、プラトリーノ庭園である。これらは、自然環境、邸宅、庭園の文化的景観が一体化した典型であり、イタリアをはじめ、ヨーロッパの王侯貴族邸宅の不朽のモデルになった。
文化遺産（登録基準(ii)(iv)(vi)）　2013年

●ピエモンテの葡萄畑の景観：ランゲ・ロエロ・モンフェッラート
（Vineyard Landscape of Piedmont: Langhe-Roero and Monferrato）
ピエモンテの葡萄畑の景観：ランゲ・ロエロ・モンフェッラートは、イタリアの北部、北はポー河、南はリグリア・アルプスの中間地域であるピエモンテ州の南部のアレッサンドリア県、アスティ県、クーネオ県にある。世界遺産の登録面積は10,789ha、バッファー・ゾーンは76,249haである。世界遺産は、バローロ村のあるランガ地区、グリンザーネ・カヴール城、バルバレスコ村の丘陵地、ニッツァ・モンフェッラートとバルベーラ、カネッリ村とアスティ・スプマンテ、インフェルノットのモンフェッラートの6つの構成資産からなる。世界的にも有名なワイン、バローロ、バルバレスコ、モスカート、アルネイス、ドルチェット、バルベーラなどの生産地、ランゲ・ロエロ・モンフェッラートの丘陵地帯で、トスカーナ地方と並ぶイタリアきっての葡萄栽培とワインづくりが一体となった銘醸地である。ピエモンテ地方特有の葡萄畑の文化的景観で、緩やかに波立つ丘陵に葡萄畑が連綿とつながれてゆく風景は優しく美しい。

文化遺産（登録基準(ii)(iv)）　2014年

●パレルモのアラブ・ノルマン様式の建造物群とチェファル大聖堂とモンレアーレ大聖堂

（Arab-Norman Palermo and the Cathedral Churches of Cefalu and Monreale）

パレルモのアラブ・ノルマン様式の建造物群とチェファル大聖堂とモンレアーレ大聖堂は、イタリアの西南部、シチリア島の北岸、シチリア王国の首都であったパレルモに残る2つの宮殿、3つの教会、1つの聖堂、1つの橋の7件の建造物群と近隣コムーネの2つの聖堂の9つの構成資産からなる。すなわち、ノルマン王宮とパラティーナ礼拝堂、ジーザ宮殿、サン・ジョヴァンニ・デリ・エレミティ教会、マルトラーナ(サンタ・マリア・デッラミラーリョ)教会、サン・カタルド教会、パレルモ大聖堂(カッテドラーレ)、アンミラリオ橋、そして、チェファル大聖堂とモンレアーレ大聖堂で、これらは、ノルマン王国のシチリア統治時代(1130～1194年)に、異なる宗教や文化をもつ異民族、イスラム、ビザンチン、ラテン、ユダヤ、ロンゴバルド、フランスが共存し融合し発達した建築文化が評価された。

文化遺産(登録基準(ii)(iv))　2015年

●16～17世紀のヴェネツィアの防衛施設群：スタート・ダ・テーラ－西スタート・ダ・マール

（Venetian Works of Defence between the 16th and 17th Centuries: *Stato da Terra* – Western *Stato da Mar*）

16～17世紀のヴェネツィアの防衛施設群は、イタリアの北部、ロンバルディア州中部にあるベルガモの要塞都市、ペスキエーラ・デル・ガルダの要塞都市、パルマノーヴァの要塞都市、クロアチアの中部、ダルマチア地方のシベニク・クニン郡のザダルの防御システム、セント・ニコラス要塞、モンテネグロの南西部、コトル市の6つの構成資産からなる。世界遺産の登録面積は378.37ha、バッファーゾーンは1,749.62haである。要塞群 throughout スタート・ダ・テーラ(他のヨーロッパの列強からヴェネチア共和国を守る)とスタート・ダ・マール(アドリア海の海路や港湾群を守る)。それらは、ヴェネツィア共和国の拡大と権力を支援するのに必要だった。火薬の伝来は、ヨーロッパ中に普及した星形要塞などの要塞群の設計に反映されるなど軍事技術と建築の重要な転換につながった。当初、「15世紀から17世紀のヴェネツィア共和国防衛施設群」として、ヴェネツィア共和国時代の防衛施設3か国15件を登録推薦したが、そのうち9件は既に世界遺産に登録されているイタリアの「ヴェネツィアとその潟」(1987年)、クロアチアの「スタリ・グラド平原」(2008年)、「シベニクの聖ヤコブ大聖堂」(2000年)、モンテネグロの「コトルの自然と文化 - 歴史地域」(1979年)の構成資産と重なる為、イコモスは15件中6件のみに本件の「顕著な普遍的価値」を認め、その名称を「16・17世紀のヴェネツィア共和国防衛施設群:スタート・ダ・テーラと西スタート・ダ・マール」として登録することを勧告した。

文化遺産（登録基準(iii)(iv)）　2017年

イタリア／クロアチア／モンテネグロ

○カルパチア山脈とヨーロッパの他の地域の原生ブナ林群

（Primeval Beech Forests of the Carpathians and Other Regions of Europe）

自然遺産（登録基準(ix)）

2007年／2011年／2017年／2021年

（アルバニア、オーストリア、ベルギー、ボスニアヘルツェゴビナ、ブルガリア、クロアチア、チェコ、フランス、ドイツ、イタリア、北マケドニア、ポーランド、ルーマニア、スロヴェニア、スロヴァキア、スペイン、スイス、ウクライナ）　→ ウクライナ

●イヴレーア、　世紀の工業都市

（Ivrea, industrial city of the 20th century）

イヴレーアは、イタリアの北西部、ピエモンテ州トリノ県のカナヴェーゼ地方の中心都市である。ドーラ・バルテア川河畔に位置し、イタリア側からヴァッレ・ダオスタを経由してアルプスを越えフランスに至る街道の入り口にあたる。イヴレーア、20世紀の工業都市は、タイプライター製造から計算機、コンピューターの製造も手がけたオリベッティ社の創業地として著名である。また、毎年2月にイヴレーアの謝肉祭が開催され、その中の市民が9組に分かれてオレンジをぶつけ合う「オレンジの戦い」が有名である。

文化遺産(登録基準(iv))　2018年

●コネリアーノとヴァルドッビアーデネのプロセッコの丘陵群
（The Prosecco Hills of Conegliano and Valdobbiadene）
コネリアーノとヴァルドッビアーデネのプロセッコの丘陵群は、イタリアの北東部、ヴェネト州、（フリウリヴェネチアジューリア州）、グレーラ種というブドウ品種を使って造られるスパークリング・ワインであるプロセッコが生産されるブドウ畑である。世界遺産の登録面積は20,334.2 ha、バッファー・ゾーンは43,988.2 haである。この地方特有の小さな葡萄棚が複雑な地形に合わせて張り巡らされている美しい風景が端的な文化的景観を形成している。なかでも、プロセッコ街道には、ブドウ畑だけでなく、多くのワイナリーや、オステリアもあり、国内外から美しい景色とプロセッコを楽しむ人たちがたくさん訪れる。「プロセッコ」と言う名称は、欧州連合の原産地名称保護制度で保護されており、コネリアーノ、ヴァルドッビアーデネのプロセッコ品種のみで生産されたワインにのみ使用することが出来る。プロセッコ・ディ・コネリアーノ・ヴァルドッビアーデネ（Prosecco di Conegliano-Valdobbiadene）と言う場合もある。
文化遺産（登録基準（(v)）　2019年

●ボローニャの柱廊群（The Porticoes of Bologna）
ボローニャの柱廊群は、イタリアの北部、エミリア・ロマーニャ州のボローニャの町に、12世紀から現在にまで至るまで脈々とつくられてきた、登録面積が52.18 ha、バッファー・ゾーンが1,125.62 haの世界遺産である。構成資産は、サンタ・カテリーナ・サラゴッツァ、サント・ステーファノ・メルカンツァ、ガッリエーラ、バラッカ、パヴァリオーネ、16世紀の最も美しい噴水のひとつと言われるネプチューンの噴水やサン・ペトロニオ教会があるマッジョーレ広場、サン・ルーカ、欧州一古いボローニャ大学、チェルトーザ、カヴール，ファリーニ・ミンゲッティ、ストラーダ・マッジョーレ、マンボ、トレーノ・デッラ・バルカの12箇所からなる。それらは、ボローニャの市街地の周辺に立地、アンサンブルが素晴らしく62kmにわたって展開する。ボローニャの柱廊群は、木、石、煉瓦、コンクリートなどで建てられ、道路、広場、小道、歩道にまで至り、「ポルティコ」（portico）とよばれる柱廊アーケードは、ボローニャの都市のアイデンティティの表現と要素になっている。
文化遺産（登録基準（iv））　2021年

●ヨーロッパの大温泉群
（The Great Spas of Europe）
文化遺産（登録基準（ii）（iii））　2021年
（オーストリア / ベルギー / チェコ / フランス / ドイツ / イタリア/ 英国）
→オーストリア

●パドヴァ・ウルブス・ピクタ:ジョットのスクロヴェーニ礼拝堂とパドヴァの14世紀のフレスコ画作品群
（'Padova Urbs picta', Giotto's Scrovegni Chapel and Padua's fourteenth-century fresco cycles）
パドヴァ・ウルブス・ピクタ:ジョットのスクロヴェーニ礼拝堂とパドヴァの14世紀のフレスコ画作品群は、イタリアの北東部、ヴェネト州の歴史的な要塞都市パドヴァにあり、世界遺産の登録面積は19.96 ha、バッファーゾーンは530haで、スクロヴェーニ礼拝堂、ラジョーネ館、聖アントニオ礼拝堂、サン ミゲル礼拝堂の4つの構成資産からなる。パドヴァは14世紀から15世紀初頭に文化的にも最盛期を迎え、1304年にこの地に来た黎明期イタリア・ルネサンスの先駆者である画家、建築家、芸術家である一般的にはジョットとして知られるジョット・ディ・ボンドーネ（1267年頃～1337年）をはじめとする芸術家たちのフレスコ画群が残る。なかでも、1305年頃に完成したアレーナ礼拝堂とも呼ばれるスクロヴェーニ礼拝堂の装飾画は、フレスコ画で聖母の生涯とキリストの生涯の循環を描いており、ルネサンス初期の最高傑作の一つとされている。当時としては異例の立体感のある人物像や、演劇的な身振りや感情表現は、それまでの無表情で平面的な宗教画と異なる「人間性」を表現している。
文化遺産（登録基準（ii））　2021年

ヴァチカン市国（2物件　● 2）

●ローマの歴史地区、教皇領とサンパオロ・フォーリ・レ・ムーラ大聖堂
（Historic Centre of Rome, the Properties of the Holy See in that City Enjoying Extraterritorical Rights and San Paolo Fuori le Mura）
文化遺産（登録基準（i）（ii）（iii）（iv）（vi））
1980年／1990年　（イタリア／ヴァチカン）
→イタリア

●ヴァチカン・シティー（Vatican City）
ヴァチカン・シティーは、ローマ教皇を元首とする世界最小の独立国で、全世界約11億人のカトリック信者の総本山。この地で殉教した初代教皇聖ペテロ（ピエトロ）の墓上に、324年にコンスタンチヌス帝によって創建され、16世紀にミケランジェロの設計により再建された威厳と美しさを誇るサン・ピエトロ大聖堂、それに、ヴァチカン宮殿、ミケランジェロが描いた大天井画「天地創造」や祭壇画「最後の審判」で有名なシスティーナ礼拝堂、歴代教皇の膨大なコレクションを集めたヴァチカン美術館、ベルニーニが設計した30万人を収容できるサン・ピエトロ広場などがある。
文化遺産（登録基準(i)(ii)(iv)(vi)） 1984年

ウクライナ（7物件 ○ 1 ● 6）

●キエフの聖ソフィア大聖堂と修道院群、キエフ・ペチェルスカヤ大修道院
（Kyiv:Saint-Sophia Cathedral and Related Monastic Buildings, Kiev-Pechersk Lavra）
キエフは、ウクライナの首都で、ウクライナの中央部ドニエプル川沿いに開けた町。9世紀末以降キエフ公国の都として発展。10世紀末ウラジミール1世がキリスト教を国教と定め、ビザンチン帝国の例にならって聖堂建築の礎が置かれた。聖ソフィア聖堂は、11世紀初めウラジミール1世の息子ヤロスラフ公により創建された、キエフに現存する最古の教会。13のドームをもつ多塔型で、内陣に「乙女オランドの像」など11世紀初頭のモザイクやフレスコ画が残る。ペチェルスカヤ大修道院は、洞窟修道院上に建つ2層構成となっており、上のウスペンスキー寺院は約100mの鐘楼をもち、下は地下墳墓と修道院。洞窟を意味する「ペチェラ」がそのまま修道院の名前となった。11世紀の創建で、ロシア正教を代表する修道院。
文化遺産（登録基準(i)(ii)(iii)(iv)） 1990年

●リヴィフの歴史地区
（L'viv-the Ensemble of the Historic Centre）
リヴィフは、ヨーロッパの真珠と呼ばれるウクライナ西部のリヴィフ州の州都。イタリアやドイツの都市や建築物と共に、東欧において、8000年以上前の建築学的、芸術的な伝統が融合した顕著な見本。1256年、ガリチア公ダニール・ロマノビッチが建設し、以降ガリチア地方の政治・商業の中心都市としての役割を果たしたリヴィフは、多くの異民族を魅きつけた。
文化遺産（登録基準(ii)(v)） 1998年／2008年

●シュトルーヴェの測地弧（Struve Geodetic Arc）
文化遺産（登録基準(ii)(iv)(vi)） 2005年
（ノルウェー／スウェーデン／フィンランド／ロシア／エストニア／ラトヴィア／リトアニア／ベラルーシ／モルドヴァ／ウクライナ） →エストニア

○カルパチア山脈とヨーロッパの他の地域の原生ブナ林群
（Primeval Beech Forests of the Carpathians and Other Regions of Europe）
カルパチア山脈とヨーロッパの他の地域の原生ブナ林群は、当初2007年の「カルパチア山脈の原生ブナ林群」から2011年の「カルパチア山脈の原生ブナ林群とドイツの古代ブナ林群」、そして、2017年の現在名へと登録範囲を拡大し登録遺産名も変更してきた。「カルパチア山脈の原生ブナ林群」は、ヨーロッパの東部、スロヴァキアとウクライナの両国にわたり展開する。カルパチア山脈の原生ブナ林群は、世界最大のヨーロッパブナの原生地域で、スロヴァキア側は、ボコヴスケ・ヴルヒ・ヴィホルァト山脈、ウクライナ側は、ラヒフ山脈とチョルノヒルスキー山地の東西185kmにわたって、10の原生ブナ林群が展開している。東カルパチア国立公園、ポロニニ国立公園、それにカルパチア生物圏保護区に指定され保護されている。ブナ一種の優占林のみならず、モミ、裸子植物やカシなど別の樹種との混交林も見られるため、植物多様性の観点からも重要な存在である。ウクライナ側だけでも100種類以上の植物群落が確認され、ウクライナ版レッドリスト記載の動物114種も生息している。しかし、森林火災、放牧、密猟、観光圧力などの脅威にもさらされている。2011年の第35回世界遺産委員会パリ会議で、登録範囲を拡大、進行しつつある氷河期以降の地球上の生態系の生物学的、生態学的な進化の代表的な事例であるドイツ北東部と中部に分布する5つの古代ブナ林群（ヤスムント、ザラーン、グルムジン、ハイニッヒ、ケラヴァルト）も登録範囲に含め、登録遺産名も「カルパチア山脈の原生ブナ林群とドイツの古代ブナ林群」に変更した。2017年と2021年に、更に、登録範囲を拡大、登録遺産名もヨーロッパの18か国にまたがる「カルパチア山脈とヨーロッパの他の地域の原生ブナ林群」に変更した。
自然遺産（登録基準(ix)）
2007年／2011年／2017年／2021年
（アルバニア、オーストリア、ベルギー、ボスニアヘルツェゴビナ、ブルガリア、クロアチア、チェコ、フランス、ドイツ、イタリア、北マケドニア、ポーランド、ルーマニア、スロヴェニア、スロヴァキア、スペイン、スイス、ウクライナ）

●ブコヴィナ・ダルマチア府主教の邸宅
（Residence of Bukovinian and Dalmatian Metropolitans）
ブコヴィナ・ダルマチア府主教の邸宅は、ウクライナの西部、チェルニウツィー州の州都チェルニウツィー市内を流れるプルト川とその支流の間の高台にある。ブコヴィナ・ダルマチア府主教の邸宅は、1864～1882年にチェコの建築家ヨセフ・フラーフカ（1831～1908年）が建設した建築物群で、建築様式の相乗効果が見事である。邸宅には庭園や公園があり、ドーム状の屋根を持つ神学校と修道院教会とが一体となっている。これらの建築物は、ビザンチン時代からの建築的・文化的な影響を受けたものであり、また、宗教に寛容であったオーストリア・ハンガリー帝国の政策を反映したハプスブルク君主国がこの地を領有していた時代の東方正教会の権勢を具現化したものである。ブコヴィナ・ダルマチア府主教の邸宅の一部は、現在、チェルニウツィー国立大学の歴史文化センターとして利用されている。
文化遺産（登録基準(ii)(iii)(iv)）　2011年

●ポーランドとウクライナのカルパチア地方の木造教会群
（Wooden Tserkvas of the Carpathian Region in Poland and Ukraine）
ポーランドとウクライナのカルパチア地方の木造教会群は、ポーランドの南部のマウォポルスカ県とポトカルパツキ県、ウクライナの西部のリヴィウ州、イヴァーノ・フランキーウシク州、トランスカルパチア地域にまたがっており、16〜19世紀に、東方正教会とギリシャ・カトリックを信仰するコミュニティによって木材を水平に積み上げるログハウス形式で建設された16の構成資産（ポーランド側8、ウクライナ側8）からなる。ポーランドの西カルパチア地方のレムコ型のブルナリー・ブィズネ教会、聖女パラスケヴァ正教会、聖母の御加護教会、聖ヤン正教会、トゥジャニスク教会、ボイコ型のスモルニク教会（ポーランド）、ウズホーク教会、マトゥキーフ教会（ウクライナ）、北部カルパチア地方のハールィチ型のチョティニエス教会、ラドルス教会（ポーランド）、ポテルリチ教会、ショークヴァ教会、ロハティン教会、ドロホビチ教会（ウクライナ）、それに、ウクライナの東カルパチア地方のフツル型のニジニ・ヴェルビス教会、ヤシニア教会からなる。
文化遺産（登録基準(iii)(iv)）　2013年
ポーランド／ウクライナ

●タウリカ・ケルソネソスの古代都市とそのホラ
（Ancient City of Tauric Chersonese and its Chora）
タウリカ・ケルソネソスの古代都市とそのホラは、ウクライナの南部、クリミア半島南西部のヘラクレア半島、セヴァストポリ地域管理区のセヴァストポリ市にある紀元前5世紀〜紀元後14世紀の古代都市の遺跡群である。タウリカとは、クリミア半島の古代名で、ケルソネソスは、紀元前5世紀にドーリア人のギリシャ植民地として創建され、その後、黒海地域北部の主要な商業港になった。ケルソネソスは、紀元前4世紀から格子状の計画的な都市づくりが行われ、ギリシャ人がホラと呼んだ後背地の長方形に区画された田園集落に囲まれ、そこでは、輸出用の葡萄や穀物などの畑作農業が営まれていた。タウリカ・ケルソネソスの古代都市とそのホラは、ユカリナ峡谷のホラ、バーマン峡谷のホラ、ベジミャンナヤ高地のホラ、ストレレトスカヤ峡谷のホラ、マヤチニ半島峡部のホラ、マヤチニ半島峡部の第一ホラ、マヤチニ半島峡部の第二ホラ、ヴィノグラドニイ岬第三ホラの9つの構成資産からなる。ギリシャ、ローマ帝国、ビザンチン帝国の領土と変遷し、15世紀には廃墟と化したが、街路、公共や宗教の建造物群、住居区などが19世紀に考古学者により発掘された。その考古学景観から「ウクライナのポンペイ」とも称されている。
文化遺産（登録基準(ii)(v)）　2013年

●オデーサの歴史地区 ***New***
（The Historic Centre of Odesa）
オデーサの歴史地区は、ウクライナの南部、ドニエストル河口から北に約30kmのところ、オデーサ州オデーサ市にある。オデーサは、帝政ロシアの時代から黒海に面した港湾都市として発展し、多様な文化や民族が交わる海上貿易の要衝として栄えた。オデーサは、18世紀後半から19世紀にかけての港町の面影を残しており、数々の映画、文学、芸術の舞台にもなった伝説的な港でもあることから「黒海の真珠」とも呼ばれてきた自由で世界的な都市でもある。オデーサのシンボルともいえるオデーサ・オペラ・バレエ劇場、ヴォロンツォフ宮殿など歴史的な建造物も数多い。ウクライナに軍事侵攻したロシアによる攻撃で、歴史地区にある建物の一部が壊れる被害が出るなど、戦争が続く中、オデーサをこれ以上の破壊から守る為、2023年1月に開催された第18回臨時世界遺産委員会で世界遺産に緊急登録すると共に、危機遺産にも同時登録した。（世界遺産条約では締約国は世界遺産に損害をもたらす行為をしてはならないことになっている）
文化遺産（登録基準(ii)(iv)）　2023年
★【危機遺産】2023年

英国（グレートブリテンおよび北部アイルランド連合王国）
（33物件　○4　●28　◎1）

○ジャイアンツ・コーズウェイとコーズウェイ海岸
（Giant's Causeway and Causeway Coast）
ジャイアンツ・コーズウェイとコーズウェイ海岸は、英国北西部、北アイルランドの北端のロンドン・デリーの東、42kmにある。起伏に富んだ海岸線が8kmも続く一帯であり、北アイルランド一の景勝地。数々の伝説が残る「巨人の石道」という意味のジャイアンツ・コーズウェイは、玄武岩の柱状節理による5、6角形の柱状奇岩群が、高さ100mほどの断崖から海中まで無数に密集し、その光景は壮観。ここは、地質学者によって300年にもわたって調査が行われた調査によって、5000万〜6000万年前の新生代の火山活動により流出した大量のマグマが冷却、凝固し、割れ目のある石柱になったことがわかり、地球科学の発展に寄与した。その数が4万本ともいわれる石柱の中には、高さが12mもある「ジャイアント・オルガン」、「馬の靴」、「貴婦人の扇」などと名付けられた不思議な奇岩もある。
自然遺産（登録基準(vii)(viii)）　1986年

●ダラム城と大聖堂（Durham Castle and Cathedral）
ダラム城と大聖堂は、英国中部、イングランド地方北部、ダラム県のダラム市を流れるウェア川に囲まれた小高い丘の半島にあり、ロマンチックな美しい景観を誇る。ダラム城は、ノルマン・コンクエストを遂げたウィリアム1世によって、スコットランドなど北方の国境警備の為に築かれた城で、1072年に建造された。ダラム大聖堂は11～12世紀の創建で、英国のノルマン・ロマネスク様式の聖堂としては、最大規模を誇り、その後も増改築が繰り返された。ダラム城は、1832年以降はダラム大学の施設として使用されており、聖カスバート、聖ベーダ、聖オズワルドの3聖人が埋葬されているダラム大聖堂は、巡礼地になっている。
文化遺産（登録基準(ii)(iv)(vi)）　1986年／2008年

●アイアンブリッジ峡谷（Ironbridge Gorge）
アイアンブリッジ峡谷は、英国西部、ロンドンの北西約190km、バーミンガムの郊外にある産業革命の発祥地コールブルックデールにある。アイアンブリッジは、その名の通り、鉄の橋で、アブラハム・ダービー1世が、世界で初めて開発した溶鉱炉で鉄鉱石と石炭から鉄を造る技術を用いて、1779年に、セヴァーン川が流れるセヴァーン峡谷に架けられた世界最初の鉄橋である。通称、アイアンブリッジ峡谷には、18世紀後半の産業革命期の溶鉱炉や工場、労働者が住んでいた村落などの産業遺産が保存されている。アイアンブリッジ峡谷は、「世界の工場」と呼ばれ大英帝国の黄金時代を築いたヴィクトリア女王時代（在位1837～1901年）の名残を今も留めている。
文化遺産（登録基準(i)(ii)(iv)(vi)）　1986年

●ファウンティンズ修道院跡を含むスタッドリー王立公園
（Studley Royal Park including the Ruins of Fountains Abbey）
ファウンティンズ修道院跡を含むスタッドリー王立公園は、英国中部、ノース・ヨークシャー県、リポンにある。ファウンティンズ修道院は、戒律にのっとって純粋な信仰生活を望んだベネディクト会の13人の修道士によって、1132年に創建されたが、1539年のヘンリ-8世の修道院解散令によって解体された。その後の1598～1604年に、当時の所有者であったステファン・プロクターによって、ファウンティンズ・ホール・キャッスルが建設された。ファウンティンズ修道院の名前は、近くに泉が湧いていたことに由来する。スタッドリー王立公園は、ウォーター・ガーデンもある18世紀に造られた典型的な英国式庭園である。ファウンティンズ修道院の回廊、本堂、四角い塔などの遺構が、美しいスタッドリー王立公園の庭園に配された湖、池、滝、水路に映え、幻想的な雰囲気を醸し出している。
文化遺産（登録基準(i)(iv)）　1986年

●ストーンヘンジ、エーヴベリーと関連する遺跡群
（Stonehenge, Avebury and Associated Sites）
ストーンヘンジは、英国南部、イングランドの南部ソールズベリーの南ウィルトシャーの荒涼たる平原にある4000年以上前の先史時代の巨石の環状列石遺跡で、世界遺産の登録面積は、4985.4haである。ヘンジとは、古英語で、「つるす」という意味。高さ6m以上の大石柱が100m近い直径の内側に祭壇を中心に、4重の同心円状に広がる。その建設の目的については、諸説があるが、はっきりわかっていない。夏至になると、ヒール・ストーンといわれる高さ6mの玄武岩と、中心にある祭壇石を結ぶ直線上に太陽が昇る。ストーンヘンジ以外にウッドヘンジ、コニーベリーヘンジなど8つの関連の遺跡群がある。エーヴベリーは、ストーンヘンジの北約30kmのケネット地区の北ウィルトシャーにある巨石の環状列石遺跡。紀元前3000年後半のものと推測されているが、建設の目的については、ストーンヘンジと同様、諸説がある。エーヴベリー以外に、ケネット・アヴェニュー、シルバリー・ヒルなど、6つの関連の遺跡群がある。ストーンヘンジを横断するA344の道路閉鎖、ストーンヘンジへの訪問者のアクセスや施設の改善が課題になっている。
文化遺産（登録基準(i)(ii)(iii)）　1986年／2008年

●グウィネズ地方のエドワード1世ゆかりの城郭と市壁
（Castles and Town Walls of King Edward in Gwynedd）
グウィネズ地方のエドワード1世ゆかりの城郭と市壁は、英国の中西部、グウィネズ県のアングルシー島、カーナーフォン、コンウェイ、ハーレフに分布する。13世紀のエドワード1世（在位1272～1307年）がウェールズを攻略する際に建てた城郭群である。アングルシー島にあるボーマリス城は、完成度の高い二重の城壁で知られる。コンウェイのコンウェイ城は、1283年からわずか4年で建てられ、8つの円塔と4つの小塔が美しい。ハーレフのハーレフ城は、13世紀末にウェールズ拠点として建てられた。カーナーフォン城は、戦略的に重要なセイオント川河口に建てられたウェールズ地方最大規模の城郭であり、王家の居城として使用された。1301年にこの城で生まれたエドワード1世の息子である皇太子に、プリンス・オブ・ウェールズの称号を与えたことでも知られている。
文化遺産（登録基準(i)(iii)(iv)）　1986年

◎セント・キルダ（St Kilda）
セント・キルダは、英国の北西部、スコットランドの北方の沖合185kmの大西洋上に浮かぶヒルタ島、ボーレー島、ソーア島、ダン島の 4つの島とスタック・リーなど2つの岩礁など火山活動から生まれた群島からなる。北大西洋で最大の海鳥の繁殖地で、世界最大のシロカツオドリ、それに、オオハシウミガラス、ニシツノメドリ、コシジロウミツバメ、フルマカモメなどが生息する鳥の楽園。セント・キルダ群島で最大の島であるヒルタ島では、2千年以上前の巨石遺跡も発見されており、古代よりこの島に人が住んでいたことを証明している。また、農業、牧羊を生業とし、伝統的な石の家に住んでいた生活の痕跡が残されているが、1930年以降は無人島である。セント・キルダは、英国の生物圏保護地域に指定されており、2004年に周辺海域も登録範囲に含められ、自然遺産の登録基準の(ix)が追加された。2005年7月の第29回世界遺産委員会では、その文化遺産としての価値も認められ、自然遺産から複合遺産になった。
複合遺産（登録基準(iii)(v)(vii)(ix)(x)）
1986年／2004年／2005年

●ブレナム宮殿（Blenheim Palace）
ブレナム宮殿は、英国南部、ロンドンの北約90km、オックスフォードシャー県のウッドストックにある。バロック様式のカントリーハウスの代表で、1704年、ブレンハイムの戦いで、フランス軍に勝った褒章として、当時のアン女王から土地と爵位を受けたマールバラ公爵のジョン・チャーチルが、建築家のジョン・ヴァンブラに設計させ約20年の歳月をかけて建設した邸宅である。ブレナムは、その時の戦勝地であるドナウ川河畔の村の名前に因んでつけられたものである。ブレナム宮殿の200もの部屋の室内は、大理石や漆喰の壁で、フレスコ画やタペストリーが華麗に装飾されている。ブレナム宮殿の英国式の風景庭園は、森、丘などの自然環境を生かして、2つの人造湖、運河、並木通りを取り入れた広大なものである。有名な英国の元首相のウィンストン・チャーチルは、ここブレナム宮殿で生まれた。
文化遺産（登録基準(ii)(iv)）　1987年

●バース市街（City of Bath）
バース市街は、英国南部、首都ロンドンの西約140km、イングランド地方バース・アンド・ノース・イースト・サマセット県のエイヴォン川が流れる谷間にある町バースの市街地で、その地名が浴場(Bath)の起源になった温泉場である。1世紀頃、古代ローマの支配下に入り、大浴場や神殿が建設され、温泉保養地として繁栄した。後に、ローマ人の撤退とともに荒廃したが、18世紀に上流階級の貴族のリゾートとして復活、当時のジョージアン様式の優雅なテラスハウスが建つ町並みと共に保存されている。建築家ジョン・ウッド親子によって造られた三日月形のロイヤル・クレッセント、円形のザ・サーカスなどの集合住宅の建築物は特徴的。また、バース市街の南には、18世紀にバースの実業家ラルフ・アレンが造園した美しいプライア・パーク・ランドスケープ・ガーデンがある。なお、英国・バース、チェコ・カルロヴィヴァリなど、ヨーロッパ8か国10か所の温泉町をつなぐ「文化の道」は、2010年に欧州評議会の「温泉遺産と温泉町の道」として認定されている。
文化遺産（登録基準(i)(ii)(iv)）　1987年

●ローマ帝国の国境界線（Frontiers of the Roman Empire）
ローマ帝国の国境界線は、ドイツと英国の2か国にわたって分布する。ローマ帝国の国境界線は、ドイツの北西のライン河畔のバート・フニンゲンから南東のドナウ河畔のレーゲンスブルグまでの全長550kmのリーメスの長城遺跡と、ローマ皇帝ハドリアヌス帝が造らせたイングランド北部のケルト人など北方民族に対する監視所や要塞を持つハドリアヌスの城壁など、大西洋岸からヨーロッパ、そこから紅海、アフリカ北部を経て大西洋に至る5000km以上に展開する。ローマ帝国の国境界線は、要壁、堀割り、要塞、見張り塔の遺跡群からなる。防御線のある構成要素は、発掘され、あるものは再建され、いくつかは破壊された。ある部分は野外調査でのみ知られている。これらの遺跡は、900近い見張り塔、60の要塞、保塁、要壁、堀割りや、貿易、工芸、軍隊に従事した民間住居を含んでいる。2005年7月の第29回世界遺産委員会ダーバン会議で、1987年に登録された「ハドリアヌスの城壁」の登録範囲を拡大し、登録遺産名も「ローマ帝国の国境界線」に変更された。また、2008年7月の第32回世界遺産委員会ケベック・シティ会議では、英国のスコットランド中央部に残る石と土で作られたローマ時代の遺構である「アントニウスの長城」も構成資産に加え、登録範囲を拡大した。
文化遺産（登録基準(ii)(iii)(iv)）
1987年／2005年／2008年　英国／ドイツ

●ウエストミンスター・パレスとウエストミンスター寺院（含む聖マーガレット教会）
（Palace of Westminster and Westminster Abbey including Saint Margaret's Church）
ウエストミンスター・パレス、ウエストミンスター寺院、聖マーガレット教会は、英国南東部、首都ロンドンの中心部、テムズ河畔のウエストミンスター周辺に位置している。ゴシック・リヴァイヴァル建築の代表ともいえるウエストミンスター・パレスはかつては宮殿であった。1532年にヘンリ8世がホワイトホール宮殿に移ってから国会議事堂として使用されるようになり、議会政治の発祥地英国の象徴になっている。なかでもロンドンのランドマークともいえる時計台(高さ約95m)、エリザベス・タワーは有名。ウエストミンスター寺院(アビー)は、世界有数のゴシック建築として名高く、亡きダイアナ元王妃の葬儀が行われた寺院としても記憶に新しいところである。もともと歴代英国国王の戴冠式など王室の主要行事が営まれる格式の高い場所で、ヘンリ7世やエリザベス1世をはじめ多くの著名人の墓所があることでも知られている。ウエストミンスター寺院の隣に建つ聖マーガレット教会は、11～12世紀に建設されたが、19世紀に修復された。英国の絶対主義が確立されたテューダー朝(ヘンリ7世からエリザベス1世までの5代)ゆかりの人物の記念碑が多数並んでいる。これらはいずれもエドワード懺悔王により11世紀に創建され、その後幾度か修復や再建が施された。英国王室の歴史を刻む壮大な建築物群を構成している。
文化遺産(登録基準(i)(ii)(iv))
1987年／2008年

○ヘンダーソン島(Henderson Island)
ヘンダーソン島は、南太平洋のポリネシア東端、ピトケアン諸島にある面積3700haの環状珊瑚礁の無人島で、英国領に属する。1606年にスペイン人航海士のペドロ・フェルナンド・デ・キロスによって発見され、1819年には、英国のヘンダーソン船長が島に到着し、ヘンダーソン島と命名した。この島には、美しい自然景観、原始の自然が手つかずのままに残されており、飛べない鳥のヘンダーソン・クイナ、ヘンダーソン・ヒメアオバト、ヘンダーソン・オウムなど5種類の鳥、10種の植物など、この島固有の貴重な動植物が生息している。また、ヘンダーソン島の海岸は、ウミガメの産卵場所にもなっている。しかしながら、ヘンダーソン・ウミツバメなどの外敵である外来種のナンヨウネズミが繁殖、駆除が大きな課題になっている。また、ビジターの行動規範、レンジャーの任命、ピトケアン諸島の環境戦略などの管理計画の策定も急がれる。
自然遺産(登録基準(vii)(x))　1988年

●ロンドン塔(Tower of London)
ロンドン塔は、英国南東部、ロンドン市内のシティにある。イングランド王のウィリアム1世(在位1066～1087年)が、1078年にテムズ河畔のローマ砦跡に、ロンドン市民の反乱に備えて、ホワイト・タワーを中心とする城塞を築いたのが始まり。王の居城として使われた後、王室の者も含めた政治犯の牢獄となり、エリザベス1世が幽閉されたほか、処刑の場になるなど数々の悲劇の舞台となった。ロンドン塔は、度重なる改築の結果、13の塔と不等辺六角形の二重城壁を持つロンドンでも最古級の建築物であり、現在は、博物館として使用されている。ホワイト・タワーは、5階建約28mの建物で、塔のイメージから受ける程、高くはない。
文化遺産(登録基準(ii)(iv))　1988年

●カンタベリー大聖堂、聖オーガスティン修道院、聖マーチン教会
(Canterbury Cathedral, St. Augustine's Abbey and St. Martin's Church)
カンタベリー大聖堂、聖オーガスティン修道院、聖マーチン教会は、英国南東部、首都ロンドンの南東約80km、城壁に囲まれた中世の面影が色濃く残るイングランド最古の町カンタベリーにある。カンタベリー大聖堂は、英国国教会(信者数約7000万人)の総本山である。ローマ教皇のグレゴリウス1世が、英国へキリスト教布教の目的で派遣したベネディクト会修道士の聖アウグスティヌスの布教によって、当時のケント国王がケルトの宗教からキリスト教に改宗した6世紀に遡る。現在の聖堂とステンドグラスは12世紀頃建立されたものである。関連建築物として、現在は廃虚になっている聖オーガスティン修道院、イングランド最古の教会で、今なお教区教会として使用されている聖マーチン教会がある。なお、英国・カンタベリーからドーバー海峡、フランス、スイス、グラン・サン・ベルナール峠、イタリア・ローマに至る2000kmの「文化の道」は、1994年に欧州評議会の「フランシジェナの道」として認定されている。
文化遺産(登録基準(i)(ii)(vi))　1988年

●エディンバラの旧市街と新市街
(Old and New Towns of Edinburgh)
エディンバラの旧市街と新市街は、英国北東部、ロンドンの北約630km、北海の入り海であるフォース湾の南岸にある。エディンバラは、15世紀以来のスコットランドの首都として繁栄し、中世の要塞都市の景観をもつ旧市街と、ヨーロッパの都市計画に大きな影響を与え18世紀以降に発展した新古典主義の町並みをもつ新市街の2つの顔をもつ。聖マーガレット教会、セント・ジャイルズ大聖堂、エディンバラ城、ホーリールード修道院、ホーリールードハウス宮殿、スコットランド国立美術館、1583年創立のエディンバラ大学など貴重な建造物が残っている。この新旧2つの歴史地区の町並みが、この町のユニークさを表している。18世紀後半には文芸興隆期を迎え、画家のA.ラムゼー、H.レーバーン、哲学者のD.ヒューム、歴史家のW.ロバートソン、小説家のH.マッケンジーなどを輩出した。
文化遺産(登録基準(ii)(iv))　1995年

○ゴフ島とイナクセサブル島
(Gough and Inaccessible Islands)
ゴフ島とイナクセサブル島は、南大西洋上にある英国の海外領土の火山島である。ゴフ島は、面積約80km²の無人の火山性孤島で、約2億年以上前の火山活動で誕生した。6世紀にポルトガルの船乗りに発見された後、1731年にこの島に立ち寄った英国人のゴフ船長の名前に因んでゴフ島と名付けられた。ゴフ島は、年間降水量は3400㎜にもおよび、亜寒帯に属する海洋性気候で、風も非常に強い。生態系もほとんど破壊されておらず、アルバトロスなどの海鳥が島の断崖に集団営巣し世界最大級のコロニーを形成し、生殖地となっている。また、ゴフ・ムーヘンとゴフ・バンティングの2種の陸鳥、12種の植物の固有種が生息している。ゴフ島の南東部には、南アフリカ政府の気象観測所があり、昆虫学、鳥類学、気象学などの学術研究のプロジェクトが進められつつある。2004年にイナクセサブル島と周辺海域を追加、登録遺産名も「ゴフ島野生生物保護区」から変更された。

自然遺産（登録基準(vii)(x)）　1995年／2004年

●グリニッジ海事（Maritime Greenwich）

グリニッジ海事は、英国南東部、ロンドンの東の近郊のテムズ川の南河畔にある世界の標準時を刻む海洋都市である。グリニッジは、英国の建築と科学の努力の結晶であり、建築家C.レンによって設計された王立海軍学校の他、建築家I.ジョーンズによって17世紀初めに建てられたイタリアのパラディオ様式を導入したクイーンズ・ハウス、アンドレ・ル・ノートルによって造園されたグリニッジ公園の中央の丘には、C.レンとR.フックの設計によって、1675年に建設された旧王立天文台がある。1884年の国際会議で、グリニッジに世界基準となる子午線が引かれ、グリニッジ標準時(GMT)を世界の標準時間にすることが決まった。国立海事博物館では、英国の航海の歴史がわかる展示品が収集されている。グリニッジ・ピアに停泊するカティーサーク号は、完成した1869年当時は、海運大国英国を象徴する世界で最速の帆船で、紅茶や羊毛の交易に使用されていた。

文化遺産（登録基準(i)(ii)(iv)(vi)）　1997年

●新石器時代の遺跡の宝庫オークニー

（Heart of Neolithic Orkney）

新石器時代の遺跡の宝庫オークニーは、英国北部、スコットランド北部にある多島海の大小70からなる諸島にある。なかでも、最大の島メインランド島には、代表的な遺跡が残されている。新石器時代の遺跡の宝庫オークニーは、以下の4つの構成資産からなる。紀元前3000～紀元前2000年頃の新石器時代の円形墳墓のメイズ・ホウ、何らかの儀式のために建造されたと思われる直径44m、12基の巨石からなるストーンズ・オブ・ステネス、直径104m、60基の石からなり、そのうち27基の石が現在も立っているリング・オブ・ブロッガーの環状列石、それに、スカラ・ブラエの石造りの家の集落遺跡である。これらオークニー諸島に残るさまざまな遺跡は、新石器時代の北部ヨーロッパの人々の文化の高さを示す顕著な証しである。

文化遺産（登録基準(i)(ii)(iii)(iv)）　1999年

●バミューダの古都セント・ジョージと関連要塞群

（Historic Town of St.George and Related Fortifications, Bermuda）

バミューダの古都セント・ジョージと関連要塞群は、ニューヨークの南東1080km、大西洋上の大小150の島々からなる英国領のバミューダ諸島にある。バミューダ島は、1503年、スペインのジョン・バミューダが発見し、彼の名前にちなんで命名された。バミューダの古都セント・ジョージと関連要塞群は、英国の最も初期の新世界での都市型居住地の例証として「顕著な普遍的価値」を有する史跡で、これらの史跡は、17世紀から20世紀にかけて、大砲の発達に伴って変容していった英国の軍事技術の発達が手に取るように分かる。また、バミューダ諸島は、英国植民地化後の1620年代から1834年に奴隷制度廃止法が発効するまでの約200年間、奴隷貿易が行われるなど、負の歴史がある。尚、英国カリブ領の奴隷の登録簿(1817～1834年)は、世界の記憶に登録されており、英国王立公文書館(ロンドン)に所蔵されている。

文化遺産（登録基準(iv)）　2000年

●ブレナヴォンの産業景観

（Blaenavon Industrial Landscape）

ブレナヴォンは、英国南西部、ウェールズ地方のカーディフの北東40kmにある。ブレナヴォンの産業景観は、石炭や鉄鉱石の鉱床、採掘現場、初期の鉄道、高炉などの製鉄設備、労働者の為の住宅、そして、公共設備など19世紀に鉄鉱石と石炭の主要産地として世界に名を馳せた南ウェールズの繁栄ぶりを雄弁に物語っている。ブレナヴォンの産業景観は、産業革命初期に「ビッグ・ピット」と呼ばれた炭鉱、それに製鉄所などの産業活動とそれを取り巻く人間の生活の様子が良く保存された顕著で傑出した事例である。ブレナヴォンの産業遺産は、現在は博物館などとして活用されている。

文化遺産（登録基準(iii)(iv)）　2000年

●ニュー・ラナーク（New Lanark）

ニュー・ラナークは、英国北部、スコットランド中南部、グラスゴーの南東およそ40km、クライド川の渓谷にある19世紀の産業遺産。ニュー・ラナークには、石造りの重厚な工場建造物、水車、倉庫などが残されている。ニュー・ラナークの工場は、後に英国の社会主義者、社会運動家として有名になったロバート・オーウェン(1771～1858年)が、1800年に共同所有者および管理人として操業を始めたもので、英国最大の綿紡績工場であった。ロバート・オーウェンは、機械化など産業革命の発達によって、手工業に携わっていた労働者の生活の困窮化や堕落を目の当たりにし労働者のライフ・スタイルなどの待遇改善、工場法の制定を唱え、労働組合や協同組合の設立に努力した。ニュー・ラナークの工場は、労働者の住宅、その幼少年子弟の為の学校、それに労働者の日用品を販売する生活協同組合を併せ持つ近代的な施設であった。

文化遺産（登録基準(ii)(iv)(vi)）　2001年

●ソルテア（Saltaire）

ソルテアは、英国中部、西ヨークシャーのブラッドフォード地域のシップリーの近くを流れるエア川の河畔にある。ソルテアは、19世紀後半に繁栄した工業村で、ブラッドフォード市長も務めたチツス・ソルト爵(1803～1876年)が1851～1876年にかけて、アルパカの羊毛紡績工場(1853年創業。現在はアート・ギャラリーなどに多目的に使用されている)、公共建築物、そして、工場労働者の家屋などからなるモデル村をつくった。ソルテアは、22の街路などその都市計画と高水準の建築とが見事に調和しており、外観はほとんど100年前の面影を残している。ソルテアの都市計画と建築は、ヴィクトリア女王(1819～1901年)の時代のフィンランソロピックな温かみを鮮明に感じることができる顕著な事例で、「ガーデン・シティ」運動の発展にも影響を与えた。また、ソルテアの繊維産業は、当時の英国の基幹産業としての誇りと権威を象徴するものであり、その後の経済・社会の発展にも重要な役割を果たした。

文化遺産（登録基準(ii)(iv)）　2001年

○ドーセットおよび東デヴォン海岸

（Dorset and East Devon Coast）

ドーセットと東デヴォン海岸は、英国の南部イングランドのドーセット県とデヴォン県にある国際的にも重要な多様な化石の発掘地で、地球の歴史、地質学上の進化の様子、海岸の絶壁や海浜など地形学上の侵食の過程を学べる教材が豊富である。ドーセットと東デヴォン海岸は、ジュラ紀前期から白亜紀後期の恐竜イクチオサウルスの化石が発見されたことでも有名。地質時代の区分の一つである古生代で4番目に古い約4億1000万年前から3億6000万年前の時代のデヴォン紀の名前は、魚の化石が多く含まれアンモナイトや三葉虫の化石も発掘されたこの時代の地層がよく見られる東デヴォン海岸に由来している。

自然遺産（登録基準(viii)）　2001年

●ダウエント渓谷の工場群（Derwent Valley Mills）

ダウエント渓谷の工場群は、英国中部、イングランドのダービーシャー県クロムフォードを流れるダウエント川の渓谷にある。ダウエント渓谷の工場群は、英国の産業革命期の1769年に、それまで人の力で糸を紡いでいた紡績機械を水車で動かすことを考え水力紡績機を発明したリチャード・アークライト(1732～1792年)によって発展した綿紡績の新技術が取り入れられ、近代の工場システムが確立された顕著な重要性にある。ダウエント渓谷の田舎の景観の中に、紡績工場が立地することにより、工場労働者の為の住宅が建設され、結果的に定住が促進され、類まれな工業景観は、200年以上にもわたって、その品質を保っている。

文化遺産（登録基準(ii)(iv)）　2001年

●王立植物園キュー・ガーデン

（Royal Botanic Gardens, Kew）

王立植物園キュー・ガーデンは、英国の南東部、ロンドンの南西約10km、サリー州リッチモンドのテムズ川南河岸にある。王立植物園であるキュー・ガーデンは、何世紀にもわたって科学的、文化的に発展した見事な歴史的景観を呈する。1759年の宮殿併設の庭園として開設以来、面積が約121ha、4万種類にも及ぶ植物の多様性や経済的な植物園の研究に秀でたセンターとして世界的にも認められている。キュー・ガーデンは、18世紀以降、世界中の植物の収集や研究に先導的な役割を果たし文献も豊富である。キュー・ガーデンは、国際的にも重要な歴史的な庭園景観を誇り、18世紀から20世紀にかけて活躍したウイリアム・ケント、チャールズ・ブリッジマン、ウイリアム・チェンバーズ等によって設計された庭園もある。また、17世紀のキュー・パレスやヴィクトリア時代の温室など建築学的にも重要な建物が残っており、恒久的な保護管理措置が講じられている。キュー・ガーデンには、年間100万人以上の人が訪れる。キュー・ガーデンへの交通アクセスは、ロンドンの中央駅、あるいはウエスト・エンド駅から地下鉄でキュー駅で下車。または北ロンドン駅からシルバーリンク列車でキュー・ガーデン駅下車。

文化遺産（登録基準(ii)(iii)(iv)）　2003年

●~~リヴァプール-海商都市~~

（Liverpool-Maritime Mercantile City）

リヴァプール-海商都市は、英国中西部、イングランド北西部にあり、18～19世紀に大英帝国の貿易港として繁栄した。リヴァプールは、現代のドック建造技術、輸送システム、そして、港湾管理の発展において先駆けであった。産業港として、その美しい建築物と港の歴史が世界遺産として評価された。マージー川からのロイヤル・ライヴァー・ビル、キュナード・ビル・ドック・オフィス、1753年、1842年、1853年に建造されたソールトハウス・ドック、スタンレー・ドック保護地域、リヴァプール市役所、ウィリアム・ブラウン通り文化区域、ブルーコート・チェンバーズ、レーン校などは、当時の町の発展段階を示している。ピール・ホールディングスが手がけた大規模な水域再開発計画によって、リヴァプールの19世紀の面影を残す街並みなど歴史的な都市景観の破壊が懸念されることから、2012年に「危機にさらされている世界遺産リスト」に登録されたが、一向に改善措置が講じられなかった為、2021年の第44回世界遺産委員会で「世界遺産リスト」から抹消された。

文化遺産(登録基準(ii)(iii)(iv))　2004年
★【危機遺産】 2012年
【世界遺産リストからの抹消　2021年】

●コンウォールと西デヴォンの鉱山景観
(Cornwall and West Devon Mining Landscape)

コンウォールと西デヴォンの鉱山景観は、英国の南西部、南西イングランド地域、コンウォール州とデヴォン州にある。コンウォールと西デヴォンの景観の多くは、銅と錫の鉱山の急速な成長の結果、18世紀と19世紀初期に形成された。深い地下鉱山、機関車庫、鋳造場、ニュータウン、港湾、副次産業は、多産な革新を反映、19世紀初期には、世界の銅の供給量の3分の2を生産する地域になった。コンウォールと西デヴォンは、英国の産業革命に貢献し、世界の鉱山がある地域にも影響を与えた。エンジン、機関車庫、それに、鉱業機器を具体化したコンウォールの技術は、世界中に輸出された。コンウォールと西デヴォンは、鉱業技術が急速に普及した中心地域であった。コンウォールと西デヴォンの鉱業が1860年代に斜陽化した時、ここで働き生活していた鉱山労働者の多くが、南アフリカ、オーストラリア、中央・南アメリカへ移住した。そこでは、コンウォールの機関車庫が今もなお、生き残っている。

文化遺産(登録基準(ii)(iii)(iv))　2006年

●ポントカサステ水路橋と運河
(Pontcysyllte Aqueduct and Canal)

ポントカサステ水路橋と運河は、英国南西部、ウェールズ地方のデンビーシャー県を流れるディー川の渓谷にある英国最大の運河橋である。ポントカサステとは、ウェールズ語で、「連絡橋」という意味である。ポントカサステ水路橋と運河は、18世紀末から19世紀の初頭において、困難な地理的環境下で建設された水路橋の傑作であり、世界遺産の登録面積は105ha、バッファーゾーンは4145haである。ポントカサステ水路橋は、長さが313m、幅が13.7mの19連の鋳鉄アーチ橋である。渓谷をまたいでランゴレン運河が通っており、最大高は38.7m、水路溝は、幅3.6mで、1805年に完成した。英国土木学会初代会長を務めた土木・運河技術の第一人者であったトーマス・テルフォード(1757～1834年)によって架けられた先駆的な土木・運河技術の駆使した作品である。ポントカサステ水路橋と運河は、英国の産業革命よってもたらされた革新的な顕著な事例の一つであり、内陸の水路、土木技術、土地利用計画、構造設計における鉄の利用などの分野で、国際的な交流や影響を与えた顕著な事例である。

文化遺産(登録基準(i)(ii)(iv))　2009年

●フォース橋 (The Forth Bridge)

フォース橋は、英国の北部、スコットランドの首都エディンバラ近郊にあり、フォース湾(川)に架けられたイギリスの産業革命を象徴するような鉄道橋である。橋の構造は、三角形を組み合わせたトラス橋で、機能美がことのほか美しい。1890年に完成し開通、2015年には、フォース橋125周年を迎えた。全長は2530mである。521mの中央径間をもつ橋を二つ組み合わせた形になり、中央径間で世界一の橋になった。1917年、カナダのケベック鉄道橋ができるまで、首位の座を保つことになる。1879年の同じスコットランドのテイ川に架かるテイ橋の嵐による崩壊事故の後だけに、安全には注意が払われ、この橋に使われた鋼材は51,000トン、リベットの総数は650万個と物量も膨大な量にのぼった。完成後、巨大な怪物が足をふんばったような姿を見て、人々は「鋼の恐竜」というあだ名を付けた。しかし、頑丈につくられた橋だけあって、100年以上たった今日でも使用されている橋梁建築史上も画期的な橋である。

文化遺産(登録基準(i)(iv))　2015年

●ゴーハムの洞窟遺跡群 (Gorham's Cave Complex)

ゴーハムの洞窟遺跡群は、イベリア半島の南東端に突き出した小半島のジブラルタル半島の突端にある英国領ジブラルタルの洞窟遺跡群。世界遺産の登録面積は28ha、バッファー・ゾーンは313haである。通称「ジブラルタルの岩」には、ネアンデルタール人が暮らした巨大なゴーハム洞窟遺跡がある。海に面したゴーハム洞窟遺跡では、ネアンデルタール人が12万5000年前から生活した様子をうかがわせる石製の槍の先端や、石の削器、炭化したマツの実、たき火の跡などが発見されており、彼らの文化的伝統などを知る上で貴重であることが評価された。

文化遺産(登録基準(iii))　2016年

●イングランドの湖水地方 (The English Lake District)

イングランドの湖水地方は、イングランドの北西部、ウェストモーランド・カンバーランド郡・ランカシャー地方にまたがる山岳地域で、ラングデール、ウィンダミア、コニストン、ダッドン、エスケルなど12の景観群と13の渓谷群が、自然と人間が生み出した文化的景観として登録された。世界遺産の登録面積は、229,205.19haである。U字谷や氷河湖をはじめとするダイナミックな氷河地形や草原が広がる風光明媚な土地で、古くからこうした自然を利用して放牧や農業が行われてきた。氷河期に氷河によって形成された渓谷群は、その後、牧歌的な土地利用システムで、自然と人間の活動の共同作業は、山岳群が湖群に映り調和した景観を生み出した。邸宅群、庭園群、公園群は、この景観の美しさを高める為に創造された。イングランドの湖水地方の景観は絵の様で、18世紀からずっと大いに評価された。詩人のワーズワースやコールリッジたちにも愛されるなど詩や絵画といった芸術活動にも大きな影響を与えた。それは、美しい景観の重要性に気づきそれらを保存する努力を誘因した。かけがえのない地球環境を無秩序な都市化や野放図な開発から守り、後世に残していくナショナル・トラスト運動は、この地で始まり、その後、オーストラリア、ニュージーランド、カナダ、アメリカ合衆国など世界各地のナショナル・トラスト運動へと発展した。イングランドの湖水地方は、日本では、ピーターラビット(原作者 ベアトリクス・ポター)の故郷として知られている。

文化遺産（登録基準(ii)(v)(vi)） 2017年

●ジョドレル・バンク天文台

(Jodrell Bank Observatory)

ジョドレル・バンク天文台は、英国の北西部、マンチェスター近郊のジョドレル - バンクにある電波天文台である。登録面積が17.38ha、バッファーゾーンが18569.22ha、マンチェスター大学に所属、主に天体電波の超高分解能観測・研究を行ない、1957年に完成した口径76m(マークI)の可動パラボラ型の電波望遠鏡のアンテナをもつ当時では世界最大の大電波望遠鏡（ラベル望遠鏡）を完成させ、巨大電波望遠鏡時代の先駆けとなった。その後も天文台長のアルフレッド・チャールズ・バーナード・ラヴェル（1913～2012年）のもとで口径25m× 38m（2基、マーク II、III)の高精度望遠鏡の建設など、電波観測の開拓を意欲的に進め、ケンブリッジ大学とともにイギリスの電波天文学を担ってきた。天文台が所属するジョドレルバンク天体物理学センターには、2016年に建設を開始し、2020年から科学観測を開始する予定である集光面積1平方kmの電波望遠鏡のスクエア・キロメートル・アレイ（Square Kilometre Array略称SKA）計画の本部がある。20世紀半ばの光学天文学から電波天文学への移行段階を示す顕著な普遍的価値が評価された。

文化遺産（登録基準 (i)(ii)(iv)(vi) ） 2019年

●ヨーロッパの大温泉群

（The Great Spas of Europe）

文化遺産（登録基準(ii)(iii)） 2021年

(オーストリア / ベルギー / チェコ / フランス / ドイツ / イタリア/ 英国)

→オーストリア

●ウェールズ北西部のスレートの景観

（The Slate Landscape of Northwest Wales）

ウェールズ北西部のスレートの景観は、英国の南西部、ウェールズの北西部、標高 1085mのスノードン山にある登録面積3,259.01haで、ペンリン・スレート採石場とベセスダ、それにペンリン港へのオグウェン渓谷、ディノルイグ・スレート採石場の山岳景観、ナントルバレー・スレート採石場の景観、ゴルセダウとプリンス・オブ・ウェールズ・スレート採石場，鉄道と工場、フェスティニオグ: そのスレート鉱山と採石場,「シティ・オブ・スレーツ」とポルスマドグへの鉄道、ブリンエグルイス・スレート採石場，アベルガノルイン村とタリスリン鉄道の6つの構成資産からなる。スノードニアは、スレート（粘板岩）、山岳地帯、氷河に削り取られた渓谷とごつごつした山頂の織り成す壮大な景色が特徴である。主としてオルドビス系火山岩、粘板岩、ケイ質砂岩からなる。全体に著しい氷河作用を受け、U字谷、カールなどの氷河地形が多数みられる。1896年北麓のランベリスから山頂まで登山鉄道が開通した。スノードン山地を中心とした一帯は 1951年にスノードニア国立公園（面積 2171km2）に指定され、登山者や観光客も多い。ウェールズ北西部のスレートは、産業革命以降発達し、スレート自体だけでなく、そのための革新的技術も、世界各地へと波及させた。ウェールズ北西部のスレートの景観は、スレート産業に関する石切り場、建造物、鉄道、港湾などを含んだ文化的景観を形成している。

文化遺産（登録基準(ii)(iv)） 2021年

エストニア共和国（2物件 ●2）

●ターリンの歴史地区（旧市街）

（Historic Centre (Old Town) of Tallinn）

ターリンは、バルト海に面したエストニアの首都。13世紀にドイツ騎士団によって町が建設された。中世には、ハンザ同盟の貿易都市として繁栄し、16世紀のリヴォニア戦争など数世紀にわたって災害や戦争にも耐えた。現存する北欧最古のゴシック建築の旧市庁舎、トーンペア城、エストニア最古とされる教会でトームキリクと呼ばれる大聖堂、聖ニコラス教会、ギルドホール、富裕なハンザ商人達の邸宅群がこの町のかつての豊かさを物語る。
文化遺産（登録基準(ii)(iv)）　1997年／2008年

●シュトルーヴェの測地弧（Struve Geodetic Arc）
シュトルーヴェの測地弧は、ベラルーシ、エストニア、フィンランド、ラトヴィア、リトアニア、ノルウェー、モルドヴァ、ロシア、スウェーデン、ウクライナの10か国にまたがる。正確な子午線の長さを測るために調査した地点である。現存するエストニアのタルトゥー天文台、フィンランドのアラトルニオ教会など34か所(ベラルーシ 5か所、エストニア 3か所、フィンランド 6か所、ラトヴィア 2か所、リトアニア 3か所、ノルウェー 4か所、モルドヴァ 1か所、ロシア 2か所、スウェーデン 4か所、ウクライナ 4か所)の観測点群。シュトルーヴェの測地弧は、ドイツ系ロシア人の天文学者のヴィルヘルム・シュトルーヴェ(1793～1864年 ドルパト大学天文学教授兼同天文台長)を中心に、1816～1855年の約40年の歳月をかけて、ノルウェーのノース・ケープの近くのハンメルフェストから黒海のイズマイルまでの10か国、2820kmにわたって265か所の観測点を設定、地球の形や大きさを調査するのに使用された。シュトルーヴェは北部で、ロシアの軍人カール・テナーは南部で観測、この2つの異なった測定ユニットを連結し、最初の多国間の子午線孤となった。この測地観測の手法は、シュトルーヴェの息子のオットー・ヴィルヘルム・シュトルーヴェ(1819～1905年 プルコヴォ天文台長) 等にも引き継がれ、世界の本初子午線の制定などへの偉大なステップとなった。シュトルーヴェの測地弧は、人類の科学・技術史上、顕著な普遍的価値を有するモニュメントである。
文化遺産（登録基準(ii)(iv)(vi)）　2005年
ノルウェー／スウェーデン／フィンランド／ロシア／エストニア／ラトヴィア／リトアニア／ベラルーシ／モルドヴァ／ウクライナ

オーストリア共和国（11物件　○1　●10）

●ザルツブルク市街の歴史地区
（Historic Centre of the City of Salzburg）
ザルツブルクは、オーストリアの北西部、ヨーロッパの南北の接点にあたるザルツブルク州の州都。ザルツブルクという地名は、「塩の城」という意味で、文字どおり、古くから塩の交易で潤い、そして、宗教都市としてもさかえた。ザルツブルクを貫流するザルツァッハ川の左岸の歴史地区には、ドーム広場の近くにある聖ペーター僧院教会や大聖堂をはじめ、レジデンツ広場の西にある歴代の大司教が使用していたレジデンツ宮殿、そして、中世から19世紀にかけて絶対的な支配力をもっていた大司教の居城として1077年にメンヒスブルク山頂に建設されたゴシック様式のホーエンザルツブルク城などの建造物群が美しい都市景観を形成している。また、ザルツブルクは、数多くの芸術家も輩出しており、天才音楽家モーツアルトの生家もある。映画「サウンド・オブ・ミュージック」の舞台にもなった世界に知られた音楽の街でもある。
文化遺産（登録基準(ii)(iv)(vi)）　1996年

●シェーンブルン宮殿と庭園群
（Palace and Gardens of Schonbrunn）
シェーンブルン宮殿と庭園群は、首都ウィーンの市街から南西約5kmのところにある。18世紀から1918年まで、マリア・テレジアなどハプスブルグ家の夏の離宮として使われた。レオポルト1世の命を受けて、1696年に、建築家フィッシャー・フォン・エルラッハなどによって手がけられ、建物の内部には、1441の部屋があり、フランスのヴェルサイユ宮殿に対抗して豪華な装飾が施されている。庭園は、1752年、世界最初の動物園として造られたが、その後大幅な改造が行われ、花壇、植え込み、噴水などが幾何学的に組み込まれたバロック様式の代表的な庭園となっている。シェーンブルン宮殿と庭園群は、ナポレオンがウィーンを占領した時の司令部、ウィーン会議(1814～1815年)の会場、1961年のケネディ・フルシチョフ会談の場所など数々の歴史的なドラマの舞台にもなっている。世界遺産の登録面積は、コア・ゾーンが186.28ha、バッファー・ゾーンが260.64haである。
文化遺産（登録基準(i)(iv)）　1996年

●ザルツカン・マーグート地方のハルシュタットとダッハシュタインの文化的景観
（Hallstatt-Dachstein/Salzkammergut Cultural Landscape）
ザルツカン・マーグート地方は、オーストリアの中央部、ザルツブルクの南東に広がるダッハシュタイン山(2995m)がそびえるアルプスの湖水地方に展開する。美しい自然景観の中で、岩塩の採掘が紀元前2000年から始まりユニークな集落が形成された。この豊富な岩塩資源のお陰で、この地は20世紀半ばまで繁栄を続けた。それは、ハルシュタット湖の湖畔にあるハルシュタットの町の素晴しい建造物などが織り成す自然景観と集落景観とが調和した文化的景観にも反映されている。また、ハルシュタットは、中央ヨーロッパ最古の鉄器文化を生んだ地としても知られている。
文化遺産（登録基準(iii)(iv)）　1997年

●センメリング鉄道（Semmering Railway）
センメリングは、ウィーンの森の南方のニーダエステ

ヨーロッパ

ライヒ州にある山岳鉄道。センメリング鉄道は、1848～1854年にかけて、エンジニアのカール・リッター・フォン・ゲーガ（1802～1860年）の指揮のもとに建設された。センメリング鉄道は、ミュルツツシュラーク（グラーツ方面）とグロックニッツ（ウィーン方面）の間の41kmを切り立った岩壁と深い森や谷を縫って走る。ヨーロッパの鉄道建設史の中でも画期的な存在で、土木技術の偉業の一つと言える産業遺産。当時は、標高995mのセンメリング峠を超えるのは、物理的にも困難だったが、勾配がきつい山腹をS字線やオメガ線のカーブで辿ることにより、また、センメリング・トンネル（延長1.5km、標高898m）を通したり、クラウゼルクラウゼ橋やカルテリンネ橋など二段構えの高架の石造橋を架けることによって、それを解決した。この鉄道の開通によって、人々は、シュネーベルク（2076m）やホーエ・ヴァント（1132m）などダイナミックな山岳のパノラマ景観や自然の美しさを車窓から眺めることが出来る様になった。また、かつては、貴族や上流階級のサロンであったジュードバーン、パンハンス、エルツヘルツォーグヨハンなど由緒あるホテルの遠景も、新しい形態の文化的景観を創出している。

文化遺産（登録基準(ii)(iv)） 1998年

●グラーツの市街－ 歴史地区とエッゲンベルク城
（City of Graz - Historic Centre and Schloss Eggenberg）

グラーツは、人口25万人のオーストリア2番目の都市。グラーツという名称はスラブ語で小さな城を意味する「グラデツ」に由来する。約900年前に始まるこの街の歴史は、中世時代、ルネサンス時代とハプスブルグ家の都として最盛期を迎え、皇帝フリードリッヒ3世は1438～1453年に居城を置いていた。当時の遺産は、今も、中欧で最も完全な歴史的旧市街として残っており、かつて、東からの外敵に備える要塞であった標高473mのシュロスベルク山の麓に、州庁舎、市庁舎、フェルディナンド2世の霊廟などの建造物や、赤いレンガ屋根の町並みが当時の面影を色濃く残している。かつてあった強固な要塞は、今はその姿をほとんどとどめていない。わずかに残る「カーゼマッテン」は、美しい野外舞台として利用されている。また、グラーツには、400年以上の歴史を持つグラーツ大学と世界的に知られるグラーツ音楽院があり、国際見本市や国際会議も開かれるヨーロッパ有数の文化都市としても知られている。グラーツの歴史地区は、2010年の第34回世界遺産委員会ブラジリア会議で、イタリアのルネサンスの影響を受けた建築物、「エッゲンベルク城」を新たに構成資産に加えて登録範囲を拡大、登録遺産名も「グラーツの市街- 歴史地区とエッゲンベルク城」に変更になった。

文化遺産（登録基準(ii)(iv)） 1999年／2010年

●ワッハウの文化的景観（Wachau Cultural Landscape）

ワッハウの文化的景観は、オーストリアの北東部、メルクとクレムスとの間約36km、ドナウ川が流れるドナウ渓谷の一帯であるワッハウ地方に広がり、その自然と文化との調和は、絵の様に美しい。ワッハウを貫流するドナウ川の自然環境、そしてメルクやクレムスなど中世の面影が残る美しい町並みの集落、メルクの壮大な修道院やデュルンシュタインの水色の塔を持つ教会などの建築物、それに葡萄の栽培が行われている農業景観など、ワッハウ地方は、先史時代以来の長い歴史の変遷を静かに物語っている。またワッハウは、良質のワインであるワッハウ・ワインの産地としてもその名を世界的に知られている。

文化遺産（登録基準(ii)(iv)） 2000年

●ウィーンの歴史地区（Historic Centre of Vienna）

ウィーンの歴史地区は、首都ウィーンの真ん中の直径1km程度の旧市街地が中心で、紀元前5世紀以降、ケルト人やローマ人が居住、中世には、オーストリア・ハンガリー帝国や神聖ローマ帝国の首都として繁栄した。中世時代から城壁に取り囲まれていたウィーンの歴史地区は、その建築的、そして都市の資質として、建築、美術、音楽、文学の歴史に関連して重要な価値を有している。歴史地区の都市と建築は、ゴシック様式の聖シュテファン寺院をはじめ、中世、バロック、そして、近代の3つの主要な段階の発展を反映するものであり、オーストリアと中央ヨーロッパの歴史のシンボルとなった。本来都市が拡大するべきバロック時代には、迫り来るオスマン帝国の脅威が大きく城壁外へは拡大できなかった。しかし、1699年のカルロビッツ和約で、オイゲン公がオスマン帝国を東に追いやり、市街地は一気に城壁の外側へと拡大し建築ブームが起こった。また、ウィーンは、ワルツ王ヨハン・シュトラウスなど偉大な作曲家を数多く生んだ16～20世紀の音楽史、特に、ウィーン古典主義やロマン主義において基礎的な発展を遂げ、ヨーロッパの「音楽の首都」としての名声を高めた。ウィーンの歴史地区では、建物の高さ制限を越えるアイス・スケート・クラブのある高層のホテル建設プロジェクトが歴史的な都市景観に悪影響を与えることから「危機にさらされている世界遺産リスト」に登録された。

文化遺産（登録基準(ii)(iv)(vi)） 2001年
★【危機遺産】2017年

●フェルトゥー・ノイジードラーゼーの文化的景観
（Fertö/Neusiedlersee Cultural Landscape）

フェルトゥー・ノイジィードラーゼーの文化的景観は、ハンガリーの北西部のジョール・モション・ショプロン県、オーストリアの東部のブルゲンラント州に広がる。小平原キシュアルフォルドの西側にあるフェルトゥー湖はハンガリーでは2番目に大きい湖で、湖畔のショプロンは、バロック様式の教会や博物館が残る歴史のある町で、ワインの産地としても有名。一方、ノイジードラー湖は、面積が320km²の平原湖、流出河川はなく、平均の深さが0.8mと浅い湖で、最深部でも2mしかない。湖岸から3km以内はアシが生い茂る野鳥の天国で、280種の鳥類が生息している。ノイジードラー湖は、この湖水生態系の一部で、周辺のなだらかな丘陵地には葡萄畑が展開し、貴腐ワインなど白ワインの名産地としても知られ文化的景観を呈している。フェルトゥー・ノイジードラーの湖水地帯は、移住者、或は征服者としてここに到着した民族が集う場所である。フェルトゥー・ノイジィードラーゼーは、ここに8000年前に人が定住して以来、困難への挑戦と耕作地への開拓の試練を提供した。フェルトゥー・ノイジィードラーゼー地域の多様な文化的景観は、自然環境と共生する人間、進化のプロセスなどを物語っている。
文化遺産（登録基準(v)）　2001年
オーストリア／ハンガリー

●アルプス山脈周辺の先史時代の杭上住居群
（Prehistoric Pile dwellings around the Alps）
文化遺産（登録基準(iii)(v)）　2011年
（オーストリア／フランス／ドイツ／イタリア／スロヴェニア／スイス）　→スイス

●ヨーロッパの大温泉群
（The Great Spas of Europe）
ヨーロッパの大温泉群は、オーストリア、ベルギー、チェコ、フランス、 ドイツ、イタリア、英国の7か国にまたがる。ヨーロッパの大温泉群は、1700年から1930年代に最高の名声を得た。この国境を越えた連続する物件は、7か国の11の温泉保養地の都市から構成され登録面積7,014ha、バッファーゾーン11,319 haである。すなわち、オーストリアのバーデン・バイ・ウィーン、ベルギーのスパ、チェコのカルロヴィ・ヴァリ、フランティシュコヴィ・ラーズニェ、マリアーンスケー・ラーズニェ、フランスのヴィシー、ドイツのバート・エムス、バーデン・バーデン、バート・キッシンゲン、イタリアのモンテカティーニ・テルメ、それに、英国のバース市の温泉保養地を対象とする。スパの建造物群や設備は、絵の様に美しい風景の中に休養と治療の環境が整えられ、医学、科学、温泉療法の発展を体現している。なお、英国のバース市街（City of Bath）は、1987年に単独の世界遺産（文化遺産　登録基準（i）（ii）（iv））になっている。
文化遺産（登録基準(ii)(iii)）　2021年
オーストリア / ベルギー / チェコ / フランス / ドイツ / イタリア/ 英国

○カルパチア山脈とヨーロッパの他の地域の原生ブナ林群
（Primeval Beech Forests of the Carpathians and Other Regions of Europe）
自然遺産（登録基準(ix)）
2007年／2011年／2017年／2021年
（アルバニア、オーストリア、ベルギー、ボスニアヘルツェゴビナ、ブルガリア、クロアチア、チェコ、フランス、ドイツ、イタリア、北マケドニア、ポーランド、ルーマニア、スロヴェニア、スロヴァキア、スペイン、スイス、ウクライナ）　→ ウクライナ

●ローマ帝国の国境線-ドナウのリーメス（西部分）
（Frontiers of the Roman Empire – The Danube Limes (Western Segment) ）
ローマ帝国の国境線-ドナウのリーメス（西部分）は、オーストリア、ドイツ、ハンガリー、スロヴァキアの4か国にまたがる。ローマ帝国の国境線-ドナウのリーメス（西部分）は、ローマン・ラエティア州の北部分と東部分、ノリクムとパンノニア、ドイツのバート・ゲーグギングからオーストリア、スロヴァキアを経てハンガリーのコルケドに続くドナウ川沿いの1000kmである。紀元後1世紀から400年以上もの間、ローマ帝国の国境線-ドナウのリーメス（西部分）は、中世のヨーロッパの境界を構成した。第43回世界遺産委員会で推薦され、登録勧告を受けていたが、構成資産の再構成に関連し、情報照会決議となっていた。
文化遺産（登録基準(ii)(iii)(iv)）　2021年
オーストリア / ドイツ /ハンガリー / スロヴァキア

オランダ王国（11物件　○1　●10）

●スホクランドとその周辺
（Schokland and Surroundings）
スホクランドは、アムステルダムの東フレフォランド州。1859年、度重なる洪水の危険を回避する為、ウィリアム3世は、島民を退去させスホクランドは無人島となる。1932年、ゾイデル海は、30kmの長さの締切堤防アフスライトディクが完成したことにより現在のアイセル湖となった。その後の干拓事業により、1937年には入植も始まり、当時の貴重な住居跡が数多く発見された。また、氷河時代の化石も多く発掘された。ポルダー干拓歴史博物館に改造された老朽化した建物などが展示されている。
文化遺産（登録基準(iii)(v)）　1995年

●オランダの水利防塞線

(Dutch Water Defence Lines)
オランダの水利防塞線は、オランダの中部、首都のアムステルダムやユトレヒトなどに、19世紀から20世紀にかけて造られた登録面積は54,779.02 ha、バッファーゾーン191,722.64 haである。構成資産は、これまでのアムステルダムの防塞線と拡張した洪水線、エイマイデンの近くの沿岸要塞、ヘームステーデ近くの要塞、パンパス砦沿いの要塞、ダルゲルダム(フールトーレンアイラント)沿いの作業所、ウェルク IV要塞、ティール浸水運河、ディーメルダム砦沿いの作業ション、パネルデン砦の9つからなる。軍隊の駐屯や食料貯蔵の為に建設された砦、堤防、水門、運河などにより構成された水害対策も兼ねた世界で唯一の軍事防塞でもある。16世紀以来、オランダ人は、水門、運河の管理、水路の利用など、水力を自国の防衛に利用することを考えてきた。その為、防塞は、アムステルダムの市街地から平均して15kmほど離れたところなどに建設されており、この間にある干拓地や水路などが、洪水を防いだり、敵の侵入を阻むのに効果的役割を果たした。2021年の第44回世界遺産委員会福州・オンライン会議で、ユトレヒトにある新洪水線などを含め登録範囲を拡大、登録遺産名も「アムステルダムの防塞線」(Defence Line of Amsterdam) から「オランダの水利防塞線」(Dutch Water Defence Lines) に変更された。
文化遺産(登録基準(ii)(iv)(v))
1996年／2021年

●キンデルダイク-エルスハウトの風車群
(Mill Network at Kinderdijk-Elshout)
キンデルダイクとエルスハウトの風車群は、オランダ第2の都市ロッテルダムの郊外にある。1740年頃、キンデルダイクでは、がっしりした19基の風車が建造され、今日までよく保存されている。これらの風車は偏西風を利用して回していた為、どの風車も西を向いている。海面下にある低湿地の水を排水し、酪農、牧畜や園芸農業の為の干拓地(ポルダー)を造り、また、製粉などにも用いられた産業遺産。今日では、動力ポンプがその役割を担い、風車は観光用として保存されるのみとなっている。動力ポンプの規模はヨーロッパ最大級で、スクリュー式のポンプ場がある。農業及び生活用灌漑事業は、中世から現在まで続いているが、ここには、高い堤防、排水路、揚水機場、放牧地など古代より水と戦ってきた「低湿地」の人々の努力と水利技術の粋が集められている。毎年4月上旬から9月下旬まで日曜日を除く毎日、一基の風車の内部が見学でき、また、7～8月の毎土曜日の午後、風車が回り、9月の第2週には、毎晩イルミネーションが風車を美しく飾る。
文化遺産(登録基準(i)(ii)(iv))　1997年

●キュラソー島の港町ウィレムスタト市内の歴史地区
(Historic Area of Willemstad, Inner City, and Harbour, Curacao)
キュラソー島の港町ウィレムスタト市内の歴史地区は、カリブ海のオランダ領アンティル諸島の首都で、キュラソー島の南東部のウィレムスタト市にある。1499年にスペイン植民地になったが、1634年、オランダが西インド会社経営による石油の中継基地としてキュラソー島の自然の地形を利用した貿易港を建設した。ウィレムスタトの町は、その後、数世紀にわたって開発され、17世紀のオランダ様式の切妻屋根の連なるコロニアルな町並みがこの歴史地区を形成している。港には、セント・アナ湾を守る為に建てられたフォート・アムステルダムなどの要塞やパステル・カラーの商館などが残る。また南アメリカの独立運動の闘士シモン・ボリバル(1783～1830年)が逗留した八角堂も有名。2003年、「オランダ領アンティルの港町ウィレムスタトの歴史地区」として世界遺産登録されたが、2011年の第35回世界遺産委員会パリ会議で、現在名に変更した。
文化遺産(登録基準(ii)(iv)(v))　1997年

●Ir.D.F.ウォーダヘマール(D.F.ウォーダ蒸気揚水ポンプ場)
(Ir.D.F.Woudagemaal (D.F.Wouda Steam Pumping Station)
Ir.D.F.ウォーダヘマール(D.F.ウォーダ蒸気揚水ポンプ場)は、フリースラント州のアイセル湖に面したレマーにある産業遺産。18世紀にエネルギー源の一つとして蒸気力が出現したことは、千年来の課題であった水を制御するパワフルなポンプをオランダ人技師のディルク・フレドリック・ウォーダに考案させる契機となった。1920年に開設されたウォーダ蒸気揚水ポンプ場は、水を制御する技術を代表するもので、何世紀にもわたって、全世界に標準モデルを供給し続けた。技術設計者のディルク・フレドリック・ウォーダの名前をたたえるIr.D.F.ウォーダヘマール(D.F.ウォーダ蒸気揚水ポンプ場)は、いわば、オランダの水との戦いの記念碑ともいえる産業遺産。
.=Ingenieur　技術者、技師、エンジニア。
文化遺産(登録基準(i)(ii)(iv))　1998年

●ドローフマカライ・デ・ベームステル
(ベームスター干拓地)
(Droogmakerij de Beemster (Beemster Polder))
ドローフマカライ・デ・ベームステル(ベームスター干拓地)は、アムステルダムの北、北ホラント州のプルメレンドの近郊のベームステルにある17世紀初期に造られたオランダ最古のポルダー(干拓地)。ドローフマカライ・デ・ベームステル(ベームスター干拓地)は、中央、北、西、南東の4区に分かれている。田畑、道路、堤防、運河、風車、村落が織りなす文化的景観が見事に調和した設計は、その後のヨーロッパをはじめとする各地での干拓事業に大きな影響を与えた。もともとは、オランダ東インド会社の海外派遣の食料確保を目的とした農地としての土地利用を企図したものであるが、排水に難点があり、牧草地に転用、その後、技術改善を図り、現在は花卉などの園芸農業を営んでいる。国土が低地である故に強いられてきた人間と水との格闘の歴史、干拓地の開発史を研究するのに欠かせない人類にとってかけがえのない世界遺産として認められた。ドローフマカライ・デ・ベームステルの管理は、ベームステル市とワータースパップ(水域管理局)とが共同で行なっている。

文化遺産（登録基準(i)(ii)(iv)）　1999年

●リートフェルト・シュレーダー邸

(Rietveld Schroderhuis (Rietveld Schroder House))

リートフェルト・シュレーダー邸は、首都アムステルダムの南39km、オランダの中央にあるユトレヒト州の州都ユトレヒトにある。リートフェルト・シュレーダー邸は、建築家で、また「赤と青の椅子」などの作品で有名な家具デザイナーであったヘリット・トーマス・リートフェルト(1888～1964年)が、1924年に、未亡人であったトゥルス・シュレーダーの依頼によって設計したものである。リートフェルト・シュレーダー邸は、内部空間と外部空間の流れるようなつながり、2階の開放的な平面計画、そして、視覚に訴える色彩の使用の3点が、この住宅の最大の特徴である。ヘリット・リートフェルトは、第一次世界大戦後の幾何学的芸術運動「デ・ステイル」(De Stijl 1917～1932年)の代表的メンバーも務め、オランダの芸術と建築に大きな影響を与えた。

文化遺産（登録基準(i)(ii)）　2000年

○ワッデン海 (The Wadden Sea)

ワッデン海は、デンマーク、ドイツ、オランダの三国に囲まれ、いくつもの島々によって外洋と隔てられている。ワッデン海域は、ドイツ側のニーダーザクセン・ワッデン海国立公園、シュレスヴィヒ・ホルシュタイン・ワッデン海国立公園、オランダ側の計画決定区域(PKB)、デンマーク側のワッデン海・自然野生生物保護区など8つの構成資産からなる。ワッデン海は、泥質干潟、塩性湿地、藻場、水路、砂浜、砂州、、砂丘など自然景観、生態系、生物多様性と様々な自然環境に恵まれている。ワッデン海には、ゴマフアザラシ、ハイイロアザラシ、ネズミイルカなどの海生哺乳類、ヒラメ、ニシンなど100種の魚類、クモ、昆虫など2000種の節足動物など多様な野生生物が生息している。また、ワッデン海域には、毎年約1000万～1200万羽の渡り鳥の飛来地であり、東部大西洋やアフリカ・ユーラシアへの飛路の中継地となっている。ワッデン海の沿岸部では、大規模な堤防やダムが造られ、洪水を減らし、低地の人々を守り、農工業の用水の確保に役立ってきたが、一方、自然を破壊もしてきた。また、農薬、肥料、重金属、油による汚染と富栄養化、それに、漁業資源の乱獲などが進み環境が悪化している。1978年以降、オランダ、ドイツ、デンマークは、ワッデン海の総合的な保護の為の活動や方策を総括し、また、WWF(世界自然保護基金)も、ワッデン海の広大な海域を守る為、三か国ワッデン海計画の策定を進めている。第38回世界遺産委員会ドーハ会議で、ドイツ側の登録範囲の拡大、またデンマーク側が加えられ、世界遺産の登録面積は、1, 143, 403haとなった。

自然遺産（登録基準(viii)(ix)(x)）
2009年／2011年／2014年
ドイツ／オランダ／デンマーク

●アムステルダムのシンゲル運河の内側にある17世紀の環状運河地域

(Seventeenth-century canal ring area of Amsterdam inside the Singelgracht)

アムステルダムのシンゲル運河の内側にある17世紀の環状運河地域は、オランダの北部、北ホラント州、首都アムステルダムの中心部を同心円状に流れる5つの環状運河地域。アムステルダムの中世の都市は、ザイデル海に流入するアムステル川の両岸に、湿地の水を排出して建設され、以来、数世紀にわたって、街は扇状に徐々に外側(南)へと広がり発展した。アムステルダムの名前は、1270年頃にアムステル川の河口に建設されたダム(現在のダムラック)に由来し、14世紀にはハンザ同盟との貿易により港町として繁栄した。アムステルダムは、中央駅を中心に扇形に広がり、内側のシンゲル運河、ヘレン運河、カイゼル運河、プリンセン運河、外側のシンゲル運河まで、5本の運河が取り囲む水都であり、17世紀には、東インド会社と西インド会社が設立され、自由な貿易都市として、その繁栄は頂点を迎える。運河沿いには17世紀の豪商の邸宅、教会、レンガ造りの建物などが立ち並んでいる。アムステルダムの大規模な都市計画は、19世紀まで、世界中で参考にされた。シンゲル運河の内側にある17世紀の環状運河地区は、現在は、アムステルダムの旧市街にあたり、オランダ政府は、1999年から公式にその歴史的な町並み景観を保護してきた。

文化遺産（登録基準(i)(ii)(iv)）　2010年

●ファン・ネレ工場 (Van Nellefabriek)

ファン・ネレ工場は、オランダの南西部、南ホラント州のロッテルダムにあり、世界遺産の登録面積は、

6.94ha、バッファー・ゾーンは、87.57haである。ファン・ネレ工場は、1931年から1990年にわたって、コーヒー、紅茶、煙草などを生産する工場として活躍した。1931年の創業当時は、時代を先取りする画期的な建築で、ガラスと鉄筋のユニークな構造の工場は、世界中のデザイナーの注目を集めた。設計デザインを手がけたのは、ヨハネス・ブリンクマン(1902～1949年)とファン・デル・フルフト(1894～1936年)の二人の建築家で、光と空間のとらえ方がこの建築コンセプトの中核をなしており、開かれた空間と清廉なデザインは、当時の工場建築では比類のない斬新なもので、建築史に残る名作建築となった。1998年になると、この建物は工場としての役割を終えて、オフィスやイベント会場として使用されるようになった
文化遺産(登録基準(ii)(iv))　2014年

○カルパチア山脈とヨーロッパの他の地域の原生ブナ林群
(Primeval Beech Forests of the Carpathians and Other Regions of Europe)
自然遺産(登録基準(ix))　2007年／2011年／2017年
(ウクライナ／スロヴァキア／ドイツ／アルバニア／オーストリア／ベルギー／ブルガリア／クロアチア／イタリア／ルーマニア／スロヴェニア／スペイン)
→ウクライナ

●博愛の植民地群 (Colonies of Benevolence)
文化遺産(登録基準(ii)(iv))　2021年
ベルギー／オランダ　→　ベルギー

●ローマ帝国の国境線ー低地ゲルマニアのリーメス
(Frontiers of the Roman Empire – The Lower German Limes)
文化遺産(登録基準(ii)(iii)(iv))　2021年
ドイツ / オランダ　→　ドイツ

北マケドニア共和国 (1物件 ◎1)

◎オフリッド地域の自然・文化遺産
(Natural and Cultural Heritage of the Ohrid region)
オフリッドは、アルバニアとの国境に接するオフリッド湖東岸の町で、ビザンチン美術の宝庫である。オフリッド地域には、3世紀末にキリスト教が伝来、その後、スラブ人の文化宗教都市として発展した。11世紀初めには、聖ソフィア教会が建てられ、教会内部は、「キリストの昇天」などのフレスコ画が描かれ装飾された。最盛期の13世紀には、聖クレメント教会など300もの教会があったといわれる。一方、400万年前に誕生したオフリッド湖は、湖水透明度が高い美しい湖として知られている。冬期にも凍結せず、先史時代の水生生物が数多く生息しており、オフリッド地域は、古くから培われてきた歴史と文化、そして、これらを取り巻く自然環境が見事に調和している。1979年に「オフリッド湖」として自然遺産に登録されたが、周辺の聖ヨハネ・カネオ教会などとの調和が評価され、翌1980年には文化遺産も追加登録されて複合遺産となった。2019年の第43回世界遺産委員会バクー会議で、アルバニア側のコルチャ州ポグラデツ県のリン半島なども登録範囲に加えられ拡大され、登録面積が94,728.6 ha、バッファーゾーンが15,944.40haとなった。
複合遺産(登録基準(i)(iii)(iv)(vii))
1979年／1980年／2009年／2019年
北マケドニア／アルバニア

○カルパチア山脈とヨーロッパの他の地域の原生ブナ林群
(Primeval Beech Forests of the Carpathians and Other Regions of Europe)
自然遺産(登録基準(ix))
2007年／2011年／2017年／2021年
(アルバニア、オーストリア、ベルギー、ボスニアヘルツェゴビナ、ブルガリア、クロアチア、チェコ、フランス、ドイツ、イタリア、北マケドニア、ポーランド、ルーマニア、スロヴェニア、スロヴァキア、スペイン、スイス、ウクライナ)　→ ウクライナ

キプロス共和国 (3物件 ●3)

●パフォス (Paphos)
パフォスは、首都ニコシアの南西100km、現在のパフォスから東16kmにあり、ギリシャ人が建設した旧パフォスとローマ人による新パフォスとがある。古代ローマ劇場、闘技場、初期ビザンチンの城塞、ラテン教会などの都市遺跡が多数残る。ギリシャ神話の中でも、愛の女神アフロディテ(ビーナス)誕生の聖地とされ、紀元前1200年頃、アフロディテ神殿が造られ、各地からの巡礼者で賑わった。パフォスのモザイクは、世界で最も美しい物の一つとされている。
文化遺産(登録基準(iii)(vi))　1980年

●トロードス地方の壁画教会群
(Painted Churches in the Troodos Region)
トロエドス地方の壁画教会は、地中海に浮かぶキプロス島の中部、トロエドス山の南麓の丘陵地帯にある。トロエドス地方は、10世紀に十字軍がイスラム教徒を駆逐した聖地回復運動の本拠地としたことによって繁栄した。11～16世紀に、トロエドス地方の山間部に建てられたギリシャ正教会の聖ニコラオス聖堂、聖イラ

クリディオス聖堂、パナイア・トゥ・ムトゥラ聖堂、アシノウ教会など9つの石造りや木造の教会の天井や壁面には、この時代を題材にしたビザンチン絵画のフレスコ画やイコンの傑作が残っている。
文化遺産（登録基準(ii)(iii)(iv))
1985年／2001年

●ヒロキティア（Choirokoitia）
ヒロキティアは、地中海最後の楽園といわれるキプロス島の南岸、ラルナカ地方を流れるマロニ川西岸丘陵の急斜面にある。紀元前7000年前の新石器時代の住居址などの集落遺跡ヒロキティアは、アジアから地中海への文明の普遍を物語る重要な科学的データを提供し続ける比類のないキプロス最古の考古学遺跡。防御壁、トロスと呼ばれる環状家屋、墓や石斧、石槌、石臼、石杵など多くの石器具のある、くり抜かれた遺跡は、世界的にも最も重要な新石器時代の文化遺産の一つ。現在ある遺跡と未だ手のつけられていない部分は、明らかに地中海地域やその他の地域における最初の都市集落の発祥であると見られる。ヒロキティアは、レフコシア（ニコシア）～リマツル自動車道のレフコシアを降りて南48km、或はラルナカから32kmの処にある。遺跡の入口にあるビジター・センターには、新石器時代の集落のレプリカが展示されている。
文化遺産（登録基準(ii)(iii)(iv))　1998年

ギリシャ共和国（18物件　● 16　◎ 2）

●バッセのアポロ・エピクリオス神殿
（Temple of Apollo Epicurius at Bassae）
バッセは、ギリシャ南部のペロポネソス半島のアルカディア地方にある標高1130mの山。アポロ・エピクリオス神殿は、この山中に、紀元前5世紀末に建設された。ドーリア式の円柱を持ち、形が美しいところからアテネのパルテノン神殿の建築家が建てたとの説もある。アルカディアは理想郷の代名詞でもある。
文化遺産（登録基準(i)(ii)(iii))　1986年

●デルフィの考古学遺跡
（Archaeological Site of Delphi）
デルフィは、ギリシャ中部、コリントス湾を望むパルナッソス山中にある。紀元前6世紀頃には、ここが「世界のへそ（中心）」と考えられ、多くのポリス（都市国家）をつなぐ宗教的な核として太陽神アポロンを祀った神殿が造られ、アポロンの神託が行われた。この神託をうかがうために国家の首長や巡礼、一般の人々が大勢集まり、芸術や競技の中心となった。紀元前4世紀のドーリス式のアポロン神殿、観客5000人を収容できる野外劇場、スタディオン（競技場）、紀元前5世紀の円形神殿（トロス）などが緑濃いオリーブ林の広がるパルナッソス山を背に荘厳に佇む。
文化遺産（登録基準(i)(ii)(iii)(iv)(vi))　1987年

●アテネのアクロポリス（Acropolis, Athens）
アテネのアクロポリスは、古代ギリシャを代表する都市国家。世界遺産の登録面積は、コア・ゾーンが3.04ha、バッファー・ゾーンが116.71haである。アクロポリスとは、ポリス（都市国家）の中心となった要塞堅固な丘（アクロ＝高い）のことで、ポリスの守護神を祀る神域であった。アクロポリスはギリシャ各地にあったが、最盛を誇ったアテネのアクロポリスが最も知られている。156mの岩山を城壁で囲んで2500年前に築かれたアテネの守護神「アテナ」を祀って建てられたドーリス式の壮大なパルテノン神殿、アテナ・ニケ神殿（翼無き神殿）、乙女の立像による6本の石柱が印象的なイオニア式のエレクティオン神殿、前門（プロピュレイア）プーレエ門等が、栄光と苦難の歴史を秘める。なかでも、パルテノン神殿は、アテネのアクロポリスの象徴的な存在で、古代ギリシャ文明がもたらした精神的遺産に敬意を表し、ユネスコのロゴにも使用されている。15世紀にオスマン・トルコ軍に占領された時、また17世紀にヴェネツィア軍が侵攻した時に、激しく破壊された歴史もある。今も尚、修復が続けられている。2010年のギリシャの経済危機は、アクロポリスの保存修復に携わる現場労働者への賃金未払いなど、文化財の保存修復にも影響が及んでいる。
文化遺産（登録基準(i)(ii)(iii)(iv)(vi))　1987年

◎アトス山（Mount Athos）
アトス山は、ギリシャ北部のハルキディキ半島の突端にあるギリシャ正教の聖山。アトス山には、標高2033mの険しい山の秘境に、10世紀頃から造られたコンスタンティノープル総主教庁（総主教座はトルコのイスタンブールにある聖ゲオルギオス大聖堂）の管轄下にある修道院が20ある。中世以来、ギリシャ正教の聖地として、マケドニア芸術派の最後の偉大な壁画家エマヌエル・パンセリノスのフレスコ画をはじめ、モザイク、古書籍、美術品、教会用具等を多数有するビザンチン文化の宝庫である。アトス山は、今も厳しい修行の共同生活の場として女人禁制の戒律が守られ、1700人ほどの修道士の手によって運営されている。また、アトス山の岩山が切り立つ緑の山々、渓谷、海岸線など変化に富んだ自然景観も大変美しい。
複合遺産（登録基準(i)(ii)(iv)(v)(vi)(vii))
1988年

◎メテオラ（Meteora）

ヨーロッパ

メテオラは、ギリシャ中央部のテッサリア地方、ピニオス川がピントス山脈の深い峡谷から現われテッサリア平原に流れ込むトリカラ県にある修道院群。メテオラとは、ギリシャ語の「宙に浮いている」という形容詞が語源の地名。11世紀以降、世俗を逃れ岩の割れ目や洞窟に住み着いた修道僧によって、14～16世紀のビザンチン時代後期およびトルコ時代に、24の修道院が約60の巨大な灰色の搭状奇岩群がそそり立つ頂上(高さ30～400m)に建てられた。メテオラには、女人禁制を含めた厳しい戒律を定めた修道僧アタナシウスによって建てられたメガロ・メテオロン修道院(別名メタモルフォシス修道院)をはじめ、ヴァルラム修道院、アギア・トリアダ修道院、アギオス・ステファノン修道院、ルサノウ修道院などの修道院があり、中世の典礼用具や木彫品、クレタ様式のフレスコ画やイコン(聖画)などビザンチン芸術の宝庫でもある。

複合遺産（登録基準(i)(ii)(iv)(v)(vii)）　1988年

●テッサロニキの初期キリスト教とビザンチン様式の建造物群
(Paleochristian and Byzantine Monuments of Thessalonika)

テッサロニキは、ギリシャ北部のエーゲ海沿岸のセルマイコス湾に抱かれたギリシャ第2の都市。テッサロニキという地名は、アレキサンダー大王の妹の名前に因んで付けられた。元々はマケドニアの古都で、ローマ、ビザンチンの属領と変遷した。聖パウロが初期キリスト教を伝道させたこともあって、後に、ビザンチン帝国の保護を得た。297年の小アジア、アルメニア、シリア、メソポタミアの遠征におけるガレリウス皇帝の勝利を記念して、305年頃に建てられたガレリウスの凱旋門、4世紀初期のドーム型の建物であるロトンダ霊廟、5世紀半ばに建てられたアヒロピエトス教会や5世紀末のオシオス・ダビド教会など初期キリスト教の教会、ビザンチン時代の繁栄を物語る城壁の名残でもある白い塔、7世紀と1917年の2度の火災で壊れたが、1948年に修復・再現されたビザンチン様式のアギオス・ディミトリオス教会、1028年の建設とされる十字架の聖堂があるパルギア・ハルケオン教会、14世紀のアギイ・アポストリ教会などの歴史的建造物が近代建築と共に美しい調和を見せている。

文化遺産（登録基準(i)(ii)(iv)）　1988年

●エピダウロスのアスクレピオスの聖地
(Sanctuary of Asklepios at Epidaurus)

エピダウロスのアスクレピオスの聖地は、ギリシャ南部、ペロポネソス半島東部のサロニカ湾に面した港湾都市エピダウロスの内陸部にある。エピダウロスの街の起源は、紀元前6世紀に遡り、紀元前4世紀の最盛期に各種の建造物が建てられた。神話では、アポロの息子で医療と健康の神であるアスクレピオスの信仰が広がり、祈りながら治療する場として評判になり、劇場、宿泊所、浴場、闘技場、アスクレピオス神殿、アルテミス神殿などが最盛期の紀元前4世紀末に造られた。特に、ポリュクレイトスの設計で建築されたエピダウロス劇場は、均整美がすばらしい。2007年の第31回世界遺産委員会クライストチャーチ会議で、「エピダウロスの考古学遺跡」から現在の名称に変更になった。

文化遺産（登録基準(i)(ii)(iii)(iv)(vi)）　1988年

●ロードスの中世都市 (Medieval City of Rhodes)

ロードス島は、エーゲ海の南東部に浮かぶドデカニサ諸島の中で最大の面積を持つ島。聖地エルサレムの守護軍であった十字軍の聖ヨハネ騎士団は、1308年にトルコ軍に敗れ、ロードス島に退いたが、以後、約200年間にわたって島に壕を巡らして難攻不落の城塞を築き、また、騎士団総長の宮殿や騎士たちの館を建てて聖地奪還を目指した。旧市街の15～16世紀の石畳や館が今も中世の面影をとどめている。また、ロードス島は、紀元前305年のマケドニアのデメトリオス1世による攻略の撃退を記念し、港に建てられた高さ30m以上の太陽神ヘリオスの彫像でも知られている。このロードスの巨像は、紀元前225年頃、地震により壊れたが、世界七不思議の1つとして伝承されている。

文化遺産（登録基準(ii)(iv)(v)）　1988年

●ミストラの考古学遺跡 (Archaeological Site of Mystras)

ミストラの考古学遺跡は、ギリシャ南部、ペロポネソス半島にあるスパルタの西郊外にある。ミストラの考古学遺跡は、1249年にフランク族の王であったギュロウム・ド・ビレハウドインが城塞を築いたのが起源である。ビザンチン帝国が支配した14～15世紀の美しい教会、パンダナサ修道院、14世紀の壁画の残るオデトリア教会、13世紀の聖ディミトリオス大聖堂など、ビザンチン時代後期の城塞都市のゴーストタウンがそのまま保存されている。「幻の都」、「中世のポンペイ」とも呼ばれている。2007年の第31回世界遺産委員会クライストチャーチ会議で、「ミストラ」から現在の名称に変更になった。

文化遺産（登録基準(ii)(iii)(iv)）　1989年

●オリンピアの考古学遺跡
(Archaeological Site of Olympia)

オリンピアは、ギリシャ南部ペロポネソス半島のクロニオン丘の南麓にある。1896年にクーベルタン男爵の尽力により復活した近代オリンピックの礎となる古代オリンピック発祥の地で、紀元前10世紀頃、ヘラ神とゼウス神を信仰の対象に聖域化した。古代オリンピッ

ヨーロッパ

ク大会は、紀元前776年に始まり、民族間の戦争や対立を超えて、競争、レスリング、格闘技、戦車競走、競馬などの運動競技や芸術や文芸のコンテストが競われた。4年毎に開催され、紀元後393年まで1000年以上続いたが、キリスト教が広まるにつれ、聖域は異教の建造物として取り壊され、また、オリンピックもテオドシウス1世の勅命によって禁止された。オリンピア古代遺跡は、一周192mのトラックを持つ競技場(スタディオン)、近代オリンピックの聖火が今も点火されているドーリス式のヘラ神殿、紀元前5世紀のゼウス神殿、プリュタネイオン(オリンピック評議員役所・迎賓館)、体育館(ギムナシオン)、フィリッペイオン(マケドニア王フィリッポス記念堂)、宿舎としても使用されたレオニダイオンなどで、当時の遺構が堂々たる威容を誇っている。オリンピア考古学博物館では、「ニケ女神像」や「ヘルメス像」など数多くのすばらしい彫刻を鑑賞することができる。

文化遺産(登録基準(i)(ii)(iii)(iv)(vi))　1989年

●デロス (Delos)

デロスは、エーゲ海に浮かぶ小デロス島にある紀元前5～3世紀の遺跡。キクラデス諸島の中では一番小さな島だが、ギリシャ神話のアポロンとアルテミス生誕地としてデルフィに次ぐ聖地として栄えた。ペルシャへの対抗上、ギリシャ諸都市は、サラミスの海戦の後の紀元前479年頃にアテネを中心とするデロス同盟を結んだことでも有名。ギリシャの各都市国家が共同で、岩上に建てたアポロン神殿、それに、アルテミス神殿、劇場、アゴラ、大理石の獅子像など最盛期の遺跡が残る。

文化遺産(登録基準(ii)(iii)(iv)(vi))　1990年

●ダフニの修道院、オシオス・ルカス修道院とヒオス島のネアモニ修道院

(Monasteries of Daphni, Hosios Loukas and Nea Moni of Chios)

ダフニの修道院、オシオス・ルカス修道院とヒオス島のネアモニ修道院は、11世紀に造営された修道院である。ダフニ修道院は、アテネの西11kmの近郊にあり、城壁に囲まれ石工の技術がすばらしいギリシャでも屈指の優れたモザイク画やイコン画(聖像画)で内部が装飾されている修道院である。オシオス・ルカス修道院は、デルフィの東35kmにある10世紀前半のギリシャの聖者オシオス・ルカスに因んだビザンチン様式の修道院で、ドームを持つ八角形の大聖堂の内部は、クレタの画家ダマスキノスが描いたイコンや11世紀頃の豪華絢爛なモザイク画で飾られている。ネアモニ修道院は、エーゲ海東部のヒオス島にあり、聖母マリア図で有名である。

文化遺産(登録基準(i)(iv))　1990年

●サモス島のピタゴリオンとヘラ神殿

(Pythagoreion and Heraion of Samos)

サモス島は、紀元前6世紀後半に栄えたエーゲ海東南部の島。紀元前6世紀の技術者エフパリノスが山から島の中心に導水する為に造った地下水路やヘラ神の神殿跡、古代の港の堤防跡などの遺跡が残っている。女神信仰があったサモス島は、大女神ヘラの生誕地とされ、ピタゴリオンの東6kmの地に大神殿を造った。現在は石柱が1本残るのみ。また、この地は、数学者ピタゴラス(紀元前582頃～紀元前497年頃)誕生の地としても知られ、彼に因んで町の名がピタゴリオンと命名された。

文化遺産(登録基準(ii)(iii))　1992年

●アイガイの考古学遺跡(現在名 ヴェルギナ)

(Archaeological Site of Aigai (modern name Vergina))

アイガイの考古学遺跡は、ギリシャ北部の中央マケドニア地方、ピエリア山の山麓のヴェルギナにある考古学遺跡。古代マケドニア王国の最初の首都アイガイの町は、19世紀に、現在のヴェルギナの近くで発見された。アイガイの考古学遺跡には、モザイク模様をふんだんに使った宮殿と紀元前11世紀代の300を越す古墳群がある。王家の大古墳の一つは、マケドニア王であるフィリップ2世のものとされている。彼はギリシャの全ての町を征服し、その息子アレキサンダー大王の為、ヘレニズム文化の普及の道をつけた。2007年の第31回世界遺産委員会クライストチャーチ会議で、「ヴェルギナの考古学遺跡」から名称変更になった。

文化遺産(登録基準(i)(iii))　1996年

●ミケーネとティリンスの考古学遺跡

(Archaeological Sites of Mycenae and Tiryns)

ミケーネは、首都アテネから131km、ドイツのハインリヒ・シュリーマン(1822～90年)の発掘によって明らかにされたクレタ文明やオリエント文明の影響を受けた紀元前15～13世紀頃に栄えたミケーネ文明の中心地。その遺跡は、トロイ戦争で、ギリシャ軍を率いたアガメムノンの王宮跡と伝えられている。周囲には、巨石の城壁が残り、獅子門を通り中に入ると、シュリーマンが発掘した有名な王家の墓がある。また、道を隔てて、蜂の巣型の墳墓もあり、「アトレウスの宝庫」と呼ばれている。遺跡からは、おびただしい黄金細工が発掘され、古来「黄金に富めるミケーネ」と言われていたことが実証された。一方、ヘラクレスの生地と伝えられるティリンスの遺跡は、アルゴスから8kmの所にある。巨石を積み上げて造られたキクロポス式の城塞や、宮殿、地下の通路などは、ミケーネ時代のもの。ミケーネとティリンスの小王国は、巨石で築いた城塞を持ち、役人を使って、人民から貢納をとりたてるなど、オリエント的な専制国家に発展する傾向を持っていた。

文化遺産（登録基準(i)(ii)(iii)(iv)(vi)） 1999年

●パトモス島の聖ヨハネ修道院のある歴史地区（ホラ）と聖ヨハネ黙示録の洞窟
（Historic Centre (Chorá) with the Monastery of Saint John "theTheologian" and the Cave of the Apocalypse on the Island of Pátmos）
パトモス島は、エーゲ海南東部にある12の島々からなるドデカニサ諸島の一つ。パトモス島の大きさは、八丈島の半分位で、風光明媚な景観で知られている。港から登って行き、城壁が巡らされた聖ヨハネ修道院の見える町が中世の町ホラ。キリストの十二使徒の一人聖ヨハネが黙示録の天啓を受けた千年の歴史に輝く修道院の聖堂や数多くの僧房は興味深い見どころ。黙示録は、パトモス島に流刑された使徒ヨハネが、95～97年頃に、エペソ、スルミナ、ペルガモなどのアジアの7つの教会の聖徒宛に書いたキリストの啓示の書。黙示録は、全22章からなっており、この世のすべての時代におけるキリストと人との関係が描写されている。
文化遺産（登録基準(iii)(iv)(vi)） 1999年

●コルフの旧市街（Old Town of Corfu）
コルフの旧市街は、ギリシャの海岸の沖合い、アドリア海の入口にあるイオニア諸島のコルフ島(ギリシャ語でケルキラ島)の旧市街である。コルフの旧市街は、ヴェネツィア帝国の植民都市だったころの影響のため、いまでもイタリア風の建造物が数多く残されている。コルフの旧市街の町並みは、古い城塞のそばに沿って続くが、これはビザンチン時代に形成されたものである。コルフの旧市街には、ビザンチン時代の旧城塞、ヴェネツィア時代の新要塞などが残っている。
文化遺産（登録基準(iv)） 2007年

●フィリッピの考古学遺跡
（Archaeological Site of Philippi）
フィリッピの考古学遺跡は、ギリシャの北東部、東マケドニア・トラキア地方カヴァラ県の県都カヴァラ市にある古代遺跡である。世界遺産の登録面積は、100.116ha、バッファー・ゾーンは、201.672haである。構成資産は、フィリッピの要塞都市遺跡、フィリッピの古戦場である。フィリッピは、ローマに続く古代エグナチア街道上にあった古代マケドニアの都市で、紀元前356年にマケドニアのフィリッポス2世が近くの金鉱を支配するために城塞化し、その名にちなんで命名された。紀元前42年には、ガイウス・カッシウスとマルクス・ブルトゥスらが率いる自由主義者の連合軍とマルクス・アントニウスとオクタウィアヌスが率いる第2回三頭政治の連合軍とのフィリッピの戦いがあった。また、この都市は、紀元後49～50年、初期キリスト教の使徒であり新約聖書の著者の一人でもあるパウロの宣教によって、欧州で最初にキリスト教会が設立された地でもある。フィリッピは、フィリッポイ、フィリピ、ピリッポイ、ピリピとも表記される。
文化遺産（登録基準(iii)(iv)） 2016年

クロアチア共和国（10物件 ○2 ●8）

●ドブロヴニクの旧市街（Old City of Dubrovnik）
ドブロヴニクは、クロアチア南部のアドリア海沿岸のドブロヴニク・ネレトヴァ郡にある「アドリア海の真珠」と呼ばれる美しい都市である。13世紀に初めて要塞を築き、上下水道や養老院を設けた自治都市で、旧市街には、12世紀に建設され15世紀に再建されたクネズ宮殿(旧総督府)、13世紀の要塞、14～16世紀の繁栄を伝えるロマネスクのフランチェスコ修道院、16世紀のスポンザ宮殿、18世紀の聖ブラホ教会など数多くの歴史的建造物群が残っている。世界遺産の登録面積は、コア・ゾーンが96.7ha、バッファー・ゾーンが53.7haで、構成資産は、ドブロヴニクの旧市街(コア・ゾーン24.7ha)とロクルム島(コア・ゾーン72ha)からなる。ロクルム島は、ドブロヴニクの旧市街の沖合い700mに浮かぶ島で、山上には、要塞跡や塔が残っている。かつて、ドブロヴニクが、ハプスブルク家の支配下になった時に、多くの皇族がこの島を訪れた。1667年の大地震、1991年の内戦などで、度々被害を被り危機にさらされたが、これらの苦難を見事に克服し復興している。
文化遺産（登録基準(i)(iii)(iv)）
1979年／1994年

●ディオクレティアヌス宮殿などのスプリット史跡群
（Historic Complex of Split with the Palace of Diocletian）
スプリットは、クロアチア南部のアドリア海に面した町。ディオクレティアヌスは、284年にローマ帝国の皇帝の位についた後、混乱し危機に瀕していた帝国の再建に成功した。しかし、305年に突如、出身地のスプリットに隠居し、以後、この町で余生を過ごした。この町には、彼の築いたディオクレティアヌス宮殿や広場、要塞、城壁などの遺跡が残る。
文化遺産（登録基準(ii)(iii)(iv)） 1979年

○プリトヴィチェ湖群国立公園
（Plitvice Lakes National Park）
プリトヴィチェ湖群国立公園は、クロアチア中西部のオトチャツ県にある。最も高い標高639mのプロシュチャン湖から流れるプリトヴィチェ川の流れが、階段状に16の湖を作る珍しい景観を形成している。これら石灰華の湖の階段は、幾筋もの滝となって渓谷を流れ落

ヨーロッパ

ち、時には急流となって隣接の湖へと流れ込みコラナ川への流れとなる。周辺の森林地帯には、ヒグマ、オオカミ、カワセミなどの動物も生息している。世界の七不思議の一つにも数えられている複雑な造形美の景観を呈するプリトヴィチェ湖群国立公園ではあるが、ユーゴスラビア内戦で多くの被害を受け、一時は危機遺産に登録されたが1997年には解除されている。2000年に登録範囲が拡大された。
自然遺産（登録基準(vii)(viii)(ix)）
1979年／2000年

●ポレッチの歴史地区のエウフラシウス聖堂建築物
（Episcopal Complex of the Euphrasian Basilica in the Historic Centre of Porec）
ポレッチは、クロアチアの西部にあるイストラ半島のアドリア海に面した都市。紀元前1世紀に古代ローマ人が建設した歴史地区には、4～6世紀に、初期キリスト教の複合建築物が建てられた。なかでも、6世紀に司教エウフラシウスによって建造されたビザンティン様式のエウフラシウス聖堂は圧巻で、教会堂、洗礼室、礼拝堂、中庭などからなっている。内外壁を飾るモザイク、柱の彫刻などがあるエウフラシウス聖堂は、宗教建築の最高峰ともいえ、当時の状態を良く保っている。
文化遺産（登録基準(ii)(iii)(iv)）　1997年

●トロギールの歴史都市（Historic City of Trogir）
トロギールは、アドリア海に臨むショルタ島とクロアチアの本土の間にある港町。紀元前385年頃、ギリシャの植民都市として建設された。ギリシャ時代に出来た直角に区画された道路網、9～10世紀に建てられた聖バルバラ教会、13世紀に建てられたルネッサンス様式とバロック様式とが調和したロマネスク様式の聖ロブロ教会、何代も続くこの町の支配者達によって建てられたタウンホールなどの公共の建物、個人の建物、公共広場、城塞などが旧市街に残る歴史都市。
文化遺産（登録基準(ii)(iv)）　1997年

●シベニクの聖ヤコブ大聖堂
（The Cathedral of St.James in Šibenik）
シベニクの聖ヤコブ大聖堂は、ダルマティア地方の沿岸部にある。シベニクの聖ヤコブ大聖堂は、15～16世紀の中世に、北イタリアのダルマティア地方とトスカーナ地方との間で芸術交流が盛んに行われていたことを如実に語っている。大聖堂建設を次々に進めた建築家、フランチェスコ・ディ・ジャコモ、ゲオルギウス・マテイ・ダルマティクス、ニコロ・ディ・ジョヴァンニ・フィオレンティーノの3名は、石造りにするための構造を開発し、丸天井や大聖堂の工事に特異な技法を用いた。また、大聖堂の外観や装飾部分もゴシック美術とルネッサンス美術が見事に融合している。
文化遺産（登録基準(i)(ii)(iv)）　2000年

●スタリ・グラド平原（Stari Grad Plain）
スタリ・グラド平原は、ダルマチア地方、アドリア海の美しき真珠の島フヴァル島の西部のスタリ・グラドと東部のイェルサの間の東西約6km、南北2kmに展開する肥沃な大平原である。スタリ・グラド平原は、紀元前384年頃に、エーゲ海の中央に浮かぶギリシャの島パロス島からのギリシャ人による最初の定住が進んで以来の文化的景観をそのまま今に留めている。この肥沃な平原でのギリシャ時代からの農業は、温暖な地中海性気候を生かしたグレープやオリーブの畑作を中心に行われてきたが、今は、ラヴェンダーそれに漁業も営まれている。スタリ・グラド平原は、地質学的にも関心が高く、また、自然保護区でもある。その文化的景観は、先史時代の石の壁やトリム、或は、小さな石のシェルターを特徴とし、2400年以上にもわたって古代ギリシャ人やチョーラによって使われた古代の土地区画の幾何学的な仕組みによっても証明される。
文化遺産（登録基準(ii)(iii)(v)）　2008年

●ステチェツィの中世の墓碑群
（Stećci Medieval Tombstones Graveyards）
文化遺産（登録基準(iii)(vi)）　2016年
（ボスニア・ヘルツェゴヴィナ／クロアチア／モンテネグロ／セルビア）
→ボスニア・ヘルツェゴヴィナ

●16～17世紀のヴェネツィアの防衛施設群：スタート・ダ・テーラ－西スタート・ダ・マール
（Venetian Works of Defence between the 16th and 17th Centuries: *Stato da Terra* – Western *Stato da Mar*）
文化遺産（登録基準(iii)(iv)）　2017年
（イタリア／クロアチア／モンテネグロ）
→イタリア

○カルパチア山脈とヨーロッパの他の地域の原生ブナ林群
（Primeval Beech Forests of the Carpathians and Other Regions of Europe）
自然遺産（登録基準(ix)）
2007年／2011年／2017年／2021年
（アルバニア、オーストリア、ベルギー、ボスニアヘルツェゴビナ、ブルガリア、クロアチア、チェコ、フランス、ドイツ、イタリア、北マケドニア、ポーランド、ルーマニア、スロヴェニア、スロヴァキア、スペイン、スイス、ウクライナ）→ ウクライナ

サンマリノ共和国（1物件 ●1）

●サンマリノの歴史地区とティターノ山

（San Marino Historic Centre and Mount Titano）

サンマリノの歴史地区とティターノ山は、イタリア半島の中部、世界で5番目に小さな国サンマリノ共和国の首都サンマリノ市にある。13世紀に都市国家として共和国の創建に遡るサンマリノの歴史地区とティターノ山を含み世界遺産のコア・ゾーンの面積は55haに及ぶ。サンマリノは、現存する国家の中で世界最古の共和国である。世界遺産に登録されたサンマリノの歴史地区は、中世の要塞塔、外壁、門などの要塞群、14世紀と16世紀の修道院群、18世紀のティターノ劇場、19世紀の教会堂や市庁舎などが構成資産になっている。サンマリノの歴史地区には、現在も人が住み、また、制度的な機能が保存されている歴史地区を代表するものである。サンマリノは、アドリア海を望む標高739mのティターノ山の頂上に位置することもあり、工業化から今日まで都市の変化に影響は少なかった。サンマリノの歴史地区とティターノ山は、第32回世界遺産委員会ケベック・シティ会議で、サンマリノ最初の世界遺産として登録された。

文化遺産（登録基準（iii）） 2008年

ジョージア（4物件 ○1 ●3）

●ゲラチ修道院（Gelati Monastery）

ゲラチ修道院は、ジョージアの西部、首都クタイシ郊外のイメレティアの丘にあり、1106年にダヴィド王によって創建、12～17世紀の長期にわたって建設されたキリスト教神学の総本山で、周辺がイスラム教化していく中で正教会の聖地として多くの僧や巡礼者を集めた。聖母マリア聖堂の壁面に描かれた宗教と歴史をテーマにした壮大なモザイク画やフレスコ画が、大変美しい。バグラチ大聖堂とゲラチ修道院は、1994年に世界遺産リストに登録された。バグラチ大聖堂は、ジョージア西部の古都クタイシのウキメリオニの丘の上にある。10～11世紀の創建で、ジョージア王国の初代国王であったバグラト3世（在位975～1014年）の名前に因んだものである。オスマン帝国と戦争中であった1692年に破壊、略奪されて荒廃した為、修復・再建が課題であった。バグラチ大聖堂の再建プロジェクトが施行された場合、世界遺産登録時の完全性や真正性を損なうことから、2010年の第34回世界遺産委員会ブラジリア会議で、「危機にさらされている世界遺産リスト」に登録された。イコモスや世界遺産委員会の度重なる警告にも関わらず、鉄やコンクリートなどの素材の多用、デザイン、工法などの真正性を無視した修復・再建が強行された為その価値が失われたと判断、2017年の第41回世界遺産委員会で、バグラチ大聖堂を世界遺産の登録範囲から除外・抹消し登録遺産名も「ゲラチ修道院」に変更し、「危機遺産リスト」から解除した。

文化遺産（登録基準（iv）） 1994年／2017年

●ムツヘータの歴史的建造物群

（Historical Monuments of Mtskheta）

ムツヘータは、首都トビリシの北約30km郊外アラグヴィ川とムトゥクワァリ川が合流するところにある古都。ジョージアの首都は、5世紀頃に、現在のトビリシに遷都されるまでは、ムツヘータにあった。古代からヨーロッパのキリスト教徒の交流が行われ、一方において、ペルシャ、ビザンチン、アラブから支配されてきた。ムツヘータは、4世紀に創建され、その後、再建、破壊、修復され、中世建築の傑作とされるジョージア最古のスベティツホヴェリ聖堂、6～7世紀に、ムツヘータの町の正面の山頂に建てられた、神聖で美しいジュパリ教会などが残っている。2009年の第33回世界遺産委員会セビリア会議で、これらの重要な建造物群の保護の観点から危機遺産に登録された。世界遺産委員会は、ジョージア政府に、ムツヘータの歴史的建造物群に関する総合管理計画の採択と石造とフレスコ画の深刻な劣化、その他に、教会群の近くでの土地管理と世界遺産登録された建造物群内の真正性の喪失等の問題解決を要請した。2016年の第40回世界遺産委員会イスタンブール会議において、危機遺産から解除された。

文化遺産（登録基準（iii）（iv）） 1994年

●アッパー・スヴァネチ（Upper Svaneti）

アッパー・スヴァネチは、ジョージアの北、ロシアとの国境のコーカサス（カフカス）山脈の山麓のザカフカス地方にある。アッパー・スヴァネチは、中世の趣を残す村落の姿とコーカサス（カフカス）山脈の雄大な自然景観とが融合している。外界から隔絶された山中にあるスヴァン族が住むチャザシの村には、今でも、独特の形をした200軒以上の伝統的民家が点在する。それらは、古くから、モンゴルなど諸民族の侵略を防御する砦の役目も果たしていた。

文化遺産（登録基準（iv）（v）） 1996年

○コルキスの雨林群と湿地群

（Colchic Rainforests and Wetlands）

コルキスの雨林群と湿地群は、ジョージアの西部、アジャリア自治共和国、グリア州とサメグレロ・ゼモ・スヴァネティ州にまたがるパリアストミ湖に面した平原で、登録面積31,253 ha、バッファーゾーン26,850ha、ジョージア初の自然遺産で、その生態系と生物多様性が評価された。構成資産は、黒海とカスピ海の間のコーカサス山脈に沿って位置するコーカサス混交林エコリージョン、黒海盆地の重要な部分を代表するムティララ国立公園、コルケティ国立公園、キントリシ保護地域、コブレティ保護地域など7つで構成される。コルキスの湿地生態系は、1997年にラムサール条約の登録湿地になっている。コルキスとは、黒海の東端、ファシス川（現リオン川）流域地方の古代名である。北は大カフカス山脈、東はイベリア、南はアルメニアとポントスに境を接し、ギリシャの英雄伝説アルゴナウタイの物語で象徴されるように、豊かな富の国として、金、毛皮、麻織物、農産物などの産出で古くから知られた地域である。
自然遺産（登録基準（ix）（x））　2021年

スイス連邦（12物件　○3　●9）

●ベルンの旧市街（Old City of Berne）
ベルンは、1848年にスイス連邦が誕生した時からの首都。町は、大きく湾曲したアーレ川（ライン川の支流）に囲まれた丘の上に、スイスの貴族ツェーリンゲン家によって1191年につくられた。ベルンの語源は、熊を意味するドイツ語。ツェーリンゲン公が狩りの際最初に捕まえた獲物が熊であったことから名付けられ、市章は熊となっている。ニーデック橋を渡って、13世紀の城門の跡につくられた時計塔に至る旧市街には、高さ100mの塔がシンボリックなミュンスター大聖堂、中世からの市庁舎や16世紀の仕掛け時計塔、ヨーロッパ最長といわれる6kmのアーケードなどがある。また、モーゼの噴水、シムソンの噴水、ツェーリンゲンの噴水、アンナ・ザイラーの噴水など彫像で飾られた11の噴水が町のあちこちに配され、美しい花の町のアクセントとなっている。ベルン市内には、かのアインシュタインが相対性理論を確立した家であるアインシュタインハウス（現在は記念館）がある。
文化遺産（登録基準（iii））　1983年

●ザンクト・ガレン修道院（Abbey of St Gall）
ザンクト・ガレン修道院は、スイス北東部ボーデン湖の南にある東スイスの中心都市ザンクト・ガレンにあるベネディクト派の修道院で、起源は7世紀にアイルランドの隠修士ガルスが営んだ僧坊に始まる。8世紀に入って司祭オットマーにより修道院が建てられ、当初建設したガルスの名をとってザンクト・ガレンと命名された。9～11世紀には学芸、科学で名を知られ、また、繊維の町として発展した。火災や宗教改革での破壊にあって消失した大聖堂は、16～18世紀にはバロック様式で再建された。また、僧院付属の図書館には、数千冊の初期中世の彩飾写本や古文書が納められており、大変貴重な財産となっている。
文化遺産（登録基準（ii）（iv））　1983年

●ミュスタイアの聖ヨハン大聖堂
（Benedictine Convent of St. John at Mustair）
ミュスタイアは、スイス東部、イタリアとの国境に近いチロル南端の谷間の町にある。ミュスタイアは、山あいの土地だが、スイスとイタリアを結ぶ峠越えの道があり、交通の要衝であった。聖ヨハン大聖堂は、フランク王国カール大帝時代の創建とされ、カロリンガ様式を象徴する四角い塔を持つ。内部を飾るフレスコ画は、「旧約聖書」と「新約聖書」を題材にして9～12世紀に描かれたもので、質素な外見と違い、壮麗な聖書の物語が繰り広げられている。20世紀半ばの修復の際、発見された。損傷の激しい一部のフレスコ画は、現在チューリッヒの国立民族博物館に保管されている。
文化遺産（登録基準（iii））　1983年

●市場町ベリンゾーナの3つの城、防壁、土塁
（Three Castles, Defensive Wall and Ramparts of the Market-Town of Bellinzone）
市場町ベリンゾーナの3つの城、防壁、土塁は、首都ベルンの南東およそ150kmにあるティチーノ州の州都であるベリンゾーナにある。ベリンゾーナは、過去千年以上にわたる栄光を秘めた重厚な中世都市で、古くからスイスとイタリアを結ぶ交通の要衝であった市場町。町を望む丘の上には、カステロ・グランデ、カステロ・モンテベーロ、カステロ・デ・サッソコルベーロのかつての代官の3つの城がそびえている。ドイツ語名でそれぞれウーリ、シュヴィーツ、ウンターワルデンの別名がつけられている。ここは、かつてイタリアのミラノのヴィスコンティ家やスフォルツァ家の戦略的拠点であった。
文化遺産（登録基準（iv））　2000年

○スイス・アルプスのユングフラウ-アレッチ
（Swiss Alps Jungfrau-Aletsch）
スイス・アルプスのユングフラウ-アレッチは、ベルン州とヴァレリー州にまたがる雪を頂くスイス・アルプス。標高およそ4000m、総面積824km²の広大なエリアにアイガー、メンヒ、ユングフラウという3名山とユングフラウから続く西ユーラシア最大・最長のアレッチ氷河を擁する。アレッチ氷河は、氷河史や進行中の過程、特に気候変動と地球温暖化との関連において、科学的にも重要なものである。ユングフラウ-アレッチの壮麗で雄大な大地は、アルプスが造りあげた理想的な自然の芸術であり、また自然保護活動の観点からも1930年のアレッチの森林保護区、「ヴィラ・カッセル」というスイス初の環境保護センターの設置などスイス・エコロジ一運動の先駆的役割を果たしてきた。ここには、エーデルワイスやエンチアンなどの高山植物や亜高山植物も広範に生息している。ユングフラウ-アレッチの印象的な景観は、ヨーロッパの文学、美術、登山、旅行に重要な役割を果たした。この地域はその美しさに魅せられた国際的なファンも多く訪れたい最も壮観な山岳地域の一つとして広く認識されている。2007年の第31回世界遺産委員会クライストチャーチ会議で、世界遺産の登録範囲が539km²から824km²に拡大された。また、2008年には、登録名が変更になった。

自然遺産（登録基準(vii)(viii)(ix)）
2001年／2007年

○モン・サン・ジョルジオ（Monte San Giorgio）

モン・サン・ジョルジオは、ティチーノ州のルガーノの南方にある、地質学的、古生物学的にも重要で、動植物の生態系も豊かな南アルプスの美しい山である。モン・サン・ジョルジオは、中世には、隠遁者を惹きつける聖なる場所であった。一方、2.3～2.4億年前には、恐竜が、メリーデ地域に住みついていたと思われ、三畳紀の地層から化石が発掘されている。土質が柔らかい泥の為か、これらの生物の骨格が完全に保存されている。メリーデには、各種の恐竜の骨格が発掘されており、発掘の詳細と出土した小物までも展示している小さな恐竜博物館もある。また、この地域では、多くの魚の様な無脊椎動物の化石が発見されているので、昔は、海の近くであったに違いない。モン・サン・ジョルジオは、2010年の第34回世界遺産委員会ブラジリア会議で、類いない重要性と多様性の価値がある三畳紀の海洋生物の化石が残っているイタリア側の「モン・サン・ジョルジオ」を構成資産に加えて、登録範囲を拡大した。

自然遺産（登録基準(viii)）　2003年／2010年
スイス／イタリア

●ラヴォーのブドウの段々畑（Lavaux, Vineyard Terraces）

ラヴォーのブドウの段々畑は、スイスの西部、ヴォー州のラヴォー地域、シヨン城からジュネーブ湖（レマン湖）の北岸沿いからローザンヌの東の郊外までの約30kmに展開する文化的景観である。世界遺産の構成資産は、ブドウの段々畑とリヴァ、ヴィレット、シェクスブル、シャルドンヌ、グランヴィル、サン・サフォランなどの14の小さな集落群である。レマン湖とアルプス山脈を望むブドウ畑のあるラヴォーは、レマン湖の北東岸の地方名で、スイスを代表するワインの産地として名高い。その起源はおよそ800年前、修道士がブドウ栽培を始めたことによる。現在の段々畑の面積は830ha。もともと気候は温暖だが、段々畑の南斜面では、レマン湖の湖面に反射する日光の照り返し、それに、熱い部分とそれをしのげる部分を持つ石の斜面の作用で、ブドウを完熟させる。

文化遺産（登録基準(iii)(iv)(v)）　2007年

○スイスの地質構造線サルドーナ
（Swiss Tectonic Arena Sardona）

スイスの地質構造線サルドーナは、スイスの北東部、グラウビュンデン州、ザンクト・ガレン州、グラールス州にまたがる。グラールス州のピッツ・サルドーナ（Piz Sardona　3056m）を中心に標高3000mの7つの頂きを特徴とする東部スイス・アルプスの大自然の絶景とその特徴的な地形の山岳地域32850haが世界遺産の核心地域である。スイスの地質構造線サルドーナは、褶曲作用によって、約5000万年前の砂岩フリッシュ層の上に約2億5000万年から3億万年前のペルム紀の火山質礫岩ヴェルカーノ層が重なってナイフの様な鋭い地質構造線の特異な地形が、氷河期後に、現在のヨーロッパに起こったプレート（岩板）のダイナミックな地殻変動による大陸衝突（移動）によって形成されたアルプス山脈、そして、地球の誕生と進化の謎を解明する鍵となり、地球科学の分野で重要な地球の上層部の変動をつかさどる重要な理論である「プレート・テクトニス理論」（プレート理論）を証明する上でも大きな意味を持つ地形で、フォーダーライン渓谷、リント渓谷、ヴァーレン湖に囲まれたリント川流域のグラールス・アルプス一帯の魅惑的な山岳景観が象徴的である。

自然遺産（登録基準(viii)）　2008年

●レーティッシュ鉄道アルブラ線とベルニナ線の景観群
（Rhaetian Railway in the Albula / Bernina Landscapes）

文化遺産（登録基準(ii)(iv)）　2008年
（スイス／イタリア）→イタリア

●ラ・ショー・ド・フォン／ル・ロックル、時計製造の計画都市
（La Chaux-de-Fonds／Le Locle, Clock-making town planning）

ラ・ショー・ド・フォン／ル・ロックルは、スイスの北西部、フランス国境のすぐ近くのジュラ山脈の麓のジュウ渓谷、ヌーシャテル州のショー・ド・フォンとル・ロックルにある時計製造の都市遺産である。ラ・ショー・ド・フォン／ル・ロックルの世界遺産の登録面積は、283.9haで、バッファー・ゾーンは、4,487.7haで、構成資産は、ラ・ショー・ド・フォンとル・ロックルの2つからなる。ラ・ショー・ド・フォン／ル・ロックルは、18世紀に時計づくりの為に建設された対をなす工場都市群で、現在も、繁栄を続けている。ラ・ショー・ド・フォンは、時計産業の中心として知られており、ジラール・ペルゴ、タグ・ホイヤーなどの本社があり、また、世界最大規模の時計の博物館である国際時計博物館がある。一方、ル・ロックルは、その周辺にある小さな町ル・ロックルには、スイス屈指の高級時計の工房であるルノー・エ・パピがある。ショー・ド・フォンは、近代建築の巨匠であるル・コルビュジエの出身地であり、初期の住宅作品なども残っている。世界遺産の登録範囲内にある庭園での私有のガレージの建設が行われており、注視が必要である。
文化遺産（登録基準(iv)）　2009年

●アルプス山脈周辺の先史時代の杭上住居群
（Prehistoric Pile dwellings around the Alps）
アルプス山脈周辺の先史時代の杭上住居群は、オーストリアのケルンテン連邦州とオーバーエスターライヒ連邦州、フランスのローヌ・アルプ地方とフランシュ・コンテ地方、ドイツのバーデン・ヴュルテンベルク州とバイエルン自由州、イタリアのフリウリ・ヴェネツィア・ジュリア州、ロンバルディア州、ピエモンテ州、ヴェネト州、スロヴェニアのイグ市、それにスイスのベルンやチューリッヒなど14の州の6か国にまたがって分布している。これらは、紀元前5000年から紀元前500年にかけて、アルプス山脈や周辺のモントゼー湖やアッターゼー湖(オーストリア)、シャラン湖(フランス)、コンスタンツ湖(ドイツ)、カレラ湖(イタリア)、ツーク湖(スイス)などの湖群、リュブリャナ湿原(スロヴェニア)などの湿地群の畔に建てられた先史時代の杭上住居(或は高床式住居)の集落の遺跡群で、現認されている937のうち111(スイス56、イタリア19、ドイツ18、フランス11、オーストリア5、スロヴェニア2)の構成資産からなる。杭上住居群は、多数の杭によって湖底や河床から持ち上げられ独特の景観を呈する。幾つかの場所で行われた発掘調査では、新石器時代、青銅器時代、鉄器時代初期にかけての狩猟採集や農業など当時の生活や慣習がわかる遺構が発見されている。アルプス山脈周辺の先史時代の杭上住居群は、保存状態が良く、文化的にも豊富な遺物が残っている考古学遺跡群である。
文化遺産（登録基準(iii)(v)）　2011年
オーストリア／フランス／ドイツ／イタリア／スロヴェニア／スイス

●ル・コルビュジエの建築作品－近代化運動への顕著な貢献
（The Architectural Work of Le Corbusier, an Outstanding Contribution to the Modern Movement）
文化遺産(登録基準(i)(ii)(vi))　2016年
（フランス／スイス／ベルギー／ドイツ／インド／日本／アルゼンチン）→フランス

○カルパチア山脈とヨーロッパの他の地域の原生ブナ林群
（Primeval Beech Forests of the Carpathians and Other Regions of Europe）
自然遺産（登録基準(ix)）
2007年／2011年／2017年／2021年
（アルバニア、オーストリア、ベルギー、ボスニアヘルツェゴビナ、ブルガリア、クロアチア、チェコ、フランス、ドイツ、イタリア、北マケドニア、ポーランド、ルーマニア、スロヴェニア、スロヴァキア、スペイン、スイス、ウクライナ） → ウクライナ

スウェーデン王国（15物件　○1　●13　◎1）

●ドロットニングホルムの王領地
（Royal Domain of Drottningholm）
ドロットニングホルムの王領地は、首都ストックホルムの西郊、大小の島からなる外海のバルト海にかけて点在する約24000の島と岩礁一帯のストックホルム群島（アーキペラゴ）の一つであるローベン島の水辺にある。ドロットニングホルム宮殿は、ヴェルサイユ宮殿をお手本に18世紀に建てられた北欧の王室の住居を代表する、権力と富を象徴する絢爛豪華で荘厳なバロック様式の宮殿で、「北欧のヴェルサイユ」と称される。1982年以来、現国王一家の居城となっており、220室ある宮殿の一部は一般に公開されている。メーラレン湖岸の庭園の中に、王宮、1766年に建てられた宮廷劇場、中国館、ゴシック様式の塔が建っている。 宮廷劇場では、夏の間、オペラやバレエが上演される。
文化遺産（登録基準(iv)）　1991年

●ビルカとホーヴゴーデン（Birka and Hovgården）
ビルカは、市街がたくさんの小島の上につくられていることから「北のヴェネチア」とも呼ばれる首都ストックホルムの西メーラレン湖のビョルケー島北西端に、また、ホーヴゴーデンは、アデルスユー島にあるヴァイキング時代の交易地の跡。9～10世紀にはフリースラント商人がここを訪れ、または定住し、布、陶器、ガラス製品、フランクの剣などを交易していたことが出土品で判明している。
文化遺産（登録基準(iii)(iv)）　1993年

●エンゲルスベルクの製鉄所
（Engelsberg Ironworks）
エンゲルスベルクの製鉄所は、ストックホルムの北東150km、ファーガシュッタ地方のエンゲルスベルクの町に残る産業遺産。スウェーデンは、18世紀の初頭には世界の鉄の生産量の3分の1のシェアを占める世界最大の鉄の生産国で、例えば、英国の場合においても、自国の鉄の需要の3分の2をスウェーデンからの輸入に依存していた。なかでも、バリスラーゲン鉱床地域で産出される高品位の鉄鉱石を主原料として造られた特殊

ヨーロッパ

鋼は、スウェーデン鋼として世界的に有名であった。エンゲルスベルクの製鉄所は、15～19世紀に、この国の基幹産業としての役割を担ったが、19世紀に、銑鉄を鋼に変える新たな製鉄法のベッセマー法が出現した為、競争力を失った。鋳造設備を含む木造板張りの工場が森の中に当時のままで保存されている。

文化遺産（登録基準(iv)）　1993年

●ターヌムの岩石刻画（Rock Carvings in Tanum）

ターヌムの岩石刻画は、ノルウェーとの国境に近いオスロ湾に面したストレムスタート南部の小さな村にある。ターヌムの岩石刻画は、紀元前1000～紀元前500年頃の青銅器時代の岩絵で、狩猟する人物、槍を持った男性、子供を宿した女性、呪術師、トナカイ、ウマ、ウシ、シカ、イヌなどの動物、船やそりなどの日常道具の絵が岩に刻まれている。ターヌムの岩石刻画は、大胆ながらも繊細さを保っており、きわめて芸術性が高いといわれている。

文化遺産（登録基準(i)(iii)(iv)）　1994年

●スコースキュアコゴーデン（Skogskyrkogården）

スコースキュアコゴーデンは、首都ストックホルム南部のエンシェデにある。スウェーデンの著名な建築家グンナー・アスプルンド（1885～1940年）とパートナーのシグード・レーヴェレンツ（1885～1975年）の設計によって1919～1940年にかけて建設された森林墓園。もとは、砂利採集場の跡地もあった松林などの森林地帯で、首都ストックホルムの都市化で、避けて通れなかった新墓地の建設場所として土地利用された。基本設計は、広く国際コンペでアイデアが募られ、一等に入選したこの二人の作品が採用された。立方体の形をした礼拝堂と地下の火葬場（1935～1940年建設）、そして遺骨が眠る墓地が一体化したこの森の墓園は、死者の魂を自然に帰してくれるような不思議な包容力を感じさせてくれる。死者の復活への願いを象徴している黒い十字架、あたかも自然の一部であるかのように調和して並ぶ墓石、緑のカーペットを敷き詰めたような芝生などの植栽や池、そして目立つことなく自然に溶け込んだ建造物など。これらが違和感なく周囲の森の自然に溶け込み、起伏のある地形と見事に調和した景観を呈している。墓地のスタイルも地域や国によって異なっているが、周囲の空間と風景を生かした墓園設計の手本として、斯界では世界的にも有名で、この二人の作風は後進の建築家にも大きな影響を与えている。

文化遺産（登録基準(ii)(iv)）　1994年

●ハンザ同盟の都市ヴィスビー（Hanseatic Town of Visby）

ヴィスビーは、ゴトランド島のヴァイキングの跡地で、12～14世紀にかけてのバルト海のハンザ同盟都市のなかでも中心的な存在。13世紀に建てられた城壁と200を越す倉庫群、同時代に建てられた貿易会社などがあり、北欧の要塞都市として、最もよく保存されている。

文化遺産（登録基準(iv)(v)）　1995年

◎ラップ人地域（Laponian Area）

ラップ人地域は、スカンジナビア半島北部のアジア系少数民族で先住民族のラップ人<サーミ（サーメ）人>の故郷。広大な北極圏で暮らす彼等は、毎年トナカイと共に、そりで、この地域にやってくる。遊牧生活を送るサーミ人の伝統文化が残る最大にして最後のラップランドは、高山植物も見られる山岳、氷河で運ばれたツンドラの堆石によってできた深い渓谷のフィヨルド、湖沼、滝、そして、川が流れる雄大な自然景観が素晴しい。かつてのサーミ人の交易の中心地のユッカスヤルビの近くには、サーミ人の博物館、ラップランド唯一の木造教会、トナカイファームなどが見られる。また、イェリヴァーレの郊外には、サーミ人のキャンプ、ヴァグヴィサランがあり、伝統的な白樺の木で組んだ可動式のテントの“コータ”（Kaota）が建ち、トナカイが飼育されている。

複合遺産（登録基準(iii)(v)(vii)(viii)(ix)）1996年

●ルーレオのガンメルスタードの教会の町
（Church Town of Gammelstad, Luleå）

ルーレオのガンメルスタードの教会の町は、スカンジナビア北部、ボスニア湾の奥に開けた中心都市ルーレオにある。15世紀初頭にルーレオ川沿いに建築された石造りのカトリック教会の周辺にある424軒のの中世的な平屋建ての木造家屋は、教会の行事のために遠方から訪れた礼拝者の為の宿泊施設として使われた。

文化遺産（登録基準(ii)(iv)(v)）　1996年

●カールスクルーナの軍港（Naval Port of Karlskrona）

カールスクルーナは、スウェーデン南部のバルト地方の温暖で風光明媚な港町でブレーキング県の県都でもある。この町はバルト海の戦略的な位置にあり、暖流の影響等で冬場も海が凍らない地理気候条件*から、1680年に、スウェーデン国王のカルル11世によって、スウェーデン海軍の軍事拠点として計画的に造られたスウェーデンの最も重要な海軍基地の1つである。ヨーロッパの計画された海軍の町の良く保存された例であり、類似の海軍基地をもつ町のモデルとなった。カールスクルーナは、これらの生き残った軍事基地のなかで最も保護され完全なものである。 また、カールスクルーナには、1985年に建造されたこの町最古の建物であり、木造の聖堂としてはスウェーデンで最大のアミラリテート聖堂がある。

＊北欧には、北極圏にありながらも、1年中、海が凍らない港が幾つかある。ノルウェーのハンメルフェスト、それに、ロシアのムルマンスクなども、不凍港として、貿易港や軍事基地として重要な役割を果たしている。
文化遺産（登録基準(ii)(iv)）　1998年

○ハイ・コースト／クヴァルケン群島
（High Coast／Kvarken Archipelago）
ハイ・コーストは、スウェーデンの北東、南ボスニア湾の西岸にある。ハイ・コーストの面積は、海域の800km²を含む1425km²で、国立公園、自然保護区、自然保全地域に指定されている。ハイ・コーストの地形は、海岸、渓谷、湖沼、入り江、島、高地などからなり景観も美しい。9600年前の氷河期から100年あたり90cmのスピードで土地が隆起を続け、この間、285～294mにもなり、地質学的にも氷河後退後の地殻上昇の現象が随所に見られる。ハイ・コーストは、1997年に開通した世界屈指の吊橋、ヘーガ・クステン橋(ハイ・コースト橋　1210m)でも有名である。また、海岸線に集積する先史時代の遺跡や人間と自然との共同作品ともいえる文化的景観など歴史・文化遺産の価値評価についても着目されている。2006年、フィンランドのクヴァルケン群島を追加し、2国にまたがる物件となった。
自然遺産（登録基準(viii)）　2000年／2006年
スウェーデン／フィンランド

●エーランド島南部の農業景観
（Agricultural Landscape of Southern Öland）
エーランド島は、スウェーデンの南部、カルマル海峡を隔てて本土とエーランド橋で結ばれた大きな島で、南北の長さは130kmに及ぶ。エーランド島南部の農業景観は、およそ5000年前の先史時代から現在まで、過酷な環境条件の中で人間が居住し続けてきた一つの島での最適な土地利用や居住形態を示す顕著な事例である。その事は、バルト海に面した断崖、氷河が残したモレーンなどの複雑な地形、砂岩、粘板岩、それに、エーランド島特有の石灰岩の地質構造、不毛な平原など不自由な自然環境に適合させて人々が生活してきたことを物語るバイキングの集落遺跡、それに、歴史的な風車、牧草地、集落など多様な農業景観に見ることができる。
文化遺産（登録基準(iv)(v)）　2000年

●ファールンの大銅山の採鉱地域
（Mining Area of the Great Copper Mountain in Falun）
ファールンは、森と湖の美しい自然と民族的伝統が色濃く残るスウェーデン手工芸の宝庫であるダーラナ地方の中心都市。ファールンは、中世商業と製材業が盛んであり、20世紀末に閉山したが、スウェーデン経済を支え、何世紀にもわたって、ヨーロッパの経済、社会、政治の発展に強い影響を及ぼした有名な銅鉱山があった。ファールンの大銅山は、全盛期には世界の3分の2の銅を産出したといわれている。ファールンの大銅山とその文化的景観は、ここが鉱工業の最も重要な地域の一つであったことの名残りを銅鉱山の巨大な露天掘りの採掘現場、坑道跡などに見られるように今も色濃く留めている。構内には立派な博物館もあり鉱山の歴史や模型、採掘道具などが展示されている。
文化遺産（登録基準(ii)(iii)(v)）　2001年

●ヴァルベルイのグリムトン無線通信所
（Grimeton Radio Station, Varberg）
ヴァルベルイのグリムトン無線通信所は、スウェーデン南西部のグリムトン地方行政区のヴァルベルイ市の東7kmにある。ヴァルベルイは、スウェーデンで最も人気があるシーサイド・リゾートの一つである。グリムトン無線通信所は、1922～1924年に建設され、大西洋横断の無線通信の先駆けとなった。20世紀初期の通信技術の発展を示す象徴的存在として、顕著な記念碑と言える。また、放送センターとしての典型的な建物であり、保存状態も良好である。
文化遺産（登録基準(ii)(iv)）　2004年

●シュトルーヴェの測地弧（Struve Geodetic Arc）
文化遺産（登録基準(ii)(iv)(vi)）　2005年
（ノルウェー／スウェーデン／フィンランド／ロシア／エストニア／ラトヴィア／リトアニア／ベラルーシ／モルドヴァ／ウクライナ）→エストニア

●ヘルシングランド地方の装飾農家群
（Decorated Farmhouses of Hälsingland）
ヘルシングランド地方の装飾農家群は、スウェーデンの東部、ノールランドの地方の1つヘルシングランド地方に見られる伝統的な装飾農家群で、7つの独立農家の構成遺産からなる。この地方の農夫は、古くから森林や土地を所有する権利を有し、壮大な農場を経営している。独特の農家建築をもって19世紀に建てられたこれらの農家群は、「木造の城郭群」、「木造の宮殿群」とも例えられ、広く知られている。農家の家屋は木造の2～3階建てで、整然とした幾つもの窓や、多彩な屋根付きの門をもっている。また、室内の装飾は、民俗芸術と、バロック、ロココなど上流階級の様式とが融合した独特な総合芸術であり、壁の絵画、刷り込まれた壁の装飾、高価な壁紙が特徴的である。
文化遺産（登録基準(v)）　2012年

スペイン（49物件　○4　●43　◎2）

●コルドバの歴史地区（Historic Centre of Cordoba）

コルドバの歴史地区は、スペインの南部、アンダルシア自治州セビリアの北東約130kmにあるコルドバ県の県都コルドバ市にある。ウマイヤ朝の785年に建造されたメスキータ(回教寺院)は、13世紀に町がキリスト教徒に奪回されるとキリスト教の大聖堂に改造された。メッカのカーバ神殿に次ぐ世界第2の規模で、内部は1000本近くの柱から構成されており、イスラム教とカトリック教の融合が美しい。その他、グアダルキビル川に架かるローマ橋、ローマ時代の広間や中庭、アラブ様式の見事な庭園を持つ14世紀のアルカサル城砦、14世紀のムデハル様式のユダヤ教会など、イスラム教、キリスト教、ユダヤ教の3つの文化が交錯し複雑な歴史を伝える。コルドバの歴史地区は、1984年に「コルドバのモスク」として、世界遺産登録されたが、1994年に登録範囲を拡大した。

文化遺産(登録基準(i)(ii)(iii)(iv))
1984年／1994年

●グラナダのアルハンブラ、ヘネラリーフェ、アルバイシン
(Alhambra, Generalife and Albayzín, Granada)

グラダナのアルハンブラ、ヘネラリーフェ、アルバイシンは、スペインの南部、アンダルシア自治州の都市グラダナにある宮殿、庭園、地区である。スペイン最後のイスラム王朝の手になるアルハンブラ宮殿(アルハンブラは、アラビア語で赤い城の意)は、14世紀に完成。王宮、カルロス5世宮殿、アルカサバ、ヘネラリーフェ庭園の4部分からなり、イスラム芸術の楽園として繊細な美しさを今に伝える。王宮には、中央の水場と両脇の生垣の緑が美しいアラヤネス庭園、12頭のライオンの石像に支えられた噴水があるライオンの中庭などがある。外観は質素に見えるが、内部は、豪華そのもの。ゴシック、ルネッサンス混合様式の大聖堂や王室礼拝堂などが歴史地区を彩る。アルバイシン地区は、かつてはアラブ人たちの居住区で、今でも白壁の家や細い路地が当時の面影を残している。

文化遺産(登録基準(i)(iii)(iv))　1984年／1994年

●ブルゴス大聖堂 (Burgos Cathedral)

ブルゴス大聖堂は、スペインの北部、カスティーリャ・イ・レオン自治州にある宝石のように洗練された大聖堂。ブルゴスは、かつては、カスティーリャ王国の首都として栄えた。ブルゴス大聖堂は、13世紀にフェルナンド3世の命により建設が始まり、16世紀に完成したスペイン・ゴシック建築の最高傑作で、随所にスペイン独自の技巧と装飾を凝らした芸術性の非常に高いものである。セビリア、トレドに次いでスペインで3番目に大きい聖堂で、13の礼拝室がある内部の装飾も各時代の特徴を反映したバラエティ豊かなものである。ブルゴスは、レコンキスタ(国土回復運動)の英雄エル・シドの故郷としても有名で、大聖堂には、彼と妻の墓が収められている。

文化遺産(登録基準(ii)(iv)(vi))　1984年

●マドリッドのエル・エスコリアル修道院と旧王室
(Monastery and Site of the Escurial, Madrid)

マドリッドのエル・エスコリアル修道院と旧王室は、スペインの中央部、マドリッドの近郊、北西約50km、グワダラーマ山脈の麓の町サン・ロレンソ・デル・エスコリアルにある。エル・エスコリアル修道院と王宮は、フェリペ2世が対仏戦勝記念として1563年に建設を始め、21年後に完成。建物のデザインは、余分な装飾を省き簡素であるが、花崗岩が使われており、そのスケールは、東西206m、南北161mと壮大。王室の修道院は、離宮と一体化したスペイン・ルネッサンスの代表建築で、制作者エローラの独自性がよく表われており、エローラ様式と呼ばれている。エル・エスコリアル修道院の内部には、6つのパティオ(中庭)があり、「王の中庭」は側面のむきだしの壁と正面の装飾を施したファサードとの対比が見事。また教会部分の丸天井にルーカス・ホルダンによるフレスコ画が描かれている高さ92mのドームも印象的。

文化遺産(登録基準(i)(ii)(vi))　1984年

●アントニ・ガウディの作品群 (Works of Antoni Gaudí)

アントニ・ガウディの作品群は、スペインの東部、カタルーニャ自治州のバルセロナとサンタ・コロマ・デ・セルヴェロに分布し、スペインの孤高の建築家でカタルーニャ・モデルニスモの旗手アントニ・ガウディ(1852〜1926年)の作品、グエル公園(1904〜1916年)、グエル邸(1886〜1890年)、ミラ邸(1906〜1910年)などからなる。グエル公園は、もともと未来指向の住宅地として計画されたが、後に公園に転用された。デザインとレイアウトは、カラフルで美しい波うつようなセラミック・ベンチの広場や、「百本柱」の空間などガウディ独特の奇抜な彫刻などで飾られた夢とおとぎの不思議な世界。グエル邸は、建築材料として鉄材とセラミックを多用した豪華な住宅。ミラ邸は、別名「ラ・ペドレラ」(石切り場)とも呼ばれ、大胆な曲線を多用した風変りなアブストラクト彫刻の集合住宅。鬼才ガウディによるこれらの作品群は、建築素材の持ち味を生かした独創的なデザインで芸術的。2005年、サグラダ・ファミリアのイエス降誕のファサードと地下聖堂(1884〜1926年)、ヴィンセンス邸(1883〜1885年)、バトリョ邸(1904〜1906年)、サンタ・コロマ・デ・セルヴェロにあるコロニア・グエル教会の地下聖堂(1898〜1905年)の4つの建造物群が新たに加わり、登録遺産名も変更された。

文化遺産(登録基準(i)(ii)(iv))　1984年／2005年

●アルタミラ洞窟とスペイン北部の旧石器時代の洞窟芸術
（Cave of Altamira and Paleolithic Cave Art of Northern Spain）
アルタミラ洞窟とスペイン北部の旧石器時代の洞窟芸術は、スペインの北部、カンタブリア自治州、アストゥリアス自治州、バスク自治州に展開する。スペイン北部の旧石器時代の洞窟芸術は、紀元前35000年から11000年にかけて、ウラルからイベリア半島にかけてのヨーロッパで発展した旧石器時代の洞窟画を代表するものである。なかでも、カンタブリア自治州サンティリャーナ・デル・マルにあるアルタミラ洞窟は、スペイン北部の旧石器時代の洞窟画を代表するもので、1879年、ピクニック中の父娘により発見された。アルタミラ洞窟の全長は270mあり、その中には、後期旧石器時代（紀元前15000～12000年）に描かれたバイソンやイノシシ、ウマ、シカなど狩猟に関連した動物が、彩色で写実的に描かれている。入口の高さは2m、奥には天井の高さ12mの大広間と呼ばれる空間がある。呪術的儀式を行う宗教空間であったと考えられている。焚火跡も発見された。最近は洞窟内部の気温や湿度、炭酸ガスの含有量の変化によりかなりの傷みが目立つようになった。第32回世界遺産委員会ケベック・シティ会議で、1985年に世界遺産登録された「アルタミラ洞窟」に17の旧石器時代の装飾洞窟群を構成資産に追加、登録範囲を拡大し、現在の登録遺産名に変更した。
文化遺産（登録基準(i)(iii)）
1985年／2008年

●セゴビアの旧市街とローマ水道
（Old Town of Segovia and its Aqueduct）
古都セゴビアは、スペインの中央部、カスティーリャ・イ・レオン自治州の南部にあるセゴビア県の県都で、グアダラマ山脈の北西麓、標高1000mに位置する。ローマ時代から戦略上重要な位置にあり、中世にはカスティーリャ王国の主要都市として繁栄した。城壁に囲まれた旧市街には、マヨール広場を中心に11～12世紀時代の大聖堂や教会がある。また、12世紀のカスティーリャ王国の城塞であるセゴビア城（アルカサル）は、1474年にイサベル女王がカスティーリャ王国の国王として戴冠式を行った場所であり、「白雪姫」のモデルになったとも言われている。それに、現在も使用されている100年頃のローマ時代にトラヤヌス帝によって建てられた巨大なローマ水道橋は、花崗岩を積み上げたもので、全長728m、119のアーチからなっている。
文化遺産（登録基準(i)(iii)(iv)）　1985年

●オヴィエドとアストゥリアス王国の記念物
（Monuments of Oviedo and the Kingdom of the Asturias）
オヴィエドとアストゥリアス王国の記念物は、スペインの北部、アストゥリアス自治州オヴィエド市にある。8世紀にイスラム教徒の侵入を撃退、アストゥリアス王国を建国、国土回復運動（レコンキスタ）の拠点となった。8～11世紀に王国の首都オヴィエドを中心に、ロマネスク建築の先駆となる独特の様式の建築物が建てられた。サンタ・マリア・デル・ナランコ教会、サン・ミゲル・デ・リーリョ教会、サンタ・クリスティナ・デ・レナ教会の3つの教会は、その代表的な建物で、古代ローマのバシリカ建築の影響を受けている。1998年に登録範囲を拡大し、カテドラルの聖院（カマラ・サンタ礼拝堂）、サン・フリアン・デ・ロス・プラドス教会、フォンカラーダの泉の3つの構成資産が新たに加わった。
文化遺産（登録基準(i)(ii)(iv)）
1985年／1998年

●サンティアゴ・デ・コンポステーラ（旧市街）
（Santiago de Compostela（Old Town））
サンティアゴ・デ・コンポステーラは、スペインの北西端、ガリシア自治州にある。9世紀初頭に、イエス・キリストの12使徒の一人である聖ヤコブ（スペイン語でサンティアゴ）の墓が発見されてから脚光を浴びる様になった。この地は、エルサレムやヴァチカンと同様、キリスト教徒の精神的な支えとなり、憧れの聖地として、スペイン、フランス、ドイツなどヨーロッパ各地からの巡礼者で賑わった。旧市街、なかでも、オブラドイロ広場に面したロマネスク様式の大聖堂＜カテドラル＞は、サンティアゴ・デ・コンポステーラのシンボルで、スペイン・ロマネスク様式の最高傑作と評価を受けている「栄光の門」は、キリスト像や十二使徒の像で飾られている。内部中央祭壇には、聖ヤコブの像が祭られ、祭壇下へ通じる階段を降りると聖ヤコブの遺体を納めた銀の棺がある。サンティアゴ・デ・コンポステーラは、略称サンティアゴと呼ばれている。
文化遺産（登録基準(i)(ii)(vi)）　1985年

●アヴィラの旧市街と塁壁外の教会群
（Old Town of Ávila with its Extra-Muros Churches）
アヴィラの旧市街と塁壁外の教会群は、スペインの中央部、マドリッドの西北120km、標高1130mにある「石と聖者の町」、古都アヴィラにある。アヴィラの町を囲む11世紀末に完成した城壁は、全長2.5km、幅3m、高さ12mで、88の櫓を持つイスラム教徒への防壁であった。建設にはローマ時代の城壁や西ゴート族時代の城壁の石材が再利用された。城壁内には中世の教会や貴族の館などの歴史的建造物が建ち並ぶ。1091年に建てられた大聖堂は、要塞の役目も果していた堅牢強固な建物で、後陣部分は、「シモロの塔」と呼ばれる城壁の一部とつながっている。アヴィラは、中世の面影を残す要塞都市であり、城壁外には、サン・ホセ修道院やエンカルナシオン修道院などが残っている。
文化遺産（登録基準(iii)(iv)）　1985年

●アラゴン地方のムデハル様式建築
（Mudejar Architecture of Aragon）
アラゴン地方のムデハル様式建築は、スペインの東部、アラゴン自治州のテルエル県やサラゴサ県の教会群で見られる。12世紀にイスラム教徒から支配を取り戻したアラゴン王朝の下に残ったキリスト教徒が、12～16世紀に、テルエルの聖ペドロ教会、サルバドール教会、聖マルティン教会、サンタ・マリア・デ・メディアビーヤ教会、サラゴサの大聖堂、聖パブロ教会、アルハフェリア宮殿、カラタユのサンタ・マリア教会、セルベラ・デ・カニャーダのサンタ・テクラ教会、トベスのサンタ・マリア教会にその痕跡を沢山残した。ムデハル様式とは、キリスト教とイスラム教の2文化が融合した様式で、レンガやタイルを複雑に組み合わせた幾何学模様や寄せ木細工等はその特徴のひとつ。
文化遺産（登録基準(iv)）　1986年／2001年

●古都トレド（Historic City of Toledo）
古都トレドは、スペインの中央部、カスティーリャ・ラ・マンチャ自治州の州都で、タホ川に囲まれた丘陵にある天然の要塞都市。6世紀に西ゴート族が占領し西ゴート王国の首都となった。その後、イスラム教徒による支配を経て1085年にはキリスト教徒による支配が復活、1561年にフェリペ2世がマドリッドへ遷都するまでスペインの首都として繁栄した。13～15世紀のゴシック建築、270年かかって1493年に完成したスペイン・カトリックの大本山であるトレド大聖堂、長方型の建物に赤い屋根、四角い塔が四隅にある王城のアルカサル、11世紀にローマ遺跡の上に建築されたメスキータ・デル・クリスト・デ・ラ・ルス、14世紀のトランシト・ユダヤ教会、ルネッサンス様式のサン・フアン・デ・ロス・レイェス修道院などあらゆる時代の文化遺産が古都トレドの栄光を物語っている。トレドは、スペイン絵画を代表する画家エル・グレコゆかりの地でもある。
文化遺産（登録基準(i)(ii)(iii)(iv)）　1986年

○ガラホナイ国立公園（Garajonay National Park）
ガラホナイ国立公園は、スペイン本土から南へ約1000km、北アフリカの大西洋岸に位置するカナリア諸島のゴメラ島にある国立公園。ゴメラ島は大西洋上にある常夏の火山島。最高峰のガラホナイ山（標高1487m）を中心に広がる約40km²のガラホナイ国立公園には、太古の植物群が残り、半分以上がカナリア月桂樹の森林に覆われている。氷河作用の影響を受けていないこの島には、数百万年前の地中海沿岸に分布していた植物の残存種が植生している。ハトなどの鳥類、ラビシェ、トゥルケなどの小動物、それに、昆虫などの固有種が存在するなど、種や生態学の研究にとって、かけがえのない貴重な自然が残されている。
自然遺産（登録基準(vii)(ix)）　1986年

●カセレスの旧市街（Old Town of Caceres）
カセレスの旧市街は、スペインの西部、エストレマドゥーラ自治州カセレス県の県都カセレスにある。先住民を駆使した後に駐留したローマ軍が築いた旧市街地には、この時代に築かれた城壁、それに、「プルピトス」、「オルノ」、「エスパデロス」、「ブハコ」などの見張り塔が残っている。城壁内の旧市街には、ローマ時代の遺跡をはじめ、イスラム様式、ゴシック様式、ルネッサンス様式などの数多くの歴史的建造物が残っている。なかでも、シグエーニャス邸（コウノトリ邸）、ベレタス邸（風見鶏邸）、猿の家などの15～16世紀建造の貴族や富豪の館が際立っている。また、13世紀末に建造されたゴシック様式のサンタ・マリア教会は、この町で最も重要な教会で、多くの地元の著名人が埋葬されている。これらの建造物群の数々からは、大航海時代に新大陸との貿易を独占したカスティーリャ王国の繁栄ぶりが偲ばれる。この地方からは好戦的な中世の騎士団が誕生している。
文化遺産（登録基準(iii)(iv)）　1986年

●セビリア大聖堂、アルカサル、インディアス古文書館
（Cathedral, Alcázar and Archivo de Indias in Seville）
セビリア大聖堂、アルカサル、インディアス古文書館は、スペインの南部、アンダルシア自治州セビリア県の県都セビリアにある。セビリア大聖堂は、15世紀に建てられた後期ゴシック様式の建物。ヴァチカンのサン・ピエトロ大聖堂、ロンドンのセント・ポール大聖堂に次ぐ世界第三の規模を誇る。レコンキスタ以前には、この地には巨大なモスクが建っていたといわれ、ヒラルダ（風見）の塔は、かつてはモスクの尖塔であった大聖堂に付設された高さ98mの鐘楼である。セビリア大聖堂の中には、新大陸を発見したクリストファー・コロンブスの棺が置かれている。セビリア大聖堂の向かいに建つアルカサルは、13世紀の王宮で、華麗なムデハル様式。後の王による改修でゴシック様式、ルネッサンス様式も混在する。インディアス古文書館は、元は、商品取引所であった。16世紀から200年間にわたるアメリカ大陸関係の文書や地図、貿易関係の資料を保存している。セビリアでは、2009年6月に第33回世界遺産委員会が開催された。尚、1494年にスペインとポルトガルの両王が定めた東西分割協定のトルデシリャス条約は、世界の記憶に登録されており、インディアス古文書館に収蔵されている。最近の話題として、世界遺産登録範囲内での高層ビル建設プロジェクトによる開発圧力が問題になっている。
文化遺産（登録基準(i)(ii)(iii)(vi)）
1987年／2010年

●古都サラマンカ（Old City of Salamanca）
古都サラマンカは、スペインの西部、カスティーリャ・イ・レオン自治州サラマンカ県の県都である。1250年に、アルフォンソ10世によって、スペイン最古のサラマンカ大学が開かれ、学問の中心となった。サラマンカの旧市街には、サラマンカ大学をはじめ、12世紀のロマネスク様式の美しい回廊をもつ旧カテドラルや16世紀の新カテドラル、ガーリョ塔、15世紀の邸宅など貴重な建造物が点在する。なかでもマヨール広場は、スペイン・バロック建築の最高峰の一つで、単一の様式でまとめられた、スペイン一美しい広場とされている。また、「貝の家」はファサードに300にも及ぶ「サンティアゴ巡礼」のシンボルの帆立貝の殻の装飾が施されたユニークな建物で、現在は図書館として使われている。
文化遺産（登録基準(i)(ii)(iv)）　1988年

●ポブレット修道院（Poblet Monastery）
ポブレット修道院は、スペインの東部、カタルーニャ自治州バルセロナの西約80kmのタラゴナ県コンカ・デ・バルベラ郡ビンボディ町にある。ポブレット修道院、すなわち、サンタ・マリア・デ・ポブレット修道院は、1149年にラモン・ベレンゲール4世が計画、1151年に着工、シトー会派の修道士が何世紀にもわたって建築した。外壁の総延長が2km、内壁の防壁延長が608m、厚さが2mの三重に囲まれた壁の中には、礼拝堂、王室、図書館、食堂、回廊などがある。ポブレット修道院の修道士たちは、700年もの間、外界とは隔絶して清貧と祈りの生活を送っていた。20世紀初頭に国の文化財に指定されるまでの間、無残にも荒れ果てた状態が続いた。その後修復工事が行われ、1940年以降はシトー派修道会の修道士が再び修道生活を始めている。
文化遺産（登録基準(i)(iv)）　1991年

●メリダの考古学遺跡群
（Archaeological Ensemble of Mérida）
メリダの考古学遺跡群は、スペインの西部、エストレマドゥーラ自治州のグアディアナ川の北岸にあり、かつては小ローマと呼ばれた様に、ローマ時代の輝かしい遺跡の数々が歴史の奥深さを物語っている。メリダは、ローマ皇帝アウグストゥスによって紀元前25年にローマ帝国の属州ルシタニアの都として建設された都市で、エメリタ・アウグスタと呼ばれ、キリスト教伝播の中心都市としても栄えた。当時の遺跡として、宮殿、円形劇場、水道、城壁などが残る。「メリダ」の呼称は、アウグストゥスによる「エメリタ・アウグスタ」の命名に由来する。交通の要所として繁栄したが、8世紀初めにイスラムの侵攻にあって衰退した。
文化遺産（登録基準(iii)(iv)）　1993年

●サンタ・マリア・デ・グアダルーペの王立修道院
（Royal Monastery of Santa María de Guadalupe）
サンタ・マリア・デ・グアダルーペの王立修道院は、スペインの西部、エストレマドゥーラ自治州カセレス県のグアダルーペにある。1320年、グアダルーペ川のほとりの地中から掘り出された聖母マリアの彫像は、聖ルカが彫ったもので、イスラム教徒から逃れてきたキリスト教徒によって埋められたものである、とされる伝説によって、アルフォンソ11世がこの村に建設を命じ造らせた。当時イスラム教徒と対峙していたが、1340年のサラードの戦い(国土回復運動の戦い)で、イスラム軍を破ったことから、グアダルーペは一躍有名になり巡礼地となった。この修道院は、コロンブスがカトリック両王を謁見し、アメリカ大陸への航海用のカラベラ(中型帆)と乗組員の便宜を図る旨約束した手紙を受け取った舞台ともなった。
文化遺産（登録基準(iv)(vi)）　1993年

●サンティアゴ・デ・コンポステーラへの巡礼道：フランス人の道とスペイン北部の巡礼路群
（Routes of Santiago de Compostela: *Camino Francés* and Routes of Northern Spain）
サンティアゴ・デ・コンポステーラへの巡礼道：フランス人の道とスペイン北部の巡礼路群は、スペインの北部、11世紀には、年間50万人以上の巡礼者がサンティアゴ・デ・コンポステーラをめざして旅していたといわれる巡礼の道。キリスト教徒は、8～15世紀のレコンキスタの間もヨーロッパ各地からスペインの聖地サンティアゴ・デ・コンポステーラをめざしてピレネー越え2ルートが合流するプエンテ・ラ・レイナから北部ログローニョ、ブルゴス、レオンを経て中世の道800km余を歩いた。巡礼の道筋に当時建設された教会、修道院、病院、塔、橋などの遺跡が多数残り、今も続く巡礼の旅人を敬虔な気持ちにさせてくれる。欧州評議会は、1987年にサンティアゴ・デ・コンポステーラへの巡礼道を「文化の道」として選定している。2015年の第39回世界遺産委員会ボン会議で、北スペインにおける道4区間と16件の記念建造物群、合計20資産の構成資産を加えて登録範囲を拡大し登録遺産名も変更した。
文化遺産（登録基準(ii)(iv)(vi)）　1993年／2015年
→フランス

○ドニャーナ国立公園（Doñana National Park）
ドニャーナ国立公園は、スペインの南部、アンダルシア自治州ウエルヴァ県、セビリア県、カディス県、この地方を流れるグアダルキビル川の河口にある面積730km²のスペイン最大の国立公園、ヨーロッパでも最大級の自然保護区で、ヨーロッパの野生動物にとって最後の楽園だと言われている。マリスマスという湿原地帯、アレナス・エスタビリサダスという固まった砂地、ドゥナス・モナレスという動く砂丘、サンゴ礁などの変化に富んだ地形と、地中海性気候がつくりあげた自然と植物層からなる。雁、カモ、オオフラミンゴなどの渡り鳥や水鳥、食物連鎖をなすアナウサギ、イベリアオオヤマネコ、マングース、カタジロワシなどが生息している。ドニャーナ国立公園の複数の入り口には、一般向けの案内所がある。1980年にユネスコの「人間と生物圏計画」(MAB計画)に基づく生物圏保護区、それに、毎年50万羽以上の水鳥の越冬地となるこの地は、1982年にラムサール条約の登録湿地にもなっている。2005年には登録範囲の拡大が行われた。

自然遺産（登録基準(vii)(ix)(x)）　1994年／2005年

●クエンカの歴史的要塞都市
（Historic Walled Town of Cuenca）

クエンカの歴史的要塞都市は、スペインの中央部、カスティーリャ・ラ・マンチャ自治州クエンカ県の県都で、首都マドリッドの南東約130kmにある。ムーア人によって建設されたコルドバの防衛基地で、中世の要塞都市であった。壮大な田園風景に取り囲まれ、12世紀にはアルフォンソ8世によって、王家の町として繁栄した。スペイン最初のゴシック様式の大寺院や、フーカル川を臨む絶壁にぶら下がる様に建てられた独特な家並みは、見事な景観を見せている。「宙づりの家」、「不安定な家」とも呼ばれているゴシック建築の建物は、現在、抽象美術館やレストランになっており、夜のライトアップも美しい。

文化遺産（登録基準(ii)(v)）　1996年

●ヴァレンシアのロンハ・デ・ラ・セダ
（La Lonja de la Seda de Valencia）

ヴァレンシアのラ・ロンハ・デ・ラ・セダは、スペインの東部、中世に地中海貿易の中継地として繁栄したヴァレンシアにある1482年から1533年にかけて建てられた建物。ゴシック後期のフランボワイヤン様式の傑作である貿易会館「ロンハ」は、15～16世紀に絹取引で栄えた地中海の商業都市の富と権力の象徴。セダとは、スペイン語で絹のことで、この絹取引による繁栄によって、ナポレオンの侵略や20世紀のフランコ独裁にも対抗しえた。正面を入ってすぐの大広間は、高さ17mにも及ぶ螺旋模様の入った何本もの柱によって支えられ、柱の延長線上には椰子の木が葉を広げるような形で天井に筋上の美しい模様を描いている。また塔の一階は教会、二階と三階は支払いで問題を起こした商人の監獄として使われた。また、海上貿易の取引検査院で商取引に関連する様々な問題に対処した「海洋領事室」もおかれていた。現在この建物はコンサートなどのイベント会場として使われている他、日曜日には古銭と切手の市が開かれる。ヴァレンシアは、現在スペイン第3の都市として重要な役割を担っている。

文化遺産（登録基準(i)(iv)）　1996年

●ラス・メドゥラス（Las Médulas）

ラス・メドゥラスは、スペインの北部、カスティーリャ・イ・レオン自治州とガリシア自治州の中間にある。ローマ帝国は、紀元後1世紀頃にラス・メドゥラスで、水力による金の発掘を始め、約100年続いた。採掘場の面積は全長3km、最も深いところでは100mにも及ぶローマ帝国の最大規模の鉱山の一つに数えられ、およそ800tの金が採掘されたと推定されている。その後、この地はさしたる産業の発展もなかった為、当時の技術による採掘の現場、坑道、残滓などの名残り、そして、荒廃した廃坑の奇異形景が手つかずのまま斜面に広がっている。当時の事業の規模の大きさと、技術の高さをうかがい知ることのできる貴重な遺産。

文化遺産（登録基準(i)(ii)(iii)(iv)）　1997年

●バルセロナのカタルーニャ音楽堂とサン・パウ病院
（Palau de la Musica Catalana and Hospital de Sant Pau, Barcelona）

バルセロナのカタルーニャ音楽堂とサン・パウ病院は、スペインの東部、カタルーニャ自治州バルセロナの市街にある。ガウディと同時代の建築家ドメネック・イ・ムンタネル(1850～1923年)によるカタルーニャ文化を表現した建築物である。彼はモデルニスモ(アール・ヌーヴォー)の理論的な提唱者としてカタルーニャ文化を代表する芸術家として知られている。カタルーニャ音楽堂は、1905～1908年に建設された光と空間に溢れた力強い鉄筋建築で、外部には古今の有名音楽家の胸像がずらりと並んでいる。内部はステンドグラスの天井、クジャクの彫刻のある柱など、ドメネック・イ・ムンタネルの工法の集大成ともいえる装飾が施されているユニークなコンサート・ホール。サン・パウ病院は、1901～1930年に建設された力強さに溢れたデザインのドーム状の建物で、外壁をレンガで覆う工法で、病院としての設備も完備している。

文化遺産（登録基準(i)(ii)(iv)）　1997年／2008年

●聖ミリャン・ジュソ修道院とスソ修道院
（San Millán Yuso and Suso Monasteries）

聖ミリャン・ジュソ修道院とスソ修道院は、スペインの北部、首都マドリッドの北東約200kmのラ・リオハ自治州サン・ミリャン・デ・ラ・コゴヤの丘の上にある。6世紀半ばに聖ミリャンが洞窟に引き篭もり40年近く隠遁生活を送った。聖ミリャンの死後は、巡礼の地となって、彼を称えてロマネスク風のスソ修道院が建てられた。今日世界で広く通用している言語であるスペイン語(カスティーリャ語)は、この地で生まれたカステリア語から派生している。「サン・ミリャンの注記」はカステリア語で書かれた最古の文献で、このスソ修道院で発見された。16世紀前半に、修道団体は新しく建てられた聖ミリャン・ジュソ修道院に組み入れられたが、今も宗教活動は続いている。

文化遺産（登録基準(ii)(iv)(vi)）　1997年

◎ピレネー地方-ペルデュー山（Pyrénées-Mount Perdu）

ピレネー地方-ペルデュー山は、スペインの東部、アラゴン自治州とフランスの南西部、ミディ・ピレネー地方にまたがるペルデュー山を中心とするピレネー地方の自然と文化の両方の価値を有する複合遺産である。ペルデュー山は、アルプス造山運動の一環によって形成された石灰質を含む花崗岩を基盤とした山塊で、スペイン側では、ペルディード山(3393m)、フランス側では、ペルデュー山(3352m)と呼ばれる。世界遺産の登録面積は、スペイン側が20,134ha、フランス側が10,505haで、オルデサ渓谷、アニスクロ渓谷、ピネタ渓谷などヨーロッパ最大級の渓谷群、北側斜面の氷河作用によって出来た、ピレネー山脈最大のガヴァルニー圏谷（カール)などから構成され、太古からの山岳地形とその自然景観を誇る。また、ピレネー地方は、ヨーロッパの高山帯に広がる昔ながらの集落、農業や放牧などの田園風景は、自然と人間との共同作品である文化的景観を形成している。1988年にスペイン・フランス両国間で、ペルデュー山管理憲章が締結されているが、二国間協力が不十分である。

複合遺産（登録基準(iii)(iv)(v)(vii)(viii)）
1997年／1999年　　スペイン／フランス

●イベリア半島の地中海沿岸の岩壁画

（Rock Art of the Mediterranean Basin on the Iberian Peninsula）

イベリア半島の地中海沿岸の岩壁画は、スペインの東部のアンダルシア、アラゴン、カスティーリャ・ラ・マンチャ、カタルーニャ、ヴァレンシア、ムルシアの各自治州に群在し、地中海付近の主な山岳地帯を中心に700か所以上で発見されている。中石器時代の岩絵は、ヨーロッパの岩壁に描かれた岩絵の中で最大級のものであり、人間文化発展の胞芽期における、狩猟などの人間の生活場面が描かれ生活記録的な性格が強い。赤、黒、黄などで描かれた彩画で、洞窟内のものもあるが、ほとんどが岩壁に描かれたもので、外気にさらされながらも保存の状態がよい。最も集中しているのがレバンテ地方(ヴァレンシア自治州一帯)で、紀元前6千年から1万年前に狩猟で生活を支えている人々が力強く描かれている。人類文化の初期の生活を知る貴重な資料として、今後の一層の解明が待たれる。

文化遺産（登録基準(iii)）　1998年

●アルカラ・デ・エナレスの大学と歴史地区

（University and Historic Precinct of Alcalá de Henares）

アルカラ・デ・エナレスは、スペインの中央部、マドリッドの東約30kmにある。大学の中心地として設計、建設された最初の都市で、ヨーロッパやアメリカの学問の中心のモデルとなった。理想の都市のコンセプトである神の都市(Civitas Dei)は、アルカラ・デ・エナレスが最初で、広く世界中に普及した。1517年には、ラテン語、ギリシャ語、ヘブライ語など数か国語の対訳聖書を世界で初めて発刊。語学教育に秀で、宗教的思想のみならず、知的分野での先駆けとなった。大学機能は、1836年にマドリッドに移転したが、本部建物は見学可能。騎士道の理想が現実の前に破れさるありさまを悲喜劇に描いた「ドン・キホーテ」(1605年)の著者で、ルネッサンス末期の世界の文豪ミゲル・デ・セルバンテス（1547～1616年)の生まれた町としても知られている。

文化遺産（登録基準(ii)(iv)(vi)）　1998年

◎イビサの生物多様性と文化

（Ibiza, Biodiversity and Culture）

イビサの生物多様性と文化は、スペインの離島部、西地中海に浮かぶ美しい砂浜と快適な気候に恵まれたバレアレス諸島の西部イビサ島、フォルメンテラ島、フレウス小島群で構成される。この一帯は、松林、アーモンド、いちじく、オリーブ、ヤシの木などの植生に恵まれ、地中海でしか見られない重要な固有種の海草「ポシドニア」、それに、草原状の珊瑚礁が、海洋と沿岸の生態系に良い影響を与え、絶滅危惧種の地中海モンクアザラシなどの生息地にもなっている。イビサ島は、紀元前654年に、カルタゴ人によって建設されたが、地勢的に地中海の要所にある為、歴史的にも、ローマ帝国、ヴァンダル人、ビザンチン帝国、イスラム諸国、アラゴン王国など様々な勢力の間で、支配権が争われてきた。イビサには、フェニキア・カルタゴ時代の住居や墓地などの考古学遺跡、スペイン植民地の要塞の発展に大きな影響を与えた軍事建築の先駆けともいえる16世紀の要塞群で囲まれた旧市街(アルタ・ヴィラ)の町並みが今も残っている。

複合遺産(登録基準(ii)(iii)(iv)(ix)(x))　1999年

●サン・クリストバル・デ・ラ・ラグーナ

（San Cristóbal de La Laguna）

サン・クリストバル・デ・ラ・ラグーナは、スペイン本土

ヨーロッパ

から南へ約1000km、北アフリカの大西洋岸に位置するカナリア諸島のテネリフェ島の北東にある町。1497年に湖岸につくられた歴史的に由緒のある町で、何世紀にもわたって、テネリフェ島の政治、軍事、そして、宗教、文化の中心都市として重要な役割を果たした。16～18世紀にかけて、広い街路やオープン・スペースに、荘厳で芸術的なサン・フランシスコ教会、クリスト・デ・ラ・ラグーナ教会、サンタ・カタリナ修道院などの教会、美しいタウン・ホールなどの公共建築物、民間のマンションが数多く建てられた。植民都市として理想的な要塞のないこの町の計画的なコロニアル様式の町並みは、その後、スペインがアメリカ大陸で展開する多くの植民地の町づくりのお手本となった。
文化遺産（登録基準(ii)(iv)）　1999年

旧　タラゴナの考古遺跡群
新　タッラコの考古遺跡群 Archaeological Ensemble of Tárraco
Archaeological Ensemble of Tarraco

●タッラコの考古遺跡群
（Archaeological Ensemble of Tarraco）
タッラコの考古遺跡群は、スペインの東部、カタルーニャ自治州バルセロナの西南西およそ80kmにある。タッラコ は古代ローマ帝国の主要な行政、貿易都市で、イベリアにおいて最大の規模をもっていた。ローマ時代のイベリア半島は、セビリヤを中心としたベティカ地方、メリダを中心としたルシタニア地方、それにこのタッラコを中心にしたタラコネンセ地方の3地方に分割されていた。そのタラコネンセ地方の首都タッラコは重要な要衝で、イベリア半島最大の地方首都へと発展し、他の地方都市のモデルともなった。今日良好に保存されているローマ城壁、帝国崇拝の囲い、フォルン・プロビンシアル、サーカス、フォルム(公共広場)、円形野外競技場、円形闘技場・大聖堂・ロマネスク教会、初期キリスト教の墓地、水道橋、エスシピオネスの塔、採石場、セントセジェス霊廟、ムンツの別荘、バラの凱旋門の14の構成資産からなるタッラコの考古遺跡群から当時の繁栄ぶりを窺い知ることが出来る。「タラコの考古遺跡群」は2021年の第44回世界遺産委員会で「タッラコの考古遺跡群」に登録遺産名が変更になった。
文化遺産（登録基準(ii)(iii)）　2000年

●エルチェの椰子園（Palmeral of Elche）
エルチェの椰子園は、スペインの東部、ヴァレンシア自治州ヴァレンシアの南約140kmにあるヨーロッパ最大規模の200万m²もの椰子園。エルチェの名を広めた椰子園(パルメラル)は、8世紀にアラブ人がイベリア半島を支配していた時期に北アフリカのアラブ式農法を導入したもので、今も昔ながらの景観を引き継いでいる。エルチェの気候は、温暖な地中海性気候で、見事な灌漑施設がある椰子園には、約20万本の椰子が植わっている。これらはエルチェ市内にあるクラ植物園の植物と共に独特な文化的景観を創出している。
文化遺産（登録基準(ii)(v)）　2000年

●ルーゴのローマ時代の城壁（Roman Walls of Lugo）
ルーゴのローマ時代の城壁は、スペインの北部、ガリシア自治州ルーゴ県ルーゴ市にある。ルーゴが2世紀後半にルークス・アウグスティと呼ばれるローマ帝国の町だった頃、この町を防御するために建造された。ルーゴの町の中心を取り囲む城壁は、周囲が2,117m、高さは8mから12m、幅は4mから7mで、ローマ時代のミミャ門、ファルサ門、サン・ペドロ門、ノバ門、サンティアゴ門、それに、ア・モスケイラの塔の遺跡など周りがすべて損傷なく残存している。ルーゴのローマ時代の城壁は、西欧で見られるローマ帝国時代の城砦建造技術を今に伝える最も見事な事例である。
文化遺産（登録基準(iv)）　2000年

●ボイ渓谷のカタルーニャ・ロマネスク教会群
（Catalan Romanesque Churches of the Vall de Boi）
ボイ渓谷のカタルーニャ・ロマネスク教会群は、スペインの東部、カタルーニャ自治州レリダ県ピレネー地区ヴァル・デ・ボイにある。カタルーニャ地方には、1900を超えるロマネスク教会があると言われ、なかでもレリダ県ピレネー山麓の険しく切り立ったボイ渓谷にあるロマネスク様式の教会群は独創的で力強いスタイルを持ち、ピレネー山麓の大自然の風景の中に一体となって溶け込んでいる。タウール村にある11世紀建造のサン・クレメンテ教会は、6層からなるすらりとした鐘塔が印象的な教会。内部には12世紀に描かれたカタルーニャ・ロマネスク美術の最高傑作ともいわれるフレスコ画「全能者キリスト」があったが、現在オリジナルはバルセロナ・カタルーニャ美術館に展示されている。また同時期に建てられたサンタ・マリア教会のフレスコ画も同美術館に移転、保存され、スペインのみならずヨーロッパで最も重要なロマネスク美術遺産とされている。
文化遺産（登録基準(ii)(iv)）　2000年

アタプエルカの考古学遺跡
（Archaeological Site of Atapuerca）
アタプエルカの考古学遺跡は、スペインの北部、カスティーリャ・イ・レオン自治州ブルゴス県アタプエルカ村の石灰岩台地に広がる洞窟遺跡群。ブルゴスの東15kmにあるアタプエルカ山脈では、西欧最古の人類 ホモ・アンテセソール(Homo Antecessor)の人骨が発見さ

ヨーロッパ

れ、考古学史上、世界でも最も重要な古生代地層の一つとされている。19世紀後半の鉄道工事中、偶然にこの遺跡群が発見され、その後1978年に本格的に発掘調査が始められてから、見つかった洞窟は約40。そのうち4つの洞窟(象の空洞、ギャラリー、グラン・ドリナ洞窟、マヨール洞窟・シロ洞窟)で現在も調査が進められている。グラン・ドリナ洞窟からは、約80万年前の原人の化石が、また、その近郊のマヨール洞窟からは約33体にあたる人類の化石が約2500個発見されている。

文化遺産(登録基準(iii)(v))　2000年

●アランフエスの文化的景観
(Aranjuez Cultural Landscape)

アランフエスの文化的景観は、スペインの中央部マドリッドから47kmのところにある緑豊かな町アランフエスの自然環境と人間との共同作品で、素晴しい庭園に囲まれた美しい王宮がある。タホ川流域の肥沃なこの平野には、15世紀から王族が住み始めた。現在の王宮と庭園は、17世紀のスペイン・ブルボン王家によって建てられた。度重なる火事の為、何度も修復が行われたが、均衡のとれた美しさは元のまま。パルテレ庭園には、彫像、イスラム庭園には噴水がある。英国式の庭園、プリンシペ庭園には、カルロス4世によって建てられたネオ・クラシック様式の狩猟館、カサ・デル・ラブラドールがある。王宮周辺のアランフエスの町は、18世紀に入ってからフェルナンド4世によって建設が始められた。街路や家屋の設計は当時の啓蒙運動の考えに沿ったもので、数々の邸宅や歴史的建造物なども素晴しいものが多く残っている。昔からスペイン王室が好んだこの地には彼らの王宮(離宮)がある。また近くには"漁夫の家"と呼ばれるものもあり、18世紀、19世紀の王様や御后の個人的持ち物であった川遊び用の船を保管、展示してある。アランフエスは、スペインの作曲家ホアキン・ロドリ-ゴの名曲「アランフエス協奏曲」でも有名である。

文化遺産(登録基準(ii)(iv))　2001年

●ウベダとバエサのルネッサンス様式の記念物群
(Renaissance Monumental Ensembles of Ubeda and Baeza)

ウベダとバエサのルネッサンス様式の記念物群は、スペインの南部、アンダルシア自治州のハエン県の小さな都市、ウベダとバエサにある。ウベダとバエサのルネッサンス様式の記念物群の歴史は、ムーア人の9世紀からレコンキスタの13世紀にまで遡る。16世紀に、ウベダとバエサの両市は、ルネッサンス運動の高まりのなかで都市の再生を遂げ繁栄し、エル・サルバドール教会、大聖堂、サン・フランシスコ修道院、サン・アンドレス教会など数多くのルネッサンス様式の宗教建築物群、宮殿、邸宅が建てられ、アンダルシア・ルネッサンス様式建築の首都となった。それは、イタリアの新しい人間主義的な考え方が、アンドレ・ヴァンデルヴィラによりスペインに紹介されたことにより都市計画にもその考え方が導入された。そして、ウベダとバエサのルネッサンス様式の記念物群は、ラテン・アメリカの建築様式にも大きな影響を与えた。

文化遺産(登録基準(ii)(iv))　2003年

●ヴィスカヤ橋 (Vizcaya Bridge)

ヴィスカヤ橋は、スペインの北部、バスク自治州ヴィスカヤ県ビルバオ市郊外を流れるイバイサバル川の河口に架かり、ポルトゥガレテとゲチョの町とを結ぶ。ヴィスカヤ橋は、バスクの建築家のアルベルト・デ・パラシオ氏によって設計され1893年に完成、開通した。長さが160m、水面からの高さが45mにあるヴィスカヤ橋は、19世紀の鉄作業の伝統と当時の鉄のロープの新しい軽量技術を併合する。吊り下げられたゴンドラの上に人と車を運搬する為の世界で最初の運搬橋で、今では幾つかしか残っていないが、ヨーロッパ、アフリカ、アメリカで多くの運搬橋のモデルとなった。軽量鉄ケーブルの画期的な使用と共に、ヴィスカヤ橋は、産業革命の顕著な建築学上の鉄の建造物として見なされている。通称、吊り橋、運搬橋、ポルトゥガレテ橋とも呼ばれ親しまれている。

文化遺産(登録基準(i)(ii))　2006年

○テイデ国立公園 (Teide National Park)

テイデ国立公園は、スペイン本土から南へ約1000km、北アフリカの大西洋岸に位置するカナリア諸島の7つの島々の中で最大のテネリフェ島にある。テイデ国立公園は、スペイン最高峰のテイデ・ピエホ火山(3718m)を中心に展開し、海床から山頂までの高さが7500mになり、世界で3番目に高い火山体構造で、自然景観、それに、地形の発達における大洋島の重要な地学的な進行過程がわかる地球史上の主要な段階を示す顕著な見本である。世界遺産の登録範囲は、核心地域が18990ha、緩衝地域が54128haで、イエルバ・パホネラ、チョウゲンボウ、もず、ラガルト・ティソンなどの動植物の生態系も多様で、稀少種や固有種の生息地となっている。

自然遺産(登録基準(vii)(viii))　2007年

●ヘラクレスの塔 (Tower of Hercules)

ヘラクレスの塔は、スペインの北部、ガリシア自治州のアルタブロ湾の西端の岬に聳え立つ古代ローマ時代の灯台である。ガリシア自治州ラ・コルーニャ県の港湾都市ラ・コルーニャ市のシンボルで、市のエンブレムにもなっている。ヘラクレスの塔は、2世紀のローマ時代に、先進的な建造技術と天測航法の知識で建てられた世界最古の灯台で、「死の海岸」とも呼ばれる荒波と強風の危険な海域を照らす灯台は、その長い歴史を誇り、今もなお、大西洋の海の安全の為に使用されている。ヘラクレスの名前は、ギリシャ神話の主神ゼウスの息子のヘラクレスの名前と戦争から民衆を救った英雄伝説に由来する。ヘラクレスの塔の高さは約68m、石造で、その石積み技術は、大変素晴らしい。1791年に、軍事技師のウスタキオ・ジャンニーニによって機能的に改修された。ヘラクレスの塔は、ユニーク、完全、真正性のあるモニュメントであり、地中海から新世界への海洋文化を象徴する文化遺産である。ヘラクレスはエルクレスとも表記する。

文化遺産（登録基準（iii））　2009年

●コア渓谷とシエガ・ヴェルデの先史時代の岩壁画

（Prehistoric Rock-Art Sites in the Côa Valley and Siega Verde）

文化遺産（登録基準（i）（iii））　1998年／2010年

（ポルトガル／スペイン）　→ポルトガル

●トラムンタナ山地の文化的景観

（Cultural Landscape of the Serra de Tramuntana）

トラムンタナ山地の文化的景観は、スペインの南東部、バレアレス諸島自治州に属するマジョルカ島北西部のトラムンタナ山地で見られる地中海山岳部の農業景観である。農業には適さない急峻な地形条件にもかかわらず、気候や植生に恵まれていた為、この地の人々は、地形の斜面に石垣を構えた階段状の農地を造り、1000年間にわたって農業を営んできた。海を望む段々畑と段々畑との間に石橋を架けて水路を設けるなどの工夫が、オリーブの木々、ブドウなどの果実や野菜が育つ肥沃で生産的な農地に変えた。トラムンタナ山地の文化的景観は、トラムンタナ山地の自然環境と長年にわたって山岳地の棚畑で農業を営んできた人間の努力の結晶ともいえる共同作品である。

文化遺産（登録基準（ii）（iv）（v））　2011年

●水銀の遺産、アルマデン鉱山とイドリャ鉱山

（Heritage of Mercury Almaden and Idrija）

水銀の遺産、アルマデン鉱山とイドリャ鉱山は、スペインの南西部、カスティーリャ・ラ・マンチャ州シウダー・レアル県、ローマ時代から2500年の採掘の歴史を有するアルマデン水銀鉱山、スロヴェニアの西部のプリモルスカ地方、1490年に水銀が発見され、1580年に政府が鉱業生産を始めたイドリャ水銀鉱山を構成資産とする複数国にまたがる世界遺産である。新大陸での金銀発掘において、水銀を使用して鉱石から金銀を抽出するアマルガム精錬法が1554年にアメリカで考案され、水銀の需要が高まった。ヨーロッパのアルマデン鉱山とイドリャ鉱山から取れた水銀は、陸路と海路でアメリカ大陸のサン・ルイ・ポトシまで運び出され、金銀を含む鉱石を粉々にして、水銀、水、塩と混ぜて、固形のアマルガムにして加熱、水銀を蒸発させて金銀を抽出した。近年まで稼動してきた世界を代表する水銀の遺産、アルマデン鉱山とイドリャ鉱山は、数世紀にわたってのヨーロッパ大陸とアメリカ大陸の間の水銀交易を今に伝える重要な遺産である。

文化遺産（登録基準（ii）（iv））　2012年

スペイン／スロヴェニア

●アンテケラのドルメン遺跡

（Antequera Dolmens Site）

アンテケラのドルメン遺跡は、スペインの南部、アンダルシア州マラガ県にある巨石墳墓遺跡群。世界遺産の登録面積は2446ha、バッファー・ゾーンは10788haである。構成資産は、現存するドルメン（支石墓）ではスペイン最大のメンガのドルメンとヴィエラのドルメン、エル・ロメラルの地下墳墓、ラ・ペーニャ・デ・ロス・エナモラドス、アンテケラのエル・トルサルの4つドルメン遺跡を対象としている。アンテケラのドルメン遺跡は、ヨーロッパの先史時代の最も注目すべき建築作品の一つであること、それにヨーロッパの巨石文化の最も重要な事例の一つであることなどが評価された。

文化遺産（登録基準（i）（iii）（iv））　2016年

○カルパチア山脈とヨーロッパの他の地域の原生ブナ林群

（Primeval Beech Forests of the Carpathians and Other Regions of Europe）

自然遺産（登録基準（ix））

2007年／2011年／2017年／2021年

（アルバニア、オーストリア、ベルギー、ボスニアヘルツェゴビナ、ブルガリア、クロアチア、チェコ、フランス、ドイツ、イタリア、北マケドニア、ポーランド、ルーマニア、スロヴェニア、スロヴァキア、スペイン、スイス、ウクライナ）　→ ウクライナ

●カリフ都市メディナ・アサーラ

（Caliphate City of Medina Azahara）

カリフ都市メディナ・アサーラは、スペインの南部、シエラ・モレナ山脈の山麓のアンダルシア州コルドバ県コルドバの西北6.4 kmのところにある中世イスラーム建築のの都市遺跡である。後ウマイヤ朝期は、短い栄華の後、20世紀初頭まで埋もれていたことから、当時の建築のさまざまな特色をよく残しているアサーラは、アラビア語で「花」を意味する。世界遺産の登録面積は111ha、バッファーゾーンは2186haである。メディナ・アサーラの考古学遺跡は、10世紀の都市（これ

は、アンダルシアの建築と文化の歴史における最高の瞬間の一つを代表する）カリフ、アブド・アッラフマーン1世とハカム2世は、実際はコルドバ（1984年に世界遺産登録）のモスクの最も記念碑的な部分の建物、同時に。事実上、最初の発掘は、 建築家によって始まった。彼は、実際に コルドバのモスクの修復，ベラスケス・ボスコ。彼は、アンダルシア州のカリフ建築 モスクの修復ができる様に、この仕事を始めた。その顕著な普遍的な自然は、 芸術分野におけるその独特の価値、建築、都市計画、 それに、領土のレイアウト。
文化遺産　登録基準（(iii)(iv)）　2018年

●グラン・カナリア島の文化的景観のリスコ・カイド洞窟と聖山群
（Risco Caido and the Sacred Mountains of Gran Canaria Cultural Landscape）
グラン・カナリア島の文化的景観のリスコ・カイド洞窟と聖山群は、スペインの南西部、北大西洋上のスペイン領の群島、カナリア諸島を構成する島で、カナリア諸島州ラス・パルマス県の一部である。グラン・カナリア島の島名は「犬の島」を意味する。登録面積が9425ha、バッファーゾーンが8557haである。グラン・カナリア島のリスコ・カイド洞窟と聖山の文化的景観は、グラン・カナリア島の巨大な中央山岳地域を包み込む。かつての穴居人たちの遺跡を含む文化的景観である。15世紀にスペイン人によって攻め落とされる前には、グアンチェ族が住んでいた。どのような状況の下でグアンチェ族が入植し、島を開拓して住んできたのかは完全に解明されていない。グアンチェ族とはもともとテネリフェ島の原住民のみを指していたため、グラン・カナリア島の原住民はむしろ元カナリア族と呼ばれることが多い。洞窟内に石を用いて建てた円形の住宅に住んでいた。グラン・カナリア島には数多くの犬が居たため、ラテン語の「インスラ・カナリア」（犬の島）が島名の由来であるとする説がある。しかし、アフリカの北東部に住むベルベル人の一民族であった「カナリイ」から派生したとする説のほうが有力である。カスティーリャ地方の知事ペドロ・デ・ベラは、1483年4月には原住民との戦闘を正式に終結、グラン・カナリア島はそれ以来、スペインの支配下にある。グラン・カナリア島の最高峰は1949mのピコ・デ・ラス・ニエベス、奇岩のヌブロ岩（ロケ・ヌブロ）やベンテイガ岩も島のシンボルである。島内にはカナリア・ビエラ・イ・クラビホ植物園がある。何世紀にもわたって人間による森林破壊が行われたが、20世紀以後には植林も行われている。
文化遺産（登録基準（iii)(v)）　2019年

●パセオ・デル・アルテとブエン・レティーロ宮殿、芸術と科学の景観
（Paseo del Prado and Buen Retiro, a landscape of Arts and Sciences）
パセオ・デル・アルテとブエン・レティーロ宮殿、芸術と科学の景観は、スペインの中心部、首都マドリッドの都心にある登録面積218.91haの文化的景観で、16世紀中頃から文化、科学、自然が共存している素晴らしい都市環境である。美術館通り（パセオ・デル・アルテ：Paseo del Arte）には、わずか2kmほどの範囲に世界に名だたるプラド美術館、国立ティッセン・ボルネミッサ美術館、ソフィア王妃美術館の3つの美術館が集まっているため、「芸術の三角地帯」の別称でも知られている。シベレス広場からアトーチャの皇帝カルロス5世公園までのプラド通りは、ヨーロッパの都市で最初の並木道で、15世紀以来、市民が娯楽の場所として使用し、道の整備、木々と噴水による美化をフェリペ2世が行った。この地域で最も重要な市街地開発が行われたのは、啓蒙時代、具体的にはカルロス3世の治世下で、スペインとラテンアメリカの多くの都市のモデルになった。レティーロ公園とロス・ヘロニモス地区を含み、アルカラ門、シベレス、アポロ、ネプトゥノの噴水、アルカチョファの噴水、戦没者慰霊塔（オベリスク）、アルフォンソ12世の記念碑などマドリードの文化の発信地としての文化的景観を誇っている。
文化遺産（登録基準（ii)(iv)(vi)）　2021年

スロヴァキア共和国（7物件　○2　●5）

●ヴルコリニェツ（Vlkolínec）
ヴルコリニェツは、スロヴァキアの中部に位置し、中央ヨーロッパ山岳部に多く見られる木造の建物45戸を保存する、いわば、スロヴァキア版の白川郷・五箇山といえる。18世紀の面影を残したスラブ民族の伝統的な民家と暮らしぶりがしのばれる。村全体が歴史的民族建造物保存地区になっている。
文化遺産（登録基準(iv)(v)）　1993年

●バンスカー・シュティアヴニッツアの歴史地区と周辺の技術的な遺跡
（Historic Town of Banská Štiavnica and the Technical Monuments in its Vicinity）
バンスカー・シュティアヴニッツアは、銅や銀の採掘・精錬で古くから発展してきたスロヴァキアの中部にある町。バンスカーとは、スロヴァキア語で鉱山を意味する言葉。17～18世紀には、優れた冶金技術を誇り、ヨーロッパ各地に輸出された。旧市街には、シュティアヴニッツア新城、聖カタリナ教会、アントル教会、旧市庁舎、トリニティ広場など鉱業にかかわる産業遺産

ヨーロッパ

が数多く残っている。ルネッサンス、ロマネスク、ゴシック、バロックの建築様式が併存している。また、近郊には、18世紀の中頃に、鉱山の排水を有効利用する為に建設されたクリンガー貯水池が残っている。尚、バンスカー・シュティアヴニッツアの鉱山地図は、世界の記憶に登録されており、スロヴァキア内務省鉱山アーカイヴに収蔵されている。
文化遺産（登録基準(iv)(v)）　1993年

●レヴォチャ、スピシュスキー・ヒラットと周辺の文化財
（Levoča, Spišský Hrad and the Associated Cultural Monument）
レヴォチャ、スビシュスキー・ヒラットと周辺の文化財は、スロヴァキア東部のブラニスコ山麓にあり、世界遺産の登録面積は1,351.2ha、バッファー・ゾーンは12,580.7haである。スラブ人の大モラビア帝国は10世紀初めにハンガリーの侵入で崩壊、1918年までハンガリー王国の支配に服したが、スビシュスキー周辺には、13～17世紀に建造されたロマネスク・ゴシック様式のスビシュ城(中央ヨーロッパでは最大の城の一つ)、スピシュスカ・カピトゥラ聖堂、聖マルティン大聖堂また、スピシュ地方のジェヘラにあるゴシック様式の聖霊教会などが美しい町並みをつくっている。2009年の第33回世界遺産委員会セビリア会議で、登録範囲を拡大、13～14世紀に要塞内に創られたレヴォチャの歴史地区を加えた。レヴォチャの歴史地区は、15～16世紀の祭壇がある14世紀の聖ジェームズ教会があり、マスター・ポールによって1510年頃に完成した高さが18.6mの祭壇画のある後期ゴシック様式での多彩なコレクションが収集されている。
文化遺産（登録基準(iv)）　1993年／2009年

○アグテレック・カルストとスロヴァキア・カルストの鍾乳洞群
（Caves of Aggtelek Karst and Slovak Karst）
アグテレック・カルストとスロヴァキア・カルストの鍾乳洞群は、ハンガリーとスロヴァキアとの国境にまたがるアグテレック、スセンドロ・ルダバーニャ丘陵、ドブシンスカー氷穴などのカルスト台地と鍾乳洞の7つの構成資産からなる。ハンガリー側は、1985年に「アグテレック・カルスト国立公園」に、スロヴァキア側は、2002年に「スロヴァキア・カルスト国立公園」に、それぞれ指定されている。ハンガリーとスロヴァキアとを繋ぐバルドゥラ-ドミツァ洞窟は、ヨーロッパで最も大きい洞窟といわれ、全長25kmに及ぶ。これまでに発見された洞窟の数は、712あるとされ、そのうちの262がハンガリー側にある。洞窟群の内部には、長い歳月の自然の営みによって造形された鍾乳石や石筍が多く並び、光によって芸術的な輝きを放っている。一方、アグテレック・カルストとスロヴァキア・カルストの鍾乳洞群は、酸性雨、それに、化学肥料や農薬による地下洞窟の水質汚染などの脅威にさらされている。
自然遺産（登録基準(viii)）　1995年／2000年／2008年
ハンガリー／スロヴァキア

●バルデヨフ市街保全地区
（Bardejov Town Conservation Reserve）
バルデヨフは、スロヴァキア北東部のプレフ地方にある14世紀から16世紀にかけて建設されたゴシックとルネッサンス様式の建造物が数多く残るスロヴァキアで最も傑出した中世の小さな要塞都市。バルデヨフ市街保全地区には、古くから栄えた中欧の交易都市の経済・社会構造のなごりを今もとどめる町並み、建造物、要塞が残っている。また、市街保全地区の一角の18世紀に建てられたユダヤ教の礼拝堂があるユダヤ人街区も印象的。
文化遺産（登録基準(iii)(iv)）　2000年

○カルパチア山脈とヨーロッパの他の地域の原生ブナ林群
（Primeval Beech Forests of the Carpathians and Other Regions of Europe）
自然遺産（登録基準(ix)）
2007年／2011年／2017年／2021年
（アルバニア、オーストリア、ベルギー、ボスニアヘルツェゴビナ、ブルガリア、クロアチア、チェコ、フランス、ドイツ、イタリア、北マケドニア、ポーランド、ルーマニア、スロヴェニア、スロヴァキア、スペイン、スイス、ウクライナ） → ウクライナ

●カルパチア山脈地域のスロヴァキア側の木造教会群
（Wooden Churches of the Slovak part of Carpathian Mountain Area）
カルパチア山脈地域のスロヴァキア側の木造教会群は、スロヴァキアの東部と中部、プレショフ、ジリナ、バンスカー・ビストリツァ、コシツェの4つの州にまたがる。木造教会群は、16～18世紀に、以前には高地ハンガリーとして知られる地域の小さな寒村に建てられた2つのローマ・カトリック教会、3つのプロテスタント教会、3つのギリシャ正教会の8教会群(ヘルヴァルトフ、トヴルドシーン、ケジュマロク、レシチニ、フロンセク、ボドルジャル、ラドミロヴァー、ルスカー・ビストラー)からなる。ラテン文化とビザンチン文化が融合して出来た宗教建築で豊かな地方の伝統文化の証しである。それぞれの宗教的な慣習に応じて、設計、内部空間、外観において、異なる建築様式がとられている。それらは建設された時代の建築的、芸術的な流行の発展を示すもので、教会内部の壁や天井は、絵画で装飾されている。

文化遺産（登録基準(iii)(iv)）　2008年

●ローマ帝国の国境線-ドナウのリーメス（西部分）
（Frontiers of the Roman Empire – The Danube Limes (Western Segment) ）
文化遺産(登録基準(ii)(iii)(iv) ）　2021年
オーストリア / ドイツ /ハンガリー / スロヴァキア
→ オーストリア

スロヴェニア共和国（4物件　○2　●2）

○シュコチアン洞窟（Škocjan Caves）
シュコチアン洞窟は、スロヴェニア南西部、プリモルスカ県のポストイナ近郊にある古生代石炭紀を起源とする洞窟群。スロヴェニアは、国土の大半が石灰岩のカルスト地帯と森林で、ポストイナ鍾乳洞など6000もの石灰質の鍾乳洞がある。なかでも、シュコチアン鍾乳洞の洞窟は最大級で、地下渓谷は世界最大といわれている。シュコチアン洞窟に沈んだ2つの谷間を付近の山を源とするレカ川が流れ、滝、石灰華が堆積してできた石灰段丘、ドリーネと呼ばれる神秘的な地底湖を形造り、水と石が演じる神聖な芸術的造形品の様相。地上に鍾乳石の橋が架かる奇観も呈する。洞窟内には、キクガシラコウモリなどの珍しい動物も生息している。
自然遺産（登録基準(vii)(viii)）　1986年

●アルプス山脈周辺の先史時代の杭上住居群
（Prehistoric Pile dwellings around the Alps）
文化遺産（登録基準(iii)(v)）　2011年
（オーストリア／フランス／ドイツ／イタリア／スロヴェニア／スイス）　→スイス

●水銀の遺産、アルマデン鉱山とイドリャ鉱山
（Heritage of Mercury Almadén and Idrija）
文化遺産（登録基準(ii)(iv)）　2012年
（スペイン／スロヴェニア）　→スペイン

○カルパチア山脈とヨーロッパの他の地域の原生ブナ林群
（Primeval Beech Forests of the Carpathians and Other Regions of Europe）
自然遺産（登録基準(ix)）
2007年／2011年／2017年／2021年
（アルバニア、オーストリア、ベルギー、ボスニアヘルツェゴビナ、ブルガリア、クロアチア、チェコ、フランス、ドイツ、イタリア、北マケドニア、ポーランド、ルーマニア、スロヴェニア、スロヴァキア、スペイン、スイス、ウクライナ）→ ウクライナ

●リュブリャナのヨジェ・プレチニックの作品群 — 人を中心とした都市計画
（The works of Jože Plečnik in Ljubljana – Human Centred Urban Design）
リュブリャナのヨジェ・プレチニックの作品群 — 人を中心とした都市計画は、スロヴェニアの中央部、首都リュブリャナにある設計家のヨジェ・ヨジェ・プレチニック(1872～1957年)が手掛けたトルノヴォ橋、ヴェゴバ通り沿いの緑の街路、リュブリャニツァ川の橋と盛土沿いのプロムナード、ミリエ通りの古代ローマ時代の壁、聖ミハエラ教会、アッシジの聖フランシス教会、ヨジェ・ヨジェ・プレチニックプレチニックのチャレ中央墓地- オール・セインツ・ガーデンの7件の構成資産からなる。ヨジェ・ヨジェ・プレチニックは、オーストリアの建築家・都市計画家で近代建築の巨匠と言われるオットー・ヴァーグナー（1841～1918年）の弟子であった。もともとは、チェコのプラハにあるプレチニックの作品群とも合わせた登録が模索されていたが、アップストリーム・プロセスを経て、スロヴェニアの単独推薦となった。人を中心とした都市計画、すなわち、人間居住科学に基づいた実証であると評価された。
文化遺産(登録基準(iv))　2021年

セルビア共和国（5物件　●5）
（旧ユーゴスラヴィア連邦共和国、旧セルビア･モンテネグロ）

●スタリ・ラスとソポチャニ（Stari Ras and Sopocani）
スタリ･ラスは、セルビア南部にあり、1190年に建国された中世セルビア王国の首都であった。建国者のネマーニャが建てた王宮や要塞、それに、教会や修道院の遺跡が多数残されている。その一つが、セルビア最古の教会とされる10世紀頃に建てられた聖ペテロ教会。また、スタリ･ラスの南西にあるソポチャニには、かつて、セルビア正教会のシンボルであったソポチャニ修道院がある。付属の三位一体聖堂の内壁には、聖母マリアやキリストをモチーフにした、中世ビザンチン絵画の傑作とされる美しいフレスコ画が残っている。
文化遺産（登録基準(i)(iii)）　1979年

●ストゥデニカ修道院（Studenica Monastery）
ストゥデニカ修道院は、ベオグラードの南110㎞のストゥデニカ河畔に、12世紀後半に建立された修道院。12世紀の聖母教会、聖ニコラス教会、14世紀の王立教会の3教会と食堂、塔からなる。ラスカ地方の独特のロマネスク様式とビザンチン様式が融合したラスカ様式の

中世建築の傑作で、聖書を題材にしたフレスコ画の壁画も残る。
文化遺産（登録基準(i)(ii)(iv)(vi)）　1986年

●コソヴォの中世の記念物群
（Medieval Monuments in Kosovo）
コソヴォの中世の記念物群は、セルビア南部アルバニアとの国境に近いコソヴォ・メトヒヤ自治州にある。デチャニ修道院は、セルビア王ステファン・ウロシュ3世デチャンスキー（在位1321～1331年）の為に14世紀半ばに創建された。デチャニ修道院は、バルカン地方におけるビザンチンと西ヨーロッパの中世の伝統とが融合した代表的な建物で、セルビアン・スラブ建築様式の傑作で、大理石で建てられており、中世のバルカンの教会群の中では最も大きい。また、ビザンチンの絵画やロマネスクの彫刻があり、オスマン時代の絵画や建築の発展に大きく影響した。2006年には、新たにペチェ修道院、グラチャニカ修道院、リェヴィツァの聖母教会を追加し、登録物件名を変更。また、地域の政治的不安定による管理と保存の困難により、「危機にさらされている世界遺産リスト」に登録された。
文化遺産（登録基準(ii)(iii)(iv)）　2004年／2006年
★【危機遺産】 2006年

●ガムジグラード・ロムリアナ、ガレリウス宮殿
（Gamzigrad-Romuliana, Palace of Galerius）
ガムジグラード・ロムリアナ、ガレリウス宮殿は、セルビアの東部にある。ガムジグラード（古代名ロムリアナ）は、305～311年まで在位した古代ローマ皇帝のガイウス・ガレリウス・ウァエリウス・マクシミアヌス（250～311年）の生誕と死没の地と伝わっている。およそ6haの土地を囲む塁壁と塔のほか、すべての床面がモザイク装飾された宮殿、ガレリウスとその母ロムラの王墓が残されている。
文化遺産（登録基準(iii)(iv)）　2007年

●ステチェツィの中世の墓碑群
（Stećci Medieval Tombstones Graveyards）
文化遺産（登録基準(iii)(vi)）　2016年
（ボスニア・ヘルツェゴヴィナ／クロアチア／モンテネグロ／セルビア）
→ボスニア・ヘルツェゴヴィナ

チェコ共和国（15物件　● 15）

●プラハの歴史地区（Historic Centre of Prague）
プラハは、ヴルタヴァ（モルダウ）川が流れるチェコ西部にある古い都。悠久の歴史と文化を誇るチェコの首都であり、「北のローマ」、「黄金のプラハ」、「百塔の街」とも呼ばれてきた。6世紀頃にスラブ人が町をつくったのを起源に、1526～1918年には、中世の貴族ハプスブルグ家に支配されていた。プラハの町を見下ろす丘に建っているプラハ城とその旧王宮、城内にある聖ビート教会、聖イジー教会、聖十字架教会をはじめ、旧市街広場と周辺の旧市庁舎、ティーン教会、キンスキー宮殿、聖ニコラス教会、ヴルタヴァ川に架かるカレル橋など、ロマネスク、ゴシック、ルネッサンス、バロック、アールヌーボーなど多様な建築様式の建造物が数多く残され、荘厳で美しい街並み景観を形成している。2002年8月に中東欧を襲った洪水により、ヴルタヴァ川の増水で、カレル橋の閉鎖、旧市街への立ち入り禁止など深刻な被害に見舞われた。
文化遺産（登録基準(ii)(iv)(vi)）　1992年

●チェルキー・クルムロフの歴史地区
（Historic Centre of Český Krumlov）
チェルキー・クルムロフは、首都プラハの南約140kmにあるブルタバ川沿いに開けた南ボヘミア州の小さな町。チェスキーは、チェコ語で「ボヘミアの」、クルムロフは、ドイツ語の「川の湾曲部の草地」を意味する言葉が語源である。13世紀に南ボヘミヤの大地主ヴィテーク家が城を建設したのが町の起源。14世紀以降、ボヘミアの有力貴族であったローザンブルク家が支配した300年間に、プラハ城に次ぐ規模のチェスキー・クルムロフ城、バロック庭園、聖ヴィート教会などルネサンス様式やバロック様式の建物が数多く建設され、美しい町並み景観を誇る。5世紀以上にわたって平和が保たれていた為、貴重な歴史的建造物など中世の面影が当時のまま残されている。
文化遺産（登録基準(iv)）　1992年

●テルチの歴史地区（Historic Centre of Telč）
テルチは、チェコ南部にある町。12世紀にモラヴィア地方の干拓沼地に町がつくられたが、1530年の大火で多くの建物が焼失した。その後当時の市長ザッカリアスと市民の尽力により、ルネッサンス様式や初期ゴシック様式の建物が再建された。中世の面影が色濃く残る中央広場、ザッカリアス広場などを中心に、ルネッサンスやバロック様式の建物や装飾をもつ家並みが残る。13世紀の聖霊教会の塔、14世紀の城、聖ヤコブ教会なども中世の歴史を伝える。
文化遺産（登録基準(i)(iv)）　1992年

●ゼレナホラ地方のネポムクの巡礼教会
（Pilgrimage Church of St John of Nepomuk at Zelená Hora）
ゼレナ・ホラは、プラハ南東のモラビア高地にある。聖ヨハネ巡礼教会は、権力に屈することなく殉死した聖ヤン・ネポムツキーを称え建設されたベネディクト派カトリック教会で、フス戦争で破壊されたが、18世紀に再建された。ヤン・ネポムツキーの享年53歳(1393年)を意識した造形になっており、礼拝堂は五角形、窓は三角形となっており、斬新な設計である。

文化遺産（登録基準(iv)）　1994年

●クトナ・ホラ　聖バーバラ教会とセドリックの聖母マリア聖堂を含む歴史地区

（Kutná Hora：Historical Town Centre with the Church of St .Barbara and the Cathedral of Our Lady at Sedlec）

クトナ・ホラは、チェコ中部、プラハの東約65kmにある銀山の開拓で発展したボヘミヤの町。13世紀初めに銀の鉱脈が発見され、14世紀には王室の造幣所が置かれたが、フス戦争（1419～1436年）や三十年戦争（1618～1648年）の影響で荒廃し、18世紀末には廃坑となった。聖バーバラ教会は、当代一流の建築家達によって建築された後期ゴシック様式の珠玉ともいわれる五廊式の教会。聖バーバラは、鉱山職人の守護聖人であった。セドリック地区にある12世紀の聖母マリア聖堂は、18世紀初期にバロック様式で改築された。これらは、中央ヨーロッパの建築に影響を与えた。

文化遺産（登録基準(ii)(iv)）　1995年

●レドニツェとヴァルチツェの文化的景観

（Lednice-Valtice Cultural Landscape）

レドニツェとヴァルチツェは、チェコの南東部、南モラヴィア州の南、オーストリアとスロヴァキアの国境の近くにある小都市。17世紀から20世紀にかけて、リヒテンシュタイン公爵家の領地に造られた名城が静かにたたずむ。19世紀初頭にヨハン・ヨセフ公爵の命で、バロック様式のレドニツェ城やヴァルチツェ城の景観と調和した英国庭園の様式を取り入れた大庭園が造園家のC.テンカラ、D.マルチネリ、J.B.フィツシャー・フォン・エルラッハ、J.オスペル等の手により造られた。その後も英国ロマン主義をお手本としたネオ・ゴシック様式、イタリアのルネッサンス様式などを新たに取り入れ、200km²の広大な地に森、池、城、庭園、彫刻などヨーロッパ最大級の文化的景観が創出され、現在は、野鳥保護区にも指定されている。

文化遺産（登録基準(i)(ii)(iv)）　1996年

●クロメルジーシュの庭園と城

（Gardens and Castle at Kroměříž）

クロメルジーシュは、南モラヴィア地方の行政、経済、文化の中心地ブルノの北60kmにある歴史都市。街の広場には、ゴシック、ルネッサンス、バロックの各様式の建築物が集まっている。なかでも、公園は、中央ヨーロッパでの、バロック様式の庭園と宮殿設計の発展に重要な役割を果たした。クロメルジーシュの庭園と城は、17～18世紀の華麗なバロック様式の住居と景観がそのまま保存されており圧巻。庭園は、いくつかのエリアに分かれており、城下庭園や花の庭園など見どころも多い。城の中には、ヨーロッパ絵画の傑出した作品を展示した画廊がある。

文化遺産（登録基準(ii)(iv)）　1998年

●ホラソヴィツェの歴史的集落

（Holašovice Historic Village）

ホラソヴィツェは、チェコの南部、南ボヘミア地方チェスキー・ブデヨビツェの西10kmの所にある田園風景が印象的な町。18～19世紀に建てられたホラソヴィツェの歴史的集落は、南ボヘミアの伝統的な民俗バロック様式と中世からの建築様式とピンク、黄、白など色鮮やかな外壁の色調とが見事に調和している。昔ながらに保存された素朴でおしゃれな伝統的家屋が集落の町並みを形成している。

文化遺産（登録基準(ii)(iv)）　1998年

●リトミシュル城（Litomyšl Castle）

リトミシュル城は、モルダウ（チェコ語でブルタバ　連作交響詩「我が祖国」の第2曲）で有名な作曲家スメタナ（1824～1884年）が生まれた東ボヘミヤ地方のリトミシュルにある。リトミシュル城は、1568～1581年にかけて建築されたルネッサンス期を代表する城郭。城郭の中にある劇場は、1796～1797年に建てられ、庭園と公園も美しい。

文化遺産（登録基準(ii)(iv)）　1999年

●オロモウツの聖三位一体の塔

（Holy Trinity Column in Olomouc）

オロモウツの聖三位一体の塔は、首都プラハの東およそ200km、北モラビア地方のオロモウツ旧市街の広場にある。オロモウツは、宮廷、教会、公園、庭園など芸術的造形にあふれたヨーロッパ文化の宝庫で、ルネッサンス、バロック、古典の各様式の建築物は、中世からの景観を今に残している。聖三位一体の塔は、高さが35mもあるチェコで最も巨大なバロック様式の彫刻で、ヨーロッパ屈指の美しい塔。この塔は、チェコの代表的な建築家であるヴァツラフ・レンダーと彼の弟子達の作品。オロモウツの聖三位一体の塔は、ハプスブルグ家が絶頂を誇ったマリア・テレジア治世の 1754年に完成した。中欧におけるバロック芸術作品の最高傑作の一つ。

文化遺産（登録基準(i)(iv)）　2000年

●ブルノのトゥーゲントハット邸

（Tugendhat Villa in Brno）

ブルノのトゥーゲントハット邸は、かつてはモラビア王国の首都として栄えたチェコ第2の都市ブルノの近郊にある。バウハウスのディレクターで、ドイツ人の建築家のミース・ファン・デル・ローエ(1886～1969年)が設計した。この住宅は、トゥーゲントハット夫妻の結婚後の新居として、1930年にブルノ郊外の閑静な住宅地に建設された。近代建築の記念碑的な作品として知られる1929年の「バルセロナ国際博覧会ドイツ館」と同じ時期にデザインされたこの住宅において、ミースはそのダイナミックな空間概念を住宅というプログラムに応用した。道路側からは一見、平屋に見えるが、敷地が急な傾斜地である為、実際には上下2つの階から構成されている。玄関がある上階には家族のプライベートな個室が配され、下階は、居間、食堂、台所、書斎などからなる開放的なリビング・スペースとなっている。

文化遺産（登録基準(ii)(iv)）　2001年

●トルシェビチのユダヤ人街と聖プロコピウス大聖堂

（Jewish Quarter and St Procopius' Basilica in Třebíč）

トルシェビチのユダヤ人街と聖プロコピウス大聖堂は、モラヴィア地方南西部、ヴィソチナ地域トルシェビチ地区を流れるイフラヴァ川河岸にある。トルシェビチのユダヤ人街には、古くからのユダヤ人の墓地と聖プロコピウス大聖堂とが一緒にあり、中世から20世紀まで、ユダヤ教とキリスト教の異教徒の文化が共存してきた。トルシェビチのユダヤ人街は、ユダヤ人のコミュニティの生活とは異なった側面を有している。聖プロコピウス大聖堂は、13世紀初期にベネディクト修道院の一部として建てられた。聖プロコピウス大聖堂は、この地方において、西欧建築の影響を受けた類いない遺産である。

文化遺産（登録基準(ii)(iii)）　2003年

●ヘーゼビューとダーネヴィルケの境界上の考古学的景観

(The Archaeological Border Landscape of Hedeby and the Danevirke)

ヘーゼビューとダーネヴィルケの境界上の考古学的景観は、ドイツの北部、シュレースヴィヒ・ホルシュタイン州に残る北方ゲルマン族バイキングの史跡である。世界遺産の登録面積は227.55ha、バッファーゾーンは2,670haである。中世に交易地として栄えたヘーゼビューは、土塁、塀、溝、集落群、墓地、それに、港などからなる。ユトランド半島における特異な地理的状況は、 スカンジナヴィア、ヨーロッパの主島、北海とバルト海との間の戦略的な繋がりを創造している。シュレスヴィヒ 地峡では、ユトランド半島を横断する北・南の 通路は、フィヨルド、河川、それに、広大な沼低地による収縮であった。この状況を利用して自然景観の特徴と人工の構造物はヘーゼビューとダーネヴィルケの境界上の景観と結びついていた。

文化遺産　登録基準（(iii)(iv)）　2018年

●エルツ山地の鉱山地域

(Erzgebirge/Krusnohori Mining Region)

エルツ山地の鉱山地域は、チェコの北西部とドイツの南東部、国境線になっている山地にある鉱山地域で、12世紀から20世紀まで鉱業が営まれていた。エルツ山地は、概ね東北東から西南西方向に伸びた山地であり、西端はテューリンガーヴァルト及びベーマーヴァルトと交差している。最高所はクリーノベツの標高1,244m、東へ行くにつれ標高は低くなっており、エルベ川の峡谷が山地を横断している。くるみ割り人形をはじめ、数多くの独特で精巧な木材芸術でも有名である。冬季はクロスカントリースキーで賑わい、また、エルツ山地木材芸術博物館などもある。登録面積は6766.057ha、バッファーゾーンが13017.791ha、構成資産は、チェコのアベルタミ・ボジーダル・ホルニー・ブラトナーの鉱山景観、ドイツのアルテンベルク・ツィンバルド鉱山やウラン鉱山の4景観、ザクセン自由州ディポルディスヴァルトの中世の銀山群など22件の鉱山文化景観などからなる。

文化遺産（登録基準 (ii)(iii)(iv) ）　2019年

●クラドルビ・ナト・ラベムの儀礼用馬車馬の繁殖・訓練の景観

（Landscape for Breeding and Training of Ceremonial Carriage Horses at Kladruby nad Labem）

クラドルビ・ナト・ラベムの儀礼用馬車馬の繁殖・訓練の景観は、チェコの中央部、プルゼニ州タホフ郡、東ボヘミア地方の中心地パルデュビツェ地域のクラドルビ・ナト・ラベムで見られる。クラドルビ・ナト・ラベムは、1918年までは、ハプスブルク家の君主が統治したオーストリア・ハンガリー帝国の一部であった。世界遺産の登録面積は、1,310 ha、起伏のある平原、牧草地、森林、1579年に設立された国立のクラドルーバー種の繁殖・飼育・訓練施設など平坦で砂質の土地からなる。クラドルーバー種は、ハプスブルク家などの貴族が儀礼用に用いた馬車馬で、輸送、農業、軍事支援、貴族の象徴という重要な役割を果たしていた。

文化遺産（登録基準(iv)(v)）　2019年

●ヨーロッパの大温泉群

（The Great Spas of Europe）

文化遺産（登録基準(ii)(iii)）　2021年

（オーストリア / ベルギー / チェコ / フランス / ドイツ / イタリア/ 英国）

→オーストリア

○カルパチア山脈とヨーロッパの他の地域の原生ブナ林群
（Primeval Beech Forests of the Carpathians and Other Regions of Europe）
自然遺産（登録基準（ix））
2007年／2011年／2017年／2021年
（アルバニア、オーストリア、ベルギー、ボスニアヘルツェゴビナ、ブルガリア、クロアチア、チェコ、フランス、ドイツ、イタリア、北マケドニア、ポーランド、ルーマニア、スロヴェニア、スロヴァキア、スペイン、スイス、ウクライナ）→ ウクライナ

デンマーク王国（9物件　○3　●6）

●イェリング墳丘、ルーン文字石碑と教会
（Jellings Mounds, Runic Stones and Church）
イェリングは、ユトランド半島のヴァイレ県ヴァイレ市の北西10kmにあるデンマーク王国誕生の地。10世紀頃、高度な航海術を持ち隆盛を誇っていたヴァイキングのゴーム王とその息子のハラルド王は、イェリングに王宮を建設した。ここに残された巨大な墳丘は、デンマーク最大のもので、教会を中心に、北側はゴーム王と王妃、南側はハラルド王の墓といわれている。ゴーム王は、キリスト教を拒否し改宗に応じなかったが、ハラルド王が960年洗礼を受けてからキリスト教が浸透した。神秘的なヴァイキング文字のルーン文字を刻んだ、高さ1.4mの「ゴームの石碑」と高さ2.4m「ハラルドの石碑」、そして、石造りの教会が、キリスト教の北欧への浸透ぶりを物語っている。
文化遺産（登録基準（iii））　1994年

●ロスキレ大聖堂（Roskilde Cathedral）
ロスキレは、世界最古の王国デンマークの首都コペンハーゲンの西約20kmのシェラン島にあるロスキレ県の県都。10世紀からデンマークの首都として発展したが、15世紀の初めにコペンハーゲンに遷都されてからは衰退した。ロスキレ大聖堂は、12～13世紀に建てられたスカンジナビア地方最初の煉瓦づくりのゴシック建築で、その後、北欧の建築様式のお手本となった。また、この大聖堂は、15世紀以降、歴代デンマーク王室の霊廟になっている。ポーチと歴代国王への礼拝堂は、19世紀末迄に増築、ヨーロッパの宗教建築の歴史を物語るかけがえのない遺産。
文化遺産（登録基準（ii）（iv））　1995年

●クロンボー城（Kronborg Castle）
クロンボー城は、首都コペンハーゲンから約45kmにあるエルシノアの町にある。クロンボー城は、15世紀に、スウェーデンとの間の海峡を通行する船から通行料を確実に徴収する為の役割を果たした。その為、この城には、海に向けた砲台が据えられてある。北欧の歴史上、特に重要な役割を演じたクロンボー城は、デンマーク・ルネッサンスの城郭建築の顕著な例である。場内には、巨大なホールとデンマーク商業海事博物館、地下には、兵舎や地下牢がある。また、シェークスピアの「ハムレット」の舞台となったことでも有名で、城内の入口の壁にはシェークスピアの胸像がある。シェークスピアは、ハムレットのモデルとなった王子Amlethの名前の最後のhを頭につけてHamletにしたという。
文化遺産（登録基準（iv））　2000年

○イルリサート・アイスフィヨルド
（Ilulissat Icefjord）
イルリサート・アイスフィヨルドは、世界最大の島で、デンマーク領のグリーンランド（面積218万km²、イヌイットなどが住み人口は6万人）の西海岸にあるアイスフィヨルド。イルリサート・アイスフィヨルドは、面積が4024km²で、3199km²の氷河、397km²の陸地、386km²のフィヨルド、42km²の湖群からなる。氷に覆われたまま海に注いでいるクジャレク氷河は、世界で最速の氷河の一つで、一日に19mも進む活発な氷河である。イルリサート・アイスフィヨルドにおける250年間の研究は、気候変動や氷河学の発展に影響を与えた。また、グリーンランドと南極でしか見られない氷山に覆われたフィヨルド、入江、海、氷、岩石が一体となったドラマティックな自然現象は、圧巻である。
自然遺産（登録基準（vii）（viii））　2004年

○スティーブンス・クリント（Stevns Klint）
スティーブンス・クリントは、デンマークの東部、首都のコペンハーゲンの南45kmのところにある長さが14.5kmの海岸で、世界遺産の登録面積は、50ha、バッファー・ゾーンは、4,136haである。スティーブンス・クリントでは、中生代白亜紀（ドイツ語のKreide）と新生代第三紀（英語のTeriary）の境界をなす、いわゆるK/T境界という6500万年前の堆積岩の地層が見られる。隕石が地球にぶつかるとクレーターができる。隕石の大きさや衝突する速度が大きければクレーターは、必然的に大きくなり、その衝撃も大きい。周辺の大地には衝撃波がおこり、小さな埃は高く舞い上がって大気を覆い、有害な雨を降らし、海では大きな津波が各地の海岸を襲う。大きな隕石は、高濃度のイリジウム（Ir）を撒き散らして地球に大きな変化をもたらす。恐竜の絶滅の原因は、「巨大隕石が地球に衝突したこと」という仮説は有名な

ヨーロッパ

話で、最近になってこの説で正しいという結論に達している。現在は第三紀の語は、正式な用語として使われておらず、古第三紀(Paleogene)との境界であることからK-P境界、またはK/Pg境界とも呼ばれている。
自然遺産(登録基準(viii)) 2014年

○**ワッデン海** (The Wadden Sea)
自然遺産(登録基準(viii)(ix)(x))
2009年／2011年／2014年
(オランダ／ドイツ／デンマーク)→オランダ

●**クリスチャンフィールド、モラヴィア教会の入植地**
(Christiansfeld, a Moravian Church Settlement)
クリスチャンフィールド、モラヴィア教会の入植地は、デンマークの南部、南デンマーク地域、南ユトランドのコルディングにあるモラヴィア教会の入植地として、デンマーク王のクリスチャン7世(1749年～1808年)の命により、ヘルンフート兄弟団出身のドイツのモラヴィア教会によって1773年に創建された町で、クリスチャン7世の名前に因んで名づけられた。モラヴィア教会は、プロテスタント教会の聖体拝領のルター主義と密接に結びついている。1722年にツィンツェンドルフ伯爵の領地にモラヴィアから逃れてきたフス派、兄弟団の群れが、ヘルンフート(主の守り)と呼ばれる共同体を形成した。各地で迫害されていた敬虔派やアナバプテストも逃れてきたが互いに権利を主張しあって問題が絶えなかった。しかし、1727年8月13日の聖餐式で全員が聖霊の力を経験して、その結果として財産共同体が発足した。クリスチャンフィールド、モラヴィア教会の入植地は、その人間的な都市計画、赤いタイルの屋根と黄色の煉瓦の1～2階建の飾り気のない同種の建築様式に表現されている様に、先駆的な平等主義の考え方が反映されている。
文化遺産(登録基準(iii)(iv)) 2015年

●**シェラン島北部のパル・フォルス式狩猟の景観**
(The par force hunting landscape in North Zealand)
シェラン島北部のパル・フォルス式狩猟の景観は、デンマークの東部、ユトランド半島東部、デンマークの首都コペンハーゲンの北東約30kmにあるデンマーク王室の狩猟場として使われてきた、グリブスコヴとストーレ・ディレハーヴェの2つの狩猟用の森、それにイエーアスボー・デュアヘーウン／イエーアスボー・ヘンの鹿公園の3か所などを中心に、王室や貴族が狩猟の途中で立ち寄った城や狩猟小屋など9つの構成資産からなる文化的景観である。パル・フォルス式(フランス語では、シャス・ア・クール)の狩猟とは、馬に騎乗して猟犬を伴う狩猟のことで、デンマークの狩猟文化を表わす自然環境と人間との共同作品である。
文化遺産(登録基準(ii)(iv)) 2015年

●**クヤータ・グリーンランド：氷帽周縁部でのノース人とイヌイットの農業**
(Kujataa Greenland: Norse and Inuit Farming at the Edge of the Ice Cap)
クヤータ・グリーンランドは、グリーンランドの南西部、カースートスップの領域内、亜北極圏にある。この物件は、世界遺産の登録面積が34.892ha、グリーンランド最古の教会があるカッシアースック、イガリクなど5つの構成資産からなる文化的景観である。それは、10世紀にアイスランドから来たヴァイキングとして知られるノース人(ノースマン)の狩猟・採集など10世紀後期～15世紀半ばまでの入植し放棄した住居跡、農地などのグリーンランド文化、18世紀末から現代まで続くイヌイット文化、これらノース人の農業とイヌイットの農牧業の2つの文化の違いにもかかわらず、ヨーロッパのノース人とイヌイットは、農業、牧羊、海棲哺乳類猟の文化的景観を創出した。これらの景観は北極への農業の紹介、ノース人のヨーロッパを越えた定住の広がりを代表するものである。2009年にデンマーク王国の自治領になった世界最大の島、グリーンランドの世界遺産は、西岸中部の「イルリサート・アイスフィヨルド」(自然遺産　2004年)に続いて2件目になった。
文化遺産(登録基準(v)) 2017年

●**アシヴィスイットーニピサット、氷と海に覆われたイヌイットの狩場**
(Aasivissuit - Nipisat. Inuit Hunting Ground between Ice and Sea)
アシヴィスイットーニピサット、氷と海に覆われたイヌイットの狩場は、デンマークの自治領である西グリーンランドにあるマニートソックとシシミウトなどで見られる独特の文化的景観である。グリーンランドの古代文化であるサカク文化以来の4000年以上に渡る伝統的狩猟・漁撈生活を伝える世界遺産の登録面積は417,800ha、バッファーゾーンは417,800haである。この地域の自然環境は3つの部分に分かれ、東部には渓谷が、西部には小型の氷河や外岸、内陸地域には丘陵などからなる。エスキモーは「生肉を食う人」を意味するが、イヌイットとは彼ら自身の呼称で「人間」を意味する。フィヨルドや多島海の景観。この文化的景観、この様に、エスキモーの猟師と彼の家族のすべての要素を有する。
文化遺産　登録基準((v)) 2018年

ドイツ連邦共和国 (50物件　○3　●47)

（※抹消　1物件　●1）

●アーヘン大聖堂（Aachen Cathedral）
アーヘンは、ベルギー国境に近いノルトライン・ヴェストファーレン州にあり、紀元前3世紀ローマ人が温泉場を開いて以来の温泉保養地として知られる。アーヘン大聖堂は、カール（シャルルマーニュ）大帝がここをフランク王国カロリンガ朝の都とし、800年頃に完成したドイツ最古のロマネスクとゴシックが見事に融合した聖堂の一つ。この様式の建物としては、アルプス以北で最初に造営されたもの。カール大帝の死後、遺骨はこの礼拝堂に納められ、たくさんの巡礼者が訪れるようになった。「カール大帝の玉座」がつくられた936年～1531年の600年間には、30人の歴代ドイツ皇帝が載冠式を行った。大帝の廟もここにある。
文化遺産（登録基準(i)(ii)(iv)(vi)）　1978年

●シュパイアー大聖堂（Speyer Cathedral）
シュパイアー大聖堂は、ライン川の中流マンハイムから20km上流にあるシュパイアー市のシンボル。神聖ローマ帝国コンラート2世とハインリヒ4世時代（1030～1061年）に創建され、当時はヨーロッパ最大の教会であった。4本の塔を持ち、内部が十字架形をしたドイツ屈指のロマネスク建築。大聖堂は1755年に一時取り壊され、その後現在のような中世の様式に再建された。地下聖堂は、コンラート2世はじめザリエル朝（1024～1125年）の4皇帝の眠る墓所となっており、「カイザードーム」と呼ばれている。
文化遺産（登録基準(ii)）　1981年

●ヴュルツブルクの司教館、庭園と広場
（Wurzburg Residence with the Court Gardens and Residence Squar）
ヴュルツブルクは、ドイツ中央部にある中世の宗教都市、レジデンツ（司教館）は領主司教の館で、当時絶大な力を誇示していたヨハン・フィリップ・フランツ司教が、18世紀にバルタザール・ノイマンの設計で建設させたバロック様式の宮殿。1階・2階をつなぐ「階段の間」、支柱を持たない丸天井など、高い技術を駆使して建設された。世界最大のフレスコ画は1945年の戦火を免れた。
文化遺産（登録基準(i)(iv)）　1981年／2010年

●ヴィースの巡礼教会（Pilgrimage Church of Wies）
ヴィースの巡礼教会は、バイエルン州ミュンヘンの南西70km、アルプスの渓谷部にあるロマンチック街道沿いの町シュタインガーデンの中心部からはずれたヴィースにある。ヴィースとは、ドイツ語で、草原の意味で、まさしく草原の教会といったたたずまいである。ヴィースの巡礼教会は、ドミニクス・ツィンマーマン（1685～1766年）によって設計され、1746～1754年に建てられたドイツ・ロココ様式による教会建築の最高傑作である。ヴィースの巡礼教会は、質素で素朴なその外観に対して、悩み、償い、救いをテーマとするその内装は、金を多用した華麗な美しい装飾と豊かな色彩に溢れている。なかでも、祭壇は壮麗で「天国からの宝物」と呼ばれており、奥の中央祭壇にある「鞭打たれるキリスト像」は際立っている。
文化遺産（登録基準(i)(iii)）　1983年

●ブリュールのアウグストスブルク城とファルケンルスト城
（Castles of Augustusburg and Falkenlust at Bruhl）
ブリュールは、ドイツ西部のケルンとボンの中間にあり、ケルンから南西約15kmにある。アウグストスブルク城は、ケルンの大司教であったクレメンス・アウグスト大司教のために建てられたドイツ・ロココ様式の代表的な建築。1725年から40年以上の歳月を費やして建てられた地方貴族の絶大な権力と富の象徴で、フランソワ・ド・キュヴィリエの設計。階段の間は、女性像と男性像の豪華な装飾壁柱で有名。一見大理石製に見えるが、木製で、バルタザール・ノイマンの作。庭園のはずれにあるファルケンルスト城は、外観が簡素な二階建て。アウグストスブルク城の狩猟用別邸として建てられた。
文化遺産（登録基準(ii)(iv)）　1984年

●ヒルデスハイムの聖マリア大聖堂と聖ミヒャエル教会
（St. Mary's Cathedral and St. Michael's Church at Hildesheim）
ヒルデスハイムは、ドイツ中央部ハノーバーの南東約30kmにあり、ハルツ地方とハイデ地方、ヴェーザー川が挟む地域の文化的な中心地として千年の昔から栄えてきた。815年、ルートヴィッヒ敬虔王が小高い丘の上にマリエン教会の礎石を置いたことからこの町の歴史が始まった。この町には、11世紀創建のロマネスク教会が3つあり、そのうち2つが世界遺産に登録された。聖マリア大聖堂は、「聖ベルンヴァルトの青銅扉」と「キリストの円柱」が貴重。1001～1033年に建てられた聖ミヒャエル教会は、左右対称の造りで、神の家の調和を意味している。天井画「エッサイの樹」は、1300枚の板を使って描かれた13世紀初頭の作。いずれもドイツ初期ロマネスクの建築・芸術様式の代表格として知られる。
文化遺産（登録基準(i)(ii)(iii)）
1985年／2008年

●トリーアのローマ遺跡、聖ペテロ大聖堂、聖母教会
（Roman Monuments, Cathedral of St. Peter and Church of Our Lady in Trier）

トリーアは、ドイツ西部、モーゼル川の上流ルクセンブルクに近いドイツ最古の都市。ローマ帝国による支配時代とキリスト教に彩られた中世の2つの特徴を持つ。3～4世紀のローマ遺跡には、ポルタ・ニグラ(黒い門)やカイザーテルメン(皇帝浴場跡)、バルバラテルメン(大浴場跡)、円形劇場、モーゼル橋がある。大聖堂は、11～12世紀のロマネスク様式。リーブフラウエン（聖母）教会は13世紀のゴシック様式。

文化遺産（登録基準(i)(iii)(iv)(vi)）　1986年

●ハンザ同盟の都市リューベック

（Hanseatic City of Lubeck）

リューベックは、ドイツ北東部、ハンブルクの北東約60kmにある。バルト海に注ぐトラーヴェ川の中州に開けたリューベックは、ハンザ同盟が栄えた13～14世紀に帝国直轄都市として、また、鰊などの海産物取引の町として繁栄を極め「バルト海の女王」と呼ばれた。リューベックを盟主とするハンザ同盟は、14世紀には数十の加盟市を数え、地中海沿岸以外の全ヨーロッパで商業活動を行い、共同の武力を持って、政治上でも大きな勢力になった。中世の市庁舎、ホルステン門、ゴシック様式の聖マリア教会、塩の倉庫などが往時を偲ばせる。旧市街地がそっくり登録されたのは、北ヨーロッパでは、リューベックが初めて。リューベックは、「ブッデンブローク家の人々」などの作品で著名な作家トーマス・マン(1875～1955年)が生まれた町として、また、エリカ街道沿いの町としても有名である。

文化遺産（登録基準(iv)）　1987年／2009年

●ポツダムとベルリンの公園と宮殿

（Palaces and Parks of Potsdam and Berlin）

ポツダムもベルリンもドイツ東部の森と湖に囲まれた都市で、18～19世紀に造られた宮殿や公園が多数ある。ポツダムのサンスーシ宮殿は、プロイセンのフリードリヒ2世大王(1712～1786年　在位1740～1786年)が、1747年に完成させたフランス風のロココ様式の華麗な宮殿。「サンスーシ」とは、フランス語で「憂いのない」という意味で、サンスーシ宮殿では、学者や芸術家達が詩や音楽を楽しんだ。広大な庭園は、フォン・クノーベルスドルフの設計によるものである。後に絵画ギャラリー(1755年完成)や中国茶館(1757年完成)を建設、1769年には、庭園西端に新宮殿を完成させた。また、庭園の北東には、1945年に「ポツダム会談」が行われた場所として有名なツェツィーリエンホーフ宮殿がある。この宮殿は、フリードリヒ・ヴィルヘルム3世が1829年に王子のために建てた宮殿で、イタリア古典主義様式で建設された。ベルリンには、プロイセンの初代国王であるフリードリヒ1世(1657～1713年　在位1701～1713年)が妃のシャルロッテのために建設したシャルロッテンブルク宮殿が残る。

文化遺産（登録基準(i)(ii)(iv)）
1990年／1992年／1999年

●ロルシュの修道院とアルテンミュンスター

（Abbey and Altenmunster of Lorsch）

ロルシュは、ドイツ中西部、フランクフルトとハイデルベルクの中間にあるヘッセン州の町。ライン川岸にあるアルテンミュンスター修道院は、フランク王国のカロリング朝(751～987年)の763年にカロリング朝の修道院として創建されたもので、当時の建築様式が現在も良好な保存状態で見られる。また、ロマネスク様式の聖堂、ローマ時代後期の800年前後に建てられ、オリジナルのまま現存するこの時代の建築物としては最古の帝国僧院跡、8世紀末～9世紀初頭に建てられた「王の門」と呼ばれる凱旋門、納屋、9世紀には600冊に及ぶ写本を有した図書館などが城壁の内側に建てられ、9世紀末には修道僧の学問と修行の場として繁栄した。なかでも、帝国末期のサクソンに対する凱旋門は、カール大帝の勝利を記念している。

文化遺産（登録基準(iii)(iv)）　1991年

●ランメルスベルク鉱山、古都ゴスラーとハルツ地方北部の水利管理システム

（Mines of Rammelsberg, Historic Town of Goslar and Upper Harz Water Management System）

ゴスラーは、ドイツ中央部、ハルツ山脈の山麓にある中世の古都。ランメルスベルク鉱山は、ゴスラーの南東1kmにあり、千年もの長い歴史、類いまれな埋蔵量、鉱山技術の傑作が完璧な状態で保存されている。ゴスラーは、ランメルスベルク鉱山から産出された銀をはじめ、銅、錫、鉛、金などの鉱物資源に支えられ、ハンザ同盟の一都市としても繁栄した。ゴスラーには、中心部のマルクト広場に、中世のギルド会館、市庁舎、それに、民家、商家、邸宅などが残っており、13～19世紀までの鉱山都市の歴史を物語っている。ランメルスベルク鉱山と古都ゴスラーは、2010年の第34回世界遺産委員会ブラジリア会議で、鉱業や冶金への水力利用を可能にした人工池、トンネル、地下排水路などの「ハルツ地方北部の水利管理システム」を構成資産に加えて、登録範囲を拡大、登録遺産名も「ランメルスベルク鉱山、古都ゴスラーとハルツ地方北部の水利管理システム」に変更になった。

文化遺産（登録基準(i)(ii)(iii)(iv)）
1992年／2008年／2010年

●バンベルクの町（Town of Bamberg）

バンベルクは、バイエルン州マイン川支流のレグニッツ川の沿岸にある。その中世の町並みは「ドイツの小ヴェネチア」とも呼ばれ、ドイツ屈指の美しさ。4本の尖塔が聳え立つ町のシンボルであるバンベルク大聖堂は、1012年建立、1237年に再建され、ロマネスクからゴシック様式への過渡期を表わす建築物。内部にはバンベルクの騎士像、ハインリヒ2世とその妃の墓などがある。その他ゴシックの旧宮殿、バロックの新宮殿、旧市庁舎、聖ミヒャエル教会や石畳の小道などが旅情を誘う。
文化遺産（登録基準(ii)(iv)）　1993年

●マウルブロンの修道院群
（Maulbronn Monastery Complex）
マウルブロンは、南ドイツのシュツットガルトの北西約25kmにある。マウルブロン修道院は、ドイツ最古の中世シトー派修道院で、1147年に建設され、その後城壁や、生活や修行のための諸施設が建てられた。ロマネスク様式からゴシック様式に至る建築様式の変化がよくわかり、付属の建造物も含めてとてもよく保存されている。マウルブロン修道院は、16世紀半ばにプロテスタントの神学校となり、文豪のヘルマン・ヘッセ（1877～1962年）やロマン派詩人のヘルダーリン（1770～1848年）などの文学者がここで学んだ。ヘルマン・ヘッセの小説「知と愛」の舞台としても知られている。
文化遺産（登録基準(ii)(iv)）　1993年

●クヴェートリンブルクの教会と城郭と旧市街
（Collegiate Church, Castle and Old Town of Quedlinburg）
クヴェートリンブルクは、ドイツ中部ザクセンアンハルト州ハルツ地方にあり、中世ドイツ公国の一つ東フランケン公国の首都であった。ボーテ川のほとりに、9世紀に創建されたロマネスク様式の聖セヴァティウス教会を中心として、商業都市として繁栄した。旧市街には1300近い木造軸組の建物が完全な形で残っており、その8割ほどは17～18世紀に建設されたものである。丘に建てられた城館から見下ろす旧市街は絵のように美しい。
文化遺産（登録基準(iv)）　1994年

●フェルクリンゲン製鉄所（Vöelklingen Ironworks）
フェルクリンゲン製鉄所は、ドイツ南西部、ザール地方のザールラント州にある貴重な産業遺産。第2次産業革命最中の1873年に建設された敷地面積が約6万㎡のフェルクリンゲン製鉄所は、過去2世紀、この地方のザールブリュッケンで産出する石炭とルクセンブルクの南西地域で産出する鉄鉱石を原料として利用した製鉄所として栄え、フランスのロレーヌ地方、ルクセンブルクと共に、ヨーロッパの「石炭鉄鋼三角地帯」と呼ばれた。しかし1960年代を最盛期として、次第にヨーロッパの鉄鋼産業は衰退し、世界の製鉄業を長年リードし続け先導的な役割を果たしたフェルクリンゲン製鉄も、1986年にあえなく操業停止を余儀なくされた。製鉄所の設備は、未来に残すべき遺産として今もそのまま保存され、記念博物館などとして活用されている。
文化遺産（登録基準(ii)(iv)）　1994年

○メッセル・ピット化石発掘地（Messel Pit Fossil Site）
メッセル・ピットは、ヘッセン州のフランクフルト南方のダルムシュタットの近くにあり、今から5700万年から3600万年前の新生代始新世（地質年代）前期の生活環境を理解する上で最も重要な面積70haの化石発掘地。ここの地層は、石油が含まれる油母頁岩（オイル・シェール）で出来ておりメッセル層と呼ばれ、もともとは、褐炭を採掘した露天掘り鉱山であった。採掘された化石の種類は、馬の祖先といわれるプロパレオテリルム、アリクイ、霊長類、トカゲやワニなどの爬虫類、魚類、昆虫類、植物など多岐にわたる。なかでも、哺乳類の骨格や胃の内容物の化石は、保存状態が非常に良く、初期の進化を知る上で貴重な資料になっている。
自然遺産（登録基準(viii)）　1995年／2010年

●ケルンの大聖堂（Cologne Cathedral）
ケルンは、ドイツ中西部、デュッセルドルフの南方30kmにあり、かつては「北のローマ」と呼ばれ、ハンザ同盟都市でもあった。ケルンの大聖堂は、ライン河畔に堂々とそびえ建つ高さが157mもある巨大な2基の尖塔が象徴的な宗教建築物で、古都ケルンのシンボルになっている。正式名称は、ザンクト・ペーター・ウント・マリア大聖堂といい、重要な宗教的儀式が現在も行われている。1248年に着工、16世紀半ばには一時中断したが、600年を超える歳月を経て1880年に漸く完成したゴシック様式の建築物の傑作。歴代の建築家達は、建築計画のコンセプトを理解し、尊重し、忠誠と信念を貫き続けた。その証としての大聖堂の威容は、ヨーロッパ・キリスト教への信仰心の篤さを誇示している。大聖堂の内部には、聖母マリアの祭壇の背後に、キリスト降誕の際に東方からエルサレムにやってきたといわれる「東方の三博士」の棺が安置されている。また、円天井の窓にはめ込まれた美しいステンドグラスは、荘厳な大空間を創出している。2004年に近隣の高層ビルの建設による都市景観の完全性の喪失などの理由から、危機遺産に登録されたが、建設計画を縮小することをケルン当局が決定したことが周辺の管理の改善につながったとして、2006年危機遺産から解除された。
文化遺産（登録基準(i)(ii)(iv)）　1996年／2008年

●ワイマール、デッサウ、ベルナウにあるバウハウスおよび関連遺産群
（The Bauhaus and its sites in Weimar, Dessau and Bernau）
バウハウスは、1919年に、建築家のヴァルター・グロピウス（1883～1969年）によってテューリンゲン州のワイマールに設立された総合美術大学。ワイマールのバウハウス校舎は、芸術家を養成する為の旧ザクセン大公立造形美術大学と専門技術を教える旧ザクセン大公立芸術工芸学校との2つの機能を備えていた。1925年にワイマールの北東約110kmにあるザクセン州のデッサウに移り、1933年に閉校になるまで、ルネッサンスの精神を引き継ぐ建築学的、美学的な思想と実践に革命的な役割を果たした。デッサウのバウハウス校舎の建築と巨大なガラスウォールなどの造形には、校長のヴァルター・グロピウスをはじめ、ハンス・メイヤー、ラッツロ・モーリーナギー、ワスリー・カンディンスキー（1866～1944年）などの教授陣が携わった。政府の予算打ち切り、ナチスの圧力などによって、バウハウスは、度重なる移転や閉鎖などを余儀なくされ、短い歴史に幕を閉じたが、これらの斬新な建物のデザイン、それに、バウハウスで生み出された数多くの芸術作品は、20世紀の建築や芸術のモダニズムの源流とも言え、世界中に多大な影響を与えた。「ワイマールおよびデッサウにあるバウハウスおよび関連遺産群」は、2017年に、ヴァルター・グロピウスの後継者であるハンネス・マイヤーが設計した、デッサウのバルコニー・アクセス・ハウスと低所得学生向けの3階建て煉瓦ブロックの集合住宅、ベルナウのADGB（ドイツ労働組合総連合）連合学校を構成資産に加えて登録範囲を拡大、登録遺産名も「ワイマール、デッサウ、ベルナウにあるバウハウスおよび関連遺産群」に変更した。

文化遺産（登録基準(ii)(iv)(vi)）　1996年／2017年

●アイスレーベンおよびヴィッテンベルクにあるルター記念碑

（Luther Memorials in Eisleben and Wittenberg）

ルター記念碑は、ザクセンアンハルト州アイスレーベンおよびヴィッテンベルクにある。サクソニー・アンホルトにあるルター記念碑は、マルティン・ルター（1483～1546年）とその弟子メランヒトンの生活を伝える。「ルターの町」と呼ばれるヴィッテンベルクには、ルター・ホール（ルターの住居）、1517年10月31日、ルターが世界の宗教、政治の歴史に新しい時代を吹き込んだ、かの有名な95か条の論題（意見書）を読み上げた聖マリア聖堂もある。マルクト広場には、ルターとメランヒトンの銅像が立っている。アイスレーベンは、ヴィッテンベルクの南西にあり、ルターは、この地で生まれ、この地でその生涯を終えた。

文化遺産（登録基準(iv)(vi)）　1996年

●クラシカル・ワイマール（Classical Weimar）

ワイマールは、ベルリンの南西約230kmのドイツ中東部にある。18世紀後半～19世紀初期に小さなサクソンの町ワイマールは、「ファウスト」で有名なゲーテ（1749～1832年）や「ウイリアムテル」などの戯曲で知られるシラー（1759～1805年）に代表される様にたくさんの作家や学者がめざましい文化を開花させ、その後、ドイツ文化の精髄を象徴する意味を持つことになった。この発展は、「ゲーテハウス」や「シラーハウス」などの高質の建物の多くと「ゲーテの東屋」などがある周辺の公園にも反映されている。また、ヘルダー教会の名で親しまれている聖ペーター＆パウル市教会や画家クラナハ親子の作品を収蔵するワイマール城など文化人ゆかりの建物が数多く残っている。この地は、第一次世界大戦で敗戦し、新しいワイマール憲法を採択した地としても有名。尚、ゲーテの直筆の文学作品は、世界の記憶に登録されており、ワイマール古典期財団／ゲーテ・シラー資料館（GSA）に収蔵されている。

文化遺産（登録基準(iii)(vi)）　1998年

●ベルリンのムゼウムスインゼル（美術館島）

（Museumsinsel（Museum Island）, Berlin）

ムゼウムスインゼル（美術館島）は、ベルリンのシュプレー川の中州のミッテ地区にある。フリードリヒ・ヴィルヘルム3世の主導で、19世紀初めに建設され、第2次世界大戦まで、ベルリン国立美術館の重要なコレクションを収容していた。第2次世界大戦後、ベルリンでの際立った美術館が東側にあった為に、こうした美術館が西側にも設けられることになった。1990年の東西ドイツの再統一によって、ベルリンの壁が解放され再び合体したベルリンには、コンサートホールが2つ、オペラハウスが3つ、美術館・博物館に至っては、28館を数えるまでになり、現在、東西美術館の統合が進められている。美術館島には、古代ギリシャの都市国家であったペルガモン（現在のトルコ）で発掘された「ゼウスの大祭壇」や古代バビロニアの「イシュタール門」などの巨大な遺跡がそのまま展示されているペルガモン美術館、古代およびビザンチン芸術を収集したバロック風のドームが印象的なボーデ美術館（旧カイザー・フリードリヒ美術館）、印象派絵画を揃えた旧国立美術館、それに、新国立美術館がある。

文化遺産（登録基準(ii)(iv)）　1999年

●ヴァルトブルク城（Wartburg Castle）

ヴァルトブルク城は、テューリンゲン州のアイゼナッハにある。突起した岩の上にそびえるこの城塞は、いろいろな時代に造られた複数の建物群から成っている。まず、その最古の部分は、12世紀にさかのぼるといわれる城門部を通って、15～16世紀の木骨組の建物に囲まれた城の第一中庭に出る。城の第2中庭は、城塞の最も面白い建物、すなわち、本丸に通じている。堡塁と南の塔から、ドイツの偉大な作曲家ヨハン・セバスチャン・バッハ(1685～1750年)の生誕地であるアイゼナッハの町やテューリンゲンの森、それに、レーン山地を広く眺望できる。宗教改革者のマルティン・ルター(1483～1546年)が、国を追われた際に、ザクセン侯の庇護のもとに、この城に身を潜めて、1521年から10か月をかけてギリシャ原典の新約聖書をドイツ語に翻訳したことでも知られている。また、偉大な詩人ゲーテ(1749～1832年)も度々アイゼナッハとヴァルトブルク城を訪れ、いくつもの美しい詩を残した。それに、中世の頃から歌合戦の伝統があり、リヒャルト・ワーグナー(1813～1883年)の歌劇「タンホイザー」の舞台にもなった多くの偉人のゆかりの地でもある。

文化遺産(登録基準(iii)(vi))　1999年

●デッサウ-ヴェルリッツの庭園王国
(Garden Kingdom of Dessau-Wörlitz)

デッサウ-ヴェルリッツの庭園王国は、ドイツの中北部、エルベ川の支流のムルデ川が流れるデッサウとヴェルリッツに広がる庭園景観。侯爵レオポルド3世フリードリヒ・フランツ(1740～1817年)は、1764年から内湖沿いに広々とロマンティックな英国式庭園を造営させ敷地内にフローラ神殿や宮殿などの建物を配置した。デッサウ-ヴェルリッツの庭園王国は、庭園、公園、建物などのレイアウトを広範かつ全体的に調和させた18世紀における景観設計や景観計画の啓蒙期の顕著な実例。なかでも、ドイツ古典様式の宮殿などの建造物、彫像や橋などのモニュメントのデザインは、中欧における代表的な文化的景観に数えられ、詩人のゲーテもその影響を受けたといわれている。

文化遺産(登録基準(ii)(iv))　2000年

●ライヒェナウ修道院島(Monastic Island of Reichenau)

ライヒェナウ修道院島は、ドイツ南部フライブルグ地方にあるボーデン湖(英名はコンスタンス湖)に浮かぶ島。ライヒェナウ島には、724年に創立されたベネディクト会修道院の足跡が保存されている。ベネディクト会は、当時の人々に宗教的、それに知的な影響を多大に及ぼした。9～11世紀に建設された聖マリア教会、聖ペテロ・パウロ教会、聖ゲオルク教会の各教会は、中欧における中世初期の修道院建築がどのようなものであったかを提示してくれる。尚、ライヒェナウ修道院で生み出されたオットー朝からの彩飾写本は、世界の記憶に登録されており、バイエルン州立図書館(ミュンヘン)に収蔵されている。

文化遺産(登録基準(iii)(iv)(vi))　2000年

●エッセンの関税同盟炭坑の産業遺産
(Zollverein Coal Mine Industrial Complex in Essen)

関税同盟炭坑の産業遺産は、ドイツ西部、ルール地方の中心をなす工業都市エッセンを中心に展開するヨーロッパでも有数の建築・産業技術史上の貴重な遺産。なかでも1834年に創設されたドイツ関税同盟第12立坑の設備の建物の高さと建築の質は、特筆される。1930年にエッセン北部に分散していた関税同盟炭坑の石炭採掘施設を統合する目的でつくられ開設当時は世界最大かつ最新の採炭施設であった。能率よりも美的側面を強調した建築物としての価値も極めて高い。1929年にバウハウスの影響を受けた建築家のフリッツ・シュップとマルティン・クレマーが、エンジニアとの緊密な協力の下に建造したもので、1932年に操業を開始し、第12立坑は1986年に、コークス炉は、1993年に役目を終えた。その後、IBA(国際建築博覧会)エムシャーパーク・プロジェクトの一環として、エッセン市がノルトライン・ヴェストファーレン州開発公社と共同で雇用創出機関「バウヒュッテ」を創設し、炭鉱の全施設を保全、改修、再利用している。

文化遺産(登録基準(ii)(iii))　2001年

●ライン川上中流域の渓谷(Upper Middle Rhine Valley)

ライン川上中流域の渓谷は、ドイツの西部、ラインラント・プファルツ州とヘッセン州のライン川中流の川幅が狭い渓谷のマインツからコブレンツまでの65kmにわたって展開する。ライン川上中流域の渓谷は、ヨーロッパにおける地中海地域と北部地域との間の2000年の歴史をもつ重要な輸送ルートの一つである。ライン川上中流域の渓谷は、人間が築いた長い歴史を物語るラインシュタイン城、ライヒェンシュタイン城、ゾーンエック城、シュタールエック城、シェーンブルク城、ラインフェルス城、グーテンフェルツ城、エーレンフェルツ城跡など伝説に包まれた古城群、白い壁に黒い屋根の家々が印象的なリューデスハイム、コブレンツ、ビンゲンなどの歴史都市、そして、ドイツ有数のワインを産するブドウ畑が、ドラマチックな変化に富んだ自然景観と共に絵の様に展開する。ライン川上中流域の渓谷には、長年にわたる歴史とローレライの岩の伝説などが息づいており、詩人のハインリッヒ・ハイネ(1797～1856年)、作家、芸術家、そして作曲家などに強い影響を与えた。

文化遺産(登録基準(ii)(iv)(v))　2002年

●シュトラールズントとヴィスマルの歴史地区
(Historic Centres of Stralsund and Wismar)

シュトラールズントとヴィスマルの歴史地区は、ドイツ北部、バルチック海岸のメクレンブルク・フォアポンメルン州にある中世の町で、14～15世紀には、ハンザ同盟の主要な貿易港であった。17～18世紀には、シュトラールズントとヴィスマルは、スウェーデンの管理下になり、ドイツ領での防御の中心になった。シュト

ヨーロッパ

ラールズントとヴィスマルは、バルチック地域におけるレンガ造りのゴシック建築が特徴のドーベラナー大聖堂のカテドラルなどの建物、それに、当地ではバックシュタインと呼ばれる見事な焼きレンガの壁などの建造技術の発展に貢献した。シュトラールズントの市庁舎、ザンクト・ニコライ聖堂、住居、商業、それに、工芸用の一連の建物は、数世紀以上にもわたって進化を遂げた。

文化遺産（登録基準(ii)(iv)） 2002年

●ブレーメンのマルクト広場にある市庁舎とローランド像

（Town Hall and Roland on the Marketplace of Bremen）

ブレーメンのマルクト広場にある市庁舎とローランド像は、ハンブルクに次ぐ第2の港町ブレーメン(人口55万人)にある。ブレーメンは、大司教座の町として興り、交易によって、独立都市国家ハンザ同盟都市として繁栄した。市庁舎ラートハウスは、15世紀初期に建設されたルネッサンス様式のファサードを持ったゴシック様式の煉瓦造りの建造物で、北ドイツのゴシック建築の顕著な例として有名。市庁舎のすぐ前にある高さ5.5mの石像ローランド像は、1404年に建て直されたが、ブレーメン市民の権利と司法特権の象徴であり、今も昔もブレーメンのシンボルになっている。ブレーメンは音楽隊の町として有名であるばかりか、メルヘン街道（南のハーナウから北のブレーメンまで600km）の出発点(終点)の町としても知られている。

文化遺産（登録基準(iii)(iv)(vi)） 2004年

●ムスカウ公園／ムザコフスキー公園

（Muskauer Park／Park Mużakowski）

ムスカウ公園／ムザコフスキー公園は、ドイツの北東部とポーランドの西部、ラウジッツ・ナイセ川が流れる国境に広がる景観公園。1815～1844年に、ヘルマン・フォン・ピュックラー・ムスカウ王子(1785～1871年)が造園したもので、都市景観設計への新たなアプローチの先駆けであり、英国式庭園の造園技術の発展にも影響を与えた。見所としては、ドイツ側のムスカウ公園(公式名：フュルスト・ピュックラー公園)のセンター部分にある新城、マウンテン公園の中にある教会の遺跡、ポーランド側の橋梁やピュックラーの石碑などがある。ムスカウ公園／ムザコフスキー公園は、もともと一つの公園であったが、第二次世界大戦後の1945年にナイセ川をドイツとポーランドの国境とし、二か国に分割された。

文化遺産（登録基準(i)(iv)） 2004年
ドイツ／ポーランド

●ローマ帝国の国境界線

（Frontiers of the Roman Empire）

文化遺産（登録基準(ii)(iii)(iv)）
1987年／2005年／2008年 （英国／ドイツ） → 英国

●レーゲンスブルク旧市街とシュタットアンホフ

（Old town of Regensburg with Stadtamhof）

レーゲンスブルク旧市街は、ドイツ南東部、バイエルン州の州都ミュンヘンの北、約100kmにある古都。レーゲンスブルク旧市街は、ドナウ川が湾曲した河畔にあり、1世紀の頃に、ローマ軍が、その急流と広い川幅のために川を渡れずに駐屯して以来の歴史がある。12～13世紀には、交通、交易の中心地として繁栄した。また、2つの世界大戦の被害をほとんど受けていない為、ローマの遺跡と中世の街並みが昔ながらに保存されている。旧市街には、12世紀に建造されたドイツ最古の石橋であるシュタイナーネ橋、ゴシック調でステンドグラスの美しい聖ペーター大聖堂など20以上のカトリック教会が残っている。

文化遺産（登録基準(ii)(iii)(iv)） 2006年

●ベルリンのモダニズムの集合住宅

（Berlin Modernism Housing Estates）

ベルリンのモダニズムの集合住宅は、1910年から1933年、なかでも、ワイマール共和国の時代の住宅不足に対応した革新的な住宅政策の証しとなる20世紀の建築である。ベルリンのモダニズムの集合住宅は、ベルリン市内のトレプトウ地区の「ファルケンベルク庭園街」、ヴェッディング地区の「シラーバーグ・ジードルンク」、ノイケルン地区の馬蹄型の「ブリッツ・ジードルンク」、ブレンツラウアーベルク地区の「カール・レギエン住宅街」、レイニッケンドルフ地区の「ヴァイセ・シュタット」、シャルロッテンブルク地区とシュパンダウ地区の「ジーメンス・ジードルンク」の6つの構成資産からなる。当時のベルリン市は、社会的、政治的、文化的にも、進歩的であった。ベルリンのモダニズムの集合住宅(ジードルンク)は、都市計画、建築、庭園設計への新たなアプローチを通じて、キッチン、バス、バルコニーが付き、庭はないが、十分に外気や光を取り入られ、機能的かつ実用的な間取りで、しかも割安で、低所得者の人々の居住環境の向上を実現した建物のリフォーム運動の顕著な見本である。ベルリンの近代的な集合住宅は、技術的、美的な革新のみならず斬新な設計を特徴とする都市・建築の類いない事例であり、古典近代主義から20世紀初頭に至る時代の社会的な住宅建設の新たなモデルとなるもので、文化財としても保護されている。建築家で都市計画家のブルーノ・タウト（1880～1938年)、バウハウスの創立者であり近代建築の四大巨匠の一人とされるヴァルター・グロピウス（1883 ～1969年)は、これらのプロジェクトの指導的な建築家であり、例えば、日本では、同潤会アパート、公団住宅などにも見られる様に、その後、世界の集合住宅の発展に多大な影響を及ぼした。
文化遺産（登録基準(ii)(iv)）　2008年

○ワッデン海（The Wadden Sea）
自然遺産（登録基準(viii)(ix)(x)）
2009年／2011年／2014年
（オランダ／ドイツ／デンマーク）　→オランダ

○カルパチア山脈とヨーロッパの他の地域の原生ブナ林群
（Primeval Beech Forests of the Carpathians and Other Regions of Europe）
自然遺産（登録基準(ix)）　2007年／2011年／2017年
（ウクライナ／スロヴァキア／ドイツ／アルバニア／オーストリア／ベルギー／ブルガリア／クロアチア／イタリア／ルーマニア／スロヴェニア／スペイン）
→ウクライナ

●アルフェルトのファグス工場
（Fagus Factory in Alfeld）
アルフェルトのファグス工場は、ドイツの北西部、ニーダーザクセン州ヒルデスハイム郡を流れるライネ川沿いの町アルフェルトにある製靴工場である。ファグス工場は、1911年にカール・ベンシャイトの製靴機械を収容するためにワルター・グロピウス(1883～1969年)とアドルフ・マイヤー(1881～1929年)によって設計された芸術的な工業デザインの20世紀の近代建築物である。ファグス工場は、ドイツ工作連盟がめざした工業生産の理想を実現した10の建造物群からなる工場建築で、ファサードは、鉄とガラスを使用し、ガラス張りのカーテンウォールを採用、カーテンウォールを近代建築に活用する先駆けとなった。ファグス工場は、その後のワイマールやデッサウのバウハウスの作品の前兆であり、また、ヨーロッパや北米の建築の発展につながった歴史的な建築物である。ファグス工場は、現在も稼働しており、一部は、ファグス・グロピウス博物館として活用されている。
文化遺産（登録基準(ii)(iv)）　2011年

●アルプス山脈周辺の先史時代の杭上住居群
（Prehistoric Pile dwellings around the Alps）
文化遺産（登録基準(iii)(v)）　2011年
（オーストリア／フランス／ドイツ／イタリア／スロヴェニア／スイス）　→スイス

●バイロイトの辺境伯オペラ・ハウス
（Margravial Opera House Bayreuth）
バイロイトの辺境伯オペラ・ハウスは、ドイツの東部、バイエルン州の北東部の小高い丘と緑の濃い自然に包まれたバイロイトにある、全館が木造の豪華絢爛なバロック様式の祝祭劇場。このオペラ・ハウスは、ブランデンブルク・バイロイト辺境伯のフリードリヒ(1711～1763年)が夫人のヴィルヘルミーネの要望により、1745～1750年にかけて建設し、劇場建築家のジュゼッペ・ガリ・ビビエーナと息子のカルロが内装を担当した。歌劇場は、観客を舞台に集中させるためオーケストラピットを舞台下に設け、500人規模の観客席はギリシャの円形劇場を模した高いせり上がりに沿って配された。バロック様式のオペラ劇場としては、現存する唯一のものと言っても過言ではない、稀にみる保存状態の良さを誇る。毎夏7月から8月には、19世紀のドイツ・オペラの巨匠リヒャルト・ワーグナー(1813～1883年)の歌劇を演目とするバイロイト音楽祭が催され、ワーグナーの楽劇が上演される。
文化遺産（登録基準(i)(iv)）　2012年

●ヴィルヘルムスヘーエ公園（Bergpark Wilhelmshoe）
ヴィルヘルムスヘーエ公園は、ドイツの中央部、ヘッセン州のカッセル市にある自然環境と人間との共同作品である文化的景観。ヘッセン・カッセル方伯カール（在位：1670～1730年)は、ローマにあるファルネーゼ家で、古代の有徳の英雄であるヘラクレス像を見て魅了され、イタリアの建築家グエニエロを雇い、1701年から1711年の間、宮殿と庭園を造ることになった。巨大なヘラクレス像が立つ8角形の宮殿は遠方からも見え、標高527mの最頂部にあるハービッヒツヴァルトの急斜面を下ると、カールスアウエ宮殿の周辺に、東西を軸にした噴水がある。その下には大規模な多段式の滝が伸びており、洞窟や台地を交えながら渓谷へ下り、大きなネプチューンの泉に注ぐ。1785年からは、初代ドイツ皇帝・ヴィルヘルム１世(1797～1888年)が周囲の土地を、今日のような滝や土手、橋を備えたロマンチックな山地公園に造り替えた。ヴィルヘルム１世の名前にちなんだヴィルヘルムスヘーエ宮殿には、現存する白石製翼棟に、アンピール様式と擬古主義様式の調度類や贅沢な浴室、ヨハネス・ハインリヒ・ティッシュバインの絵画を備える侯爵住居がある。近代的な内装が施された宮殿中央部は、18世紀以前の巨匠たちの作品を集めた美術館になっている。ヴィルヘルムスヘーエ公園は、建築と美術による優れた技巧の比類ないバロック総合芸術作品である。
文化遺産（登録基準(iii)(iv)）　2013年

●コルヴァイ修道院聖堂とカロリング朝のベストベルク
（Carolingian Westwork and Civitas Corvey）
コルヴァイ修道院聖堂とカロリング朝のベストベルクは、ドイツの北部、ノルトライン・ヴェストファーレン州の町ヘクスターの外れのヴェーザー川河畔にある、かつてカロリング朝の政治的中心地であったコルヴァイの遺跡と建造物群である。世界遺産の登録面積は12ha、バッファー・ゾーンは69haである。ザクセン地方の布教のためにルートウィヒ1世によって、旧ベネディクト会のコルヴァイ修道院が822年に創建された。844年に献堂された3廊式の教会は、三十年戦争で破壊され、バロック教会に建てかえられたが、873～885年に増築されたカロリング朝のベストベルク（西構え）は、中世の建築の最も見事な事例で、カロリング期からロマネスク期にかけての聖堂にみられる西側正面の構造で、二基の塔を置き、内部には拝廊と礼拝堂に加えて、身廊を見下ろす多層のギャラリーを設けたもので、美術史上も重要な遺構である。カロリング朝とは、フランク王国の後期王朝（752～987年）で、カール大帝の名をとってカロリング朝とよばれる。コルヴァイの歴史は、千年にもわたるフランク・ドイツ帝国の歴史を、いろいろ、反映するものである。
文化遺産（登録基準(ii)(iii)(iv)）　2014年

●シュパイヘルシュダッドとチリハウスのあるコントールハウス地区
（Speicherstadt and Kontorhaus District with Chilehaus）
シュパイヘルシュダッドとチリハウスのあるコントールハウス地区は、ドイツの北西部、エルベ川が流れるハンザ同盟の歴史を誇るハンブルクの旧市街である。シュパイヘルシュダッドは、1885～1927年にエルベ川の島々を起源に発展し、1949～1967年に一部が再建された。シュパイヘルシュダッドは、世界でも最大級の面積30万㎡の歴史的な港湾倉庫群で、かつてはコーヒー、香辛料、たばこなどを貯蔵した倉庫群と歴史的建造物群からなり、これらは、道路、運河、橋梁で繋がっている。また、その向かいに立つ近代的なチリハウスのオフィス・ビルのあるコントールハウス地区には、1920年代から1940年代に建てられた6つの大変大きな事務所が特徴的な5ha以上の地域である。チリハウスとは、南米のチリ北部にあるアタカマ砂漠で産出するチリ硝石の輸入と製造で財をなしたハンブルクの海運王ヘンリー・ブラレンス・スローマン（1848～1931年）が、当時44歳で気鋭の建築家であったフリッツ・ヘーガー（1877～1949年）に設計を依頼し1920年代に完成した商館で、船舶をイメージしてデザインされたうねった曲面の外壁、北海の空を想起させる重い色調、暗褐色で立体的な煉瓦を多用した北ドイツの表現主義建築が特色の顕著な事例であり、19世紀後半と20世紀前半における国際貿易の急成長を物語る建造物群である。
文化遺産（登録基準(iv)）　2015年

●ル・コルビュジエの建築作品－近代化運動への顕著な貢献
（The Architectural Work of Le Corbusier, an Outstanding Contribution to the Modern Movement）
文化遺産（登録基準(i)(ii)(vi)）　2016年
（フランス／スイス／ベルギー／ドイツ／インド／日本／アルゼンチン）→フランス

●シュヴァーベン・ジュラにおける洞窟群と氷河時代の芸術
（Caves and Ice Age Art in the Swabian Jura）
シュヴァーベン・ジュラにおける洞窟群と氷河時代の芸術は、ドイツの南部、バーデン・ヴュルテンベルク州のシュヴァーベン地方にあるシュヴァーベン・ジュラ山脈にある。世界遺産の登録面積は462.1ha、バッファー・ゾーンは1,158.7haである。氷河時代の最後の43000年前、現代人は、最初にヨーロッパに到着し、住居に選んだ地域の一つが、ドイツ南部のシュヴァーベン・ジュラであった。1860年代から発掘されたローンタール（ローン渓谷）地域のホーレンシュタイン・シュターデル洞窟、フォーゲルヘルト洞窟、ボクシュタイン・ホーレ洞窟、アックタール（アック渓谷）地域のガイゼンクレステレ洞窟、ホーレ・フェルス洞窟、シルゲンシュタイン・ホーレ洞窟の6つの洞窟群は、ネアンデルタール人の出現するもっと早い時期の43,000～33,000年前のオーリニャック文化層があり人類が出現したことを明らかにした。それらの中には、動物の人形（ホラアナライオン、マンモス、馬、牛など）、楽器、それに、個人的な装飾物が彫刻されている。他の人形は、半分動物、半分人間の描画であり、女性の形をした一つの小像がある。これらの考古学遺跡群は、世界で最古の人形画であり、人類の芸術活動の発展の起源 に光を与えている。
文化遺産（登録基準(iii)）　2017年

●ヘーゼビューとダーネヴィルケの境界上の考古学的景観
（The Archaeological Border Landscape of Hedeby and the Danevirke）
ヘーゼビューとダーネヴィルケの境界上の考古学的景観は、ドイツの北部、シュレースヴィヒ・ホルシュタイン州に残る北方ゲルマン族バイキングの史跡である。世界遺産の登録面積は227.55ha、バッファーゾーンは2,670haである。中世に交易地として栄えたヘーゼビューは、土塁、塀、溝、集落群、墓地、それに、港などからなる。ユトランド半島における特異な地理的状況は、スカンジナヴィア、ヨーロッパの主島、北海とバルト海との間の戦略的な繋がりを創造している。シュレスヴィヒ 地峡では、ユトランド半島を横断する北・南の 通路は、フィヨルド、河川、それに、広大な沼低地による収縮であった。この状況を利用して自然景観の特徴と人工の構造物はヘーゼビューとダーネヴィルケの境界上の景観と結びついていた。
文化遺産（登録基準（iii）（iv））　2018年

●**ナウムブルク大聖堂**（Naumburg Cathedral）
ナウムブルク大聖堂は、ドイツの中東部、チューリンゲン地方、ザクセン・アンハルト州の都市、ナウムブルクにある大聖堂である。世界遺産の登録面積は1.82ha、バッファーゾーンは56,98ha。聖ペテロと聖パウロに捧げられたので、正式名称は聖ペーターと聖パウロ教会。創建は1028年の11世紀であるが、後にゴシック的要素を加えながら増改築された。ロマネスク様式からゴシック様式への移行期にあたる教会建築として知られている。13世紀に制作された寄進者の等身大の石像が有名で、ドイツ・ゴシック彫刻の代表作で、作者は「ナウムブルクの作家」と呼ばれている。
文化遺産（登録基準（i）（ii））　2018年

●**アウクスブルクの水管理システム**
（Property Water Management System of Augsburg）
アウクスブルクの水管理システムは、ドイツの南部、バイエルン州シュヴァーベン行政管区にある。アウクスブルクは、レヒ川とヴェルタハ川の合流点の近くにあり、かつては、商業都市として、14世紀以降は、革新的な水力を利用した工業都市として発展した。アウクスブルクの水管理システムは、登録面積が112.83ha、バッファーゾーンが3204.23ha、構成資産は、15～17世紀の運河、水力発電所、浄水場、泉など22件で、その給水システム、河川利用などの技術的価値などが認められた。アウクスブルクの水管理システムによって生み出されたイノベーションは水力工学のパイオニアと位置付けられている。
文化遺産（登録基準（ii）（iv））　2019年

●**エルツ山地の鉱山地域**
（Erzgebirge/Krusnohori Mining Region）
文化遺産（登録基準（ii）（iii）（iv））　2019年
（チェコ／ドイツ）→ チェコ

●~~**ドレスデンのエルベ渓谷**~~（Dresden Elbe Valley）
ドレスデンのエルベ渓谷は、ザクセン州の州都ドレスデン（人口約50万人）を中心に、北西部のユービガウ城とオストラゲヘーデ・フェルトから南東部のピルニッツ宮殿とエルベ川島までの18kmのエルベ川流域に展開する。このエルベ渓谷には、18～19世紀の文化的景観が残る。ドレスデンは、かつてのザクセン王国の首都で、エルベのフィレンツェと称えられ、華麗な宮廷文化が輝くバロックの町で、16～20世紀の建築物や公園などが残っている。なかでも19～20世紀の産業革命ゆかりの鉄橋、鉄道、世界最古の蒸気外輪船、それに造船所は今も使われている。2006年、ドレスデン建都800年の記念すべき年であったが、エルベ川の架橋計画による文化的景観の完全性の損失を理由に、「危機にさらされている世界遺産」に登録された。2008年の第32回世界遺産委員会では、「ドレスデンのエルベ渓谷」の4車線のヴァルトシュリュスヘン橋の建設により文化的景観の完全性が損なわれるとして、世界遺産リストからの抹消も含めた審議を行ったが、橋の建設中止など地元での対応などを当面は静観することを決した。代替案としての地下トンネルの建設などにより景観の保護が行われず、このまま橋の建設が継続され完成した場合は、2009年の第33回世界遺産委員会での世界遺産リストからの抹消が余儀なくされることになっていた。この物件の取り扱いについては、第30回、第31回、第32回の世界遺産委員会で、慎重な審議が重ねられたが、ドレスデンの関係当局者は、文化的景観の中心部での4連のヴァルトシュリュスヘン橋の建設プロジェクトを中止しなかった為、2004年の世界遺産登録時の「顕著な普遍的価値」と「完全性」が喪失、2009年の第33回世界遺産委員会セビリア会議で、2007年の第31回世界遺産委員会でのオマーンの「アラビアン・オリックス保護区」に次ぐ、世界遺産登録史上二例目となる「世界遺産リストからの抹消」という不名誉な事態になった。
文化遺産（登録基準（ii）（iii）（iv）（v））　2004年
★【危機遺産】　2006年
【世界遺産リストからの抹消　2009年】

●**ダルムシュタットのマチルダの丘**
（Mathildenhöhe Darmstadt）
ダルムシュタットのマチルダの丘は、ドイツの南西部、フランクフルトから南約30km、ヘッセン州ダルムシュタットのマチルダの丘にある芸術家村（コロニー）であり、登録面積5.37 ha、バッファーゾーン76.54haで、構成資産は2つの博覧会敷地の23の構成要素からなる。最後のヘッセン大公となったエルンスト・ルートヴィヒ大公とマチルダ妃の結婚を記念して建てられた結婚記念塔（1908年）、展示館（1908年）、プラタナスの木立（1833年、1904～1914年）、ロシア正教会聖堂ofマグダラの聖マリア（1897年～99年）、詩人ゴットフリート・シュワブ記念碑（1905年）、パーゴラと庭（1914年）、「白鳥の神殿」ガーデン・パビリオン（1914年）、エルンスト・ルートヴィッヒの噴水、13の家と芸術家のスタジオなどアールヌーボー（ユーゲントシュティール）建築のメッカである。芸術家村は、1901年、1904年、1908年、1914年の国際建設展覧会（IBA）を通じて拡張され、今日、近代建築、都市計画、景観設計のお手本になっている。
文化遺産（登録基準（ii）（iv））　2021年

ヨーロッパ

●ヨーロッパの大温泉群
（The Great Spas of Europe）
文化遺産（登録基準（ii）（iii））　2021年
（オーストリア / ベルギー / チェコ / フランス / ドイツ / イタリア/ 英国）
→オーストリア

●シュパイアー、ヴォルムス、マインツのShUM遺跡群
（ShUM Sites of Speyer, Worms and Mainz）
シュパイアー、ヴォルムス、マインツのShUM遺跡群は、ドイツの南西部、ラインラント・プファルツ州にあり、世界遺産の登録面積は5.56 ha、バッファーゾーンは16.43 ha、シュパイアーのユダヤ人の宮廷、ヴォルムスのユダヤ教会と旧ユダヤ人墓地、それに、マインツの旧ユダヤ人墓地の4つの構成資産からなるユダヤ人共同体遺跡群である。ShUMというのは、シュパイアー、ヴォルムス、マインツの古称の頭文字を取った頭字語であり、それらの都市のアシュケナージ系のユダヤ人（ユダヤ系のパレスチナ以外の地に移り住んでいた人々ディアスポラのうちドイツ語圏や東欧諸国などに定住した人々、およびその子孫を指す）のコミュニティを指す。登録されたのは、それらの町に残るユダヤ教の会堂であるシナゴーグや旧ユダヤ人墓地である。
文化遺産（登録基準（ii）（iii）（vi））　2021年

○カルパチア山脈とヨーロッパの他の地域の原生ブナ林群
（Primeval Beech Forests of the Carpathians and Other Regions of Europe）
自然遺産（登録基準（ix））
2007年／2011年／2017年／2021年
（アルバニア、オーストリア、ベルギー、ボスニアヘルツェゴビナ、ブルガリア、クロアチア、チェコ、フランス、ドイツ、イタリア、北マケドニア、ポーランド、ルーマニア、スロヴェニア、スロヴァキア、スペイン、スイス、ウクライナ）　→ ウクライナ

●ローマ帝国の国境線-ドナウのリーメス（西部分）
（Frontiers of the Roman Empire – The Danube Limes (Western Segment) ）
文化遺産（登録基準（ii）（iii）（iv））　2021年
オーストリア / ドイツ /ハンガリー / スロヴァキア
→ オーストリア

●ローマ帝国の国境線ー低地ゲルマニアのリーメス
（ Frontiers of the Roman Empire – The Lower German Limes）
ローマ帝国の国境線ー低地ゲルマニアのリーメスは、ドイツの西部とオランダの両国にまたがるライン川の下流域沿いの400 kmにわたって展開する。オランダのヘルダーラント州・ユトレヒト州、ドイツのノルトライン・ヴェストファーレン州・ラインラント・プファルツ州の構成資産102件からなる。リーメスは，ローマ帝国時代の長城跡で、リーメスの建設は、目的としては、ゲルマン民族の侵入からこの地域の肥沃な土地と通商路を守るためであった。ドイツのライン山脈からオランダの北海岸までのライン川下流の左岸約400km、紀元後2世紀にヨーロッパ、近東、北アフリカの7,500 kmにわたって展開したローマ帝国の国境線の一つであり、紀元後1世紀～5世紀に低地ゲルマニアの端に築いた軍事、民間、インフラの102の構成資産、軍事基地、砦、要塞、塔、一時的なキャンプ、道路、港湾、運河、水路、民間の集落、町、墓地、円形劇場、宮殿などの考古学遺跡である。これらの考古学遺跡のほとんどは、地下に埋蔵されている。ローマ時代からの浸水した堆積物は、構造的にも材質的にも保存状態が良い。
文化遺産（登録基準（ii）（iii）（iv））　2021年
ドイツ / オランダ

トルコ共和国（18物件　●16　◎ 2）

●イスタンブールの歴史地区
（Historic Areas of Istanbul）
イスタンブールは、トルコの西部、ボスポラス海峡を挟んで、アジアとヨーロッパの2大陸にまたがる都市である。イスタンブールは、東西文明の十字路と謳われ、紀元前7世紀にギリシャ人が入植、ローマ帝国の首都、帝国分裂後のビザンチン帝国の首都、15世紀オスマン帝国の首都と変遷。5世紀皇帝テオドシウスの命令により建てられたマルマラ海から金角湾へかけて7kmにのびるテオドシウスの城壁、ビザンチン建築の最高傑作のひとつ聖ソフィア大聖堂（現在はアヤソフィア博物館）、ブルーモスク（スルタンアフメット・ジャミイ）、オスマン帝国歴代スルタンの居城であったトプカプ宮殿などが帝国の栄枯を映す。イスタンブールは、コンスタンチノープルとかビザンチウムと呼ばれていた。慢性的な交通渋滞を解消する為、ボスポラス海峡横断地下鉄整備に伴う新たな地下鉄橋の建設、また、歴史的なオスマン様式の木造住宅の空家の増加などが世界遺産保護の脅威や危険になっている。
文化遺産（登録基準（i）（ii）（iii）（iv））　1985年

◎ギョレメ国立公園とカッパドキアの岩窟群
（Göreme National Park and the Rock Sites of Cappadocia）

ギョレメ国立公園は、トルコの中部、ネヴシェヒール地方にあるアナトリア高原にある。カッパドキアの岩窟群は、エルジェス山やハサン・ダウ山の噴火によって、凝灰石が風化と浸食を繰り返して出来上がったもので、キノコ状、或は、タケノコ状の奇岩怪石が林立する。この地に、4世紀前後にローマ帝国の迫害から逃れたキリスト教徒が、横穴式に掘り抜いて約360の岩窟修道院や教会などをつくった。なかでも、ギョレメ峡谷一帯のギョレメ国立公園は、周辺の自然を損なうことなく人間の手の入った世界でも珍しい地域で、カッパドキアの奇観を代表するチャウシン岩窟教会などの岩窟教会、トカル・キリッセ、エルマル・キリッセ、バルバラ・キリッセなどの聖堂が集まっており、内部には彩色鮮やかなビザンチン様式のフレスコ画が残っている。また、カッパドキアには、オオカミ、アカギツネなどの動物、100種を超える植物など、貴重な動植物が生息している。
複合遺産（登録基準(i)(iii)(v)(vii)）　1985年

●ディヴリイの大モスクと病院
（Great Mosque and Hospital of Divriği）
ディヴリイの大モスクと病院は、東部アナトリアのシバスの南東177kmの山あいにある。ディヴリイの大モスクと病院は、13世紀のアナトリア・セルジューク朝時代（1077～1307年）初期の石造りの大モスクと付属病院および墓の複合建築物で、同一の四角い敷地内にある。12世紀の初めにユーフラテス川の上流地域を制圧したメンギュジュック朝のアフメット王が、1228年に大モスクの、同じ頃に妻が付属病院の建設を命じた。東西北の3門があり、北門とイスラム様式とアナトリア様式が融合した大モスクのドームを支える16本の石の円柱には、精緻な双頭の鷲などの動物模様、植物模様、文字、幾何学模様のレリーフが施されている。ドームの天井の彩色も豊かである。ディヴリイは、ビザンチン帝国時代には、テフリケと呼ばれていた。
文化遺産（登録基準(i)(iv)）　1985年

●ハットシャ：ヒッタイト王国の首都
（Hattusha:the Hittite Capital）
ハットシャは、中部アナトリア、アンカラの東約150kmのボアズカレにある。ハットシャは、紀元前1650年頃にトルコ中央部を支配したヒッタイト王国の首都遺跡。標高1000mのアナトリア高原の岩山に周囲6kmのビュユク・カレなどの城壁を巡らした城塞で、王の門、スフィンクスの門、ライオンの門、ヤズルカヤ神殿、貯蔵庫、王宮などの遺跡が残る。中央アジアからこの地に移住したヒッタイト人は、製鉄技術を初めて利用し鉄器を発明した騎馬民族で、王国の全盛期には、エジプト、バビロニアと並ぶ古代オリエントの三大強国の一つに数えられた。
文化遺産（登録基準(i)(ii)(iii)(iv)）　1986年

●ネムルト・ダウ（Nemrut Dağ）
ネムルト・ダウは、アナトリアの南東部、アドゥヤマンとカフタの間の海抜2450mのネムルト山の山頂にある。紀元前1世紀のコマゲネ王国のアンティオコス1世のトゥムルス(墳墓)は、直径150m、高さ50mに及ぶ小石を積み上げた円錐型の古墳。東西に設置されたテラスに、5体ずつある神像群は、地震によって頭部がすべて落ちており、アポロン、ゼウス、ヘラクレス、女神フォルトゥナ、それに、王自身の奇怪な頭をした巨大な石像が地面に無造作に並んでおり、異様な雰囲気を放っている。
文化遺産（登録基準(i)(iii)(iv)）　1987年

●クサントス・レトーン（Xanthos-Letoon）
クサントス・レトーンは、トルコ西南部のムーラ地方、地中海沿岸のアンタリア近郊にある海洋民族であったリュキア人の都市遺跡。ペルシャに侵略され、マケドニア、ロードスの支配を受け、最後は、ローマに屈服しなかった為、攻撃され焦土と化した。クサントスには、ローマ時代の劇場、ビザンチン教会、住居跡と共に独特の神殿型、家型、柱状の形状をした墳墓が、近郊のレトーンには、ギリシャ神話の女神レト、太陽神アポロン、月の女神アルテミスを祀った3つのギリシャ神殿や劇場の遺構が残っている。
文化遺産（登録基準(ii)(iii)）　1988年

◎ヒエラポリス・パムッカレ（Hierapolis-Pamukkale）
ヒエラポリスとパムッカレは、イスタンブールの南約400kmのデニズリから北20kmにある。ヒエラポリスは、ヘレニズム時代からローマ時代、ビザンテイン時代にかけての古代都市遺跡である。紀元前190年にペルガモンの王であったユーメネス2世によって造られ、2～3世紀のローマ時代に、温泉保養地として最も栄えた。聖フィリップのレリーフがある円形大劇場、ドミティアヌス帝の凱旋門、浴場跡、八角形の聖フィリップのマーティリウム、アナトリア最大の2kmもある共同墓地などが残っている。パムッカレは、トルコ語で「綿の城塞」という意味で、トルコ随一の温泉保養地で、温泉が造り出した真白な石灰岩やクリーム色の鍾乳石の段丘が印象的。パムッカレは、地面から湧き出た石灰成分を含む摂氏35度の温泉水が100mの高さから山肌を流れ落ち、長年の浸食作用によって出来た幾重にも重なった棚田の様な景観を形成し圧巻である。
複合遺産（登録基準(iii)(iv)(vii)）　1988年

●サフランボルの市街（City of Safranbolu）

サフランボル市街は、トルコの北部、黒海沿岸地方西部の山間の盆地にある。かつてサフランが咲き乱れていたのが、その名前の由来。山に囲まれたすり鉢状のギュムシュ谷の谷間に、オスマン・トルコ様式の古い民家や町並みが残る。土壁に木の窓枠が並んだ独特の木造家屋は、トルコの最も伝統的な民家である。1727年に建てられた3階建の民家カイマカムラル・エヴィは、内部を見学できる。14～17世紀のオスマン・トルコ時代にシルク・ロードの中継地として繁栄したキャラバン・サライ(隊商宿)は今は廃墟となっている。
文化遺産(登録基準(ii)(iv)(v))　1994年

●トロイの考古学遺跡 (Archaeological Site of Troy)
トロイの考古学遺跡は、アジアとヨーロッパの2つの大陸にまたがるトルコの北部エーゲ海地方、マルマラ海沿岸地域のビガ半島にあるトロイにある考古学遺跡。トロイは、ドイツの考古学者シュリーマン達によって、紀元前3000年からローマ時代までの9つの異なる時代の集落、塔、城壁、門、神殿、祭壇、寺院、劇場、家屋の基礎などが発掘された。このことで、ミケーネ文明(紀元前15～紀元前13世紀頃)と同時期にトロイ文明(紀元前1200年頃、ギリシャ人に滅ぼされた)があったとされ、伝説のトロイ戦争の実在を確証させた。トロイ戦争に題材をとった紀元前8世紀の盲目の詩人ホメロス(ホーマー)の叙事詩「イリアス」、「オデッセイア」は、長くヨーロッパで親しまれている。「イリアス」は、トロイの別名イリオンの歌の意で、トロイ戦争での英雄たちの活躍を歌い、「オデッセイア」では、トロイ戦争の英雄オデッセイの帰国途上の冒険を歌っている。遺跡の入口には、トロイ戦争を記念したトロイの木馬が復元されている。木馬にまつわる話は、トロイ戦争の勇士であるプリアム王、ヘクトル、パリス、そして美しいヘレンの話が伝わるレリーフにも表われている。現在は国立公園になっており、西はエーゲ海、北はダーダネルス海峡、南はチャナッカレとイズミールを結ぶ道路に面している。毎年8月中旬に国際トロイ・フェスティバルが開催される。チャナッカレからバスで約30分と近く、イスタンブールから日帰り観光も可能。
文化遺産(登録基準(ii)(iii)(vi))　1998年

●セリミエ・モスクとその社会的複合施設
(Selimiye Mosque and its Social Complex)
セリミエ・モスクとその社会的複合施設は、トルコの最西端、マルマラ地方のエディルネ県の県都エディルネの中央部の丘の上にある。セリミエ・モスクは、エディルネがオスマン帝国の首都であった時代に建設されたモスクの1つで、オスマン帝国時代の建造物群の中で最も有名である。セリミエ・モスクは、16世紀の建築家ミマール・スィナンによって、1569年から1575年まで足かけ7年をかけて建設されたイスラム建築の最高傑作である。イスタンブルのアヤソフィア大聖堂を越える直径31.5mの大ドーム、4つのすらりとしたミナレット群は、オスマン帝国の天涯を示すものである。セリミエ・モスクの周辺に建てられ一機関として管理されているイスラム神学校のマドラサなどの社会的複合施設は、オスマン帝国のキュッリイェ(モスクを中心として、マドラサ、病院、救済施設を融合した複合施設)の最も調和のとれた建築物群だと言われている。
文化遺産(登録基準(i)(iv))　2011年

●チャタルヒュユクの新石器時代の遺跡
(Neolithic Site of Çatalhöyük)
チャタルヒュユクの新石器時代の遺跡は、トルコの南中央部、アナトリア高原の南部、コンヤ県コンヤ市の南東数10km、コンヤ平原に広がる小麦畑をみおろす高台にある新石器時代から金石併用時代の遺跡である。最下層は、紀元前7400年にさかのぼると考えられ、遺跡の規模や複雑な構造から世界最古の都市遺跡と称されることもある。チャタルヒュユクのチャタルは、トルコ語で「分岐した」、ヒュユクは「丘」で、「分岐した丘」の意味となる。チャタルヒュユクの遺跡は、チュルサンバ・チャイ川の旧河床を挟んだ2つの丘陵が東西にあり、東側は、長径500m、短径300m、高さ20m弱の卵形で西側に比べて規模が大きい。新石器時代の文化層は15mに達し、住居跡、天井画、レリーフ、彫刻など18層が確認されている。放射性炭素年代測定による年代は、紀元前6200年～紀元前5200年の時期のもので、チャタルヒュユクの核心である。西側の遺跡は、チャタルヒュユク西遺跡と呼ばれ、径400m、高さ7.5mで、規模的には東側に比べて小さく、2期にわたる彩文土器の発達した文化層が確認されており、上層は青銅器が出現するハラフ期(紀元前4300年頃)のもので全体的にやや新しい。
文化遺産(登録基準(ii)(iv))　2012年

●ブルサとジュマルクズック：オスマン帝国発祥の地
(Bursa and Cumalikizik: the Birth of the Ottoman Empire)
ブルサとジュマルクズック：オスマン帝国発祥の地は、トルコの北西部、マルマラ地方ブルサ県にある。北にヤロヴァ、北東にコジャエリ、サカリヤ、東にビレジク、南にキュタヒヤ、西にバルケスィルの各県と接し、北から北西にかけてはマルマラ海と接している。オスマン帝国最初の首都で、帝国の基盤となる歴史的建造物が多く残るブルサは、当時の産業と自然美を顕著に物語っている。多くの歴史的建造物が残っており、オスマン時代から続く町並みを見ることが出来、緑のブルサとして知られるほど町には多くの公園や緑地がみられる。そして、700年の歴史を持つジュマルクズックの街からは、今日も当時の住宅の様子がうかがえる。商業文化、および農村生活のコミュニティが残るブルサとジュマルクズックは、オスマン帝国の生活の様子を表す良い例となっている。
文化遺産（登録基準(i)(ii)(iii)(iv)(vi)）　2014年

●ペルガモンとその重層的な文化的景観
（Pergamon and its Multi-Layered Cultural Landscape）
ペルガモンとその重層的な文化的景観は、トルコの西部、エーゲ海地方ミュシア県の高原にある古代都市ペルガモンの考古学遺跡と文化的景観。ペルガモンは、紀元前3世紀半ばから2世紀にアッタロス朝の都として繁栄したヘレニズム時代の都市で、文化、芸術、学問の中心であった。ローマが紀元前129年に小アジアの西南部にアジアの属州を設けてから、ペルガモンは、外港のエフェソスとともに、繁栄を続けた。ペルガモンのアクロポリス遺跡は、標高335mの丘の上にあり、一連の建造物群で構成される上市、その下方には、中市と下市が広がり、ヘレニズム時代、ローマ時代、東ローマ時代、そしてオスマン帝国時代と時を重ねた重層的な文化的景観を形成している。上市には、宮殿、トラヤヌス神殿、アテナ神殿、ゼウスの大祭壇、劇場、アゴラ（広場）、図書館、武器庫の遺跡がある。尚、ゼウスの大祭壇は、ドイツのベルリンの「博物館島」（1999年世界遺産登録）にあるペルガモン博物館の内部に復原・展示されている。
文化遺産（登録基準(i)(ii)(iii)(iv)(vi)）　2014年

●ディヤルバクル城壁とエヴセルガーデンの文化的景観
（Diyarbakir Fortress and Hevsel Gardens Cultural Landscape）
デディヤルバクル城壁とエヴセルガーデンの文化的景観は、トルコの南東部、チグリス川の上流域、北メソポタミアのチグリス・ユーフラテス川の狭間に広がる肥沃の三角地帯、南東アナトリア地方のディヤルバクル県にある。ディヤルバクルは、イスラムとオスマン帝国の時代から現在まで重要な都市で、ギリシャ、ローマ、ササン朝、ビザンチン時代、地域の首都で、キャラバンの道が通る神秘の都市として、数々の文明社会の政治・経済・文化の中心地であった。ディヤルバクルの城壁は、その古さと高さの観点からも世界トップクラスに入り、イチカレと呼ばれる内壁とドゥシュカレと呼ばれる外壁の二つの部分からなる。82個の塔が配置され、全長5.8km、城壁の高さは平均15m～20m、幅は3～5mとなっている。街を囲むドゥシュカレ城壁は、349年にローマのコンスタンティヌス2世の治世下で修復強化された。ディヤルバクルの城壁は、各時代の文明の痕跡を残し、紀元前、ローマ文明、イスラム文明の特徴をも内包する異なる歴史の時代からの63の碑文などの装飾は、城壁に躍動感を与えており、その旧市街および関連する景観が時代ごとに果たしてきた役割は大きかった。
文化遺産（登録基準(iv)）　2015年

●エフェソス遺跡（Ephesus）
エフェソス遺跡は、トルコの西部、エーゲ地方のイズミルの南約70km、イズミル県のセルチュク近郊にあるギリシャ、ヘレニズム、ローマ、東ローマ時代に全盛期を迎えた古代都市遺跡。紀元前2000年頃から人が住んでいたとみられるが、紀元前11世紀末頃にギリシャから来たイオニア人によって都市建設が始まり、ほかのイオニア諸都市とともに小アジア内陸との貿易により栄え、紀元前6世紀にペルシア帝国の支配下に入った。イスラム勢力の攻撃や港の沈降を受けて、15世紀には完全に放棄され廃墟となったが、紀元前550年頃に創建、紀元前323年に再建、その後、262年にゴート人の侵入で破壊された月の女神アルテミスを奉るアルテミス神殿、431年にこの地でエフェソス公会議が行われた聖母マリア教会、ヘレニズム時代に建造され1～2世紀のローマ時代に増改築されたトルコ国内では最大規模で2万4000人の観客を収容可能な大劇場、ローマ帝国アジア州執政官ケルススの没後、その息子によって135年に建てられたケルスス図書館、この地で没しアヤソルクの丘に埋葬された聖ヨハネの墓所が現存する聖ヨハネ教会などの遺跡が残っている。世界遺産の構成資産は、エフェスの古代都市、アヤソルクの丘、アルテミス神殿と中世の村落などからなる。エフェソスは、エフェス、エペソス、エフェソ、エペソとも表記される。
文化遺産（登録基準(iii)(iv)(vi)）　2015年

●アニの考古学遺跡（Archaeological Site of Ani）
アニの考古学遺跡は、トルコの北東部、東アナトリアのカルス県、人里離れた高原にある文化的景観を誇る考古学遺跡。アニは、トルコとアルメニアの国境に沿って流れるアルパチャイ川の深い渓谷の中にシルクロードの商業で栄えた都市の遺跡である。世界遺産の登録面積は250.7ha、バッファー・ゾーンは432.45haである。アニの考古学遺跡は、文化遺産に登録された建築物が残されており、それぞれの建築物は、ササン朝からアラブ、アルメニア、ジョージアに至る、7～13世紀にわたっての歴代支配者の文化と芸術の遺跡が色濃く残されている。また、宗教的にもキリスト教とイスラム教の両方の収集品が見つかっている。アニは、10～11世紀、中世のバグラト朝アルメニア王国の首都になった頃に繁栄したが、モンゴルの侵略と1319年の壊滅的な地震の被害で斜陽化していった。
文化遺産（登録基準(ii)(iii)(iv)）　2016年

●アフロディシャス遺跡（Aphrodisias）
アフロディシャス遺跡は、トルコの南西部、エーゲ海地方のアイドゥン県カラジャス、モルスィヌス川の上流の渓谷にあり、アフロディシャスの考古学遺跡と町の北東部にある古代の大理石の採石場の2つの構成資産からなる。アフロディシャス遺跡は、古代ギリシャ、ローマ時代の遺跡で、世界遺産の登録面積は152.25ha、バッファー・ゾーンは1,040.57haである。ギリシャ神話の愛と美の女神「アフロディーテ」の名を冠したアフロディーテ神殿は紀元前3世紀に、アフロディシャスの町は紀元前2世紀に南西アナトリアでのヘレニズム文化の都市が拡大して建設された。アフロディシャスは、近郊での良質の大理石の産出されたことから繁栄、芸術文化は彫刻家たちによって街の美しい彫刻やレリーフが生み出された。街路は、アフロディーテ神殿を中心とした神殿群、数万人を収容できるローマ式競技場、劇場、広場、ハドリアヌス帝の公衆浴場、オデオン、学校など幾つかの大きな建造物群の周辺に整備されている。アフロディーテ神殿は、紀元後500年頃に教会となり、3mもの巨大なアフロディーテ像が発見されたが、都市人口の減少、斜陽化と共に14世紀には廃墟となった。
文化遺産（登録基準(ii)(iii)(iv)(vi)）　2017年

●ギョベクリ・テペ（Gobekli Tepe）
ギョベクリ・テペは、トルコの南東部、シャンルウルファ県シャンルウルファ市にある先土器新石器時代の考古学遺跡である。人間は、狩猟採集生活から農業の遷移を最初に実現した。世界遺産の登録面積は126ha、バッファーゾーンは461haである。紀元前10,000年～9000年頃、世界史におけるメソポタミア北部、ユニークな山岳寺院であるギョベクリ・テペは、 狩猟者たちが集まる中心地として定義される。ギョベクリ・テペは、考古学研究の歴史において新石器時代と呼ばれる時代のモデルや理論を書き換えるデータを届け、記念碑的な建築や最後の狩猟グループの先進的な象徴的な世界を伝えている、
文化遺産　登録基準（(i)(ii)(iv)）　2018年

●アルスラーンテペの墳丘（Arslantepe Mound）　アルスラーンテペの墳丘は、トルコの中東部、ユーフラテス川の南西12kmにあるマラティア平原にある高さ30mの墳丘の古墳で、世界遺産の登録面積は4.85ha、バッファーゾーン74.07haの金石併用時代の遺跡である。考古学的な遺跡から少なくとも紀元前6千年からローマ時代の後期までに占領していたことが証明されている。ウルク期の初期の地層は、紀元前4千年の前半からの日干しれんがの家が特色であるが、最盛期は、宮殿が建設された銅器時代の後期であった。また、青銅器時代の初期の、王家の墓からもわかる。考古学的な地層のできた順序（新旧関係）を研究する分野は、アッシリア時代やヒッタイト時代のものにまで至る。金属の物体や武器がその遺跡で発掘され、なかでも世界によく知られているのは武器で、エリートの新しい政治力の道具であったことを示した。
文化遺産（登録基準(iii)）　2021年

ノルウェー王国（8物件　○1　●7）

●ブリッゲン（Bryggen）
ベルゲンは、ノルウェー南西部にあるノルウェー最古の港湾都市。ヴァイキング時代には、交易の中心地として栄えた港町だったが、14世紀後半には、ドイツ・ハンザ同盟の進出によって、貿易を握られた。その後、ロシアのノヴゴロド、イングランドのロンドン、フランドルのブルージュと共にハンザ同盟の重要商業都市として繁栄した。ハンザ同盟のドイツ商人の拠点であったブリッゲン地区には、木造切妻屋根の商館や住居などが建てられた。美しい木造の建物は、幾度となく大火に見舞われたが、その度に再建され、今では58の家屋が復元され、当時の面影を伝える。現在は、ブリッゲン博物館、ハンザ博物館、それに、芸術家のスタジオなどに利用されている。
文化遺産（登録基準(iii)）　1979年

●ウルネスのスターヴ教会（Urnes Stave Church）
ウルネスは、ノルウェーの中部、首都オスロの北西約250kmのルストラ・フィヨルド半島にある。スターヴ教会とは、太い土台梁の上に支柱を立て、厚板で周囲を覆う構造の教会の総称であり、主な構造体である木の支柱（スターヴ）に因んだ名前。北欧では、石造りより木造の教会が先行して建てられており、スターヴ教会は、ノルウェーで育まれた木造建築の最高の例といえる。12世紀後半に、ルストラ・フィヨルドを見下ろす絶好の場所に建築されたウルネスのスターヴ教会の建築様式は、これらのなかでも、最も古く注目すべきものの一つとされている。14世紀には、約800あったものが、今では、28しか残っておらず、ノルウェー古代遺跡保護協会などが、保存と維持に腐心している。
文化遺産（登録基準(i)(ii)(iii)）　1979年

●ローロスの鉱山都市と周辺環境
（Røros Mining Town and the Circumference）
ローロスの鉱山都市は、ノルウェー山間部のロア川の河口にある。ローロスには、ノルウェー国内で最も重要な鉱山の一つであったローロス銅山があり、1644年から1977年までの333年間、10万トンを超える銅と52.5万トンの黄鉄鉱を産出した。鉱山の町ローロスの特徴は、建物すべてが木造であることで、17世紀後半～18世紀の坑夫兼農民の住宅が限りなくその原形を留めており、ローロス教会や経営者宅などと共に当時のまま

の雰囲気を残している。また、ローロスは、最低気温マイナス50.4℃の記録を持つ世界で最も寒い町の一つとしても知られている。ローロスの鉱山都市は、2010年の第34回世界遺産委員会ブラジリア会議で、フェムンズヒッタ精錬所など産業と田園の文化的景観などの周辺環境を新たに構成資産に加えて、登録範囲を拡大し、登録遺産名も「ローロスの鉱山都市と周辺環境」に変更になった。

文化遺産（登録基準(iii)(iv)(v)）　1980年／2010年

●アルタの岩画（Rock Art of Alta）

アルタの岩画は、スカンジナビア半島の最北端のノールカップの南西約170kmにあるアルタの近郊で、1973年に発見された。紀元前4200年から紀元前500年のものと推定される芸術水準が高い岩画は、イーブマルオクタ、ボッセコップ、アムトマンスネス、コーフヨルドの4つの区域で見つかり3000以上にも及び保存状態も大変良い。トナカイ、ヘラジカ、熊、鳥、魚などの動物、長髪の人物、また、槍、漁網、漁船、狩猟などの活動を示す場面などが標高10～30m、広さ約3万m²の山の斜面の岩石に彫り込まれており、海岸沿いや内陸部に小規模な共同体を作って暮らしていた当時の狩猟・漁労民族の生活ぶりを知ることができる。岩画のある地域は、国の所有となっており、環境省の管轄下にある。また、岩画の傍らに建つアルタ美術館では、ガイド・ツアーを実施している。

文化遺産（登録基準(iii)）　1985年

●ヴェガオヤン-ヴェガ群島

（Vegaoyan - The Vega Archipelago）

ヴェガオヤン-ヴェガ群島は、ノルドランド地方の南部、世界で最も海岸線が美しいといわれるヘルゲランド海岸中央部の沖合いに展開する6500以上の島々からなる諸島。ヴェガ群島の厳しい環境下で、人々は、漁業、農業、それに、アイダー・ダック（Eider-duck）の羽毛（アイダー・ダウン）と卵の採集による倹約生活を営んできた。ヴェガ群島に残る漁村、農地、倉庫、アイダー・ダックの飼育場などが、石器時代初期から現代に至る島の暮らしを証明している。ヴェガオヤン-ヴェガ群島は、開かれた海の美しい光景、小島群などの自然環境と人間の営みが文化的景観として評価された。

文化遺産（登録基準(v)）　2004年

○西ノルウェーのフィヨルド －
ガイランゲル・フィヨルドとネーロイ・フィヨルド

（West Norwegian Fjords - Geirangerfjord and Nærøyfjord）

西ノルウェーのフィヨルド-ガイランゲル・フィヨルドとネーロイ・フィヨルドは、ノルウェーの西部、海岸線が複雑に入り組んだ美しいフィヨルド地帯。フィヨルドとは、陸地の奥深く入り込み、両岸が急傾斜し、横断面が一般にU字形をなす入り江で、氷河谷が沈水したものである。ガイランゲル・フィヨルドは、オーレスンの東にあるS字形をしたフィヨルドで、ノルウェーの文学者ビョーンスティヤーネ・ビョーンソンが「ガイランゲルに牧師はいらない。フィヨルドが神の言葉を語るから」と言ったことで有名なフィヨルドで、ノルウェー4大フィヨルド（ソグネフィヨルド、ガイランゲルフィヨルド、リーセフィヨルド、ハダンゲルフィヨルド）の一つである。ネーロイ・フィヨルドは、ベルゲンの北にある全長205km、世界最長・最深のフィヨルドであるソグネフィヨルドの最深部、アウランフィヨルドと共に枝分かれした細い先端部分にあるヨーロッパで最も狭いフィヨルドである。

自然遺産（登録基準(vii)(viii)）　2005年

●シュトルーヴェの測地弧（Struve Geodetic Arc）

文化遺産（登録基準(ii)(iv)(vi)）　2005年

（ノルウェー／スウェーデン／フィンランド／ロシア／エストニア／ラトヴィア／リトアニア／ベラルーシ／モルドヴァ／ウクライナ）→エストニア

●リューカン・ノトデン産業遺産地

（Rjukan – Notodden Industrial Heritage Site）

リューカン・ノトデンの産業遺産地は、ノルウェーの南西部、テルマルク県、山岳、滝、川、渓谷などドラマチックな景観のなかにある。リューカンの町は、オスロの西約120km、ゲイスタ山北側を流れるモーナ川北岸にある。落差約300mのリューカン滝で発電し、アンモニア、重水、硝酸、ドライアイスなどを生産するノルウェー有数の工場が立地する。ノトデン市は、テレマルク県の西テレマルク地方にある。リューカン・ノトデンの産業遺産地は、水力発電プラント、送電線、工場群、輸送システム、それに町からなる。水に恵まれた地形のリューカンとノトデンでは、ノルスク・ハイドロ社（ノルウェー語では、ノシュク・ヒドロ社 1905年設立　本社 オスロ）によって、ノトデン市内のティン川が流れ落ちるティンフォス滝には、20世紀初期に、ヨーロッパ諸国における農業生産への需要の拡大を背景に、国内初の水力発電所や化学肥料工場、それに労働者のための宿泊施設、人口肥料輸送のための鉄道やフェリーなどの運輸施設が整備され、産業・技術発展の例証などとしての価値を認められた。ノトデンは、ノトッデンとも表記される。

文化遺産（登録基準(ii)(iv)）　2015年

ハンガリー共和国（8物件　○1　●7）

●ドナウ川の河岸、ブダ王宮の丘とアンドラーシ通りを含むブダペスト
（Budapest, including the Banks of the Danube, the Buda Castle Quarter and Andrássy Avenue）
ブダペストは、ハンガリーの中央部にあるこの国の首都で、人口約210万人を抱える東欧最大の都市。右岸の、13世紀以降ハンガリー帝国の王宮が築かれて栄えた古都ブダ、左岸の、商都ペストからなる。1873年に、これらが合併して、ブダペストとなった。右岸のブダ地区の丘陵地には、ブダ城、歴代戴冠式の場ゴシック様式のマーチャーシュ教会、漁夫の砦、軍事史博物館がある。左岸のペスト地区には、国会議事堂、聖イシュットヴァーン大聖堂、英雄広場などがある。古都ブダペストは、その美しさから、「ドナウの女王」とか「ドナウの真珠」とも呼ばれている。ロンドンまで通じるオリエント急行の起点でもあり、温泉都市としても知られている。2002年6月、アンドラーシ通りとハンガリー建国千年を記念して1896年に造られた千年祭地下鉄（地下鉄1号線）が追加登録され、登録範囲を拡大した。
文化遺産（登録基準（ii）（iv））
1987年／2002年

●ホッローケーの古村と周辺環境
（Old Village of Hollókő and its Surroundings）
ホッローケーは、ハンガリーの北部山岳地帯のノーグランド地方にある村。ホッローケーには、パローツと呼ばれる少数民族のトルコ系のクマン人の末裔が住んでいる。ホッローケーの人口は、僅か100人程度ではあるが、その歴史は古く、12世紀のモンゴル襲来に備えて築かれた城壁が残っている。ホッローケーの集落は、17～18世紀に地方の農村として発展した。その伝統的な民家は、木製瓦葺きの屋根、石灰を塗った白壁で、独特のパローツ様式。なかでも、木製のバルコニーを持ち、木製の鐘楼を持つ村の教会の地味な色調は、ホッローケーの女性のカラフルな民族衣装を引き立てる。ホッローケーの伝統集落は、何度も火災にあってきたが、見事に再生し、大切に保存されてきた。
文化遺産（登録基準（v））　1987年

○アグテレック・カルストとスロヴァキア・カルストの鍾乳洞群（Caves of Aggtelek Karst and Slovak Karst）
自然遺産（登録基準（viii））
1995年／2000年／2008年
（ハンガリー／スロヴァキア）→スロヴァキア

●パンノンハルマの至福千年修道院とその自然環境
（Millenary Benedictine Abbey of Pannonhalma and its Natural Environment）
パンノンハルマの至福千年修道院は、ハンガリー北西部のトランスダヌビア地方のパンノンハルマの丘にある。ハンガリーのベネディクト会は、996年にパンノンハルマ修道院から始まった。1000年に及ぶ歴史が修道院の建築に独自のスタイルを継承させた。12世紀には火災で焼失、1224年にゴシック様式で再建された現存するハンガリー最古の建物は、今でも学校や修道院として使われている。写本や古文書など貴重な歴史的文献を所蔵している図書館、壮麗なフレスコ画が壁を飾る主食堂なども貴重な遺産。19世紀半ばに建てられた高さ55mの時計塔は、パンノンハルマ修道院のシンボルになっている。また、修道院の周辺には、緑豊かな森が広がっており、その自然環境も含め世界遺産に登録された。
文化遺産（登録基準（iv）（vi））　1996年

●ホルトバージ国立公園-プスタ
（Hortobágy National Park- the *Puszta*）
ホルトバージ国立公園-プスタは、ハンガリーの東部、ティサ川とデブレツェン市の一帯の面積70000haの国立公園。ホルトバージ国立公園では、この地域で生息してきたラッカと呼ばれる羊、長い角の牛などの独特の動物、野鳥、それに、馬術ショーなどの伝統芸を見ることができる。ここには、国によって保護されているプスタと呼ばれる面積約2000km²の大平原と湿地帯が広がり、かれこれ2000年以上も続く伝統的な土地利用の形態が見られる。この大平原では、一人で5頭の馬を御して、荒れ地を走る勇敢なカウボーイの遊牧のシーンが見られる。大平原は、ティサ川の両岸に広がり、景色は、とても変化に富んでおり、そこには、昔ながらの乾燥した牧草地が広がり、羊飼いが馬に乗って羊を追う牧歌的な田園風景を誇る。また、夏季に現われる蜃気楼も有名。
文化遺産（登録基準（iv）（v））　1999年

●ペーチュ（ソピアナエ）の初期キリスト教徒の墓地
（Early Christian Necropolis of Pécs（Sopianae））
ペーチュ（ソピアナエ）の初期キリスト教徒の墓地は、ハンガリー南部のバラニャ県ペーチュ市にある。4世紀に装飾が施された霊園が、古代ローマ帝国の属領であったソピアナエに建設された。地上は、埋葬室や礼拝堂として使用され、これらは、芸術的、構造的にも建築学的にも重要。地下は、アダムとイヴなどキリスト教から題材をとった壁画で装飾されており、芸術的価値も高い。
文化遺産（登録基準（iii）（iv））　2000年

●フェルトゥー・ノイジィードラーゼーの文化的景観
（Fertö/Neusiedlersee Cultural Landscape）
文化遺産（登録基準（v））　2001年

ヨーロッパ

（オーストリア／ハンガリー） → オーストリア

●**トカイ・ワイン地方の歴史的・文化的景観**
（Tokaj Wine Region Historic Cultural Landscape）
トカイ・ワイン地方の歴史的・文化的景観は、ハンガリーの北東部、ルーマニアとポーランド、ウクライナの国境に近いトカイ・ヘジャリア地方の多くの場所に多面的に広がる。トカイ・ワイン地方の文化的景観は、この地方の低い丘陵と川の渓谷での比類のないブドウ栽培とワイン生産の様子が絵の様に展開する。20以上のワイン貯蔵庫と歴史的に繋がりの深い、独特の香味を持つアスー（貴腐ぶどう）ができるぶどう畑、農場、小さな町が入組んだ様は、有名なトカイ・ワインの生産のすべての面を示している。琥珀色のトカイ・ワインの品質と管理は、300年近くもの間、厳格に統制されており、世界各地のワイン・コンテストでも多くの賞を獲得し、フランスの「ソーテルヌ」、ドイツの「トロッケン・ベーレン・アウスレーゼ」と共に世界三大貴腐ワインの一つとして評価されている。
文化遺産（登録基準（iii）（v）） 2002年

●**ローマ帝国の国境線-ドナウのリーメス（西部分）**
（Frontiers of the Roman Empire – The Danube Limes (Western Segment) ）
文化遺産（登録基準（ii）（iii）（iv）） 2021年
オーストリア / ドイツ /ハンガリー / スロヴァキア → オーストリア

フィンランド共和国（7物件 ○1 ●6）

●**スオメンリンナ要塞**（Fortress of Suomenlinna）
スオメンリンナ要塞は、フィンランドの南部、首都ヘルシンキ港の沖合いにあるスシサーリ島を中心とする6つの小島からなるヨーロッパの要塞建築技術を伝える要塞の島である。当時フィンランドを治めていたスウェーデンがロシアに対する防衛拠点として、18世紀半ばに築いた「スヴェアボルグ」（スウェーデン要塞の意）と呼ぶ要塞や島々を結ぶ城壁は、難攻不落で「北のジブラルタル」と称されるほど堅固なものであった。その後、ロシア帝国の下では、ロシア軍の駐屯地となったが、1917年、ロシアからの独立後、フィンランド語で、フィンランドの城を意味する「スオメンリンナ」と改名し軍事使用を止めた。現在は、海軍士官学校、歴史博物館、北欧芸術センター、ビーチ、レストラン、ギャラリーなどの施設が整った美しい公園になっている。
文化遺産（登録基準（iv）） 1991年

●**ラウマ旧市街**（Old Rauma）
ラウマは、森と湖の国フィンランドの南西部にあるボスニア湾に面した港町。15世紀に、フランシスコ修道会の修道院を中心に町が出来、その後、フィンランドとスウェーデンの中継地、バルト海の交易都市として発展した。幾度か火災に遭遇したが、18～19世紀に中世的な色彩の濃い町並みに再建され、現在に至るまで、当時の姿のままで残っている。ルター派の大本山である石造りの聖十字架教会、そして、約600の木造家屋が現存する。現在は、ネオ・ルネッサンス様式の木造建築の街並みが印象的である。
文化遺産（登録基準（iv）（v）） 1991年／2009年

●**ペタヤヴェシの古い教会**
（Petäjävesi Old Church）
ペタヤヴェシは、首都ヘルシンキの北約300kmのケスキ・スオミ県にある。ここには、1763～1764年にかけて礼拝堂が建てられ、その後の1821年に現在ある聖堂に改築されたルター派の古い木造教会が当時のままの姿で残っている。聖堂の形は、平面で見ると、縦と横が同じ長さのギリシャ十字架の形をしたリブ・ボールトを取り入れ、外壁は校倉造り。また、18世紀のスカンジナビア半島東部の木造教会に特徴的な魚のうろこ状の屋根をした板葺き寄せ棟造りの建築様式を踏襲している。ペタヤヴェシの古い教会の伝統建築の美しさは、1920年代にオーストリアの建築家によって見い出された。
文化遺産（登録基準（iv）） 1994年

●**ヴェルラ製材製紙工場**
（Verla Groundwood and Board Mill）
ヴェルラ製材製紙工場は、ヘルシンキの北東約160km、キュミ渓谷地方の町ヤーラとヴァルケアラの境界の森と湖に囲まれた牧歌的な環境の中にある赤レンガ造りの製材製紙工場跡。ヴェルラ製材製紙工場は、1872年に若きエンジニアのフゴ・ニューマン（1847～1906年）によって創設され、伝統的な製法で製材とボール紙を1964年まで製造していた。ヴェルラ製材製紙工場は、19世紀後半にスカンジナビア及び北部ロシア地方の森林地帯の中に点在していた産業基盤施設の中で、最大にして最後の工場の一つといわれる。1876年に火災で焼失したが、その後、建築家カール・エドアルド・ディッペル（1855～1912年）の設計によって再建された。当時の砕木・板紙工場、木材乾燥場などの設備、労働者の住居などがそのままに保存され、初期の製材製紙産業の様子がよくうかがえるユニークな北欧の産業遺産。1972年からは、ヴェルラ工場博物館（Verla Mill Museum）として衣替えし、活用されている。
文化遺産（登録基準（iv）） 1996年

●**サンマルラハデンマキの青銅器時代の埋葬地**

（Bronze Age Burial Site of Sammallahdenmäki）
サンマルラハデンマキは、フィンランドの南西部のボスニア湾に面した港町ラウマ（旧市街地は世界遺産地）の近くにあるサタクンタ州のラッピ（Lappi）という町にある。サンマルラハデンマキにある青銅器時代の30以上の花崗岩の積石墓は、3000年以上前の北欧の埋葬の慣習など当時の宗教的、社会的な背景や仕組みを如実に物語っている。
文化遺産（登録基準(iii)(iv)）　1999年

●シュトルーヴェの測地弧（Struve Geodetic Arc）
文化遺産（登録基準(ii)(iv)(vi)）　2005年
（ノルウェー／スウェーデン／フィンランド／ロシア／エストニア／ラトヴィア／リトアニア／ベラルーシ／モルドヴァ／ウクライナ）→エストニア

○ハイ・コースト／クヴァルケン群島
（High Coast／Kvarken Archipelago）
自然遺産（登録基準(viii)）　2000年／2006年
（スウェーデン／フィンランド）→スウェーデン

フランス共和国（47物件　○5　●41　◎1）

●モン・サン・ミッシェルとその湾
（Mont-Saint-Michel and its Bay）
モン・サン・ミッシェルは、フランス北西部、ノルマンディー半島のつけ根モン・サン・ミッシェル湾にある全周約900mの小島にある修道院。708年、司教オヴェールの夢に聖ミカエルが現われ、大天使を奉る聖堂建築を命じた。その命に従い、建築が開始され、難工事の末、16世紀に完成した。14～15世紀の英仏百年戦争の戦火の渦に巻き込まれた際は、修道院の周囲に城壁や塔を築いて要塞化されていった。ロマネスク、ゴシック、ルネッサンス様式が併存。干潟に築かれた堤防で、陸と繋がる奇岩城。19世紀になって防波堤が築かれ、安全に島に渡れるようになった。現在は、ベネディクト派の修道院として使われており、今でも祈りをささげる修道士の姿が見られる。年間250万人もの人が訪れる観光地でもある。急激な陸地化により、かつての景観が失われたとして、2009年から岸との間の道路を取り壊し、新たな橋を架ける工事を行い、2014年7月に完成した。
文化遺産（登録基準(i)(iii)(vi)）　1979年／2007年

●シャルトル大聖堂（Chartres Cathedral）
シャルトル大聖堂は、パリの南西90km、フランス有数の穀倉地帯のボース平野の小高い丘に建つ聖母マリアに捧げられた優美な大聖堂である。もとは、ロマネスク様式の建築だったが、858年、1020年、1134年、1194年と4度の火災に遭い、1194年の大火後、僅か30年で再建され、中世ヨーロッパのキリスト教世界を代表するゴシック様式の建築物となり、アミアン大聖堂やランス大聖堂のお手本となった。シャルトル大聖堂の内外を飾るゴシック彫刻の最高傑作といわれる19人の国王像が彫られた円柱などの彫刻群、それに、12～13世紀に、肖像、聖書からの題材、聖人の生涯等が「大バラ窓」、「北のバラ窓」、「南のバラ窓」などに描かれた175枚の美しい色ガラス絵の総計2000㎡を超えるスケールのステンドグラスは見逃せない。そのなかでも、「美しき絵ガラスの聖母」など陽光がステンドグラスを照らし、暗い聖堂内が独特な深いブルー、いわゆる、シャルトル・ブルーの美しい色調で彩られる光景は見事。
文化遺産（登録基準(i)(ii)(iv)）　1979年／2009年

●ヴェルサイユ宮殿と庭園（Palace and Park of Versailles）
ヴェルサイユ宮殿と庭園は、パリの南西郊外、イル・ド・フランス地方のイヴリーヌ県にある。太陽王といわれたルイ14世（在位1643～1715年）が当代一流の美術家を総動員して築かせたバロック様式の宮殿。1661年に着工、完成までに50年を要した。その後ルイ16世（在位1774～1792年）とその妃マリー・アントワネット（1755年～1793年）が改築、ナポレオン1世（在位1804～1814年、1815年）も調度品の収集などを行い、富と栄華の結晶ともいうべき宮殿となった。長さ73m、幅10.5m、高さ13mの豪華絢爛な大宴会場の「鏡の間」、礼拝堂、王妃の間など華麗な装飾は、まさに富と権力の象徴。幾何学模様の庭園は、フランス式庭園の傑作で、100haと広大。
文化遺産（登録基準(i)(ii)(vi)）
1979年／2007年

●ヴェズレーの教会と丘（Vézelay, Church and Hill）
ヴェズレーの教会と丘は、フランス中部のブルゴーニュ地方イヨンヌ県の県都ヴェズレー市にある。ヴェズレーは、西のシャルトル、東のヴェズレーと言われる中世キリスト教の巡礼地である。この地で聖ベルナールが第2次十字軍を提唱した。スペインのサンティアゴ・デ・コンポステーラへの巡礼もここヴェズレーが起点の一つとなり、町の通りには、ホタテ貝の文様が埋め込まれている。昔、要塞があった丘に建つサント・マドレーヌ大聖堂は、マグダラのマリアを祀ったロマネスク様式の巡礼教会で、861年にベネディクト会の修道士たちが建立し、見事な柱頭彫刻などが残っている。フランス革命で破壊されたが、19世紀に再建された。
文化遺産（登録基準(i)(vi)）　1979年／2007年

●ヴェゼール渓谷の先史時代の遺跡群と装飾洞窟群
（Prehistoric Sites and Decorated Caves of the Vézère Valley）

ヨーロッパ

ヴェゼール渓谷の先史時代の遺跡群と装飾洞窟群は、アキテーヌ地方の東北部、ドルドーニュ県の県都ペリグーの東南部のヴェゼール川沿いにある。ヴェゼール渓谷に沿った約20kmに及ぶ一帯には、1万～3万年前の先史時代の遺跡が散在している。なかでも、1940年に発見された旧石器時代末期の洞穴遺跡であるラスコー洞窟の壁面や天井には、クロマニヨン人が描いたものと思われる牛、馬、鹿などの動物の彩色画が100以上もある。1948年に公開されたが、照明や人間の出す細菌、湿気などにより損傷が進み、1963年には立入禁止となった。現在は、洞窟のそばに複製洞窟「ラスコーII」が作られ、レプリカが一般に公開されている。

文化遺産（登録基準(i)(iii)）　1979年

●フォンテーヌブロー宮殿と庭園
（Palace and Park of Fontainebleau）

フォンテーヌブロー宮殿と庭園は、イル・ド・フランス地方、パリの南東57kmに広がる面積が170km²もあるフォンテーヌブローの森の中にある。中世以来、王侯の狩猟場であったが、16世紀、フランソワ1世によって古典様式の新たなフォンテーヌブロー宮殿が建てられて以後、歴代のフランス王が改装・増築を行った。ナポレオンは、フランス革命で荒廃した宮殿の西側の建物を取り壊して開放的にし、頻繁に訪れた。内部にある歴代の王やナポレオンゆかりの家具・調度、装飾など、いずれも贅をつくした見事なもの。フォンテーヌブロー宮殿の正面の中庭は、退位したナポレオンがエルバ島に送られる前、近衛兵に涙の別れをしたことから「別れの中庭」とも呼ばれる。

文化遺産（登録基準(ii)(vi)）　1981年

●アミアン大聖堂（Amiens Cathedral）

アミアン大聖堂は、パリの北約120km、フランス北部のピカルディ地方ソンム県アミアン市にある。アミアンの大聖堂、すなわち、アミアンのノートルダム大聖堂は、1220年から68年の歳月を費やして完成した。アミアン大聖堂は、シャルトル大聖堂、ランス大聖堂に並ぶフランス最大級のゴシック様式の聖堂の最高傑作で、幅70m、奥行145m、高さ42.5mの建物を126本の柱が支えている。大聖堂の外観は、西正面ファサードの中央門の柱に彫られた有名な「最後の審判」、「美しき神」という彫刻やレリーフ、一方、内部は、内陣の聖職者席の彫刻、翼廊のステンドグラスなどが壮麗である。

文化遺産（登録基準(i)(ii)）　1981年

●オランジュのローマ劇場とその周辺ならびに凱旋門
（Roman Theatre and its Surroundings and the "Triumphal Arch" of Orange）

オランジュのローマ劇場とその周辺ならびに凱旋門は、フランス南部プロヴァンス地方にある。ローマのカエサル（シーザー）が、オランジュを支配し、植民地としたのは紀元前1世紀。ローマの都市計画を持ち込んで造られたこの町には、当時の遺跡が原形をとどめる。ローマ劇場は、丘の斜面を削って造られた観客席が舞台に面し、音響効果がよく、現在でも夏にはオペラが催される。凱旋門は、オランジュの北側のアグリッパ街道にあり、古代ローマ人の功績を称える彫刻がほどこされている。

文化遺産（登録基準(iii)(vi)）　1981年／2007年

●アルル、ローマおよびロマネスク様式のモニュメント
（Arles, Roman and Romanesque Monuments）

アルル、ローマおよびロマネスク様式のモニュメントは、フランス南部、プロヴァンス地方にある古代ローマ時代から中世にかけての遺跡と建造物群で、円形闘技場、古代劇場、地下回廊とフォルム、コンスタンティヌスの公衆浴場、ローマの城壁、アリスカン（古代墓地）、サン・トロフィーム教会、小集会場などからなる。円形闘技場は、2層で60のアーチがあり2万人以上収容できる巨大な石造建築。古代劇場、大浴場、地下回廊、7世紀創建のサン・トロフィーム教会は12世紀にロマネスク様式に改築されたもので、特に教会の回廊の柱に刻まれた聖人像は素晴しい。

文化遺産（登録基準(ii)(iv)）　1981年

●フォントネーのシトー会修道院
（Cistercian Abbey of Fontenay）

フォントネーのシトー会修道院は、フランス中部、ブルゴーニュ地方コート・ドール県モンバールのサン・ベルナール渓谷とフォントネー川とが合流する人里離れた森の中にある。フォントネー修道院は、1118年にクレルボーの司教サン・ベルナールによって創建されたキリスト教のシトー会の最古級の修道院である。シトー会とは、カトリック修道会の会派の一つで、1098年にディジョンの南のサン・ニコラ・レ・シトーで創建され、厳しい戒律と修道生活を求めた。フォントネーのシトー会修道院も、清貧を重んじ虚飾を排したため、装飾も殆どない聖堂、回廊、中庭、寮、食堂などが森の中に佇み、泉の囁きだけが静寂を破っている。

文化遺産（登録基準(iv)）　1981年／2007年

●サラン・レ・バンの大製塩所からアルケスナンの王立製塩所までの開放式平釜製塩
（From Great Saltworks of Salins-les-Bains to the Royal Saltworks of Arc-et-Senans, the Production of Open-pan Salt）

サラン・レ・バンの大製塩所からアルケスナンの王立製塩所までの開放式平釜製塩は、フランスの東部、フランシュ・コンテ地方のジュラ山脈の麓に展開する。サラ

ヨーロッパ

ン・レ・バンの名前は、塩水に由来する。サラン・レ・バンは、岩塩の地層の上に出来ており、大製塩所として栄えた。1773年にルイ16世の王室建築家に任命されたフランスの建築家クロード・ニコラ・ルドゥ（1736～1806年）がこの町を円形の理想都市として設計した。鉱山所長邸を中心に、1775～1778年にかけて建造され1895年まで稼働した製塩所、労働者の住宅などを同心円状に配置したが、未完成に終わった。しかし20世紀の都市に先んじた都市計画は、現代に通用する画期的なものと評価されている。王立製塩所（サリーヌ・ロワイヤル）の所長の住居だった建物は、現在は資料館になり、ルドゥが計画した理想的な産業都市づくりを模型で見ることができる。登録範囲の拡大により、登録遺産名も「アルケスナンの王立製塩所」（Royal Saltworks of Arc-et-Senans）から現在名に変更、世界遺産の登録面積は、10.48ha、バッファー・ゾーンは、584.94haになった。
文化遺産（登録基準(i)(ii)(iv)）
1982年／2009年

●ナンシーのスタニスラス広場、カリエール広場、アリャーンス広場
（Place Stanislas, Place de la Carriere and Place d'Alliance in Nancy）
ナンシーのスタニスラス広場、カリエール広場、アリャーンス広場は、フランス北東部ロレーヌ地方にあり、12～18世紀のロレーヌ公国の首都。ポーランド王のスタニスラス公が建築家のエマニュエル・エレと金具工具職人のジャン・ラムールに命じ18世紀に作らせたスタニスラス、カリエール、アリャーンスの3広場が新旧市街を繋ぐ。華麗な金装飾を施した鉄格子門があるロココ建築の傑作であるスタニスラス広場、市庁舎、ロレーヌ宮殿（ロレーヌ歴史博物館）など町全体が美術館のような美しい町並みを作る。
文化遺産（登録基準(i)(iv)）　1983年

●サン・サヴァン・シュル・ガルタンプ修道院付属教会
（Abbey Church of Saint-Savin sur Gartempe）
サン・サヴァン・シュル・ガルタンプ修道院付属教会は、フランス南西部、ポワトゥー・シャラント地方ヴィエンヌ県、ガルタンプ川の左岸のサン・サヴァン村にある811年にカール大帝が建立した教会である。サン・サヴァンは、5世紀の殉教聖人のサヴァンの名前に由来し、11世紀に再建された教会堂や尖塔が残っている。サン・サヴァン・シュル・ガルタンプの教会の主聖堂の身廊や地下聖堂は、旧約聖書を題材にした12世紀のロマネスク様式の36点のキリスト教の壁画群で飾られており、1989年に国際壁画研究センターが併設されている。1983年の世界遺産登録時には、「サン・サヴァン・シュル・ガルタンプ教会」という登録遺産名であったが、2007年に、より正確な現在名の「サン・サヴァン・シュル・ガルタンプ修道院付属教会」に変更された。
文化遺産（登録基準(i)(iii)）　1983年／2007年

○ポルト湾：ピアナ・カランシェ、ジロラッタ湾、スカンドラ保護区
（Gulf of Porto:Calanche of Piana, Gulf of Girolata, Scandola Reserve）
ポルト湾：ピアナ・カランシェ、ジロラッタ湾、スカンドラ保護区は、地中海の西部にあるコルシカ島にある。コルシカ島は、火山活動で出来た島で、中央には2000mを越える脊梁山脈が南北に走り、山地はマキと呼ばれる灌木林で覆われている。ポルト湾は、島の西部、ジロラッタ岬からポルト岬に至る変化に富んだリアス式海岸で、海から垂直に切り立った花崗岩の断崖が壮観。珊瑚礁や海洋生物などの貴重な自然や動植物が保護されており、カワウ、ヒメウ、ハヤブサ、ミサゴ等の鳥類も数多く生息している。コルシカ島は、ナポレオンの生地としても知られている。
自然遺産（登録基準(vii)(viii)(x)）　1983年

●ポン・デュ・ガール（ローマ水道）
（Pont du Gard（Roman Aqueduct））
ポン・デュ・ガール（ローマ水道）は、フランス南部のガール県、ニームとアヴィニヨンの中間のガルドン川に、紀元前19年、アウグストゥス帝の腹心アグリッパの命によって古代ローマ人によって架けられた水道橋。世界遺産の登録面積は、コア・ゾーンが0.326ha、バッファー・ゾーンが691haである。このローマ水道橋は、精巧な土木建築技術を顕わす巨大な石造3層のアーチを持ち、川面から最上層部まで49m、長さは275mである。3層の最上層は、35アーチ、中層は11アーチ、最下層は6アーチの構造になっている。現在、水は流れていないが、建設時は、1日に2万m^3もの水が流れていたといわれている。当時の水路の全長は、ユゼスからニームまでの約50km、ポン・デュ・ガールはその中間にあたる。年間数mmずつ傾いており、倒壊の危険をはらんでいる。ローマの水道橋で世界遺産に登録されているものは、スペインの「セゴビアの旧市街とローマ水道」の構成資産である全長728m、高さ28mのセゴビア水道橋や、同じくスペインの「タラコの考古学遺跡群」の構成資産である長さ217m、高さ26mのラス・ファレラス水道橋がある。
文化遺産（登録基準(i)(iii)(iv)）　1985年／2007年

●ストラスブールの旧市街と新市街
（Strasbourg: Grande-île and *Neustadt*）
ストラスブールの旧市街と新市街は、フランスの東部、ドイツとの国境に近いライン川の支流イル川に臨む河港都市で、アルザス地方バ・ラン県の県都である。ストラスブールは、ドイツ語で「街道の町」を意味し、ローマ時代以来、人や物の行き交う「ヨーロッパの十字路」として交易で栄えた。イル川の中洲に築かれたローマ軍の駐屯地がグラン・ディルと呼ばれる旧市街のはじまりである。ストラスブールは、12世紀創建で、142mのゴシック様式の尖塔を持つ大聖堂、18世紀の黒い木組みの古い家並みが残るプチ・フランスなどフランスでも珍しい全時代の遺物が残っている。またストラスブールは、ドイツ人のグーテンベルグが印刷技術を生み出した町としても知られている。「ストラスブールの旧市街」は、1988年に世界遺産に登録されたが、2017年に登録範囲を拡大して、ドイツ占領下(1871～1918年)の時代に設計され建設されたレピュブリック広場周辺のカイザープラッツ、カイザー・ヴィルヘルムなどを含むパリ改造の都市計画を着想した新市街のノイシュタットにかけてのヨーロッパの都市景観を含め、登録遺産名も「ストラスブールの旧市街と新市街」に変更した。

文化遺産(登録基準(ii)(iv))　1988年／2017年

●パリのセーヌ河岸（Paris, Banks of the Seine）

パリのセーヌ河岸は、フランスの首都で、世界有数の文化・観光都市パリの中心部を貫流するセーヌ川の河岸である。パリのセーヌ河岸には、古代ローマから中世、近代に至るまでの様々な歴史をもつ建築物が建ち、多くの公園や橋が架かっている。世界遺産の登録面積は365ha、シュリ橋からイエナ橋まで32の橋、その間のシテ島とサンルイ島、セーヌ河岸のサン・ジェルマン・ロクセロワ広場、ルーヴル宮とチュイルリー公園、コンコルド広場を軸にマドレーヌ教会、国会議事堂、アンヴァリッドとその 遊歩道、グラン・パレとプチ・パレ、それに、エコール・ミリテール、シャン・ド・マルス公園、エッフェル塔、シャイヨ宮、トロカデロ庭園などの建造物群や遺跡群が登録されている。パリの発祥は、紀元前3世紀に、セーヌ河の中洲のシテ島にケルト系のパリシィ族が住み着いたのが始まりで、この島を中心に周辺部へと発展した。セーヌ河岸を見渡すと、フランス王室のコレクションを展示したルーヴル美術館から1889年のパリ万国博覧会の為に建てられたエッフェル塔まで、あるいはマリー・アントワネットが処刑されたコンコルド広場からアール・ヌーボー(新芸術)の傑作グラン・パレとプチ・パレまで、都市の進展とその歴史を展望できる。圧巻なのは、ゴシック建築の技術の粋を集めたノートル・ダム大聖堂。パリ最古のステンドグラスのある教会サント・シャペルなど枚挙に暇がない。2019年、ノートル・ダム大聖堂は建立850周年を盛大に祝う予定であったが、4月15日に火災が発生、屋根が焼失、再建・復興プロジェクトが始動している。

文化遺産(登録基準(i)(ii)(iv))　1991年

●ランスのノートル・ダム大聖堂、サンレミ旧修道院、トー宮殿

(Cathedral of Notre-Dame, Former Abbey of Saint-Rémi and Palace of Tau, Reims)

ランスのノートル・ダム大聖堂、サンレミ旧修道院、トー宮殿は、フランスの北東部、シャンパン醸造の一大中心地、シャンパーニュ・アルデンヌ地方にある。ランスのノートル・ダム大聖堂は、1211年に着工、100年の歳月をかけて完成したゴシック建築の華。なかでも、西外壁の北扉の彫刻「微笑む天使」像は著名で、ランスの微笑みと呼ばれている。1825年まで、フランスの歴代の国王の25人の戴冠式は、この大聖堂で行われた。サンレミ旧修道院は、11～12世紀に創建されたロマネスク様式の本堂が残っているが、現在は、ローマ時代のコレクションを所蔵する博物館になっている。また、トー宮殿は、大司教の館であったが、現在は、博物館になっている。

文化遺産(登録基準(i)(ii)(vi))　1991年

●ブールジュ大聖堂（Bourges Cathedral）

ブールジュ大聖堂は、フランス中部、イェーブル川とオロン川とが合流するサントル地方シェール県にある中世の面影を残す町ブールジュにある。ブールジュ大聖堂は、12世紀末から14世紀にかけて創建された5つの入口と2つの塔を持つゴシック様式の司教座聖堂である。正面入口の中央の彫刻「最後の審判」は、ゴシックの傑作。また、内陣を飾る見事なステンドグラスは、12～17世紀に製作されたもので、特に13世紀頃のものが美しい。度重なる修復によって、ゴシック様式とルネッサンス様式とが入り交じった建物となっている。現在は、サン・テティエンヌ大聖堂(Cathedrale Saint-Etienne)と呼ばれている。サン・テティエンヌ大聖堂は、「サンティアゴ・デ・コンポステーラへの巡礼道(フランス側)」の構成資産の一つでもある。

文化遺産(登録基準(i)(iv))　1992年

●アヴィニョンの歴史地区：法王庁宮殿、司教建造物群とアヴィニョンの橋

(Historic Centre of Avignon:Papal Palace, Episcopal Ensemble and Avignon Bridge)

アヴィニョンの歴史地区：法王庁宮殿、司教建造物群とアヴィニョンの橋は、フランスの南東部、プロバンス地方のローヌ川の下流沿岸にあり、14世紀に建造された城壁で囲まれている。アヴィニョンは、1309～1377年のローマ法王庁の一時的な移転、いわゆるアヴィニョン捕囚によって宗教都市として発展した。童謡「アヴィニョンの橋」で有名なサン・ベゼネ橋、岩山に

ヨーロッパ

そびえる法王庁宮殿、プチ・パレ美術館、それに、ロマネスク様式のノートル・ダム・デ・ドン大聖堂があり、14世紀のヨーロッパにおけるキリスト教世界の重厚さを色濃く残している。
文化遺産（登録基準(i)(ii)(iv))　1995年

●ミディ運河（Canal du Midi）
ミディ運河は、トゥールーズから発して、カルカソンヌ、ベジェを流れ、地中海沿岸のセートに至る。トゥールーズで大西洋岸のボルドーに至るガロンヌ川と、それに沿ったガロンヌ運河とつながり、地中海と大西洋とをつなぐ総延長360kmの水運の一端を担っている。17世紀に、徴税使にして技術者であったピエール・ポール・リケ(1609～1680年)の発案で、国王のルイ14世が承認、国家プロジェクトとして、1667年に工事が始まり1694年に完成した。ミディ運河は、トゥールーズからセート港までの全長240kmの間を堰、水門、橋、トンネルなどの構造物で繋ぐ画期的な近代土木工事を通じた産業革命、それに、運河沿いにある産地サン・テミリオンなどのワインの流通革命の扉を開く交通路の役割を果たした。ピエール・ポール・リケは、運河建設にあたり、周辺環境との調和を考えて、芸術作品の域に高めた。ミディ運河を通過する船舶交通は、鉄道や道路の発達によって、その使命を終えた。
文化遺産（登録基準(i)(ii)(iv)(vi))　1996年

●カルカソンヌの歴史城塞都市
（Historic Fortified City of Carcassonne）
カルカソンヌの歴史城塞都市は、フランス南部のオード県にあるローマ時代に軍事基地として建設された町である。スペインとフランスを結ぶ戦略的な位置にあり、領土争いが起こる度に要塞として利用されたヨーロッパ最大の城壁の町。12世紀の建造で、石造りのコンタル城、ロマネスクとゴシック様式のサン・ナゼール寺院が城塞内にある。1659年、スペインとの国境を変えるピレネー条約の締結により、領土争いに終止符が打たれ、要塞の役目も終わり、城塞も荒れ果てた。その後、その歴史的価値が認められ、建築家ヴィオレ・ル・デュックの修復活動により復旧した。城塞の中は「シテ」と呼ばれ、今も1000人以上が生活する町である。ナルボンヌ門とオード門の2つの門から出入りできる。
文化遺産（登録基準(ii)(iv))　1997年

◎ピレネー地方-ペルデュー山（Pyrénées-Mount Perdu）
複合遺産（登録基準(iii)(iv)(v)(vii)(viii))
1997年／1999年　（スペイン／フランス）
→スペイン

●サンティアゴ・デ・コンポステーラへの巡礼道（フランス側）
（Routes of Santiago de Compostela in France）
サンティアゴ・デ・コンポステーラへの巡礼道(フランス側)は、中世後期に宗教や文化の変遷や発達に重要な役割を果たした。このことは、フランスのラングドック、ブルゴーニュ、アンジェ、ポワティエの巡礼道にある修道院、聖堂などのモニュメントに表われている。スペインのサンティアゴ・デ・コンポステーラへの巡礼の旅の精神的かつ肉体的な癒しは、特殊な様式の建物によってもわかる。それらの多くは、フランス側を発祥とし発展を遂げた。ピレネー山脈を越えるサンティアゴ・デ・コンポステーラへの巡礼道は、中世ヨーロッパ諸国やあらゆる階層の人々のキリスト教の信仰と影響力の証明。
文化遺産（登録基準(ii)(iv)(vi))　1998年
→スペイン

●リヨンの歴史地区（Historic Site of Lyons）
リヨンの歴史地区は、フランス中東部にあるフランス第二の都市で、絹の街として知られるリヨンにある。リヨンは、ソーヌ川とローヌ川の2つの川を中心にして栄え、ローマ時代からの2000年の長い歴史を持っている。紀元前43年、ユリウス・カエサルの元副長官のルキウス・ムナティウス・プランクスがフルヴィエールの丘に町を築き、これが後にリヨンとなった。細い道が入り組んでいる歴史地区は、ソーヌ川を境にして西側にあり、古代ガリア・ローマ時代の遺跡やフランボワイヤン・ゴシック様式のサン・ジャン大司教教会など中世からルネッサンスの建物が数多く残っている。
文化遺産（登録基準(ii)(iv))　1998年

●サン・テミリオン管轄区（Jurisdiction of Saint-Emilion）
サン・テミリオン管轄区は、ボルドー市の東北東約35km、ガロンヌ川に北から流入するドルドーニュ川の右岸の高台を形成するところにある中世の面影と文化的景観を誇る美しい村サン・テミリオンにある。12～13世紀にイギリス国王によって確立されたサン・テミリオン管轄区は、8つの自治体(コミューン)からなる。温暖で湿潤な気候に加えて水はけのよい丘陵地帯にある為、古くから葡萄とワインの生産地として発展してきた。サン・テミリオンは、シャトー・オゾーヌ、それにシャトー・シュヴァル・ブラン、シャトー・ボーセジュール・ベコなど特一級といわれる13のシャトーがあることでも知られている。
文化遺産（登録基準(iii)(iv))　1999年

●シュリー・シュル・ロワールとシャロンヌの間のロワール渓谷
（The Loire Valley between Sully-sur-Loire and Chalonnes）

シュリー･シュル･ロワールとシャロンヌの間のロワール渓谷は、フランスの中央部、首都パリの南約120kmのサントル地方とペイ･ド･ラ･ロワール地方にある。ロワール川は、大西洋に注ぐ全長1020kmの川で、この地域の文化や交易の発展には欠かせない存在であった。シュリー･シュル･ロワールとシャロンヌの間のロワール渓谷は、2000年にもわたる自然環境と人間の活動とが調和した「フランスの庭」とも呼ばれる見事な文化的景観を呈している。ロワール渓谷沿いには、ブロア、シノン、オルレアン、ソミュール、トゥールなどの歴史都市、それに、古城(シャトー)、カテドラル、修道院などの歴史的建造物が数多く残っており、西ヨーロッパのルネッサンスや啓蒙思想の時代の理想を示す顕著な事例である。それらは、ロワール地方の最大の城であるシャンボール城をはじめ、シュノンソー城、アンボワーズ城などに代表される。1981年に世界遺産登録された「シャンボールの城と領地」は、この物件の一部と見なされ統合された。

文化遺産（登録基準(i)(ii)(iv)）　2000年

●中世の交易都市プロヴァン

(Provins, Town of Medieval Fairs)

中世の交易都市プロヴァンは、パリの南東約80km、イル･ド･フランス地方の シャンパーニュ領内にある11～13世紀の中世に交易で繁栄した要塞都市の典型的な事例。プロヴァンは、北欧と地中海世界とを結ぶ中欧での国際交易の発展を先導する重要な交差路であった。交易制度は、ヨーロッパと東洋間の絹や胡椒などの商品の長距離輸送を可能にし、また、銀行、為替、製鞄、染色、毛織物等の産業活動の発展をもたらした。また、これらを通じて、家内制手工芸は、工業化へと発展した。プロヴァンに残る中世の都市計画と建築は、白い石灰石の壁と赤茶けた切り妻屋根の古びた商家、穀物の倉庫、工場などの建物、それに、13世紀の騎士の衣装に身を包み勇壮なショーが繰り広げられる広場などに見られ一体感がある。それは、交易を守る為に造られた屈強な石の城壁に囲まれた要塞など小さな町の防御の仕組を見ればわかる。別名、「バラの町」ともいわれている。プロヴァンへは、パリの東駅から約90分プロヴァン駅下車。

文化遺産（登録基準(ii)(iv)）　2001年

●オーギュスト･ペレによって再建された都市ル･アーヴル

(Le Havre, the City Rebuilt by Auguste Perret)

オーギュスト･ペレによって再建された都市ル･アーヴルは、フランス北西部、セーヌ川河口の大西洋に臨むノルマンディ地方の港湾都市で20世紀の近代都市のパイオニア。ル･アーヴルとは、フランス語で「港」を意味する。古い港が泥の堆積によって使用出来なくなった為、1517年に建設され、当初は、フランソワ1世の名前に因んでフランシスコ･ポリスと命名された。その後、ル･アーヴル･ド･グラースと改名された。ル･アーヴルは、第二次世界大戦中の1944年6月6日に行われた連合軍によるノルマンディー上陸作戦で破壊され都市の大半が廃虚と化したが、戦後、鉄筋コンクリートを活用し革新的な近代建築を設計したフランス近代建築の創始者として有名なオーギュスト・ペレ（1874～1954年）によって再建され、ヨーロッパ屈指の規模を誇る港湾都市として復興した。ル･アーヴルは、画家のクロード･モネの出身地としても有名である。

文化遺産（登録基準(ii)(iv)）　2005年

●ベルギーとフランスの鐘楼群

(Belfries of Belgium and France)

ベルギーとフランスの鐘楼群は、ベルギーとフランスの2か国にまたがって分布する。1999年に「フランドル地方とワロン地方の鐘楼群」として登録されたベルギーの32の鐘楼群の登録範囲が拡大され、フランス北部の23の鐘楼群とベルギーのガンブルーの鐘楼が2005年の第29回世界遺産委員会で追加され、連続するグループとして登録された。ベルギーとフランスの鐘楼群は、11～17世紀にかけて建設され、ローマ、ゴシック、ルネッサンス、バロックの建築様式を示すものである。ベルギーとフランスの鐘楼群は、市民の自由の勝利のきわめて重要な証しである。イタリア、ドイツ、英国の町のほとんどがタウン･ホールを建てる様に、フランス、ベルギー、オランダなどの北西ヨーロッパの一部では、建物に鐘楼群を設置することが強調された。もともと鐘楼は、地方自治の独立のしるしとして、また自由の象徴として建てられた。領地が、封建領主の象徴、鐘塔が教会の象徴である様に、都市景観の第3の塔である鐘楼は、地方自治体の首長の権力を象徴するものである。ベルギーとフランスの鐘楼群は、何世紀にもわたって、町の威光と富を代表するようになった。

文化遺産（登録基準(ii)(iv)）　1999年／2005年

ベルギー／フランス

●ボルドー、月の港（Bordeaux, Port of the Moon）

ボルドー、月の港は、フランス南西部、アキテーヌ地方ジロンド県の県都のボルドーにある港湾都市である。ボルドー、月の港は、12世紀からボルドー・ワインの輸出港として発展した三日月形に湾曲したガロンヌ川の河畔沿いに発展したことに因んで、月の港リューヌ港と呼ばれ、ボルドーの通称になっている。大西洋貿易の発展で栄えた18世紀には都市改造が行なわれ、証券取引所広場などによる整然とした町並みが完成した。特に、シャルトロン川の河岸沿いには豪奢なファサードをもつ建物が建ち並んでいる。2008年の第

ヨーロッパ

32回世界遺産委員会ケベック・シティ会議で、橋の架け替えの監視強化が要請された。
文化遺産（登録基準(ii)(iv)） 2007年

●ヴォーバンの要塞群（Fortifications of Vauban）
ヴォーバンの要塞群は、フランスの西部、北部、東部の国境沿いの12の要塞建造物群と遺跡群からなる。それらは、フランス国王ルイ14世の軍事技師であったセバスティアン・ル・プレストル・ヴォーバン（1633～1707年）の要塞群の最も素晴らしい事例である。その連続的な要塞群は、ヴォーバンによる攻防から建てられた町、平原に建てられた城塞、都市の要壁群、要塞塔、それに住居などで、山の要塞群、海の要塞群、山の砲台と2つの山を繋ぐ構造などである。ヴォーバンは、古典的な要塞群、西洋の軍事建築など近代的な稜堡式の要塞の築城法を体系化し、ヴォーバン式要塞を確立した。また、ヴォーバンは、フランスだけではなくベルギー、ルクセンブルク、ドイツ、イタリアなどのヨーロッパ諸国、アメリカ大陸、ロシア、東アジアにおける要塞史においても、重要な役割を演じた。日本の函館の五稜郭もヨーロッパにおける稜堡式の築城様式を採用したものである。
文化遺産（登録基準(i)(ii)(iv)） 2008年

○ニューカレドニアのラグーン群：珊瑚礁の多様性と関連する生態系群
（Lagoons of New Caledonia: Reef Diversity and Associated Ecosystems）
ニューカレドニアのラグーン群：珊瑚礁の多様性と関連する生態系群は、南太平洋のメラネシア、フランスの海外領土であるニューカレドニアに展開する。ニューカレドニアは、南太平洋では、ニュージーランド、パプアニューギニアに次ぐ3番目に大きい島で、本島のニューカレドニア島（グランドテール島）、アントルカストー諸島のウオン島、シュルプリーズ島、ロワイヨテ諸島のウベア島、ボータン・ボープレ島など美しい白砂のビーチに縁取られた島々と周辺海域からなる。ラグーンとは、珊瑚礁と陸地との間の礁湖のことである。世界遺産の登録範囲は、6地域からなり、登録面積は、コア・ゾーンが1,574,300ha、バッファー・ゾーンが1,287,100haと広大で、オーストラリアのグレート・バリア・リーフに次ぐ世界第2位の堡礁（ほしょう）のニューカレドニア・バリア・リーフ（全長1600km）、それに、世界最大級の礁湖グランド・ラグーン・スドなどのラグーン群を擁する。ニューカレドニアのラグーン群は、250種の珊瑚と1600種の魚類などその生物多様性、世界で最も多様な珊瑚礁が集中していること、また、マングローブから海草までの生息地域が連続していることなどが特徴である。ニューカレドニアのラグーン群は、光合成や食物連鎖などによって、関連する無傷な生態系群を形成しており、世界で3番目のジュゴンの生息数、絶滅が危惧されている魚類、亀類、海棲哺乳類の生息地でもある。ニューカレドニアのラグーン群は、かけがえのない自然美、それに、生きている珊瑚礁から古代の化石化した珊瑚礁に至るまで、多様な時代の珊瑚礁が見られるなど太平洋の自然史を解明する重要な情報源になっている。
自然遺産（登録基準(vii)(ix)(x)） 2008年

●アルビの司教都市（Episcopal City of Albi）
アルビの司教都市は、フランスの南西部、ミディ・ピレネー地方のタルヌ川に面した都市で、タルヌ県の県庁所在地である。アルビはローマ帝国によって建設され、その後アルビガと呼ばれた。12世紀、13世紀にキリスト教の異端として迫害を受けたアルビジョワ派は、この都市名に由来している。1208年、ローマ教皇とフランス王が結んで、独自のキリスト教観を発展させていたカタリ派を攻撃した。弾圧は徹底し、この地域のいたるところで火あぶり刑が行われた。カタリ派に対するアルビジョワ十字軍の大混乱の後、13世紀に、ベルナール・ド・カタヌ司教が、城壁のある司教館のベルビー宮殿、それに、南仏ゴシック様式の荘厳なレンガ造りのサント・セシル大聖堂（全長113m、高さ40m、幅35m）を建設した。1450年から1560年の間、アルビは、大部分は藍色染料の原料として広く知られている“ホソバタイセイ”の栽培による商業的な繁栄の時代を謳歌した。優れたルネサンス様式の木骨組みの民家は、パステル画の商人によって蓄えられた巨万の富を物語っている。アルビの司教都市は、レンガとタイルの色調が調和した統一感のある町並みの旧街区など、大規模な修繕、修復作業がなされ、テラス状のフランス式庭園、アルビで最も大きなロマネスク様式の教会サン・サルヴィ参事会教会、タルン川に架かる橋ヴィユ・ポンなど華々しい時代の豊かな建築遺産を保存している。また、アルビは、19世紀の有名な画家トゥールーズ・ロートレックの生誕地としても有名で、ベルビー宮殿には、トゥールーズ・ロートレック美術館が入っている。
文化遺産（登録基準(iv)(v)） 2010年

○レユニオン島の火山群、圏谷群、絶壁群
（Pitons, cirques and remparts of Reunion Island）
レユニオン島の火山群、圏谷群、絶壁群は、マダガスカル島の東800km、インド洋の南西に浮かぶカルデラ型の小さな火山島にあり、島の面積2,512km^{2}の約40%、10万haに及ぶ。レユニオン島は、1513年にポルトガルのインド植民地総督ペドロ・デ・マスカレニャスによって発見された。フランスの海外県で、島の中央部には、最高峰のピトン・デ・ネージュ山（3069m　死火山）

があり、周囲には、大きなカルデラのような3つの圏谷、サラジー、シラオス、マファトがある。島の南東部には、レユニオン島のシンボルである楯状火山のピトン・ドゥ・ラ・フルネーズ山(2631m)が聳えている。この山は、世界で最も活発な火山の一つに数えられ、これまでに頻繁に、噴火を繰り返しており、火山学研究のメッカとなっている。レユニオン島の火山群、圏谷群、絶壁群の一帯は、2007年3月にレユニオン国立公園に指定されている。レユニオン島は、小さな島であるが、青い珊瑚礁、砂浜、山岳、滝、森林、月面のような風景、点在するサトウキビ畑、クレオールの文化が根付いた町並みなど、変化に富んだ独特の景観が広がり、その自然景観、地形・地質、生態系、生物多様性が評価された。2011年10月に大規模な山火事が発生、希少種や絶滅危惧種の動植物の焼失が心配される。

自然遺産（登録基準(vii)(x)）　2010年

●アルプス山脈周辺の先史時代の杭上住居群

（Prehistoric Pile dwellings around the Alps）

文化遺産（登録基準(iii)(v)）　2011年

（オーストリア／フランス／ドイツ／イタリア／スロヴェニア／スイス）　→スイス

●コース地方とセヴェンヌ地方の地中海農業や牧畜の文化的景観

（The Causses and the Cevennes, Mediterranean agro-pastoral Cultural Landscape）

コース地方とセヴェンヌ地方の地中海農業や牧畜の文化的景観は、フランスの中南部、ラングドック・ルシヨン地方のガール県、エロー県、ロゼール県とミディ・ピレネー地方のアヴェロン県に展開する。コース地方は、中央山塊の南西部にあり、石灰岩のカルスト地形の高原で羊の放牧が行なわれ、羊乳チーズが有名である。セヴェンヌ地方は、中央山塊の南東部にあり、頁岩と花崗岩で出来た山地で、山間部にある貝の形をした瓦屋根の石造の農家が印象的である。これらの地方では、古くから地中海農業や牧畜が行われ、家畜の群れが通る道など牧歌的な文化的景観が特色である。セヴェンヌ地方の北部の花崗岩でできた高地であるロゼール山は、夏の移牧が現在も行われている数少ない場所の一つである。

文化遺産（登録基準(iii)(v)）　2011年

●ノール・パ・ド・カレ地方の鉱山地帯

（Nord-Pas de Calais Mining Basin）

ノール・パ・ド・カレ地方の鉱山地帯は、フランスの北部、ノール・パ・ド・カレ地方のノール県ヴァランシェンヌ郡、ドゥエー郡とパ・ド・カレ県ベテューヌ郡、ランス郡に展開するリス平野からスカルプ・エスコー平野までに広がる一帯。この地方の鉱山地帯の地中にある豊かな炭層から、1700年代から1900年代の3世紀にわたって、沢山の石炭が掘り出された。この産業遺産は、面積が12万ha以上もあり、採鉱、リフト、ぼた山、石炭輸送設備、鉄道駅、労働者の団地、鉱山村など19世紀から1960年代にわたって、労働者の理想となる鉱山都市建設の精神を反映する109の構成資産からなっている。なかでも、ランスの北西約5kmにあるロス・アン・ゴエルなどには、高さが140m以上もあるピラミッドの様なぼた山が数多く残っており、独特の景観を誇っている。これらのぼた山は、この地方が鉱業で発展したことを示す歴史的な証拠になっている。

文化遺産（登録基準(ii)(iv)(vi)）　2012年

●アルデシュ県のショーヴェ・ポンダルク洞窟として知られるポンダルク装飾洞窟

（Decorated cave of Pont d'Arc, known as Grotte Chauvet-Pont d'Arc, Ardeche）

アルデシュ県のショーヴェ・ポンダルク洞窟として知られるポンダルク装飾洞窟は、フランスの南部、アルデシュ県を流れるアルデッシュ川が岩を穿った天然のアーチ橋ポンダルクの近くにある装飾洞窟で、世界遺産の登録面積は、9ha、バッファー・ゾーンは、1, 353haである。現在、知られるものでは世界最古と思われる約3万～3万2000年前の旧石器時代のオーリニャック文化を物語る壁画洞窟で、約2万年前に岩が崩落して閉じたが、1994年12月18日に3人の洞穴学者ジャン・マリー・ショーヴェ、クリスチャン・ヒレア、エリエット・ブルネル・デシャンによって発見され、隊長のショーヴェにちなんで名づけられた。ショーヴェ洞窟壁画からは、現在判明しているだけで、現在のヨーロッパでは絶滅した野生の牛、馬、サイ、クマ、ライオン、サイ、フクロウ、ハイエナ、ヒョウなどの動物画が見つかっており、その総数は1000点を超えると見られる。これらの絵は、スタンプ、或は、吹き墨の技法を使って、壁面の凹凸を巧みに利用して生き生きと描かれているが、外気に触れると急速に浸食が進み、傷みがひどくなる為、緊急保護措置が求められている。現在、一部の研究者を除いては、洞窟への立入は禁止され、壁画は非公開となっているが、2015年にヴァロン・ポンダルクに、自然豊かなラザル台地の風景に溶け込むようなデザインの「復元センター」が建設され一般公開された。

文化遺産（登録基準(i)(iii)）　2014年

●シャンパーニュ地方の丘陵群、家屋群、貯蔵庫群

（Champagne Hillsides, Houses and Cellars）

シャンパーニュ地方の丘陵群、家屋群、貯蔵庫群は、フランスの北東部、パリ盆地の東部のシャンパーニュ・アルデンヌ地域圏のマルヌ県、オーブ県、エーヌ

県、オート・マルヌ県、セーヌ・エ・マルヌ県にまたがる14の構成資産からなる。シャンパーニュ地方は、スパークリング・ワイン（発泡ワイン）の代名詞ともいえるシャンパンの産地として知られ、この地方の中心的都市であるランスを中心としたモンターニュ・ドゥ・ランス、ヴァレ・ドゥ・ラ・マルヌ及びコート・デ・ブランと呼ばれる3つの地域で特に良質のものが造られている。シャンパーニュ地方のブドウ栽培からワイン製造、石材を切り出した後の地下空間の熟成庫としての貯蔵など自然環境、人間、土地、農工業との結びつきを示す文化的景観、それに、音楽や美術など芸術への貢献も含めて評価された。マルヌ県、オーブ県にまたがるシャンパン街道沿いには、フランスらしいブドウ畑が丘陵に広がる風景が展開し、ランスやエペルネーには有名なシャンパンメーカーが軒を連ねる。10月には地方の伝統を今に受け継ぐブドウ収穫祭、1月にはワインづくりの守護聖人、聖ヴァンサンの祭り、ヴェルズネ村にあるブドウ畑博物館を訪れれば、「シャンパーニュ」の呼称が許されたブドウ畑を見学することができる。

文化遺産（登録基準（iii）（iv）（vi））　2015年

●ブルゴーニュ地方のブドウ畑の気候風土

（The Climats, terroirs of Burgundy）

ブルゴーニュ地方のブドウ畑の気候風土は、フランスの東部、セーヌ川の源泉を擁するブルゴーニュ地方のコート・ドール県とソーヌ・エ・ロワール県にまたがるワイン産地のコート・ド・ニュイ、コート・ド・ボーヌのブドウ畑と丘陵地帯の文化的景観である。ブルゴーニュのコート・ドール地区の黄金の丘と呼ばれる美しい地域を中心に開墾されたブドウ畑は、キリスト教、とりわけブルゴーニュ地方を核とした修道院制度とともに発展した。世界一有名なワイン、ロマネ・コンティやナポレオンが愛飲していた事で有名なシャンベルタンなど素晴らしいワインを産出する場所でもある。ブルゴーニュのブドウ畑の気候風土は、人類が2千年をかけて育み、世界に伝播した他所にはないブドウ栽培のモデルである。

文化遺産（登録基準（ii）（iv））　2015年

●ル・コルビュジエの建築作品－近代化運動への顕著な貢献

（The Architectural Work of Le Corbusier, an Outstanding Contribution to the Modern Movement）

ル・コルビュジエの建築作品－近代化運動への顕著な貢献は、3大陸の7か国にまたがる17件の20世紀の建築物群。世界遺産の登録面積は98.4838ha、バッファー・ゾーンは1409.384haである。コルビュジェは、コンクリートやガラスなど当時の先端素材を駆使して建築技術を近代化し、社会や人々のニーズに応え世界中に影響を与えた。構成資産は、フランスのラ・ロッシュ・ジャンヌレ邸、ペサックの住宅群、サヴォワ邸、ポルト・モリトールの集合住宅アパート、マルセイユのユニテ・ダビタシオン、サンディエのデュヴァル織物工場、ロンシャンの礼拝堂、カップ・マルタンの小屋、ラ・トゥーレットの修道院、フィルミニ・ヴェール、スイスのレマン湖畔の小さな家、クラルテ集合住宅、ベルギーのアントワープのギエット邸、ドイツのシュツットガルトのヴァイセンホーフとジードルングの二つの住宅、インドのチャンディガールのキャンピタル・コンプレックス、日本の国立西洋美術館、アルゼンチンのクルチェット邸である。第33回世界遺産委員会では「情報照会」、第35回世界遺産委員会では「登録延期」となったが、インドを加えた第40回世界遺産委員会では、「人類の創造的才能を表す傑作であり、20世紀における世界中の近代建築運動に大きな影響を与えた」ことなどが評価され、登録に至った。

文化遺産（登録基準（i）（ii）（vi））　2016年
フランス／スイス／ベルギー／ドイツ／インド／日本／アルゼンチン

●タプタプアテア（Taputapuātea）

タプタプアテアは、南太平洋、フランス領ポリネシア、“ポリネシアン・トライアングル”（北端をハワイ諸島、南東端をラパ・ヌイ（イースター島）、南西端をアオテアロア（ニュージーランド）の3点を結んでできる三角形）の中央にある聖なる島ライアテア島の南東部の村オポアにある遺跡であり文化的景観と海景を誇るポリネシア文化発祥の地である。ソシエテ諸島、タヒチ島の西約200kmに位置にあるライアテア島は、海抜1,000mを超える山々と海岸線が相対するライアテアの景観はドラマティックである。ポリネシア人が最初に居住した島であり、サンゴ礁に囲まれたラグーンの近くには、ピラミッド型の石造宗教施設であるマラエやペトログリフなど、歴史・文化を今に伝える考古学的遺産が豊富である。ポリネシアで最も重要な祭祀場であり、戦いの神オロを祭る。石を敷き詰めた聖域の中央に特徴的な高さ約2mの巨石が立っている。この物件の中心は、政治的、儀式的、宗教的なセンターであるポリネシア最大級を誇る60×40mの大きさで、現世と神の世界をつなぐ聖域と考えられているタプタプアテア・マラエ遺産群である。これらは、島の周辺の干潟に突き出した半島の端の陸と海との間にある。マラエは、ポリネシアで見られる神聖な儀式的、社会的な空間であった。タプタプアテアは、タヒチの先住民族マオヒの1000年の文明の証しである。

文化遺産（登録基準（iii）（iv）（vi））　2017年

○ピュイ山脈とリマーニュ断層の地殻変動地域
（the Chaine des Puys - Limagne fault tectonic arena, France）
ピュイ山脈とリマーニュ断層の地殻変動地域は、フランスの中央部、オーヴェルニュ・ローヌ・アルプ地域圏にある。世界遺産の登録面積は24,223ha、バッファーゾーンは16,307haである。ピュイ山脈とリマーニュ断層は、ヨーロッパ・リフトの象徴的なセグメントは、3500万年前のアルプス山脈の形成の余波を創造した。ピュイ山脈とリマーニュ断層の地殻変動地域の境界は、地質学上の特徴や景観などを呈し、地殻変動-火山活動を特徴づけ、長いリマーニュ断層などピュイ山脈の火山群の風光明媚なalignment、and the Montagne de la Serreの逆転地形。これらと共に いかに、大陸地殻の亀裂、 それから崩壊，深いマグマが上昇し、表面に広範な隆起引き起こすかを示している。
自然遺産　登録基準（(viii)）　2018年

○フランス領の南方・南極地域の陸と海
(French Austral Lands and Seas)
フランス領の南方・南極地域の陸と海は、フランス領の南方・南極地域の一部である。登録面積が67,296,900ha、構成資産は、南インド洋のクローゼー諸島、ケルゲレン諸島、セント・ポール(サンポール)島とアムステルダム島の3件からなる。クローゼー諸島はインド洋の南にあるフランス領の諸島で、マダガスカルと南極大陸のほぼ中間点にある。海洋学上それに地形学上の特色から、これらの陸域と海域は、自然景観が美しく、また、生態系、それに生物多様性に恵まれている。フランス領の南方・南極地域の陸と海は、キング・ペンギン、キバナアホウドリなどの鳥類、海棲哺乳類が生息する世界で最大級の海洋保護区の一つであり、海洋生態系における炭素循環において、主要な役割を果たしている。尚、フランス領の南方・南極地域の政庁はケルゲレン諸島の研究観測業務の基地であるポルトーフランセにある。
自然遺産(登録基準 (vii)(ix)(x))　2019年

●ヨーロッパの大温泉群
（The Great Spas of Europe）
文化遺産(登録基準(ii)(iii))　2021年
(オーストリア / ベルギー / チェコ / フランス / ドイツ / イタリア/ 英国)　→　オーストリア

●コルドゥアン灯台（Cordouan Lighthouse）
コルドゥアン灯台は、フランスの南西部、ジロンド県のル・ヴェルドン・シュル・メール、大西洋に流れるジロンド川の河口、ロワイヤンとポワントドグレイブの沖にあり、世界遺産の登録面積は17,015.0957ha、バッファーゾーンは83,879.8361haである。1584年から1611年に建てられたコルドゥアン灯台は、「海上信号の傑作」とされ、現在も運営されているフランス最古の灯台である。ヴェルサイユ海の愛称で呼ばれる、歴史的建造物で、サントンジュの印象的な白い石の歩哨は、高さ67.5mに達し、6つのルネッサンス様式の床で構成されている。17世紀に建造された、フランスの近代的な灯台で最初のものと位置付けられている。潮流が速く、動力船が登場するまで年二回の最小潮位（干潮）の時に灯台守が交替して半年間過ごさねばならなかったことから、ブルボン朝初代のフランス国王アンリ4世（1553年～1610年）が灯台内に礼拝堂を設けさせた。灯台としては現在も使われている稼働遺産（リビングヘリテージ）であるが点灯は機械化されている。
文化遺産(登録基準(i)(iv))　2021年

●ニース、冬のリゾート地リヴィエラ
（Nice, Winter Resort Town of the Riviera）
ニース、冬のリゾート地リヴィエラは、フランスの南東部、イタリアとの国境に近い地中海の都市ニース、アルプス山脈の麓にあり、都市の温暖な気候とシーサイドのロケーションにあるので、冬の気候リゾートが進化、18世紀の半ば、ニースは、冬季に過ごす貴族や上流階級の家族、主に、英国人の数の増加が目を引いた。1832年に、ニースは、サヴォイア・ピエモンテ・サルデーニャ王国の一部になり、外国人の目を引くことを目的に規則的な都市計画を採用した。その後まもなく、1860年にフランスになった後に、海岸沿いの広い道は「プロムナード・デ・ザングレ」（イギリス人の遊歩道を意味する）として知られる一流の遊歩道に拡張された。そして、世紀を越えて、世界中からの冬のリゾート客が増えた。なかでも、ロシア人は、古い中世の町の隣の新地域を開発し集まった。冬季の住民の多様な文化の影響で、都市計画や様々な建築様式が国際的な冬のリゾート地として有名になった。「リヴィエラの女王」と呼ばれる美しいリゾート地・ニース、ニースのカーニバルはヨーロッパ3大カーニバルのうちの一つに数えられている。
文化遺産(登録基準(ii))　2021年

○カルパチア山脈とヨーロッパの他の地域の原生ブナ林群
(Primeval Beech Forests of the Carpathians and Other Regions of Europe)
自然遺産 (登録基準(ix))
2007年／2011年／2017年／2021年
(アルバニア、オーストリア、ベルギー、ボスニアヘルツェゴビナ、ブルガリア、クロアチア、チェコ、フランス、ドイツ、イタリア、北マケドニア、ポーランド、ルーマニア、スロヴェニア、スロヴァキア、スペイン、スイス、ウクライナ)　→ ウクライナ

ブルガリア共和国（10物件　○3　●7）

●ボヤナ教会（Boyana Church）
ボヤナ教会は、首都ソフィアの近郊にあるヴィトシャ山地の山麓にある。この地域は、王や貴族の別荘地として栄えた所。ボヤナ教会は、11世紀、13世紀、19世紀の3つの時代に建てられた3つの聖堂からなる。特に、第2王国時代の1259年に建てられた中央にある聖パンティレイモン聖堂は、13世紀のビザンチン様式の珍しい壁画で覆われており、3つの聖堂の中では、最も大きい建物。作者不明のボヤナ教会の肖像画は、イコン（聖像画）の真の傑作。「最後の晩餐」、「受胎告知」などの壁画の画風は、ルネッサンスの前兆を示している。
文化遺産（登録基準(ii)(iii)）　1979年

●マダラの騎士像（Madara Rider）
マダラの騎士像は、ブルガリア第一王国の遺跡の一つで、シュメンの東18kmマダラ高原の山中の岩壁に残るレリーフ。断崖の中程、高さ23mのところに彫られており、誰が、どのようにして、何の目的で彫ったのか、未だに判明していない。猟犬を従えた馬上の騎士がライオンを槍で突き刺している。傍らに残されたギリシャ語の碑文から8～9世紀の戦勝記念と見られ、ブルガリアの伝説の騎士として名高いテルヴェル・ハーン（在位701～718年）がモデルではないかという説が有力。レリーフの風化が進み、ユネスコの援助による修復作業が行われている。
文化遺産（登録基準(i)(iii)）　1979年

●カザンラクのトラキヤ人墓地
（Thracian Tomb of Kazanlak）
カザンラクは、ブルガリア中央部のバルカン山脈とスレドナゴラ山脈の狭間にある。ローマ帝国時代、セウトポリスの町があったところ。トラキア人の墓地は、この町の北東にある紀元前4世紀の古墳で、第二次世界大戦中に偶然発見された。発見時、宝飾類は盗掘されていたが、3室からなる墓の内部には「弔いの宴」と呼ばれる貴重な彩色壁画が残っていた。2000年以上も前のものとは思えないような鮮やかな色彩で、トラキヤ芸術の最高峰とされる。現在は、墳墓の隣に精緻なレプリカが設置され、公開されている。
文化遺産（登録基準(i)(iii)(iv)）　1979年

●イワノヴォ岩壁修道院（Rock-Hewn Churches of Ivanovo）
イワノヴォは、ブルガリア第5の都市ルセの南21kmにある。岩壁修道院は、13世紀にビザンチンのギリシャ正教の修行僧ヨアキムが、地上32mの岩を掘って教会を建て、大天使ミカエルに捧げたのが起源。その後、ブルガリア正教として独立し、初代総司教にヨアキムが就任すると、この岩壁修道院には多くの人々が訪れるようになった。ブルガリアを代表する聖地となり、最盛期には、300を超す教会が建てられた。しかし、14世紀のオスマン帝国の侵攻により、次第に衰退した。放棄された修道院群は、風雨にさらされ、当時の3分の1程しか残っていないが、ユダの裏切りなど聖書の場面等が、見事な壁画やイコン画としてブルガリア王国の栄華を物語っている。
文化遺産（登録基準(ii)(iii)）　1979年

●古代都市ネセバル（Ancient City of Nessebar）
古代都市ネセバルは、ブルガリアの東部、黒海の岩肌の半島にある3000年の歴史をもつ都市で、もともとは、トラキア人の居住地、メネブリアであった。それから、ギリシャの植民地、それから、ビザンチン帝国の最も重要な要塞の一つになった。古代よりコンスタンチノーブルとドナウ川沿いの都市との中継地として争奪の対象とされた為、城壁に囲まれ、ヘレニズム期のアクロポリス、アポロ神殿、それに、アゴラ、10～14世紀のビザンチン様式の聖ステファン教会、ヨハネ教会、大主教教会、19世紀のスタラ・ミトロポリア・バシリカ聖堂や木造家屋など各時代の遺跡が残る。
文化遺産（登録基準(iii)(iv)）　1983年

●リラ修道院（Rila Monastery）
リラ修道院は、ソフィアから南へ123km、リラ山地の山あいにあるブルガリアで最も代表的な修道院で、ブルガリアの東方正教会であるブルガリア正教会の大本山。隠遁修道僧のイワン・リルスキー(876～946年)が僧院を営んだ9～10世紀に建てられた。14世紀のフレリョの塔の内部の木彫とイコンで装飾された壁画、聖書の140の場面を描いた「修道士ラファエルの十字架」などのコレクションが豊富。敷地の中央部に建てられた聖母聖堂は、ギリシャ十字の三廊式。白黒の縞模様のアーチの内部の天井や壁には、聖書の36の場面とこの地方の生活風景をモチーフにしたフレスコ画が数多く描かれている。1883年には大火災でほぼ全焼したが、その後、再建された。
文化遺産（登録基準(vi)）　1983年

○スレバルナ自然保護区（Srebarna Nature Reserve）
スレバルナ自然保護区は、ブルガリアの北部、ルーマニア国境に近いシリストラの町の西16kmのドナウ川の河岸にある。絶滅の危機にさらされているダルマチア・ペリカン、カワウ、トキ、白鳥、サギなどの複数の種を含め、アジサシ、ガランチョウ、オジロワシ、イヌワシ、ブロンズトキなどの貴重な渡り鳥約100種類が生息する。ドナウ川の南1kmの下流域近くにある自然保護区内には、スレバルナ湖などの湖が点在し、汚染を免れた湖水が、水鳥の繁殖を助けている。1975年にラムサール条約登録湿地、1977年にユネスコMAB生物圏保護区、1989年にBirdlife International Programmeによる重要な鳥類生息地（IBA）に登録、指定されている。1992年、湿原の乾燥化の惧れから危機遺産に登録されたが、その後水量の確保や管理計画の策定など改善措置が講じられた為、2003年に解除された。
自然遺産（登録基準(x)）　1983年／2008年

○ピリン国立公園（Pirin National Park）
ピリン国立公園は、ブルガリアの南西部にある同国最大の自然公園。ギリシャとマケドニアの国境に接するピリン山脈は、深い針葉樹林に覆われ、最高峰のヴィーヘン山（2914m）を擁する。ピリン山脈は、ヨーロッパ氷河期に出来た山脈で、カール（圏谷）、U字谷、約70もの氷河湖など変化に富んだ景観を誇る。生態系も豊かで、オウシュウモミやエーデルワイスなどの植物、ヒグマ、オオカミ、キツネ、ムナジロテンなどの動物の種類も多い。1934年には自然保護区として指定され、ブルガリアにおける自然保護のテストケースにもなった。ピリン国立公園は、2010年の第34回世界遺産委員会ブラジリア会議で、新たにピリン山の標高2000m以上に位置する草原、岩屑、頂上の高山帯も登録範囲に加えた。
自然遺産（登録基準(vii)(viii)(ix)）
1983年／2010年

●スベシュタリのトラキア人墓地
（Thracian Tomb of Sveshtari）
スベシュタリは、ブルガリア北部にある。トラキア人は、紀元前4世紀頃には既に王制をしき、貨幣を鋳造し農林業を営むなど高度な文化を誇っていた。この紀元前3世紀の王族の墓は1982年に発見されたもので、直径70m、高さ12m、3室からなるヘレニズム美術の貴重な遺産である。
文化遺産（登録基準(i)(iii)）　1985年

○カルパチア山脈とヨーロッパの他の地域の原生ブナ林群
（Primeval Beech Forests of the Carpathians and Other Regions of Europe）
自然遺産（登録基準(ix)）
2007年／2011年／2017年／2021年
（アルバニア、オーストリア、ベルギー、ボスニアヘルツェゴビナ、ブルガリア、クロアチア、チェコ、フランス、ドイツ、イタリア、北マケドニア、ポーランド、ルーマニア、スロヴェニア、スロヴァキア、スペイン、スイス、ウクライナ）　→ ウクライナ

ベラルーシ共和国（4物件　○1　●3）

○ビャウォヴィエジャ森林（Białowieża Forest）
ビャウォヴィエジャ森林は、ポーランドの東部とベラルーシの西部の国境をまたがるヨーロッパ最大の森林で、かつてはポーランド王室の狩猟場であった。ポーランド側は、1931年に「ビャウォヴィエジャ原生林国立公園」、ベラルーシ側は、1993年に「ベラベジュスカヤ・プッシャ国立公園」に、それぞれ指定され保護されている。いまだ手付かずの原生林が残る森林には、絶滅しかかっていたヨーロッパ・バイソンを動物園から移動させて繁殖に成功し、現在は、約300頭が生息している。このほかにも、オオアカゲラ、ヘラジカ、クマ、キツネ、オオヤマネコ、小型野生馬のターバンなど50種類以上の哺乳類が生息している。ビャウォヴィエジャ国立公園とベラベジュスカヤ・プッシャ国立公園は、ベラルーシ側の国境フェンスによる動物の自由な移動の妨げ、シカやバイソンによる植生への影響、外来種のレッド・オークの繁殖、森林伐採、森林火災などの脅威にさらされている。第38回世界遺産委員会ドーハ会議で、登録範囲が拡大され、登録面積は、141,885ha、バッファー・ゾーンは、166,708haとなり、登録基準と登録遺産名も変更された。
自然遺産（登録基準(ix)(x)）
1979年／1992年／2014年
ポーランド／ベラルーシ

●ミール城の建築物群（Mir Castle Complex）
ミール城の建築物群は、首都ミンスクの南西80km、コレリチ地方のグロドノ地域にある中欧の優れた城郭建築。ミール城は独特の漆喰装飾の外壁など珍しい形態を示す石造建築で、16世紀に、ユーリー・イリイニチ公によって建造されたのが始まり。ミール城の所有者は、その後、何度か変わったが、1569年に、ユーリー・イリイニチ公の親戚の貴族、ミコラ・クリシュトファル・ラジビル・シロトカ公が継承し、その子孫へと引き継がれた。それは正方形の敷地の四隅に 独特の装飾を施された美しい塔を持ち、40の部屋がある3階建ての回廊式の宮殿であった。宮殿と東塔はルネッサンス様式で、それ以外はゴシック様式で、外敵に備えて城壁や濠も造られ、難攻不落の要塞となった。しかし、ミール城は17～18世紀の度重なる戦火で破壊され、1812年の戦争後に再建された宮殿や塔の一部などであるが、その後も2度の世界大戦で少なからず被害を受けた。この城で建造物と並んで重要なのが17世紀に造られた中庭。19世紀の後半にはイタリア風に改造され、海外からの植物などが植えられ人造湖も作られた。ゴシック、ルネッサンス、バロックといった連続した文化によ

るデザインと配置による調和は印象的。ミール城は、1938年に最後の城主、ニコライ・スヴャトポルク・ミール公が後継もないまま亡くなり、国が管理する貴重な文化財となり、博物館としても活用されている。
文化遺産（登録基準(ii)(iv)）　2000年

●ネスヴィシェにあるラジヴィル家の建築、住居、文化の遺産群
（Architectural, Residential and Cultural Complex of the Radziwill Family at Nesvizh）
ネスヴィシェにあるラジヴィル家の建築、住居、文化の遺産群は、ベラルーシの中央部、ミンスク州のネスヴィシェ地域の中心部にある。16世紀から1939年まで続いたラジヴィル家は、ヨーロッパの歴史と文化における最も重要な個性的な足跡を残した。彼らの努力で、ネスヴィシェの町は、科学、芸術、工芸、建築の分野で大きな影響を受けた。それらは、住居、城郭、それにキリスト聖体教会である。1587～1593年に建てられたキリスト聖体教会は、世界的で最も初期のイエズス会の教会の一つであり、その建築デザインは、各地に大きな影響を及ぼした。城郭は、内部が繋がっている10の建物が一つの建築物になっており、周囲には6つの中庭がある。宮殿や聖体教会は重要な原型になり、それは、ベラルーシ国内のみならず、ポーランド、リトアニア、それにロシアの建築の発展に尽くした。
文化遺産（登録基準(ii)(iv)(vi)）
2005年

●シュトルーヴェの測地弧（Struve Geodetic Arc）
文化遺産（登録基準(ii)(iv)(vi)）　2005年
（ノルウェー／スウェーデン／フィンランド／ロシア／エストニア／ラトヴィア／リトアニア／ベラルーシ／モルドヴァ／ウクライナ）
→エストニア

ベルギー王国（15物件　○1　●14）

●フランドル地方のベギン会院（Flemish Béguinages）
フランドル（フランダース）地方は、ベルギーの西部地方にあたる。12～13世紀の中世に始まったベギン会は、一人の指導者のもとに質素で敬虔な生活を送る婦人たちの修道会で、ベギン会院（ベゲインホフ）のなかで起居していた。ベギン会院は、住居、教会、付属建築物、中庭などからなり、宗教建築と伝統建築とが見事に融合し町並みを形成している。現在、ベギン会は存在しないが、フランドル地方のリール、ディースト、コルトレイク、メッヘレン、ブルージュ、ルーヴェン、ゲントなどの町に、当時のベギン会院の建物が点在している。なかでも、ディーストにあるベギン会院は、町の様な造りの建築タイプで、最も美しいとされる。繊維の町コルトレイクにあるベギン会院は、町の中心のマルクトからすぐの距離なのに、中に入ると賑わいが遠くの世界のように感じられる静寂なたたずまい。1245年にフランドル伯夫人によって設立されたブルージュのベギン会院は、中庭を中心に設計されたタイプで、現在はベネディクト会女子修道院として活用されている。
文化遺産（登録基準(ii)(iii)(iv)）　1998年

●ルヴィエールとルルー（エノー州）にあるサントル運河の4つの閘門と周辺環境
（The Four Lifts on the Canal du Centre and their Environs, La Louvière and Le Roeulx（Hainault））
ベルギーのエノー州のルヴィエールとルルーは、エノー州の州都モンスの東十数kmのところにある。サントル運河は、1888～1917年に、ムーズ川とエスコー川のドックを連絡して、ドイツからフランスへの通行を実現する為に建造された。4つの巨大なボート・リフトがある閘門は、ルヴィエールとティウ間にある67mの高低差を内部の水位を調節することで解消する目的の為に設けられたもので、現在も稼働している。サントル運河の4つの閘門は、19世紀のヨーロッパにおける運河建設や水力利用技術の一つの頂点を示す産業遺産であり、運河上の橋梁、付属建築物なども含めて世界遺産に登録された。
文化遺産（登録基準(iii)(iv)）　1998年

●ブリュッセルのグラン・プラス
（La Grand-Place, Brussels）
ブリュッセルは、ベルギーの首都で、プチ・パリといわれる美しい都市。1965年にフランスの国王ルイ14世の命令で砲撃され町は壊滅、1402～1455年に建造され、頂上には、ブリュッセルの守護神である聖ミカエル像がある高さ96mの尖塔が象徴的な市庁舎だけが残った。ただちに町の再建が開始され、グラン・プラス（大広場）は、建築・芸術面においても、世界で最も美しい公共広場の一つに甦った。グラン・プラスには、市庁舎をはじめ、16世紀に、パン市場として建てられ、その後、用途が転々とし、現在は市立博物館になっている「王の家」、7世紀に、ビール醸造業者、パン職人、肉屋、油商、小間物屋、大工・家具職人、塗装工、船頭など商人や職人のギルド（同業者組合）のハウスとして建てられ、現在は博物館等になっている「ブラバン公爵の家」など公共や民間の建築物が立ち並び、社会的にも文化的にも、市民や観光客の間で親しまれている。
文化遺産（登録基準(ii)(iv)）　1998年

●ベルギーとフランスの鐘楼群

(Belfries of Belgium and France)
文化遺産（登録基準(ii)(iv)）　1999年／2005年
（ベルギー／フランス）→フランス

●ブルージュの歴史地区（Historic Centre of Brugge）
ブルージュは、13世紀に西ヨーロッパ随一の貿易港となり水路交通による商業都市として繁栄した西フランダース州の州都である。現在もその名（オランダ語ではブルッヘで橋という意味）の通り、50を越える橋が運河にかかり、中世の面影が今も色濃く残る水の都で、北の小ベニスとも称賛されている。中世の時代には、その経済力を背景に、時を告げるカリヨン（組鐘）が鳴り響く鐘楼や教会、ギルドハウスなど数々の華麗な建築物が、マルクト広場を中心に建てられ、赤レンガの美しい街並みを形成した。また、ヤン・ヴァン・エイク（1395〜1441年）、ハンス・メムリング（1433〜1494年）といったフランドル派絵画の巨匠も輩出した。ブルージュは、街そのものが中世の生き証人ともいえ、その歴史的な重要性はきわめて顕著である。世界遺産の登録面積は、コア・ゾーンが410ha、バッファー・ゾーンが168haである。登録範囲にはベルギーの他の2つの世界遺産「フランドル地方のベギン会院」と「ベルギーとフランスの鐘楼群」に登録されている物件も包含している。
文化遺産（登録基準(ii)(iv)(vi)）　2000年

●ブリュッセルの建築家ヴィクトール・オルタの主な邸宅建築
（Major Town Houses of the Architect Victor Horta (Brussels)）
建築家ヴィクトール・オルタの主な邸宅建築は、ブリュッセル市内の様々な場所にある。ヨーロッパ初のアール・ヌーヴォー建築で、曲線が美しい植物装飾が特徴であるタッセル邸をはじめ、オルタ邸、ヴァン・エートヴェルト邸、ソルヴェイ邸の4軒が登録されている。これらの住宅建築は、アール・ヌーヴォーの巨匠ヴィクトール・オルタ（1861〜1947年）による高度な近代建築および芸術的偉業で、19〜20世紀の過渡期における芸術・思考の様子を示すアール・ヌーヴォー建築を手がけ一時代を築きあげた顕著な例。オルタが1906年に建てた荘厳な建築物の自邸は、今はオルタ博物館になっている。また、建築家ヴィクトール・オルタの偉業を称えるベルギーの2000フラン札には、オルタの肖像と、曲線の美しいアール・ヌーヴォーのデザイン、彼のデザインによる小さな椅子が象徴的に描かれている。
文化遺産（登録基準(i)(ii)(iv)）　2000年

●モンスのスピエンヌの新石器時代の燧石採掘坑
（Neolithic Flint Mines at Spiennes (Mons)）
モンスのスピエンヌの新石器時代の燧石（スイセキ）採掘坑は、ワロン地方のエノー州の州都モンスにある。100ヘクタール余の面積に広がる新石器時代の鉱山発掘地で、まとまった古代採石場としてはヨーロッパ最大かつ最古の遺跡。スピエンヌの新石器時代の燧石採掘坑は、その技術の多彩さと、現代の集落のスタイルにも少なからず影響を与えている。
文化遺産（登録基準(i)(iii)(iv)）　2000年

●トゥルネーのノートル・ダム大聖堂
（Notre-Dame Cathedral in Tournai）
トゥルネーのノートル・ダム大聖堂は、ワロン地方エノー州を流れるエスコー川に臨むベルギー最古の町トゥルネー（人口約7万人）にある。トゥルネーの町の起こりは、ローマ時代に始まり、3世紀に聖ロアがキリスト教をこの町に広め、フランク族が台頭していた5世紀には、一王国の首都として、政治・経済の中心を担った。トゥルネーのノートル・ダム大聖堂は、12〜14世紀に建てられた5つの尖塔をもつロマネスク様式の部分とフランスのゴシック様式の部分が見られるベルギーを代表する建造物の一つ。トゥルネーが誇る全長134mの堂々としたノートル・ダム大聖堂は、イル・ド・フランス、ライン地方、それに、ノルマンディーなど北セーヌ学派の影響を受け、ゴシック建築開花の先駆けとなった、ノートル・ダム大聖堂は、内部のステンドグラスも素晴しく、6世紀の初代司教であった聖エルテールゆかりのタペストリーや遺物も素晴しく、見学者の目を引いている。
文化遺産（登録基準(ii)(iv)）　2000年

●プランタン・モレトゥスの住宅、作業場、博物館
（Plantin-Moretus House -Workshops-Museum Complex）
プランタン・モレトゥスの住宅、作業場、博物館は、フランドル地方アントワープにある印刷出版関係のモニュメント。クリストフ・プランタン（1520〜1589年）が、16世紀に印刷所跡にオフィシーナ・プランティニアーナという印刷所を設立、その後、出版業に転じ多言語訳聖書など数多くの書籍を出版した。プランタン・モレトゥス博物館は、6〜19世紀に活躍した印刷業者のプランタン一族と後継者のモレトゥス家の貴族の邸宅であったのものを博物館として活用したもので、建築学的にも16〜17世紀の古典的なフランドル・ルネッサンス様式を色濃く残し、貴重なものである。プランタン・モレトゥス博物館は、世界有数の印刷出版関係の博物館で、15世紀以降の貴重な書籍、活字、現存する世界最古の2つの印刷機械などを数多く所蔵・展示しており、印刷の歴史や近世の出版文化を研究するうえで、計り知れない価値を有している。尚、プランタン印刷所のビジネス・アーカイヴスは、世界の記憶に登録されており、プランタン・モレトゥス博物館に収蔵されている。
文化遺産（登録基準(ii)(iii)(iv)(vi)）　2005年

●**ストックレー邸**（Stoclet House）
ストックレー邸は、ブリュッセル首都圏地域にある。ストックレー邸の世界遺産の登録面積は、0.86ha、バッファーゾーンは、21.84haである。ストックレー邸は、20世紀の初頭に「ウィーン工房」(Wiener Werkstatte)を主宰した、ウィーン分離派の中心メンバーの一人で、オーストリアの建築家のヨーゼフ・ホフマン(1870～1956年)によって、1905～1911年に、ブリュッセルで設計され建設された。ストックレー邸は、オーストリアで登山鉄道を運営していたオーストリア、ベルギーの合弁の鉄道会社の顧問であったアドルフ・ストックレーの邸宅で、ブリュッセルの別邸である。ストックレー邸は、直線的な装飾を用いたウィーン分離派の特徴が随所に表現されており、建築史上に残る代表作品の一つで傑作である。ストックレー邸は、ヨーゼフ・ホフマンの指針の下に、コロマン・モーザー、グスタフ・クリムト、フランツ・メッツナー、リチャード・ルクシュ、ミヒャエル・ボヴォルニーなど数多くのウィーン工房の芸術家が、内外の建築、装飾、家具、調度品、庭園、花壇などあらゆる分野を含んだ総合芸術作品に仕上げた。ストックレー邸は、アール・デコ(Art deco)と建築の近代運動の先駆けとなり、内外の建築家の関心を集め、影響を与えた。
文化遺産（登録基準(i)(ii)）　2009年

●**ワロン地方の主要な鉱山遺跡群**
（Sites miniers majeurs de Wallonie）
ワロン地方の主要な鉱山遺跡群は、ベルギーの南部、ワロン地方のエノー州のグラン・オルニュ、カジエの森、ボワ・デュ・ルック、リエージュ州のブレニー・ミーヌのベルギーの東西170kmに展開する4つの石炭の鉱山遺跡群からなる。ワロン地方はかつて石炭の一大生産地として、19世紀から20世紀のベルギーの近代産業の隆盛を支えた。エノー州のモンス市郊外にあるグラン・オルニュは、炭鉱、附属工場、労働者と経営者の住宅約440戸からなる都市を形成していた。カジエの森は、エノー州のシャルルロワ市郊外のマーシネルにあるかつての炭坑跡で、かつては、シャルルロワの産業と繁栄を支えた。現在は、産業博物館、ガラス博物館などとして活用されている。ボワ・デュ・ルックは、エノー州のラ・ルーヴィエール市郊外に1838～1909年に建てられた炭鉱労働者用の住宅群で、その起源は17世紀にまでさかのぼる。19世紀半ばより炭鉱労働者の生活の場として使用され、1950年代に閉鎖されたが、住宅の一部は公開されており、当時の生活の様子を知ることができる。リエージュ州にあるブレニー・ミーヌは、19～20世紀当時はベルギー内で一、二を争うほどの石炭の産地であった。現在は炭鉱跡を見学するツアーも組まれている。これらの構成遺産は、いずれも当時の炭鉱・石炭産業の様子と、それを支えた炭鉱労働者の生活などが、現代によくわかる形で保存、継承されている。
文化遺産（登録基準(ii)(iv)）　2012年

●**ル・コルビュジエの建築作品－近代化運動への顕著な貢献**
（The Architectural Work of Le Corbusier, an Outstanding Contribution to the Modern Movement）
文化遺産（登録基準(i)(ii)(vi)）　2016年
（フランス／スイス／ベルギー／ドイツ／インド／日本／アルゼンチン）→フランス

○**カルパチア山脈とヨーロッパの他の地域の原生ブナ林群**
（Primeval Beech Forests of the Carpathians and Other Regions of Europe）
自然遺産（登録基準(ix)）
2007年／2011年／2017年／2021年
（アルバニア、オーストリア、ベルギー、ボスニアヘルツェゴビナ、ブルガリア、クロアチア、チェコ、フランス、ドイツ、イタリア、北マケドニア、ポーランド、ルーマニア、スロヴェニア、スロヴァキア、スペイン、スイス、ウクライナ）→ ウクライナ

●**ヨーロッパの大温泉群**
（The Great Spas of Europe）
文化遺産（登録基準(ii)(iii)）　2021年
（オーストリア / ベルギー / チェコ / フランス / ドイツ / イタリア/ 英国）
→オーストリア

●**博愛の植民地群**（Colonies of Benevolence）
博愛の植民地群は、ベルギーのアントワープ州のウォルテル、オランダのドレンテ州、フリースラント州、オーバーアイセル州にまたがるフレーデリクスオールト・ウィルヘルミーナオールト、フェーンハイゼンの3つの構成資産からなる集団居住地群で、世界遺産の登録面積は2,012 haである。博愛の植民地群は、社会改革における啓蒙の実験で、貧困者や入植者など社会的な弱者の救済につながった。1818年に、慈善会は、ネーデルラント連合王国(現在のオランダとベルギー)の農村部に農業植民地を創設した。博愛の植民地群は、貧困者の植民地化・入植化を通じて、孤立した泥炭の荒地から非常に有機的な景観を創り出した。第42回世界遺産委員会で推薦されたときは「情報照会」決議となっていたが、第44回世界遺産委員会では、推薦されたオランダ2件（フレーデリクスオールト・ウィルヘルミーナオールト，フェーンハイゼン）、ベルギー1件（ウォルテル）のすべてが専門機関のイコモスから

「登録」勧告を受け「登録」決議となった。世界遺産委員会は「社会秩序に関する19世紀の西洋的でユートピア的な考えに基く顕著な社会実験」と評価した。
文化遺産(登録基準(ii)(iv))　2021年
ベルギー／オランダ

ボスニア・ヘルツェゴヴィナ (3物件　● 3)

●モスタル旧市街の古橋地域
(Old Bridge Area of the Old City of Mostar)
モスタル旧市街の古橋地域は、ボスニア・ヘルツェゴヴィナ南西部、首都サラエボの南100km、ネレトヴァ川の深い渓谷にある。モスタルは、15～16世紀にはオスマン帝国の前線の町として、そして、19～20世紀のオーストリア・ハンガリー期に発展した。モスタルは、古いトルコの家屋群とモスタルの名前の由来である古橋のスタリ・モスト(長さ30m、幅8m)で知られている。しかし、1990年代の旧ユーゴスラヴィアの内戦であるボスニア・ヘルツェゴヴィナ紛争で、モスタル旧市街のほとんどとオスマン帝国の偉大な建築家シナンによって設計された古い石橋は、ネレトヴァ川の西側に居住するクロアチア人の武装勢力により東側に逃れたムスリムを帰さないようにするため1993年に破壊された。ユネスコによって設立された国際的な科学委員会の貢献で、アーチ型の古橋は近年に再建され、旧市街の建物の多くが回復し再建された。前オスマン帝国、東オスマン帝国、地中海、そして西欧の建築様式の特徴がある古橋地域は、多文化都市の顕著な見本である。再建された古橋とモスタルの旧市街は、民族の和解、国際協力、多様な文化、民族、宗教のコミュニティの共存のシンボルでもある。
文化遺産(登録基準(vi))　2005年

●ヴィシェグラードのメフメット・パシャ・ソコロヴィッチ橋
(Mehmed Pasa Sokolovic Bridge in Visegrad)
ヴィシェグラードのメフメット・パシャ・ソコロヴィッチ橋は、ボスニアの東部、ボスニアとイスタンブールとの間の主要路上のドリナ川に架かる全長約180m、幅約4mの11連アーチの石造橋である。世界遺産の登録範囲は、核心地域が1.5ha、緩衝地域が12.2haである。ヴィシェグラードのメフメット・パシャ・ソコロヴィッチ橋は、オスマン帝国の建築家シナンによって設計され、1571～1577年に建造された。国の史跡に指定されている。橋の名前は、ヴィシェグラードの町の近くのソコロヴィッチに生れたオスマン帝国の大宰相メフメット・パシャ・ソコル(ソコロヴィッチ)に由来する。ノーベル賞作家のイヴォ・アンドリッチの文学作品「ドリナの橋」でも知られている。
文化遺産(登録基準(ii)(iv))　2007年

●ステチェツィの中世の墓碑群
(Stećci Medieval Tombstones Graveyards)
ステチェツィの中世の墓碑群は、ボスニア・ヘルツェゴビナ、クロアチア、モンテネグロ、セルビアの4か国にまたがる12～16世紀の遺跡群。ステチュツィとは、文字通り「立っている物」と言う意味で、ボスニア・ヘルツェゴヴィナ、中世にボスニア王国の領域であったクロアチア(ダルマチア)、モンテネグロ、セルビアとボスニア・ヘルツェゴヴィナの国境付近の30か所に分布する。世界遺産の登録面積は49.1500ha、バッファー・ゾーンは321.2400haである。現代のボスニア・ヘルツェゴヴィナ国内には約6万、クロアチアの中部と南部、セルビアの西部、モンテネグロの西部で約1万のステチュツィが発見されている。ステチェツィの特徴は、石灰岩の墓碑に渦巻き状の物や連続したアーチ状の模様、ブドウの葉や実、太陽や三日月などの様々な装飾がモチーフにされている。ステチェツィは、ボスニア・ヘルツェゴヴィナの首都サラエヴォの国立博物館の庭園などにも展示されている。
文化遺産(登録基準(iii)(vi))　2016年
ボスニア・ヘルツェゴヴィナ／クロアチア／セルビア／モンテネグロ

○カルパチア山脈とヨーロッパの他の地域の原生ブナ林群
(Primeval Beech Forests of the Carpathians and Other Regions of Europe)
自然遺産(登録基準(ix))
2007年／2011年／2017年／2021年
(アルバニア、オーストリア、ベルギー、ボスニアヘルツェゴビナ、ブルガリア、クロアチア、チェコ、フランス、ドイツ、イタリア、北マケドニア、ポーランド、ルーマニア、スロヴェニア、スロヴァキア、スペイン、スイス、ウクライナ) → ウクライナ

ポーランド共和国 (15物件　○ 1　● 14)

●クラクフの歴史地区 (Historic Centre of Krakow)
クラクフは、ポーランド南部にあるクラクフ州の都市で、千年の歴史を誇る。クラクフは、14世紀から300年間、ポーランド王国の首都として栄えた。奇跡的に戦火を免れた旧市街には、中世からの中央市場広場、広場の中央にあるルネッサンス様式の織物会館、1222年に建造されたゴシック様式の聖マリア教会があり、また、ヴィスワ川の川辺のヴァヴェル丘には、レンガ造りの華麗なルネッサンス様式のヴァヴェル城がそびえ

ヨーロッパ

ている。その中のジグムント礼拝堂の塔には、ポーランド史の最大の出来事の時にしか聞くことの出来ない11トンの重さのジグムントの鐘が据えられている。クラクフは、コペルニクスやローマ法王であった故ヨハネ・パウロ2世が卒業したヤギェウオ大学があることでも有名である。
文化遺産（登録基準(iv)）　1978年／2010年

●ヴィエリチカとボフニャの王立塩坑群
（Wieliczka and Bochnia Royal Salt Mines）
ヴィエリチカは、ポーランド南部のマウォポルスカ県、クラクフの南東13kmにある小さな町で、世界有数の岩塩坑で知られる。10世紀に採掘が始まり、13世紀以降は、王室が所有し、採掘権と販売権を独占、ポーランドの重要な財源となった。地下坑道は、深さが320m、長さが4km、幅が1kmにも達し、現在もわずかながら採掘は続けられている。地下の「大伝説の間」には、採掘道具を使って彫られた岩塩の彫刻、また、地下101mの採掘場跡には、「塩のマリア像」を祀る豪華な聖キンガ礼拝堂、岩塩の彫刻とレリーフ、岩塩の結晶から創られたシャンデリアがある。地下の採掘跡を通る見学コースは、約2.5時間で、岩塩の彫刻、塩水の湖と桟敷が多く見られる。また、14世紀以降、岩塩坑を守っていた地上にある城は、現在、博物館になっており、ヨーロッパ最古の岩塩坑採掘道具を保管している。結露により坑内の彫刻などに被害がおよび、1989年には「危機にさらされている世界遺産」に登録されたが、その後保全状態が改善されたため、1998年に解除された。2013年の第37回世界遺産委員会プノンペン会議で、ボフニャ塩坑を登録範囲に含め拡大し、登録遺産名も、ヴィエリチカとボフニャの塩坑群に変更された。ボフニャ塩坑は、マウォポルスカ地域にあり、13世紀以降、操業を続けてきた地下塩坑である。
文化遺産（登録基準(iv)）　1978年／2008年／2013年

●アウシュヴィッツ・ビルケナウのナチス・ドイツ強制・絶滅収容所（1940-1945）
（Auschwitz Birkenau German Nazi Concentration and Extermination Camp (1940-1945)）
アウシュヴィッツ・ビルケナウのナチス・ドイツ強制・絶滅収容所(1940-1945)は、ポーランド南部、クラクフの西約70kmのオシフィエンチム（ドイツ語で、アウシュヴィッツ）にある。アウシュヴィッツとビルケナウの2つの収容所からなり、それは、ポーランド人によって「死の収容所」と呼ばれていた。第二次世界大戦中、ナチス・ドイツが、ユダヤ人、ジプシー、ポーランド人など罪なき多くの人々を捕虜として収容し、強制労働をさせたあげくに、ガス室での毒殺など残虐な方法によって大量虐殺した。その数は、400万人に上るともいわれている。広島の平和記念碑（原爆ドーム）などと共に、二度と繰り返してはならない人類の負の遺産といえる。現在は、国立アウシュヴィッツ・ビルケナウ博物館になっている。2007年の第31回世界遺産委員会クライストチャーチ会議で、「アウシュヴィッツ強制収容所」から現在の名称に変更になった。
文化遺産（登録基準(vi)）　1979年

○ビャウォヴィエジャ森林（Białowieża Forest）
自然遺産（登録基準(vii)）1979年／1992年／2014年
（ポーランド／ベラルーシ）→ベラルーシ

●ワルシャワの歴史地区（Historic Centre of Warsaw）
ワルシャワは、ポーランドの首都で、ヴィスワ川が流れるポーランド中部にある第二次世界大戦で戦禍を受けた復興都市。「北のパリ」と呼ばれた芸術・文化の都ワルシャワは、中世ヨーロッパの美しい街並みを誇っていたが、対独抵抗戦争で、ナチス・ドイツによって、壊滅的な被害を被り、なかでも、旧市街の建物は完全に近い形で破壊された。戦後40年間、市民のたゆまぬ努力によって、旧市街は、戦前に記録された詳細な建築図面や写真を手掛かりに300～400年前の中世の街並みに復元された。当時の面影を見事なまでに取り戻した旧市街広場、ザムコヴィ広場、石畳の街路、煉瓦建築の教会、邸宅、旧王宮、砦などの美しい都市景観が印象的である。2010年5月、東ヨーロッパでの異常気象による、大雨、洪水での被害が深刻化している。尚、ワルシャワ再建局の記録文書は、世界の記憶に登録されており、ポーランド国立公文書館（ワルシャワ）に収蔵されている。
文化遺産（登録基準(ii)(vi)）　1980年

●ザモシチの旧市街（Old City of Zamość）
ザモシチは、ポーランド南東部、首都ワルシャワの南東約220kmにあるザモシチ州の州都で要塞化されたルネッサンス様式の小都市。バルト海とロシアを結ぶ交易路として栄えた。この街の名はポーランドの総司令官兼大学学長であった貴族ヤン・ザモイスキの名前に由来する。ザモイスキが、16世紀後半に、イタリアの優秀な建築家ベルナンド・モランドを呼び寄せて、自分の領地にルネッサンス様式を模して街を築いた。この旧市街には、ザモイスキ宮殿、難攻不落の要塞跡、100m四方の中央広場、ルネッサンス様式の市庁舎、ビザンチン様式のレデエメル修道院、聖トマスコレジオ教会、ザモイスキの墓が地下にあるオルデナツカ礼拝堂、新旧のルヴゥヴ門などが残っている。
文化遺産（登録基準(iv)）　1992年

●トルンの中世都市（Medieval Town of Toruń）

トルンは、ポーランド中央部にあるトルン県の県都。イスラエルのチュートン修道院のドイツ騎士団がプロシアの征服と伝道を目的に、13世紀にヴィスワ川沿いに城を築き拠点とした。やがて、ハンザ同盟に加盟し、北バルト海で産出された琥珀をワルシャワやクラクフに輸送する交易都市として繁栄した。14～15世紀に建てられた旧市庁舎は、巨大な長方形で中庭と一つの塔があるゴシック様式の建物で、トルンのシンボル。同じくゴシック様式の聖母マリア教会、聖ヨハネ教会、倉庫群、邸宅など中世の建物が今も当時の姿を留める。トルンは、地動説を唱えた有名な天文学者のコペルニクスの生誕地としても有名。
文化遺産（登録基準(ii)(iv)）　1997年

●マルボルクのチュートン騎士団の城
（Castle of the Teutonic Order in Malbork）
マルボルクは、ポーランド北部、グダニスクの南東約40kmにある。13世紀に、チュートン（ドイツ）騎士団がマリーエンブルクに移った際に、拡張、装飾され中世を代表する赤色の煉瓦造りの巨大な城塞となった。一時期、荒廃したが、19世紀から20世紀にかけて再建された。第二次世界大戦時にドイツ軍の爆撃で被害を受けたが再び修復された。現在は博物館として一般に公開されている。
文化遺産（登録基準(ii)(iii)(iv)）　1997年

●カルヴァリア ゼブジドフスカ：マニエリズム建築と公園景観それに巡礼公園
（Kalwaria Zebrzydowska : the Mannerist Architectural and Park Landscape Complex and Pilgrimage Park）
カルヴァリア・ゼブジドフスカは、ポーランドの南部、マーウォポルスカ地方、ビエルスコ・ビャワ州クラクフ市の南西30kmにある巡礼の聖地。カルバリア・ゼブジドフスカは、教会や修道院などの多くの建築物から構成されている。1600年にニコライ・ゼブジドフスキが最初にこの地に聖十字礼拝堂を作り、その後息子らによって教会等が建てられた。カルヴァリア・ゼブジドフスカのマニエリズム建築と公園景観それに巡礼公園は、自然と調和した美しい建物配置と周辺のバロック様式の庭園が美しく、精神的な質の高さを備えた文化的な景観を呈している。カルヴァリア・ゼブジドフスカは、17世紀初期にエルサレムのカルヴァリアの丘（通称ゴルゴダの丘）を模して、イエス・キリストの受難と聖母マリアの生涯を描いた絵画を配置したのを契機に、神を崇拝する場所としては欠かせない巡礼地の一つになった。カルヴァリア・ゼブジドフスカは、聖なる地として今日も巡礼者の心の拠り所となっている。
文化遺産（登録基準(ii)(iv)）　1999年

●ヤヴォルとシフィドニツァの平和教会
（Churches of Peace in Jawor and Świdnica）
ヤヴォルとシフィドニツァの平和教会は、ロアー・シレジア地方のブロツワフ市近郊にある。14～15世紀に発展したヤヴォル・シュフィドニツァ公国は、領土の西の境界が現在のドイツのベルリンの郊外辺りに達するくらいまで拡大していた。当時シフィドニツァは、シレジア地方でブロツワフ市に次ぐ第2の都市であった。ヤヴォルとシフィドニツァの平和教会は、ヨーロッパにおける特殊な政治的、そして、精神的な発展を証言するもので、建築業者や社会に伝統的な技術を使って顕著な技術と建築に見合うものを造らせるといった困難な状況にあった。ヤヴォルとシフィドニツァの平和教会は、宗教社会の信仰の建築と芸術を代表するもので、その意志は今も引き継がれている。プロテスタントは、カトリックが主流のシレジア地方で、1648年のウェストファリア条約で宗派上の30年戦争（1618～48年）も終り宗教平和も回復した為、ヤヴォルとシフィドニツァの福音ルーテル教会などこの種の教会堂を3つだけ建てることを許された。この様な困難な環境の下に、この社会が前代未聞の傑作を創造した。ヤヴォルとシフィドニツァの平和教会は、丸太の木材を使った熟達した手工芸作品である。
文化遺産（登録基準(iii)(iv)(vi)）　2001年

●マウォポルスカ南部の木造教会群
（Wooden Churches of Southern Maloposka）
マウォポルスカ南部の木造教会群は、ポーランド南部のビナロワ、デブノ、ムロワナなどの町にある15～16世紀に建てられた地方色豊かな木造教会群である。中世の教会建設の伝統とは異なった側面をもつ顕著な事例である。中世以来、東欧・北欧に共通する水平な丸太を巧みに使用しての建設は、貴族がスポンサーになって建てられ、そのことが名士としてのステイタス・シンボルになった。
文化遺産（登録基準(iii)(iv)）　2003年

●ムスカウ公園／ムザコフスキー公園
（Muskauer Park／Park Mużakowski）
文化遺産（登録基準(i)(iv)）　2004年
（ドイツ／ポーランド）→ドイツ

●ヴロツワフの百年祭記念館
（Centennial Hall in Wroclaw）
ヴロツワフの百年記念館は、ポーランド西部、シロンスク地方ドルヌィ・シロンスク県の県都にある。百年記念館（ポーランド語では、ハラ・ルドーヴァ）は、鉄筋コンクリート建築物の歴史上のランドマークであり、建築家のマクス・バーグによって1911～1913年に、解放戦争での同盟軍の勝利を記念して建立された。百年記念館は、多目的の建物で、展示場の中央に計画された構築物であり、構造は、6000人が座れる直径65m、高さ42mの広い円形の建物で、高さ23mのドームは、鉄とガラスの天窓で頂上を覆っている。窓は、エキゾチックな硬材で造られ、音響を改善する為、壁は木とコルクが混合したコンクリートの絶縁層で覆われている。百年記念館の西側には、古代の公共広場の様な記念広場が、北側には、歴史的な展示物を所蔵する為に、1912年に建築家のハンス・ペルツィヒによって設計された四つのドームのパビリオンがある。百年記念館は、現代の土木工事と建築の先駆けとなる作品であり、後の鉄筋コンクリート造りの参考になっている。

文化遺産（登録基準(i)(ii)(iv)）　2006年

●ポーランドとウクライナのカルパチア地方の木造教会群

（Wooden *Tserkvas* of the Carpathian Region in Poland and Ukraine）

文化遺産（登録基準(iii)(iv)）　2013年

（ポーランド／ ウクライナ）→ウクライナ

●タルノフスキェ・グルィの鉛・銀・亜鉛鉱山とその地下水管理システム

（Tarnowskie Góry Lead-Silver-Zinc Mine and its Underground Water Management System）

タルノフスキェ・グルィは、ポーランドの南部、上シレジア地方、シロンスク県タルノフスキェ・グルィ郡、ヴロツワフの南東180kmにある鉛・銀・亜鉛を算出する中央ヨーロッパの主要な鉱山地域の一つで、横坑道、シャフト、ギャラリーそれに水管理システムなどの施設や設備がある地下資源の採掘が行われた鉱山がある。タルノフスキェ・グルィのほとんどが地下にあり、16～19世紀にかけて地下資源の採掘が行われたフリードリッヒ鉱山の鉱床は地下10～50m、50km²にわたって広がっている。鉱山地形の表面の特徴的ある一方、19世紀の水蒸気ポンプ場は、地下水を汲み上げて給水・排水する為、3世紀以上にわたって弛まぬ努力をしたことを物語っている。鉱山から町や産業に供給する望ましくない水を使用することを可能にした。タルノフスキェ・グルィは、鉛や亜鉛の世界的な生産に重要な貢献をした産業遺跡で、世界遺産の登録面積は1,672.76ha、バッファーゾーンは2,774.35haである。

文化遺産（登録基準(i)(ii)(iv)）　2017年

●クシェミオンキの先史時代の縞状火打ち石採掘地域

（Krzemionki Prehistoric Striped Flint Mining Region）

クシェミオンキの先史時代の縞状火打ち石採掘地域は、ポーランドの南東部、シフィエンティクシシュ県の山岳地域にある。世界遺産の登録面積は、349.2 ha、バッファー・ゾーンは1,828.7 haである。クシェミオンキの先史時代の縞状火打ち石採掘地域の構成資産は、クシェミオンキ・オパトゥフ鉱山、Borownia鉱山、Korycizna鉱山、Gawroniec居留地の4つの鉱山遺跡からなる。新石器時代から青銅器時代(紀元前約3900年～1600年）、主に斧をつくるのに に使われた縞状火打ち石の採掘地であった。

文化遺産（登録基準((iii)(iv)）　2019年

○カルパチア山脈とヨーロッパの他の地域の原生ブナ林群

（Primeval Beech Forests of the Carpathians and Other Regions of Europe）

自然遺産（登録基準(ix)）

2007年／2011年／2017年／2021年

（アルバニア、オーストリア、ベルギー、ボスニアヘルツェゴビナ、ブルガリア、クロアチア、チェコ、フランス、ドイツ、イタリア、北マケドニア、ポーランド、ルーマニア、スロヴェニア、スロヴァキア、スペイン、スイス、ウクライナ） → ウクライナ

ポルトガル共和国（15物件　○1　●14）

●アソーレス諸島のアングラ・ド・エロイズモの町の中心地区

（Central Zone of the Town of Angra do Heroismo in the Azores）

アソーレス諸島のアングラ・ド・エロイズモの町の中心地区は、ポルトガルの西部、約1500kmの大西洋に浮かぶ9つの島を中心にした火山群島であるアソーレス諸島の中で3番目に大きいテルセイラ島にある。アングラ・ド・エロイズモは、大航海時代の新旧大陸の中継地として、特に、スペイン統治時代に繁栄を誇り、軍事建築技術を駆使したサン・セバスティアン要塞やサン・ジョアン・バティスタ要塞が築かれた。聖フランシスコ修道院や宮殿、聖サルバドル大聖堂などは、この時代の建造物群である。ノッサ・セニョーラ・ダ・ギア教会には、ヴァスコ・ダ・ガマが初めてインドに航海した時に同行した兄のパウロ・ダ・ガマが埋葬されている。1980年の地震により建物やモニュメントが破壊され、再建が進められてきた。

文化遺産（登録基準(iv)(vi)）　1983年

●リスボンのジェロニモス修道院とベレンの塔

（Monastery of the Hieronymites and Tower of Belem in Lisbon）

リスボンのジェロニモス修道院とベレンの塔は、ポルトガルの西部、首都リスボン市内にある。テージョ川沿岸のベレン地区は、ヴァスコ・ダ・ガマのインド航路

ヨーロッパ

発見など大航海時代の基地であった。ジェロニモス修道院は、エンリケ航海王子が船乗りたちのために建てた礼拝堂跡にマヌエル1世が1502年に着工した、マヌエル様式を代表する巨大修道院。ベレンの塔は、港の要塞で1515～1519年にかけて建造された。正式名称は、「サン・ヴィセンテの砦」。外観は優雅なマヌエル様式だが、中に入ると潮の干満を利用した、政治犯の地下水牢があった。現在、内部は博物館となっている。

文化遺産（登録基準(iii)(vi)）　1983年／2008年

●バターリャの修道院（Monastery of Batalha）

バターリャの修道院は、ポルトガルの中西部、首都リスボンの北約120km、コスタ・デ・プラタ地方のバターリャ市にある修道院。バターリャは、ポルトガル語で、「戦い」の意で、バターリャの修道院の正式名称は、勝利の聖母マリア修道院。この修道院は、フェルナンド王の死去に伴う王家の争いとアルジェバロータの戦いに勝利した国王の甥であるジョアン1世が、戦前の誓いに従って、1388年に着工、16世紀まで続いたが、未完に終わった「戦い」の修道院である。創設者の礼拝堂には、ジョアン1世の家族の棺が置かれており、エンリケ航海王子もここに眠っている。建築様式は、ゴシック様式とマヌエル様式が混在。特に「王の回廊」には見事なマヌエル様式の装飾が施されている。

文化遺産（登録基準(i)(ii)）　1983年

●トマルのキリスト教修道院
（Convent of Christ in Tomar）

トマルのキリスト教修道院は、ポルトガルの中部、首都リスボンの北約120km、ナバオン川の中流、サンタレン県のトマルにある。トマルは、12世紀に十字軍のテンプル騎士団が建設した町である。トマルのキリスト教修道院は、丘の上にあり、12世紀に着工し500年後に完成した。テンプル騎士団の本部としての機能を持つと同時に、対ムーア人の最前線となった。12世紀の礼拝堂は、テンプル・ロトンダと呼ばれるドームをもつ。1314年、ローマ教皇は、全ヨーロッパでのテンプル騎士団の活動の禁止を布告するとディニス1世は、テンプル騎士団の代わりに、キリスト騎士団が新たにトマルを統治するようになった。トマルのキリスト教修道院の回廊は美しい模様をもつマヌエル様式の窓が特徴である。トマルは、4年ごとに開催されるタブレイロスの祭りで有名である。

文化遺産（登録基準(i)(vi)）　1983年

●エヴォラの歴史地区（Historic Centre of Évora）

エヴォラの歴史地区は、ポルトガルの中南部、リスボンの東約110km、アレンテージョ地方の都市エヴォラにある。エヴォラの歴史地区は、標高300mの丘上に城壁で囲まれた街で、2世紀末のローマ遺跡であるディアナ神殿跡や城壁跡、12～13世紀のゴシック様式のエヴォラ大聖堂、この街の初めての大司教、枢機卿エンリケ王子によって大司教座が置かれ16世紀にイエズス会によって設立されたエヴォラ大学、聖フランシスコ教会、ロイオス修道院などポルトガル・ルネッサンスの中心地に相応しい文化遺産を残す。ローマ帝国時代にはエヴォラ・セラリスという名前だった博物館都市は、ポルトガル国王のジョアン2世、マヌエル1世、ジョアン3世の居住地となった15世紀に黄金時代に達した。エヴォラの歴史地区のモニュメントは、ブラジルのポルトガル様式の建築に大きな影響を与えた。

文化遺産（登録基準(ii)(iv)）　1986年

●アルコバサの修道院（Monastery of Alcobaça）

アルコバサの修道院は、ポルトガルの中西部、首都リスボンの北約120km、コインブラの南約100kmにある門前町アルコバサにある修道院。ポルトガルの宗教建築物で最も重要だといわれるサンタ・マリア・デ・アルコバサ修道院は、ポルトガルを建国したアフォンソ・エンリケス1世がイスラム軍との戦勝に感謝し1178年に建造した、簡素・簡潔を基本とするシトー派の修道院で、正面の幅が221mもありポルトガル最大の規模。建築は、ロマネスクからゴシックへの過渡期の様式。勇敢王といわれたアフォンソ4世の子で、14世紀の国王であったペドロ1世と姫コンスタンサの侍女イネスとの悲恋物語は有名であるが、この二人の葬られた一対の石棺がマヌエル様式の礼拝堂に安置されている。この石棺には、繊細で美しい装飾彫刻が施され、ポルトガル・ゴシック芸術の最高傑作といわれている。

文化遺産（登録基準(i)(iv)）　1989年

●シントラの文化的景観（Cultural Landscape of Sintra）

シントラの文化的景観は、ポルトガルの中西部、首都リスボンの西約30kmにあり、19世紀のヨーロッパ・ロマン建築の最初の中心地で、詩人のバイロンが「この世のエデン」と称えた美しい街。大西洋を眼下に見下ろす緑豊かなシントラ山系のこの街は、曲がりくねった石畳の小道、街の至る所に泉が湧き出ている中世の世界である。ポルトガルの王侯貴族が離宮を置き、またヨーロッパ各地の亡命貴族たちがこよなく愛したこの地には、今も木立の中にキンタと呼ばれる豪華な館が点在している。シントラ宮殿は、14世紀にジョアン1世が夏の離宮として建てたもので、空に向かってそそり立つ巨大な2つの煙突が印象的。内部は古いアラブ風の美しいタイルで覆われ、部屋ごとに王家のエピソードを伝えている。ペナ宮殿は、フェルナンド2世が、廃虚となったジェロニモス派の修道院をゴシック、イスラム、マヌエル、ムーア及びルネッサンスの要素を取り入れ改築したもので、岩山の上にたたずんだその姿は、幻想的にすら映る一方、山上のペナ宮殿からは、遠くは大西洋やリスボン市街など壮大なパノラマを望むことができる。シントラの街並みの文化的景観は、公園や庭とのユニークな組み合わせを生み、ヨーロッパの街並みにも大きな影響を与えた。

文化遺産（登録基準(ii)(iv)(v)）　1995年

●ポルトの歴史地区、ルイス1世橋とセラ・ピラール修道院

（Historic Centre of Oporto, Luis I Bridge and Monastery of Serra Pilar）

ポルトの歴史地区は、ポルトガルの北西部、大西洋岸にある港湾・商業都市で、リスボンに次ぐポルトガル第2の都市ポルトの旧市街である。ポルトは、ローマ帝国時代の港町ポルトゥス・カレに起源をもち、ポルトガルの国名もポルトに由来する。この町は、ドウロ川の河口を望む丘陵に建設され、1000年の歴史を誇り、大航海時代の先駆者、エンリケ航海王子（1394～1460年）の生誕地でもある。この町の成長は常に海と結びついており、ローマ風の聖歌隊席を持つ大聖堂、18世紀に建てられたバロック様式で、シンボリックな塔（高さ 76m）のある聖グレゴリウス聖堂、外部はゴシック様式、内部はバロック様式の聖フランシスコ聖堂、宮殿に似た外観の新古典派様式のボルサ宮（旧証券取引所）、典型的なポルトガル様式のサンタ・クララ教会などが点在する。18～19世紀にポルト港から特産ワインがイングランドに盛んに輸出され、ポート・ワイン（ポルト・ワイン）と呼ばれて有名になった。日本の長崎市とは姉妹都市の関係にある。ポルトは、英語では、伝統的にオポルトとも言う。2016年、物件名を変更した。

文化遺産（登録基準(iv)）　1996年

●コア渓谷とシエガ・ヴェルデの先史時代の岩壁画

（Prehistoric Rock-Art Sites in the Côa Valley and Siega Verde）

コア渓谷とシエガ・ヴェルデの先史時代の岩壁画は、ポルトガルの北東部、ポルトの東100km、ドゥーロ川の上流域、それに、スペインの西部のカスティーリャ・イ・レオン自治州サラマンカ県シエガ・ヴェルデに展開する。1993年に考古学者によって発見された2万年前の旧石器時代の岩壁画は、人間文化発展の黎明期における作品である。コア渓谷（フォス・コア）の先史時代の岩壁画は、コア渓谷に沿った15kmの範囲にわたり16箇所に点在する。馬、鹿、牛やその他の動物など人類初期の生活を描いた数多くの岩壁画は、当時の社会、経済、精神生活に光明を投げかける。この地域は、当初、ポルトガルの電力会社の水力発電用のダム建設が計画されていたが、この遺跡保護の声が高まり中止された経緯がある。「コア渓谷の先史時代の岩壁画」は、2010年の第34回世界遺産委員会ブラジリア会議で、スペイン側のカスティーリャ・レオン州サラマンカ県にある動物などが645も描かれた「シエガ・ヴェルデの先史時代の岩壁画」を構成資産に加えて、登録範囲を拡大し、登録遺産名も「コア渓谷とシエガ・ヴェルデの先史時代の岩壁画」に変更になった。

文化遺産（登録基準(i)(iii)）　1998年／2010年

ポルトガル／スペイン

○マデイラ島のラウリシールヴァ（Laurisilva of Madeira）

マデイラ島のラウリシールヴァは、ポルトガルの南西部、リスボンの南西980kmの大西洋上に浮かぶ標高1862mの険しい峰のピコ・ルイヴォ山がそびえる荒々しい海岸線をもった火山列島の照葉樹林原生林。マデイラ島は、その特異な景観から「大西洋の真珠」と言われている。また、平均気温が16～21℃と年間を通じ温暖な気候に恵まれている。ラウリシールヴァ＜月桂樹林＞等の花が年中絶えないことから、「洋上の庭園」、「花籠の町」とも呼ばれている。マデイラ島のラウリシールヴァは、その生態系、それに、ハト、トカゲ、コウモリ、少なくとも66種の維管束植物、20種の苔類など動植物の生物多様性を誇る。欧州屈指のリゾート地として、また、斜面の段々畑で作られたブドウを使ったマデイラ・ワインの産地としても有名。

自然遺産（登録基準(ix)(x)）　1999年

●ギマランイスの歴史地区（Historic Centre of Guimarães）

ギマランイスの歴史地区は、ポルトガルの北部、ポルトの北東約60km、サンタ・カタリナ山脈の麓にある石と木が上手く調和した中世の町並みである。ギマランイスは、ポルトガルの初代国王のアフォンソ・エンリケス（在位1143～1185年）の生誕地として知られ、町の中心であるトゥラル広場の壁にはポルトガル建国の地の文字が書かれている。ギマランイスの歴史地区には、中世の城や町並みがよく保存されている。初代国王アフォンソ・エンリケスが生まれた10世紀建造のギマランイス城（カステロ）、12世紀のロマネスク様式のサン・ミゲル礼拝堂、15世紀のゴシック様式のブラガンサ公爵館、また、古いたたずまいのオリヴェイラ広場には、ポザーダになっているサンタ・マリーニャ・ダ・コスタ修道院、アルベルト・サンパイオ美術館として利用されているノッサ・セニョーラ・ダ・オリヴェイラ教会などが残っている。

文化遺産（登録基準(ii)(iii)(iv)）　2001年

●ワインの産地アルト・ドウロ地域

（Alto Douro Wine Region）

ワインの産地アルト・ドウロ地域は、ポルトガルの北部、ドウロ川の上流からスペイン国境方面に広がる中山間地域に展開するポート・ワインの産地。アルト・ドウロ地域は、周囲を標高1000mに近い山々に囲まれたドウロ渓谷など、夏暑く冬寒い、雨量の少ない気象が特色。花崗岩質と片岩質、粘板岩質の土壌の畑では、背の低い垣根づくり、地面の幅の狭いところでは株づくりの耕法で、ぶどうが栽培され、収穫したぶどうを原料にワインが2000年もの間、生産されてきた。そして、18世紀以来、その主産物となったポート・ワインの品質は、香りの高さとしっかりした味わいが世界的に高く評価され、一躍有名になった。ポート・ワインの醸造は、白または赤ワインの発酵途中にグレープ・スピリッツを添加して発酵を途中で止め、甘みを残すようにして造られるのが特徴。この長いぶどうの栽培とドウロ・ワインの醸造の歴史と伝統は、顕著な普遍的価値を有する美しい文化的景観を生みだすと共に、技術的、社会的、経済的な進化を反映している。

文化遺産（登録基準(iii)(iv)(v)）　2001年

●**ピコ島の葡萄園文化の景観**

（Landscape of the Pico Island Vineyard Culture）

ピコ島の葡萄園文化の景観は、ポルトガルの西部1500km、大西洋上のアソーレス諸島で2番目に大きい火山島であるピコ島にある。ピコ島の葡萄園文化の景観は、島のシンボルであるピコ火山（2351m）を背景に、15世紀のポルトガルの入植以来、火山性の固い玄武岩の岩盤を肥沃な土壌につくり変え、果樹園を造成してブドウ栽培へと発展させた人々の確固とした信念と努力の結晶を表している。かつては広範囲にわたって営まれていた農業の景観が、極めて美しい耕地景観として良く保存されており、海風や海水を防ぐ為に造られた膨大な数の石積みの壁も昔ながらに残っている。ピコ島では、ヴェルデーリョと呼ばれる輸出用ワインを生産する伝統的なブドウ栽培が今も続けられている。

文化遺産（登録基準(iii)(v)）　2004年

●**エルヴァスの国境防護の町とその要塞群**

（Garrison Border Town of Elvas and its Fortifications）

エルヴァスの境界防護の町とその要塞群は、ポルトガルの中南部、リスボンの東約230km、スペインとの国境から約15km離れている丘の上にある町と17世紀から19世紀にかけて建造された要塞群である。エルヴァスの町は、13世紀、ローマの要塞跡に建設されたエルヴァシュ城と南部のサンタ・ルジーア要塞と北部のグラーサ要塞に囲まれている。エルヴァスに残るゴシック様式のノサ・セニョーラ・ダ・アスンサオン教会は、ムーア人の建築の影響を受け、マヌエル1世の時代にマヌエル様式に改築された。イベリア半島で最長である全長約7kmの水道橋は、15世紀に建設が始まり1622年に完成、アモレイラの水道橋と呼ばれ、エルヴァスの町に水を供給してきた。アルフォンソ8世が1166年に、エルヴァスをカスティーリャ王国の領土とした後、カスティーリャとポルトガルの間で、エルヴァスをめぐる衝突が勃発、1226年にポルトガルの領土となった。1570年には監督教会派の司教座となったエルヴァスでは、その後も、スペインとポルトガルの間で領土争いが展開され、1658年と1711年の2回、スペインの領土となったこともある。ナポレオン支配に対してスペインで勃発した1808年のスペイン独立戦争の際には、ジャン・アンドシュ・ジュノーの攻撃を受けた。

文化遺産（登録基準(iv)）　2012年

●**コインブラ大学－アルタとソフィア**

（University of Coimbra - Alta and Sofia）

コインブラ大学−アルタとソフィアは、ポルトガルの中東部、首都リスボン、商都ポルトに次ぐポルトガル第3の都市コインブラにある。ポルトガル最古の伝統を誇るコインブラ大学は、700年以上の歳月をかけて成長し発展したヨーロッパにおいても非常に長い歴史を有する国立大学の一つである。コインブラは1139年から1255年までポルトガルの首都で、古代ローマ時代にはアエミニウムと呼ばれ、当時の遺跡も残っている、コインブラ大学は、イングランドのケンブリッジ大学創設と同年の1290年に、教皇ニコラウス4世の認可のもとに、ポルトガル王のディニス1世によって、主に一般教養のアカデミーとしてリスボンに設立され、宣教師養成の為のイエス(キリスト)・カレッジなど一連のカレッジ群と共に1308年にコインブラのソフィア通りに移転した。その後リスボンとコインブラの間を往復して設置・廃止を繰り返したが、最終的には1537年にコインブラの山の手のアルタ地区に定着した。大学のルネサンス式の思想、教育学、文化の進化は、16世紀と17世紀に敷地内に建てられたアルコヴァサ宮殿、聖ミカエル教会、それに16～18世紀にかけて刊行された貴重な古書4万冊を含む20万冊の蔵書を所蔵するポルトガル・バロック建築様式のジョアンニナ大学図書館などの建造物群に反映されている。18世紀には、研究室、植物園、大学出版局などの施設が設けられ、1940年代にはコインブラ大学を中心に大きな「学園都市」が創られ発展した。

文化遺産（登録基準(ii)(iv)(vi)）　2013年

●**マフラの王家の建物 - 宮殿、バシリカ、修道院、セルク庭園、狩猟公園（タパダ）**

（Royal Building of Mafra—Palace, Basilica, Convent, Cerco Garden and Hunting Park (Tapada)）

マフラの王家の建物 - 宮殿、バシリカ、修道院、セルク庭園、狩猟公園（タパダ）は、ポルトガルの西岸部、リスボンの北西30Kmのリスボン県の都市マフラにある。世界遺産の登録面積は 1,213.17 ha、バッファ

ヨーロッパ

ーゾーンは693.239 ha、構成資産は、ポルトガル王国ブラガンサ朝の国王ジョアン5世（1689～1750年）が建設したポルトガルを代表するバロック建築であるマフラ国立宮殿、バシリカ式礼拝堂、フランシスコ会のマフラ修道院、36,000冊の蔵書を有する図書館、セルク庭園、マフラ宮殿の近隣に狩猟のためにつくった王家の狩猟公園（タパダ）などからなる。マフラ宮殿の建設は1717年に始まり13年もの歳月を要し大理石で美しく飾られた風格ある宮殿建築となり1907年にはポルトガル国立史跡に指定された。宮殿の建物はバシリカで占める中央部の中心線から左右対称に建てられ、正面ファサードから2つの大きな塔まで長く続いている。バシリカ式礼拝堂は複数のイタリア製の像、6つのパイプオルガン、そして92個の鐘で構成されるカリヨンで彩られている。現在、正面ファサードの保護や宮殿内にあるパイプオルガンなどの修復が、ポルトガル国家建築遺産協会により実施されている。

文化遺産（登録基準（(iv)）　2019年

●ブラガのボン・ジェズス・ド・モンテの聖域
（Sanctuary of Bom Jesus do Monte in Braga）

ブラガのボン・ジェズス・ド・モンテの聖域はポルトガルの北西部、ブラガ県の県都ブラガの郊外の海抜400mのエスピーニョ山に広がる巡礼のための聖堂群からなる。世界遺産の登録面積は26 ha、バッファーゾーンは232 haである。ブラガの歴史は古く、ローマ帝国の属州ガッラエキアの中心地であるブラカラ・アウグスタとして繁栄した。ブラガのボン・ジェズス・ド・モンテ聖域は、エスピーニョ山の山頂にあるボン・ジェスス教会を中心とした聖域で、プロテスタントに対抗するため16世紀のトリエント公会議以降にカトリックにより築かれたサクロ・モンテ（イタリア語で「聖なる山」を意味）の一つである。ボン・ジェズス教会に続く山の西斜面沿いに1784年から1811年にかけて整備された「十字架の道」が築かれ、その道沿いにキリストの受難をモチーフにした彫像を収めた礼拝堂が並んでいる。聖堂の白いファサードと正面に折り重なる階段、噴水はバロック様式で飾られている。

文化遺産（登録基準（(iv)）　2019年

マルタ共和国（3物件　●3）

●ハル・サフリエニの地下墳墓
（Ħal Saflieni Hypogeum）

ハル・サフリエニの地下墳墓は、マルタ島東部のパオラにある先史時代のもので、1902年に発掘された。紀元前2400年頃の建造で、地下の深さ10.6m、3層構造、38の石室を持つ。ハル・サフリエニの地下墳墓の石室は複雑な迷路と急階段でつながれ、仕掛けが施されている。ハル・サフリエニの地下墳墓の広さは約500m²で、祭儀と埋葬に使われたと見られ、6000以上の遺骨が発見されている。

文化遺産（登録基準（iii））　1980年

●ヴァレッタの市街（City of Valletta）

ヴァレッタは、シチリアの南90km、地中海の中心に浮かぶマルタ島東部の北岸にあるマルタの首都。マルタ島は、ギリシャのロードス島から撤退した十字軍のヨハネ騎士団が最後の砦とし、一度は、オスマン・トルコ軍に町や港を焼かれた。しかしながら、ヨハネ騎士団は、1530年に、神聖ローマ帝国（962～1806年）の教皇カール5世にマルタ島を与えられ、東部の北岸のヴァレッタに、城壁で囲んだ港町を再建して要塞都市を築き上げ、1571年のレパントの海戦でも活躍し、マルタ騎士団と呼ばれるまでになった。ヴァレッタの地名は、1565年の大包囲戦時にヨハネ騎士団長であったジャン・パリゾ・デ・ラ・ヴァレッテの名前に因んで、命名されたものである。ヴァレッタ市街には、セント・エルモ要塞、ヴァレッタで最も古い建物である勝利の女神教会、騎士の遺体が埋蔵され、また隣接する博物館には、カラヴァッジョの傑作「洗礼者ヨハネの斬首」が収蔵されている聖ヨハネ大聖堂、それに、歴代のヨハネ騎士団長が居住していた宮殿など数多くの歴史的建造物が残り、中世の美しい町並み景観を形成している。

文化遺産（登録基準（i）（vi））　1980年

●マルタの巨石神殿群（Megalithic Temples of Malta）

マルタは、地中海の中央に浮かぶマルタ本島をはじめゴゾ島などの島々からなる国。マルタでは、人類最古の巨石の石造建築物といわれる先史時代の神殿が、今世紀に入って約30発見されている。ゴゾ島にある紀元前3000年頃の建造とされるギガンティア神殿が最古で、マルタ本島の南部にあるタルクシェン神殿、ハギアル・キム神殿、ムナイドラ神殿、スコルバ神殿なども巨石で建造されている。いずれも、誰がどの様にして巨石を運び積み上げたかについては解明されていないが、マルタの巨石文化の起源は、ステンティネロ文化人のシチリア方面からの移住によるものではないかとみられている。また、神殿の性格としては、祭礼の場、或は、聖所的な場ではなかったかと推定されている。

文化遺産（登録基準（iv））　1980年／1992年

モルドヴァ共和国（1物件　●1）

●シュトルーヴェの測地弧（Struve Geodetic Arc）

文化遺産（登録基準(ii)(iv)(vi)）　2005年
（ノルウェー／スウェーデン／フィンランド／ロシア／エストニア／ラトヴィア／リトアニア／ベラルーシ／モルドヴァ／ウクライナ）→エストニア

モンテネグロ（4物件　○1　●3）
（旧ユーゴスラヴィア連邦共和国、旧セルビア・モンテネグロ）

●コトルの自然と文化-歴史地域
（Natural and Culturo-Historical Region of Kotor）
コトルは、アドリア海に面し、背後には、標高1749mのロヴツェン山を擁するフィヨルドの中に天然の良港をもった港町。その為、古代ローマの時代から海賊、それに、諸外国からの攻撃や争奪の対象となってきた。貿易で蓄積した富で建てたローマ・カトリック教会、12世紀のロマネスク様式の聖トリフォン大聖堂、宮殿、広場など中世の難攻不落の城郭都市の遺産が残る。1979年4月15日にアドリア海東岸を襲った大地震に遭い、聖トリフォン大聖堂などが甚大な被害を受けた。この為、1979年にユネスコ世界遺産に登録されると同時に「危機にさらされている世界遺産リスト」にも登録されたが、その後、再建と修復が行われた為、2003年に解除された。
文化遺産（登録基準(i)(ii)(iii)(iv)）　1979年

○ドゥルミトル国立公園（Durmitor National Park）
ドゥルミトル国立公園は、モンテネグロ北東部のドゥルミトル山地にある国立公園。ドゥルミトル国立公園には、氷河期に形成されたタラ峡谷、22の氷河湖があり、標高2522mのドゥルミトル山の頂上にまで石灰岩が広がる地質学的にも非常に重要な山岳地帯で、中世代、新生代第3紀、第4紀の岩層をもつ。もみの木の原生林がうっそうとしていて、貴重な古代マツをはじめとする太古の植物群も見られ、化石も多数発見されている。原生林や氷河湖の中を流れるタラ川は、バルカン半島に残された数少ない未開の川である。ヨーロッパ・オオライチョウやシャモアなどの希少種、それに、ヒグマやオオカミなども生息している。
自然遺産（登録基準(vii)(viii)(x)）　1980年／2005年

●ステチェツィの中世の墓碑群
（Stećci Medieval Tombstones Graveyards）
文化遺産(登録基準(iii)(vi)）　2016年
（ボスニア・ヘルツェゴヴィナ／クロアチア／モンテネグロ／セルビア）
→ボスニア・ヘルツェゴヴィナ

●16～17世紀のヴェネツィアの防衛施設群：スタート・ダ・テーラ－西スタート・ダ・マール
（Venetian Works of Defence between the 16th and 17th Centuries: Stato da Terra – Western Stato da Mar）
文化遺産（登録基準(iii)(iv)）　2017年
（イタリア／クロアチア／モンテネグロ）
→イタリア

ラトヴィア共和国（2物件　●2）

●リガの歴史地区（Historic Centre of Riga）
リガは、ラトヴィアの首都。1282年にハンザ同盟に加わり、13～15世紀にかけてバルト海地方の重要な交易中心地として中央及び東ヨーロッパ地域との貿易によって繁栄した。ダウガバ川の右岸の旧市街には、13世紀に創建され世界最大級のパイプオルガンのあるドムスカヤ聖堂、聖ヨハネ教会、聖ペテロ教会、聖ヤコブ教会、15～16世紀にドイツ騎士団のワルターが築いたリガ城など古い建築物が保存されている。
文化遺産（登録基準(i)(ii)）　1997年

●シュトルーヴェの測地弧（Struve Geodetic Arc）
文化遺産（登録基準(ii)(iv)(vi)）　2005年
（ノルウェー／スウェーデン／フィンランド／ロシア／エストニア／ラトヴィア／リトアニア／ベラルーシ／モルドヴァ／ウクライナ）→エストニア

リトアニア共和国（4物件　●4）

●ヴィリニュスの歴史地区（Vilnius Historic Centre）
ヴィリニュスはリトアニアの首都で、13～18世紀に東西交易の中継地として繁栄した。旧市街のカテドゥロス広場には、リトアニア最古の大聖堂（18世紀に再建）、13世紀の城の一部のゲジミナス塔、最盛期の16世紀に建てられたリトアニア・ゴシック様式の聖アンナ教会、木製彫刻で世界的に有名な17世紀バロック様式の聖ペテロ・パウロ教会、それに、聖ヨハネ教会、聖カジミエル教会、ベルナルディディス教会などのカトリック建築群、ヴィリニュス大学などが中世の面影を残している。長年、ポーランドやロシアなどの大国に翻弄され続け、戦火にも巻き込まれたが、焼失をまぬがれた歴史的建築物が数多く残っている。
文化遺産（登録基準(ii)(iv)）　1994年

●クルシュ砂州（Curonian Spit）
クルシュ砂州は、リトアニアの西部のクライペダ地方とロシアの西部の飛地であるカリーニングラード地方の2国にまたがる世界遺産である。クルシュ砂州は、幅が0.4～4km、長さが98kmで、バルト海とクルシュ海（淡水）に突き出ている。日本の天橋立が幅40～100m、長さ3.6kmであるから、そのスケールは比較にならない。ニダ砂丘などが長く延びたサンビアン半島には先史時代から人類が居住してきたが、バルト海からの風と潮による自然の脅威に絶えずさらされてきた。リトアニアのサハラ砂漠ともたとえられるクルシュ砂州が消失の危機から守られたのは浸食作用に挑んだ人間の絶え間ない努力の結果にほかならない。その努力の軌跡は、19世紀に始まった植林などによる保護など、人間と自然との共同作品ともいえる文化的景観としての価値が評価され文化遺産として世界遺産に登録された。また、クルシュ砂州一帯のネリンガという地名は、エプロンで砂を運んでこの砂州を造り人々を災害から救ったといわれる伝説上の巨人の女神の名前に由来している。

文化遺産（登録基準(v)）　2000年
リトアニア／ロシア

●ケルナヴェ考古学遺跡 ＜ケルナヴェ文化保護区＞
（Kernave Archeological Site（Cultural Reserve of Kernave））
ケルナヴェ考古学遺跡＜ケルナヴェ文化保護区＞は、リトアニアの東部、ヴィリニュス州シルヴィントス地区のネリス川が流れるパジャウタ渓谷の段丘上にある。ケルナヴェ考古学遺跡＜ケルナヴェ文化保護区＞は、紀元前9000～紀元前8000年の旧石器時代後期から中世までの居住地、カルナス丘陵要塞、埋葬遺跡などから構成され、バルト地方における1万年以上の人間居住を物語る類ない場所であり、壷や瓶も数多く発掘されており、また、古代の土地利用の様子も保存されている。ケルナヴェの町は、中世にはリトアニア大公国の首都として重要な封建都市であったが、14世紀の後半にチュートン騎士団によって破壊された。世界遺産の登録面積は、コア・ゾーンが194.4ha、バッファー・ゾーンが2,455.2haで、一帯に保存されている古代から近代までの長い歴史を留める遺跡群や建造物群が登録されている。ケルナヴェ考古学遺跡は、2003年にケルナヴェ国立文化保護区に指定されている。

文化遺産（登録基準(iii)(iv)）　2004年

●シュトルーヴェの測地弧（Struve Geodetic Arc）
文化遺産（登録基準(ii)(iv)(vi)）　2005年
（ノルウェー／スウェーデン／フィンランド／ロシア／エストニア／ラトヴィア／リトアニア／ベラルーシ／モルドヴァ／ ウクライナ）
→エストニア

ルクセンブルク大公国（1物件　●1）

●ルクセンブルク市街、その古い町並みと要塞都市の遺構
（City of Luxembourg ; its Old Quarters and Fortifications）
ルクセンブルクは、ローマ時代には、ケルト人＝トレヴィール族が居住し、葡萄の栽培などの農耕、牧畜、手工業を営んでいた。また、ランスとトリアー及びメッツとアーヘンとを結ぶ街道が交差する交通の要所であった。963年、アルデンヌ伯は、交換により、サント・マキシマン修道院からボックの岩山を入手し、そこに城塞を建設した。これが今日のルクセンブルクの国家と街の始まり。この砦の遺跡は、今日、尚、大きく湾曲して流れるアルゼット川を眼下に見下ろすことができる「ボックの出鼻」と呼ばれている断崖絶壁の辺りに見ることが出来る。10世紀から中世にかけては、多くの城砦、ラ・ダン・クルーズ塔ほか無数の塔、砲台を備えた城塞都市国家に発展した。1443年、ブールゴーニュ公、フイリップ・ル・ボンのルクセンブルク城塞の占領によって、自治国家としての存在及びドイツとの絆に終止符が打たれた。以後ルクセンブルクは、ナポレオン戦争後の「大公国」が成立するまで約4世紀にわたり、当時の欧州諸大国による征服、条約による委譲、割譲の対象となり、ブールゴーニュ公領以後も、ハプスブルグ、スペイン、フランスの間で、その統治権が変遷した。18世紀には「北のジブラルタル」とも呼ばれた。1867年、ルクセンブルクは、大国の保障の下に、独立の永世中立国として認められたが、この結果、プロシャの駐屯軍は撤退し、砦は解体された。

文化遺産（登録基準(iv)）　1994年

ルーマニア（8物件　○2　●6）

○ドナウ河三角州（Danube Delta）
ドナウ河三角州は、ルーマニア東部、黒海沿岸トゥルチャ県一帯。アルプス山脈とドイツのシュバルツバルト（黒森）を源流にし、東欧の8か国を流れて黒海に注ぐ、全長2860kmのヨーロッパ第2の長流である国際河川のドナウ河（英語ではダニューブ川）は、黒海の手前で聖ゲオルゲ、スリナ、キリアの3つの大きな支流に分かれる。更に、分かれた無数の小川、湖沼が5470km²の雄大な大湿地帯–ドナウ・デルタを形成している。陸地面積は僅か13%であるが、葦の島、湖、蔦や蔓のからまる樫の森、砂丘が広がる。ここには、ペリカンなど300種の野鳥、カワウソ、ミンク、山猫、鹿、猪など数十種類の野生動物、チョウザメ、カワカマス、鯉、鯰など100種以上の魚類が生息する動植物のパラダイスで、生物圏保護区に指定されているほか、ラムサール条約の登録湿地にもなっている。

自然遺産（登録基準(vii)(x)）　1991年

●トランシルヴァニア地方にある要塞教会のある村
（Villages with Fortified Churches in Transylvania）
トランシルヴァニア地方にある要塞教会のある村は、

カルパチア山脈という自然の要塞に囲まれた南部トランシルヴァニアのアルバ、ブラショフ、シビウ、ビエルタンなどにある7つの村。この地方は、山岳、丘陵、平地と、地形は変化に富み、古くから独特の土地利用による集落を形成し、13～16世紀には、要塞教会が建てられ、戦時には軍事拠点としての役割を果たした。このような地理と歴史を背景に、深い森に覆われた中世の教会は、静かながらも絵のような美しい文化的景観を誇っている。
文化遺産（登録基準(iv)）　1993年／1999年

●ホレズ修道院（Monastery of Horezu）
ホレズ修道院は、ルーマニア西南部、ヴルチャ県にある。ワラキア公国君主ブランコベアヌ公が夢の中の神のお告げによって礎を置き、1697年に完成した僧院で、ブランコベアヌ公も住居として使用した。主聖堂のカトリコン聖堂を中央にして、東西南北に十字をかたどって配置された聖堂は、ルーマニアの伝統とバロックが融合した装飾性豊かなブランコベアヌ様式という独特の建築方式である。5つの聖堂は、300年後の現在でもほぼ当時のままの姿で残されている。ブランコベアヌ様式は、モゴシュアイア宮殿・修道院やポトロジー宮殿にも見られる。
文化遺産（登録基準(ii)）　1993年

●モルダヴィアの教会群（Churches of Moldavia）
モルダヴィア（モルドヴァ）地方は、ルーマニア北部にある山や川など豊かな自然に恵まれた土地。15～16世紀にモルダヴィア公国の首都として隆盛を極めたスチャヴァ近郊の山奥に芸術的価値の高い後期ビザンチン様式のフレスコ画で知られるスチェヴィツァ、モルドヴィツア、フモル、アルボレ、ヴォロネッツ、パトラウツィ、プロボタの7つの修道院がある。それぞれの僧院の外壁には、聖書の物語や聖人の生涯が描かれており、500年間、風雨にさらされたとは信じ難い色鮮やかさに驚かされる。最後の審判を描いたヴォロネッツの修道院の彩り豊かな壁画は、一見の価値がある。2010年の第34回世界遺産委員会ブラジリア会議で、ルーマニア東北部のブコヴィナ地方にありこれまで世界遺産の登録範囲に入っていなかった、聖ヨハネ・クリマコスの「天国への梯子」などのフレスコ画が見事な「スチェヴィッツァ修道院の復活教会」を新たに構成資産に加えて、登録範囲を拡大した。
文化遺産（登録基準(i)(iv)）　1993年／2010年

●シギショアラの歴史地区
（Historic Centre of Sighişoara）
シギショアラの歴史地区は、トランシルヴァニア地方ムレシュ県にある中世の都市の規模を保った小さな要塞都市の歴史地区である。シギショアラの歴史地区は、トランシルヴァニアのサクソン人として知られるドイツ人の職人や商人によって、12世紀末につくられた。シギショアラの歴史地区は、数世紀にわたって、中央ヨーロッパの商業の要として、また、中央ヨーロッパと南東ヨーロッパの間にあり、戦略的にも大変重要な役割を果たした。15世紀にこの町で生まれたドラキュラ公ゆかりの地としても有名である。
文化遺産（登録基準(iii)(v)）　1999年

●マラムレシュの木造教会
（Wooden Churches of Maramureş）
マラムレシュ地方は、ウクライナと国境を接するルーマニア北西部にある民芸の宝庫。この地方には、ルーマニアの豊かな森が育んだ文化が息づいている。異なった期間、地域、建築様式を代表する全て木でつくられたゴシック様式の8つの木造教会がある。それらは、建物の西端の時計塔、こけら板の屋根、デザイン、それに、職人の技術が様々なことからも明らかである。それらは、1000m級の山々に囲まれたルーマニアの山岳地域特有の文化的景観を醸し出している。
文化遺産（登録基準(iv)）　1999年

●オラシュティエ山脈のダキア人の要塞
（Dacien Fortresses of the Orastie Mountains）
オラシュティエ山脈のダキア人の要塞は、紀元前1世紀～紀元後1世紀に、ダキア人がつくった要塞で、鉄器時代の6つの保塁が残されている。ダキア人は、ブルガリアの先住民であるトラキア人とも血縁的に関係があるこの地に最初に居住した民族で、ルーマニア人の先祖ともいえる。ダキア人は、101～102年および105～106年の2度にわたり、ローマ人の侵攻を受けた。このダキア人の要塞は、ローマ人の征服を防御する為に備えたものである。ローマ人は、結果的にダキアを征服、ローマ人による支配は、275年まで続いた。ローマ人が名付けた豊穣の地ロマニアがルーマニアの語源といわれる。ダキア人については、古くはヘロドトスの著書の中で、トラキア人の中で最も勇敢で正義感が強いと著わされている。
文化遺産（登録基準(ii)(iii)(iv)）　1999年

○カルパチア山脈とヨーロッパの他の地域の原生ブナ林群
（Primeval Beech Forests of the Carpathians and Other Regions of Europe）
自然遺産（登録基準(ix)）
2007年／2011年／2017年／2021年
（アルバニア、オーストリア、ベルギー、ボスニアヘルツェゴビナ、ブルガリア、クロアチア、チェコ、フランス、ドイツ、イタリア、北マケドニア、ポーラン

ド、ルーマニア、スロヴェニア、スロヴァキア、スペイン、スイス、ウクライナ） → ウクライナ

●ロシア・モンタナの鉱山景観
（Roșia Montană Mining Landscape）
ロシア・モンタナの鉱山景観は、ルーマニアの中央部、トランシルヴァニア地方、西カルパチア山脈のアプセニ山地にある金鉱山の跡地で、バッファーゾーン341.42 haである。2世紀にこの地を征服したローマ帝国が地下鉱山を開発し、ローマ時代の166年間に500トン以上の金を採掘して国の経済を支えた。この時代の坑道、水利施設、神殿、地下墓地、住宅跡などからなる遺構が残っている。神聖ローマ帝国やオーストリア帝国など、この地を支配した国々によって掘り進められた坑道は約80kmにも達し、19世紀には鉄道網が敷かれるなど鉱山都市に発展した。ロシア・モンタナはローマ時代から20世紀に至るまでルーマニアの経済を支えた鉱山を中心とした産業遺産である。2015年12月、ルーマニア政府文化省はロシア・モンタナを国の重要文化財に指定したが、鉱山開発をめぐって意見が対立し係争、世界遺産登録の手続きを停止する意向を固めていたが、第44回世界遺産委員会で、世界遺産登録されると同時に多国籍企業による金の露天掘りによる類いない文化的景観が損なわれるなど計り知れない影響が懸念されることから危機遺産リストに登録された。
文化遺産（登録基準(ii)(iii)(iv) ） 2021年
★【危機遺産】2021年

ロシア連邦（29物件 ○11 ●18）

●サンクト・ペテルブルクの歴史地区と記念物群
（Historic Centre of Saint Petersburg and Related Groups of Monuments）
サンクト・ペテルブルクは、モスクワの北西約620km、バルト海の奥深くにあるロシア第2の都市。1712年から約200年間、ロシア帝政時代の首都であったサンクト・ペテルブルクには、ピョトール大帝（在位1682～1725年）が西欧文化を取入れて造り上げた建造物など数々の名所史跡が多い。華麗な冬の宮殿で世界三大美術館の一つであるエルミタージュ美術館、スモーリヌイ修道院、夏の宮殿などが残されている。キリスト教の聖者ペテロに因んでつけられたサンクト・ペテルブルクは、ペテルスブルク、ペテログラード、そしてロシア革命後には、レニングラードと改名されたが、ソ連崩壊後の1991年に旧名のサンクト・ペテルブルクに戻った。国営天然ガス企業「ガスプロム」によって計画されている、高さ403mのオフタ・センター・タワーの高層ビル建設をめぐって、景観問題が深刻化、2010年5月、メドベージェフ大統領は市の当局者に対し、歴史的な都市景観を損なわない様、高さ制限などの再考を促した。
文化遺産（登録基準(i)(ii)(iv)(vi)） 1990年

●キジ島の木造建築（Kizhi Pogost）
キジ島は、サンクト・ペテルブルクの北東約350km、カレリア地方のオネガ湖に浮かぶ小島。キジとは、この地域の先住民であったカレリア人及びヴェプス人の言葉で「祭祀の場」を意味する。キジ島には、1714年建立で別名「丸屋根の幻想」の異名をとる、高さ37m、タマネギ形の22の丸屋根を持った木造建築がユニークなロシア正教のプレオブランジェンスカヤ聖堂をはじめ、その南側には1764年建立のポクロフスカヤ聖堂、また、1874年建立の八角形の鐘楼がある。これらは、釘を全く使用せず建築されたことでも有名である。キジ島全体は木造建築の特別保護区に指定され、オネガ湖畔の村々などから農家、風車小屋、納屋、鍛冶屋、浴場など17～18世紀の木造建築群などが移築され、島全体が野外博物館になっている。
文化遺産（登録基準(i)(iv)(v)） 1990年

●モスクワのクレムリンと赤の広場
（Kremlin and Red Square,Moscow）
モスクワのクレムリンと赤の広場は、モスクワの中心部を流れるモスクワ川の岸辺にある。ロシア語で「城塞」を意味するクレムリンは、12世紀初めに、ユーリー・ドルゴルーキー大公が木造砦を築いたのが始まりで、その後次第に拡張された。全長2.2km、高さ5～19mのレンガ造りの城壁で囲まれ、トロイツカヤ塔、スパスカヤ塔、ボロヴィツカヤ塔、ウォドウズヴォドナヤ塔、ニコリスカヤ塔などの塔がそびえる。日本の皇居のおよそ4分の1にあたる総面積28万km²の一画に、グラノヴィータヤ宮殿、チェレムノイ宮殿、ポテシュヌイ宮殿、ウスペンスキー大聖堂、アルハンゲリスキー聖堂、ブラゴヴェシチェンスキー聖堂、イワン大帝の鐘楼、武器庫などが設けられた。一方、赤の広場は、15世紀末にクレムリンの城壁の外側に交易の為に設けられた広場が始まりで、現在は、ロシアの革命家で生涯を革命と社会主義に捧げ、ソ連邦を建国したレーニン（1870～1924年）の偉業をたたえたレーニン廟、それにイワン雷帝によって建てられたタマネギ型のドームをもつロシア正教会の聖ワシリイ大聖堂などがある。
文化遺産（登録基準(i)(ii)(iv)(vi)） 1990年

●ノヴゴロドと周辺の歴史的建造物群
（Historic Monuments of Novgorod and Surroundings）
ノヴゴロドは、ロシア北東部のヴォルホフ川の岸辺に

あるロシアの古都。9世紀に、ノルマン公のリューリク（？～879年）に率いられたスウェーデンのヴァイキングの一派ルーシがロシアの起源といえるノヴゴロド国を建設した。ノヴゴロドとは、「新しい町」という意味である。ノヴゴロド国は、クレムリン（城塞）を築いた後、12～15世紀には、ヨーロッパとロシアとの交易の要衝として、商業都市の隆盛を極めた。ソフィスカヤ側と呼ばれる西岸は、13基の塔のあるノヴゴロド城塞で囲まれ、11世紀の聖ソフィア大聖堂が建つ。ヴォルホフ川を挟んで東岸はトルゴヴァヤと呼ばれ、ヤロスラブ宮廷跡や14世紀のスパソ・プレオブラジェーニエ教会（救済教会）をはじめとする中世の教会などの歴史的建造物群が数多く残されている。また郊外には、1030年創建と伝えられるユリエフ修道院があり、フレスコ画が美しい。

文化遺産（登録基準（ii）（iv）（vi））　1992年

●ソロヴェツキー諸島の文化・歴史的遺跡群

（Cultural and Historic Ensemble of the Solovetsky Islands）

ソロヴェツキー諸島の文化・歴史的遺跡群は、ロシア北西部、白海のオネガ湾口にある大小6つの島、ソロヴェツキー島、アンツァー島などで構成される諸島に残る文化・歴史的遺跡群。行政上は、アルハンゲリスク州ソロヴェツキー区に属する。ソロヴェツキー諸島の中で最大のソロヴェツキー島に15世紀、2人の修道士によってロシア正教のソロヴェツキー修道院が建てられたのが歴史の始まりである。当初は、修道院、宮殿、作業場で構成されていたが、16～19世紀にかけて多くの修道院が建設された。ニーコンの改革とそれに続く古儀式派への迫害はこの修道院にも及んだ。修道士たちは断固として従来の信仰を守り、皇帝の代理人を追放したため、皇帝アレクセイの軍隊による8年に及ぶ包囲攻撃を招き、最終的に多数の修道士が殺害された。クリミア戦争中は、英国海軍によるソロヴェツキー修道院への砲撃が行われた。ロシアの帝政期を通じて、修道院は強固な要塞として知られ、16世紀のリヴォニア戦争、19世紀のクリミア戦争、20世紀のロシア内戦と外敵を退け続けた。1917年の十月革命以後のソヴィエト時代は、作業場などが閉鎖され第一号の強制収容所（ラーゲリ）となったが、その過酷な環境での収容が有名になり、「北極圏のアウシュヴィッツ」と称された。また、諸島の戦略的な価値に気付いたソヴィエト政府は、戦争の開始とともに北方艦隊の基地を置いた。一連の遺跡群は、中世の宗教コミュニティの信仰・不屈・進取性を表す、北部ヨーロッパの荒涼たる環境における修道施設の傑出した例として、世界遺産に登録された。現在ではロシア北部における代表的な観光地となっている。

文化遺産（登録基準（iv））　1992年

●ウラディミルとスズダリの白壁建築群

（White Monuments of Vladimir and Suzdal）

ウラディミルとスズダリは、モスクワの北東、黄金の環にある古都。ウラディミルは、モスクワの北東約180kmにあり、12～18世紀のウラディミル・スズダリ公国の首都であった。石灰石を積んで築かれたウスペンスキー大聖堂、ドミトリエフスキー聖堂、黄金の門などの建造物が当時の繁栄を物語っている。また、スズダリには、11世紀以降に建設された50近い聖堂や修道院が残る。丘やカメンカ川の蛇行など自然の地形を利用したロジェストヴェンスキー聖堂（生神女誕生聖堂）は、青色に金色の星をちりばめた5つのドームが特徴で、入口の黄金の門には聖書物語が金メッキで描かれている。その他、クレムリン城塞など白い石灰岩でつくられた白壁の美しい建築物が残っている。

文化遺産（登録基準（i）（ii）（iv））　1992年

●セルギエフ・ポサドにあるトロイツェ・セルギー大修道院の建造物群

（Architectural Ensemble of the Trinity- Sergius Lavra in Sergiev Posad）

セルギエフ・ポサドは、モスクワの北東約70kmにある学問と宗教の中心として栄えた町。トロイツェ・セルギー大修道院の建造物群は、14世紀にモスクワ近郊のラドネジに住むセルギー（セルギー・ラドネシスキー）（1320年頃～1392年）が人里離れた森の中に建てた小屋と聖堂がその起源である。1584年にイヴァン雷帝が築かせた延長1km、高さ15mの城壁内に、玉葱形の円蓋が三位一体となったウスペンスキー寺院をはじめ、トロイツキー寺院、ドゥホフスカヤ聖堂、優雅さと美しさを誇る五重の鐘楼などの建造物群が残されている。トロイツェ・セルギー大修道院は、ロシア正教のメッカとして、今も重要な位置を占め、セルギー・ラドネシスキーは、ロシアで最も崇敬されている聖人の一人である。

文化遺産（登録基準（ii）（iv））　1993年

●コローメンスコエの主昇天教会

（Church of the Ascension,Kolomenskoye）

コローメンスコエは、首都モスクワの南東部、モスクワ川右岸の自然公園内にあるイワン4世からピョートル1世までの歴代ロシア皇帝の別荘地で、敷地面積257haの広さを誇る。キリスト昇天を賛える主昇天教会（ヴォズネセニエ聖堂）は、雷帝（グローズヌイ）と呼ばれたイワン4世（1530～1584年）の誕生を祝って1532年に建てられた。主昇天教会は、古代ロシア伝統の木造建築の技術を生かしたレンガと石灰岩の石造り教会で、高さが62m、四面が急傾斜のテント型の屋根を持った八角錐の尖塔と半円状の装飾が特徴である。多くのロシア教会は、玉葱の形をしたドームをもっているが、主昇天教会は、玉葱のない独自の教会建築である。建築様式は、ビザンチン様式とは一線を画すロシア古来の木造建築技術を教会建築に生かしたシャーチョール様式を確立した最初の建物である。
文化遺産（登録基準(ii)）　1994年

○コミの原生林（Virgin Komi Forests）
コミの原生林は、ウラル山脈の北方西麓の328万haにおよぶ地中の永久凍土が凍結したままのツンドラ、および、山岳地帯で、ヨーロッパ大陸で最も広大な亜寒帯森林地帯。コミの原生林の構成資産は、ユグド・ヴァ国立公園、ペコラ・イリチ自然保護区、ヤクーシャ森林地区からなる。モミ、トウヒ、カラマツ、トドマツなどの針葉樹やポプラ、樺の木、泥炭地や河川、湖を含む広大な地域は、50年以上にわたり自然史研究の対象として研究され続け、ロシア語で、「北の原生林」という意味の針葉樹林帯のタイガに生息する動植物に影響を与える自然環境の貴重な証拠を提供してきた。ロシアで最初に登録されたユネスコ自然遺産である。
自然遺産（登録基準(vii)(ix)）　1995年

○バイカル湖（Lake Baikal）
バイカル湖は、シベリア南西部、アンガラ川をはじめ350もの河川が流入する水源にある。面積31500km²（琵琶湖の約50倍の大きさ）、最大幅79km、世界最深（1742m）、世界最古（2500万年前）の断層湖で、「シベリアの真珠」とも呼ばれる。バイカル湖は、世界の不凍淡水の20%を貯える豊かな淡水湖で、さけ漁が盛んであるが、水生哺乳類のバイカル・アザラシなど100を超えるバイカル生物群など固有種が多く、「ロシアのガラパゴス」ともいわれ、珍しい淡水魚等も生息する動植物の宝庫。一方、バイカル湖がある東南シベリアは、石炭、鉄鉱石、森林などの資源の宝庫であることでも有名であり、1984年には、バイカル－アムール鉄道が開通している。最近では、これらの資源開発による環境破壊、湖の周辺部に立地する紙パルプ工場などの工場排水によって、水力発電にも利用されている湖水に注ぎ込むセレンゲ川をはじめとするバイカル湖の水質汚濁の問題が深刻化しており、環境対策が急務となっている。バイカル湖への観光は、「シベリアのパリ」と呼ばれる美しい町並みを誇るイルクーツクからの半日ツアーを利用することが出来るが、この様な状況にあることも認識しておく必要がある。
自然遺産（登録基準(vii)(viii)(ix)(x)）　1996年

○カムチャッカの火山群（Volcanoes of Kamchatka）
カムチャッカの火山群は、カムチャッカ州（州都　ペトロパブロフスカ・カムチャッキー）のカムチャッカ半島にある。カムチャッカには、300以上の火山があり、そのうち10の活火山が今も活発に活動している、種類、広がりにおいて、世界で有数の火山地帯。最高峰のクリュチェフスカヤ火山（4835m　最近噴火1994年）や円錐形のクロノツキー火山（3528m）などを中心に5つの連なる火山帯をもつカムチャッカは、大陸塊のユーラシアプレートと太平洋プレートの間にある独特の景観を誇り、カラマツ、モミ、ヘラジカ、ヒグマなど野生動植物の宝庫でもある。
自然遺産（登録基準(vii)(viii)(ix)(x)）
1996年／2001年

○アルタイ・ゴールデン・マウンテン
（Golden Mountains of Altai）
アルタイ・ゴールデン・マウンテンは、ゴビ砂漠の北のアルタイ共和国ゴルノ・アルタイ自治州にある山脈。南西シベリアの生物・地理学地域で、美しい山脈を形成しオビ川とその支流のイルチシ川の水源になっている。世界遺産登録地域は、水深325mの美しいテレスコヤ湖、最高峰のブラハ山（4506m）、ウコク高原の一帯の1611457haに及ぶ。この地域は、カラマツ、モミ等の針葉樹林を中心に、中央シベリアのステップ、森林ステップ、混合林、亜高山植物帯、高山植物帯の最も完全な連鎖で繋がり、ユキヒョウ、イヌワシ、カタジロワシなど絶滅危惧種の重要な生息地でもある。著名な科学者の中には、アルタイを野外博物館と呼ぶ人もいる。
自然遺産（登録基準(x)）　1998年

○西コーカサス（Western Caucasus）
西コーカサスは、黒海の北東50km、カフカス自然保護区とソチ国立公園を中心とするコーカサス山脈（カフカス山脈）の西端に広がる東西130km、南北50km、海抜250～3360m、面積351620ha余りに及ぶヨーロッパでも数少ない人間の手が加えられていない広大な山岳地域。西コーカサスの亜高山帯から高山帯にかけて、オオカミ、ヒグマ、オオヤマネコ、シカなどの野生動物が生息し、低地帯から亜高山帯にかけての手つかずのオーク、モミ、マツの森林の広がりは、ヨーロッパでも稀である。西コーカサスは、コーカサス・ツツジなどの固有種、レッドデータブックの希少種や絶滅危惧種にも記載されている貴重な植物や動物が生息するなど生物多様性に富んでおり、ヨーロッパ・バイソンの亜種のバイソン・ボナサスの発生地でもある。また、この地域には、絶滅種のマンモス、オーロックス、野生馬の化石やホモ＝サピエンス＝ネアンデルターレンシス（ネアンデルタール人）の遺跡が数多く発見されている。
自然遺産（登録基準(ix)(x)）　1999年

●カザン要塞の歴史的建築物群

（Historic and Architectural Complex of the Kazan Kremlin）
カザン要塞の歴史的建築物群は、タタールスタン共和国の首都カザン市にある。カザン要塞は、この地域が、汗の国の黄金軍団キプチャクの支配下にあったイスラム時代にその起源を遡る。その後、1552年にイワン雷帝に征服され、キリスト教のヴォルガ司教管区となった。カザン要塞は、ロシアに現存する唯一のタタール様式の要塞であると同時に重要な巡礼地でもある。カザン要塞は、10～16世紀の初期構造跡を併合し16～19世紀に建造された傑出した歴史的建造物群からなり、その歴史的価値は貴重。
文化遺産（登録基準(ii)(iii)(iv)）　2000年

●フェラポントフ修道院の建築物群
（The Ensemble of Ferrapontov Monastery）
フェラポントフ修道院の建築物群は、ロシア北西部ヴォログダ地方にある。フェラポントフ修道院は、類例を見ない保存状態の良さと建築物が完璧にそろっている点で、ロシア正教の修道院建築としては抜群。フェラポントフ修道院は、1398年に聖フェラポントフと友人であるキリル・ベロゼルスキーによって創建された。主要な建築物群は、15～17世紀にかけて建設されたが、それは、ロシアが統一されて国家と文化が発達した非常に重要な時代であった。フェラポントフ修道院の建築は様々な創意工夫と清浄な雰囲気に満ち、15世紀末の偉大なロシアの画家ディオニシーのすばらしい壁画で飾られている。
文化遺産（登録基準(i)(iv)）　2000年

●クルシュ砂州（Curonian Spit）
文化遺産（登録基準(v)）　2000年
（リトアニア／ロシア）→リトアニア

○ビキン川渓谷（Bikin River Valley）
ビキン川渓谷は、2001年に世界遺産登録された「シホテ・アリン山脈中央部」（Central Sikhote-Alin）が登録範囲を拡大し、登録遺産名も「ビキン川渓谷」へと変わった。「ビキン川渓谷」は、「シホテ・アリン山脈中央部」の北100kmの所にある。世界遺産の面積は、これまでの3倍へと拡大し1,160,469haとなり、南オホーツク針葉樹林と東アジア針葉樹・広葉樹林を包含する。動物相は、南満州種に沿ったタイガ種、それに、アムール・トラ（シベリア・トラ、ウスリー・トラとも呼ばれる）、シベリア・ジャコウジカ、クズリ、クロンを含む。ちなみに、これまで登録されていたシホテ・アリン山脈中央部とは、ロシア南東部、沿海州、ナホトカの北東およそ400km、日本海に面する高地に展開する、シベリア・トラが棲む森林帯。最高峰は2003mとそれほど高くはないシホテ・アリン山脈は、アジア大陸のなかではきわめて最近に誕生した。シホテ・アリン山脈は7000万年から4500万年の間に造られた溶結凝灰岩でおおわれている．シホテ・アリン山脈中央部のテルネイ地区は、シホテ・アリン自然保護区(401428ha)、テルネイ北部の日本海岸は、動物保護区（4749ha)に指定されている。シホテ・アリン山脈中央部の自然は、シベリア南部を横断する山地帯の東南の端で、原始のままのカラマツ、エゾマツ、トドマツ、モミなどのタイガ（針葉樹森林地帯)およびベリョースカ(白樺)とベリョーザなどの広葉樹林の混交林が大森林地帯となっている。そして、ミミズク、オオカミ、クマ、それに、絶滅の危機にさらされているアムール・トラ(シベリア・トラ、ウスリー・トラとも呼ばれる)などの野生動物の生息地としても知られている。シホテアリン山脈でいちばん大きな町は、鉱山町のダリネゴルスクである。
自然遺産（登録基準(x)）　2001年／2018年

●デルベントの城塞、古代都市、要塞建造物群
（Citadel, Ancient City and Fortress Buildings of Derbent）
デルベントの城塞、古代都市、要塞建築物群は、ダゲスタン共和国の首都マハチカラの南東121km、カスピ海の西岸に面する5000年の歴史を有する古都デルベントにある。デルベントは、5～6世紀にカスピ海の東西に展開したササン朝ペルシア帝国の北部の要塞であった。5世紀に造られた石造りの要塞は、カスピ海側とコーカサス山脈側に、300m～400mの距離を置いて並行に建設され、その間に町が造られた。この地形的な特性を生かし、防衛の拠点とともにヨーロッパと中東を結ぶ交易の中心として発展した。現在も中世の面影をとどめたモスクやマドラサなどが残っている。デルベントの城塞、古代都市、要塞建築物群は、19世紀までコーカサス地方での戦略的なゲートとして、重要な役割を果たし続けた。
文化遺産（登録基準(iii)(iv)）　2003年

○ウフス・ヌール盆地（Uvs Nuur Basin）
自然遺産（登録基準(ix)(x)）　2003年
（モンゴル／ロシア）→モンゴル

○ウランゲリ島保護区の自然体系
（Natural System of Wrangel Island Reserve）
ウランゲリ島保護区の自然体系は、シベリアの最北東端から140km、東シベリア海とチュコト海の間、シベリア大陸からはロング海峡を挟んだ位置にあるウランゲル島760870ha、そして、ヒラルド島 1130ha、並びに周辺海域からなる。ウランゲリ島の名前は、ロシアの探検家フェルディナント・フォン・ウランゲル（1796年～1870年）に由来している。ウランゲリ島は、タイヘイヨウ・セイウチの生息数が世界最多、それに、北極熊の生息が最も最適な島の一つである。また、メキシコの「エル・ヴィスカイノの鯨保護区」(1993年世界遺産登録)から回遊してくるコククジラの主要な餌場にもなっている。また、絶滅の危機にある約100種類の渡鳥の最北の繁殖地でもある。一方、維管束植物は、これまでに、400以上の種・亜種が確認されている。また、1989～1991年に紀元前2000年までのマンモスの牙、歯、それに、骨が発見されている。ウランゲリ島は、ウランゲル島、ランゲル島の日本語の表記もある。ウランゲリ島への金属のドラム缶の廃棄物などによる環境汚染、石油・ガスや鉱産物などの開発圧力による世界遺産への脅威や危険が懸念されることから、2017年8月12日、世界遺産センターとIUCN(国際自然保護連合)は、現地調査の為、リアクティブ・モニタリング・ミッションを派遣した。調査結果は、2018年の第42回世界遺産委員会で報告される。
自然遺産(登録基準(ix)(x))　2004年

●ノボディチ修道院の建築物群
(Ensemble of the Novodevichy Convent)
ノボディチ修道院の建築物群は、モスクワ市の南西、モスクワ川の河岸にある金のドームが印象的な宗教建築物群。16～17世紀にワシリー3世がリトアニアのスモレンスクとの連合を記念して建設した女子修道院である。ノボディチ修道院の建築物群は、城壁に囲まれたモスクワ・バロックと呼ばれる建築様式による傑作で、15の建物からなる。スモレンスク聖堂には、16世紀のフレスコとイコンが飾られている。ノボディチは、新しい処女の意味があり、その昔、ここで女奴隷市場が開かれていたことに由来する。ノボディチ修道院の建築物群は、1990年に世界遺産リストに登録された「モスクワのクレムリンと赤の広場」の登録範囲の拡大物件として、当初ロシア政府から提示されたが、単独物件として登録された。
文化遺産(登録基準(i)(iv)(vi))　2004年

●ヤロスラブル市の歴史地区
(Historical Centre of the City of Yaroslavl)
ヤロスラブル市の歴史地区は、モスクワの北東250km、ボルガ川とコトロスル川の合流部に沿って広がるヤロスラブル州の州都ヤロスラブル市にある。ヤロスラブル市は、1010年にヤロスラブル皇帝が創建、16～17世紀にはボルガ川の最初の商業港として発展し、17世紀にはロシア第2の都市となった。歴史地区には、当時、商人が競って建設した教会などの建造物群が残されている。12世紀後半に建造され、1500年代まではロシアで最も豪華かつ堅牢であった赤煉瓦と明るいタイルが特徴のヤロスラブル様式のスパスクイ修道院、フレスコ画で有名な予言者イリア教会、伝説の神聖な熊が描かれているヤロスラブル建国記念公園などの歴史的な建築物や公園が数多く残されている。ヤロスラブル市は、1763年に女帝エカチェリーナ2世(1729～1796年)がロシアの全都市に命じた計画的な都市改造の成果を顕わすお手本の一つでもある。
文化遺産(登録基準(ii)(iv))　2005年

●シュトルーヴェの測地弧 (Struve Geodetic Arc)
文化遺産(登録基準(ii)(iv)(vi))　2005年
(ノルウェー／スウェーデン／フィンランド／ロシア／エストニア／ラトヴィア／リトアニア／ベラルーシ／モルドヴァ／ウクライナ)→エストニア

○プトラナ高原 (Putorana Plateau)
プトラナ高原は、ロシアの中央部、中央シベリア平原の北西端、北極海に突き出たタイミール半島の付け根にある高原で、シベリア連邦管区のクラスノヤルスク地方(旧・タイミール自治管区)に属する。中央シベリア平原の大部分はカラマツを中心とした針葉樹の森に覆われている。地質学的には、2億5000万年から2億5100年前、ペルム紀と三畳紀の間に起こった巨大火山活動で大量の溶岩が流れて形成された火成岩台地のシベリア・トラップとして知られている。プトラナ高原の主要部は、西にエニセイ川、東にコティ川の上・中流域、北にヘタ川の中・下流域、南にツングースカ川で囲まれ、長さが500km以上、幅が約250kmの長方形の形をしている。プトラナ高原は、山岳の平均の高さが900～1200m、最高点は、1701mのカメン峰で、峡谷の深さが1500m、最も典型的な振幅の高さが800～1000mで、2005年3月に、プトランスキー国家自然保護区に指定されている。ツンドラの自然美が美しく、世界最大級のトナカイの移動ルート上にあり、ビッグホーン(オオツノヒツジ)の亜種の生息地でもある。
自然遺産(登録基準(vii)(ix))　2010年

○レナ・ピラーズ自然公園 (Lena Pillars Nature Park)
レナ・ピラーズ自然公園は、ロシア連邦の北部、サハ共和国の中央部を流れるレナ川の上流の河岸沿いにそびえる、奇観の石柱群である。これらの石柱群は、冬はマイナス60度、夏は40度と100度の年間の温度差がある大陸性気候によって形成された。高さが100m、長さが数kmにわたるレナ・ピラーズ自然公園の地形は、「石の森」とも呼ばれ、レナ川の流れのプロセスも石柱群の形成に大きな影響を与えた。レナ・ピラーズ自然公園の地質は、カンブリア紀の何種類もの化石の宝庫でもあり、それらの中にはユニークなものも含まれている。
自然遺産(登録基準(viii))　2012年

●ボルガルの歴史・考古遺産群

(Bolgar Historical and Archaeological Complex)
ボルガルの歴史・考古遺産群は、ロシア連邦の西部、タタールスタン共和国の南西部のスパックス地区、ボルガ川の支流ベズドナ川の左岸にあり、世界遺産の登録面積は、424ha、バッファー・ゾーンは、12,101haである。世界遺産は、ボルガル付近に残るヴォルガ・ブルガールの霊廟、モスクやミナレットの遺跡、18世紀に建てられたロシア正教の聖堂などの構成資産からなる。ボルガルは、中世のヴォルガ・ブルガール王国の首都であった。8世紀に一族を率いてアゾフ地方からヴォルガ川沿いに北上し、ヴォルガ・ブルガール王国を建設したコトラグ・ハン(在位660～700年頃)がこの地に都を構えたとされている。彼らは当地にいたフィン系やスラブ系の民族を支配し同化していった。922年にカリフ・ムクタディルの使節に随伴してハザールやヴォルガ・ブルガール王国を訪れたアラブの旅行家イブン・ファドラーンは、イスラム化を進めた当時のハン・アルムシュをサカーリバ(スラブ人たち)の王と呼んでいる。
文化遺産(登録基準(ii)(vi))　2014年

●スヴィヤズスク島の被昇天大聖堂と修道院
(Assumption Cathedral and Monastery of the town-island of Sviyazhsk)
スヴィヤズスク島の被昇天大聖堂と修道院は、ロシア連邦の西部、タタールスタン共和国のスヴィヤズスク島にある建築記念物である。ヴォルガ川、スヴィヤガ川、シュチュカ川の合流地点にあり、絹とヴォルガの道の十字路でもあるスヴィヤズスクは、1551年にモスクワ大公だったイヴァン4世(1530年～1584年 イヴァン雷帝という異称でも知られる)によって創建された。それは、彼がカザン・ハン国(15世紀から16世紀にかけてヴォルガ川中流を支配したテュルク系イスラム王朝)の征服を始めた前哨だった。被昇天修道院は、イヴァン4世紀によってモスクワ国へと建築学的、政治的、伝道的に拡大した場所を例証している。被昇天大聖堂のフレスコ画は、東方正教会の壁画の最も希少な事例である。
文化遺産(登録基準(ii)(iv))　2017年

○**ダウリアの景観群** (Landscapes of Dauria)
自然遺産(登録基準(ix)(x))　2017年
(モンゴル／ロシア) →モンゴル

●プスコフ派建築の聖堂群
(Churches of the Pskov School of Architecture)
プスコフ派建築の聖堂群は、ロシアの北西部、ベリーカヤ川の沿岸、プスコフ州の州都でロシアの古都で観光都市としても知られるプスコフにある。登録面積は19.32 ha、バッファーゾーンは635.6haである。1240年ドイツ騎士団によって占領されたが、後に独立、13世紀に最も栄えた。14世紀にハンザ同盟に加入したが、16世紀の初めにモスクワ大公国に併合された。構成資産は、12世紀の「スパソ・ミロシュスキー修道院」、13世紀の「聖イワン聖堂」、15世紀の「顕現教会と鐘楼」、「古昇天教会」、「ヴァシーリヤ・ナ・ゴールケ教会」(丘の聖ワシリー教会)、15～16世紀の「ポクロヴァ・オト・プロロマ教会」(壁穴の生神女庇護教会)、16世紀の「スネトゴスキシュ修道院」や「ニコルィ・ソ・ウソヒ教会」(枯れ沼の聖ニコライ教会)など10件である。プスコフはロシアでも特に古い歴史を持つ都市の一つであり、その防衛・宗教・行政などに関わる建物や史跡などがなどがあるが、イコモス(ICOMOS)はプスコフ派の宗教建築のみに価値を認め、登録申請された18件中10件のみについて「登録」を勧告し、登録遺産名も、当初の「古都プスコフの記念物群」から「プスコフ派建築の聖堂群」とすべきことも併せて勧告した。
文化遺産(登録基準(ii))　2019年

●オネガ湖と白海のペトログリフ
(Petroglyphs of Lake Onega and the White Sea)
オネガ湖と白海のペトログリフは、ロシア連邦の北西部、カレリア共和国にある登録面積7,049.54 ha、バッファーゾーン15,557 haの彫刻群で、オネガ湖のペトログリフと白海のペトログリフの2つの地域の構成資産からなり、プドジスキー地区のオネガ湖に22箇所、300km離れたベロモルスキー地区の白海に11箇所、合計33箇所からなる。オネガ湖と白海のペトログリフは、6000～7000年前の新石器時代に彫られた4500上(オネガ湖1200以上と白海3411)以上のペトログリフである。オネガ湖と白海のペトログリフは、フェノスカンジアの新石器時代の文化を記録するペトログリフが残るヨーロッパの最大級の一つである。オネガ湖の岩絵は、ほとんどが、鳥類、動物、半分人間で半分動物、月と太陽のシンボルである幾何学模様などである。白海のペトログリフは、ほとんどが、狩猟や航海の場面を描写する彫刻群からなる。それらは、重要な芸術的な質の高さを示すものであり、石器時代の創造性を証明するものである。ペトログリフは、定住と埋葬地などの遺跡群と関連している。
文化遺産(登録基準(iii))　2021年

〈北米〉 2か国（42物件 ○21 ●19 ◎2）

アメリカ合衆国（25物件 ○12 ●12 ◎1）

●メサ・ヴェルデ国立公園（Mesa Verde National Park）
メサ・ヴェルデは、コロラド州の南西端にある1906年に国立公園になったアメリカ先住民の集落遺跡。およそ2000年ほど前からバスケットメーカーと呼ばれる農耕民が岩陰に住み始めた。5～8世紀になると丸太で組んで泥を塗る住居をつくり、弓矢を用いるようになった。8～12世紀にかけてメサ台地上に弓状に家の連なる村をつくり、その近くにトウモロコシなどの畑をつくった。12世紀に入ると、外敵に備えて崖の大きな岩陰を利用して岩窟住居と呼ばれる石造の集落を作った。「メサ・ヴェルデ」は、スペイン語で「緑豊かな大地」という意味。先住民は切石を積上げた住居に住み、高度な文明をもち、農耕定住生活を営んでいた。クリフ・パレスは園内で最も大きな遺跡で、200室以上の部屋、壁は高いところで4階建ての高さがあり、当時の豪華なマンションのような住居。14世紀初頭には村は放棄され、1874年に白人に発見されるまで廃虚となっていた。アメリカの国立公園のなかでは唯一の先住民族の遺跡の歴史公園。東西7km、南北4kmに散在する遺跡群を含む21000haの公園に管理事務所、博物館、キャンプ場などが完備している。
文化遺産（登録基準(iii)）　1978年

○イエローストーン国立公園（Yellowstone National Park）
イエローストーン国立公園は、ワイオミング州北西部を中心に、一部はモンタナ州とアイダホ州にまたがる世界最初の国立公園で、1872年に指定された。イエローストーン国立公園は、ロッキー山脈の中央にある火山性の高原地帯で、80%が森林、15%が草原、5%が湖や川。1万近い温泉、約200の間欠泉、噴気孔の熱水現象などが3000m級の氷河を頂く山々、壮大な渓谷、大小の滝、クリスタルな湖と共に多彩な自然を織りなす。アメリカ・バイソン、バッファロー、エルク（大鹿）、ムース（ヘラ鹿）、狼、グリズリー（ハイイログマ）などの野生動物、200種以上の野鳥なども豊富だが、グリズリーなど絶滅に瀕した動物も多く1976年にはユネスコMAB生物圏に指定されている。1995年には周辺の鉱山開発の影響によるイエローストーン川の環境汚染のおそれから1995年に危機にさらされている世界遺産に登録されたが、その後諸問題が解決した為、2003年に解除された。
自然遺産（登録基準(vii)(viii)(ix)(x)）　1978年

○エバーグレーズ国立公園（Everglades National Park）
エバーグレーズ国立公園は、フロリダ半島の南部、オキチョビ湖の南方に広がり、1976年にユネスコMAB生物圏保護区（585867ha）、1987年にラムサール条約の登録湿地（566788ha）にも指定されている大湿原地帯。ソウグラス（ススキの一種）が一帯に広がる熱帯・亜熱帯性の動植物の宝庫で、サギやフラミンゴの生息地やマングローブの大樹林帯もある。野鳥、水鳥、水生植物が豊富な北部の幅80kmもあるシャークバレー大湿原には、ハクトウワシ、ベニヘラサギ、アメリカマナティ、フロリダピューマ、フロリダパンサー、ミシシッピワニなども生息している。1992年8月24日のハリケーンで大きな被害を被った。人口増や農業開発による水質汚染が深刻化、生態系の回復が望まれている。1993年に「危機にさらされている世界遺産」に登録されたが、保護管理状況が改善されたため、2007年危機遺産リストから解除された。しかしながら、水界生態系の劣化が継続、富栄養化などによって、海洋の生息地や種が減少するなど事態が深刻化している為、2010年の第34回世界遺産委員会ブラジリア会議で、再度、危機遺産リストに登録された。
自然遺産（登録基準(viii)(ix)(x)）　1979年
★【危機遺産】　2010年

○グランド・キャニオン国立公園
（Grand Canyon National Park）
グランド・キャニオン国立公園は、アリゾナ州北西部のココニノ郡とモハーヴェ郡にまたがる。コロラド川がコロラド高原の一部であるカイバブ高原とココニノ高原を浸食して形成したマーブル峡谷からグランド・ウオッシュ崖までの長さ450km、最大幅30km、深さ1500mの壮大な大峡谷。世界遺産の登録面積は493,077haである。全体的には赤茶けて見えるが日の出と日の入りの景色は荘厳で美しい。断崖絶壁の谷底を流れるコロラド川の両岸の約1億年前に隆起した地層は最古層で20億年前の先カンブリア紀、表層部で2.5億年前の二畳紀のものといわれ、貝類の化石から太古に海底であったことがわかる。紀元前500年頃から農耕を営んでいた先住民族の居住跡も見られる。イヌワシ、オオタカ、ハヤブサの雄姿が印象的。グランド・キャニオンは、1540年にスペインのカルデナス隊が発見した。また、グランド・キャニオンは、アメリカの大自然の象徴であり、世界七不思議の一つとしても有名である。
自然遺産（登録基準(vii)(viii)(ix)(x)）　1979年

○クルエーン／ランゲルーセントエライアス／グレーシャーベイ／タッシェンシニ・アルセク
（Kluane/ Wrangell- St. Elias/ Glacier Bay /Tatshenshini-Alsek）
カナダのユーコン準州、合衆国のアラスカ州にまたがる山岳公園。クルエーン山脈地帯から動き出した世界

北米

最大級の氷河がアラスカ湾に崩れ落ちる雄大で美しい自然が特徴。北アメリカの屋根といわれるこれらの山々は、未開のツンドラと森林、他に類を見ない氷河と氷霜、1000以上の湖沼と激しい流れの河川を抱え、氷河期に形成された景観を今に残す。ヒグマ、コヨーテ、ハイイログマ、トナカイ、ヘラジカなどの動物や珍しい植物の宝庫。

自然遺産（登録基準(vii)(viii)(ix)(x)）
1979年／1992年／1994年　　カナダ／アメリカ合衆国

●独立記念館（Independence Hall）

独立記念館は、ペンシルベニア州東部のフィラデルフィア市にあるアメリカ合衆国誕生の地。1776年7月4日に、13の植民地の代表者が集い、トーマス・ジェファーソン（1743～1826年）らが起草した「独立宣言」に署名し、英国に対して独立を宣言した。このアメリカ独立宣言は、アメリカ独立と政府樹立の意義を、人間の自由と平等や社会契約説、圧政に対する反抗が正当であることを主張したもので、近代民主政治の基本原理となった。独立宣言が行われた場所が、赤レンガ造りのこの建物の広間で、これ以来「独立記念館」と呼ばれるようになった。また、1787年にアメリカ合州国の憲法が制定されたのも独立記念館であった。独立記念館は、典型的なアメリカのコロニアル様式の建物で、1749年にペンシルベニアの議事堂として建設されたものである。独立記念館の周辺には、首都であった当時の国会議事堂やリバティ・ベル（自由の鐘）がある。独立記念館は、独立記念館国立歴史公園に指定されている。

文化遺産（登録基準(vi)）　1979年

○レッドウッド国立州立公園
（Redwood National and State Parks）

レッドウッド国立州立公園は、カリフォルニア州の北部から海岸線に沿って南北約80kmにわたり広がる面積425km²の森林地帯を中心とする国立州立公園。レッドウッドと呼ばれる樹皮が赤みを帯びた木（セコイアの一種で正式にはイチイモドキという）は、世界最古の樹木とされている。樹齢600年、周囲13.4mの世界一のレッドウッドの大木は、「ビッグ・ツリー」とよばれ、高さ112.1mあり、自立する樹木としては世界一の高さ。夏の濃霧と冬の多雨による湿潤な気候がレッドウッドの成育に適しており、かつてはカリフォルニア州北部太平洋岸の広大な地域に分布していたが、無計画に伐採されてしまったために、その大半は失われた。その保護目的で登録された。

自然遺産（登録基準(vii)(ix)）　1980年

○マンモスケーブ国立公園
（Mammoth Cave National Park）

マンモスケーブ国立公園は、ケンタッキー州の中部にある世界最大級の巨大鍾乳洞を中心とした国立公園。地下水脈が造った鍾乳洞の総延長は320kmが確認済みだが、500kmを超えるともいわれている。地下60～100mにかけて広がる迷路のような洞内には、「マンモス・ドーム」と呼ばれる高さ59mにおよぶ空間や、「ボトムレス・ピット」と呼ばれる深い淵などがあり、ケンタッキー・ドウクツエビ、インディアナ・オヒキ・コウモリなど絶滅寸前の生物や盲目魚も4種類ほど確認されている。

自然遺産（登録基準(vii)(viii)(x)）　1981年

○オリンピック国立公園（Olympic National Park）

オリンピック国立公園は、カナダ国境に近いワシントン州北西部、オリンピック半島北端にある面積3628km²の国立公園。標高2428mのオリンパス山を中心とする山岳地域、温和な気候の多雨林地帯、太平洋に面した海岸地帯の3つの地域からなる。特に太平洋岸には3種類の世界最大規模の針葉樹林（ヒノキ科のアラスカヒノキ、マツ科のベイツガ、アメリカトガサワラ）があり、開発を免れて保護されている。山岳地帯には、7つの氷河や峡谷、湖が散在し、ヘラジカ、アメリカクロジカなどの野生動物が見られる。現在、エルワ川に架かっていたエルワ・ダムとグラインズ・キャニオン・ダムの二つの大型ダムも撤去され、これまで遡上できなかったサケやマスが回帰、熊、ワシなどの動物との生態系も回復、また、この地に長年生活してきたクララム族の伝統文化も再生しつつある。

自然遺産（登録基準(vii)(ix)）　1981年

●カホキア土塁州立史跡
（Cahokia Mounds State Historic Site）

カホキア土塁州立史跡は、イリノイ州の南西、ミシシッピ川の西岸の町セントルイス（ミズーリ州）から15km離れたところにあるアメリカ先住民の大集落遺跡。カホキア遺跡は、ミシシッピ川とミズーリ川にはさまれた地域で、ミシシッピ川が洪水に見舞われた時に偶然発見された。この地域の森林地には、700年頃、最初は、アメリカの先住民族が住んでいた。そして、彼等は、10～17世紀にかけて1万～2万人の人口をもつ集落をカホキアを中心に形成した。最盛期の12世紀には、ミシシッピ川流域全体に住んでいたことなどから、ミシシッピアン（ミシシッピ人）と総称されている。勤勉な彼等は、編みかごで大量の土を運び、住居や墓所の基礎となる土塁を築いて居住区や墳丘とした。台形の形をした巨大なモンクス・マウンド（長さ304m、幅213m、高さ30m）は、マヤやアステカのピラミッドよりも大きく、先史時代に築かれたものでは最大とされている。フォックス・マウンドとラウンド・トップ・マウンドのツイン・マウンドなど100か所以上の土塁群、墓地、倉庫、それに、出土した石片、食器などから高度な社会生活が営まれていたミシシッピ文明が存在していたことが窺える。カホキア土塁群は、イリノイ州の州立史跡に指定されている。

文化遺産（登録基準(iii)(iv)）　1982年

○グレート・スモーキー山脈国立公園
（Great Smokey Mountains National Park）

グレート・スモーキー山脈国立公園は、ノース・カロライナ州とテネシー州の州境、アパラチア山脈の南部にあり、グレートスモーキー山脈を中心に延長110km、幅30kmに及ぶ。公園内には1800m級の山が25座連なり、温暖多湿の気候の為に立ち昇る見事な霧がグレート・スモーキーの由来である。標高差が大きいため、多様な樹木と1300余種の顕花植物の植物分布が特徴。ミンク、ビーバーなどの毛皮獣も多数生息する。

自然遺産（登録基準(vii)(viii)(ix)(x)）　1983年

●プエルト・リコのラ・フォルタレサとサン・ファンの国立歴史地区
（La Fortaleza and San Juan National Historic Site in Puerto Rico）

プエルト・リコのラ・フォルタレサとサン・ファンの国立歴史地区は、カリブ海に浮かぶ島のアメリカ合衆国准州のプエルト・リコ（スペイン語で「豊かな港」、「富める港」の意）にある。この島は、1493年11月19日にコロンブスによって発見され、サン・フアン・バウティスタ島と名づけられた。その首都のサン・ファン（スペイン語で聖ヨハネの意）は、スペイン人のフアン・ポンセ・デ・レオンが16世紀に征服して築いた町で、サン・ファン歴史地区は、北西の旧市街にある。堅牢なエル・モロ要塞やサンクリストバル要塞は、海賊や他国の攻撃に備えて築かれた。旧総督公邸であった要塞ラ・フォルタレサは、スペイン統治時代の装飾が美しい。

文化遺産（登録基準(vi)）　1983年

●自由の女神像（Statue of Liberty）

自由の女神像は、ニューヨーク港の入口にあるリバティー島にある。アメリカの独立100周年を祝って、アメリカとフランス両国の友好のために、フランスの歴史家で政治家のエドゥワール・ド・ラブレーが女神像のアメリカ寄贈を提案。フランス民衆の募金を中心に、フランスの建築家のフレデリック・バルトルディ（1834～1904年）が設計、鉄橋技師のギュスターヴ・エッフェル（1832～1923年）が製作し、1866年に完成した。自由の女神像の正式名称は、「世界を照らす自由」（Liberty Enlightening the World）。高さ46mの像は、奴隷制と独裁政治を意味する鎖を踏みつけて立っており、右手には、自由を掲げる松明、左手には、1776年7月4日と記した独立宣言書を抱えている。自由の女神像は、350枚の銅板を繋ぎ合わせてあり、11の突端をもつ星形の基底部をそなえた台座の高さは47m。自由の女神像の中には、自由の女神博物館がある。新天地を求めて新大陸にやってきた移民たちが最初に目にする「アメリカ」が、この自由の女神像であった。そして、夢と希望と可能性を抱きながら各地へ移り住んでいったのである。台座の中に入り、エレベーターで10階まで上がると、女神の足元に着く。そこから168段の螺旋階段を登ると、頭部の展望台に到着する。頭部の王冠には、7つの突起があり、それは「7つの大陸と7つの海に広がる自由」を示している。ここからはニューヨークの摩天楼の眺望を見渡すことができる。全高93mの像は、アメリカが誇る民主主義のシンボルで、歴史的にはまだ浅いアメリカの重要な文化遺産のひとつとなっている。

文化遺産（登録基準(i)(vi)）　1984年

○ヨセミテ国立公園（Yosemite National Park）

ヨセミテ国立公園は、カリフォルニア州のシェラネバダ山脈中部にある。マーセド川が流れる巨大なヨセミテ渓谷を中心にして広がる花崗岩の岩山と森と湖からなる面積3083km^{2}の広大な国立公園。氷河の彫刻ハーフドームと呼ぶ標高2695mの岩山、世界最大の花崗岩の一枚岩であるエル・キャピタンの岩壁（高さ914m）、落差が728mもあるヨセミテ滝などが壮大な姿を見せている。また、植物相も多彩で、麓のほうでは多数の草花が自生している。樹齢3000年、幹の直径が10mもあるジャイアント・セコイアをはじめ、セコイア林などが広がる。動物は、クロクマ、ミュールジカ、ピューマ、リスなどが生息するが、ハイイログマやオオカミは絶滅してしまった。ヨセミテ国立公園は、アメリカでは最も人気のある国立公園のひとつで、年間400万人もの観光客が訪れる。

自然遺産（登録基準(vii)(viii)）　1984年

●チャコ文化（Chaco Culture）

チャコ文化は、ニューメキシコ州の北西部、チャコ・キャニオンを中心とするアメリカ先住民のアナサジ族の集落遺跡。アナサジ族は、900～1150年にかけて存在し、プエブロ・ボニートなど大小の集落の共同体が広範囲に分布し、その勢力範囲は約67000km^{2}にも及んだ。チャコ・キャニオンの渓谷内部の日の当たる部分を中心に造られた日干しレンガの住居には、全体で1万人規模の集落が存在していたと推定されている。地下室には食料貯蔵庫が備えられ、厳しい生活環境への配慮が窺える。キヴァと呼ばれるカサ・リンコナーダなど宗教的な儀式の場も数か所残されている。
文化遺産（登録基準(iii)）　1987年

●シャーロッツビルのモンティセロとヴァージニア大学
（Monticello and the University of Virginia in Charlottesville）
シャーロッツビルは、アメリカ合衆国の東海岸のバージニア州中部にあるリヴァンナ川を見下ろす高台にある人口40000人の小さな都市。シャーロッツビルの郊外にあるモンティセロは、1776年のアメリカ独立宣言の草案を起草した第3代アメリカ大統領で、また、建築家としても優れていたトマス・ジェファソン（1743～1826年）が自ら設計した邸宅。また、ジェファソンは、1825年には、ヴァージニア大学を創立し、建築も手がけた。ヴァージニア大学は、キャンパスの中央にある円形のロトンダに象徴される様に、随所に古代ギリシャやローマの建築様式を採り入れている。
文化遺産（登録基準(i)(iv)(vi)）　1987年

○ハワイ火山群国立公園（Hawaii Volcanoes National Park）
ハワイ火山群国立公園は、ハワイ州ハワイ島南東岸にある1916年に指定された国立公園である。ハワイ島（The Big Island）は、太平洋の真ん中にある8つの島で構成されるハワイ群島の最大の島でポリネシアの歴史をもつ。ハワイ火山群は、世界で最も激しい7000年にもわたる火山活動を続ける2つの火口をもつキラウエア火山（1250m）やマウナ・ロア火山（4170m）などの活火山が噴煙を上げ、真っ赤な熔岩を押し出している。ハワイ群島の最高峰のマウナ・ケア火山（4205m）は、白い山という意味の楯状火山で、氷食地形と氷河湖が残っている。冬期には降雪が見られ、空気が澄んでいるので星空が美しく見られる。世界遺産の登録面積は、マウナ・ロア山の頂上と南東の斜面、キラウエア火山の頂上と南西、南、南東の斜面を含む92934haである。ハワイ火山群国立公園には、マングース、ヤギ、イノシシなどの野生動物や熱帯鳥類が生息しており、1980年にハワイ諸島生物圏保護区の一部になっている。
自然遺産（登録基準(viii)）　1987年

●タオス・プエブロ（Taos Pueblo）
タオス・プエブロは、ニューメキシコ州の北部、サングリ・デ・クリスト山脈西麓の渓谷にある先住民居留地。16世紀初頭スペイン人が侵攻し、その後、メキシコ領、アメリカ領と変遷したため、タオス・プエブロには、次の3つの地区がある。スペイン支配時代の先住民アナサジ族の集落跡のタオス・ランチョス、メキシコ風のタオス・ドン・フェルナンド、先住民プエブロ族の居住地で、タオス・サン・ジェロニモ。タオス・サン・ジェロニモにある日干し煉瓦造りの集合住宅には、現在も先住民の末裔が生活している。タオス・プエブロの登録遺産名は、当初、プエブロ・デ・タオスであったが、2012年にスペイン語表記から英語表記に変更になった。
文化遺産（登録基準(iv)）　1992年

○カールスバッド洞窟群国立公園
（Carlsbad Caverns National Park）
カールスバッド洞窟群国立公園は、ニューメキシコ州の南東部、グアダループ山脈の山麓にある石灰岩の大洞窟-鍾乳洞を中心とした国立公園で、面積は189km²。81もの洞からなる大鍾乳洞の総延長は40km、最深部は335mに達する。カールスバッド洞窟群国立公園の最大の見所は、地下229mにある「ビッグルーム」で世界最大規模といわれる。観光客に開放されているのは、2か所のみである。カールスバッド洞窟内には、多数のメキシコ・コウモリが生息しており、地名は「カール大帝の湯治場」の意。
自然遺産（登録基準(vii)(viii)）　1995年

○ウォータートン・グレーシャー国際平和公園
（Waterton Glacier International Peace Park）
ウォータートン・グレーシャー国際平和公園は、カナダとアメリカ合衆国との国境に位置し、カナダ側は、アルバータ州の南西部にあるウォータートン・レイクス国立公園とアメリカ側は、モンタナ州とカナダのブリティッシュ・コロンビア州にまたがるグレーシャー国立公園が、アルバータとモンタナのロータリー・クラブの働きかけにより、1932年6月30日に、ひとつの公園として、世界初の国際平和公園法によって選ばれた。両者はカナダとアメリカの国境を隔てているが、自由に行き来できるツイン・パーク。それぞれ、ウォータートン湖とマクドナルド湖を擁する。「ロッキー山脈が大平原に出会うところ」のキャッチフレーズのように、大平原から急に険しくロッキー山脈が立ち上がる高山や氷河地形の景観は壮大。マウンティンゴート、ビッグホーン、コヨーテ、グリズリーなどの野生動物、多くの鳥類や植物が生息する。一方、ウォータートン・グレーシャー国際平和公園は、エルク・フラットヘッド渓谷での鉱山開発、気候変動による氷河の融解によって、脅威にさらされている。
自然遺産（登録基準(vii)(ix)）　1995年
カナダ／アメリカ合衆国

◎パパハナウモクアケア（Papahānaumokuākea）
パパハナウモクアケアは、太平洋、ハワイ諸島の北西250km、東西1931kmに広がる北西ハワイ諸島とその周辺海域に展開する。2006年6月に、ジョージ・W・ブッシュ大統領によって、北西ハワイ諸島海洋国家記念物に指定され、2007年1月にパパハナウモクアケア海洋国家記念物に改名された。パパハナウモクアケアは、面積が36万km²、世界最大級の海洋保護区（MPA）の一つで、動物の生態や自然に関する研究を行う政府関係者のみが住み、一般人の立ち入りは禁止されている。北西ハワイ諸島では、パパハナウモクアケア海洋国家記念物は、陸域は少ないが、1400万を超える海鳥、それに、アオウミガメの産卵地であり、絶滅危機種であるハワイモンクアザラシの生息地でもある。また、パールアンドハームズ礁、ミッドウェー環礁、クレ環礁は、多種多様な海洋生物の宝庫で、固有種が多い。パパハナウモクアケアは、大地に象徴される母なる神パパハナウモクと、空に象徴される父なる神ワケアを組み合わせたハワイ語の造語で、ニホア島 とモクマナマナ島は、ハワイの原住民にとっての聖地であり、文化的に大変重要な考古学遺跡が発見されている。米国海洋大気局（NOAA）、米国内務省魚類野生生物局（FWS）、ハワイ州政府の管轄で、無許可での船舶の通行、観光、商業活動、野生生物の持ち出しは禁止されている。

複合遺産（登録基準（iii）（vi）（viii）（ix）（x））　2010年

●ポヴァティ・ポイントの記念碑的な土塁群

（Monumental Earthworks of Poverty Point）

ポヴァティ・ポイントの記念碑的な土塁群は、アメリカ合衆国の南部、ルイジアナ州ウェストキャロル郡の南端、バイユー・メコンと呼ばれる川の河畔にあるマウンド遺跡である。ポヴァティ・ポイントは、5つの土塁群、同心円状に6列並ぶ八角形の土塁群、それに中央プラザからなる考古学遺跡で、紀元前3700年～紀元前3100年に、狩猟採集民族のインディアンによって、居住と儀式を目的に造られた。北米では最大級のインディアン遺跡であり、ミシシッピ川の下流の盆地を地盤に繁栄したポバティ・ポイント文化の中心で、アメリカ最初の都市とも呼ばれており、槍先、石製ナイフ、石錐、石斧、石製容器、パイプなどの遺物を特徴とする。ポヴァティ・ポイントの名前は、19世紀に、この遺跡の近くにあったプランテーションに因むものである。1988年10月に国の史跡に指定されているが、実際にはルイジアナ州が運営管理している。

文化遺産（登録基準（iii））　2014年

●サン・アントニオ・ミッションズ

（San Antonio Missions）

サン・アントニオ・ミッションズは、アメリカ合衆国の南部、テキサス州の南部にある18世紀にフランシスコ修道会によって築かれたキリスト教伝道所群で、サン・アントニオ川流域に残るミッション・エスパダ、ミッション・サン・ファン、ミッション・サン・ホセ、ミッション・コンセプチオン、ミッション・ヴァレッロの5件の伝道所跡と、ここから南に37kmの所にあるこのミッションの牧場であるランチョ・デ・ラス・カブラスの6つの構成遺産からなる。スペイン人の入植者とコアウィルテカ文化の交流の例証である。ミッション・サン・ホセは、数あるミッションの中でも最も裕福で、最盛期には、300人もの人々がそこに暮らしていたと言われ、現在は穀物倉庫と製粉所が復元されており、ビジターセンターもある。ミッション・サン・ファンにある礼拝堂および鐘楼は今でも使用され、ミッション・エスパダの灌漑用水路は、今も一部は水路とダムで機能している。サン・アントニオ・ミッションズは、1978年に国立歴史公園に指定され1983年に開園した。

文化遺産（登録基準（ii））　2015年

●フランク・ロイド・ライトの20世紀の建築

（The 20th-Century Architecture of Frank Lloyd Wright）

フランク・ロイド・ライトの20世紀の建築は、アメリカ合衆国の各地にある作品群である。登録面積が26.369ha、バッファーゾーンが710.103ha、構成資産は、ユニティ・テンプル（イリノイ州オークパーク　1908年）、フレデリック・C・ロビー邸（1906年 シカゴ イリノイ州）、タリアセン（ウィスコンシン州スプリング・グリーン1914年）、ハリホック・ハウス（カリフォルニア州ロサンゼルス　1921年）、落水荘（ペンシルバニア州ミル・ラン　1936年）、ハーバート・キャサリン・ジェイコブズ・ハウス（ウィスコンシン州マディソン　1937年）、タリアセン（ウィスコンシン州スプリング・グリーン1914年）、ソロモン・R・グッゲンハイム美術館（ニューヨーク州ニューヨーク　1959年）の8件からなる。フランク・ロイド・ライト（1867年6月8日 ～1959年4月9日）は、アメリカの建築家で、アメリカ大陸に多くの建築作品があり、日本にもいくつか作品を残している。ル・コルビュジエ、ミース・ファン・デル・ローエと共に「近代建築の三大巨匠」と呼ばれる（ヴァルター・グロピウスを加え四大巨匠とみなすこともある）。1930年代にユーソニアン住宅にカーポートを設置し、初めて「カーポート」と呼んだ名付け親でもある。将来的な登録範囲の拡大の可能性として、米国内の5つの建築作品に加え、わが国の旧山邑家住宅（芦屋市　国の重要文化財）が挙げられている。

文化遺産（登録基準（ii））　2019年

北米

カナダ（20物件　○10　●9　◎1）

●ランゾー・メドーズ国立史跡
（L'Anse aux Meadows National Historic Site）

ランゾー・メドーズ国立史跡は、ニューファンドランド島のグレート・ノーザン半島の突端にある古代ヨーロッパ人の集落遺跡。スカンジナビアのヴァイキング伝説に基づいて発見されたカナダ版のトロイの遺跡とも言える。現場では、冶金の跡を含む8つの住居跡や多くの道具類が発見された。住居は、泥炭で壁を塗り、屋根は草で覆われ、部屋の間仕切りの仕方や炉の置き方などがヴァイキングの様式であった為、考古学的にも、ここが北米大陸唯一の移住したヴァイキングの居住地であることが証明された。これらは、骨や石器、鍛冶場跡から出土した鉄器や青銅器から、同時期にグリーンランドとアイスランドで発見されたものと同一のものであることから11世紀の遺跡と推定されている。

文化遺産（登録基準(vi)）　1978年

○ナハニ国立公園（Nahanni National Park）

ナハニ国立公園は、カナダ北西部のノースウエスト準州にあり、全面積は476560ha。公園内を蛇行するサウスナハニ川やフラット川が削り出した渓谷や落差100mもあるヴァージニア・フォールズ、深い鍾乳洞などが織りなす自然が美しい。厳しい自然環境と道なき原野は容易に人を寄せ付けず、現在でも飛行機か川を遡って行くしか手段がない。公園内に多くの温泉が湧き出ており、その為北緯60度以上の位置にありながら比較的穏やかな気候である。レア・オーキッドの群生をはじめ、地苔類260種、鳥類170種、ダル・シープ、マウンテン・ゴート、ハイイロオオカミ、北アメリカに住むシカの一種のカリブーなど40種以上の哺乳動物が生息する。

自然遺産（登録基準(vii)(viii)）　1978年

○ダイナソール州立公園（Dinosaur Provincial Park）

ダイナソール州立公園は、カルガリーの東140km、アルバータ州のバットランドと呼ばれる赤茶けた荒涼たる台地を曲流するレッドディア川に侵食された60km²の州立公園。太古の昔はこの一帯は亜熱帯性気候で、豊かな森林に覆われ多くの恐竜が生息していた。19世紀末以来、保存に適した環境により分解を免れた白亜紀初期の恐竜化石が60種も出土している。絶滅の危機にある猛禽類も生息する。大平原の中に剥き出しの奇岩が並ぶ不思議な風景は、SF映画のロケ地としても有名。

自然遺産（登録基準(vii)(viii)）　1979年

○クルエーン／ランゲルーセントエライアス／グレーシャーベイ／タッシェンシニ・アルセク
（Kluane/ Wrangell- St. Elias/ Glacier Bay /Tatshenshini-Alsek）

自然遺産（登録基準(vii)(viii)(ix)(x)）

1979年／1992年／1994年（カナダ／アメリカ合衆国）

→アメリカ合衆国

●ヘッド・スマッシュト・イン・バッファロー・ジャンプ
（Head-Smashed-In Buffalo Jump）

ヘッド・スマッシュト・イン・バッファロー・ジャンプは、アルバータ州の南西部、カルガリーの南東にあるポーキュパインの丘に6000年前のアメリカ先住民が残した野牛のバッファロー（正式にはアメリカン・バイソン）の狩猟場跡。アメリカ先住民のブラックフット族が、「血に染まった深い淵」と呼んだ崖は、バッファローを追い込み、飛び降りさせた場所。バッファローは、ブラックフット族にとって、肉は、貴重な蛋白源であり、骨は、生活用具に、また、毛皮は、衣服の材料にも利用した。崖下では武器を持った住民が、動けなくなったバッファローを解体した。崖下に積み重なったバッファローの骨、木づち、やじり、鍬、串などの武具や生活用具が当時の生活を物語る。バッファロー狩りは19世紀半ばまで続いたという。

文化遺産（登録基準(vi)）　1981年

○ウッドバッファロー国立公園
（Wood Buffalo National Park）

ウッドバッファロー国立公園は、カナダ北部、北極に程近い極寒の地にある総面積45000km²、世界最大の国立公園。ピース川とアサバスカ川が作り出す三角州は、水鳥の一大生息地で、内陸部としては稀有の塩分を含んだ世界有数のもの。氷や雪に侵食された高原、氷河作用により作られた平原などさまざまな光景が繰り広げられる。荒涼とした森林地帯には原始のままの動植物の生態系が残り、絶滅の危機に瀕するウッドバッファロー（アメリカ・バイソン）やオオカミ、オオヤマネコ、ビーバーなどが生息している。

自然遺産（登録基準(vii)(ix)(x)）　1983年

●スカン・グアイ（SGang Gwaay）

スカン・グアイは、ブリティッシュ・コロンビア州の中部の太平洋上に浮かぶ150の島々からなるクィーン・シャーロット諸島（ハイダ・グアイ）の最南端にあるアンソニー島にある。スカン・グアイには、19世紀末に廃虚となったニンスティンツと呼ばれる集落の先住民族であるハイダ族（ハイダとは、ハイダ語で「人」の意味）が残したベイスギの10軒の住居跡を含む集落の遺跡と2000年前のものとされる4か所の貝塚、2つの洞窟、墓地などの遺跡が残っている。なかでも、ハイダ文明のシンボリックな証しとも言える10m近い高さの32本のベイス

北米

ギの巨大なトーテムポールには、シャチや伝説上の鳥であるサンダーバード、人間、神話などが芸術的に彫刻されている。トーテムポールは、すぐれた人物に敬意を表して、或は、墓碑としてつくられ、部族間で豪華な品物を贈りあうポトラッチという祝宴の儀式などにも使われたものと推定されている。トーテムポールは、激しい風雨や眩しい太陽にさらされ侵食が著しい。カナダの先住民族であるインディアン部族のハイダ族は、18世紀末に入植してきた白人たちが持ち込んだ疫病の災厄に見舞われて急激に人口を減らし、19世紀末にはこの島を捨てた。スカン・グアイには、歴史的、そして文化的にも価値の高い遺跡と共に、ほとんど手つかずの貴重な自然が残っており、公園区域にも指定されている。

文化遺産（登録基準(iii)）　1981年

○カナディアン・ロッキー山脈公園群
（Canadian Rocky Mountain Parks）

カナディアン・ロッキー山脈公園群は、南北に2000km走るロッキー山脈のカナダ部分で、アルバータ州とブリティッシュ・コロンビア州にわたる。東側山麓にあるカナダで一番古いバンフ国立公園、三葉虫の化石のバージェス頁岩で有名なヨーホー国立公園、深い針葉樹林と湖沼が美しいジャスパー国立公園、氷河が造り出した様々な地形を見ることができるクートネイ国立公園の4つの国立公園を擁する。コロンビア大氷河とキャッスル・ガード洞窟、ジャスパーのマリーン湖とマリーン峡谷は雄大で神秘的。ヘラジカ、オジロジカなどの草食動物やカナダオオヤマネコ、ピューマなどの肉食獣など約60種の哺乳類と300種余りの鳥類が確認されている。また、山地帯、亜高山帯、高山帯の植生帯があり、針葉樹や色とりどりの高山植物がたくましく生育している。

「バージェス頁岩」(1980年登録)は、この物件の一部と見なされ統合された。

自然遺産（登録基準(vii)(viii)）　1984年／1990年

●オールド・ケベックの歴史地区
（Historic District of Old Quebec）

ケベックは、カナダ東部のケベック州の州都。ケベックとは、先住民の言葉で「川の合流点」の意。フランス植民地の拠点として17世紀初頭からセントローレンス川が急に狭くなった所に、フランスの探検家シャンプランによって建設された北米唯一の城砦植民都市。英国の植民地になった後も、かたくなにフランス文化を守り、フランス語を唯一の公用語としている。1823～1832年に築かれた城壁に囲まれた旧市街は、ディアマン岬の断崖の上にどっしりと築かれた城壁がめぐり、現在、カナダ陸軍が駐屯する星の形をしたケベック城塞(シタデル)、高級ホテルになっているシャトー・フロントナック、ノートル・ダム大聖堂、ウルシュラ派修道院などの教会や修道院、モニュメントのある宗教施設や管理センターが残っているアッパータウン(オート・ヴィル)と、ケベック・シティ発祥の地で、プラス・ロワイヤルと呼ばれる広場のあるロウワータウン(バース・ヴィル)に分かれ、中世のフランス情緒に満ちあふれた歴史的な町並みや石畳の小道が保存されている。堅固な壁と濠に守られた星形のシタデルと呼ばれる砦は、攻撃を受けることもなく今も完全な形で保存されている。2008年4月4日に1887年の煉瓦と木材で建てられたランドマークのドリル・ホールが火災で消失した。

文化遺産（登録基準(iv)(vi)）　1985年

○グロスモーン国立公園（Gros Morne National Park）

グロスモーン国立公園は、カナダの大西洋側、ニューファンドランド島西岸に広がる面積1800km²の国立公園。南部にあるテーブルランドと呼ばれる赤茶けた岩の台地は、プレートの活動により海底が地上700mも隆起してできたマントル。10億年以上もの地層がつくり出した断崖やフィヨルドが、雄大だが特異な景観を形づくる。島の内部に向かってするどく切れ込むフィヨルドの織り成す風景は、長い年月をかけて氷河の侵食作用がつくり上げた天然の芸術品である。高緯度で極寒の地にあるが、湿地が至る所に見られ、低地にも拘らず食虫植物、高山植物が見られる。

自然遺産（登録基準(vii)(viii)）　1987年

●古都ルーネンバーグ（Old Town Lunenburg）

古都ルーネンバーグは、カナダの東部のノバスコシア州にある北米で最も美しい旧英領植民地の港町。もともとはフランス人が開拓したのだが、1753年にスイスとドイツからの移民のために都市が建設された。英国に見られる昔ながらの長方形の碁盤の目状の町並みが印象的。南北、東西に延びる通りは統一され「モデルタウン」そのままの都市計画が実行された。赤、青、黄、白などカラフルなペイント、ルーネンバーグ・バンプと呼ばれる出窓や独特の屋根飾りが特徴。住民は18～19世紀の特徴的な木造建築の家並みを守り、町の独自性の保護に努めてきた。なかでも、1753年に建てられたネオ・ゴシック様式の聖ジョン・アングリカ教会はすばらしい。

文化遺産（登録基準(iv)(v)）　1995年

○ウォータートン・グレーシャー国際平和公園
（Waterton Glacier International Peace Park）

自然遺産（登録基準(vii)(ix)）　1995年
（カナダ／アメリカ合衆国）　→アメリカ合衆国

北米

○ミグアシャ国立公園（Miguasha National Park）
ミグアシャ国立公園は、ケベック州のガスペ半島の南岸にある面積が87.3haの古生物学上、重要な公園。ミグアシャ国立公園は、「魚類の時代」と呼ばれる新古生代のデヴォン紀の世界で最も顕著な化石発掘地とされている。3億7千万年前のデヴォン紀の魚類とされている8種のうち、6種の化石がここの地層で発見されている。最初に四足歩行し空気呼吸をし脊椎動物へと進化した保存状態が良い肺魚のユーステノプテロンなどの化石標本数が世界随一であることでも極めて重要である。これらの化石は、自然史博物館に展示されている。
自然遺産（登録基準(viii)）　1999年

●リドー運河（Rideau Canal）
リドー運河は、オンタリオ州の首都オタワから五大湖の一つオンタリオ湖の湖畔のキングストンまでをリドー川やカタラク川で47もの水門でつなぐ、19世紀初期の全長202kmの記念碑的な北米で最も古い運河の土木遺産である。世界遺産の登録範囲は、核心地域が21455ha、緩衝地域が2363haである。リドー運河は、英米戦争後、アメリカの侵略からの防衛のためにジョン・バイ海軍大佐の指揮のもと1万人以上もの労働者、6年の歳月を費やして建造され、当時は運河では初となる蒸気船の航行を視野に入れ建設された。世界遺産登録の2007年は、リドー運河開通175年記念、オタワ首都選定150周年の記念すべき年であった。
文化遺産（登録基準(i)(iv)）　2007年

○ジョギンズ化石の断崖（Joggins Fossil Cliffs）
ジョギンズ化石の断崖は、カナダの東部、ノバ・スコシア州のファンディ湾沿いにある世界遺産の核心地域の総面積が689haに面した古生物の遺跡である。3.54億年から2.9億年前の石炭紀の豊富な化石の為、「石炭紀のガラパゴス」と表現されている。ジョギンズ化石の断崖の岩は、地球史におけるこの時代の証しであると考えられており、世界で最も地層が厚く最も理解できる3.18億年から3.03億年前の化石の陸上での生活がわかるペンシルヴァニア断層の記録である。これらは、初期の動物の遺物や痕跡、それに、住んでいた雨林などが含まれている。高さ23m、総延長14.7kmの崖からは、2億8000年以上前の地球の姿を物語る膨大な量の植物や動物、貝などの化石が発見されている。満潮と干潮の差が15m以上になることもあるファンディ湾の激しい海水の流れに浸食されて露出した崖に、樹木が立っていたままの形で化石となっているところを見ることができる。1851年は、この化石化した木の中に小さな爬虫類の化石が入っているものが発見された。ヒロノマス(Hylonomous)と名付けられたこの爬虫類は30センチほどの大きさであるが、恐竜の祖先と考えられており、爬虫類としては最古のものである。ジョギンズ化石の断崖は、96属148種の化石、それに20の足跡群など3つの生態系の化石が豊富に集まっている。ジョギンズ化石の断崖は、地球史における主要な段階を代表する顕著な見本である。ジョギンズ化石の断崖へは、ハリファックスから車で約3時間。モンクトンから車で約1時間で行くことが出来る。
自然遺産（登録基準(viii)）　2008年

●グラン・プレの景観（Landscape of Grand-Pré）
グラン・プレの景観は、カナダの東部、ノバスコシア州のミナス盆地の南部に展開する草原湿地帯と考古学遺跡群とで構成される、総面積1300ha以上に及ぶ文化的景観。グラン・プレは、18世紀、フランス系入植者が北米大西洋岸の広大な草原を、堤防、水門、排水溝などによる農耕治水技術を駆使して開拓した一帯。この一帯は、古くからアカディアと呼ばれていたことから、入植者たちは「アカディアン」と呼ばれた。グラン・プレの景観は、ポルダーの農場とグラン・プレとホートンヴィルの町の考古学的な要素によって成り立っている。グラン・プレは、北米大西洋岸へ最初にヨーロッパ人が定住した類いない事例であり、1755年のイギリスによるアカディアン追放令で強制移住させられたアカディア人ゆかりの地である。グラン・プレの景観は、1995年に国の史跡に指定されており、ホートン・ランディングには、入植記念碑と追放の十字架の2つの重要な記念碑がある。
文化遺産（登録基準(v)(vi)）　2012年

●レッド・ベイのバスク人の捕鯨基地
（Red Bay Basque Whaling Station）
レッド・ベイのバスク人の捕鯨基地は、カナダの東部、ニューファンドランド・ラブラドール州、ベルアイル海峡に面したラブラドール半島にある。レッド・ベイは、フランスとスペインとの国境地帯から来たバスク人によって、北極圏における前工業化期、それに大航海時代の16世紀に設けられた総合的な捕鯨基地で、夏季の沿岸捕鯨、鯨の肉捌き、鯨油を生産する為の加熱による鯨脂の剥離、鯨油の貯蔵を行った。鯨油は、スペインのガレオン帆船で輸送しヨーロッパで販売、主に灯り用に使用された。世界遺産登録の対象となった構成資産は、釜戸、桶・樽類、埠頭群、一時的な住居や宿舎群、墓地などの遺跡、それに、難破などによる沈没船や鯨の骨の堆積物なの海底遺跡を含む。レッド・ベイ遺跡は、1979年にカナダの国の史跡にも指定されている。
文化遺産（登録基準(iii)(iv)）　2013年

○ミステイクン・ポイント（Mistaken Point）
ミステイクン・ポイントは、カナダの東部、ニューファンドランド・ラブラドル州のニューファンドランド島のアバロン半島東南端で1967年にインドの留学生シヴァ・バラク・ミスラによって最初に発見された約5億8,000万～5億6,000万年前の化石群集である。1987年には生物圏保護区に指定されたミステイクン・ポイントの世界遺産の登録面積は、細長い17kmの海岸崖の146ha、バッファー・ゾーンは74haで、先カンブリア時代末期に棲息していたエディアカラ紀の多様かつ豊富な生物群化石である。出土する化石の古さや多彩さを誇る地形・地質が評価された。
自然遺産（登録基準(viii)）　2016年

◎ピマチオウィン・アキ（Pimachiowin Aki）
ピマチオウィン・アキは、カナダの中央部、マニトバ州とオンタリオ州にまたがる北米最大のタイガ（亜寒帯針葉樹林）の自然環境と古来の伝統文化を誇る先住民集落の伝統的な土地（アキ）である。世界遺産の登録面積は2904,000ha、バッファーゾーンは35,926,000ha、ピマチオウィン・アキとは、狩猟採集漁撈民である先住民族のアニシナベ族（オジブワ族）の言語で「生命を与える大地」という意味である。世界遺産の登録範囲には、彼らが伝統的な生活を営んできた伝統的な土地と呼ばれる土地を含んでおり、不平等な条約によって、先住民の伝統的な土地はカナダに割譲された。その見返りとして、彼らは、狭い居留地・保留地と財政的援助を与えられた。しかしながら、彼らは自治へと向けて歩み出している。ピマチオウィン・アキは、2016年の第40回世界遺産委員会では、専門機関のICOMOSとIUCNから登録勧告をされていたが、5つの部族のひとつであるピカンギクム族が建設が計画されているバイポールIIIと呼ばれる送電線のルートに関する問題で、自分たちの土地への影響を懸念し、世界遺産の支援からの撤退を表明したことから情報照会決議となった珍しい事例であるが、先住民族と州との自然保護の協力が成立し世界遺産登録を実現した。
複合遺産　登録基準（(iii)(vi)(ix)）　2018年

●ライティング・オン・ストーン／アイシナイピ
（Canada Writing-on-Stone / Aisinai'pi）
ライティング・オン・ストーン／アイシナイピは、カナダの西部、アルバータ州にある紀元前にさかのぼる岩絵が残されている地域で、先住民族のブラックフット族に神聖視されてきた場所で、ライティング・オン・ストーン州立公園/アイシナイピ国立史跡に指定されている。登録面積が1106ha、バッファーゾーンが1047ha、構成資産は、アイシナイピ、ハフナー・クレ、ポバティー・ロックの3件からなる。ライティング・オン・ストーン／アイシナイピは、グレート・プレーンズの北端のプレーリー地域にある平原インディアンたちが聖地として数千年間守り続けた場所である。ミルク川の深い渓谷(クーリー)の地形は、自然と人間との共同作品ともいえる文化的景観、それに、浸食で形を変えた地質学上の特色をとどめている。ブラックフット族はミルク川渓谷の砂岩の壁に彼らの精神性を表わすペトログリフ(彫刻)とピクトグラフ(絵文字)を残した。
文化遺産(登録基準(i)(iii)(iv)(vi))　2019年

〈ラテンアメリカ・カリブ〉

28か国（146物件　○38　●100　◎8）

アルゼンチン共和国（11物件　○5　●6）

○ロス・グラシアレス国立公園

（Los Glaciares National Park）

ロス・グラシアレス国立公園は、パタゴニア地方の南部、コロラド川を境にして南緯40度以南からチリ国境アルヘンティーノ湖までの約4500km²の自然保護区で、国立公園に指定されている。グラシアレスとは、スペイン語で「氷河」という意味。広大なナンキョク・ブナの森や平原からなり、南極大陸、グリーンランドに次ぐ世界で3番目の面積をもつ氷河地帯である。国立公園の北側には、標高3375mのフィッツ・ロイ山がそびえるが、大半は1000m以下の台地が広がる。最大の氷河は琵琶湖ほどの大きさのウプサラ氷河で、面積は約600km²。また、ペリト・モレノ氷河は今も活発に活動を続けている唯一の氷河。氷河が崩落して氷山になるという珍しい光景が見られる。この氷河の流れる速さは、1年に600～800mで、他の氷河に比べると（通常は1年に数m）非常に速い速度で流れている。この地方ではパタゴニア特有の動植物が多く生息する。グアナコ、ハイイロギツネ、ヌートリアやマゼランキツツキ、クロハラトキなど貴重な生物も多い。

自然遺産（登録基準(vii)(viii)）　1981年

●グアラニー人のイエズス会伝道所：サン・イグナシオ・ミニ、ノエストラ・セニョーラ・デ・ロレト、サンタ・マリア・マジョール（アルゼンチン）、サン・ミゲル・ミソオエス遺跡（ブラジル）

（Jesuit Missions of the Guaranis: San Ignacio Mini, Santa Ana, Nuestra Senora de Loreto and Santa Maria Mayor (Argentina)、Ruins of Sao Miguel das Missoes (Brazil)）

グアラニー人のイエズス会伝道所は、イエズス会宣教師が17世紀から18世紀にかけて、先住民グアラニー族への布教のために、ブラジル・アルゼンチン国境に築いた教化集落遺跡。1983年にブラジルのサン・ミゲル・ダス・ミソンイスが登録され、1984年にアルゼンチンのサンタ・マリア・ラ・マヨール、サン・イグナシオ・ミニ、ノエストラ・セニョーラ・デ・サンタ・アナ、ノエストラ・セニョーラ・デ・ロレトが追加登録され、併せてひとつの物件となった。1609年、イエズス会の若き宣教師たちは、ラプラタ地方にレドゥクシオンと呼ばれるインディオ教化集落を建設し、共同生活を営んでいた。しかし商人の襲撃やインディオから利益供与を受けているとの疑いをかけられ、イエズス会は西へと移動した。ブラジル、アルゼンチン、パラグアイの国境が接するあたりのウルグアイ川とパラナ川にはさまれた数百kmにのびる密林地域は布教活動の拠点となり、一時は1万人余の人々が暮らしていた。しかし1767年にスペイン王のイエズス会追放令により、集落は放棄され荒れはてた。最も賑わったとされるサン・イグナシオ・ミニには、ヨーロッパのバロック様式とインディオの建築様式が混じり合った独自の装飾が残る。その他、日干し煉瓦造りの教会、礼拝堂、学校、住宅、作業場、倉庫などの伝道施設の跡が、かつての活況を物語っている。

文化遺産（登録基準(iv)）　1983年／1984年
アルゼンチン／ブラジル

○イグアス国立公園（Iguazu National Park）

イグアス国立公園は、南米のアルゼンチンとブラジル二国にまたがる総面積492000km²の広大な森林保護地で、金色の魚ドラド、豹、鹿、小鳥、昆虫や蘭、草花など多様な動植物が生息している。なかでも、国立公園内にある総滝幅4km、最大落差約85mの世界最大級のスケールと美しさを誇るイグアスの滝は世界的にも有名。イグアスとは、「偉大な水」の意味で、滝の数は大小合わせて300以上、大瀑布が大音響と共に繰り広げる豪壮な水煙のパノラマは圧巻で、しばしば、空には美しい虹がかかる。川の中央でアルゼンチン側とブラジル側にわかれ、それぞれが登録時期も異なる為に（ブラジルは1986年登録）、二つの物件として世界遺産に登録されている。

自然遺産（登録基準(vii)(x)）　1984年　→ブラジル

●ピントゥーラス川のラス・マーノス洞窟

（Cueva de las Manos, Rio Pinturas）

ピントゥラス川のラス・マーノス洞窟は、アルゼンチン南部のサンタクルス州のパタゴニア地方にある。クエバ・デ・ラス・マノスという名は、「手の洞窟」という意味で、洞窟内に残るいくつもの手の輪郭をした壁画に由来している。この洞窟には、10000年～1000年前の先史時代に描かれた非常に珍しい壁画が数多く見られ、野生のラマのグアナコなどの動物の絵も多数描かれている。これらの壁画を描いたのは、17世紀までパタゴニア地方に住んでいた狩猟採集民であったといわれている。

文化遺産（登録基準(iii)）　1999年

○ヴァルデス半島（Peninsula Valdes）

ヴァルデス半島は、チュブト州東部にあるサン・ホセ湾とヌエボ湾に囲まれた面積39万haの半島。ヴァルデス半島は、パタゴニアの海洋哺乳動物の保護にあたって世界的に大変重要な地域。絶滅の危機にさらされているセミクジラ、ゾウアザラシ、マゼランペンギン、固有種のパタゴニア・アシカ、海鳥なども生息している。また、ヴァルデス半島周辺のシャチは、ユニークな方法で獲物を捕ることでも知られている。観光化が危機因子にもなっている。

自然遺産（登録基準(x)）　1999年

○イスチグアラスト・タランパヤ自然公園群
（Ischigualasto/Talampaya Natural Parks）
イスチグアラスト・タランパヤ自然公園は、アルゼンチンの中央、シエラパンペアナス山脈の西側の砂漠地帯のサンホァン州リオッハにある。イスチグアラスト州立公園とタランパヤ国立公園は、隣接する自然公園で、面積は27万5,300haを超えて広がる。地質学史の三畳紀（2億4,500万～2億800万年前）から現代に遺された大陸化石の記録が、最も完璧な形で発見されている。これらの自然公園で見られる6段階の地質形成から現代生物の祖先にあたる種の化石が広範にわたって発見され、脊椎動物の進化と三畳紀という古代環境での自然が明らかにされた。なかでも、イスチグアラスト月の谷での、ディノザウルスの足跡や化石の発見は、2億年も前に生息していた恐竜の存在を裏付けている。
自然遺産（登録基準(viii)） 2000年

●コルドバのイエズス会街区と領地
（Jesuit Block and Estancias of Cordoba）
コルドバのイエズス会地区と住居は、アルゼンチン北部の高原にあるコルドバ州の州都で、この国第2の都市である古都コルドバにある。コルドバの都市づくりは、1573年から1767年までのイエズス会の活動期に形成され、その後、学問、文化の中心地として発展した。コルドバの街の中心地には、この地方の歴史を見守るかのように、イグレシア・コンパーニャ・デ・イエズス教会などイエズス会の教会建築群がモニュメンタルに聳える。それに、周辺部には、エスタンシア・イエズス・マリア(1618年)、エスタンシア・サンタ・カタリーナ(1622年)、アルタ・カルシア(1643年)、ラ・カンデラリア(1683年)、エスタンシア・デ・カローヤ(1687年)などのレドゥクシオン(伝道村)に教会、礼拝堂、神学院、宿舎などの建物が建設された。南米における土着のインディヘナの文明とヨーロッパの文明とが見事に融合した事例である。コルドバは、日本移民発祥の地としても知られている。
文化遺産（登録基準(ii)(iv)） 2000年

●ウマワカの渓谷
（Quebrada de Humahuaca）
ウマワカの渓谷は、アルゼンチンの北部、アンデス山脈系の標高約3000mのフフイ州にあり、大地と岩の大自然の景観から南米のグランド・キャニオンと言われる。ウマワカの渓谷は、岩肌の様々な鉱物の色彩が赤、青、緑へと不思議なグラデーションの色調を織りなすことから七色の谷とも呼ばれ、また、巨大なサボテンの木々の光景が印象的である。ウマワカの渓谷は、過去10,000年以上にもわたって、アンデス高地との間で人々が行き交った主要な交易路であった旧街道がある。また、ウマワカの渓谷には、先史時代の集落遺跡、15～16世紀のインカ帝国の要塞、19～20世紀の独立戦争時のモニュメントが残っている。考古学博物館ではインカ時代のミイラを見られる。
文化遺産（登録基準(ii)(iv)(v)） 2003年

●カパック・ニャン、アンデス山脈の道路網
（Qhapaq Ñan, Andean Road System）
文化遺産（登録基準(ii)(iii)(iv)(vi)） 2014年
（コロンビア／エクアドル／ペルー／ボリヴィア／チリ／アルゼンチン）→ペルー

●ル・コルビュジエの建築作品－近代化運動への顕著な貢献
（The Architectural Work of Le Corbusier, an Outstanding Contribution to the Modern Movement）
文化遺産(登録基準(i)(ii)(vi)) 2016年
（フランス／スイス／ベルギー／ドイツ／インド／日本／アルゼンチン）→フランス

○ロス・アレルセス国立公園
（Los Alerces NationalPark）
ロス・アレルセス国立公園は、アルゼンチンの南部、チュプト州の西部、パタゴニア北部のアンデス山脈の南部の活発な活動を続ける火山地帯にあり、西側はチリの国境と接する国立公園で1937年に指定された。世界遺産の登録面積は188,379ha、バッファー・ゾーンは207,313haは、連続したロス・アレルセス自然保護区(71,443ha)と追加の地域(135,870ha)を構成する。連続する氷河作用は、モレーン、氷河圏谷、淡水湖群などの様に目を見張る様な景観を創造した。植生は、岩肌のアンデス山脈の峰々のもと高山草原へ移行するブナやヒノキの深い温帯林が支配する。ロス・アレルセス国立公園は、原生的なパタゴニア森林が保護され、アレルス・カラマツやパタゴニア・ヒバなど動植物の固有種や絶滅危惧種の生息地である。
自然遺産（登録基準(vii)(x)） 2017年

アンティグア・バーブーダ（1物件 ●1）

●アンティグア海軍造船所と関連考古学遺跡群
（Antigua Naval Dockyard and Related Archaeological Sites）
アンティグア海軍造船所と関連考古学遺跡群は、カリブ海東部、西インド諸島のリーワード諸島を構成するアンティグア島の南東部にある。英国のジョージ1世から4世までの時代(1714～1830年)の建築・工芸様式であるジョージアン様式の海事施設の建造物群である。世界遺産の登録面積は、バークレー要塞、守衛所、砲兵隊ビルなどがあるネルソンズ・ドックヤード国立公園を中心とする255ha、バッファー・ゾーンは、3873haである。ハリケーンから守る為、周囲を高い山地に囲まれ、狭く水深が深い湾の入り江に築かれた造船所や城壁などの建設は、奴隷にされたアフリカ人の労働なくしては成し得ず、サトウキビ農園主の権益を守ることが目的でもあった。アンティグア海軍造船所と関連考古学遺跡群は、英国の海軍力を背景にして、カリブ海全域に睨みを利かせ、植民地化をすすめていく上での理想的な拠点であった。アンティグア・バーブーダ初の世界遺産である。
文化遺産（登録基準(ii)(iv)）　2016年

ヴェネズエラ・ボリバル共和国
（3物件　○1　●2）

●コロとその港（Coro and its Port）
コロは、カラカスから西177kmの沿岸にあるファルコン州の州都。1499年にスペインが上陸、以降この国の植民地化が始まり、コロは、1527年にスペインの最初の植民都市の一つになった。16世紀になるとスペイン国王から開拓権を得たドイツのアウクスブルグの商家「ウィンザー家」がこの地を支配した。カリブ海の砂糖貿易の拠点として発展したが、他の南米諸都市が金鉱発見などで栄えていくにつれ衰退した。コロの北側のアンチル諸島はオランダ領のためオランダの影響も受け、古都コロにはスペイン植民地時代初期のコロニアル様式とオランダのバロック様式が融合した約600の歴史的建造物が町の至る所に残り、美しい町並みを形成している。かつてはコロの玄関口となっていた港は、現在は小さな漁船が停泊するひっそりとしたたたずまい。カリブ海の海賊とハリケーンの度重なる襲来にさらされる一方、近年の石油開発の波にも取り残されて一時は地図からもその名が消えかかったが、それ故に貴重な建築物が残ることになったともいえる。2004年11月～2005年2月の豪雨災害で、2005年に「危機にさらされている世界遺産リスト」に登録された。
文化遺産（登録基準(iv)(v)）　1993年
★【危機遺産】　2005年

○カナイマ国立公園（Canaima National Park）
カナイマ国立公園は、ヴェネズエラ南東部ギアナ高地の世界屈指の秘境で、1962年に国立公園に指定された。およそ20億年前に形成された地殻が隆起し、侵食によってテーブル状に硬い部分が残ったテーブル・マウンティンが100以上も存在する。むきだしの岩は、地球上で最も古い地層のひとつのロライマ層。カナイマ国立公園は、ギアナ高地の中心部を形成し、主要なテーブル・マウンティンも集中している。大きく蛇行するカラオ川の上流に、先住民が「悪魔の家」と恐れていたアウンヤンテプイと呼ばれるテーブル・マウンティンがあり、そこから落差979mもあるアンヘル（エンジェル）の滝が流れ落ちている。3000km²にも及ぶ広大なサバンナと熱帯林と、垂直に切り立った絶壁に囲まれた地形のため、独自の進化を遂げた動植物（4000種以上の顕花植物、ベニコンゴウインコ、オオハシ、ヤマアラシ、ジャガー、ヤマネコなど）が生息する。
自然遺産（登録基準(vii)(viii)(ix)(x)）　1994年

●カラカスの大学都市
（Ciudad Universitaria de Caracas）
カラカスの大学都市は、首都カラカス大都市圏のリベルタドール市にある学園都市。カラカスの大学都市は、1940～1960年代にかけて建築家カルロス・ラウール・ヴィラヌェヴァ（1900～1975年）と優秀な前衛芸術家達で創られたヴェネズエラの都市計画、建築、芸術を代表する作品。ヴェネズエラ中央大学（UCV）をはじめとするカラカスの大学都市のキャンパスは、数多くの建物や機能を統合している。それは、現代建築の作品、アメリカの彫刻家のアレキサンダー・カルダー（1898～1976年）の作品「雲」があるアウラ・マグナ（講義室）、オリンピック・スタジアム、それに、屋内プラザの絵画、彫刻などの視覚芸術など幅広い。カラカスの大学都市は、現代の都市計画を代表し、20世紀初期の都市、建築、芸術を統合した学園都市の顕著な事例。
文化遺産（登録基準(i)(iv)）　2000年

ウルグアイ東方共和国
（3物件　●3）

●コロニア・デル・サクラメントの歴史地区
（Historic Quarter of the City of Colonia del Sacramento）
コロニア・デル・サクラメントは、ウルグアイの南西、ラプラタ川の河口に面する国内最古の港湾都市で、現在のコロニア（県都）。1680年にポルトガル人がノーボ・コロニア・ド・サクラメントの名で建設して以来、スペインとポルトガルとの激しい争奪戦に翻弄されてきた。現在、保存されている歴史地区の街並み景観は、17世紀後半のポルトガル、18世紀半ばのスペインの植民地時代、そして、ポスト・コロニアルの3つが融合している。
文化遺産（登録基準(iv)）　1995年

●フライ・ベントスの文化的・産業景観
（Fray Bentos Cultural-Industrial Landscape）
フライ・ベントスの文化的・産業景観は、ウルグアイの西部、西側にはウルグアイ川が流れアルゼンチンとの国境になっているリオ・ネグロ県の県都のフライ・ベントス市で見られる。フライ・ベントスの文化的・産業景観は、1865年からヨーロッパ市場へ肉エキスとコーンビーフを輸出していたリービッヒ肉エキス会社と1924年から冷凍肉を輸出したアングロ肉パッキング工場の巨大な冷蔵の建物と高い煉瓦のボイラーの煙突が象徴的である。1859年に建設された後、都市の発展は1861年に設置された食肉加工工場とともにあった。21世紀においてもウルグアイの主要な食肉流通拠点の一つとして機能している。フライ・ベントスの産業と結びついた文化的景観や、食肉の輸出や55か国以上からの移民労働者の受け入れなど、19～20世紀の南米とヨーロッパの国際的な人的交流や結びつきが評価された。
文化遺産（登録基準(ii)(iv)）　2015年

●**エンジニア、エラディオ・ディエステの作品：アトランティダの教会**
（The work of engineer Eladio Dieste: Church of Atlántida）
エンジニア、エラディオ・ディエステの作品：アトランティダの教会は、ウルグアイの南部、カネロネス県のアトランティダ市の北郊外、エスタシオン・アトランティダにある。世界遺産の登録面積は0.56 ha、バッファーゾーン69.5 haである。エラディオ・ディエステ（1917年～2000年）はウルグアイのエンジニアであり、彼の作品である穀物貯蔵用の倉庫、工場の小屋、貯水塔、市場、このアトランティダの教会（通称・労働者教会）など、そのほとんどがウルグアイにあるが、すべてが並外れた優雅さを備えている。アトランティダの教会は、ユネスコのグローバル・ストラテジーに基づく20世紀の建築で、煉瓦、それに、デザイン性や光の効率を充分に高めた斬新な技術を探求する為、人造スレートやアルミニウムなどの新建材を使用、ウルグアイ国家歴史遺産にも指定されている。
文化遺産（登録基準(iv)）　2021年

エクアドル共和国（5物件　○2　●3）

○**ガラパゴス諸島**（Galápagos Islands）
ガラパゴス諸島は、エクアドルの西方960kmの太平洋上にある19の島からなる火山群島。ガラパゴスは、スペイン語の「ガラパゴ」（陸ガメの意）に由来している。諸島の成立は数百万年前。主島のイサベラ島、サンタ・クルス島をはじめとする島々は、現在も活発な火山活動を続けている。ガラパゴス諸島の誕生以来、どこの大陸とも隔絶された環境の中、ゾウガメ、リクイグアナ、ウミイグアナ、ウミトカゲ、グンカンドリ、ペンギン、ガラパゴスコバネウなど独自の進化を遂げた動植物が数多く生息する。チャールズ・ダーウィンの進化論の島として有名なこの諸島は、現在も世界中の研究者に貴重な生物学資料を提供している。2001年に登録範囲が拡大され、ガラパゴス海洋保護区が含められた。2007年に、外来種の移入、観光客と移住者の増加などの理由から、「危機にさらされている世界遺産リスト」に登録されたが、外来種の駆除など保護措置の強化によって事態が改善された為、2010年の第34回世界遺産委員会ブラジリア会議で、危機遺産リストから解除された。2011年3月11日に日本で起きた東日本大震災による津波の余波は18時間後にサンタ・クルス島プエルトアヨラに到達、チャールズ・ダーウィン研究所の海洋生物研究棟等に被害が出た。
自然遺産（登録基準(vii)(viii)(ix)(x)）
1978年／2001年

●**キト市街**（City of Quito）
キトは、エクアドルの首都で、ピチンチャ山を中心とするアンデス山脈を背に南北17kmに延びる細長い都市。1487年にインカ帝国に統合された北の都は1533年に滅亡し、1534年にスペインの支配に屈し、その後、この地域の政治、経済、文化の中心地として発展した。石畳の階段やテラスのある急な坂道が随所に見られる旧市街には、狭い街路に沿ってスペイン風のバルコニーやパティオのある家が立ち並び、また、16～17世紀のスペイン植民地時代の大聖堂があるサン・フランシスコ教会、サント・ドミンゴ教会、ラ・コンパーニャ教会など多数の聖堂や修道院が、その歴史を物語る。
文化遺産（登録基準(ii)(iv)）　1978年

○**サンガイ国立公園**（Sangay National Park）
サンガイ国立公園は、エクアドルの首都キトから約278kmのところにある中部アンデス高地からアマゾン源流域までの517765ha、標高800～5000mの広大な国立公園。サンガイ国立公園には、サンガイ山（5230m）、アルター山（5139m）、ツングラグア山（5016m）の3つの活火山が活動している。サンガイ活火山の高山地帯から亜熱帯性雨林の密林地帯に及ぶ地域特性は、ハチドリ、イワドリなどの鳥類、サル、オオカワウソなどの動物、アルストロメリアなどの植物など豊かな生態系を育み、コンドル、ヤマバク、メガネグマなど絶滅が危惧されている稀少動物が生息している。道路建設、都市開発、密漁などの理由により1992年に「危機遺産」に登録されたが、人為的な脅威からの改善措置が講じられた為、2005年に「危機遺産リスト」から解除された。
自然遺産（登録基準(vii)(viii)(ix)(x)）　1983年

●**サンタ・アナ・デ・ロス・リオス・クエンカの歴史地区**
（Historic Centre of Santa Ana de los Ríos de Cuenca）
クエンカ市は、首都キトの南300km、アンデス山脈の谷間の標高約2600mの内陸高地にあるエクアドル第3の都市。クエンカは、1557年にヒル・ラミレス・ダヴァロスによって、スペインの植民都市として建設された。スペインのクエンカも1996年に文化遺産に登録されているが、エクアドルのクエンカの都市名もこれに由来する。町の中心にあるアブドン・カルデロン広場、日干し煉瓦を敷き詰めた碁盤目上の街路、カテドラルやサン・フランシスコ教会などの建築物がある計画的な美しい町並み景観は、スペインの植民地時代の面影を今も色濃く留めている。
文化遺産（登録基準(ii)(iv)(v)）　1999年

●**カパック・ニャン、アンデス山脈の道路網**
（Qhapaq Ñan, Andean Road System）
文化遺産（登録基準(ii)(iii)(iv)(vi)）　2014年
（コロンビア／エクアドル／ペルー／ボリヴィア／チリ／アルゼンチン）→ペルー

エルサルバドル共和国（1物件　●1）

●ホヤ・デ・セレンの考古学遺跡
（Joya de Cerén Archaeological Site）
ホヤ・デ・セレンは、首都サン・サルバドルの北西40kmにあるカルデラ火山の大噴火によって埋没した古代マヤ文明時代の村。マヤ南部に属するこの地域は、翡翠やカカオの大産地であり、肥沃な「蜜滴る地」であった。6世紀末の火山の爆発によって埋没し、1976年に人類学者のペイソン・シーツによって発見されるまで、1400年もの間、火山灰の下に眠り続けていた。ホヤ・デ・セレンは、畑、作物、農耕器具など当時の農業の様子、住居、集会所、寺院、共同浴場、サウナ、それに、台所用品、織物、食料、陶器、家具、装身具など当時の生活の様子を推測させる数少ない農村集落の考古学遺跡である。ホヤ・デ・セレンでの発掘作業は、多くの点で、ヴェスヴィオ火山の噴火で、埋没した2つのローマ帝国の都市、ポンペイとヘルクラネウム(現エルコラーノ)のそれに似ている。
文化遺産（登録基準(iii)(iv)）　1993年

キューバ共和国（9物件　○2　●7）

●オールド・ハバナとその要塞システム
（Old Havana and its Fortification System）
オールド・ハバナとその要塞システムは、メキシコ湾にのぞむキューバ島の北西岸、キューバの首都ハバナにある。ハバナの歴史は、1519年にベラスケスが建設に着手した時に始まる。ハバナ湾のすぐ西にある旧市街のオールド・ハバナには、植民地時代の面影が残る古い歴史的遺産が集中しており、世界遺産の登録面積は、142.5haである。ハバナ湾の入り江には、海賊や諸外国など外部からの攻撃に備えて堅固な要塞が多く築かれ町全体が要塞化都市として機能した。ハバナ湾の入口を防衛するカリブ海最強の砦といわれた城壁の高さが20mもある1589年に建設されたモロ要塞、それに、対岸に1590年に建設されたプンタ要塞、バルトロメウ・サンチェスによって1558年に建設されたフエルサ要塞、ハバナ湾の東側を防衛する為に1763年に建設されたカバーニャ要塞、キューバ島を発見したクリストファー・コロンブス(1451～1506年)の遺体を安置していたバロック大聖堂などが残っている。
文化遺産（登録基準(iv)(v)）　1982年

●トリニダードとインヘニオス渓谷
（Trinidad and the Valley de los Ingenios）
トリニダードは、ハバナの南東280km、カリブ海に面し、スペイン人のディエゴ・ベラスケス（1460～1532年）が1514年に建設した3番目の植民都市。18～19世紀後半まで栄えたサトウキビからの砂糖生産が町に繁栄をもたらし、富の象徴ともいえるオルティス、マリブラーン、ブルネート、カンテロなどの農園主や経営者の屋敷、サンティシマ・トリニダード大聖堂、ラ・ポパ聖堂などの建造物と町並みを今に伝えている。これとは対照的に、街の北西14kmのところにあるロス・インヘニオス渓谷では、西アフリカから連行された黒人奴隷が、苦難の労働を強いられた58の砂糖工場が立ち並び、黒人達を監視するために建てられたイスナーガの塔が残っている。暗黒の奴隷時代を現在に伝える負の遺産といえる。
文化遺産（登録基準(iv)(v)）　1988年

●サンティアゴ・デ・クーバのサン・ペドロ・ロカ要塞
（San Pedro de la Roca Castle, Santiago de Cuba）
サンティアゴ・デ・クーバは、キューバ東部サンティアゴ湾に面した町で、1515年から1607年まで、キューバの最初の首都であった。サン・ペドロ・ロカ要塞は、カリブ海域の商業的、政治的な抗争が激化するなかで、戦略的に重要なサンティアゴ港を防衛する為、スペインの国王フィリップ2世の命によって、1590年に巨大な要塞が岬の上に建設された。1638年に町長のペドロ・デ・ロカによって拡張され、イタリア人で軍の技術者であるファン・バウティスタ・アントネッリが設計を担当し、サン・ペドロ・ロカ要塞と呼ばれ、19世紀末まで、数度、再建・拡張された。サン・ペドロ・ロカ要塞は、砦、弾薬庫、砲台などが複雑に配置され、イタリア・ルネッサンス様式を基にしたスペイン・アメリカ様式の軍事施設として保存されている。
文化遺産（登録基準(iv)(v)）　1997年

●ヴィニャーレス渓谷（Viñales Valley）
ヴィニャーレス渓谷は、キューバの西部、ピナール・デル・リオ市の北方50km、グァニグァニコ山脈のモゴテスと呼ばれる奇妙な形の山で囲まれたカルスト地形とヤシの木が印象的な美しい田園景観を呈する。ヴィニャーレス渓谷は、土地も肥沃であり、世界的に有名なクオリティーの高いハバナ葉巻の原料になるタバコの葉、それにサトウキビ、トウモロコシ、バナナの栽培など伝統的な農耕法や工法が、今も変わることなく息づいている。ここには、先住民のインディヘナが居住していたといわれる「インディオの洞窟」など数多くの洞窟がある。これらは、植民地時代には奴隷の隠れ家として、また、独立戦争時代には、革命家の隠れ家だったといわれている。また、ヴィニャーレスの村人は、この地固有の農家の木造家屋の建築、工芸、音楽の面においても、古くからの良き伝統を守り続け、カリブ諸島、そして、キューバの文化の発展に貢献した。ヴィニャーレス渓谷は、その独特の文化的景観の美しさから映画やテレビの撮影の舞台としても登場している。
文化遺産（登録基準(iv)）　1999年

○デセンバルコ・デル・グランマ国立公園
（Desembarco del Granma National Park）

デセンバルコ・デル・グランマ国立公園は、キューバ島の南西端のグランマ州にある。デセンバルコ・デル・グランマ国立公園は、地球上でも、地形の特徴、地質の進化の過程を知る上での重要な事例の一つであり、1986年に、国立公園に指定されている。キューバ南部の西端に突き出たクルス岬一帯の地形は、西大西洋と接する海岸線の断崖景観、それに海抜360mから180mまで延びる石灰岩の海岸段丘が特徴的である。デセンバルコ・デル・グランマ国立公園は、地質学的には、カリブ・プレートと北アメリカ・プレートの間にある活断層内にある。

自然遺産（登録基準(vii)(viii)）　1999年

●キューバ南東部の最初のコーヒー農園の考古学的景観

（Archaeological Landscape of the First Coffee Plantations in the South-East of Cuba）

キューバ南東部の最初のコーヒー農園の考古学的景観は、キューバの南東部のサンティアゴ・グアンタナモ地方シエラ・マエストラ山麓の丘に見られる。このコーヒー農園は、19世紀から20世紀初めにかけての遺構で、険しい地形にある原生林をハイチからのフランス人入植者がコーヒー農園として農用地に転用したユニークなものであり、世界の他の場所では見られない。19世紀から20世紀初めにかけての東キューバにおけるコーヒー生産は、ユニークな文化的景観を創出すると共に、カリブ・ラテンアメリカ地域の経済、社会、そして、農業技術史に光明を投じた。一方において、このコーヒー農園は、アフリカからの奴隷が血と汗の過酷な労働を強いられた負の歴史も背負っている。

文化遺産（登録基準(iii)(iv)）　2000年

○アレハンドロ・デ・フンボルト国立公園

（Alejandro de Humboldt National Park）

アレハンドロ・デ・フンボルト国立公園は、首都ハバナの東南東約780km、キューバ東部のバラコア山などカリブ海に面する山岳と森林の諸島にある。アレハンドロ・デ・フンボルト国立公園には、典型的な熱帯林が広がり、約100種の植物が見られる。ここには、12の固有種を含む64種の鳥類が見られ、また、キューバ・ソレノドンなど稀少生物の最後の聖域。ここで有名なのが固有種のカタツムリの一種である陸棲軟体生物ポリミタス(学名POLYMITAS PICTA)で、地球上で最も美しいカタツムリと言われている。殻の直径は2～3cmで、黄、赤、黒、白のラインが渦巻いている。また、この一帯は自然保護区にも指定されている。

自然遺産（登録基準(ix)(x)）　2001年

●シェンフェゴスの都市歴史地区

（Urban Historic Centre of Cienfuegos）

シェンフェゴスの都市の歴史地区は、キューバの南岸、ハバナの東250km、キューバで最も小さな州であるシェンフェゴス州の州都シェンフェゴスにある。植民都市のシェンフェゴスは、1819年にスペイン領内で発見されたが、主にフランス国籍の移住者が定住した。シェンフェゴスは、サトウキビ、タバコ、コーヒーの交易の場所になった。キューバのサトウキビ、マンゴ、タバコ、そして、コーヒーの生産の中心地である南部中央のカリブ海岸に位置しているので、シェンフェゴスは、最初は新古典主義の形態で発展した。後により折衷主義になったが調和のとれた全体の町並み景観を留めている。特に興味深い建造物群のなかでは、政府宮殿(市庁舎)、サン・ロレンソ学校、司教管轄区、ハグア湾を見渡せるフェラール宮殿、前文化会館、それに旧皇族の住居地がある。シェンフェゴスは、19世紀からのラテン・アメリカで発展した都市計画における現代性、衛生、それに秩序の新しい考えを代表する建築物の顕著な見本である。

文化遺産（登録基準(ii)(iv)）　2005年

●カマグエイの歴史地区

（Historic Centre of Camagüey）

カマグエイの歴史地区は、ハバナの南東約550km、キューバ中部のカマグエイ州の州都カマグエイにある。世界遺産の登録範囲は、核心地域の面積が54ha、緩衝地域が276haである。カマグエイは、1515年にスペイン人の征服者、ディエゴ・ベラスケスによって創建された最初の7つの村の一つで、旧称は、サンタ・マリア・デル・プエルト・プリンシペと言う。牛の牧畜とさとうきびの栽培、砂糖産業など内陸部での中心都市として重要な役割を果たした。カマグエイの歴史地区は、1528年に現在地に定まったが、ラテン・アメリカにあるスペインの植民都市にしては、曲がりくねった迷路の様な路地など不規則な形で発展した。カマグエイの歴史地区は、主要な交易ルートからは外れているものの、スペイン領西インド諸島の経済的な中心地として都市の発展を遂げた類いない事例である。スペイン人の入植者達は、ラテン・アメリカの都市の配置や伝統的な建設技術ではなく、中世ヨーロッパの様々な建築様式の影響を受け継いだ。カマグエイの歴史地区には、17世紀の教会なども含め、スペイン植民地時代の建築物が今なお色濃く残っている。

文化遺産（登録基準(iv)(v)）　2008年

グアテマラ共和国（3物件　●2　◎1）

◎ティカル国立公園

（Tikal National Park）

ティカル国立公園は、グアテマラ北東部のペテン州の熱帯林にある高度な石造技術を誇るマヤ文明の最大最古の都市遺跡で、1955年に国立公園に指定された。ティカルには、紀元前から人が住み、3～8世紀には周辺を従え、マヤ文明の中心になったと考えられている。海抜250mの密林の中に、中央広場を中心に、「ジャガー」、「仮面」、「双頭の蛇」などと名付けられた階段状のピラミッド神殿群、持送り式アーチ構造の宮殿群などを結ぶ大通り、漆喰による建築装飾、マヤ文字が彫られた石碑（ステラ）の建立など、マヤ古典期の初めから中心的存在として栄えたが、10世紀初めに起こった干ばつを乗り越えることが出来ず、他の低地にあるマヤ諸都市と同様に放棄された。ティカルは、テオティワカン文化＜「テオティワカン古代都市」（メキシコ）1987年　世界遺産登録＞の強い影響を受けていることも特徴のひとつである。ティカル遺跡の全体は、小さな建造物群が散在する部分を含めると120km²の広さに4000以上の建造物の遺跡を数え、都市域は、約16km²に及ぶ。また、ティカルは、熱帯の森林生態系、それに、オオアリクイ、ピューマ、サル、鳥類などの生物多様性が豊かで、1990年にユネスコのマヤ生物圏保護区に指定されている。

複合遺産（登録基準（i）（iii）（iv）（ix）（x））　1979年

●アンティグア・グアテマラ（Antigua Guatemala）

アンティグア・グアテマラは、首都グアテマラ・シティの西40kmにある富士山のような形をしたアグア火山など3つの山に囲まれた標高1520mの古都。古都アンティグア・グアテマラは、16世紀初期に創建され、1773年の大地震による崩壊で、首都がグアテマラ・シティに移されるまで、中米では最も華やかな都市として栄えた。街は度重なる大地震で被害を被ったが、修復や再建によって甦っている。カテドラルを中心に碁盤の目のように開け、広場を囲んで、旧グアテマラ総督の宮殿、ラ・メルセー教会、修道院やコロニアル風の建物が静かに佇み、石畳の美しさが印象的。古都アンティグア・グアテマラは、通称アンティグア、或は、アンティグア・カピタルとして知られている。

文化遺産（登録基準（ii）（iii）（iv））　1979年

●キリグア遺跡公園と遺跡
（Archaeological Park and Ruins of Quirigua）

キリグア遺跡公園は、グアテマラの東、ホンジュラスのコパンの北50km、モタグア川の河畔の密林地帯にある古代マヤ文明の遺跡。キリグアの都市の形成は3世紀頃とされ、コパンの都市文明の影響を受け発展した。キリグア遺跡の特徴は、5世紀後半から建てられた十数個の砂岩の石碑（ステラ）と寺院（廃墟）。碑文によると、737年にキリグアの統治者カウアク・スカイ（Cauac Sky 723～784年）が、それまで支配されてきたマヤの都市国家コパンに勝利し独自の文明を形成した模様。2010年5月の熱帯暴風雨「アガサ」の影響による集中豪雨で、モタグア川の水位が上昇、洪水で、深刻な被害を受けた。

文化遺産（登録基準（i）（ii）（iv））　1981年

コスタリカ共和国（4物件　○3　●1）

○タラマンカ地方－ラ・アミスター保護区群／ラ・アミスター国立公園
（Talamanca Range-La Amistad Reserves/ La Amistad National Park）

タラマンカ地方－ラ・アミスター保護区群／ラ・アミスター国立公園は、コスタリカとパナマの国境をなすタラマンカ地方の自然保護区・国立公園。総面積5654km²。中央アメリカ最大規模の熱帯雨林地帯、雲霧林、高原地帯、火山など変化に富んだ地形と気候をもつ国境地帯は、絶滅が懸念されるケツアルなどの鳥類や美しいモルフォ蝶など貴重な昆虫、動植物の宝庫で、世界でも有数の生態系を誇る。1983年にコスタリカ側のラ・アミスター自然保護区群が登録され、1990年にはパナマ側のラ・アミスター国立公園が追加登録されて、2国にまたがる世界遺産となった。タラマンカ地方－ラ・アミスター保護区群／ラ・アミスター国立公園は、水力発電の為のダム建設などの脅威にさらされている。

自然遺産（登録基準（vii）（viii）（ix）（x））
1983年／1990年　コスタリカ／パナマ

○ココ島国立公園（Cocos Island National Park）

ココ島国立公園は、コスタリカの南西550kmに浮かぶ東部太平洋地域で唯一の熱帯雨林帯を持つ火山島で、太平洋最大の無人島でもあるココ島にある。ココ島は、北赤道海流の通過地点で周辺は海鳥が飛び交う豊かな漁場であり、また、動植物の固有種の宝庫でもあり生物学研究の理想的な環境。特に海中生物は豊富で、海中公園内では、シュモクザメ、マンタ、マグロ、イルカなどの回遊魚を見学でき、海洋生態の研究に適している。ココ島は、常緑の森林で覆われ、年間7000mmもの降水量と島内の湧き水のため、切り立った崖から幾筋もの白い滝が海面に向かって垂直に落ちる景観を目のあたりにすることができる。ココ島は、世界でも指折りのダイビング・スポットで多くのダイバーが訪れるがキャンプなどは禁止されている。ココ島は、3人の海賊の財宝伝説の島としても有名になった。アメリカのフロリダ州のマイアミにココ島研究センターがある。

自然遺産（登録基準（ix）（x））　1997年／2002年

○グアナカステ保全地域
（Area de Conservación Guanacaste）

グアナカステ保全地域は、コスタリカの北西部、グアナカステ州とアラジュエラ州にまたがっている。グアナカステ保全地域は、火山地帯も含む陸域の104000ha、海域の43000haからなる。グアナカステ保全地域には、植物群落、絶滅寸前の種や珍種の宝庫。多様な生物相を保護するこの重要な原生地では、内陸性、海洋性の両方の自然環境での生態系の変化を見ることができる。その変化には、太平洋熱帯乾燥林の進化、推移などの過程や、また、ウミガメの産卵、サンゴの群落の移動などが見られる。2004年に陸域のサンタ・エレナ保護区(15800ha)が登録範囲に含められた。
自然遺産（登録基準(ix)(x)）　1999年／2004年

●ディキス地方の石球のあるプレ・コロンビア期の首長制集落群
(Precolumbian Chiefdom Settlements with Stone Spheres of the Diquís)
ディキス地方の石球のあるプレ・コロンビア期の首長制集落群は、コスタリカの南部、ディキス地方にある45以上の考古学遺跡群で、世界遺産の登録面積は、24.73ha、バッファー・ゾーンは、143.423haである。世界遺産は、ディキス・デルタにあるフィンカ6、バダンバル、エル・シレンシオ、グリジャルバ-2の4つの遺跡群の構成資産からなる。ディキス地方の石球は、1930年に、密林で発見された。石球の数は、これまでに200個以上が確認されており、大きさは様々で、一直線や曲線を描いて並べられたりしている。石球は、花崗岩でつくられており、幾何学的にほぼ完全な真球になっている。ディキス地方の石球があるプレ・コロンビア期の首長制集落群は、中央アメリカ南部の文化の発展がわかる代表的な遺跡群である。
文化遺産（登録基準(i)(ii)(iv)）　2014年

コロンビア共和国（9物件　○2　●6　◎1）

●カルタヘナの港、要塞、建造物群
(Port, Fortresses and Group of Monuments, Cartagena)
カルタヘナは、コロンビアの首都ボゴタの北西650kmにあるカリブ海に面した港町。スペインの新大陸での植民化の最大拠点かつ南米各地から集められた金、銀、エメラルド、カカオ、タバコ、香辛料などの本国への積み出し港として繁栄した。16世紀後半から18世紀半ばにかけて、たびたび英仏や海賊の攻撃を受け、これを避ける為の城壁(高さ12m、厚さ17m)やサン・フェリペ要塞、サン・フェルナンド要塞など数多くの要塞を築いた。堅固な城壁に守られたサン・ペドロ地区には、ボリバール広場を中心に、サン・ペドロ・クラベール聖堂、教会、旧宗教裁判所などがあり、当時の風格のある雰囲気や繁栄を物語っている。
文化遺産（登録基準(iv)(vi)）　1984年

○ロス・カティオス国立公園
(Los Katíos National Park)
ロス・カティオス国立公園は、コロンビア北西部チョコ県、パナマと国境を接する丘陵地、草原、森林を含む面積720km²の国立公園。1974年に国立公園となり、1980年にはより広い地域を保護区とした。パナマのダリエン国立公園と続いており、広大な保護区域となっている。アトラト川とその支流流域に、熱帯雨林のジャングルが広がる。変化に富んだ環境の為にインコ、カワセミ、オオハシ、ハチドリ、ナマケモノ、ヤマアラシ、マントホエザル、アルマジロ、ジャガーやピューマなどの鳥獣類や珍しい昆虫類、また水の吸収をよくするため根が板状になったカポックノキなど多種多様な動植物が育まれている。植物の25%はこの地方の固有種である。100万年前の氷河期でも、熱帯雨林は消滅しないで生き残り、太古の種の存続を可能にした。このことを旧約聖書の物語に因んで「ノアの方舟の法則」と呼んでいる。ロス・カティオス国立公園は、近年、不法な木材の伐採による世界遺産地域内外の森林破壊、それに、不法な密漁や密猟による被害が深刻化しており、コロンビア政府は、世界遺産委員会に国際的な支援を要請、2009年に「危機遺産リスト」に登録されたが、改善措置が講じられた為、2015年の第39回世界遺産委員会ボン会議で、「危機遺産リスト」から解除された。
自然遺産（登録基準(ix)(x)）　1994年

●サンタ・クルーズ・デ・モンポスの歴史地区
(Historic Centre of Santa Cruz de Mompox)
サンタ・クルーズ・デ・モンポスは、カルタヘナから南へ248km、マグダレナ川の畔に1540年に建設された港町。サンタ・クルーズ・デ・モンポスは、スペイン人による南アメリカ北部の植民地支配の礎となり重要な役割を果たした。サンタ・クルーズ・デ・モンポスは、6～19世紀にかけて、カリブ海に注ぐマグダレナ川の開発と共に発展、メインストリートは堤防の役割も果たしていた。マグダレナ川は、18世紀に川の流筋が変わった為、モンポスは孤立して河川港としての水運、交易の機能を失った。下部にアーチを持つ壮大な防波堤、八角形のムア風の塔が印象的なサンタ・バーバラ教会、サン・アグスティン教会、サント・ドミンゴ教会など、当時の面影を偲ばせる建築物が建ち並ぶ。街そのものが周辺の自然と一体となった調和のとれた景観が広がる。
文化遺産（登録基準(iv)(v)）　1995年

●ティエラデントロ国立遺跡公園
(National Archaeological Park of Tierradentro)
ティエラデントロ国立歴史公園は、南部カウカ県の標高1754mにある考古学地域。起伏の激しい広大な地域で、現在はパエス先住民が居住する。公園内は5つのエリアに分かれており、地下埋葬室があるのは、4つのエリア。山の頂上や中腹の眺めの素晴しい所に6～10世紀プレ・イスパニック時代に作られた巨大な人物像と地下埋葬室がある。墓場は、あまり深くないものから、地下7mもある深くて広いものまで変化に富み、地下埋葬室には12mの棺もあり、当時の室内装飾を再現した装飾が施されている。白地の上に赤と黒色の幾何学的モチーフや神人同形同性説の浮き彫りもあり、これらは、北アンデスのプレ・ヒスパニック社会の高度な文明と富を象徴している。サン・アグスティン遺跡に酷似した石像が発見されているが、正確な両者の関係は解明されていない。建設民族も不確定だが、パエス・インディオ説が有力。公園内には博物館があり、墓の内部で発見された陶器の壷やパエス共同体の文化を説明する道具や用具を展示した民俗学展示ルームがある。
文化遺産（登録基準(iii)）　1995年

●サン・アグスティン遺跡公園
（San Agustín Archaeological Park）
サン・アグスティン遺跡公園は、ウィラ県の南部のジャングル、マグダレナ川源流部のアンデス山脈の山中にあり、南米では最大規模の宗教遺跡を有する。18世紀半ばにスペイン宣教団によって発見された。丘陵や深い谷をもつ海抜1730mの山岳地帯には、紀元前5世紀頃から竪穴墓を特徴とする文化が始まり、紀元後5世紀頃からは石室、石棺と墳丘をもつ墳墓、人物、ヘビ、トカゲ、カエルなどの動物、空想上の生物、神像を表現した特異な巨石彫刻が出現。祭祀センターであったとされているが、全容はいまだに謎に包まれている。12世紀頃まで続くこの文化は、初期から冶金術をもち、クリーム地の赤彩文などが特色で、メソアメリカ文化の影響も受けている。1993年に国立公園に指定されている。
文化遺産（登録基準(iii)）　1995年

○マルペロ動植物保護区
（Malpelo Fauna and Flora Sanctuary）
マルペロ動植物保護区は、バジェデルカウカ地方、コロンビアの海岸の沖合い506kmにある面積350haのマルペロ島と周辺の海域857150haからなる。この広大な海洋公園は、東太平洋の熱帯地域最大の禁猟区であり、国際的な海洋絶滅危惧種にとって重大な生息地であり、主要な栄養源は、海洋の生物多様性の大きな集合体をもたらしている。特に、サメ、巨大なハタ類にとっては、自然の“貯水槽”であり、ノコギリザメ、深海サメが生息する世界でも数少ない場所の一つである。絶壁や顕著な自然美の洞窟群がある為、世界でも屈指のダイビングの場所として広く知られ、深海には、大きな捕食動物と外洋種(200以上の シュモクザメ群、1000以上のクロトガリザメ群、ジンベイザメ群、それにマグロの集合体)が生息している。
自然遺産（登録基準(vii)(ix)）　2006年

●コロンビアのコーヒーの文化的景観
（Coffee Cultural Landscape of Colombia）
コーヒーの文化的景観は、コロンビアの西部、カルダス県、リサラルダ県、バジェ・デル・カウカ県の47の自治体に展開する。世界遺産の構成資産は、アンデス山脈の山麓の18の中心市街地を含む6つのコーヒー農園の景観群からなる。コロンビアのコーヒーは、アラビカ種で、18世紀に栽培が始まり、コーヒー農園は、19世紀に発展拡大し、コロンビアの主要産業に成長した。コロンビアのコーヒーの文化的景観は、森林の小区画や耕作が困難な山岳部の自然の地形と気候を利用してのコーヒー栽培、手摘みでの熟した赤い実の収穫、水洗、精製、コーヒー豆の選別などを長年行なってきた人々の歴史と伝統文化を反映している。コーヒー農園の斜面の上部の丘陵上に立地する都市集落の建築は、スペイン植民地時代の文化様式と原住民の文化とが融合している。キンディオ県で当初計画されていた炭化水素探査プロジェクトは、この地域が世界遺産の登録範囲になったことから中止された。
文化遺産（登録基準(v)(vi)）　2011年

●カパック・ニャン、アンデス山脈の道路網
（Qhapaq Ñan, Andean Road System）
文化遺産（登録基準(ii)(iii)(iv)(vi)）　2014年
（コロンビア／エクアドル／ペルー／ボリヴィア／チリ／アルゼンチン）→ペルー

◎チリビケテ国立公園－ジャガーの生息地
（Chiribiquete National Park “The Maloca of the Jaguar”）
チリビケテ国立公園－ジャガーの生息地は、コロンビアの中央部、ギアナ生物地理学的地域の西端のグアビアーレ県のソラノにあるコロンビア・アマゾンの秘境である。世界遺産の登録面積は278, 354ha、バッファーゾーンは3, 989, 683haである。文化的には先史時代の岩陰遺跡や岩絵が残る。チリビケテ国立公園の面積は、約1, 280, 000haで、コロンビアでは最大の広がりを有する国立公園システムの保全ユニットである。地球上の最古の岩層の一つであるギアナ高地、公園の中心部を流れるメサイ川とクナレ川の2つの主な川を通じて。高さが50～70mもある滝がある 先住民の言葉で「神の住む場所」を意味する「テプイ」の頂上から流れ落ちるアパポリス川、ヤリ川 、ツニア川などの急流は、この場所に類いない美しさをもたらす。
複合遺産　登録基準（(iii)(ix)(x)）　2018年

ジャマイカ（1物件　◎1）

◎ブルー・ジョン・クロウ山脈
（Blue and John Crow Mountains）
ブルー・ジョン・クロウ山脈は、ジャマイカの南東部、コーヒーの銘柄ブルーマウンテンで知られるブルーマウンテン山脈とジョン・クロウ山脈などを含む保護区で、文化的には、奴隷解放の歴史と密接に結びついていることが評価され、自然的には、カリブ海諸島の生物多様性ホットスポットとして、固有種の地衣類や苔類の植物などが貴重であることが評価されたジャマイカ初の世界遺産である。ジャマイカ島のブルーマウンテン山脈の中に、白人支配下の農場から脱出した逃亡奴隷が造り上げたコミュニティがある。アフリカからジャマイカ島に連れて来られた黒人が、奴隷として白人の農場で働かされていた17世紀初頭、白人達に反旗を翻した逃亡奴隷達は、マルーンと呼ばれた。「ムーアの町のマルーン遺産」は、2008年に世界無形文化遺産に登録されている。
複合遺産（登録基準(iii)(vi)(x)）　2015年

スリナム共和国（2物件　○1　●1）

○中央スリナム自然保護区
（Central Suriname Nature Reserve）

中央スリナム自然保護区は、国土の中央部の熱帯原生自然地域の160万haからなる南米で最も大きな自然保護区の一つである。中央スリナム自然保護区は、1998年に国連財団などの支援のもとに、スリナム政府によって、3つの保護地区を合併して創設された。中央スリナム自然保護区は、原始の手付かずの状態の為、コペンナーメ川の上流域を守り、原生状態を保ったギアナ・シールドの広い地形と保全価値の高い生態系を保っている。低山帯と低地の森林は、6000種にも及ぶ維管束植物の多様性を包含している。また、この地域特有のジャガー、オオアルマジロ、オオカワウソ、ナマケモノ、バク、8種の霊長類、それに、400種の鳥類が生息している。

自然遺産（登録基準（ix）（x））　2000年

●パラマリボ市街の歴史地区
（Historic Inner City of Paramaribo）

パラマリボ市街の歴史地区は、スリナムの首都パラマリボの中央部のパラマリボ地区にある。パラマリボは、熱帯の南アメリカの海岸に、17～18世紀に植民した昔のオランダの植民都市で、黒人奴隷を使用してタバコ栽培を行っていた。1613年に、2人のオランダ人が、先住民族の村パルミルボの近くに、小さな貿易会社を建てた。大西洋から23km離れたスリナム川の西の河岸に定住したことが現在のパラマリボのベースになった。パラマリボの歴史地区の独立広場には、現在は、大統領の宮殿になっている白い建物、それに、特徴がある計画街路が当時のままで残っている。その建物は、オランダの建築デザインと地元の伝統的な工芸技術と材料が見事に融合している。

文化遺産（登録基準（ii）（iv））　2002年

セントキッツ・ネイヴィース（1物件　●1）

●ブリムストンヒル要塞国立公園
（Brimstone Hill Fortress National park）

ブリムストンヒル要塞国立公園は、セントキッツ島南東部のブリムストン丘陵（標高267m）の頂上部にある。ブリムストンヒル要塞は、17～18世紀のヨーロッパのカリブ海地域での植民地化の最盛期に、奴隷による労働によって建てられた英国式の要塞。ブリムストンヒル要塞は、カリブ海にあった要塞の中では最大級で、「カリブ海のジブラルタル」とも呼ばれていた。ブリムストンヒル要塞は、1850年代に放棄され廃虚となったが、その後修復され、現在は、博物館やビジター・センターも設置され活用されている。セントクリストファー・ネイヴィース（現セントキッツ・ネイヴィース 人口4.1万人）は、1493年にコロンブスによって発見された。カリブ海の小アンティル諸島のうちのリーワード諸島に位置し、セントキッツ島とネイヴィース島の2つの火山島からなる。西インド諸島では最初となる1623年に英国が入植した元植民地であった。尚、英国カリブ領の奴隷の登録簿（1817～1834年）は、世界の記憶に登録されており、英国王立公文書館（ロンドン）に所蔵されている。

文化遺産（登録基準（iii）（iv））　1999年

セント・ルシア（1物件　○1）

○ピトン管理地域（Pitons Management Area）

ピトン管理地域（PMA）は、セントルシアの南西地域のスフレノ町の近くにある。ピトン管理地域は、面積2909ha（陸域保護地域 467ha、陸域多目的地域 1567ha、海洋管理地域 875ha）の自然保護区で、海岸から700m以上の高さに聳える大ピトン火山（777m）と小ピトン火山（743m）が含まれる。ピトン管理地域は、硫黄の噴気孔や温泉のある地熱地帯で、海中にはサンゴ礁が展開し、168種の魚類をはじめ多くの海生生物が生息している。また、海岸付近には、タイマイ、沖合には、クジラ類も見られ、陸地部分の湿潤林は、熱帯性から亜熱帯性へと変化を見せる。8種類の稀少な樹種が生息する森林には、固有の鳥類や哺乳類も生息している。ピトン管理地域は、2001年の計画開発法の下に、2002年に設定された。

自然遺産（登録基準（vii）（viii））　2004年

チリ共和国（7物件　●7）

●ラパ・ヌイ国立公園（Rapa Nui National Park）

ラパ・ヌイ国立公園は、チリの首都サンチアゴから西へ3760km、タヒチから東へ4050kmの南太平洋上の火山島のイースター島（公式名：パスクア島）にあり、1935年に国立公園に指定された。ラパ・ヌイとは、現地語で「大きな島」という意味。入植は4世紀頃と推定され、原住民はポリネシアのマルケサス島から移住したといわれている。その後、オランダ人の探検家によってこの島が発見されるまでの1300年間、この島は殆ど孤立状態にありながら、驚くべき複雑な文化を発展させた。不可思議な凝灰岩の巨石像モアイ、大きな石の祭壇アウ、鳥人の儀式村、墓や火葬場、住居跡、石で内壁を縁どった洞窟、洞窟の壁画や岩絵等、モアイが切り出された石切り場、武器や道具などは、ラパ・ヌイ文化の所産である。なかでも、海岸沿いに立つモアイの石像は有名。10～16世紀にかけて、各部族または血族の神化された先祖を村の守り神として、モアイと呼ぶ創造性豊かな石像を残した。しかし、16～17世紀に部族間で内戦が次々と起こり、敵である部族を守っていたモアイ倒し闘争（フリ・モアイ）によって多くが破壊された。現在島内に残るモアイは約1000体とされているが、その大半はうつ伏せに倒れたまま放置され、岩塊と化している。イースター島は、孤立が故に造り得た謎と神秘に満ちたユニークな文化的景観を現在も残している。
文化遺産（登録基準(i)(iii)(v)）　1995年

●チロエ島の教会群（Churches of Chiloé）
チロエ島の教会群は、チリ領パタゴニアに属する緑豊かなチロエ島にある。カストロ教会、チェリン教会、アチャオ教会、コロ教会、サンファン教会、イチュアク教会などのチロエ島の教会群は、木造教会建築として類い稀な形態を見せており、ラテンアメリカにおいては唯一の事例である。これらの教会は、17～18世紀にイエズス会の修道士達による巡回伝道組織の主導で建設され、チリとヨーロッパの文化、宗教、伝統が見事に融合している。チロエ島の教会群の特色は、シンプルであること、塔が一つであること、チロエ原産のヒノキ科の常緑樹を使用した木造であることなどがあげられる。教会内の装飾も細部まで細かいものなど、逆にとてもシンプルなものなど多様である。
文化遺産（登録基準(ii)(iii)）　2000年

●海港都市バルパライソの歴史地区
（Historic Quarter of the Seaport City of Valparaiso）
海港都市バルパライソの歴史地区は、チリ中部、チリ第5州バルパライソ州の州都であるチリ第2の都市バルパライソにある。バルパライソは、チリの玄関港である港湾都市で、ラテン・アメリカで19世紀後半に発展した都市・建築の事例の一つであり、教会や住居などの建築物が16世紀前半にスペインの植民都市になってからの面影をノスタルジックに今もとどめている。バルパライソの町は、中心街と港の周りだけが狭い平地で、その他は急な坂道や石段の続く小高い丘の地形である為、住民の足ともいえる斜面を登るケーブルカーのようなアセンソール（スペイン語でエレベーターの意）があちこちに残っている。工業化初期のインフラとして、1893年に設置され当時は石炭のエネルギーで動いていたアリジェリア・アセンソール、バルパライソで一番古い1833年のクリスマスに営業を開始したコルディレラ・アセンソール、ポランコの丘にトンネルを掘って途中から垂直にアセンソールが延びているポランコ・アセンソールなどが都市の盛衰の歴史を物語っている。また、バルパライソは、1910年に開通した南米初の横断鉄道アンデス鉄道（ブエノスアイレス～バルパライソ）の終着駅としても知られている。
文化遺産（登録基準(iii)）　2003年

●ハンバーストーンとサンタ・ラウラの硝石工場群
（Humberstone and Santa Laura Saltpeter Works）
ハンバーストーンとサンタ・ラウラの硝石工場群は、チリ北部のアタカマ砂漠の海岸沿いの町、タラパカ州のイキケ（州都）の東約45kmの所にある硝酸塩（チリ硝石として有名）の産出地の硝石工場群である。世界遺産の登録面積は、コア・ゾーンが585ha、バッファー・ゾーンが12,055haである。19世紀から20世紀半ばにかけて、ハンバーストーンとサンタ・ラウラなど約300のオフィシナと呼ばれた鉱山町があった。現在はすべてゴーストタウンとなっているが、ハンバーストーンは当時の面影をもっともよく伝えている。1950年代半ば、鉱山の閉鎖とともに人々が消え去り、町はゴーストタウンとなったが、現在は当時のままの町全体が貴重な歴史資産として保護され、一般の人々にも公開されている。サンタ・ラウラは、イキケから47kmの所にあるゴーストタウンで、国の史跡になっている。2005年に「世界遺産リスト」に登録されると同時に、建物の構造上の脆弱性や最近の地震の衝撃などの理由から「危機にさらされている世界遺産リスト」に登録された。改善措置が講じられた為、2019年の第43回世界遺産委員会バクー会議で「危機遺産リスト」から解除された。
文化遺産（登録基準(ii)(iii)(iv)）　2005年

●セウェルの鉱山都市（Sewell Mining Town）
セウェルの鉱山都市は、チリの首都サンチアゴの南85km、チリ第6州のベルナルド・オヒギンス州、カチャポアル県マチャリ市にある。セウェルの鉱山都市は、アンデス山脈の2000m以上の極限の気候と自然環境下にある。セウェルの鉱山都市は、20世紀初期に、世界最大の銅産出国のチリ、その銅の世界最大の生産メーカーである国営銅会社のコデルコ社所有で、チリの銅山の中で第3位の生産量を誇り世界最長の坑道をもつエル・テニエンテ鉱山によって建設された。セウェルの鉱山都市は、世界の辺境地域で生れた地元の労働力と工業国からの資源が融合した多くのカンパニー・タウンの顕著な事例である。セウェルには、最盛期には15000人の人が居住していたが、1970年代には多くが廃業した。町は険しい地形に建てられているが、街路に並ぶ建物は木造で、その壁は鮮明な緑、黄、赤、青の色でカラフルに塗装され、美しい町並みを形成している。それらのほとんどは、アメリカ合衆国で設計され、19世紀のアメリカ・モデルに基づいて建てられたが、例えば1936年の工業校のデザインは、現代感覚のものである。セウェルは、通年使用の為に建てられた20世紀の相当規模の山岳の鉱山都市としては唯一のものである。サンチアゴから産業遺産観光ツアーが出ている。
文化遺産（登録基準(ii)）　2006年

●カパック・ニャン、アンデス山脈の道路網
（Qhapaq Ñan, Andean Road System）
文化遺産（登録基準(ii)(iii)(iv)(vi)）　2014年
（コロンビア／エクアドル／ペルー／ボリヴィア／チリ／アルゼンチン）→ペルー

●アリカ・イ・パリナコータ州のチンチョーロ文化の集落とミイラ製造法
（Settlement and Artificial Mummification of the Chinchorro Culture in the Arica and Parinacota Region）
アリカ・イ・パリナコータ州のチンチョーロ文化の集落とミイラ製造法は、チリの最北部、ペルーとの国境に近いアリカ・イ・パリナコータ州、アタカマ砂漠の北部の乾燥地帯にある、世界遺産の登録面積364.05 ha、バッファーゾーン672.31 haのチンチョーロ文化遺跡群である。構成資産は、アリカ市にあるファルデオ・ノルテ・デル・モーロ・デ・アリカとコロン10、アリカ市の南部100kmのところのカマロネス河口の3つからなる。この遺跡は、20世紀初期にドイツの考古学者フリードリッヒ・マックス・ユーレ(Friedrich Max Uhle 1856年～1944年)によって、多くの考古学遺跡がチリ北部からペルー南部の沿岸部の集落で発見された。チンチョーロ文化（紀元前8000年～紀元前4000年）は、漁撈・採集を中心とする文化であり、南米で最古のミイラ作りの風習が見られた。そのミイラは、内臓の代わりに詰め物をし、かつら、仮面や、身体への粘土の塗布などの装飾が見られる。
文化遺産（登録基準(iii)(v)）　2021年

ドミニカ共和国（1物件　● 1）

●サント・ドミンゴの植民都市
（Colonial City of Santo Domingo）
サント・ドミンゴは、ドミニカ共和国の首都で、1496年にクリストファー・コロンブス（1451～1506年）の兄弟バルトロメ・コロンブスによってオサマ川沿いに建設された米大陸最初の植民都市。スペインが中央アメリカや南アメリカの都市を植民地化する上での前線基地として繁栄した。1542年にローマ法王ポール3世によって新世界で初めて宣告されたサンタ・マリア・ラ・メノール大聖堂、米大陸最古のオサマ要塞、南北アメリカ最古のサント・ドミンゴ大学、ディエゴコロンの居城などスペイン時代の貴重な遺産が残る。クリストファー・コロンブスの新大陸発見500周年を記念して建てられコロンブスの遺体もここに移されたコロンブス灯台、植民地時代の歴史的建築物の修復が行われ、16世紀初頭のサント・ドミンゴ繁栄期の面影をたたえている。
文化遺産（登録基準(ii)(iv)(vi)）　1990年

ドミニカ国（1物件　○ 1）

○トワ・ピトン山国立公園
（Morne Trois Pitons National Park）
トワ・ピトン山国立公園は、小アンティル諸島のウィンドワード諸島の北端にある中新世の時代の火山活動で出来た火山島であるドミニカの南央部、首都ロゾーから13kmの高原にある。3つの高峰を持つトワ・ピトン山（海抜1342m モゥーンは山の意）を中心に蒸気と硫黄ガスが造り出す不毛の自然景観と緑鮮やかな熱帯雨林が対照的に広がり、その面積は、68.7km²に及ぶ。なかでも、切り立った崖と深い渓谷の中に50余りの噴気孔、沸き立つ温泉や温泉湖、澄みきった湖、5つの火山、滝などが存在し、科学的にも興味をそそられる特有の植物相や動物相など豊富な生物群をもつ。なかでも、ハチドリなどの鳥類、カブトムシなどの昆虫類が数多く生息している。1975年にドミニカ初の国立公園になり、また、東カリブ海域では、最初にユネスコ自然遺産に登録された物件。
自然遺産（登録基準(viii)(x)）　1997年

ニカラグア共和国（2物件　● 2）

●レオン・ヴィエホの遺跡（Ruins of León Viejo）
レオン・ヴィエホの遺跡は、火山国ニカラグアの北西部、レオン市の南方30kmにある。レオン・ヴィエホ（旧レオン）は、アメリカ大陸で最も古いスペイン植民都市の一つで、1524年に、グラナダとほぼ同時に建設された。しかし、1605年にマナグア湖にのぞむモモトンボ火山の噴火と地震によって、レオン・ヴィエホの町は埋没した。2000年に、スペインの征服者で、レオン・ヴィエホの町をつくったフランシスコ・ヘルナンデス・デ・コルドバの遺骸がレオン・ヴィエホ教会があった祭壇で発見された。1968年に発掘調査が開始され、これまでに大聖堂や総督邸、修道院の基礎部分などが発掘されている。レオン・ヴィエホの遺跡は、まだ、手付かずの場所も多く、16世紀当時の社会・経済構造を知る大きな手がかりとなり、その考古学的な価値とポテンシャルは、非常に大きい。レオン・ヴィエホの遺跡は、中米版の「ポンペイの遺跡」ともいえる。
文化遺産（登録基準(iii)(iv)）　2000年

●レオン大聖堂（León Cathedral）
レオン大聖堂は、ニカラグアの西部、レオン県の県都レオンにある中米で最も大きな聖堂建築の一つである。グアテマラの建築家ディエゴ・ホセ・デ・ポレス・エスキベルの設計によって、1747年から1814年に建てられ、バロック様式から新古典主義様式までの建築様式の推移がわかり、その形式は両方の建築様式の折衷主義と考えられている。レオン大聖堂は、内部の装飾が厳粛で自然光を豊かに採り入れているのが特色である。聖堂のアーチ形の天井は、装飾が豊かである。木製のフランドル様式の祭壇装飾、それに、ニカラグアの芸術家アントニオ・サリア（19世紀後期～20世紀初期）によるイエス・キリストの十字架の道の14場面を描いた絵画などの芸術作品が収蔵されている。またレオン大聖堂には、19世紀のラテン・アメリカで最も偉大な詩人といわれているルベン・ダリオの墓所がある。
文化遺産（登録基準(ii)(iv)）　2011年

ハイチ共和国（1物件　● 1）

●シタデル、サン・スーシー、ラミエール国立歴史公園
（National History Park - Citadel, Sans Souci, Ramiers）
シタデル、サン・スーシー、ラミエール国立歴史公園は、イスパニョーラ島ハイティ領土の北部、ハイティアン岬のカリブ海沿岸のカブハイシャンの南30kmにある。17世紀末にフランス系の入植者に対抗して黒人奴隷が蜂起しフランス軍を撃退、1794年に奴隷制廃止、1804年にハイチは、ラテンアメリカの中ではいち早く独立を宣言。シタデルは、標高970mのラ・フェリエール山頂にある高さが40mもある城で1805年から1820年にかけて建設された。かつて奴隷であったアンリ・クリストフ（1767～1820年）が1811年に王位につくと王国の象徴である宮殿を建設した。サン・スーシー宮殿は、かつての支配者フランスのベルサイユ宮殿を模したフランス・バロック様式を取り入れた豪華なものであった。サン・スーシー宮殿、ラミエールの要塞、そして特にシタデル城は、20000人もの黒人奴隷が勝利をおさめた普遍的な自由と独立の象徴といえる。1842年に起きた大地震で崩壊し、内部も後の火災で焼失した。現在、シタデル、サン・スーシー、ラミエールは、歴史公園として国立公園に指定されている。
文化遺産（登録基準(iv)(vi)）　1982年

パナマ共和国（5物件　○ 3　● 2）

●パナマのカリブ海沿岸のポルトベローサン・ロレンソの要塞群
（Fortifications on the Caribbean Side of Panama : Portobelo - San Lorenzo）
パナマのカリブ海沿岸のポルトベローサン・ロレンソの要塞群は、パナマの中央部のカリブ海岸に17～18世紀に建設されたパナマの軍事建築物である。ポルトベロ要塞は、首都パナマの北、カリブ海側にある港町ポルトベロにある。コロンブスが4回目の航海途中、1502年に寄港して命名した。ポルトベロとは「美しい港」の意である。ポルトベロの町が建設されたのは、その95年後であるが、ペルーなど南米各地からの金銀の集散地として、メキシコのベラクルス、コロンビアのカルタヘナと並んで、大西洋岸の交易の中心地として繁栄した。ポルトベロ湾の入口には、堅固な5つの要塞を築き、海賊の攻撃に備えた。またポルトベロから南西60kmの地点には、サン・ロレンソ要塞が造られた。この要塞は、17世紀の建設当時の姿を今にとどめており、砲台、跳ね橋、砦などが残る。しかし、1668年ヘンリー・モーガン傘下の海賊が来襲、略奪された後は、町は寂れていった。要塞の風水や経年による風化や劣化、維持管理の欠如、管理不在の都市開発など保存管理上の理由により、2012年に「危機にさらされている世界遺産リスト」に登録された。
文化遺産（登録基準(i)(iv)）　1980年
★【危機遺産】 2012年

○ダリエン国立公園（Darien National Park）
ダリエン国立公園は、パナマ東部、コロンビア国境に接するダリエン地方にあるパナマ最大の自然公園。コロンビアのロス・カティオス国立公園（世界遺産登録済）に連なる密林地帯で、道路や鉄道さえ通っていない未開の地。そのため動植物などの生態系の研究は、全体を網羅するに至っていない。海岸地帯のマングローブ林、ヤシの林のある湿地、低地の熱帯雨林から山地の雲霧林まで変化に富んだ環境の中で、動植物の生態系は豊富。しかし、オウギワシ、カピバラ、アカクザル、パナマジャガーなど絶滅の危機に瀕した動植物も多い。
自然遺産（登録基準(vii)(ix)(x)）　1981年

○タラマンカ地方－ラ・アミスター保護区群／ラ・アミスター国立公園
自然遺産（登録基準(vii)(viii)(ix)(x)）
1983年／1990年
（コスタリカ／パナマ）→コスタリカ

●パナマ・ヴィエホの考古学遺跡とパナマの歴史地区
（Archaeological Site of Panama Viejo and the Historic District of Panama）
パナマ・ヴィエホの考古学遺跡とパナマの歴史地区は、パナマの首都パナマ市の3つの街区、オールド・パナマ、コロニアル・パナマ（旧市街）、モダン・パナマ（新市街）のうちコロニアル・パナマ（旧市街）である。パナマは、アメリカ大陸の太平洋岸で最初のヨーロッパ人の入植地で、オールド・パナマは、1519年に、ペドラリアス・ダヴィラによって、最初に創られた。その後、1671年から新たに現在の歴史地区、すなわち、コロニアル・パナマ（旧市街）が建設された、建築物もスペイン、フランス、初期アメリカ様式が混在し、当時の町並みが今でも残っている。サロン・ボリバルは、植民地からの解放と独立を唱え、1826年にパナマ会議を開いたシモン・ボリバル（1783～1830年）ゆかりの会議場である。2003年には登録範囲の拡大に伴い、登録名も「サロン・ボリバルのあるパナマの歴史地区」から変更した。
文化遺産（登録基準(ii)(iv)(vi)）　1997年／2003年

○コイバ国立公園とその海洋保護特別区域
（Coiba National Park and its Special Zone of Marine Protection）
コイバ国立公園は、パナマの南西海岸の沖合い、ベラグアス県の太平洋側にあるコイバ島と38の小島群、それにチリキ県のチリキ湾内の周辺海域を保護する海洋公園。コイバ国立公園は、総面積が270125ha、陸域面積が53528ha、海域面積は216543haと世界最大級の海洋保護地域。コイバ国立公園の太平洋岸の熱帯湿潤林は、未だに独自の進化を遂げて新しい種が形成されており、哺乳類、鳥類、そして、植物の固有種の生態系を維持しており、カンムリワシの様な危機にさらされている動物にとっても最後の楽園でもある。コイバ国立公園とその海洋保護特別区域は、科学的な調査にとって顕著な自然の研究室であり、760種の魚種、33種のサメ類、クジラやイルカなどの海棲哺乳類の通行と生き残りにとって、東太平洋の熱帯にとって主要な生態学的連携を提供するもので、生物多様性の保全上も重要な地域である。

自然遺産（登録基準(ix)(x)）　2005年

パラグアイ共和国（1物件　●1）

●ラ・サンティシマ・トリニダード・デ・パラナとヘスス・デ・タバランゲのイエズス会伝道所

（Jesuit Missions of La Santísima Trinidad de Paraná and Jesús de Tavarangue）

ラ・サンティシマ・トリニダード・デ・パラナとヘスス・デ・タバランゲのイエズス会伝道所は、パラグアイの首都アスンシオンの南東、エンカルナシオンの近くにある。イエズス会の宣教師が、17～18世紀に、先住民のインディオ・グアラニー人に、キリスト教の布教を行う為の多くの伝道所を造った。ラ・サンティシマ・トリニダード・デ・パラナ(1706年)、それに、ヘスス・デ・タバランゲ(1685年)、サントス・コスメ・イ・ダミアン(1632年)などである。なかでも、保存状態の良いトリニダードのレドックシオン(教化集落)の遺跡は、赤レンガ造りで、芸術的にも美しい。イエズス会伝道によるインディオ人口は、最盛期には、20万人を数え、強い影響力をもったが、1767年スペインの命により追放された。

文化遺産（登録基準(iv)）　1993年

バルバドス（1物件　●1）

●ブリッジタウンの歴史地区とその駐屯地

（Historic Bridgetown and its Garrison）

ブリッジタウンの歴史地区とその駐屯地は、西インド諸島の島国バルバドスの南西部、首都ブリッジタウンにある。ブリッジタウンとその駐屯地は、17世紀、18世紀、19世紀に、カリブ諸国や南米への商品や奴隷の中継基地にもなる港湾都市と貿易センターとして建設された英国の植民地建築の顕著な事例である。駐屯地は、1805年まで英国海軍の、1905年まで英国軍の東カリブ諸国の本部になった。ブリッジタウンとその駐屯地の構成資産は、数多くの歴史的な建造物群からなる軍事的な駐屯地も含んでいる。ブリッジタウンとその駐屯地は、彎曲した都市計画であり、碁盤目状に建設されたスペインやオランダの植民都市とは異なる手法で建設されている。

文化遺産（登録基準(ii)(iii)(iv)）　2011年

ブラジル連邦共和国

（22物件　○7　●14　◎1）

●オウロ・プレートの歴史都市

（Historic Town of Ouro Preto）

オウロ・プレートは、ブラジリアの南東約680km、ミナス・ジェライス州にある17世紀末にゴールド・ラッシュによって繁栄した古都。オウロ・プレートは、1823年から1897年までミナス州の首都としてビラ・リッカ(富める村)と称して発展した。起伏の激しい石畳の坂道沿いに残るポルトガル統治時代のコロニアル建築の最高傑作とされるサンフランシスコ・ジ・アシス教会、ボン・ゼズス・マトジンニョ教会ほか多くの教会、鉱物学博物館、バロック様式の家々は珠玉のような美しさである。

文化遺産（登録基準(i)(iii)）　1980年

●オリンダの歴史地区

（Historic Centre of the Town of Olinda）

オリンダは、ペルナンプコ州北東部の州都レシフェの郊外にあるブラジル最初のポルトガルの植民地で、長年、さとうきび産業で栄えた。ポルトガル人が1537年に建設した際、セーの丘からの眺望が大変美しく、「オー・リンダ」(おお、美しい)と感嘆したことが地名の由来となった。1630年にオランダ人プロテスタントによる破壊活動により、カルモ旧修道院付属大聖堂などわずかの建物を残し、16世紀の建造物は殆ど失われた。オランダの支配を経たのち、再びポルトガル領となって、17世紀半ばから町は再建された。両国の支配を受けたために、石畳の旧市街には、植民地時代のポルトガル、オランダの両様式が美しく凝縮したミゼルコルジア教会など華麗な建造物が多く見られる。

文化遺産（登録基準(ii)(iv)）　1982年

●グアラニー人のイエズス会伝道所：サン・イグナシオ・ミニ、ノエストラ・セニョーラ・デ・ロレト、サンタ・マリア・マジョール（アルゼンチン）、サン・ミゲル・ミソオエス遺跡（ブラジル）

文化遺産（登録基準(iv)）　1983年／1984年

（アルゼンチン／ブラジル）→アルゼンチン

●サルヴァドール・デ・バイアの歴史地区

（Historic Centre of Salvador de Bahia）

サルヴァドール・デ・バイアは、バイア州サルヴァドールにあり、1549年にポルトガルが建設して以来、1763

年までブラジルの最初の首都であった。サルヴァドール・デ・バイアは、最初にアフリカから黒人奴隷が到着した1558年以降約200年間、アフリカ奴隷の労働力を大量に使った砂糖プランテーション産業で繁栄した。サルヴァドール・デ・バイアは、高低差73mの町で、歴史地区は、トドス・オスサントス湾に面した商業地区のシダーデ・バイシャ（下町）と、シダーデ・アルタ（上町）に分けられる。シダーデ・アルタの石畳の旧市街には、ペロウリーニョ広場、サン・フランシスコ教会など多数の教会、リオブランコ宮殿、パステル調の色鮮やかなコロニアル建築物が残っている。サルヴァドール・デ・バイアは、インディオ、そして、ヨーロッパとアメリカの異文化が融合している。なかでも、アフリカの奴隷が持ち込んだアフリカ文化が混在するアフロ・ブラジリアン文化が独特の雰囲気を残している。

文化遺産（登録基準(iv)(vi)）　1985年

●コンゴーニャスのボン・ゼズス聖域
（Sanctuary of Bom Jesus do Congonhas）

コンゴーニャスのボン・ゼズス聖域は、ブラジル南東部、ミナス・ジェライス州の州都ベロ・ホリゾンテの南約70kmにあるコンゴーニャスの近郊。ボン・ゼズス聖域には、1773年に建てられたブラジル後期のバロック建築を代表するボン・ジェスス・マトジーニョス聖堂、6つの小礼拝堂、それに、付属の庭園などから構成された宗教建築物群がある。ボン・ジェスス・マトジーニョス聖堂は、全国からの巡礼者が集まる聖地として知られている。ボン・ジェスス・マトジーニョス聖堂の内部は、美しいロココ様式、回廊は、石鹸石で造られた十二使徒像などで飾られている。十二使徒像は、ブラジルのミケランジェロと称されたアレイジャジーニョ（ポルトガル語で「小さな不具者」という意味）という名で、一般的には知られている建築家、彫刻家のアントニオ・フランシスコ・リスボア（1738～1814年）の作品。また、聖堂の階段の正面にある6つの小さな祈祷用チャペルに飾られているスギの木で作られた66体の胸に迫る彫像から成る十字架の道行の徒も彼の作品である。アレイジャジーニョは、ハンセン病に冒されながらも死の数日前まで作品を創り続けた。

文化遺産（登録基準(i)(iv)）　1985年

○イグアス国立公園（Iguaçu National Park）

イグアス国立公園は、南米のアルゼンチンとブラジル2国にまたがる総面積492000km²の広大な森林保護地で、金色の魚ドラド、豹、鹿、小鳥、昆虫や蘭、草花など多様な動植物が生息している。なかでも、国立公園内にある総滝幅4km、最大落差約85mの世界最大級のスケールと美しさを誇るイグアスの滝は世界的にも有名。イグアスとは、「偉大な水」の意味で、滝の数は大小合わせて300以上、大瀑布が大音響と共に繰り広げる豪壮な水煙のパノラマは圧巻で、しばしば、空には美しい虹がかかる。川の中央でアルゼンチン側ミシオネス州とブラジル側パラナ州にわかれ、それぞれが登録時期も異なる為に（アルゼンチンは1984年登録、登録面積55,000ha）、2つの物件として世界遺産に登録されている。ブラジル側の登録遺産（登録面積170,086ha）は、無計画な公園を分断する道路建設による遺産への脅威から1999年に「危機遺産」に登録されたが、2001年に解除された。

自然遺産（登録基準(vii)(x)）　1986年
→アルゼンチン

●ブラジリア（Brasilia）

ブラジリアは、ブラジル高原の中央部にある面積5400km²、人口180万人のブラジルの首都。ジュセリーノ・クビチェック（1902～1976年）が大統領の時の1955年に新首都ブラジリア建設計画を発表、建設が開始された。市街地が飛行機の形をした都市計画はブラジル建築界の巨頭ルシオ・コスタ（1902～1998年）、設計はニューヨークの国連ビルを設計した有名な建築家のオスカー・ニエマイヤー（1907年～）、景観設計家のロベルト・ブルレ・マルクス（1909～1994年）を起用。5年後の1960年にリオデジャネイロからの遷都が実現した。幾何学的なデザインの大統領府、国会議事堂、28階建ての議員会館、連邦最高裁判所、行政庁、外務省、大聖堂などが建てられた。建築の斬新さは、他に類を見ないほどで、近代都市設計の最新技術を集中した新都市建設のお手本として、長年、注目を集めている。ブラジリアは、政治都市としての機能だけではなく、大学、国立劇場、博物館、図書館などの文化施設も充実しており学術・文化都市としても機能している。2010年は、遷都50周年、ユネスコの第34回世界遺産委員会の開催都市になった。

文化遺産（登録基準(i)(iv)）　1987年

●セラ・ダ・カピバラ国立公園
（Serra da Capivara National Park）

セラ・ダ・カピバラ国立公園は、ブラジルの北東部、ピアウイ州のカピバラ山地（セラ・ダ・カピバラ）にある。セラ・ダ・カピバラ国立公園は、面積が979km²、奇岩と灌木カーティンガに覆われている。1980年代に発見された先史時代（約12000～6000年前）の約400の遺跡が残されている。なかでも、サン・ライムンド・ノナト遺跡には、カピバラ、シカ、ジャガーなどの動物、古代人の生活、狩猟、儀式などの場面を幾何学的で図式的な絵柄で描いた264か所の岩壁画が残っている。これらは、南米に残された最も古い人類活動の証拠の一つといわれており、今も様々な謎を解明する為の考古学調査が続けられている。セラ・ダ・カピバラ国立公園は、1979年に国連の自然保護地域、それに、国立公園に指定されている。

文化遺産（登録基準(iii)）　1991年

●サン・ルイスの歴史地区（Historic Centre of São Luís）
サン・ルイスは、ブラジル北東部マラニャン州の州都で、大西洋に面したサンマルコス湾に浮かぶサン・ルイス島北岸にある。1612年に、フランス人が建設、フランス国王ルイ13世の名前にちなんで命名された。オランダ人の支配の後、1615年にはポルトガル人が占領。砂糖や綿花の輸出港として繁栄。大農園の経営で富みを得たポルトガル人たちは競って立派な邸宅を建て、正面の壁をヨーロッパの美しい陶磁器のカラー・タイルで飾り、バルコニーには鉄細工を施し、彫刻のある木製の扉、中庭には敷石を敷き詰めた。要塞や大聖堂などの歴史的建造物や碁盤目状の美しい町並みを特徴とするイベリア式の植民地風建築の面影が今も色濃く残る。
文化遺産（登録基準(iii)(iv)(v)）　1997年

●ディアマンティナの歴史地区
（Historic Centre of the Town of Diamantina）
ディアマンティナは、ブラジル東部、ベロオリゾンテの北東283km、標高1100mにあるミナス・ジェライス州の都市。ディアマンティナは、ポルトガル語でダイヤモンドの意味で、その名の通り1720年代にダイヤモンドの鉱脈が発見されてから栄え、ミナスの北部一帯がこの名前で呼ばれる様になった。現在はダイヤモンドの採掘は行われていないが、当時は採掘者や投機家などの入植者で賑わった。ド・ブルガルアウ通りの美しい住宅、広場、街路がある町並み、そして、キリスト教の信仰を集めた聖フランシス教会、ナッサ・センオラ・ド・ルモ教会、ディアマンティナ市庁舎、ダイヤモンド博物館などが昔ながらの面影を留め現在も残っている。
文化遺産（登録基準(ii)(iv)）　1999年

○ブラジルが発見された大西洋岸森林保護区
（Discovery Coast Atlantic Forest Reserves）
ブラジルが発見された大西洋岸森林保護区は、ブラジルの北東部のバイーア州とエスピリト・サント州にまたがる大西洋岸にある。世界遺産登録地域は、111930haで、熱帯森林や灌木地帯からなる8つの保護区で構成され植生も多様。ブラジルの大西洋沿岸に広がる雨林地帯は、世界屈指の生物の多様性を誇る。この保護区は、固有の植物や動物が分布しており、生物進化の過程を解明する手掛かりを種々提供し、科学者の興味を惹きつける重要な地域である。モンテ・パスコール国立公園の中の美しい海岸ポルト・セグロは、ポルトガルの冒険家ペドロ・アルバレス・カブラルが、1500年にブラジルを最初に発見したゆかりの地としても有名。ブラジル発見の様子は、カブラルに同行したペロ・ヴァス・デ・カミーニヤの手紙に詳しく述べられており、その手紙は世界の記憶に登録され、ポルトガル国立公文書館（リスボン）に収蔵されている。
自然遺産（登録基準(ix)(x)）　1999年

○大西洋森林南東保護区
（Atlantic Forest South-East Reserves）
大西洋森林南東保護区は、パラナ州とサンパウロ州の両州にまたがる大西洋岸にある。大西洋森林南東保護区は、ブラジルの大西洋岸森林としては、最大級、最良質の森林数か所を含んでいる。大西洋森林南東保護区は、総面積が47万余ヘクタールにもなる25の保護地区から構成されている。ジャガー、カワウソ、アリクイなどの絶滅危惧種をはじめとする動植物の宝庫であり、現存する大西洋岸森林の進化の歴史を見せてくれる。深い森に覆われた山々から低地の湿地帯まで、さらに沿岸に浮かぶ島々には山がそびえ、砂丘が続いており、美しい風景と豊かな自然環境が印象的である。
自然遺産（登録基準(vii)(ix)(x)）　1999年

○中央アマゾン保護区群
（Central Amazon Conservation Complex）
中央アマゾン保護区群は、アマゾナス州、ネグロ川流域のアマゾン中央平原にある。ジャウ国立公園は、アマゾン盆地で最大の国立公園であり、地球上で最も豊富な生態系を有する地域のひとつといわれている。1986年にジャウ川の全流域を保護するために国立公園の指定を受け、面積は609.6万ha（そのうち現在の世界遺産登録面積は、532.3万ha）という広さである。ジャウ川は、「ブラックウォーター型生態系」の典型として知られている。ジャウの名称は、川で有機物質が分解されることおよび土砂の沈殿が無いことが理由で、水が黒っぽいことから名づけられたといわれている。中央アマゾン保護区群は、ジャウ川流域盆地のみならず、このブラックウォーター水系に培われる生物相の大半を保護対象としている。世界遺産には、当初「ジャウ国立公園」として登録されたが、その後、アマナー持続可能な開発保護区とママイラウア持続可能な開発保護区を含める登録範囲の拡大に伴い、登録名も「中央アマゾン保護区群」に変更された。
自然遺産（登録基準(ix)(x)）　2000年／2003年

○パンタナル保護地域（Pantanal Conservation Area）
パンタナル自然保護区は、ブラジル中西部のマット・グロッソ州の南西及びマット・グロッソ・ド・スール州の北西にある。パンタナル自然保護区は、総面積が18万7818haで、パンタナル・マットグロッソ国立公園など4地域に区切られた自然保護区の集合で、世界でも最大級の淡水湿地生態系の一つであるマット・グロッソ大湿原の一部を構成している。雨期になるとこの湿原はほとんどが水没するが、この地域の主要河川であるクーヤバ川とパラグアイ川の源流は、この地域に発しており、多様な植物や動物の生態系を見ることができる。
自然遺産（登録基準(vii)(ix)(x)）　2000年

●ゴイヤスの歴史地区

（Historic Centre of the Town of Goiás）

ゴイヤスは、ブラジル中西部、首都ブラジリアの西250km、州都ゴイアニア（ゴヤニア）から132kmの地点にあるゴイヤス州の旧州都。金を探してサンパウロからやってきたバンディランテス（開拓者達）が1727年に創った旧ヴィラ・ボヤ市がゴイヤス文化の揺籃の地となった。ゴイヤスの都市を知ることは、ブラジルの歴史を知ることでもある。中央ブラジルの植民地として重要な役割を果たしたゴイヤスの都市計画は、植民都市が有機的に発展した顕著な事例。ゴイヤスの建築の特徴は、地元の職人により地元の素材で造られたもので、性格的には質素で地味であるが、全体的には調和している。ロサリオ教会、聖母マリア教会、聖フランシス教会などの教会、住居、宮殿、それに、でこぼこの石が敷き詰められた狭い街路などにその名残が残る。ゴイヤスの日本語表記は、ゴヤース、ゴイアスがある。

文化遺産（登録基準(ii)(iv)）　2001年

○ブラジルの大西洋諸島：フェルナンド・デ・ノロニャとロカス環礁保護区

（Brazilian Atlantic Islands:Fernando de Noronha and Atol das Rocas Reserves）

ブラジルの太平洋諸島：フェルナンド・デ・ノロニャ島とロカス環礁保護区は、ペルナンブコ州フェルナンド・デ・ノロニャ島、サンショ海岸、ポルコス海岸、レオン海岸などを有する21の島々からなるフェルナンド・デ・ノロニャ多島海とロカス環礁からなる。多島と環礁からなるこの一帯の海は、鮪、鮫、海亀、海鳥などの繁殖地や生育地として、きわめて重要な地域。世界のダイバーあこがれのスポットとしても有名である。視界は水深50mまで見渡せ、エイなどの魚はもちろん、カメ、イルカ、サンゴ礁なども共存している。ここはほとんどが岩場で、常に水温25度前後の暖かい海域。1月から7月までサンショ海岸では、カメの産卵のために午後6時から翌朝6時まで立ち入り禁止となる。この様子は岸壁の上から観察可能である。

自然遺産（登録基準(vii)(ix)(x)）　2001年

○セラード保護地域：ヴェアデイロス平原国立公園とエマス国立公園

（Cerrado Protected Areas:Chapada dos Veadeiros and Emas National Parks）

セラード保護地域は、ブラジルの中央高原からアマゾンや北方にも展開する国土の4分の1を占める草原地帯。セラード保護地域には、幾重にも連なる山々、高原、渓谷があり、これらの地域すべてに滝や大小の川が流れている。セラードは、乾燥しつつも湿気のある牧草地、川岸の草木、渓谷の森林、密集した雑木林など、森と大草原の混生、断層壁の草木などが代表的な特徴。ヴェアデイロス平原国立公園は、ゴイアス州のセラード・エコ地域にある高原で、16億年前の太古の時代にここから植物の種がプレト川などに流れ、アマゾンの豊穣な熱帯林を生んだと言われている。幻想的な光景が魅力的な「月の谷」も有名。一方、エマス国立公園もゴイアス州の灌木地帯にあり、その名の通りエマ（ダチョウに似た大きな鳥）、ツカーノ・アスーなどの鳥類をはじめ絶滅危惧種を含む動物の宝庫である。これらの地域は、地球上の生物多様性を保持していく上で、きわめて重要な地域である。

自然遺産（登録基準(ix)(x)）　2001年

●サン・クリストヴァンの町のサンフランシスコ広場

（São Francisco Square in the Town of São Cristóvão）

サン・クリストヴァンの町のサンフランシスコ広場は、ブラジルの北東部、セルジッペ州の州都のアラカジュから25kmの所にある。サン・クリストヴァンは、1855年までセルジッペ州の州都であった、ブラジルで4番目に古い町である。この町の開発は、ポルトガルの都市モデルに準じて、政治や宗教の中心である山の手と港や工場がある下町からなっている。町の史跡のほとんどは、サンフランシスコ広場の周辺に集中しており、歴史的な都市景観を形成している。17世紀に建てられたミゼリコルディア、1693年に建てられたバロック建築様式のサン・フランシスコ教会・修道院、1751年に建てられた受胎告知教会堂、1766年に建てられた聖母ヴィクトリア教会などの教会群がある。1967年に、ポルトガルの植民地時代の建築を保存する為に国の史跡に指定されている。

文化遺産（登録基準(ii)(iv)）　2010年

●リオ・デ・ジャネイロ：山と海との間のカリオカの景観群

（Rio de Janeiro, Carioca Landscapes between the Mountain and the Sea）

リオ・デ・ジャネイロ：山と海との間のカリオカの景観群は、ブラジルの南東部、リオ・デ・ジャネイロ州の州都リオ・デ・ジャネイロ市の象徴的な景観群である。チジュカ国立公園の山群の最高の地点から海を見下ろした景観群は、1808年に設立された植物園、巨大なキリスト像が立つコルコバード山、それに、湾口が狭まっているグアナバラ湾周辺の丘陵群から構成されている。「カリオカ」とは、ブラジルのリオ・デ・ジャネイロ市の住民、および出身者をさす言葉で、語源は、ブラジルを発見したポルトガル人が海岸に壁を白く塗った家を建てて住んだことから、先住民のトゥピ族が、彼ら白人を「カリオカ」（トゥピ族の方言で、「白人の家」の意味）と呼んだことに由来する。リオ・デ・ジャネイロの景観群は、音楽家、景観設計家、都市計画家などに芸術的な息吹と影響を与えた。

文化遺産（登録基準(vi)）　2012年

●パンプーリャ湖の近代建築群
(Pampulha Modern Ensemble)
パンプーリャ湖の近代建築群は、ブラジルの南東部、ミナスジェライス州のベロオリゾンテ市にある人造湖であるパンプーリャ湖に浮かぶ小さな島につくられた、建築家のオスカー・ニーマイヤー(1907〜2012年)によって設計、造園家のホベルト・ブーレ・マルクス(1909〜1994年)よって造園されたカーザ・ド・バイリ、画家のカンヂド・ポルチナーリ(1903〜1962年)によるサンフランシスコ・チ・アシス教会などからなる。パンプーリャ湖の近代建築群は、1940年、当時のベロオリゾンテ市長ジュセリーノ・クビチェクの都市開発ビジョン「ガーデンシティ・プロジェクト」の中心であった。世界遺産の登録面積は154ha、バッファー・ゾーンは1418haである。パンプーリャ湖の建築群の中でも、ひときわ目立つのがパンプーリャ教会。ニーマイヤーの特徴である曲線を使った建物のデザインはこの教会の最大の特徴である。
文化遺産(登録基準(i)(ii)(iv))　2016年

●ヴァロンゴ埠頭の考古学遺跡
(Valongo Wharf Archaeological Site)
ヴァロンゴ埠頭の考古学遺跡は、 ブラジルの南東部、リオ・デ・ジャネイロの中心部にあり、ジオルナル・コメルシオ広場の全体を包含する。ヴァロンゴ埠頭は、リオ・デ・ジャネイロの以前の港湾地域の中の古い石のヴァロンゴ埠頭で、1811年以降から南アメリカ大陸に到着する奴隷にされたアフリカ人が上陸する為に建てられ、1843年には、ブラジル皇帝ペドロ2世の皇后になったテレザ・クリスティーナ・デ・ボルボン(1822年〜1889年)をイタリアから受入れの際に突堤を建設、1904年には新埠頭が建設された。推計90万人ものアフリカ人が、ヴァロンゴ埠頭を経由して南アメリカに到着した。ヴァロンゴ埠頭の考古学遺跡は、幾つかの考古学的な層からなり、そのうちの低層は、もともとヴァロンゴ埠頭であったペ・ジ・モレッキ(小僧の足という意味)様式の床舗装からなる。ヴァロンゴ埠頭の考古学遺跡は、アフリカ人奴隷がアメリカ大陸に到着した最も重要な軌跡である。この地は奴隷貿易が禁止された1888年以降はアフロ・ブラジル文化の中心地となった。世界遺産の登録面積は0.389ha、バッファー・ゾーンは41.6981haである。
文化遺産(登録基準(vi))　2017年

◎パラチとイーリャ・グランデ−文化と生物多様性
(Paraty and Ilha Grande – Culture and Biodiversity)
パラチ−文化と生物多様性は、ブラジルの南東部、リオデジャネイロ州とサンパウロ州にまたがる複合遺産。パラチは、大西洋のイーリャ・グランジ湾に面するリオデジャネイロ州の最南西の港町で、18世紀にミナス・ジェライス州で採掘されていた金を19世紀にはサンパウロ州の東部のヴァレ・ド・パライバ地域からのコーヒーをポルトガルに運ぶための積出港として発展、「黄金の道」の重要な港であった。ドーレス教会、ヘメジオス教会、イグレジャ・チ・サンタ・ヒータ教会をはじめ、石畳の道や18〜19世紀に建てられたコロニアル様式の美しい建造物が数多く残っている。登録面積が204,634ha、バッファーゾーンが258,921ha、構成資産は、セーハ・ダ・ボカイーナ国立公園、イーリャ・グランデ州立公園、プライアド・スル生物圏保護区、カイリュク環境保護地域、パラチの歴史地区、モロ・ダ・ヴィラ・ヴェーリャの6件からなる。ボッカイノ山脈を背にしたパラチは、この地方特産の魚の名前からその名がついたといわれ、この小さなポルトガルの植民地の町であった旧市街は、1966年に歴史地区に指定され国立歴史遺産研究所(IPHAN)によって保護されている。
複合遺産(登録基準(v)(x))　2019年

●ロバート・ブール・マルクスの仕事場
Sítio Roberto Burle Marx
ロバート・ブール・マルクスの仕事場は、ブラジルの南東部、リオデジャネイロの西部のバーハ・グァラチバ地区にあり、世界遺産の登録面積は40.53ha、バッファーゾーン575 haで、彼の自宅だった建物、近代的な熱帯庭園からなる文化的景観である。ロバート・ブール・マルクス(1909年〜1994年)は、ドイツ系のブラジル人の造園家、環境デザイナー、景観設計家、画家・芸術家として、さらに生態学者やナチュラリストとして公園や庭園の設計分野で活躍し世界的に有名となった。構成資産は、バーハ・グァラチバ地区の山岳地域にある3,500種の熱帯・亜熱帯植物、マングローブ、原生の大西洋森林の間にある広範な庭園とビルの文化的景観である。ロバート・ブール・マルクスの仕事場は、まさに、彼の「景観研究室」であった。ロバート・ブール・マルクスは、2016年に世界遺産になった「パンプーリャ湖の近代建築群」の建築にも寄与している。
文化遺産(登録基準(ii)(iv))　2021年

ベリーズ (1物件　○1)

○ベリーズ珊瑚礁保護区
(Belize Barrier Reef Reserve System)
ベリーズ珊瑚礁は、ユカタン半島南部、変化に富んだ海岸から20〜40kmの所にある世界第2位の珊瑚礁。世界遺産の登録範囲は、ベリーズ地区、スタン・クリーク地区、トレド地区にまたがり、バカラル運河国立公園と海洋保護区、ブルー・ホール、ハーフ・ムーン・キー天然記念物、サウス・ウオーター・キー海洋保護区、グローヴァーズ・リーフ海洋保護区、ラーフイング・バード・キー国立公園、サポディラ・キーズ海洋保護区の7つの構成資産からなる。真珠をちりばめた様に点在す

ラテンアメリカ・カリブ

る小島は、珊瑚礁で出来ており、キー(caye)と呼ばれ、その数は175以上といわれる。また、ライトハウス・リーフの中にある、深さ直径共に約300mある「海の怪物の寝床」と呼ばれるブルー・ホールは、ひときわ美しく神秘的である。また、ベリーズ珊瑚礁保護区(BBRS)には、数百の珊瑚礁から出来た小島群、マングローブ林、汽水域、ウミガメの産卵地など、自然景観、生態系、生物多様性に恵まれている。しかしながら、ベリーズ珊瑚礁保護区では、マングローブの伐採、それに世界遺産登録範囲内での過度の開発が深刻化、2009年の第33回世界遺産委員会セビリア会議で、「危機にさらされている世界遺産リスト」に登録されていたが、改善措置が講じられた為、第42回世界遺産委員会マナーマ会議で危機遺産リストから外れた。

自然遺産（登録基準(vii)(ix)(x)）1996年

ペルー共和国（13物件　○2　●9　◎2）

●クスコ市街（City of Cuzco）

クスコは、ペルーの南東部リマの南東約570km、標高3500mのアンデス山脈にある11～12世紀頃に建設された歴史都市でクスコ県の県都である。クスコとはケチュア語で「へそ」の意。クスコは、太陽神を崇拝し、パチャクテクの指揮の下にアンデスに一大帝国を築いたインカ帝国(正式名称はタワンティン・スウユ)の首都で、「世界のへそ」として周辺にインカ王道を伸ばして地方との連絡を取り合っていた。クスコの繁栄は、15世紀半ばから後半にかけて頂点に達した。しかし、16世紀半ばスペインの征服者フランシスコ・ピサロによってインカ帝国が終焉した後、スペイン人によって植民地となり、街は破壊された。インカ的なものとスペイン的なものが混在する建造物群が、街を独特の雰囲気で包んでいる。インカ時代の精巧な技術で積み上げられた石組みの壁、サクサイワマン城塞、ケンコー遺跡、水路設備のあるタンボマチャイの遺跡、スペイン支配時代のサント・ドミンゴ修道院、ラ・コンパーニャ・ヘスス教会などが往時の繁栄をしのばせる。

文化遺産（登録基準(iii)(iv)）　1983年

◎マチュ・ピチュの歴史保護区
（Historic Sanctuary of Machu Picchu）

マチュ・ピチュは、インカ帝国の首都であったクスコの北西約114km、アンデス中央部を流れるウルバンバ川が流れる緑鮮やかな熱帯雨林に覆われた山岳地帯、標高2280mの自然の要害の地にあるかつてのインカ帝国の要塞都市。空中からしかマチュ・ピチュ(老いた峰)とワイナ・ピチュ(若い峰)の稜線上に展開する神殿、宮殿、集落遺跡、段々畑などの全貌を確認出来ないため、「謎の空中都市」とも言われている。総面積5km²の約半分は斜面、高さ5m、厚さ1.8mの城壁に囲まれ、太陽の神殿、王女の宮殿、集落遺跡、棚田、井戸、排水溝、墓跡などが残る。日時計であったとも、生贄を捧げた祭壇であったとも考えられているインティワタナなど高度なインカ文明と祭祀センターが存在したことがわかる形跡が至る所に見られ、当時は、完全な自給自足体制がとられていたものと思われる。アメリカの考古学者ハイラム・ビンガムが1911年に発見、長らく発見されなかったためスペインの征服者などからの侵略や破壊をまぬがれた。また、マチュ・ピチュは、段々畑で草を食むリャマの光景が印象的であるが、周囲の森林には、絶滅の危機にさらされているアンデス・イワドリやオセロット、それに、珍獣のメガネグマも生息している。2008年の第32回世界遺産委員会ケベック・シティ会議で、森林伐採、地滑りの危険、無秩序な都市開発と聖域への不法侵入の監視強化が要請された。2010年1月24日、マチュ・ピチュ遺跡付近で、豪雨による土砂崩れが発生、クスコに至る鉄道が寸断され、日本人観光客を含む約2000人が足止めされた。

複合遺産（登録基準(i)(iii)(vii)(ix)）　1983年

●チャビン（考古学遺跡）
（Chavin (Archaeological Site)）

チャビン遺跡は、首都リマの北300km、標高3150mのアンデス山脈東斜面の小さな谷間にある。アンデス山脈を流れるモスナ川とワチェクサ川の合流点にあたり、紀元前16世紀～紀元前3世紀のアンデス文明(プレインカ)の最も代表的な遺跡。チャビンは、インカ帝国に敗れたチムー王国時代の首都があったところで、通称チャビン・デ・ワンタル(神殿名)と呼ばれる。神殿や儀式の場、広場、地下室、排水溝などが残っている。「チャビンネコ」と称される翼を持ったジャガー、チャビンで最も美しい浮き彫りといわれる「ライモンディの石碑」、旧神殿中央部の祭室に立つ神体「ランソン像」がチャビン文化の宗教的シンボルとされている。

文化遺産（登録基準(iii)）　1985年

○ワスカラン国立公園（Huascarán National Park）

ワスカラン国立公園は、ペルーの中西部、アンカシュ県にあるコルディエラ・ブランカ山脈を中心とする国立公園で、世界遺産の登録面積は340,000haである。ブランカ山脈は、標高6768mの最高峰のワスカラン山を中心に、6000m級の高峰40近くを擁する全長200kmもの山群で、一帯には氷河や多くの氷河湖をもつため「南米のスイス」と呼ばれ、その自然景観と地形・地質を誇る。ワスカラン国立公園には、アンデス・コンドルをはじめピューマ、ピクーニャ、メガネグマ、オジロジカ、ペルー・ゲマルジカなどが生息し、またプーヤと呼ばれるアンデス固有のパイナップル科のアナナスも自生している。

自然遺産（登録基準(vii)(viii)）　1985年

●チャン・チャン遺跡地域
（Chan Chan Archaeological Zone）

チャン・チャン遺跡地域は、首都リマの北570kmのトルヒーヨの西郊外にある20km²におよぶ古代チムー王国の首都遺跡。チムーは13～15世紀半ばにわたって権勢を誇り、北はエクアドルの南西グアヤキルから、南はリマに至る約1000km²にもおよぶ王国を築きあげた。チャン・チャンは、古代アンデス最大の都市となったが、15世紀に入るとインカ帝国に滅ぼされ、後にスペインの支配下になると街の中心はトルヒーヨに移り、チャン・チャンは過去のものとなり独自の文化が残った。チャン・チャンの中心部は600ha、シウダデーラと呼ばれる高い城壁で囲まれた9つの方形の大区域と多くの小区域からなる。一番大きな区域は、グランチムー区域であり、チュディ区域は主要部分の復元が完了し観光客に開放されている。日干し煉瓦(アドベ)で神殿、王宮、儀式の広場などを築き、壁を「魚や鳥の行列」と呼ばれる魚や鳥の文様のレリーフで装飾した。日干し煉瓦は、きわめてもろい材質のうえ風化しやすいため、保存には多くの問題を抱えている。自然環境も風化の速度を早めており、1986年、「世界遺産リスト」登録と同時に「危機にさらされている世界遺産」にも登録された。

文化遺産（登録基準(i)(iii)）　1986年

★【危機遺産】　1986年

○マヌー国立公園（Manú National Park）

マヌー国立公園は、アマゾン川支流のマヌー川の熱帯雨林、湿原地帯、低地、高原、3000m級の山岳地帯を含む、総面積が150万haに及ぶペルー最大の国立公園で、1975年に国立公園に指定された。ペッカリー、オオアリクイ、オオアルマジロ、オセロット、アカシカ、カピバラ、バク、ウーリーモンキーなどの動物、絶滅の危機にあるジャガー、エンペラータマリン、そして、ベニコンゴウインコ、ハチドリなど850種の鳥類が生息する。また、アマゾンからアンデスにかけての標高の変化に伴い数多くの種類の動植物が見られる。マヌー国立公園のうちの9割は、ペルーアマゾンの学術研究区域として、立入り禁止となっている。

自然遺産（登録基準(ix)(x)）　1987年／2009年

●リマの歴史地区（Historic Centre of Lima）

リマは、ペルーの中央部、太平洋に面したペルーの首都。1535年にインカ帝国の征服者でスペイン軍のペルー総督フランシスコ・ピサロが建設を指示し、首都となった。16～19世紀にかけてのスペイン統治時代の歴史的建造物が、旧市街のアルマス広場、サン・マルティン広場を中心に多数残っている。カテドラル、バロック様式とアンダルシア様式の建築物で、装飾が美しいサン・フランシスコ修道院、青タイルが美しいサント・ドミンゴ教会、大統領府、バロック様式のサン・ドロペ教会、ラ・インキシシオン宮殿(現在は、宗教裁判所博物館)、スペイン植民地時代のコロニアル様式の邸宅のトーレ・タグレ宮殿(現在は、外務省庁舎)など歴史的建造物は枚挙に暇がない。1988年にサン・フランシスコ修道院とその聖堂が世界遺産に登録されたが、1991年には登録範囲は歴史地区全体に広げられた。

文化遺産（登録基準(iv)）　1988年／1991年

◎リオ・アビセオ国立公園（Río Abiseo National Park）

リオ・アビセオ国立公園は、ペルー中西部のアンデス山脈やアマゾン川源流域のアビセオ川と熱帯雨林の深いジャングルに囲まれた自然公園とプレインカ時代の遺跡。リオ・アビセオ国立公園の原生林には、黄色尾サル、メガネ熊、ヤマバク、オオアルマジロ、ジャガーなどの固有種や絶滅危惧種などの貴重な動物、ハチドリ、コンゴウインコ、オニオオハシなどの鳥類、それに、各種の蘭をはじめ、パイナップル科、イネ科、バラ科、それに、シダ類など5000種以上の植物の宝庫となっている。また、住居跡が残るグラン・パハテン遺跡やロス・ピンテュドス遺跡など36もの約8000年前のプレインカ時代の遺跡も発掘されているが、未だに多くは手つかずのままで、今後の調査研究が待たれている。リオ・アビセオ国立公園は、伐採や開墾を免れた数少ない秘境で、世界で最も人が近づきにくい自然公園の一つであるが、周辺農民による家畜の放牧や森林火災などの保護管理上の課題がある。

複合遺産（登録基準(iii)(vii)(ix)(x)）　1990年／1992年

●ナスカとパルパの地上絵

（Lines and Geoglyphs of Nasca and Palpa）

ナスカとパルパの地上絵は、首都リマの南400km、太平洋岸から50kmの不毛の約450km²にわたる。紀元前500年から紀元後500年に描かれたとされるこれらの巨大線画は、連続性、数、性状、サイズの点からいっても、考古学的にも不可解な謎とされている。海抜500mの乾燥した大平原に栄えたインカ期のナスカの文明は、ハチドリ、コンドル、オウム、ペリカン、猿、犬、トカゲ、クモなどの生物、魚、花などの植物、或は、数kmの長さの幾何学様式の人物のみならず架空の人物の地上絵を描写している。それらは、星座などの天体と結び付いた暦の役割を果たしていたものと信じられている。ナスカの地上絵は、1939年に、アメリカの考古学者のポール・コソック博士によって存在が明らかにされた。その後ドイツの女性数学者マリア・ライヒェが現地に住み込み、私財を投じて巨大絵の解読作業と保護活動に取り組んできた。その彼女も1998年に亡くなり、また心無い旅行者などによる線画へのいたずら、送電線の敷設や違法道路による線画の寸断、地上絵見物の小型飛行機の墜落、エルニーニョ現象による異常気象などによって地上絵の消滅が危惧されている。2016年、登録物件名の変更がなされた。

文化遺産（登録基準(i)(iii)(iv)）　1994年

●アレキパ市の歴史地区

（Historical Centre of the City of Arequipa）

アレキパ市の歴史地区は、リマから1030km、標高2380m

にあるペルー第2の都市で羊毛の集散地のアレキパにある。アレキパの名前は、この町を建設したインカ帝国の第4代皇帝のマイタ・カパックが言った、ここへ住みなさいという意味の「アリ・ケパイ」というケチュア語に由来する。アレキパの町の中心には、コロニアルなアーチに囲まれたアルマス広場があり、北側には、白くて巨大なカテドラルが清楚に立ちはだかる。アレキパは1579年に建てられたサンタ・カタリナ修道院をはじめ町中の建物が白い火山岩で造られていることから、別名「白い町」(Ciudad Blanca)とも呼ばれる。また、市内からは、活火山のミスティ山やチャチャニ山も望める。2001年6月23日にM8.1の大地震に見舞われカテドラルの修復などにユネスコからも緊急援助がなされた。
文化遺産（登録基準(i)(iv)）　2000年

●スペ渓谷のカラルの聖都
(Sacred City of Caral-Supe)
スペ渓谷のカラルの聖都は、ペルーの中部、首都リマの北182kmの中央高原にあるアメリカ大陸における文明の誕生の地といわれる古代都市遺跡である。スペ渓谷のカラルの聖都の世界遺産の登録面積は、626.36haで、バッファー・ゾーンは、14,620.31haである。スペ渓谷のカラルの聖都は、1905年に発見され、周辺の砂漠地帯に広がる都市遺跡からは、9つの巨大ピラミッド群が発見されている。このカラル遺跡では、魚介類、植物粉、綿繊維とワタの種が、次々と出土している。2001年に、アメリカとペルーの合同調査団による発掘調査、ピラミッドの石を詰めた「シクラ」と呼ばれるアシなどの植物繊維で放射性炭素年代測定した結果、紀元前2600～2800年頃の遺跡の物であることが判明した。社会政治国家が発展したスペ渓谷を通じて定住が進んだ。記憶装置としての一種の文字で、ケチュア語で、節や結び目を意味するアルパカ または木綿でできた紐のキプが、早い段階から使用されていたことも判明している。カラル遺跡は、エジプト、メソポタミア、インダス、黄河の世界四大文明を覆す壮大な考古学遺跡である。現在、ペルー政府が「カラル遺跡特別プロジェクト」を立ち上げ、保存管理と研究を続けている。
文化遺産（登録基準(ii)(iii)(iv)）　2009年

●カパック・ニャン、アンデス山脈の道路網
(Qhapaq Ñan, Andean Road System)
カパック・ニャン、アンデス山脈の道路網とは、アルゼンチン、ボリヴィア、チリ、コロンビア、エクアドル、ペルーの南米6か国にまたがる全長約30,000kmに及ぶインカ帝国時代のアンデス山脈の主要道路、インカ古道のことで、世界遺産の登録面積は、11,406.95ha、バッファー・ゾーンは、663,069.68haである。カパック・ニャンとは、ケチュア語で、「偉大な道」或は「主要な道」を意味する。構成資産は、インカ帝国の首都であったクスコがあるペルーのヴィルカノタ川など60か所を中心に、アルゼンチンのプエンテ・デル・インカなど14か所、ボリヴィアのキムサ・クルス山脈など4か所、チリのアタカマなど34か所、コロンビアのラパスなど9か所、エクアドルのプエンテ・ロトなど28か所、合計149か所に及ぶ。14～16世紀のインカ帝国時代の人々は、プレ・インカ文化やインカ文化によってつくられたインカ道を利用して、海抜0mの灼熱の砂漠から6000mの極寒のアンデス山脈までの道路網を完成させ発展させた。このアンデス山脈の交通網の驚くべき文化的、社会的、歴史的な価値と自然の素晴らしさを保護し、多くの周辺住民が恩恵を得られるよう、また世界各国からの旅行者が継続してここを訪れ、その遺産価値を見出せるように総合的なカパック・ニャン計画が進行している。
文化遺産（登録基準(ii)(iii)(iv)）　2014年
コロンビア／エクアドル／ペルー／ボリヴィア／チリ／アルゼンチン

●チャンキーヨの太陽観測と儀式の中心地
Chankillo Solar Observatory and ceremonial center
チャンキーヨの太陽観測と儀式の中心地は、ペルーの北中央岸、アンカシュ県のカスマ川とその支流が流れる沿岸砂丘にある考古天文学の遺跡群で、世界遺産の登録面積は4,480 ha、バッファーゾーン43,990 haである。この遺産の構成資産は、砂漠の景観の中にある、年間を通じて太陽を観測し日付けを特定するカレンダーとして機能する一連の遺跡群である。丘の頂上の砦、近くにある太陽観測のための13基の太陽観測塔、住居跡と広場があり、太陽観測塔は紀元前4世紀ころに建てられたものと考えられている。チャンキーヨは、海抜300mの丘の上に築かれた形成期末期の遺跡で、石壁の重なった構造などから要塞だったと考えられている。1948年に出版されたノルウェーの探険家のトール・ヘイエルダール（1914年～2002年）の漂流航海の模様をまとめた「コン・ティキ号探検記」によって、太陽観測塔の天文機能の推測が有名になったが、2007年にエール大学のイヴァンゲッチとイギリスの歴史学者クライブ・ラグルズによって詳細が明らかになるまでは仮定に過ぎなかった。
文化遺産（登録基準(i)(iv)）　2021年

ボリヴィア多民族国（7物件　○1　●6）

●ポトシ市街（City of Potosi）
ポトシ市街は、ボリヴィアの首都ラパスの南東約440km、世界最高地(4070m)にある。その歴史は、スペイン人が銀の大鉱脈のセロ・リコ(豊かなる丘)銀山を発見した1545年に始まる。ポトシの銀山は、スペイン統治下、メキシコのサカテカス、グアナファトと共に中南米の三大鉱山として知られた。銀山の採掘には、アフリカなどから多くの奴隷労働者が強制的に集められ、約800万人もの人々が銀山の犠牲になったともいわれている。ポトシ市街は、赤茶けた鉱山の裾野に広がり、石畳の道、旧王立造幣局、金銀箔を多用したサン・マルティン教会、バロック様式のサン・ロレンソ教会などが南米で最も繁栄した過去を物語る。ポトシでは、現在も、錫、鉛、銅、銀などの採掘、精錬が行われているが、経年劣化によって鉱山が崩壊する危険性があることから、2014年の第38回世界遺産委員会ドーハ会議で、危機遺産リストに登録された。

文化遺産（登録基準(ii)(iv)(vi)）　1987年
★【危機遺産】2014年

●チキトスのイエズス会伝道施設
（Jesuit Missions of the Chiquitos）

チキトスは、ボリヴィア東部のサンタ・クルス県にある亜熱帯性気候を特徴とする丘陵地帯。17～18世紀に隣国から移住したイエズス会の宣教師が、サンフランシスコ・ハビエル、コンセプシオン、サンタアナ、サンミゲル、サンラファエル、サンホセ・デ・チキトスに、先住民のインディオの保護とキリスト教改宗を目的としたレドゥクシオン(教化集落)とイエズス会の伝道施設を開いた。レドゥクシオンには、装飾豊かなファサードと彫刻がなされた木造の柱で飾られ、大きな屋根の聖堂が建てられ、広場、住居、農園、学校、墓地などの施設が整備された。1767年、スペイン国王の命令でイエズス会宣教師は追放され、1825年のボリヴィア独立とともにレドゥクシオンは閉鎖された。

文化遺産（登録基準(iv)(v)）　1990年

●スクレの歴史都市（Historic City of Sucre）

スクレは、ポトシから165km、標高2790mにある歴史都市。ポトシで産出した銀を管理する為にスペインの統治者が1538年に造った町で、当時はラ・プラタと呼ばれた。1825年にスペインからの独立を宣言をしたのが、スクレの「自由の家」(Casa de la Libertad)で、独立宣言と共に南アメリカの独立運動家シモン・ボリバル（1783～1830年）の名前に因んで、ボリヴィアという国名にし、ボリヴィア初代大統領アントニオ・ホセ・デ・スクレの名前に因んで、スクレという都市名に変更した。そのため、未だに法律上のボリヴィアの首都ではあるが、中央行政機関などの首都機能はラパスに移った。スクレは、「白い街」(Ciudad Blanca)の名で呼ばれるように、白い壁に赤い屋根をもつ美しい建造物が印象的。サン・ミゲール教会、サン・フランシスコ教会、サンタ・クララ修道院、スクレのシンボル的な塔をもつ大聖堂などが、過去の富裕さを今に伝えている。また、スクレには、アメリカ大陸最古の大学の一つであるサン・フランシスコ・ハビエル大学がある。

文化遺産（登録基準(iv)）　1991年

●サマイパタの砦（Fuerte de Samaipata）

サマイパタの砦は、ボリヴィア中央部のサンタクルスの南西120km、オリエンタル山脈の海抜2000mの所にある遺跡。サマイパタの要塞の遺跡(40ha)は、石英を含んだ赤い砂岩の岩塊で有名で、無数の人物、ピューマ、ヘビ、ジャガー、レアの動物、運河、階段、座席などが彫刻されているのが特徴。また、インカの祭祀儀式の中心地として繁栄していたことを物語るサマイパタの砦は、宗教や政治などが高度に発達した文化が、ボリヴィア・アンデスにあったことの証明でもあるが、いまだに大きな謎を残している。サマイパタの砦は、エル・フエルテ遺跡とも呼ばれる。

文化遺産（登録基準(ii)(iii)）　1998年

●ティアワナコ：ティアワナコ文化の政治･宗教の中心地
（Tiwanaku: Spiritual and Political Centre of the Tiwanaku Culture）

ティアワナコ：ティアワナコ文化の宗教的・政治的中心地は、首都ラパスの西およそ50km、チチカカ湖の南、インガヴィ州にある南米有数の古代都市遺跡。ティアワナコは、アンデス山脈南部から以南にわたっての広大な地域を支配し、500～900年にかけて栄華を極めた、スペイン植民地化よりも以前に存在した強大な帝国の首都。当時を今に伝える精巧な石組の神殿、巨大な一枚岩を彫って作られた太陽の門、巨神像などが残っているこの遺跡は、この文明が、アメリカ大陸にスペイン支配が及ぶ以前に存在した他のどの帝国とも一線を画す、文化的にも政治的にも重要な存在であったことを証明している。

文化遺産（登録基準(iii)(iv)）　2000年

○ノエル・ケンプ・メルカード国立公園
（Noel Kempff Mercado National Park）

ノエル・ケンプ・メルカード国立公園は、ボリヴィア北西部、アマゾン川流域最大級(152.3万ha)の自然が手つかずの状態で残っている国立公園。海抜200mから1000m近くまでという標高差のため、セラードのサバンナと森林地帯から高地アマゾンの常緑樹林帯まで、動植物の生息分布がモザイク状に豊富に見られる。この国立公園が誇るのは、ここに残された10億年以上前の先カンブリア期にまで遡る生物進化の歴史。ノエル・ケンプ・メルカード国立公園には、植物が4000種、鳥類が600種以上分布しているほか、世界的に絶滅の危機にさらされている多種の脊椎動物が存続可能な個体数を保っている。

自然遺産（登録基準(ix)(x)）　2000年

●カパック・ニャン、アンデス山脈の道路網
（Qhapaq Ñan, Andean Road System）

文化遺産（登録基準(ii)(iii)(iv)(vi)）　2014年
（コロンビア／エクアドル／ペルー／ボリヴィア／チリ／アルゼンチン）→ ペルー

ラテンアメリカ・カリブ

ホンジュラス共和国（2物件　○1　●1）

●コパンのマヤ遺跡（Maya Site of Copan）

コパンのマヤ遺跡は、ホンジュラスの最西部コパンの丘陵地帯の渓谷にある古代マヤ文明の遺跡。海抜600mほどの盆地にコパン川が流れ、その北岸の肥沃な土地に都市国家が築かれた。紀元前1000年頃から人間が住み、4～9世紀に最盛期を迎えたことが石碑から判明。2つのピラミッドを基盤として用いた神殿を中心に、祭壇、球戯場や美しい象形文字を刻んだ「神聖文字の階段」などが見られる。祭壇は、16代目の王の時代に建造され、4つの側面に、それぞれ4人ずつ16人の王が自分の名前を意味するマヤ文字の上に座する形で彫刻されている。球戯場は、コパンのものは、古典期のものとしては最大で、斜面の丈夫にはゴールと思われるオウムの頭部の石像がある。「神聖文字の階段」は、63段の階段に2500にもおよぶマヤ文字が刻まれており、マヤ文字解読に大いに役立った。石碑は、人間をモチーフとしたものが多く見られることから、崇拝の対象が自然から社会へと移行されてきたと推測されている。

文化遺産（登録基準(iv)(vi)）　1980年

○リオ・プラターノ生物圏保護区
（Río Plátano Biosphere Reserve）

リオ・プラターノ生物圏保護区は、ユカタン半島北部、カリブ海に流れ込むプラターノ川流域のモスキティアに広がる3500km²におよぶ密林地帯。リオ・プラターノ生物圏保護区の大半は標高1300m以上の山岳であるが、河口付近のマングローブの湿地帯や湖、熱帯・亜熱帯林、また、草原地帯などの変化に富んだ環境の為に、アメリカ・マナティー、ジャガー、オオアリクイ、アメリカワニ、コンゴウインコなど多様な動植物が見られ、1980年に中米で最初のユネスコMAB生物圏に指定されている。近年、密猟や入植による動植物の生存が危ぶまれ、1996年に「危機にさらされている世界遺産」に登録されたが、保護管理状況が改善されたため、2007年解除された。しかし、リオ・プラターノ生物圏保護区を取り巻く保全環境は、密猟、違法伐採、土地の不法占拠、密漁、麻薬の密売、水力発電ダムの建設計画、管理能力や体制の不足や不備などによって悪化。2011年の第35回世界遺産委員会パリ会議で、再度「危機遺産リスト」に登録された。

自然遺産（登録基準(vii)(viii)(ix)(x)）　1982年
★【危機遺産】 2011年

メキシコ合衆国（35物件　○6　●27　◎2）

○シアン・カアン（Sian Ka'an）

シアン・カアンは、ユカタン半島東部沿岸のキンタナ・ロー州に広がる自然保護区。総面積は約5300km²で、カリブ海大環礁の支脈でもある珊瑚礁、岸辺の広大なラグーン(潟)、背後の熱帯雨林からなる。シアン・カアンは、マヤ語で「天空の根源」を意味する。かつてはこの地域にマヤの集落が存在したが、今は、一部でマヤ系先住民が暮らすだけで、生態的にはほとんど手つかずの自然が残っている。マヤ人が「聖なる泉」としてあがめたセノーテと呼ばれる無数の泉が湧く一帯は、多様な生態系をもち、熱帯多雨林、混交林、沖積地、熱帯草原、海水と淡水とが混じる沼沢地、マングローブ林、砂漠地帯、平坦な島々など多くの植生域に分類されている。ラグーンにはアメリカマナティーやウミガメ、アメリカグンカンドリ、海域にはカワウやペリカン、熱帯林にはベアードバク、オジロジカ、ペッカリー、シロトキなど多種多様な野生動物が生息し、マングローブやマホガニーなど約1200種類もの植物が成育する熱帯雨林の楽園である。1986年に自然保護区に指定されて以来、条例により営利目的の漁労や狩猟や樹木の伐採は厳しく制限されてきているが、保護区に隣接する観光リゾート地カンクンのために、海水が汚染されてきており、自然破壊が問題視されている。

自然遺産（登録基準(vii)(x)）　1987年

●メキシコシティーの歴史地区とソチミルコ
（Historic Centre of Mexico City and Xochimilco）

メキシコシティーは、メキシコ高原の最南端にあるメキシコの首都。アステカ帝国がスペインの征服者エルナン・コルテス(1485～1547年)に敗れた1521年以降に建設が始まった。カテドラル(1573年起工 1813年竣工)、コルテス宮殿、アラメダ公園などの遺産がソカロ広場（憲法広場)に残る。ソチミルコは、メキシコシティーの南12kmにある14～16世紀にアステカ民族が住んでいた運河の町。テスココ湖の湖畔にチナンパ(浮遊菜園)で、野菜、果樹、花の耕作を行う浮島が造られていたことで知られる。ソチミルコは「花畑」の意で、迷路状の運河を行き交う小舟で、花や食物、土産物が売られ、観光客も独特の遊覧船で水上庭園を楽しんでいる。

文化遺産（登録基準(ii)(iii)(iv)(v)）　1987年

●オアハカの歴史地区とモンテ・アルバンの考古学遺跡
（Historic Centre of Oaxaca and Archaeological Site of Monte Albán）

オアハカは、メキシコ南部、メキシコシティの南東550kmの高原にある歴史都市で、正式名は、オアハカデファレスという。1486年に建設され、1521年にスペインに征服された。オアハカには、スペイン統治期の16～18世紀の美しい町並み、ソカロ広場やファレス広場、アラメダ公園、コロニア風の建物-黄金に輝くサント・ドミンゴ教会、大聖堂、修道院などが残る。モンテ・アルバンは、オアハカの南西10kmの丘陵にあり、紀元前より栄えたサポテカ民族の宗教都市であった。モンテ・アルバンは、サポテカ語で、「聖なる山」という意味。モンテ・アルバンには、5～6世紀の最盛期のピラミッド型の神殿、モンテ・アルバン宮殿、「マウンド」と呼ばれる天文台、球戯場など中央アメリカ最古の遺跡が残っており、サポテカ期の土偶や石版などが出土している。尚、オアハカ渓谷の写本は、世界の記憶に登録されており、メキシコ国立公文書館(メキシコシティ)に収蔵されている。
文化遺産（登録基準(i)(ii)(iii)(iv)）　1987年

●プエブラの歴史地区（Historic Centre of Puebla）
プエブラは、メキシコシティから133km、メキシコ中央部のマリンチェ火山の南西麓にあり、古くから首都のメキシコシティと海岸のベラクルスとを結ぶ交通の要衝として繁栄した。1532年にキリスト教のフランシスコ会の宣教団によって建設され、スペイン風の町となった。ソカロ(中央広場)にある縞瑪瑙(メノウ)、大理石、金などで内部を飾った大聖堂、サント・ドミンゴ教会に付属する黄金の内部装飾で知られるロザリオ礼拝堂、赤、青、黄、白などのタイルで覆われたバロック風のカサ・デル・アルフエニケ(「砂糖菓子の家」という意味)など中世の豪華な建物が残されている。1973年8月の地震により大きな被害を受けた。プエブラは、プエブラ州の州都で、正式名称は、プエブラ・デ・サラゴサ(Puebla de Zaragoza)。
文化遺産（登録基準(ii)(iv)）　1987年

●パレンケ古代都市と国立公園
（Pre-Hispanic City and National Park of Palenque）
パレンケ古代都市と国立公園は、メキシコ東部チアパス州チアパス山脈の中腹、ユカタン半島の付け根部分にある古代マヤ文明の後期の遺跡と国立公園。18世紀中頃メキシコの考古学者A. ルスらが4年がかりで発掘した。1952年の調査で「碑銘の神殿」の地下王墓から出たヒスイの仮面や装身具によって、マヤ文明はその水準の高さを認知された。神殿地下にはパカル王(603～683年)の墓があり、600以上の碑文字が刻みこまれている。その他宮殿や太陽の神殿、十字架の神殿などが残る。7世紀に頂点を極め、9世紀に放棄された。
文化遺産（登録基準(i)(ii)(iii)(iv)）　1987年

●テオティワカン古代都市
（Pre-Hispanic City of Teotihuacan）
テオティワカンは、メキシコシティの北部50kmにあるメキシコ最初の文明の発祥地。紀元前500年頃から紀元後700年頃までメキシコ高原地帯で栄えた。その影響は、南北アメリカ大陸の他の文明都市や後のマヤ、アステカといった中央アメリカを代表する古代文明にまで及んだ。テオティワカンは「神々の集まる場所－神々の座－」の意。南北3km、幅50mの「死者の大通り」を中心に「太陽のピラミッド」と「月のピラミッド」と名付けられた2基のピラミッド、その他「ケツェルパパロトルの宮殿」や「羽毛の生えた蛇神殿」などがある町は、壁画や彫刻で装飾された宗教都市であった。ピラミッドは、日干し煉瓦の表面に火山岩をはりつけて形を整え石灰で上塗りをし、その表面に赤色塗料を塗った、エジプトのものとはまた違う光彩を持った鮮やかなものであった。エジプトのような王墓としてではなく、宇宙の象徴、生命の核心の象徴として造られたといわれている。高度な建築技術で造られた建造物と、それを彩る華麗な壁画や、鮮やかな色の土器が目を引く。
文化遺産（登録基準(i)(ii)(iii)(iv)(vi)）　1987年

●古都グアナファトと近隣の鉱山群
（Historic Town of Guanajuato and Adjacent Mines）
古都グアナファトは、メキシコ中央部、標高2000mの谷間にあるグアナファト州の州都。地名のグアナフアトは、先住民族タラスカ族のタラスカ語の「カエルがいる場所」が語源である。グアナファトは、1554年にスペイン植民都市として建設され、1558年に発見されたバレンシア銀山の開発とともに発展し、最盛期には人口10万人を記録した。グアナファトには、18世紀初頭まで世界の銀の25%を生産したバレンシア銀山の廃坑、金箔を多用したラ・コンパーニア教会、バロック様式のバレンシアーナ教会、また1732年にイエズス会の学校として創立されたグアナファト大学など往時の繁栄を物語る歴史遺産が数多く残っている。この町の過去は、スペイン植民地時代の美しいコロニアル建築だけではなく、地下600mの銀の坑道や坑道を利用した地下道を見るとわかる。原住民の鉱山労働者で、メキシコ独立革命時(1810～1821年)に決起した英雄ピピラの記念像が建っているピピラの丘からは、グアナファト市内を一望できる。
文化遺産（登録基準(i)(ii)(iv)(vi)）　1988年

●チチェン・イッツァ古代都市
（Pre-Hispanic City of Chichen-Itza）
チチェン・イッツァは、ユカタン半島の先端部に近い広漠たるサバンナの中にある古代マヤ文明のトルテカ期（948～1204年)最大の都市遺跡。チチェンは「井戸のほとり」、イッツァは「水の魔術師」を意味するマヤ語。その名が示すように、聖なる泉の井戸「セノーテ」を中心にこの町の歴史は展開した。羽毛ある蛇の神ククルカンのピラミッド型神殿、戦士の神殿、球戯場、生贄の心臓を載せたチャックモール像などトルテカ・マヤ様式の建造物が生み出された。1000年頃チチェン、ウシュマル、マヤパンの三都市同盟が結ばれるが、1200年頃マヤパンに滅ぼされ、都市の機能は失われたが、聖なる泉の地として巡礼者が絶えなかった。
文化遺産（登録基準(i)(ii)(iii)）　1988年

●モレリアの歴史地区（Historic Centre of Morelia）
モレリアは、メキシコの南西部、ミチョアカン州の州都で、1541年にスペイン人の初代副王、ヴィセロイ・アントニオ・デ・メンドーサが建設したコロニア風の美しい都市。モレリアには、溶岩で出来たピンク色の石で造られた歴史的建造物が多数残っている。石畳の道、17～18世紀のプラテレスコ様式の大聖堂、アメリカ大陸で2番目に古いコレヒオ・サン・ニコラス神学校（現サン・ニコラス・イダルゴ大学）、253の橋脚をもつ石造の水道橋、旧総督邸などが、スペイン統治時代の象徴である。モレリアの地名は、モレリア出身の独立の英雄、ホセ・マリア・モレーロスの名前に因んでいる。
文化遺産（登録基準(ii)(iv)(vi)）　1991年

●エル・タヒン古代都市
（El Tajin, Pre-Hispanic City）
エル・タヒンは、メキシコシティの北東約200km、ベラクルス州パパントラの西9kmの熱帯植物が覆う丘陵地にある。テオティワカン文化の影響を受け、7～11世紀にかけて全盛期を迎えた。トトナカ族あるいはワステカ族により建設されたとされている。雨や風の神々をまつった6層の「壁龕(へきがん)のピラミッド」や球戯場に代表される。メキシコの主要観光ルートからはずれており、交通の便も悪いことも幸いして、遺跡の保存状態は極めて良好。本格的に遺跡の発掘調査が開始されたのは、1934年からで、現在約10分の1の遺跡調査が進んでいる。
文化遺産（登録基準(iii)(iv)）　1992年

○エル・ヴィスカイノの鯨保護区
（Whale Sanctuary of El Vizcaino）
エル・ヴィスカイノの鯨保護区は、バハ・カリフォルニア半島のセバスティアン・ヴィスカイノ湾とヴィスカイノ半島の周辺に位置する。エル・ヴィスカイノは、プランクトンなどが豊富な生態系に恵まれた海域で、毎年11月から翌年2月にかけて、北太平洋のベーリング海から長旅をしてきた鯨が姿を現わす。特に、エル・ヴィスカイノの鯨保護区は、巨大なコククジラが交尾と出産を行う貴重な繁殖地として、また、温暖なのでシロナガスクジラなども越冬地としてこの海域に集まるサンクチュアリー(聖域)である。太平洋の沿岸をゆったりと遊泳する親子クジラの雄姿が見られる。また、エル・ヴィスカイノの鯨保護区は、コククジラのほかゾウアザラシ、アオウミガメ、タイマイなど、IUCN(国際自然保護連合)のレッド・データブックの絶滅の危機にさらされている種も生息する貴重な海域である。近年、ホエール・ウオッチングの観光客の増加などにより、海水汚染などの環境悪化が懸念されている。また、日本企業がこの地に計画している製塩工場の建設について、メキシコ、米国などのNGO(非政府機関)が、環境汚染の恐れが生じるという理由から反対運動を展開、世界遺産委員会京都会議でも議論に上った。エル・ヴィスカイノに行くには、ゲレロ・ネグロ、或は、ラ・パスが拠点となる。
自然遺産（登録基準(x)）　1993年

●サカテカスの歴史地区（Historic Centre of Zacatecas）
サカテカスの歴史地区は、メキシコ中部、メキシコシティの北西約530kmのブファの丘の麓にある。スペイン統治時代の1546年に銀鉱脈が発見されたことからシルバー・ラッシュで賑わい繁栄した。サカテカス、グアナファト、メキシコシティとを結ぶ道路は、「銀の道」とよばれ、この道を通って大量の銀が運ばれた。エデン鉱山はその遺構のひとつで、現在は、観光客にも公開されている産業遺産。バロック様式の傑作である18世紀半ばに建立されたサカテカス大聖堂をはじめ、サント・ドミンゴ聖堂、グアダルーペ修道院などが残る町は、コロニアル様式の建造物の宝庫と言われている。
文化遺産（登録基準(ii)(iv)）　1993年

●サン・フランシスコ山地の岩絵
（Rock Paintings of the Sierra de San Francisco）
サン・フランシスコ山地の岩絵は、バハ・カリフォルニア・スール州北部、カリフォルニア湾と太平洋にはさまれたバハ・カリフォルニア半島の砂漠地帯にある。 乾燥した気候と人里離れた場所が壁画の保存状態に幸いして、現在までに約400の地点で洞窟壁画が発見されている。壁画が描かれたのは、紀元前100年から紀元後1300年の間で、洞窟そのものは住居としてではなく祭祀の場あるいは狩猟のための罠として造られたのではないかと考えられている。
文化遺産（登録基準(i)(iii)）　1993年

●トラスカラの聖母被昇天大聖堂とフランシスコ会修道会の建造物群
（Franciscan Ensemble of the Monastery and Cathedral of Our Lady of the Assumption of Tlaxcala）
トラスカラの聖母被昇天大聖堂とフランシスコ会修道会の建造物群は、メキシコの中部、トラスカラ州、メキシコ・シティの南東約70km、標高5452mのポポカテペトル山（火山 ポポカテペトルは、アステカ族の言語のナワトル語で、「煙を吐く山」の意）の1800m付近の山腹のウェホツィンゴ、トラヤカパン、クエルナバカなどの町に点在しトラスカラの聖母被昇天大聖堂とフランシスコ会修道会の建造物群の15の構成資産からなる。スペインからのドミニコ修道会をはじめ、フランシスコ会修道会、アウグスティヌス修道会の各会派が16世紀初頭に中央アメリカでのキリスト教の布教活動の為に数多くの修道院を建てた。修道院の内部には、宗教画やフレスコ画の数々が残っているほか、野外礼拝堂、食堂、宿房、中庭、回廊、砦、貯水池など先住民と宣教師が共同生活を営んだ施設が今も昔の名残をとどめている。1994年に世界遺産登録された「ポポカテペトル山腹の16世紀初頭の修道院群」の登録範囲の拡大をし、登録遺産名も変更された。
文化遺産（登録基準（ii）（iv））　1994年／2021年

●ウシュマル古代都市（Pre-Hispanic Town of Uxmal）
ウシュマル古代都市は、メキシコ南東部のユカタン州

ラテンアメリカ・カリブ

プーク地方にある。ウシュマル古代都市は、7～10世紀頃、ユカタン半島の緑のジャングルに囲まれた丘陵地帯のプークに栄えたマヤ文明を代表する都市遺跡の一つで、人口は約25000人に達した。天文学の知識に則った町並みと儀式の中心として使われた高さ36.5mの魔法使いのピラミッド、プーク様式の最高傑作とされる総督の宮殿、尼僧院、球技場などが残っている。宗教儀式の広場は、マヤ文明の芸術と幾何学模様のモザイクや蛇などのモチーフで装飾されたプーク様式の建築を象徴する地区となっている。

文化遺産（登録基準(i)(ii)(iii)）　1996年

●ケレタロの歴史的建造物地域

（Historic Monuments Zone of Querétaro）

ケレタロは、メキシコシティの北西309km、ケレタロ川流域にある州都。オトミ族が建設した町で、スペイン植民地時代にはサカテカス銀山への補給基地であった。ケレタロ歴史地区には、顕著な普遍的価値を持つ多民族地域を象徴する優れたサン・アグスティン教会、サン・フランシスコ教会、カサ・デ・ラ・コレヒドーラ、サンタ・クルス修道院などの建造物群、スペイン植民地時代の幾何学的に整備された町並み、古くからの狭い曲がりくねった道などが共存している。

文化遺産（登録基準(ii)(iv)）　1996年

●グアダラハラのオスピシオ・カバニャス

（Hospicio Cabañas, Guadalajara）

グアダラハラは、メキシコ中央高原西部にあるメキシコ第2の都市でハリスコ州の州都。オスピシオ・カバニャスは、1801年、孤児、身よりのない老人、身体障害者、慢性疾患者などの施設として建てられた。オスピシオ・カバニャスは、施設内の生活者の暮らしを配慮した設備を整え、礼拝堂も豪華な絵画で装飾された。20世紀初頭には、メキシコの偉大な壁画家ホセ・クレメンテ・オロスコ（1883～1949年）の手によって最高傑作「炎の人」（Man of Fire）などの壁画で装飾された。オスピシオ・カバニャスは、1980年まで約150年間使われてきたが、現在は市の文化センターとして利用されている。

文化遺産（登録基準(i)(ii)(iii)(iv)　1997年

●カサス・グランデスのパキメの考古学地域

（Archaeological Zone of Paquimé, Casas Grande）

カサス・グランデスは、カサス・グランデス川が流れるチワワ州北西部、州都チワワの北西約270kmにある。カサス・グランデスとは、スペイン語の「大きな家」を意味し、その名の通り、ピラミッドなどの大型建造物ではなく、インディオのスマ族の住居、祭儀センターなどが残る集落遺跡。住居は、泥を濾過した粘土で出来ており、小さなT字型の入口があることが特徴である。パキメ遺跡は、カサス・グランデスの住宅地を抜けた砂漠の中にある先史時代からの遺跡で、14～15世紀頃の北米との商業（貿易）と文化の連携において、文化の発展を物語っている。カサス・グランデスのパキメの考古学地域に広がる遺跡は、北中米の日干しれんが造りの建築の発展を証明するものでもある。

文化遺産（登録基準(iii)(iv)）　1998年

●トラコタルパンの歴史的建造物地域

（Historic Monuments Zone of Tlacotalpan）

トラコタルパンは、ベラクルスの南約100km、パパロアパン川の川沿いにある町。トラコタルパンは、16世紀の半ばに、スペインが植民地化を進めるなかで、メキシコ湾岸の河川港という位置づけで建設された。トラコタルパンは、スペインとカリブの建築様式が見事に融合したネオ・クラシック様式の独創的な美しい町並みを誇る。それらは、コロンブス広場、広い通りやアーケード、成熟したヤシの木、カラフルな住居、アール・デコの市長庁舎、アラビア風のカンデラリア教会、フランス風のサン・クリストバル教会などの歴史的建造物によく表れている。

文化遺産（登録基準(ii)(iv)）　1998年

●カンペチェの歴史的要塞都市

（Historic Fortified Town of Campeche）

カンペチェの歴史的要塞都市は、ユカタン半島のメキシコ湾に面したカンペチェ州の州都にある。カンペチェの歴史的要塞都市は、16世紀のスペイン植民地時代に交易で繁栄した貿易港を中心に町並みが展開している。有名なカリブの海賊から港町を守るために建設された城壁で囲まれたソレダー要塞、サンカルロス要塞、サンフランシスコ要塞、サンファン要塞、遠方まで展望できる見張り台、そして、威嚇的な砲台が当時のままで残されている。

文化遺産（登録基準(ii)(iv)）　1999年

●ソチカルコの考古学遺跡ゾーン

（Archaeological Monuments Zone of Xochicalco）

ソチカルコは、モレーロス州のクエルナバカ近郊の丘陵にある城塞都市遺跡。ソチカルコは、テオティワカンが滅亡し都市間の抗争で動乱した650～900年頃に、テオティワカン、モンテ・アルバン、パレンケ、そして、ティカル（グアテマラ）など偉大なメソ・アメリカ（現在のメキシコ北部からホンジュラスやエルサルバドル辺りまでの地域）の都市が衰退した後に新興勢力として台頭し、マヤ文明とも深い交流があり、その後のアステカ文明にも大きな影響を与えたトルテカ文明の政治、宗教、そして、商業の中心地として栄えた。ソチカルコの建築と美術は、神殿の壁面の羽毛のある蛇（ケツァルコアトル）の彫刻や神聖な宗教儀式が行われた球戯場の側壁の装飾に見られる様に、従来のメソ・アメリカの様式とは一風異なった、文化的、或は、宗教的要素を持っており、現在も非常に良い状態で保存されている。

文化遺産（登録基準(iii)(iv)）　1999年

◎カンペチェ州、カラクムルの古代マヤ都市と熱帯林保護区
（Ancient Maya City and Protected Tropical Forests of Calakmul, Campeche）
カンペチェ州、カラクムルの古代マヤ都市と熱帯林保護区は、メキシコの南部、カンペチェ州のカラクムル市にある。カラクムルは、ユカタン半島の中南部の熱帯林の奥にある重要な古代マヤ都市の遺跡で、1931年に発見された。カラクムルは、ティカルと並ぶほどの規模の都市で、1200年以上もの間この地域の都市・建築、芸術などの発展に主要な役割を果たした。カラクムルに残されている多くのモニュメントは、都市の政治的、精神的な発展に光明を与えたマヤ芸術の顕著な事例である。カラクムルの都市の構造と配置の保存状態はきわめてよく、古代マヤ文明の時代の首都の生活の様子や文化が鮮明にわかる。また、この物件は、世界三大ホットスポットの一つであるメキシコ中央部からパナマ運河までの全ての亜熱帯と熱帯の生態系システムを含むメソアメリカ生物多様性ホットスポット内にあり、自然遺産の価値も評価された。第38回世界遺産委員会ドーハ会議で、登録範囲を拡大、登録基準、登録遺産名も変更し、複合遺産として再登録した。
複合遺産（登録基準(i)(ii)(iii)(iv)(vi)(ix)(x)）
2002年／2014年

●ケレタロ州シエラ・ゴルダにあるフランシスコ会伝道施設
（Franciscan Missions in the Sierra Gorda of Querétaro）
ケレタロ州シエラ・ゴルダのフランシスコ会伝道施設は、ケレタロ州東部の険しい山間のヴェルダント渓谷にある。ケレタロ州シエラ・ゴルダのフランシスコ会伝道施設は、1750年代に、ジュニペロ・シェラ神父とフランシスコ会によって、メキシコ国内でのキリスト教の布教活動の布石としてつくられた。数年内には、フランシスコ会と地元のインディオによって、荘厳な色彩と彫刻が施されたサンティアゴ・ジャルパン、ランダ、ティラーコ、タンコヨル、それに、サン・ミゲル・コンカの5つの教会が建てられた。ケレタロ州シエラ・ゴルダのフランシスコ会伝道施設の周辺には、集落が出来、固有の文化をとどめた。これらが礎石となって、その後、アメリカのカルフォルニア、アリゾナ、テキサスの植民地化、布教活動へと続くことになる。
文化遺産（登録基準(ii)(iii)）　2003年

●ルイス・バラガン邸と仕事場
（Luis Barragán House and Studio）
ルイス・バラガン邸と仕事場は、メキシコの首都メキシコシティ郊外のタクバヤにある。この建物は、1948年に建造され、20世紀のメキシコのモダニズムを代表する建築家ルイス・バラガン（1902～1988年）の第二次大戦後の独創的な作品として代表的なものである。ルイス・バラガンの作品は、現代建築と伝統建築、さらにメキシコの時流などを独自のスタイルで新たにまとめ上げたもので、特に、現代の庭園、広場、景観のデザインに大きな影響を与えた。1980年に、建築のノーベル賞といわれるプリッカー賞を受賞し、一躍世界の脚光を浴びた。
文化遺産（登録基準(i)(ii)）　2004年

○カリフォルニア湾の諸島と保護地域
（Islands and Protected Areas of the Gulf of California）
カリフォルニア湾の諸島と保護地域は、メキシコ北部、カリフォルニア半島とメキシコ本土に囲まれた半閉鎖性海域のカリフォルニア湾の240以上の島々と9か所の保護地域からなる。コロラド川河口からトレス・マリアス諸島に至るこの地域は、多様な海洋生物が豊富に生息し、また、独特の地形と美しい自然景観を誇る。また、カリフォルニア湾内の島々は、オグロカモメ、アメリカオオアジサシなどの海鳥の重要な繁殖場として機能しているほか、カリフォルニア・アシカ、クジラ、イルカ、シャチ、ゾウアザラシなど海棲哺乳類の回遊の場になっている。このほかにも、北部には、コガシラネズミイルカなどの絶滅危惧種など多くの固有種が生息しているが密漁による生態系と生物多様性への影響が深刻であることから危機遺産リストに登録された。
自然遺産（登録基準(vii)(ix)(x)）　2005年
★【危機遺産】　2019年

●テキーラ（地方）のリュウゼツランの景観と古代産業設備
（Agave Landscape and Ancient Industrial Facilities of Tequila）
テキーラのリュウゼツランの景観と古代産業設備は、メキシコの中部、テキーラ火山の山麓とリオ・グランデ川の間にある。登録遺産は、16世紀以降は、テキーラ蒸留酒の生産、少なくとも2000年以上は発酵飲料や布を作るのに使用された植物文化によって形成された青リュウゼツランの広大な景観と、19世紀と20世紀に国際的なテキーラの消費の成長を反映する蒸留酒製造場からなる。今日、リュウゼツランの文化は、メキシコの国のアイデンティティの一部になっている。一帯は、青リュウゼツラン畑とリュウゼツランの“パイナップル”が発酵、醸造される大きな蒸留酒製造場があるテキーラ、アレナル、それにアマチタンの都会的な集落の生活と生業の景観を包み込んでいる。世界遺産に登録された物件は、畑、蒸留酒製造場と工場（稼動していないものも含む）、スペインの法律で不法とされた蒸留酒製造場であるタベルナス、町並み、それに、紀元前200～900年にかけてテキーラ地域を形成した文化の証明となる、特に、農業の為の台地、家屋、寺院、祭祀を行う土塁、球技場などの考古学遺跡群を含む。世界遺産の登録範囲内には、数多くの大農園がある。工場と大農園の建築は、煉瓦と日干し煉瓦による建設、黄土色の石灰絵具、石のアーチ、建物・壁などの外角や窓の化粧仕上げ、それに、新古典主義、或は、バロック装飾のある漆喰の壁が特色で、ヨーロッパの蒸留プロセスがある発酵メスカルの汁のプレ・ヒスパニックの伝統と地方の技術との融合、ヨーロッパやアメリカ合衆国から輸入されたそれらの両方を反映している。

文化遺産（登録基準(ii)(iv)(v)(vi)）　2006年

●メキシコ国立自治大学（UNAM）の中央大学都市キャンパス

（Central University City Campus of the *Universidad Nacional Autónoma de México*（UNAM））

メキシコ国立自治大学（UNAM）の中央大学都市キャンパスは、メキシコの首都メキシコ・シティの南部にある。メキシコ国立自治大学は、25万人の学生数を抱えるラテン・アメリカ最大の総合大学で、キャンパスは、一つの都市を形成するほどの大きな規模を誇っている。メキシコ国立自治大学（UNAM）の中央大学都市キャンパスは、建物、スポーツ施設、オープン・スペースなどからなり、60名以上の建築家、技師、それに芸術家によって1949～1952年に建設された20世紀の建築物である。なかでも外壁にアステカ文明の雨の神トラロックや農耕のケツァルコアトルなどのモザイク壁画が描かれた中央図書館が印象的である。

文化遺産（登録基準(i)(ii)(iv)）　2007年

○オオカバマダラ蝶の生物圏保護区

（Monarch Butterfly Biosphere Reserve）

オオカバマダラ蝶（モナルカ蝶）の生物圏保護区は、メキシコ中央部、メキシコ・シティの北西約100kmの山岳高山地帯の森林保護区の一帯に位置し、56259haが生物圏保護区である。毎年秋には北アメリカの各方面から何百万、何億の美しいオオカバマダラ蝶が戻り、森林保護区のごく限られた地域に群生する。その為オヤメルと呼ばれるメキシコ特有のモミの木々がオレンジ色に変わって美しい自然景観を呈し、群集する重さで枝が曲がる程である。オオカバマダラ蝶は、春には米国の東部やカナダの南部方面へ8か月もの間、移動する。この間、四世代のオオカバマダラ蝶が生まれては死ぬ。オオカバマダラ蝶は、最初で最後の一回限りの渡りをし、翌年に舞い戻るオオカバマダラ蝶は、その孫やひ孫である。冬には南方へ渡るものと思われるが、彼らは何処で、どの様に越冬するのか、そして再び、この地にどの様にして舞い戻ってくるのかは謎のままである。オオカバマダラの生息地が減少しつつあり、メキシコの大統領は、1986年、オオカバマダラ蝶の生物圏の保護の為に5箇所の保護区を設定した。

自然遺産（登録基準(vii)）　2008年

●サン・ミゲルの保護都市とアトトニルコのナザレのイエス聖域

（Protective town of San Miguel and the Sanctuary of Jesús de Nazareno de Atotonilco）

サン・ミゲルの保護都市とアトトニルコのナザレのイエス聖域は、サン・ミゲルがグアナファト州のサン・ミゲル・デ・アジェンテ、ナザレのイエス聖域は、同州のアトトニルコにある。サン・ミゲルの保護都市とアトトニルコのナザレのイエス聖域の世界遺産の登録範囲は、核心地域が46.95ha、緩衝地域が47.03haである。サン・ミゲルの保護都市は、国王が通行する道を守る為に16世紀に創建された要塞都市で、18世紀には、メキシコ・バロック様式で、民間ビルが数多くが建てられ最高潮に達した。これらのビルの幾つかは、バロック様式から新古典主義様式への過渡期に進化した傑作である。サン・ミゲル・デ・アジェンテから14kmの所にあるアトトニルコの18世紀以降のナザレのイエス聖域は、新スペインでのバロック様式の芸術と建築が融合した見事な事例で、ロドリゲス・ファレスによる油絵とミゲル・アントニオ・マルティネス・デ・ポカサングレによる壁画で装飾された大聖堂、6つの小さなチャペルなどからなる。アトトニルコのナザレのイエス聖域は、ヨーロッパ文化とラテン・アメリカ文化が交流した類いない事例である。その建築と内部装飾は、16世紀の偉大な巡礼者、聖イグナチオ・デ・ロヨラの影響を受けたものである。

文化遺産（登録基準(ii)(iv)）　2008年

●カミノ・レアル・デ・ティエラ・アデントロ

（Camino Real de Tierra Adentro）

カミノ・レアル・デ・ティエラ・アデントロは、メキシコの中央部、メキシコ市とメヒコ州、イダルゴ州、ケレタロ州、グアナファト州、ハリスコ州、アグアスカリエンテス州、サカテカス州、サン・ルイス・ポトシ州、ドゥランゴ州、チワワ州の10州にまたがるアデントロ街道である。カミノ・レアルとは、スペイン語では、王道、英語では、国道、ティエラ・アデントロとは、内陸を意味する内陸への王道、アデントロ街道のことである。カミノ・レアル・デ・ティエラ・アデントロは、銀の道、或は、サンタフェへの道としても知られている。最初は、急ぎの鉱夫が無人の大陸を横断する細い道であった。16世紀の半ばから19世紀の約300年間、鉱工業の発展がこの道を強化し、拡張させ、北部地域およびその他の地域に供給する銀、水銀、小麦、とうもろこし、薪、その他の商品が流通した。首都メキシコ・シティからメキシコ国内のスペインの植民都市、それにアメリカ合衆国のニュー・メキシコやテキサスとを結ぶ2600kmのルートで、沿道沿いには、ケレタロ（現在の属州はケレタロ州）、ソンブレレテ（サカテカス州）、チワワ（チワワ州）などの大きな集落が発達した。これらの集落は、スペインが征服した広大な土地の植民地化とキリスト教の布教を支え、アメリカ大陸の原住民とスペインの文化とが融合した。世界遺産の登録範囲は、メキシコ国内の1400kmの沿道にある60の構成資産からなり、その

ラテンアメリカ・カリブ

うちメキシコ・シティ、サカテカス、グアナファト、ケレタロ、サン・ミゲルの5つの世界遺産地を含んでいる。**文化遺産（登録基準(ii)(iv)）　2010年**

●オアハカの中央渓谷のヤグールとミトラの先史時代の洞窟群

（Prehistoric Caves of Yagul and Mitla in the Central Valley of Oaxaca）

オアハカの中央渓谷のヤグールとミトラの先史時代の洞窟群は、メキシコの南部、オアハカの中央部のトラコルラ渓谷の北斜面、オアハカ州のヤグールとミトラにある。ヤグールとミトラの先史時代の洞窟群は、ギラ・ナキツ洞窟、シルビア洞窟、ホワイト洞窟、マルチネス洞窟などからなる。紀元前8000年の先史時代から、少数の遊牧民の狩猟採集民族によって使用された洞窟群と岩窟であり、彼らは、植物、種、木の実、鹿、ウサギ、鳩、亀を食料にしていた。ギラ・ナキツ洞窟は、1964年に発見され、1966年にミシガン大学のチームによって発掘された。スミソニアン研究所国立自然史博物館の調査では、ギラ・ナキツ洞窟とシルビア洞窟で、当時の農業と食料の証しである1500年前の乾燥トウガラシ10種が発見されている。ヤグールとミトラの先史時代の洞窟群の文化的景観は、人間と自然との結びつきをあらわすものであり、北アメリカにおける植物の栽培の起源とメソアメリカ文明の幕開けを告げるものである。

文化遺産（登録基準(iii)）　2010年

○エル・ピナカテ／アルタル大砂漠生物圏保護区（El Pinacate and Gran Desierto de Altar Biosphere Reserve）

エル・ピナカテ／アルタル大砂漠生物圏保護区（EPGDABR）は、メキシコの北西部、ソノラ州のソノラ砂漠にある国立生物圏保護区で、コア・ゾーンの面積が714,566ha、東、南、西の周囲のバッファー・ゾーンは、763,631haである。ソノラ砂漠は、北米四大砂漠（チワワ砂漠、グレートベースン砂漠、モハベ砂漠）の一つである。エル・ピナカテ／アルタル大砂漠生物圏保護区は、東西の2つの部分からなる。一つは、東側の赤黒く固まった溶岩流と砂漠で形成されたエル・ピナカテ休火山の楯状地である。エル・エレガンテ・クレーターなど大きな円形の火山のクレーターがある。もう一つは、西側のソノラ砂漠の主要部分の一つであるアルタル大砂漠である。アルタル大砂漠には、高さが200mにも達する北米で唯一の変化に富み砂模様が美しい移動砂丘地帯がある。エル・ピナカテ／アルタル大砂漠生物圏保護区は、これらのドラマチックで対照的な自然景観、グレーター・ソノラ砂漠保護生態系、それに、固有種のソノラ・プロングホーンなどの動物、オオハシラサボテン（現地名サワロ）などの植物など生物多様性が特色である。**自然遺産（登録基準(vii)(viii)(x)）　2013年**

●テンブレケ神父の水道橋の水利システム

（Aqueduct of Padre Tembleque Hydraulic System）

テンブレケ神父の水道橋の水利システムは、メキシコの中部、メキシコ中央高原のメヒコ州オトゥンバとイダルゴ州センポアラとの間の48.22kmを水路や橋などで結ぶ水利施設群。テンブレケ神父の水道橋は、長さが904m、最も高い場所で38.75m、68のアーチを持つ石造アーチ橋で、1554年から1571年に建造され、その名前は、水道橋を建設したスペイン人神父のフランシスコ・デ・テンブレケにちなんでいる。「パドレ・テンブレケの水道橋」（パドレは神父の意味）、または、「センポアラの水道橋」とも呼ばれている。古代ローマ時代以来の蓄積があるヨーロッパの水利技術と日干煉瓦の使用など伝統的なメソ・アメリカの建設技術とを融合させた優れた事例である。

文化遺産（登録基準(i)(ii)(iv)）　2015年

○レヴィリャヒヘド諸島

（Archipiélago de Revillagigedo）

レヴィリャヒヘド諸島は、メキシコの南西部、太平洋に面するコリマ州マンサニージョ市に属し、バハカリフォルニア半島南端のサンルカス岬の南西部にある。火山やそれが生み出す地形と周囲の海が織りなす自然景観、地形・地質および希少な海鳥を含む生態系、生物多様性などが評価された。世界遺産の登録面積は、636685ha、バッファー・ゾーンは、14186420haである。レヴィリャヒヘド諸島の構成資産は、サンベネディクト島、ソコロ島、ロカパルティダ島、クラリオン島の4つの火山島や岩礁からなる。有人島であるソコロ島は、メキシコのガラパゴスとして知られ、巨大マンタ、ザトウクジラ、イルカ、サメなどが見られる。ソコロ島の海軍基地の演習、豚、羊、ウサギ、猫、ネズミなどの侵略的動物が世界遺産を取巻く危険や脅威になっている。

自然遺産（登録基準(vii)(ix)(x)）　2016年

◎テワカン・クィカトラン渓谷　メソアメリカの起源となる環境

（Tehuacan-Cuicatlan Valley: originary habitat of Mesoamerica, Mexico）

テワカン・クィカトラン渓谷　メソアメリカの起源となる環境は、メキシコの南東部、プエブラ州の南東部とオアハカ州の北部にまたがる生物圏保護区である。世界遺産の登録面積は145,255ha、バッファーゾーンは344,932ha、構成資産はサポティトゥラン-クィカトラン、サン・ファン・ラヤ、プロンの3つからなる。テワカン・クィカトラン渓谷は初期のトウモロコシ栽培が行われた土地でありメソアメリカの原生的な生息地である。

複合遺産（登録基準（iv)(x)）　2018年

グラフで見るユネスコの世界遺産

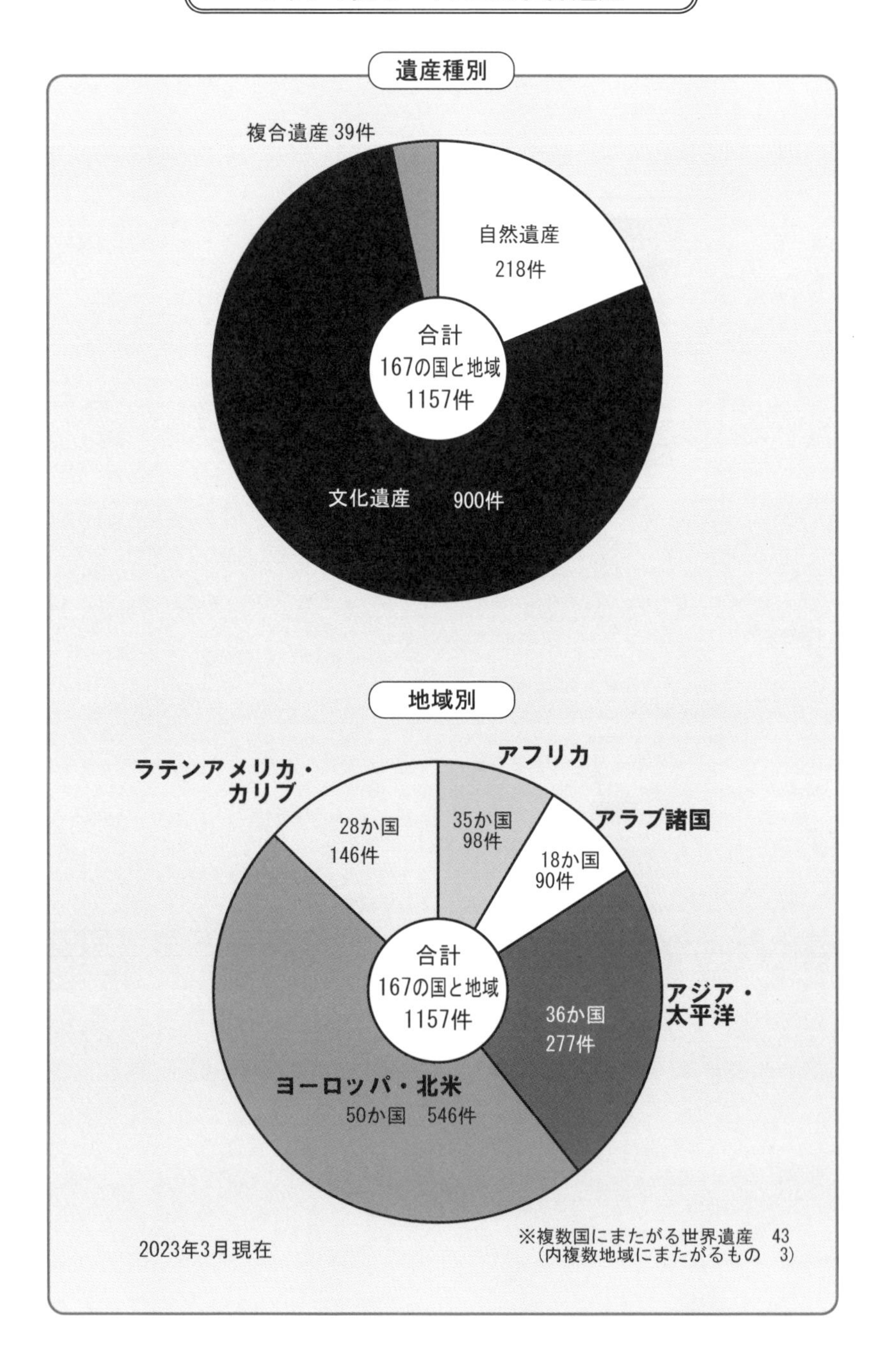

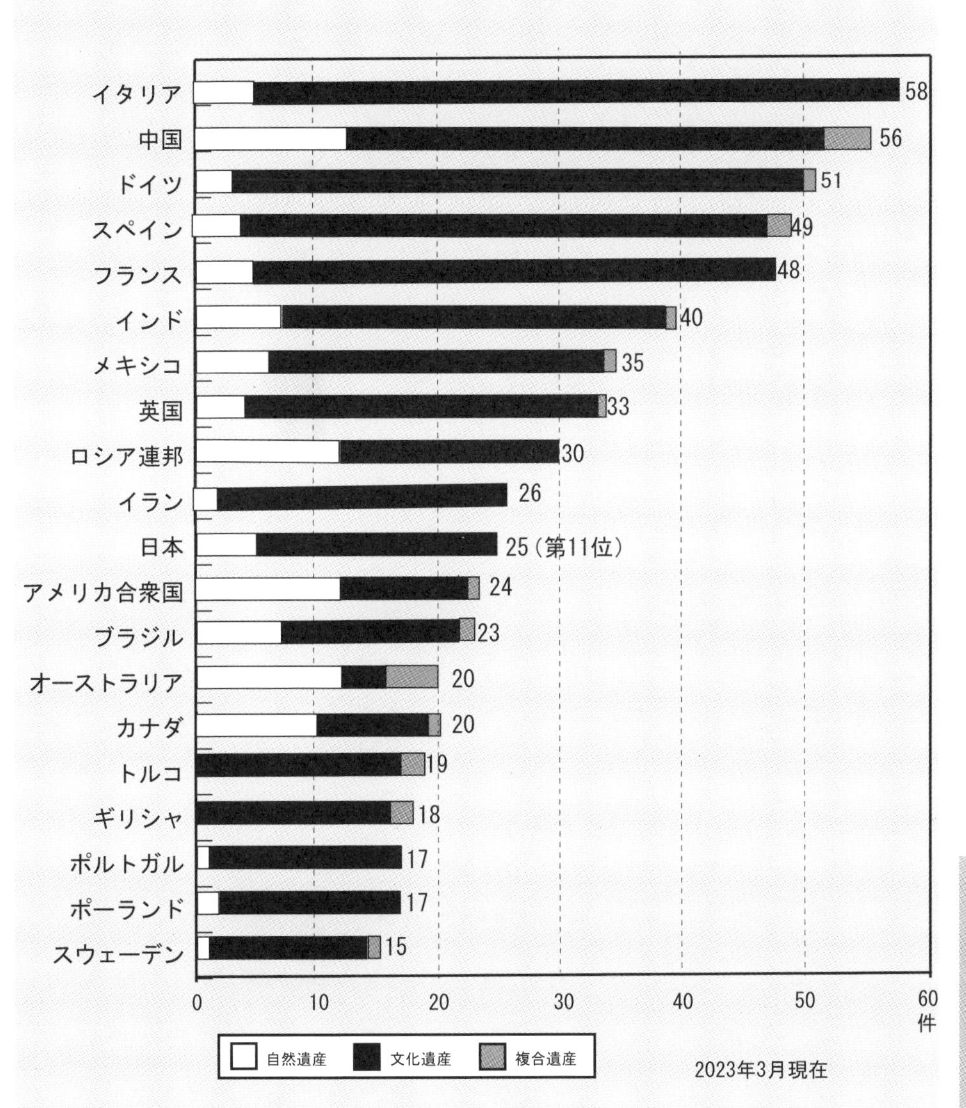
登録物件数上位国
イタリア 58
中国 56
ドイツ 51
スペイン 49
フランス 48
インド 40
メキシコ 35
英国 33
ロシア連邦 30
イラン 26
日本 25（第11位）
アメリカ合衆国 24
ブラジル 23
オーストラリア 20
カナダ 20
トルコ 19
ギリシャ 18
ポルトガル 17
ポーランド 17
スウェーデン 15
0
10
20
30
40
50
60
件
自然遺産
文化遺産
複合遺産
2023年3月現在

索　引

トリポリのラシッド・カラミ国際見本市
(Rachid Karami International Fair-Tripoli)
文化遺産(登録基準(ii)(iv)　2023年
第18回臨時世界遺産委員会
★【危機遺産】2023年
レバノン

国名（167の国と地域）地域別

〈アフリカ　締約国46か国〉

35か国（98物件　○39　●54　◎5）★15

〈アラブ諸国　締約国19か国〉

18の国と地域（90物件　○5　●82　◎3）★21

〈アジア　締約国30か国〉

26か国（247物件　○55　●186　◎6）★4

〈太平洋　締約国14か国〉

10か国（30物件　○15　●9　◎6）★6

○自然遺産　●文化遺産　◎複合遺産　★危機遺産

物件名（50音順）

○自然遺産 ●文化遺産 ◎複合遺産 ★危機遺産

索引

【 ウ 】

【 エ 】

【 オ 】

索引

【 カ 】

【 キ 】

【 ク 】

○自然遺産 ●文化遺産 ◎複合遺産 ★危機遺産 シンクタンクせとうち総合研究機構

【 ケ 】

【 コ 】

【サ】

【シ】

【 ス 】

【 セ 】

【 ソ 】

【 タ 】

【 チ 】

【 ツ 】

【 テ 】

【 ト 】

○自然遺産　●文化遺産　◎複合遺産　★危機遺産

【 ヒ 】

【 フ 】

索引

【 ヘ 】

【 ホ 】

【 マ 】

【 ミ 】

【 ム 】

【 メ 】

【 モ 】

【 ヤ 】

【 ユ 】

【 ヨ 】

【 ラ 】

【 リ 】

【 ル 】

【 レ 】

【 ロ 】

【 ワ 】

【 ン 】

〈著者プロフィール〉

古田 陽久（ふるた・はるひさ　FURUTA Haruhisa）
世界遺産総合研究所 所長

1951年広島県生まれ。1974年慶応義塾大学経済学部卒業、1990年シンクタンクせとうち総合研究機構を設立。アジアにおける世界遺産研究の先覚・先駆者の一人で、「世界遺産学」を提唱し、1998年世界遺産総合研究所を設置、所長兼務。毎年の世界遺産委員会や無形文化遺産委員会などにオブザーバー・ステータスで参加、中国杭州市での「首届中国大運河国際高峰論壇」、クルーズ船「にっぽん丸」、三鷹国際交流協会の国際理解講座、日本各地の青年会議所（JC）での講演など、その活動を全国的、国際的に展開している。これまでにイタリア、中国、スペイン、フランス、ドイツ、インド、メキシコ、英国、ロシア連邦、アメリカ合衆国、ブラジル、オーストラリア、ギリシャ、カナダ、トルコ、ポルトガル、ポーランド、スウェーデン、ベルギー、韓国、スイス、チェコ、ペルー、キューバなど68か国、約300の世界遺産地を訪問している。
HITひろしま観光大使（広島県観光連盟）、防災士（日本防災士機構）　現在、広島市佐伯区在住。

【専門分野】世界遺産制度論、世界遺産論、自然遺産論、文化遺産論、危機遺産論、地域遺産論、日本の世界遺産、世界無形文化遺産、世界の記憶、世界遺産と教育、世界遺産と観光、世界遺産と地域づくり・まちづくり

【著書】「世界の記憶遺産60」（幻冬舎）、「世界遺産データ・ブック」、「世界無形文化遺産データ・ブック」、「世界の記憶データ・ブック」（世界記憶遺産データブック）、「誇れる郷土データ・ブック」、「世界遺産ガイド」シリーズ、「ふるさと」「誇れる郷土」シリーズなど多数。

【執筆】連載「世界遺産への旅」、「世界記憶遺産の旅」、日本政策金融公庫調査月報「連載『データで見るお国柄』」、「世界遺産を活用した地域振興－『世界遺産基準』の地域づくり・まちづくり－」（月刊「地方議会人」）、中日新聞・東京新聞サンデー版「大図解危機遺産」、「現代用語の基礎知識2009」（自由国民社）世の中ペディア「世界遺産」など多数。

【テレビ出演歴】TBSテレビ「あさチャン！」、「ひるおび」、「NEWS23」、テレビ朝日「モーニングバード」、「やじうまテレビ」、「ANNスーパーJチャンネル」、日本テレビ「スッキリ!!」、フジテレビ「めざましテレビ」、「スーパーニュース」、「とくダネ!」、NHK福岡「ロクいち！」、テレビ岩手「ニュースプラス１いわて」など多数。
【ホームページ】「世界遺産と総合学習の杜」http://www.wheritage.net/

世界遺産事典－1157全物件プロフィール－2023改訂版

2023年（令和5年）3月 31日　初版 第1刷

著　　者　古 田 陽 久
企画・編集　世界遺産総合研究所
発　　行　シンクタンクせとうち総合研究機構 ©
〒731-5113
広島市佐伯区美鈴が丘緑三丁目4番3号
TEL＆FAX　082-926-2306
郵 便 振 替　01340-0-30375
電 子 メ ー ル　wheritage@tiara.ocn.ne.jp
インターネット　http://www.wheritage.net
出版社コード　86200

Complied and Printed in Japan, 2023　ISBN978-4-86200-264-8 C1525 Y3000E

発行図書のご案内

世界遺産シリーズ

世界遺産データ・ブック　2023年版　新刊	978-4-86200-265-5 本体 2727円 2023年3月発行
最新のユネスコ世界遺産1157物件の全物件名と登録基準、位置を掲載。ユネスコ世界遺産の概要も充実。世界遺産学習の上での必携の書。	
世界遺産事典－1157全物件プロフィール－　新刊　2023改訂版	978-4-86200-264-8 本体3000円 2023年3月発行 世界遺産1157物件の全物件プロフィールを収録。 2023改訂版
世界遺産キーワード事典　2020改訂版　新刊	978-4-86200-241-9 本体 2600円 2020年7月発行 世界遺産に関連する用語の紹介と解説
世界遺産マップス－地図で見るユネスコの世界遺産－　新刊　2023改訂版	978-4-86200-263-1 本体 2727円 2023年2月発行 世界遺産1157物件の位置を地域別・国別に整理
世界遺産ガイド－世界遺産条約採択40周年特集－	978-4-86200-172-6 本体 2381円 2012年11月発行 世界遺産の40年の歴史を特集し、持続可能な発展を考える。
世界遺産フォトス－写真で見るユネスコの世界遺産－	4-916208-22-6 本体 1905円 1999年8月発行
第2集－多様な世界遺産－	4-916208-50-1 本体 2000円 2002年1月発行
第3集－海外と日本の至宝100の記憶－ 世界遺産の多様性を写真資料で学ぶ。	978-4-86200-148-1 本体 2381円 2010年1月発行
世界遺産入門－平和と安全な社会の構築－	978-4-86200-191-7 本体 2500円 2015年5月発行 世界遺産を通じて「平和」と「安全」な社会の大切さを学ぶ
世界遺産学入門－もっと知りたい世界遺産－	4-916208-52-8 本体 2000円 2002年2月発行 新しい学問としての「世界遺産学」の入門書
世界遺産学のすすめ－世界遺産が地域を拓く－	4-86200-100-9 本体 2000円 2005年4月発行 普遍的価値を顕す世界遺産が、閉塞した地域を拓く
世界遺産概論＜上巻＞＜下巻＞　世界遺産の基礎的事項をわかりやすく解説	上巻 978-4-86200-116-0　2007年1月発行 下巻 978-4-86200-117-7　本体 各 2000円
世界遺産ガイド－ユネスコ遺産の基礎知識－2022改訂版　新刊	978-4-86200-256-3 本体 2727円 2021年9月発行 混同しやすいユネスコ三大遺産の違いを明らかにする
世界遺産ガイド－世界遺産条約編－	4-916208-34-X 本体 2000円 2000年7月発行 世界遺産条約を特集し、条約の趣旨や目的などポイントを解説
世界遺産ガイド－世界遺産条約とオペレーショナル・ガイドラインズ編－	978-4-86200-128-3 本体 2000円 2007年12月発行 世界遺産条約とその履行の為の作業指針について特集する
世界遺産ガイド－世界遺産の基礎知識編－ 2009改訂版	978-4-86200-132-0 本体 2000円 2008年10月発行 世界遺産の基礎知識をQ&A形式で解説
世界遺産ガイド－図表で見るユネスコの世界遺産編－	4-916208-89-7 本体 2000円 2004年12月発行 世界遺産をあらゆる角度からグラフ、図表、地図などで読む
世界遺産ガイド－情報所在源編－	4-916208-84-6 本体 2000円 2004年1月発行 世界遺産に関連する情報所在源を各国別、物件別に整理
世界遺産ガイド－自然遺産編－ 2020改訂版　新刊	978-4-86200-234-1 本体 2600円 2020年4月発行 ユネスコの自然遺産の全容を紹介
世界遺産ガイド－文化遺産編－ 2020改訂版　新刊	978-4-86200-235-8 本体 2600円 2020年4月発行 ユネスコの文化遺産の全容を紹介
世界遺産ガイド－文化遺産編－ 1. 遺跡	4-916208-32-3 本体 2000円 2000年8月発行
2. 建造物	4-916208-33-1 本体 2000円 2000年9月発行
3. モニュメント	4-916208-35-8 本体 2000円 2000年10月発行
4. 文化的景観	4-916208-53-6 本体 2000円 2002年1月発行
世界遺産ガイド－複合遺産編－ 2020改訂版　新刊	978-4-86200-236-5 本体 2600円 2020年4月発行 ユネスコの複合遺産の全容を紹介
世界遺産ガイド－危機遺産編－ 2020改訂版　新刊	978-4-86200-237-2 本体 2600円 2020年4月発行 ユネスコの危機遺産の全容を紹介
世界遺産ガイド－文化の道編－	978-4-86200-207-5 本体 2500円 2016年12月発行 世界遺産に登録されている「文化の道」を特集
世界遺産ガイド－文化的景観編－	978-4-86200-150-4 本体 2381円 2010年4月発行 文化的景観のカテゴリーに属する世界遺産を特集
世界遺産ガイド－複数国にまたがる世界遺産編－	978-4-86200-151-1 本体 2381円 2010年6月発行 複数国にまたがる世界遺産を特集

世界遺産ガイド－日本編－ 2022改訂版 新刊	978-4-86200-252-5 本体 2727円 2021年8月発行 日本にある世界遺産、暫定リストを特集
日本の世界遺産 －東日本編－	978-4-86200-130-6 本体 2000円 2008年2月発行
日本の世界遺産 －西日本編－	978-4-86200-131-3 本体 2000円 2008年2月発行
世界遺産ガイド－日本の世界遺産登録運動－	4-86200-108-4 本体 2000円 2005年12月発行 暫定リスト記載物件はじめ世界遺産登録運動の動きを特集
世界遺産ガイド－世界遺産登録をめざす富士山編－	978-4-86200-153-5 本体 2381円 2010年11月発行 富士山を世界遺産登録する意味と意義を考える
世界遺産ガイド－北東アジア編－	4-916208-87-0 本体 2000円 2004年3月発行 北東アジアにある世界遺産を特集、国の概要も紹介
世界遺産ガイド－朝鮮半島にある世界遺産－	4-86200-102-5 本体 2000円 2005年7月発行 朝鮮半島にある世界遺産、暫定リスト、無形文化遺産を特集
世界遺産ガイド－中国編－ 2010改訂版	978-4-86200-139-9 本体 2381円 2009年10月発行 中国にある世界遺産、暫定リストを特集
世界遺産ガイド－モンゴル編－ 新刊	978-4-86200-233-4 本体 2500円 2019年12月発行 モンゴルにあるユネスコ遺産を特集
世界遺産ガイド－東南アジア諸国編－ 新刊	978-4-86200-262-4 本体 3500円 2023年1月発行 東南アジア諸国にあるユネスコ遺産を特集
世界遺産ガイド－ネパール・インド・スリランカ編－	978-4-86200-221-1 本体 2500円 2018年11月発行 ネパール・インド・スリランカにある世界遺産を特集
世界遺産ガイド－オーストラリア編－	4-86200-115-7 本体 2000円 2006年5月発行 オーストラリアにある世界遺産を特集、国の概要も紹介
世界遺産ガイド－中央アジアと周辺諸国編－	4-916208-63-3 本体 2000円 2002年8月発行 中央アジアと周辺諸国にある世界遺産を特集
世界遺産ガイド－中東編－	4-916208-30-7 本体 2000円 2000年7月発行 中東にある世界遺産を特集
世界遺産ガイド－知られざるエジプト編－	978-4-86200-152-8 本体 2381円 2010年6月発行 エジプトにある世界遺産、暫定リスト等を特集
世界遺産ガイド－アフリカ編－	4-916208-27-7 本体 2000円 2000年3月発行 アフリカにある世界遺産を特集
世界遺産ガイド－イタリア編－	4-86200-109-2 本体 2000円 2006年1月発行 イタリアにある世界遺産、暫定リストを特集
世界遺産ガイド－スペイン・ポルトガル編－	978-4-86200-158-0 本体 2381円 2011年1月発行 スペインとポルトガルにある世界遺産を特集
世界遺産ガイド－英国・アイルランド編－	978-4-86200-159-7 本体 2381円 2011年3月発行 英国とアイルランドにある世界遺産等を特集
世界遺産ガイド－フランス編－	978-4-86200-160-3 本体 2381円 2011年5月発行 フランスにある世界遺産、暫定リストを特集
世界遺産ガイド－ドイツ編－	4-86200-101-7 本体 2000円 2005年6月発行 ドイツにある世界遺産、暫定リストを特集
世界遺産ガイド－ロシア編－	978-4-86200-166-5 本体 2381円 2012年4月発行 ロシアにある世界遺産等を特集
世界遺産ガイド－ウクライナ編－ 新刊	978-4-86200-260-0 本体 2600円 2022年3月発行 ウクライナにある世界遺産等を特集
世界遺産ガイド－コーカサス諸国編－ 新刊	978-4-86200-227-3 本体 2500円 2019年6月発行 コーカサス諸国にある世界遺産等を特集
世界遺産ガイド－アメリカ合衆国編－ 新刊	978-4-86200-214-3 本体 2500円 2018年1月発行 アメリカ合衆国にあるユネスコ遺産等を特集
世界遺産ガイド－メキシコ編－	978-4-86200-202-0 本体 2500円 2016年8月発行 メキシコにある世界遺産等を特集
世界遺産ガイド－カリブ海地域編－ 新刊	4-86200-226-6 本体 2600円 2019年5月発行 カリブ海地域にある主な世界遺産を特集
世界遺産ガイド－中米編－	4-86200-81-1 本体 2000円 2004年2月発行 中米にある主な世界遺産を特集
世界遺産ガイド－南米編－	4-86200-76-5 本体 2000円 2003年9月発行 南米にある主な世界遺産を特集

ふるさとシリーズ

誇れる郷土データ・ブック 新刊 －コロナ後の観光振興－2022年版	978-4-86200-261-7 本体2727円 2022年6月発行 ユネスコ遺産（世界遺産、世界無形文化遺産、世界の記憶）を活用した観光振興策を考える。「訪れてほしい日本の誇れる景観」も特集。
誇れる郷土データ・ブック －世界遺産と令和新時代の観光振興－2020年版	978-4-86200-231-0 本体2500円 2019年12月発行 令和新時代の観光振興につながるユネスコの世界遺産、世界無形文化遺産、世界の記憶、それに日本遺産などを整理。
誇れる郷土データ・ブック －2020東京オリンピックに向けて－2017年版	978-4-86200-209-9 本体2500円 2017年3月発行 2020年に開催される東京オリンピック・パラリンピックを見据えて、世界に通用する魅力ある日本の資源を都道府県別に整理。
誇れる郷土ガイド－日本の歴史的な町並み編－	978-4-86200-210-5 本体2500円 2017年8月発行 日本らしい伝統的な建造物群が残る歴史的な町並みを特集
誇れる郷土ガイド－北海道・東北編 新刊	978-4-86200-244-0 本体2600円2020年12月 北海道・東北地方のユネスコ遺産を生かした地域づくりを提言
誇れる郷土ガイド－関東編－ 新刊	978-4-86200-246-4 本体2600円 2021年2月 関東地方のユネスコ遺産を生かした地域づくりを提言
誇れる郷土ガイド－中部編－ 新刊	978-4-86200-247-1 本体2600円 2021年3月 中部地方のユネスコ遺産を生かした地域づくりを提言
誇れる郷土ガイド－近畿編－ 新刊	978-4-86200-248-8 本体2600円 2021年3月 近畿地方のユネスコ遺産を生かした地域づくりを提言
誇れる郷土ガイド－中国・四国編－ 新刊	978-4-86200-243-3 本体2600円2020年12月 中国・四国地方のユネスコ遺産を生かした地域づくりを提言
誇れる郷土ガイド－九州・沖縄編－ 新刊	978-4-86200-245-7 本体2600円 2021年2月 九州・沖縄地方のユネスコ遺産を生かした地域づくりを提言
誇れる郷土ガイド－口承・無形遺産編－	4-916208-44-7 本体2000円 2001年6月発行 各都道府県別に、口承・無形遺産の名称を整理収録
誇れる郷土ガイド－全国の世界遺産登録運動の動き－	4-916208-69-2 本体2000円 2003年1月発行 暫定リスト記載物件はじめ全国の世界遺産登録運動の動きを特集
誇れる郷土ガイド－全国47都道府県の観光データ編－2010改訂版	978-4-86200-123-8 本体2381円 2009年12月発行 各都道府県別の観光データ等の要点を整理
誇れる郷土ガイド－全国47都道府県の誇れる景観編－	4-916208-78-1 本体2000円 2003年10月発行 わが国の美しい自然環境や文化的な景観を都道府県別に整理
誇れる郷土ガイド－全国47都道府県の国際交流・協力編－	4-916208-85-4 本体2000円 2004年4月発行 わが国の国際交流・協力の状況を都道府県別に整理
誇れる郷土ガイド－日本の国立公園編－	4-916208-94-3 本体2000円 2005年2月発行 日本にある国立公園を取り上げ、概要を紹介
誇れる郷土ガイド－自然公園法と文化財保護法－	978-4-86200-129-0 本体2000円 2008年2月発行 自然公園法と文化財保護法について紹介する
誇れる郷土ガイド－市町村合併編－	978-4-86200-118-4 本体2000円 2007年2月発行 平成の大合併により変化した市町村の姿を都道府県別に整理
日本ふるさと百科－データで見るわたしたちの郷土－	4-916208-11-0 本体1429円 1997年12月発行 事物・統計・地域戦略などのデータを各都道府県別に整理
環日本海エリア・ガイド	4-916208-31-5 本体2000円 2000年6月発行 環日本海エリアに位置する国々や日本の地方自治体を取り上げる

シンクタンクせとうち総合研究機構

事務局　〒731-5113　広島市佐伯区美鈴が丘緑三丁目４番３号

書籍のご注文専用ファックス　082-926-2306　電子メールwheritage@tiara.ocn.ne.jp